Die
Wechselstromtechnik.

Herausgegeben

von

Dr.-Ing. E. Arnold,
Professor und Direktor des Elektrotechnischen Instituts
der Großherzoglichen Technischen Hochschule Fridericiana zu Karlsruhe

Zweiter Band.
Die Transformatoren.
Von
E. Arnold und J. L. la Cour.

Zweite, vollständig umgearbeitete Auflage.

Manuldruck 1920

Springer-Verlag Berlin Heidelberg GmbH 1910

Die Transformatoren.

Ihre Theorie, Konstruktion, Berechnung und Arbeitsweise.

Von

E. Arnold und **J. L. la Cour.**

Zweite, vollständig umgearbeitete Auflage.

Mit 443 in den Text gedruckten Figuren und 6 Tafeln.

Manuldruck 1920

Springer-Verlag Berlin Heidelberg GmbH 1910

Additional material to this book can be downloaded from http://extras.springer.com

ISBN 978-3-662-34314-2   ISBN 978-3-662-34585-6 (eBook)

DOI 10.1007/978-3-662-34585-6

Softcover reprint of the hardcover 2nd edition 1910

Vorwort.

Seit dem Erscheinen der ersten Auflage sind im Bau von Transformatoren große Fortschritte gemacht worden. Sie sind gekennzeichnet durch die Verwendung legierter Bleche, den Bau von Einheiten für hohe Leistungen und Spannungen und eine hohe Beanspruchung des Materials. Es wurde daher eine vollständige Neubearbeitung des Stoffes erforderlich.

Insbesondere war es notwendig, die beim Einschalten auftretenden Überspannungen und die mechanische Beanspruchung der Wicklung bei Stromstößen und plötzlichem Kurzschluß, wie sie z. B. im Bahnbetrieb häufig vorkommen, rechnungsmäßig zu verfolgen und zu zeigen, wie die Konstruktion des Transformators dadurch beeinflußt wird.

Auch die Art der Vorausberechnung eines Transformators weicht von der in der ersten Auflage gegebenen wesentlich ab. Bekanntlich ist es nicht leicht und zum mindesten zeitraubend, die günstigsten Abmessungen eines Transformators etwa durch vergleichende Berechnungen mehrerer Transformatoren unter verschiedenen Annahmen zu finden. Die im Buche gegebene Berechnungsmethode gestattet ohne langwierige Rechnungen diejenigen Abmessungen zu finden, die eine gute Lösung der Aufgabe darstellen. Die Erfahrungszahlen, deren Kenntnis die Berechnungsmethode fordert, sind aus den zahlreichen im Buche dargestellten Konstruktionen, die sich auf verschiedene Typen von 21 KVA bis 12 500 KVA Leistung erstrecken, sowie aus eigenen Erfahrungen ermittelt worden. In der Tabelle Seite 347 bis 352 sind die Hauptdaten von 29 Transformatoren zusammengestellt.

Den verschiedenen im Buche genannten Firmen, die es durch Überlassung von Konstruktionszeichnungen, Wicklungsangaben und Photographien ermöglicht haben, den Transformatorenbau ausführlich darzustellen, sprechen wir hierfür unseren besten Dank aus. Insbesondere danken wir auch Herrn F. Sieber, Oberingenieur der Ste. Anonyme Westinghouse le Havre, der uns durch Angaben aus der Praxis in liebenswürdigster Weise unterstützt hat.

An der Bearbeitung und Drucklegung der neuen Auflage haben die Herren Dipl.-Ing. M. Radt und Dipl.-Ing. W. Schumann, Assistenten am Elektrotechnischen Institut, teilgenommen. Für ihre wertvolle Mitarbeit sei ihnen auch an dieser Stelle der beste Dank ausgesprochen.

Karlsruhe, den 22. Juni 1910.

Die Verfasser.

Inhaltsverzeichnis.

Fünftes Kapitel.

Die Verluste und der Wirkungsgrad eines Transformators.

Sechstes Kapitel.

Einfluß der Form der Spannungskurve auf den Spannungsabfall und die Eisenverluste im Transformator.

Siebentes Kapitel.

Mehrphasentransformatoren.

Achtes Kapitel.

Erscheinungen, die beim Einschalten und beim Kurzschluß eines Transformators auftreten.

Neuntes Kapitel.

Bau und Anordnung der Eisenkörper.

Zehntes Kapitel.

Anordnung, Isolation und Befestigung der Wicklung.

Elftes Kapitel.

Die Erwärmung und Abkühlung eines Transformators.

Zwölftes Kapitel.

Beispiele ausgeführter Transformatoren.

Dreizehntes Kapitel.

Berechnung eines Transformators.

Vierzehntes Kapitel.

Beispiele für die Vorausberechnung eines Transformators und Zusammenstellung der Formeln.

Erstes Kapitel.

1. Einleitung.

Senden wir durch eine Drahtspule (Fig. 1) einen Wechselstrom, so erzeugt er ein magnetisches Feld, dessen Kraftfluß in jedem Augenblick der Amperewindungszahl proportional ist. Wir erhalten somit ein nach Richtung und Intensität periodisch veränderliches

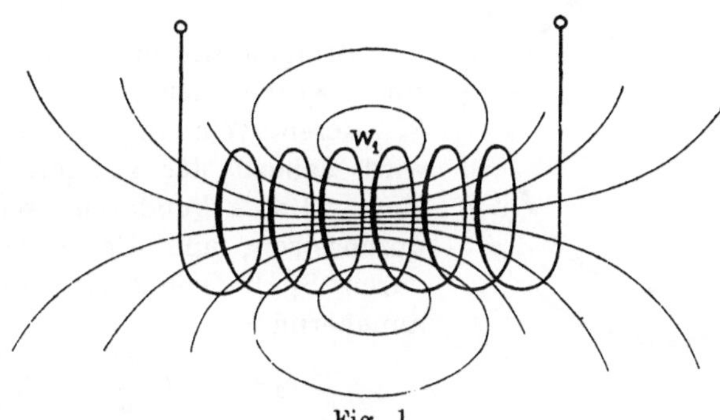

Fig. 1.

Feld, das in der Spule eine elektromotorische Kraft (EMK) induziert. Es werden jedoch nicht alle Windungen w_1 von demselben Kraftfluß umschlungen. Bezeichnet w_x die Zahl der Windungen, deren Fläche derselbe Kraftfluß Φ_x durchsetzt, so ist die in diesen Windungen induzierte EMK

$$e_x = - \frac{d(w_x \Phi_x)}{dt},$$

und der Momentanwert der in allen $w_1 = \Sigma w_x$-Windungen induzierten EMK wird nach dem Faraday-Maxwellschen Induktionsgesetz

$$e_1 = - \frac{d\Sigma(w_x \Phi_x)}{dt}.$$

Die Induktionswirkung wird sehr verstärkt, wenn wir die Spule S_1 auf einen Ring (Fig. 2) aus dünnem Eisenblech wickeln.

Nahezu der gesamte, wesentlich verstärkte Kraftfluß Φ nimmt jetzt seinen Weg durch den eisernen Ring, so daß auf fast alle w_1-Windungen dieselbe Kraftflußänderung wirkt, und wir dürfen mit großer Annäherung schreiben

$$e_1 = - w_1 \frac{d\Phi}{dt} \qquad . \quad (1)$$

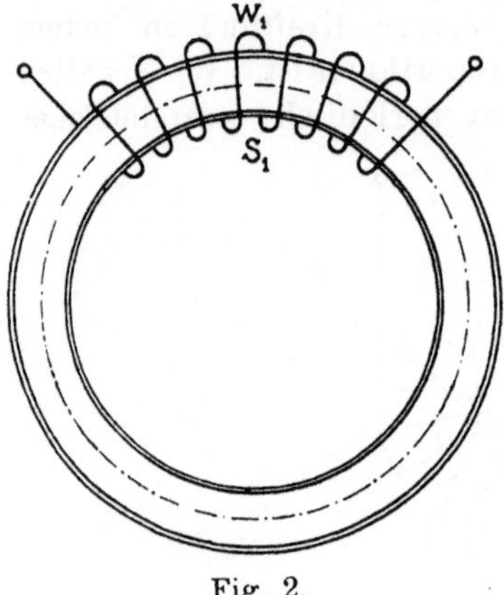

Fig. 2.

Bringen wir nun auf den Ring eine zweite oder sekundäre Spule S_2, deren Windungszahl w_2 ist, so wird nahezu der gesamte Kraftfluß auch alle sekundären Windungen durchsetzen, und die in der sekundären Spule induzierte EMK wird annähernd

$$e_2 = - w_2 \frac{d\Phi}{dt} = e_1 \frac{w_2}{w_1}.$$

Es verhalten sich also die von demselben Kraftfluß in den beiden Wicklungen induzierten EMKe wie die Windungszahlen, es ist

$$\frac{e_1}{e_2} = \frac{w_1}{w_2} = u \qquad . \quad . \quad . \quad . \quad . \quad . \quad (2)$$

u heißt das Übersetzungsverhältnis der EMKe.

In Wirklichkeit ist Gl. 2 nicht genau richtig, weil beide Wicklungen nicht von demselben Kraftflusse durchsetzt werden. Ein Teil des Kraftflusses (s. Fig. 3) der primären Windungen schließt sich durch den Luftraum und umschlingt die sekundären Windungen gar nicht oder nur einen Teil von ihnen, und es wird

$$e_2 < \frac{w_2}{w_1} e_1.$$

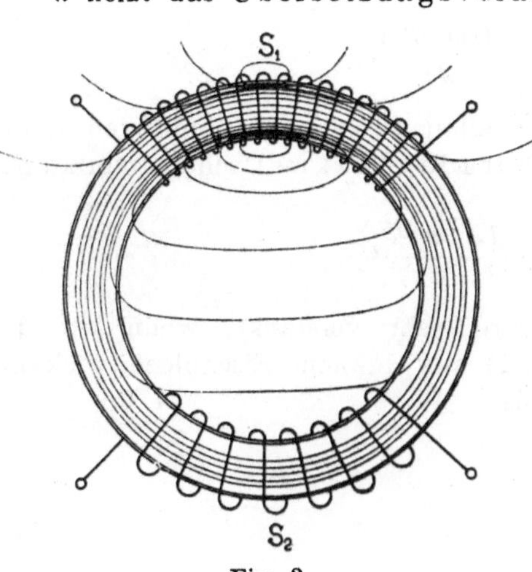

Fig. 3.

Der Kraftfluß, der nur mit der primären Wicklung verkettet ist, wird als Streufluß und die ganze Erscheinung als magnetische Streuung bezeichnet. Den Teil des Kraftflusses, der mit beiden Wicklungen verkettet ist, nennen wir Hauptkraftfluß.

Schließen wir die sekundäre Spule durch einen äußeren Widerstand, so findet eine Umsetzung der primär zugeführten Energie in sekundär abgegebene Energie statt.

Der primäre und der sekundäre Strom sind entsprechend dem Gesetz von Aktion und Reaktion in der Phase nahezu um 180^0 verschoben, wirken sich also fast genau entgegen, und die Amperewindungszahl, die den beiden Spulen gemeinsamen Kraftfluß erzeugt, ist die Differenz der momentanen primären und sekundären Amperewindungen.

Die in der primären und sekundären Wicklung induzierten EMKe und Ströme haben natürlich die gleiche Periodenzahl.

Einen derartigen Energieumsetzer, der im wesentlichen aus zwei getrennten Wicklungen, einer primären und einer sekundären, und einem gemeinsamen, in sich geschlossenen, mit beiden Spulen verketteten Eisenkern besteht, nennt man einen Transformator. Er dient zur Umsetzung von Wechselstrom gegebener Spannung in Wechselstrom derselben Periodenzahl, aber anderer Spannung.

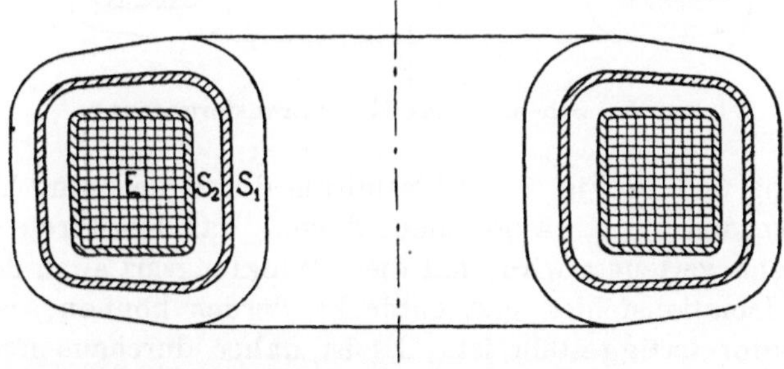

Fig. 4. Schema des Kerntranformators von Zipernowsky, Déri, Bláthy.

Der erste technisch brauchbare Transformator mit geschlossenem Eisenkern wurde im Jahre 1885 von der Firma Ganz & Co. nach den Patenten von Zipernowski-Déri-Bláthy ausgeführt. Die Konstruktion dieses Transformators entspricht der in Fig. 3 dargestellten Anordnung. Bei dem ersten Ganzschen Transformator bestand der Eisenkern E (Fig. 4) aus dünnem, durch eine Oxydschicht oder leichte Bespinnung isolierten Eisendraht, damit die Wirbelströme verkleinert und ihr schädlicher Einfluß auf die Erwärmung des Eisens und die Verteilung des Kraftflusses vermieden wird.

Die Windungen der Spulen S_1 und S_2 sind auf dem ganzen eisernen Ringe verteilt und voneinander sowie vom Eisenkern isoliert. Diese Anordnung kann so abgeändert werden, wie in Fig. 5 dargestellt ist. Die Kupferspulen S_1 und S_2 bilden den Kern und

die Windungen von Eisendraht den Mantel. — Die erste Konstruktion
wird als **Kerntransformator** und die zweite als **Manteltransformator** bezeichnet. Dieser Name wird auch auf andere Ausführungsformen übertragen, und ein Transformator, bei dem der
größte Teil des Kupfers von Eisen umgeben ist, wird Manteltransformator genannt.

Die oben beschriebene Form der Eisenkerne hat den Vorteil,
daß der Weg für den Kraftfluß im Eisen keine Unterbrechung durch
Stoßfugen erleidet, jedoch den großen Nachteil, daß in Fig. 4 der

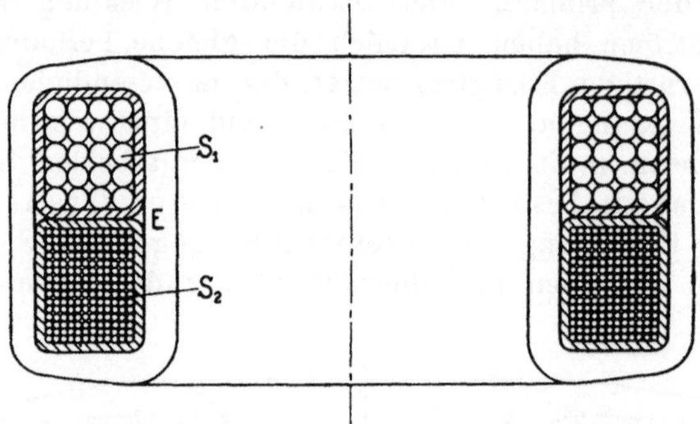

Fig. 5. Schema eines Manteltransformators.

Kupferdraht und in Fig. 5 der Eisendraht durch den Ring hindurch-
gezogen werden muß. Abgesehen davon, daß hierdurch die Herstellung sehr verteuert wird, hat diese Wicklungsart auch den Nachteil, daß Isolationsfehler erst entdeckt werden können, wenn der
Transformator fertiggestellt ist. Es ist daher durchaus notwendig,
die Konstruktion so auszuführen, daß die Spulen einzeln und unabhängig vom Kern auf der Wickelbank bequem hergestellt werden
können. Es ist dann möglich, die Spulen sorgfältig zu wickeln, gut
zu isolieren und vor dem Einbau in den Transformator zu prüfen.
Um dieses Ziel zu erreichen, ist es notwendig, die Kontinuität des
Eisenkörpers zu unterbrechen und ihn aus mehreren Teilen herzustellen. Eisendraht ist für solche Konstruktion nicht mehr geeignet,
man verwendet dazu Eisenblech.

Zweites Kapitel

Der Magnetisierungsstrom eines Einphasentransformators.

2. Die Kurvenform des Magnetisierungsstromes. — 3. Berechnung der Wattkomponente und der wattlosen Komponente des Magnetisierungsstromes. — 4. Einfluß der Stoßfugen auf den Magnetisierungsstrom.

2. Die Kurvenform des Magnetisierungsstromes.

In Fig. 6 ist die schematische Anordnung und Schaltung eines zweikernigen Einphasentransformators dargestellt. Die beiden Wick-

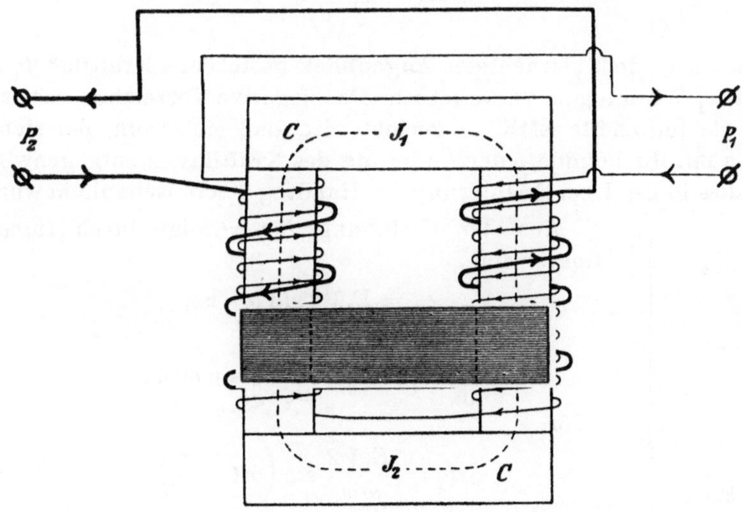

Fig. 6. Anordnung und Schaltung eines Transformators.

lungen sind gleichmäßig über die zwei Kerne K_1 und K_2 verteilt, die durch die Joche J_1 und J_2 verbunden sind. Läßt man die Klemmen des Sekundärkreises (Sekundärklemmen) offen, so führt nur die Primärwicklung einen Strom, den sie dem Netze entnimmt. Dieser Strom schafft ein magnetisches Feld im Transformator und heißt daher der **Magnetisierungsstrom** oder der **Leerlaufstrom**, und man bezeichnet diesen Betriebszustand als **Leerlauf** des Transformators. Das pulsierende magnetische Feld induziert in der Primärspule eine EMK, die der Klemmenspannung entgegengerichtet ist, so daß nur die Differenz dieser beiden Spannungen einen Strom in der Primärwicklung erzeugt. Der Strom ist gerade so groß, daß das von ihm erzeugte Feld eine EMK induziert, die der Klemmenspannung das Gleichgewicht hält. Ist die Klemmenspannung p_1 sinusförmig, so ist auch die induzierte EMK e_1 von Sinusform, weil sie in jedem Augenblick p_1 aufzuheben sucht. Der Kraftfluß Φ muß sich dann ebenfalls nach einem Sinusgesetze ändern, denn nach dem **Faraday-Maxwell**schen Induktionsgesetz ist die in der primären Wicklung induzierte EMK

$$ e_1 = - w_1 \frac{d\,\Phi_t}{d\,t}, $$

wenn der in dem betrachteten Augenblick bestehende Kraftfluß Φ_t mit allen w_1-Windungen verkettet ist. Das negative Vorzeichen sagt aus, daß die induzierte EMK so gerichtet ist, daß ein Strom, der sich in Phase mit ihr befindet, der Änderung des Kraftflusses entgegenwirkt, wie dies in Bd. I bei Erläuterung der Handregel veranschaulicht wurde.

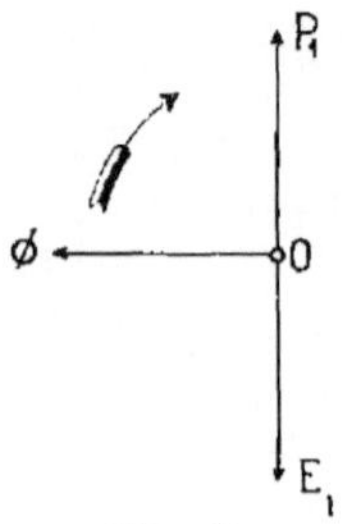

Aus der Gleichung für e_1 folgt durch Integration, wenn

$$ e_1 = E_1 \sqrt{2}\,\sin \omega t \text{ ist,} $$

$$ \int d\,\Phi_t = - \frac{E_1 \sqrt{2}}{w_1} \int \sin \omega t\, d t $$

oder

$$ \Phi_t = \frac{E_1 \sqrt{2}}{\omega\,w_1} \sin \left(\omega t + \frac{\pi}{2} \right), $$

Fig. 7.

also ist der Kraftfluß Φ_t auch von Sinusform und eilt der induzierten sinusförmigen EMK e_1 um $\frac{\pi}{2}$ vor (Fig. 7). $\omega = 2\pi c$ ist die Winkelgeschwindigkeit[1]) und c die Periodenzahl des Wechselstromes.

---

[1]) Näheres s. Bd. I, S. 28.

Die Amplitude des Kraftflusses ist

$$\Phi = \frac{E_1\sqrt{2}}{\omega\,w_1} = \frac{E_1\sqrt{2}}{2\,\pi\,c\,w_1} = \frac{E_1}{4{,}44\,c\,w_1},$$

worin E_1 die effektive EMK, in absoluten Einheiten gemessen, ist. Führt man Volt ein, so wird

oder

$$\left.\begin{array}{l} E_1 = 4{,}44\,c\,w_1\,\Phi\,10^{-8}\;Volt \\[2ex] \Phi = \dfrac{E_1\cdot 10^8}{4{,}44\,c\,w_1} \end{array}\right\} \quad \cdots \quad (3)$$

eine Formel, die nur für einen sinusförmig sich ändernden Kraftfluß gilt.

Betrachten wir die Grundformel

$$e_1 = -\,w_1\,\frac{d\,\Phi_t}{dt}$$

und machen nur die einzige Annahme, daß Φ_t eine beliebige periodische Funktion der Zeit und in bezug auf die Abszissenachse symmetrisch ist, so wird man durch Integration über $e_1\,dt$ von dem Zeitmomente an, in dem der Kraftfluß seinen absoluten Maximalwert hat, bis zu dem um $\frac{T}{2}$ gegen den Anfangswert verschobenen Zeitmomente, in dem Φ_t seinen absoluten Minimalwert hat, erhalten

$$\int_0^{\frac{T}{2}} e_1\,dt = -\,w_1\int_{+\,\Phi_{max}}^{-\,\Phi_{max}} d\,\Phi_t = 2\,w_1\,\Phi$$

oder als Mittelwert der induzierten EMK

$$E_{1\,mit} = \frac{2}{T}\int_0^{\frac{T}{2}} e_1\,dt = \frac{4}{T}\,w_1\,\Phi,$$

und da $T = \dfrac{1}{c}$ ist, wird

$$E_{1\,mit} = 4\,c\,w_1\,\Phi\,10^{-8}\,Volt \quad \cdots \quad (4)$$

ganz unabhängig von der Kurvenform.

Da Φ der absolute Maximalwert des Kraftflusses ist, wird $E_{1\,mit}$ der größte Mittelwert der EMK-Kurve, der innerhalb einer halben Periode erhalten werden kann. Auf S. 247, Bd. I ist der Formfaktor einer Wechselstromkurve definiert als das Verhältnis

$$f_e = \frac{\text{Effektivwert}}{\text{Mittelwert}} = \frac{E}{E_{mit}}.$$

Für eine beliebige Kurvenform ergibt sich somit die folgende Formel

und

$$E_1 = 4 f_\varepsilon c w_1 \Phi 10^{-8} \; Volt$$

$$\Phi = \frac{E_1 \cdot 10^8}{4 f_\varepsilon c w_1} \qquad \Bigg\} \quad \cdots \cdots \quad (5)$$

Aus der Größe des Kraftflusses Φ und den Abmessungen des magnetischen Kreises läßt sich nun der Magnetisierungsstrom berechnen.

Den Kraftfluß Φ finden wir nach Gl. 5 aus der zu induzierenden EMK. Wir setzen diese gleich der Klemmenspannung P_1, indem wir von dem Spannungsabfall in der Primärwicklung absehen, der bei Leerlauf sehr klein ist.

Der lamellierte Eisenkern des Transformators wird durch den Magnetisierungsstrom zyklisch magnetisiert. Wegen der magnetischen Remanenz des Eisens ist jedoch der vom Strom erzeugte Kraftfluß nicht in jedem Moment dem Momentanwert des Stromes proportional, sondern hat einen anderen, aus der Hysteresisschleife des magnetischen Kreises zu entnehmenden Wert.

Nehmen wir jetzt an, daß die Kurve der aufgedrückten Primärspannung sinusförmig ist, so wird der Kraftfluß Φ_t, wenn $-P_1 = E_1$ den Effektivwert der Klemmenspannung bezeichnet,

$$\Phi_t = - \frac{P_1 \sqrt{2} \, 10^8}{\omega w_1} \cdot \sin\left(\omega t + \frac{\pi}{2}\right)$$

oder

$$\Phi_t = \frac{P_1 \sqrt{2} \, 10^8}{\omega w_1} \cdot \sin\left(\omega t - \frac{\pi}{2}\right).$$

Um diesen dem Sinusgesetz folgenden Kraftfluß zu erzeugen, muß der Magnetisierungsstrom sich zeitlich in bestimmter Weise ändern, und man kann zu jedem Punkt der sinusförmig verlaufenden Kraftflußkurve oder Induktionskurve mittels der Hysteresisschleife den zugehörigen Momentanwert des Magnetisierungsstromes bestimmen.

Die Hysteresisschleife ist die Kurve, die die Induktion eines Eisenstückes als Funktion der wirksamen magnetisierenden Kraft angibt, wenn das Eisenstück zyklisch magnetisiert wird. Bekanntlich gibt uns der Inhalt dieser Schleife ein Maß für die Arbeit, die für eine Periode aufgewendet werden muß, um das Eisenstück zu magnetisieren (Bd. I, S. 391). Diese Arbeit, die von außen durch den Magnetisierungsstrom zugeführt werden muß, wird in Wärme umgesetzt.

Die Kurve des Magnetisierungsstromes, die man für einen sinusförmigen Kraftfluß aus der Hysteresisschleife berechnet, wird nicht sinusförmig und nicht symmetrisch in bezug auf die Maximalordinate.

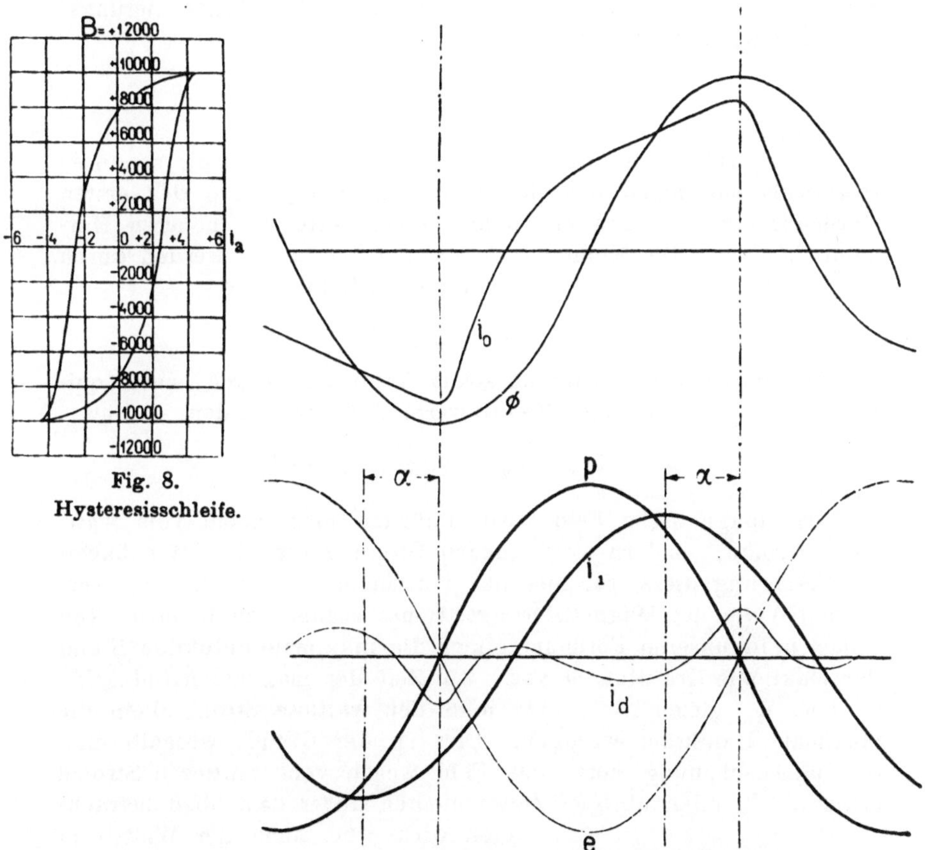

Fig. 8.
Hysteresisschleife.

Fig. 9. Die Kurven des Kraftflusses und des Magnetisierungsstromes eines Transformators.

In Fig. 8 ist eine Hysteresisschleife dargestellt, während in Fig. 9 e die Kurve der induzierten EMK, Φ die zugehörige Kraftflußkurve und i_0 die Kurve des erforderlichen Magnetisierungsstromes darstellt.

Da die Kurve des Magnetisierungsstromes verzerrt ist, zerlegen wir sie in ihre Harmonischen. In Fig. 9 ist i_1 die Grundharmonische, ihre Differenz mit der Kurve i_0 ist die Kurve der höheren Harmonischen i_d. Die Effektivwerte dieser beiden Kurven seien J_1 und J_d. Man konstruiert die Kurve der zugeführten Spannung

$p = - e$ und zerlegt die Sinuskurve i_1 in die Komponenten i_{1w} in Phase mit p und in i_{1wl}, die der zugeführten Spannung um 90^0 nacheilt. Weil die Stromkurve i_d in bezug auf die sinusförmige zugeführte Spannung wattlos ist, da sie nicht die Grundperiodenzahl hat, stellt i_{1w} den ganzen Wattstrom des Magnetisierungsstromes dar, und der Hysteresisverlust ist

$$W = P J_{1w},$$

wobei J_{1w} der Effektivwert des Stromes i_{1w} ist.

Die wattlose Komponente des Magnetisierungsstromes setzt sich zusammen aus der wattlosen Komponente der ersten Harmonischen J_{1wl} und aus dem Effektivwerte der höheren Harmonischen J_d. Die Komponente kann daher ersetzt werden durch einen äquivalenten Sinusstrom von dem Effektivwerte

$$J_{wl} = \sqrt{J_{1wl}^2 + J_d^2}.$$

Der ganze Magnetisierungsstrom kann nun durch einen äquivalenten Sinusstrom vom Effektivwerte J ersetzt werden, so daß

$$J = \sqrt{J_{1w}^2 + J_{wl}^2} = \sqrt{J_{1w}^2 + J_{1wl}^2 + J_d^2}$$

ist.

Das magnetische Feld wird natürlich nicht allein vom wattlosen Strome, sondern vom ganzen Strom J erzeugt. Wir haben die Zerlegung dieses Stromes nur vorgenommen, um mit der verzerrten Welle des Magnetisierungsstromes rechnen zu können. Nun kommen in unseren Formeln immer die maximale Induktion B und der maximale Kraftfluß Φ vor. Zur Zeit der maximalen Induktion ist aber i_{1w} gleich Null, also muß der wattlose Strom allein die maximale Induktion erzeugen. Dies ist der Grund, weshalb man oft die Anschauung hört, das Feld werde vom wattlosen Strome erzeugt. In allen übrigen Zeitmomenten außer dem oben betrachteten wirkt aber auch der Wattstrom an der Entstehung des Feldes mit.

Graphisch kann der Magnetisierungsstrom wie in Fig. 10 dargestellt werden. Hier ist die zugeführte Spannung P längs der Ordinatenachse, der Kraftfluß Φ nach links auf der Abszissenachse abgetragen.

$$\overline{OA} = J_w = J_{1w}$$

wird in Richtung der Spannung,

$$\overline{OB} = J_{wl} = \sqrt{J_{1wl}^2 + J_d^2}$$

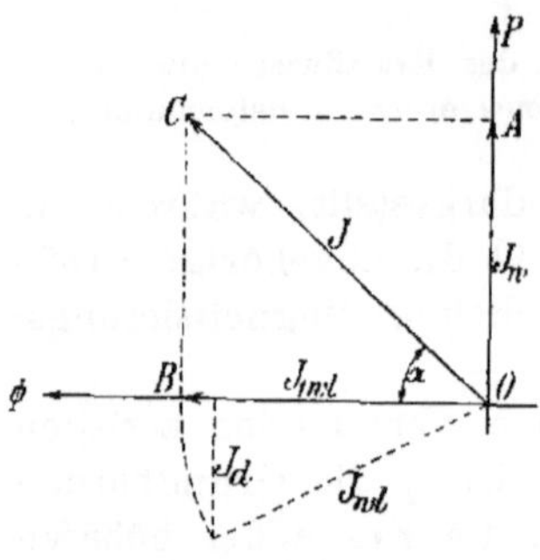

Fig. 10. Diagramm des Magnetisierungsstromes.

in Richtung des Kraftflusses abgetragen. Der dem Magnetisierungsstrome äquivalente Sinusstrom J wird nach Größe und Richtung durch den Vektor $\overline{OC}$ dargestellt.

Den Winkel α, um den der Kraftfluß dem äquivalenten Strome nacheilt, nennt man den **magnetischen Verzögerungswinkel** oder den **Hysteresiswinkel**.

Das Verhältnis

$$\frac{J}{P} = y$$

heißt die **Admittanz** der magnetisierenden Wicklung.

Wir setzen ferner die wattlose Komponente des Magnetisierungsstromes

$$J_{wl} = J \cos \alpha = Pb$$

und seine Wattkomponente

$$J_w = J \sin \alpha = Pg \, ,$$

wobei b die **effektive Suszeptanz**, g die **effektive Konduktanz** bedeuten.

Im Vorhergehenden haben wir den Einfluß der Wirbelströme vernachlässigt. Sie lassen sich jedoch experimentell leicht berücksichtigen, denn bei sinusförmiger Spannung ändern sich der Kraftfluß und somit auch die Wirbelströme nach einer Sinuskurve. Die Wirbelströme erhöhen den Magnetisierungsstrom und die Verluste, bedingen also sowohl eine Erhöhung der wattlosen Komponente als auch der Wattkomponente des sinusförmigen Teiles des Magnetisierungsstromes. An den angeführten Rechnungen und Überlegungen ändert sich somit nichts, selbst wenn die Wirbelströme berücksichtigt werden, und man kann die mittels Wechselstrommagnetisierung auf experimentellem Wege ermittelten Größen nach denselben Diagrammen behandeln. Die rechnerische Berücksichtigung der Wirbelströme ist im Abschn. 19 gegeben, ihr Einfluß auf die Stärke und Verteilung der Induktion in magnetisierten Eisenkernen ist in WT, Bd. I, 2. Aufl., Abschn. 112 ausführlich behandelt.

3. Berechnung der Wattkomponente und der wattlosen Komponente des Magnetisierungsstromes.

Die Komponenten des Magnetisierungsstromes berechnen wir, indem wir wie bei Gleichstrom für die einzelnen Teile des magnetischen Kreises die Induktion, die Amperewindungszahl für 1 cm Weglänge und die Länge des ganzen Kraftlinienweges bestimmen und dann durch Summation die gesamten Amperewindungen ermitteln.

Die Wattamperewindungen für die einzelnen Teile des Kraftlinienweges können wir ohne weiteres algebraisch addieren, da sie ja Leistungen bedeuten. Wir hatten bei unserer Auflösung der Kurve des Magnetisierungsstromes den Wattstrom als reine Sinuswelle dargestellt, da er sonst mit der sinusförmig angenommenen Klemmenspannung keine Leistung hervorbringen könnte, und diese Sinuswelle ist daher die gleiche für den ganzen Kreis.

Zur Berechnung des Wattstromes müssen wir die Verluste bei Leerlauf kennen, und zwar vernachlässigen wir die geringen Stromwärmeverluste gegenüber den Eisenverlusten. Aus den Verlustkurven S. 63 bis 65 finden wir für die gewünschte Blechdicke, Periodenzahl und Induktion den Eisenverlust für 1 kg und bestimmen damit den gesamten Eisenverlust des Transformators W_{ei}. Der Wattstrom ist dann

$$J_w = \frac{W_{ei}}{E} \cong \frac{W_{ei}}{P_1} \qquad \cdots \cdots \quad (6)$$

für einen Einphasentransformator. Die maximalen Wattamperewindungen sind $AW_{kw} = \sqrt{2}\, J_w\, w_1$.

Die Berechnung der wattlosen Amperewindungen für den ganzen Kreis durch Addition der wattlosen Amperewindungen für die einzelnen Stücke ist nicht ganz genau. Die Verzerrung der Stromkurve hängt von der Sättigung ab, wir haben also in den einzelnen Stücken höhere Harmonische verschiedener Phase und Periodenzahl, die wir nicht ohne weiteres addieren können. Der Fehler ist aber gegenüber der Ungenauigkeit, die der ganzen Vorausberechnung des Magnetisierungsstromes wegen der Ungleichmäßigkeiten in Herstellung und Montage der Transformatoren anhaftet, so klein, daß wir ihn vernachlässigen dürfen.

In Fig. 11 sind die Werte aw_{wl}, d. h. die maximalen wattlosen Amperewindungen für 1 cm Kraftlinienlänge für verschiedene Induktionen B in Kurven aufgetragen. Die Kurven I und II gelten für Dynamoblech von 0,5 und 0,35 mm Stärke, Kurve III für legiertes Blech von 0,33 mm Stärke. Die Periodenzahl hat auf die Größe der Amperewindungen keinen Einfluß.

Die wattlosen Amperewindungen setzen sich zusammen aus den Amperewindungen für das Eisen und für den Luftspalt δ, den die Stoßfugen bilden.

Es ist

$$AW_{kwl} = aw_{wl1}\, L_1 + aw_{wl2}\, L_2 + \ldots + 0{,}8\,\frac{\Phi}{Q}\,\delta \quad \cdot \quad \cdot \quad (7)$$

Q bedeutet hier den Luftquerschnitt einer Stoßfuge.

Die gesamten maximalen Amperewindungen bei Leerlauf sind nun

$$AW_k = \sqrt{AW_{kw}^2 + AW_{kwl}^2} \qquad \cdots \quad \cdots \quad (8)$$

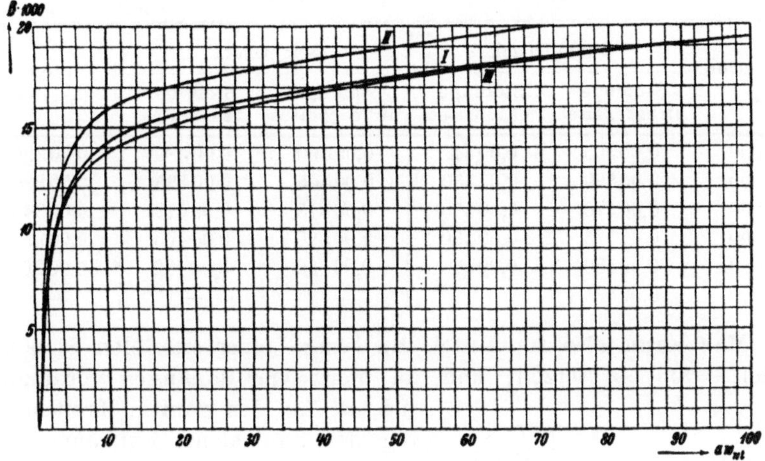

Fig. 11. Kurven der wattlosen Amperewindungen für 1 cm Kraftlinienlänge.

und der Magnetisierungsstrom (Leerlaufstrom)[1] ist

$$J_0 = \frac{A W_k}{\sqrt{2}\, w_1} \qquad \ldots \qquad (9)$$

Eine genauere Methode zur Bestimmung von $A W_k$ findet sich WT, Bd. I, Abschn. 117.

4. Einfluß der Stoßfugen auf den Magnetisierungsstrom.

Für die äquivalente Länge des Luftzwischenraumes einer Stoßfuge sind von Ewing[2]) und später von Bohle[3]) ziemlich übereinstimmende Werte gefunden worden. Bohle gibt folgende Tabelle an:

Induktion B	Ohne Druck		Mit Druck		Fuge verzapft
	Stoßfuge unbearbeitet	Stoßfuge bearbeitet	Stoßfuge unbearbeitet	Stoßfuge bearbeitet	
4000	0,00470	0,00470	0,00370	0,00290	0,00165
5000	0,00495	0,00495	0,00405	0,00320	0,00205
6000	0,00520	0,00520	0,00430	0,00335	0,00240
7000	0,00535	0,00530	0,00460	0,00355	0,00270
8000	0,00545	0,00540	0,00475	0,00370	0,00300

[1]) Vgl. S. 16.
[2]) Ewing, Magnetic Induction in Iron and Other Metals.
[3]) Journ. of the Inst. of Electr. Eng. 1908, Nr. 191.

Induktion B	Ohne Druck		Mit Druck		Fuge verzapft
	Stoßfuge unbearbeitet	Stoßfuge bearbeitet	Stoßfuge unbearbeitet	Stoßfuge bearbeitet	
9 000	0,00 555	0,00 547	0,00 490	0,00 380	0,00 320
10 000	0,00 560	0,00 550	0,00 505	0,00 395	0,00 330
11 000	0,00 570	0,00 555	0,00 515	0,00 410	0,00 340
12 000	0,00 575	0,00 560	0,00 520	0,00 425	0,00 350
13 000	0,00 580	0,00 565	0,00 530	0,00 430	0,00 360
14 000	0,00 585	—	—	—	—

Man kann also im Mittel die Länge einer stumpfen Stoßfuge gleich 0,005 cm setzen, und da meist vier Stoßfugen vorhanden sind, ist für den ganzen Kraftlinienweg der äquivalente Luftraum

$$\delta = 4 \cdot 0,005 = 0,02 \text{ cm}.$$

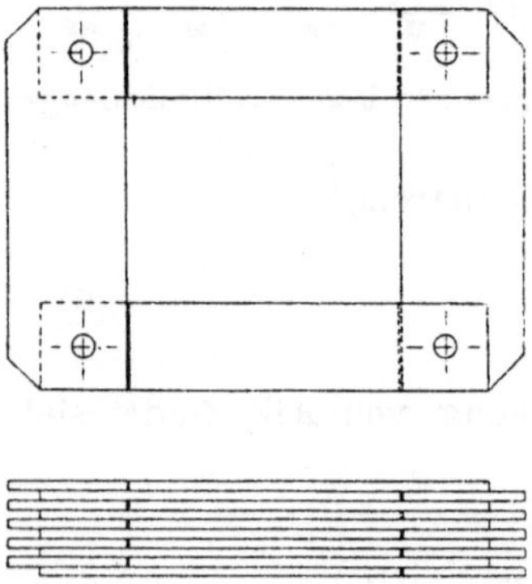

Bei verzapften Stoßfugen (Fig. 12) kann man im Mittel für eine Fuge 0,0035 cm setzen. Es ist zu beachten, daß bei den Versuchen die Fugen sehr sorgfältig hergestellt wurden, so daß bei ausgeführten Transformatoren die oben angegebenen Werte oft um 50 bis 100 % zu erhöhen sind.

Liegt eine dünne Papierschicht in der Stoßfuge, so ist deren Dicke natürlich mit in Rechnung zu ziehen.

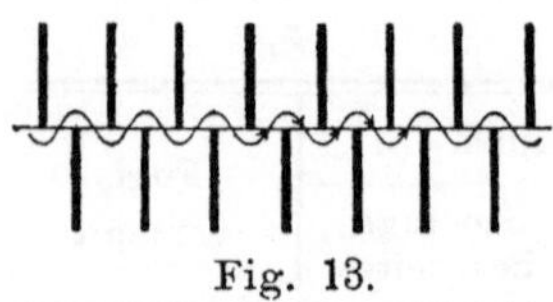

Fig. 12. Verzapfung der Bleche.

Die isolierende Papierschicht soll verhüten, daß die Wirbelströme sich durch die Bleche schließen. Denn im allgemeinen wird es nicht möglich sein, an der Stoßfuge Joch und Kern so zu montieren, daß genau die isolierenden Schichten zwischen den Blechen des einen Paketes die Fortsetzungen der des anderen bilden. Meistens werden, wie Fig. 13 zeigt, die Bleche des einen Teiles die des anderen überdecken.

Fig. 13.

Bei Verzapfung von Joch und Kern miteinander (Fig. 12) wird dieser Übelstand vermieden. Hierbei treten aber, wie Fig. 14 zeigt, Kraftröhrenkontraktionen auf, die Wirbelströme verursachen und die Eisenverluste vermehren. Diese Wirbelströme an den Verzapfungsstellen sind um so größer, je dicker ein Blechbündel s ist. Durch diese Kontraktion wird auch der magnetische Widerstand erhöht, der noch außerdem deshalb wächst, weil der Kraftfluß beim

Übergang von einem Bündel oder einem Blech zum anderen die zwischenliegende Isolierschicht durchtreten muß. Diese beiden Erscheinungen rufen eine Vergrößerung des Magnetisierungsstromes hervor.

Wir sehen hieraus, daß die Verzapfung in magnetischer Hinsicht nicht viel besser sein kann, als ebene Stoßfugen. Für die Verbindungsart von Kern und Joch sind daher nur eine billige Herstellung und eine bequeme Zusammensetzbarkeit des Eisenkörpers maßgebend.

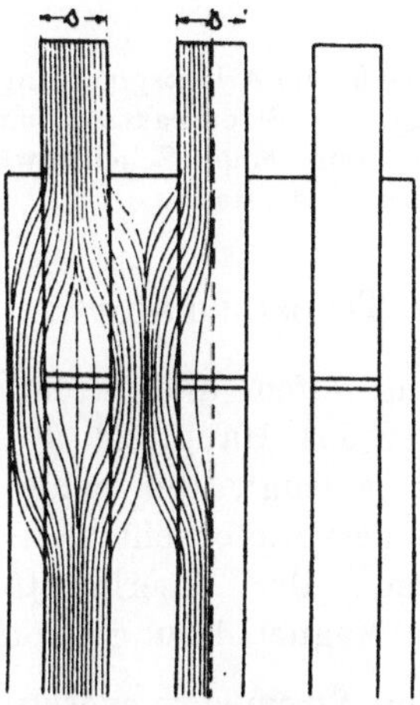

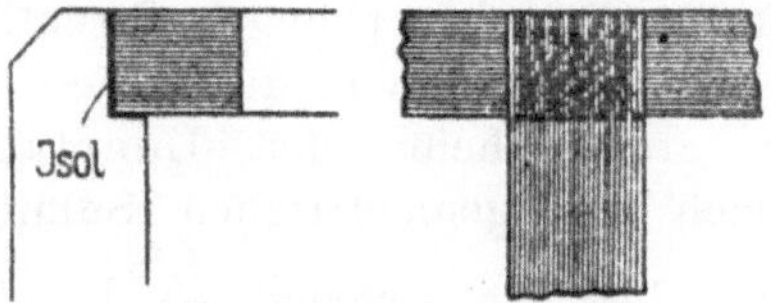

Fig. 14. Kontraktion des Kraftflusses.

Fig. 15.

Kreuzen sich die Bleche wie in Fig. 15, so muß unbedingt eine isolierende dünne Zwischenlage angebracht werden, durch die allerdings der wattlose Leerlaufstrom vergrößert wird.

Drittes Kapitel.

Die Gleichungen und Konstanten eines Einphasentransformators.

5. Die Kraftflüsse eines belasteten Transformators. — 6. Die Arbeitsgleichungen eines Einphasentransformators. — 7. Berechnung der Streureaktanz einer Zylinderwicklung. — 8. Berechnung der Streureaktanz einer Scheibenwicklung. — 9. Der primäre und sekundäre Widerstand.

5. Die Kraftflüsse eines belasteten Transformators.

Bei Leerlauf ist die Sekundärwicklung offen und stromlos. In der Primärwicklung fließt ein Strom, der das Hauptfeld Φ im Eisenkern und das primäre Streufeld Φ_{s1} erzeugt, die beide in Phase sind, da sie von demselben Strome hervorgebracht werden. Dieser Strom heißt der Leerlaufstrom. Der Leerlaufstrom ist gleich der geometrischen Summe des Magnetisierungsstromes J_a und des Wattstromes $\dfrac{J_0{}^2 r_1}{P_1}$, der den Stromwärmeverlusten $(J_0{}^2 r_1)$ der Primärwicklung bei leerlaufendem Transformator entspricht. Da die zweite Komponente im allgemeinen klein ist, dürfen wir den Leerlaufstrom J_0 gleich dem Magnetisierungsstrom J_a setzen.

An den offenen Klemmen der Sekundärwicklung läßt sich eine Spannung P_2 messen, die sich von der in der Sekundärwicklung durch den Hauptkraftfluß Φ induzierten EMK E_2 praktisch nicht unterscheidet, da der von dem kleinen Voltmeterstrom hervorgerufene Spannungsabfall keine Bedeutung hat. Es ist also

$$P_2 = E_2 = 4 f_\varepsilon c w_2 \Phi\, 10^{-8} \text{ Volt.}$$

Für die primär induzierte EMK hatten wir gefunden

$$E_1 = 4 f_\varepsilon c w_1 \Phi\, 10^{-8} \text{ Volt.}$$

Die Klemmenspannung P_1 ist größer als E_1 und hat eine geringe Phasenvoreilung, da P_1 außer E_1 noch dem Ohmschen Spannungsabfall des Leerlaufstromes und der vom Streukraftfluß induzierten EMK das Gleichgewicht halten muß. Um Irrtümer zu vermeiden, sei darauf hingewiesen, daß die Trennung in Hauptkraftfluß und Streukraftfluß, die jeder ganz gesondert für sich in der Wicklung eine EMK induzieren, nur eine vereinfachende Rechenoperation ist. In Wirklichkeit durchsetzt die Wicklung nur ein einziger Kraftfluß, der sich auf verschiedenen Wegen schließt.

In den meisten Fällen, falls nicht ein besonders großer Leerlaufstrom und sehr starke Streuung vorhanden ist, unterscheidet sich die vom Hauptkraftfluß Φ in der Primärwicklung induzierte EMK E_1 bei Leerlauf nur sehr wenig von der Klemmenspannung P_1. Wir können daher setzen

$$\frac{P_1}{P_2} \approx \frac{E_1}{E_2} = \frac{w_1}{w_2} = u \quad . \quad . \quad . \quad . \quad . \quad (10)$$

Das Übersetzungsverhältnis u des Transformators (das Verhältnis der Windungszahlen) kann also durch Messung der Spannungen bei Leerlauf bestimmt werden.

Schalten wir nun einen Belastungswiderstand zwischen die Sekundärklemmen, so durchfließt ein Strom J_2 die Sekundärwicklung, der einen dem erzeugenden Felde entgegengerichteten Kraftfluß hervorzurufen sucht. Der Primärstrom steigt deswegen um einen entsprechenden Betrag an, um diese Gegenwirkung aufzuheben und den ursprünglichen Kraftfluß aufrecht zu erhalten.

Da der Spannungsabfall in der Primär- und der Sekundärwicklung eines Transformators prozentual klein ist, so werden die in beiden Wicklungen induzierten EMKe bei Vollast sich nicht viel von denen bei Leerlauf unterscheiden. Es nimmt somit der Kraftfluß Φ von Leerlauf bis Belastung nur wenig ab, im allgemeinen nur 1 bis 3 %. Zur Erzeugung des Kraftflusses bei Belastung ist also fast dieselbe Amperewindungszahl $J_a w_1$ erforderlich wie bei Leerlauf. Diese Amperewindungszahl ist in Fig. 16 durch $J_a w_1$ dargestellt. Da aber in der Sekundärwicklung ein Strom J_2 fließt, der um einen gewissen Winkel ψ_2 gegen E_2 phasenverschoben ist, so steigt der Primärstrom an, und zwar muß die primäre Amperewindungszahl $J_1 w_1$ erstens die magnetisierende Kraft der Sekundäramperewindungen $J_2 w_2$ kompensieren und ferner noch die für die Magnetisierung des magnetischen Kreises nötigen Amperewindungen $J_a w_1$ liefern. Mit anderen Worten: die Amperewindungszahl $J_1 w_1$ ist die geometrische Summe von $J_a w_1$ und $J_2 w_2$, wie Fig. 16 zeigt. Wie aus dieser Figur ersichtlich ist, sind die beiden Ströme J_1 und J_2, die dieselbe Phase haben wie die entsprechenden Amperewindungen, fast um 180° gegeneinander verschoben, und die primären und sekundären Amperewindungen sind einander fast gleich. Das magnetische Feld, das im Transformator

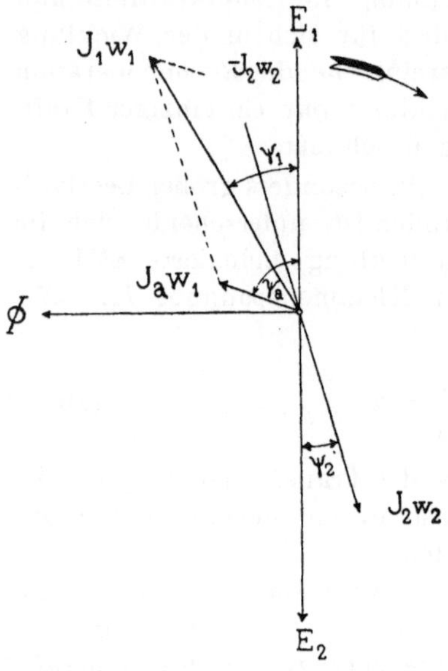

Fig. 16. Diagramm der Amperewindungen

bei Belastung entsteht, muß somit einen ganz anderen Charakter erhalten als das Kraftlinienbild bei Leerlauf angibt.

Bei Belastung entsteht das Hauptfeld im allgemeinen durch die gemeinsame Wirkung der primären und sekundären Amperewindungen. Nun sind aber primärer und sekundärer Strom nicht genau um 180^0 gegeneinander verschoben, sie werden also nicht beide im gleichen Augenblicke Null. Verschwindet z. B. der Sekundärstrom, so besteht in diesem Zeitpunkte nur der Primärstrom, und er allein erzeugt das Feld. Geht aber der Primärstrom durch Null, während der Sekundärstrom noch besteht, so erzeugt dieser allein das Feld, und wir bekommen, nur von der sekundären Seite aus, dasselbe Bild wie auf S. 2 Fig. 3 für den leerlaufenden Transformator.

Auch die Streuflüsse zeigen ein veränderliches Bild. Der Sekundärstrom sucht einen Kraftfluß zu erzeugen, der dem Primärfelde entgegengerichtet ist. Er ist daher bestrebt, wie in Fig. 17 durch punktierte Linien angedeutet ist, einen sekundären Streufluß zu erzeugen, der innerhalb des Eisens dem primären Fluß entgegengerichtet ist. Da nun im gleichen Querschnitt zwei Kraftflüsse von entgegengestzter Richtung nicht bestehen können, kommt dieser Teil des sekundären Streuflusses solange nicht zustande, wie die primären Am-

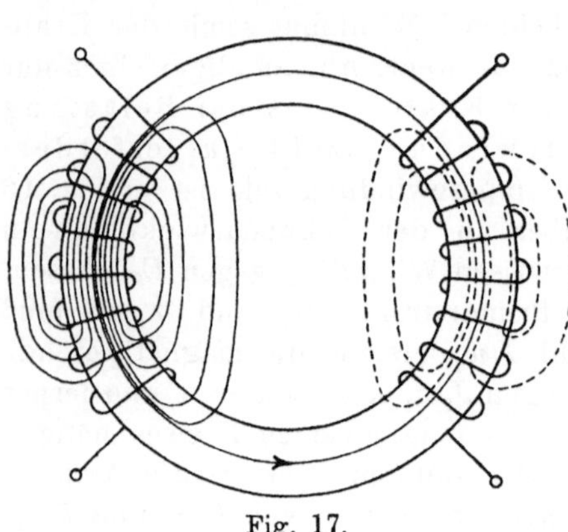

Fig. 17.

perewindungen das Übergewicht haben.

In dem oben erwähnten Moment, in dem der **Primärstrom** Null ist, gibt es dagegen nur sekundäre Streuung, und zwar hält sie so lange an, wie das Hauptfeld vom Sekundärstrome erzeugt wird.

Bei Belastung müssen die Streufelder größer sein als bei Leerlauf, denn erstens sind die Stromstärken größer und zweitens wird ein Teil des primären Kraftflusses durch die Gegenwirkung der sekundären Amperewindungen aus seiner Verkettung mit sekundären Windungen herausgedrängt.

Die Verhältnisse werden noch dadurch kompliziert, daß die Ausbildung der Streufelder auch von der Phasenverschiebung zwischen dem Sekundärstrom und dem Magnetisierungsstrom abhängt. Beträgt z. B. diese Phasenverschiebung 180^{0}, so daß J_2 in die Verlängerung von J_a fällt, so liegt J_1 in der gleichen Richtung, und das in Fig. 17 punktiert gezeichnete Streufeld kann in diesem Fall niemals zustande kommen, weil die primären Amperewindungen immer größer sind als die sekundären.

6. Die Arbeitsgleichungen eines Einphasentransformators.

Auf Grund der eben entwickelten Anschauungen können wir nun die Differentialgleichungen für die elektromotorischen Kräfte in der Primär- und Sekundärwicklung aufstellen. Für den primären Stromkreis lautet sie

$$p_1 = i_1 r_1 + S_1 \frac{d i_1}{d t} + w_1 \frac{d \Phi_t}{d t} \quad \ldots \ldots \quad (11)$$

und für den sekundären Stromkreis

$$0 = p_2 + i_2 r_2 + S_2 \frac{d i_2}{d t} + w_2 \frac{d \Phi_t}{d t} \quad \ldots \ldots \quad (12)$$

S_1 und S_2 sind die Koeffizienten der Streuinduktion der beiden Wicklungen (Näheres s. Bd. I, S. 126). Die Gleichungen besagen, daß in jedem Moment in jeder der beiden Wicklungen die ihr von außen aufgedrückte Spannung (p_1 oder Null) dem Ohmschen Spannungsabfall, der vom Streukraftfluß und der vom Hauptkraftfluß induzierten EMK das Gleichgewicht hält und in der Sekundärwicklung noch die sekundäre Klemmenspannung (p_2) liefert

Der Hauptkraftfluß wird von den primären und sekundären Amperewindungen gemeinsam erzeugt und ist umgekehrt proportional einem gedachten magnetischen Widerstande R, so daß wir setzen können

$$\Phi_t = \frac{i_1 w_1 + i_2 w_2}{R} .$$

Hiermit nehmen die Gl. 11 und 12 die Formen an

$$p_1 = i_1 r_1 + S_1 \frac{di_1}{dt} + \frac{w_1 w_2}{R}\left(\frac{w_1}{w_2}\frac{di_1}{dt} + \frac{di_2}{dt}\right)$$

$$= i_1 r_1 + S_1 \frac{di_1}{dt} + M \frac{w_1}{w_2}\frac{di_1}{dt} + M \frac{di_2}{dt} \quad \ldots \quad (11\,\mathrm{a})$$

$$0 = p_2 + i_2 r_2 + S_2 \frac{di_2}{dt} + M \frac{w_2}{w_1}\frac{di_2}{dt} + M \frac{di_1}{dt} \quad . \quad (12\,\mathrm{a})$$

$M = \dfrac{w_1 w_2}{R}$ nennt man den **Koeffizienten der gegenseitigen Induktion** der primären und sekundären Wicklung. Er ist numerisch gleich der Zahl der Kraftlinienverkettungen zwischen den beiden Wicklungen, wenn primär ein Strom von der Stärke 1 fließt, was man ohne weiteres aus der Schreibart $M = \dfrac{1 \cdot w_1}{R} w_2$ erkennt.

Bei **Leerlauf** geht Gl. 11a in die Form über

$$p_1 = i_1 r_1 + S_1 \frac{di_1}{dt} + M \frac{w_1}{w_2}\frac{di_1}{dt} = i_1 r_1 + \left(S_1 + M \frac{w_1}{w_2}\right)\frac{di_1}{dt}$$

$$= i_1 r_1 + L_1 \frac{di_1}{dt} \quad . \quad . \quad . \quad . \quad . \quad . \quad . \quad . \quad . \quad (13)$$

Diese Gleichung entspricht wieder vollständig den physikalischen Vorgängen, da die Primärwicklung nur von einem Felde durchsetzt wird. Man nennt

$$L_1 = S_1 + M \frac{w_1}{w_2} . \quad . \quad . \quad . \quad . \quad . \quad (14)$$

den **Koeffizienten der Selbstinduktion der Primärwicklung** und setzt entsprechend für die Sekundärwicklung

$$L_2 = S_2 + M \frac{w_2}{w_1} , \quad . \quad . \quad . \quad . \quad . \quad (15)$$

In Fig. 18 sind in die schematische Darstellung eines Transformators diese Bezeichnungen eingetragen.

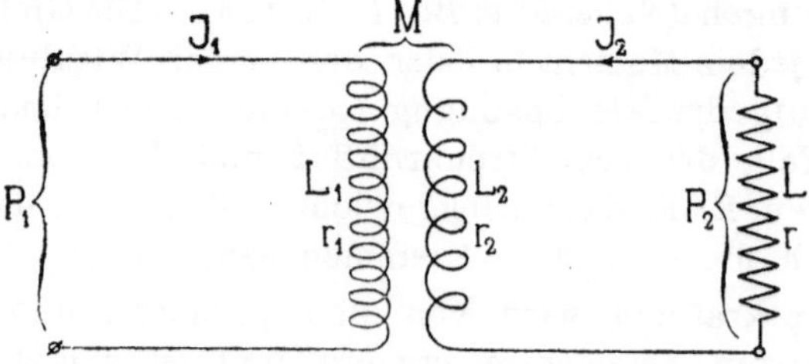

Fig. 18. Schematische Darstellung der Stromkreise eines Einphasentransformators.

Durch Multiplikation von Gl. 14 mit Gl. 15 ergibt sich die Beziehung

$$M^2 = (L_1 - S_1)(L_2 - S_2).$$

Von dem von der Primärwicklung erzeugten und mit ihr verketteten Kraftflusse ist ein Teil entsprechend $M \dfrac{w_1}{w_2}$ mit der Sekundärwicklung und ein Teil entsprechend S_1 nur mit der Primärwicklung verkettet.

In der Technik wird das Verhältnis

$$\frac{L_1}{M \dfrac{w_1}{w_2}} = \frac{L_1}{L_1 - S_1} = \sigma \quad \cdot \quad \cdot \quad \cdot \quad \cdot \quad \cdot \quad (16)$$

nach dem Vorschlag von J. Hopkinson, Streukoeffizient genannt. σ ist bei Transformatoren fast immer größer als 1 und stellt das Verhältnis der totalen Verkettungen, die ein Kraftfluß mit der eigenen Wicklung bildet, zu den Verkettungen, die er mit der anderen auf gleiche Windungszahl reduzierten Wicklung bildet, dar.

Für praktische Rechnungen sind die besprochenen Koeffizienten unbequem. Man rechnet besser mit folgenden Konstanten (vgl. Bd. I):

$b_0 =$ primäre Suszeptanz,

$g_0 =$ primäre Konduktanz,

$r_1 =$ Widerstand der Primärwicklung,

$x_1 = \omega S_1 = 2 \pi c S_1 =$ Reaktanz der Primärwicklung,

$r_2' = r_2 \dfrac{w_1{}^2}{w_2{}^2} = u^2 r_2 =$ Widerstand der Sekundärwicklung auf das primäre System reduziert

und

$x_2' = x_2 \dfrac{w_1{}^2}{w_2{}^2} = \omega S_2 \dfrac{w_1{}^2}{w_2{}^2} = \omega u^2 S_2 =$ Reaktanz der Sekundärwicklung auf das primäre System reduziert.

Aus diesen ergeben sich wieder

$y_0 = \sqrt{g_0{}^2 + b_0{}^2} =$ primäre Admittanz,

$z_1 = \sqrt{r_1{}^2 + x_1{}^2} =$ primäre Impedanz

und

$z_2' = \sqrt{r_2'{}^2 + x_2'{}^2} = z_2 \dfrac{w_1{}^2}{w_2{}^2} = u^2 z_2 =$ sekundäre Impedanz, auf das primäre System reduziert.

Die äußere sekundäre Belastung gibt man gewöhnlich durch den sekundären Phasenverschiebungswinkel φ_2 und die sekundäre Stromstärke J_2 (oder $J_2' = \dfrac{w_2}{w_1} J_2 = \dfrac{1}{u} J_2$) an. Die Belastung ist durch diese beiden Größen bestimmt, und man kann aus ihnen den entsprechenden Widerstand r und die entsprechende Reaktanz x berechnen.

Die primäre Suszeptanz b_0 ist gleich

$$b_0 = \frac{A W_k}{\sqrt{2}\, w_1 P_1} \text{ Mho.}$$

Die primäre Konduktanz g_0 ist gleich

$$g_0 = \frac{W_{ei}}{P_1^2} \text{ Mho.}$$

Wir werden im folgenden, wie es soeben bei der Aufstellung der Bezeichnungen geschehen ist, der Einfachheit halber alle sekundären Größen auf das primäre System derartig reduzieren, daß die in beiden Wicklungen von demselben Kraftfluß induzierten EMKe E gleich werden. Wir erreichen dadurch den Vorteil, daß für graphische Darstellungen die primären und sekundären Größen in demselben Maßstabe erscheinen. Wir müssen somit alle Spannungen und EMKe des Sekundärsystems mit $\dfrac{w_1}{w_2} = u$ multiplizieren, um sie auf das Primärsystem zu reduzieren. Da die Leistung des Sekundärsystems dem Produkte von Spannung und Strom proportional ist, und ferner die Leistung des auf das Primärsystem reduzierten Sekundärsystems gleich der ursprünglichen sein muß, so folgt hieraus, daß alle Ströme des Sekundärsystems durch Multiplikation mit $\dfrac{w_2}{w_1} = \dfrac{1}{u}$ auf das Primärsystem reduziert werden können. Da Widerstand und Reaktanz Verhältnisse zwischen Spannung und Strom sind, so wird die Impedanz des Sekundärsystems durch Multiplikation mit $\left(\dfrac{w_1}{w_2}\right)^2 = u^2$ auf das Primärsystem reduziert.

Im folgenden werden alle reduzierten Größen mit einem Strich (') bezeichnet werden.

7. Berechnung der Streureaktanz einer Zylinderwicklung.

Wir sahen auf S. 18, daß die Ausbildung der Streufelder nicht nur von den Abmessungen des Transformators (d. h. von der magnetischen Leitfähigkeit) abhängt, sondern auch von der Phasenverschiebung der Ströme gegen die EMKe, daß ferner der Verlauf der Streulinien um die Primär- und Sekundärwicklung innerhalb einer Periode wechselt und zeitweilig überhaupt nur eine Wicklung Streuung besitzt.

Um die Berechnung der Streureaktanzen zu vereinfachen, nehmen wir an, daß die Streufelder von einem primären und sekundären Strom von genau 180^0 Phasenverschiebung erzeugt werden. Wir würden somit die gleichen Streufelder erhalten, wenn wir bei einem Transformator, dessen primäre Windungszahl gleich der sekundären ist, beide hintereinander schalten, so daß der Strom in der einen Wicklung dem in der andern entgegengerichtet ist. Der gleichen Annahme entspricht das später gegebene vereinfachte Potentialdiagramm Fig. 31. Da die Phasenverschiebung bei allen Belastungsarten immer nahezu 180° ist, ist die gemachte Annahme zulässig. Die so entstandenen Streufelder denken wir uns über das Hauptfeld superponiert.

Aber selbst unter diesen Annahmen kann man die Stärke des Streufeldes nicht exakt ermitteln. Die Spulen eines Transformators liegen teils an Eisenteilen (den Jochen), teils mehr von diesen entfernt, und jede Spule besitzt ihr eigenes Streubild. Wir müssen daher, um Gleichungen ansetzen zu können, eine von der Wirklichkeit abweichende Anordnung der Spulen und des Eisenkörpers annehmen, die eine mathematische Bestimmung zuläßt. Wir können dann mit Hilfe der Maxwellschen Gleichungen die Energie W für die angenommene Anordnung von Leitern bestimmen und aus ihr den Streuinduktionskoeffizienten S ermitteln durch die Beziehung

$$W = \frac{S J^2}{2}.$$

Die Rechnung führt zu verwickelten Ausdrücken, die für die Praxis nur in sehr vereinfachter Form zu brauchen sind. Die so gefundenen endgültigen Formeln sind daher schließlich nicht viel genauer als Gleichungen, die man unter Annahme eines ganz einfachen Kraftlinienbildes findet und durch einen Erfahrungsfaktor für jede Type korrigiert. Die letzte Methode hat aber noch den Vorzug, daß für eine neue Anordnung mit einfachen Mitteln die ungefähre Größe der Reaktanz vorausberechnet werden kann.

Eine genaue Bestimmung der Streuinduktionskoeffizienten nach der ersten Methode ist von Rogowski[1]) durchgeführt worden, während das zweite Verfahren zuerst von Kapp[2]) angewendet wurde.

In Fig. 19 ist ein Einphasen-Kerntransformator mit Zylinderwicklung dargestellt; die Niederspannungsspule ist wie gewöhnlich innen am Eisen angebracht, während die Hochspannungsspule außen liegt. Das nach unseren Vereinbarungen entstanden gedachte Kraftlinienbild ist in der Figur durch Kurven dargestellt.

Die Streulinien der Spule I müssen innen durch den engen Zwischenraum zwischen den beiden Spulen hindurchtreten, dessen

---

[1]) W. Rogowski, Über das Streufeld und den Streuinduktionskoeffizienten eines Transformators mit Scheibenwicklung, Berlin 1908.

[2]) Kapp, Transformatoren.

Widerstand sehr groß ist gegenüber dem des ganzen Außenraums, durch den die Linien sich schließen. In gleicher Weise finden die Streulinien der Spule II auf dem Wege durch das Eisen einen viel kleineren Widerstand als im Zwischenraume. Wir nehmen nun an, daß die Widerstände für beide Spulen ungefähr gleich groß sind, so daß beide gleich große Streuflüsse haben und ähnliche Bilder der Kraftlinienverteilung aufweisen. Die Induktion im Zwischenraum ist dann über dessen ganze Breite konstant und nimmt in beiden Spulen nach außen hin gleichmäßig bis auf 0 ab, d. h. wir

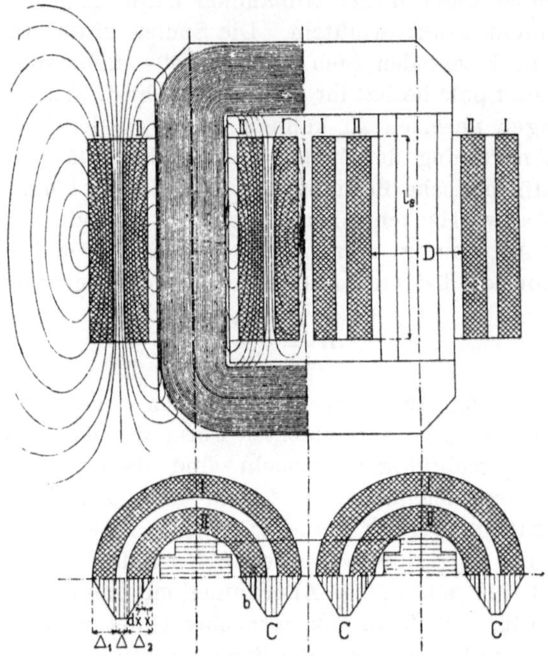

Fig. 19. Streufeld eines Transformators mit Zylinderwicklung.

bekommen für den Streufluß das durch den Linienzug C dargestellte Bild der Feldverteilung. Zur Berechnung der Reaktanz wollen wir annehmen, daß der Widerstand für die Kraftlinien außerhalb der Spulen und des Luftzwischenraumes gegenüber dem innerhalb der Spulen und im Zwischenraume zu vernachlässigen sei. Das Resultat wollen wir dann durch einen Korrektionsfaktor berichtigen.

Der Streuinduktionskoeffizient S ist für w_x betrachtete Windungen numerisch gleich der Zahl der Kraftlinienverkettungen, die das Streufeld des Stromes von 1 Amp. mit den Windungen bildet. Ist R_x der magnetische Widerstand für dieses Feld, so ist

$$S = \frac{1 \cdot w_x}{R_x}\, w_x = \frac{w_x{}^2}{R_x},$$

und für die ganzen Spulen haben wir

$$S_1 = \Sigma\, \frac{w_{1x}^2}{R_x}, \qquad S_2 = \Sigma\, \frac{w_{2x}^2}{R_x}.$$

Die Kraftröhre $\overline{ab}$ in Fig. 19 umschlingt, da wir auf einem Schenkel sekundär $w_2{}'$ Windungen haben, die Windungen

$$w'_{2x} = \frac{x}{\varDelta_2}\, w_2{}'$$

und ihr magnetischer Widerstand ist

$$R_x = \frac{l_s}{0{,}4\,\pi \cdot \pi\,(D + 2\,x)\,dx}\,,$$

worin l_s die Länge der Spulen ist. Die übrige Länge des Kraftlinienweges vernachlässigen wir.

Wir bekommen also, wenn k der Korrektionsfaktor ist,

$$S_2{}' = k\int\limits_{x=0}^{x=\varDelta_2}\left(\frac{x}{\varDelta_2}\,w_2{}'\right)^2 \frac{0{,}4\,\pi}{l_s}\,\pi(D+2x)\,dx + k\int\limits_{x=\varDelta_2}^{x=\varDelta_2+\frac{\varDelta}{2}} w_2{}'^2\,\frac{0{,}4\,\pi}{l_s}\,\pi(D+2x)\,dx$$

$$= k \cdot \frac{0{,}4\,\pi}{l_s}\left[\left(\frac{w_2{}'}{\varDelta_2}\right)^2\pi\left(D\frac{\varDelta_2^3}{3}+\frac{\varDelta_2^4}{2}\right) + w_2{}'^2\,\pi\left(D\frac{\varDelta}{2}+\varDelta_2\,\varDelta+\frac{\varDelta^2}{4}\right)\right]$$

$$S_2{}' = k\,\frac{0{,}4\,\pi}{l_s}\,w_2{}'^2\left[\pi\frac{\varDelta_2}{3}\left(D+\frac{3}{2}\,\varDelta_2\right)+\pi\frac{\varDelta}{2}\left(D+\frac{\varDelta}{2}+2\,\varDelta_2\right)\right].$$

Hierfür können wir angenähert setzen

$$S_2{}' = k\,\frac{0{,}4\,\pi\,w_2{}'^2}{l_s}\left(\frac{\varDelta_2}{3}+\frac{\varDelta}{2}\right)U_2 \quad \cdot \quad \cdot \quad \cdot \quad (17)$$

worin U_2 den mittleren Umfang der Spule bedeutet. In ähnlicher Weise finden wir für die primäre Wicklung

$$S_1 = k\,\frac{0{,}4\,\pi\,w_1{}^2}{l_s}\left(\frac{\varDelta_1}{3}+\frac{\varDelta}{2}\right)U_1 \quad \cdot \quad \cdot \quad \cdot \quad (18)$$

Wir setzen nun

$$S = S_1 + S_2{}' = k\,\frac{0{,}4\,\pi\,w^2}{l_s}\left(\frac{\varDelta_1+\varDelta_2}{3}+\varDelta\right)U_m \quad \cdot \quad \cdot \quad (19)$$

worin U_m das Mittel aus den beiden mittleren Umfängen ist.

Die Kurzschlußreaktanz wird nun

$$x_k = x_1 + x_2' = 2\pi c k \frac{0,4\,\pi\,w^2}{l_s}\left(\frac{\varDelta_1 + \varDelta_2}{3} + \varDelta\right) U_m \cdot 10^{-8}$$

$$x_k = k\,\frac{8\,c\,w^2}{l_s}\left(\frac{\varDelta_1 + \varDelta_2}{3} + \varDelta\right) U_m\, 10^{-8} \qquad . \quad (20)$$

Setzen wir für k einen mittleren Wert ($k \cong 1,06$) ein, so bekommen wir für Ein- und Dreiphasentransformatoren als Kurzschlußreaktanz für die Wicklung einer Säule

$$x_k = \frac{8,5\,c\,w^2}{l_s}\left(\frac{\varDelta_1 + \varDelta_2}{3} + \varDelta\right) U_m 10^{-8}\,\varOmega \qquad . \quad . \quad (21)$$

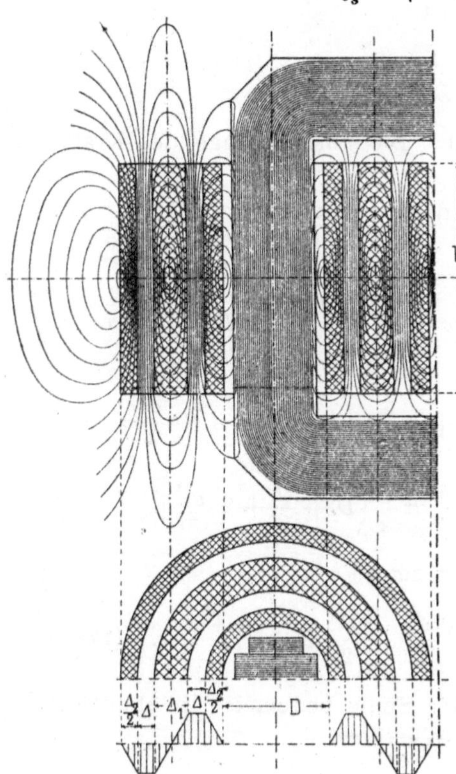

w ist hierin also die Windungszahl (primäre oder die auf primär reduzierte sekundäre) einer Säule. Für einen Einphasentransformator, dessen beide Säulen bewickelt sind, ist die gesamte Kurzschlußreaktanz doppelt so groß, während für Dreiphasentransformatoren die Formel direkt die Reaktanz einer Phase angibt.

Aus diesen Formeln geht deutlich hervor, daß die Reaktanz eines Transformators mit Zylinderwicklungen um so kleiner ist, je kleiner die Windungszahlen, je größer die Spulenlängen, je dünner die Spulen sind und je näher die Spulen zusammenliegen.

Fig. 20. Streufeld eines Transformators mit Zylinderwicklung und geteilter Sekundärspule.

Um die Streuung weiter zu verkleinern, ohne die Kerne zu verlängern, kann z. B. die sekundäre Spule jeder Säule in zwei Teile zerlegt werden, von denen der eine nahe am Eisen und der andere außen liegt. Man erhält dann ungefähr die in Fig. 20 gezeigte Feldverteilung, die einer Verdoppelung der Feldverteilung in Fig. 19 äquivalent ist. Denkt man sich deswegen die Primärwicklung in zwei Hälften geteilt, so wird jeder dieser Teile mit einer der sekundären Spulen dasselbe Feld erzeugen, das wir bei einer ungeteilten Wicklung erhalten würden. Da dies Feld nur von der Hälfte der Windungen einer Säule erzeugt wird und nur mit der Hälfte der Windungen verkettet ist, so ist in diesem Falle

$$x_k = k \frac{8c2\left(\frac{w}{2}\right)^2}{l_s} \left(\frac{\frac{\varDelta_1}{2} + \frac{\varDelta_2}{2}}{3} + \varDelta\right) U_m 10^{-8}$$

$$= k \frac{4cw^2}{l_s} \left(\frac{\varDelta_1 + \varDelta_2}{6} + \varDelta\right) U_m 10^{-8} \quad \cdots \quad (22)$$

oder nach Einsetzen von $k \simeq 1{,}06$

$$x_k = \frac{4{,}25\,cw^2}{l_s} \left(\frac{\varDelta_1 + \varDelta_2}{6} + \varDelta\right) U_m 10^{-8}\,\Omega \quad \cdots \quad (23)$$

8. Berechnung der Streureaktanz einer Scheibenwicklung.

Bei einer Scheibenwicklung sind beide Wieklungen vielfach unterteilt, und die primären Spulen oder Scheiben sind zwischen den sekundären angeordnet. Durch diese Vermischung der Spulen untereinander wird die Streuung sehr verkleinert, und zwar um so

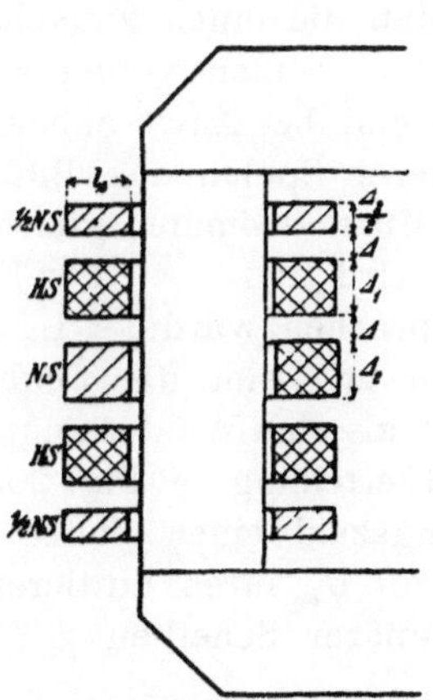

Fig. 21. Scheibenwicklung.

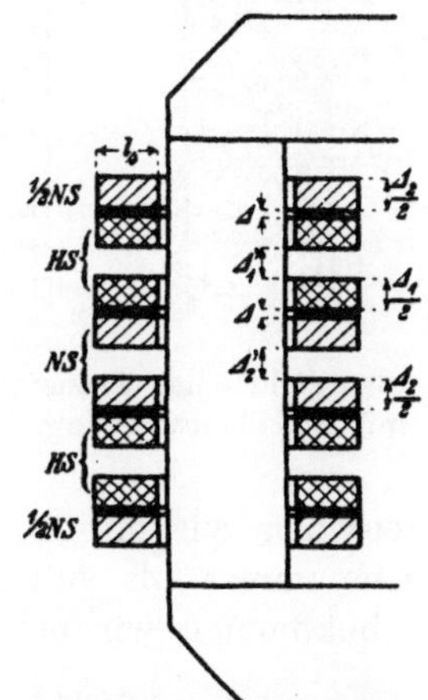

Fig. 22. Scheibenwicklung
mit unterteilten Spulen.

mehr, je inniger die Mischung ist, am meisten also, wenn immer auf eine Primärspule eine Sekundärspule abwechselnd folgt (Fig. 21). Die Endspulen werden heute allgemein als halbe Spulen und zwar als Niederspannungsspulen ausgeführt. Die vollen Spulen werden

oft aus zwei halben Spulen gebildet, um bessere Abkühlungsverhält-
nisse zu haben (Fig. 22).

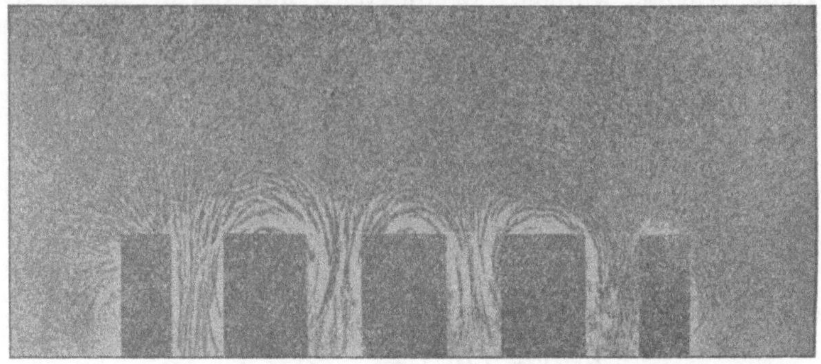

Fig. 23. Streubild einer Scheibenwicklung.

Fig. 23 zeigt ein durch Eisenfeilspäne experimentell aufge-
nommenes Streubild einer Wicklung nach Fig. 21. Wir erkennen,
daß die Streulinien einen ziem-
lich komplizierten Weg nehmen.
Die Streuung der geteilten Endspulen ist klein, am stärksten
streuen die ihnen zunächst liegenden beiden vollen Spulen,
während bei Anwesenheit noch
weiterer Spulen das Bild nach
der Mitte zu immer gleichmäßiger wird und etwa der Fig. 24
entsprechen würde. In dieser
Figur erscheint die Feldverteilung als eine Wiederholung der
Feldverteilung in Fig. 20.

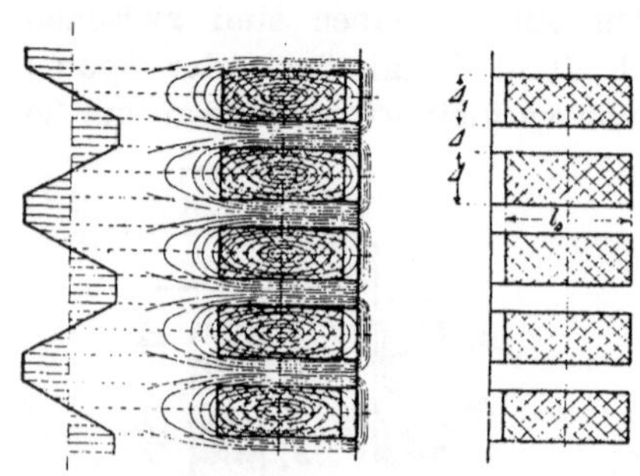

Fig. 24. Streufeld eines Transformators
mit Scheibenwicklung.

Bezeichnen wir mit w_s die Windungszahl einer vollen Spule
(zwei halbe immer als voll gerechnet), mit U_m ihren mittleren Umfang, so bekommen wir bei q vollen primären Scheiben

$$x_k = k \frac{4\,c\,q\,w_s^2}{l_s} \left(\frac{\varDelta_1 + \varDelta_2}{6} + \varDelta \right) U_m\, 10^{-8}\, \Omega \quad . \quad . \quad (24)$$

Nach Rogowski ist (mit einer Vereinfachung)

$$k = 1 - \frac{\varDelta_1 + \varDelta_2 + 2\,\varDelta}{2\,\pi\,l_s},$$

doch haben Messungen an ausgeführten Transformatoren ergeben, daß dieser Faktor im Mittel um $6\,{}^0/_0$ zu erhöhen ist. Wir haben also

$$x_k = \frac{4{,}25\,c\,q\,w_s^2}{l_s}\left(\frac{\varDelta_1 + \varDelta_2}{6} + \varDelta\right) U_m \left(1 - \frac{\varDelta_1 + \varDelta_2 + 2\,\varDelta}{2\,\pi\,l_s}\right) 10^{-8}\,\varOmega$$

$$(25)$$

Die zwischen den Endspulen liegenden vollen Spulen werden nun fast immer in zwei (Fig. 22) oder mehrere Teilspulen unterteilt, um größere Abkühlflächen für die Spulen zu gewinnen. Bestehen die Spulen wie in Fig. 22 aus zwei Teilen, so gehen keine Kraftlinien durch den trennenden Luftraum $\varDelta_1{}'$ bzw. $\varDelta_2{}'$, so daß hierbei die Kühlfläche ohne Vermehrung der Streuung vergrößert ist. . Man führt dann die Wicklung so aus, daß man die Sekundär- und Primärspulen möglichst nahe aneinander legt, aber die einen oder auch beide unterteilt (s. Fig. 251). Oberingenieur Korndörfer hat experimentell nachgewiesen,[1]) daß bei einer Abstandsänderung der Teilspulen voneinander in den Grenzen von 0 bis 30 mm und bei Konstanz aller übrigen Maße eine Änderung der Streuung nicht zu beobachten ist. Sind die Spulen öfter als zweimal unterteilt, so gehen zwar durch die Lufträume Kraftlinien hindurch, die wir aber, solange nicht genauere Untersuchungen vorliegen, vernachlässigen wollen. Ist also eine volle Spule in x Teile unterteilt, von denen jeder die Dicke $\varDelta_{1x}$ bzw. $\varDelta_{2x}$ besitzt, so ist

$$x_k = \frac{4{,}25\,c\,q\,w_s^2}{l_s}\left(\frac{x\,\varDelta_{1x} + x\,\varDelta_{2x}}{6} + \varDelta\right) U_m \left(1 - \frac{x\,\varDelta_{1x} + x\,\varDelta_{2x} + 2\,\varDelta}{2\,\pi\,l_s}\right) 10^{-8}\,\varOmega$$

$$(26)$$

Bei **Manteltransformatoren** gilt dieselbe Formel, nur ist hier im Mittel der Koeffizient etwas größer, nämlich **4,35.**

Die Formeln 20 bis 26 lehren uns, daß man die Reaktanz eines Transformators innerhalb weiter Grenzen durch die Anordnung, Zahl, Dicke und Länge der Spulen ändern kann. Diese Möglichkeit ist wichtig für die Berechnung von Transformatoren, die mit anderen parallel arbeiten sollen (s. Abschn. 71), also den gleichen Spannungsabfall wie diese haben sollen. Der gesamte Spannungsabfall muß dabei für jede Belastung bei allen Transformatoren der Größe und der Phase nach gleich sein, d. h. die Kurzschlußreaktanz und der Kurzschlußwiderstand müssen annähernd die gleichen sein.

Auf die Reaktanz hat ferner auch das Verhältnis der Eisenverluste zu den Kupferverlusten Einfluß. Wählt man, um kleine Eisenverluste zu bekommen, einen kleinen Kraftfluß, so wächst die Windungszahl und mit ihr die Reaktanz.

---

[1]) Nach einer privaten Mitteilung.

9. Der primäre und sekundäre Widerstand.

Bezeichnen l_1 und l_2 die mittleren Windungslängen in Zentimetern, w_1 und w_2 die Windungszahlen, q_1 und q_2 die Querschnitte in Quadratmillimetern, so ist bei der Temperatur T^0 C mit großer Annäherung der Gleichstromwiderstand der Wicklung

$$r_{g_1} = \frac{1 + 0,004\,T}{5700}\frac{l_1\,w_1}{q_1} \quad \ldots \ldots \quad (27)$$

und

$$r_{g_2} = \frac{1 + 0,004\,T}{5700}\frac{l_2\,w_2}{q_2} \quad \ldots \ldots \quad (28)$$

Die effektiven (Wechselstrom-) Widerstände sind etwas größer,

$$r_1 = k_r\,r_{g_1} \qquad r_2 = k_r\,r_{g_2} \quad \ldots \ldots \quad (29)$$

worin $k_r = 1,05 - 1,25$ ist.

Bei ungünstiger Anordnung der Spulen kann k_r erheblich größere Werte annehmen (vgl. Kap. XV).

Die Erhöhung des Widerstandes wird durch Wirbelströme verursacht, die das Streufeld in den Kupferleitern erzeugt. Diese Wirbelströme lagern sich über den Hauptstrom und bewirken so eine ungleiche Verteilung des Stromes über den Querschnitt. Der Verlust im Kupfer wird größer, so daß die ganze Erscheinung einer Erhöhung des Ohmschen Widerstandes gleichwertig ist.

Um diese Erhöhung möglichst klein zu halten, sollen Leiter aus Flachkupfer von großem Querschnitt so angeordnet werden, daß die lange Seite des Querschnittes in die Richtung des Streuflusses fällt, wie Fig. 61a S. 70 zeigt, oder es sind mehrere Leiter von kleinerem Querschnitt parallel zu schalten.

Jedoch dürfen Windungen, die in verschiedenen Streufeldern liegen, nicht parallel geschaltet werden, weil dann eine beträchtliche Widerstandserhöhung erhalten werden kann. Es sollen also bei Zylinderwicklungen die Abmessungen der Kupferleiter in der radialen Richtung des Eisenkerns klein sein, und es ist zu empfehlen, bei parallel geschalteten Windungen eine Vertauschung der Leiter nach Fig. 220 und 221 S. 219 vorzunehmen.

Viertes Kapitel.

Die Diagramme des Einphasentransformators.

10. Bezeichnungen.

Es mögen hier zunächst sämtliche im folgenden vorkommenden Bezeichnungen. zusammengestellt werden.

Es bedeuten:

$p_1 = \sqrt{2}\, P_1 \sin \omega t$ die Spannung an den Primärklemmen,

$e_1 = -\sqrt{2}\, E_1 \sin (\omega t - \Theta_1)$ die EMK, die vom Hauptkraftfluß in der Primärwicklung induziert wird,

$e_2 = -\sqrt{2}\, E_2 \sin (\omega t - \Theta_2)$ die EMK, die vom Hauptkraftfluß in der Sekundärwicklung induziert wird,

$p_2 = -\sqrt{2}\, P_2 \sin (\omega t - \Theta_1 - \Theta_2)$ die Spannung an den Sekundärklemmen,

$i_1 = \sqrt{2}\, J_1 \sin (\omega t - \varphi_1)$ den totalen Primärstrom,

$i_a = \sqrt{2}\, J_a \sin (\omega t - \psi_a)$ den Magnetisierungsstrom (Leerlaufstrom),

$i_2 = \sqrt{2}\, J_2 \sin (\omega t - \varphi_2)$ den sekundären Strom,

Θ_1 den Phasenverschiebungswinkel zwischen Klemmenspannung und EMK primär,

Θ_2 den Phasenverschiebungswinkel zwischen Klemmenspannung und EMK sekundär,

$\pi - \Theta_a$ den Phasenverschiebungswinkel zwischen dem **primären** und dem sekundären Strome,

φ_1 und φ_2 die Phasenverschiebungswinkel zwischen Klemmenspannung und Strom primär bzw. sekundär,

ψ_1 und ψ_2 die Phasenverschiebungswinkel zwischen der EMK und dem Strome primär bzw. sekundär,

$W_1 = P_1 J_1 \cos \varphi_1$ die an den Primärklemmen zugeführte Leistung,

$W_2 = P_2 J_2 \cos \varphi_2$ die an den Sekundärklemmen abgegebene Leistung,

b_a die primäre Suszeptanz,

g_a die primäre Konduktanz,

r_1 den primären Widerstand,

r_2 den sekundären Widerstand,

x_1 die primäre Reaktanz,

x_2 die sekundäre Reaktanz,

$y_a = \sqrt{g_a{}^2 + b_a{}^2}$ die primäre Admittanz,

$z_1 = \sqrt{r_1{}^2 + x_1{}^2}$ die primäre Impedanz,

$z_2 = \sqrt{r_2{}^2 + x_2{}^2}$ die sekundäre Impedanz.

Außerdem denken wir uns immer das Übersetzungsverhältnis des Transformators auf die Einheit reduziert, setzen also

$$w_2{}' = u w_2 = w_1 ,$$
$$P_2{}' = u P_2 \quad \text{und} \quad E_2{}' = u E_2 ,$$
$$J_2{}' = \frac{J_2}{u}$$
$$r_2{}' = u^2 r_2 , \qquad x_2{}' = u^2 x_2 , \qquad z_2{}' = u^2 z_2 .$$

Im folgenden kommen ferner die Größen vor:

$P_{1k} = $ Kurzschlußspannung,

$J_{1k} = $ Kurzschlußstrom,

$r_k \eqsim r_1 + r_2{}' = $ Kurzschlußwiderstand,

$x_k \eqsim x_1 + x_2{}' = $ Kurzschlußreaktanz

und $\Theta_k = \Theta_1 + \Theta_2 ,$

$P_{10} = $ Leerlaufspannung,

$J_0 \eqsim J_a$ Leerlaufstrom,

$b_0 \eqsim b_a$ Leerlaufsuszeptanz,

$g_0 \eqsim g_a$ Leerlaufkonduktanz

und $\varphi_0 = \operatorname{arctg} \dfrac{b_0}{g_0} = $ Phasenverschiebungswinkel bei Leerlauf.

In den folgenden Diagrammen nehmen wir zuerst den Hauptkraftfluß als konstant an, denn für diesen Zustand sind die physikalischen Vorgänge im Transformator am einfachsten zu erklären und graphisch darzustellen. Nachher gehen wir dazu über, den Spannungsabfall, den Stromverlust und die Änderung der Phasenverschiebung im Transformator zu ermitteln.

11. Spannungsdiagramme eines Transformators.

Diese Diagramme, die die ältesten sind und schon am Anfang der neunziger Jahre von Kapp und Steinmetz angegeben wurden, lassen sich aus den früher S. 19 aufgestellten Grundgleichungen herleiten.

a) Leerlauf. Der Momentanwert der vom Hauptkraftflusse in einer Wicklung induzierten EMK ist

$$e_1 = - w \frac{d\,\Phi_t}{dt},$$

und da der Maximalwert des Kraftflusses Φ_t, der mit der Zeit sinusförmig variiert, konstant bleibt, wird auch der Effektivwert E_1 der induzierten EMK, den wir mit $-E_1$ bezeichnen, konstant sein.

In Fig. 25 nehmen wir an, daß der Vektor des Hauptkraftflusses Φ in die negative Richtung der Abszissenachse fällt, und daß sich die Figur im Sinne des Uhrzeigers dreht.

Wir wissen, daß der Kraftfluß der magnetomotorischen Kraft um den magnetischen Verzögerungswinkel $\left(\dfrac{\pi}{2} - \psi_a\right)$ nacheilt, und daß der Effektivwert J_a des Magnetisierungsstromes eine Wattkomponente und eine wattlose Komponente besitzt. Wir tragen daher die wattlose Komponente

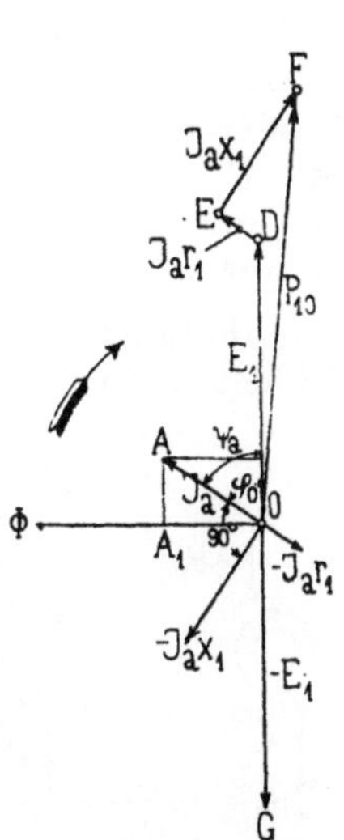

Fig. 25. Spannungsdiagramm eines Transformators bei Leerlauf.

$$J_{awl} = \frac{A\,W_{wl}}{\sqrt{2}\,w_1} = \overline{OA_1}$$

in der negativen Richtung der Abszissenachse und die Wattkomponente $J_{aw} = \dfrac{W_{ei}}{E_1} = \overline{A_1 A}$ in der positiven Richtung der Ordinatenachse ab und erhalten den Magnetisierungsstrom $\overline{OA} = J_a$ und $\measuredangle A_1 OA = \measuredangle \left(\dfrac{\pi}{2} - \psi_a\right)$.

Die vom Kraftflusse Φ in der primären Wicklung induzierte effektive EMK $-E_1$ ist um $\dfrac{\pi}{2}$ gegen Φ verzögert, es sei $\overline{OG} = -E_1$.

Nehmen wir zunächst an, die Sekundärwicklung sei offen, der Transformator also unbelastet oder leerlaufend, so muß, damit der Magnetisierungsstrom J_a bestehen kann, die primäre Klemmenspannung P_1 drei EMKe überwinden, und zwar erstens die vom Hauptkraftfluß Φ induzierte EMK $-E_1 = \overline{OG}$, zweitens die vom primären Streufluß induzierte Reaktanzspannung $-J_a x_1$, die um $\frac{\pi}{2}$ gegen J_a verzögert ist, und drittens die Verlustspannung $-J_a r_1$, die mit J_a gleiche Phase hat, aber entgegengesetzt gerichtet ist. Setzen wir drei Komponenten $\overline{OD}$, $\overline{DE}$ und $\overline{EF}$, die den vorhergehenden gleich, aber entgegen gerichtet sind, zusammen, so ergibt ihre Resultante die gesuchte Klemmenspannung P_{10} nach Größe und Phase und die primäre Phasenverschiebung φ_0.

In der Sekundärwicklung des Transformators wird eine EMK E_2 oder auf die Primärwicklung reduziert $E_2' = E_1$ induziert. Die EMK E_2' tragen wir vorläufig wie $-E_1$ 90° hinter dem Kraftflusse Φ verspätet auf, weil die von einem Kraftflusse induzierte EMK ihm um 90° nacheilt. Da aber eine EMK nicht allein zeitlich, sondern auch räumlich eine Richtung hat, so werden wir späterhin der Einfachheit halber E_2' mit E_1 zusammenfallen lassen.

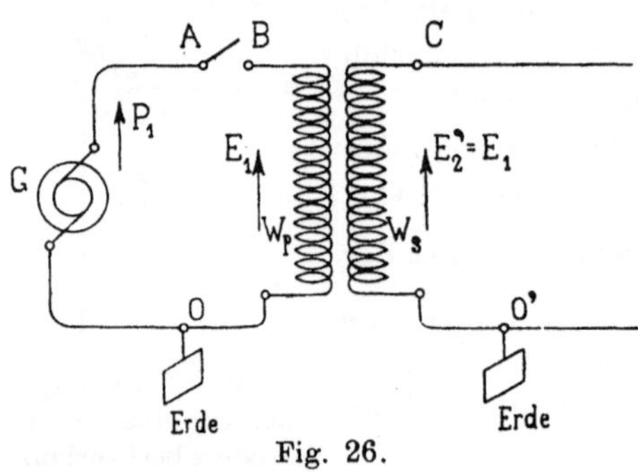

Fig. 26.

Um die Bedeutung der räumlichen Richtung der EMKe zu erkennen, betrachten wir am besten die folgende Fig. 26. In dieser stellt G einen Generator, w_p die Primärwicklung und w_s die Sekundärwicklung eines Transformators mit dem Übersetzungsverhältnis 1 dar. Die eine Leitung legen wir sowohl primär wie sekundär an Erde. In dem Potentialdiagramm (Fig. 27) lassen wir, wie üblich, das Potential Null der Erde mit dem Ursprung O zusammenfallen. Das Potential P_1 der zweiten Klemme A des Generators wird dann durch den Punkt A dargestellt. Das Potential wächst also räumlich von O aus nach A zu. Nun erzeugt aber der Kraftfluß eine EMK E_1, d. h. eine von Windung zu Windung größer werdende Potentialdifferenz, die ebenfalls vom Potential O ausgehend nach A zu wächst.

Den Vektor der induzierten EMK können wir somit räumlich nur durch einen Vektor $\overline{OB}$ darstellen, der fast mit $\overline{OA}$ zusammenfällt. Denn öffnen wir den Schalter bei B und halten durch einen Magnetisierungsstrom in der Sekundärwicklung den Kraftfluß Φ in seiner ursprünglichen Zeitfolge aufrecht, so wird er in der Primärwicklung eine so große EMK induzieren, daß die Klemme B das Potential des Punktes B bekommt. Legen wir den Schalter bei B wieder ein, so wird die Potentialdifferenz $\overline{AB}$ (Fig. 27) einen Strom durch den Transformator zur Folge haben. Da die eine Klemme der Sekundärwicklung auch mit der Erde verbunden ist, so wird die zweite Klemme C entweder das Potential C, das mit B zusammenfällt, oder das entgegengesetzte C' bekommen. Ist die Sekundärwicklung in gleicher Weise ausgeführt und geschaltet wie die Primärwicklung, so erhält die Klemme C das Potential B. Im anderen Falle, wenn die Sekundärwicklung anders gewickelt oder geschaltet ist, das Potential C'. Wir sehen somit, daß im Potentialdiagramm die Klemme C je nach der Schaltung und Wicklung des Transformators zwei verschiedene Potentiale bekommen kann. Wir wollen aber der Einfachheit halber in allen folgenden Potentialdiagrammen der Klemme C das Potential B beilegen. Der Magnetisierungsstrom, der im Diagramme nur zeitlich dargestellt werden kann, wird dann durch den Vektor $\overline{OJ_a}$ ausgedrückt.

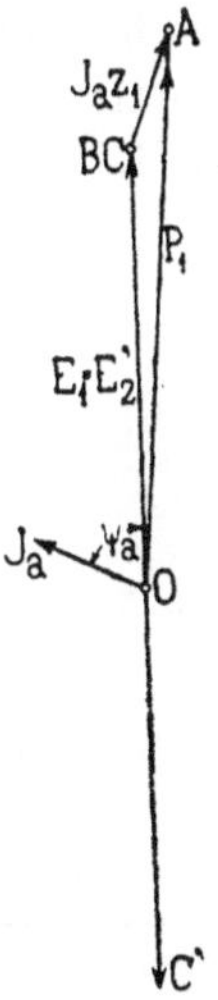

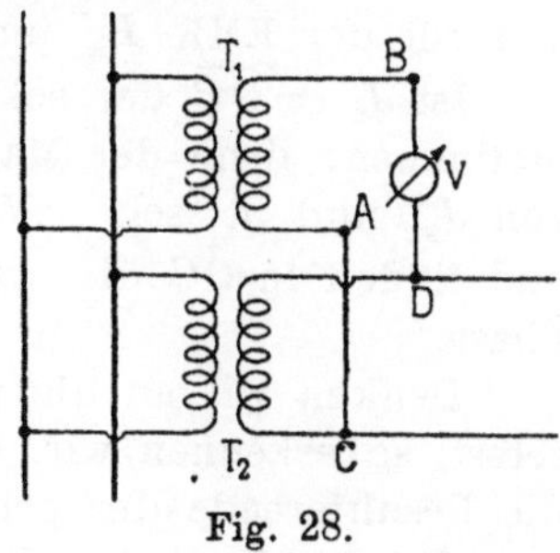

Fig. 27. Potentialdiagramm eines Transformators.

Wie hieraus ersichtlich ist, erhalten wir zwei Arten von Spannungsdiagrammen, die eine, in der alle Vektoren zeitlich richtig eingezeichnet sind, und die andere, in der jeder Punkt des Linienzuges dem Potential eines Punktes der Transformatorwicklungen entspricht. Die ersten Diagramme sind Zeitdiagramme, und die zweiten haben als Potentialdiagramme mehr Bezug auf den Raum. Die Zeitdiagramme werden wir überall dort anwenden, wo es sich um die Erläuterung der zeitlichen Reihenfolge der einzelnen Vektoren handelt. Die Potentialdiagramme haben den Vorzug, daß in ihnen die Verbindungslinie zweier Punkte direkt die Spannungsdifferenz angibt, die zwischen diesen Punkten besteht. Späterhin werden wir ausschließlich die Potentialdiagramme benutzen, weil aus ihnen deutlich hervorgeht, ob die Primärwicklung des Transformators Strom aufnimmt oder abgibt, und wie der Transformator zu schalten ist. Wünscht man z. B. die bei-

Fig. 28.

den Transformatoren T_1 und T_2 (Fig. 28) an der Sekundärseite parallel zu schalten, so verbindet man zuerst zwei Klemmen A und C und schaltet nun, bevor wir B und D verbinden, zwischen sie ein Voltmeter V, um zu sehen, ob diese beiden Klemmen dasselbe oder das entgegengesetzte Potential haben. Zeigt das Voltmeter die doppelte Sekundärspannung, so ist das letzte der Fall, und die Klemmen müssen umgetauscht, d. h. B mit C verbunden werden.

b) Induktionsfreie Belastung. Wir nehmen an, daß der Transformator induktionsfrei, z. B. mit Glühlampen belastet ist, und daß Reaktanz und Widerstand der Wicklungen des Transformators bekannt sind. In der Sekundärwicklung des Transformators wird eine EMK E_2 oder auf die Primärwicklung reduziert $E_2' = \overline{OG}$ (Fig. 29) induziert. Da die Spannungskomponenten, die in Phase mit dem Strom und in Quadratur zum Strome sind, aufeinander senkrecht stehen, schlagen wir über $\overline{OG}$ einen Halbkreis und machen die Sehne $\overline{GH}$ gleich der Reaktanzspannung $- J_2' x_2'$, die um 90° gegen J_2' verzögert ist. Es gibt uns dann $\overline{OH}$ die Richtung des Stromvektors J_2' an. Der Ohmsche Spannungsverlust $\overline{HK} = - J_2' r_2'$ ist in Phase mit J_2', aber entgegengesetzt gerichtet.

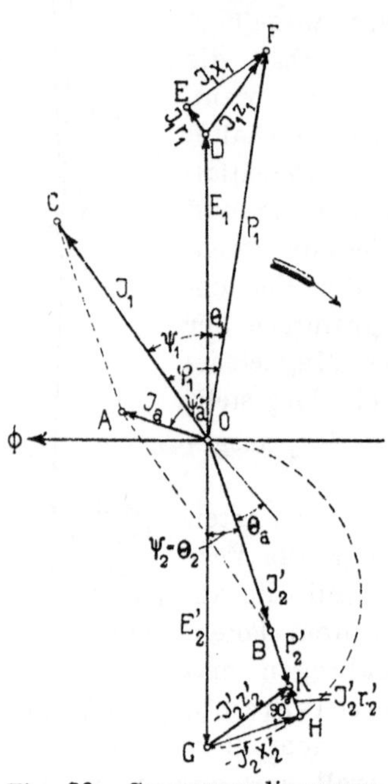

Fig. 29. Spannungsdiagramm für induktionsfreie Belastung.

Die sekundäre Klemmenspannung P_2' ist die Resultante der induzierten EMK $\overline{OG}$, der Reaktanzspannung $\overline{GH}$ und des Ohmschen Spannungsverlustes $\overline{HK}$, also gleich $\overline{OK}$. Sie ist, da wir induktionsfreie Belastung vorausgesetzt haben, mit J_2' in Phase und eilt der EMK E_2' um den Winkel $\psi_2 = \Theta_2$ nach.

Ist $J_2' = \overline{OB}$ der sekundäre Strom, so läßt sich jetzt J_1 sofort bestimmen, denn der Magnetisierungsstrom J_a muß die Resultante von J_2' und J_1 sein. Wir zeichnen das Parallelogramm $BOCA$ und finden in $\overline{OC}$ die primäre Stromstärke nach Größe und Phase.

Denken wir an die physikalischen Vorgänge im Transformator selbst, so erkennen wir, daß die MMK, die den Kraftfluß Φ erzeugt, die Resultierende der primären und sekundären Amperewindungen ist. Wir müßten also die Amperewindungen geometrisch zusammensetzen. Weil aber in Fig. 29 die sekundären Windungen auf das primäre System reduziert sind, kann man die primären und sekundären Amperewindungen durch J_1 und durch J_2' und die resultierende MMK durch J_a messen. Das Stromdreieck OAC stellt deshalb auch ein **Amperewindungsdreieck** mit gleichen Windungszahlen dar.

Die **primäre Klemmenspannung** P_1 muß nun so bestimmt werden, daß die gefundenen EMKe und Stromstärken wirklich bestehen können. Sie setzt sich geometrisch aus drei EMKen zusammen, und zwar erstens der EMK $\overline{OD} = E_1 = -\overline{OG}$, die die induzierte EMK $-E_1$ überwindet, zweitens der EMK $\overline{DE} = J_1 r_1$, die die primäre Widerstandsspannung $-J_1 r_1$ überwindet und in Phase mit dem Strome J_1 ist, und drittens der EMK $\overline{EF} = J_1 x_1$, die die primäre Reaktanzspannung deckt. $J_1 x_1$ eilt dem Strom J_1 um 90^0 vor.

Wir erhalten somit die primäre Klemmenspannung $P_1 = \overline{OF}$ und den Phasenverspätungswinkel von J_1 gegen P_1 gleich $\varphi_1 = \psi_1 + \Theta_1 = \Theta_1 + \Theta_2 + \Theta_a$.

Um die Figur deutlich zu machen, ist der Magnetisierungsstrom J_a, der in Wirklichkeit höchstens $5^0/_0$ bis $10^0/_0$ von J_1 beträgt, viel zu groß angenommen. Der Winkel Θ_a, den die Stromrichtungen J_1 und $J_2{}'$ bilden, wird daher in Wirklichkeit sehr klein sein.

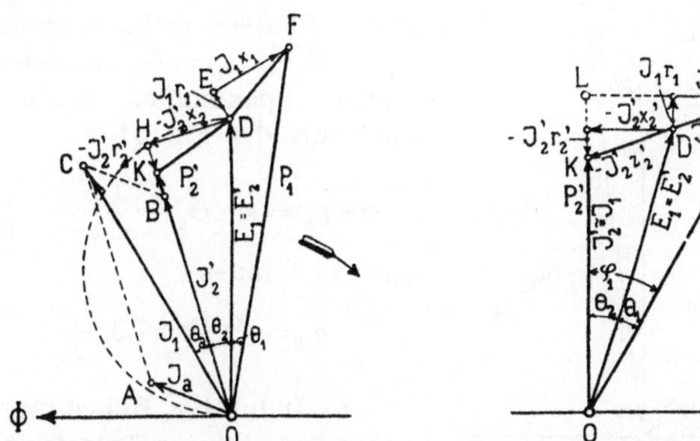

Fig. 30. Potentialdiagramm für induktionsfreie Belastung. Fig. 31. Vereinfachtes Potentialdiagramm für induktionsfreie Belastung.

Nachdem wir in dem Spannungsdiagramm (Fig. 29) die zeitlichen Lagen der Vektoren eines induktionsfrei belasteten Transformators festgelegt haben, wollen wir das **Potentialdiagramm** aufzeichnen. Da G mit D zusammenfällt, dreht sich der ganze untere Teil der Fig. 29 um 180^0 nach oben, und es entsteht Fig. 30. Wie aus dieser ersichtlich ist, sinkt die Spannung von $P_1 = \overline{OF}$ an den Primärklemmen auf $P_2{}' = \overline{OK}$ an den Sekundärklemmen. Der Primärstrom ist um den Winkel $\varphi_1 = \Theta_1 + \Theta_2 + \Theta_a$ gegen die

Phase der Primärspannung verspätet. Da der Magnetisierungsstrom J_a nur einen kleinen Bruchteil des Belastungsstromes ausmacht, begehen wir nur einen kleinen Fehler, wenn wir ihn vernachlässigen. Es wird dann $J_1 = J_2'$ und $\Theta_a = 0$. Für diesen einfachen Fall erhalten wir das Potentialdiagramm Fig. 31, in dem wir den Sekundärstrom und somit auch die Sekundärspannung mit der Ordinatenachse zusammenfallen lassen. In Phase mit dem Sekundärstrom ergibt sich die totale Widerstandsspannung

$$\overline{KL} = J_2'r_2' + J_1 r_1 = J_1(r_1 + r_2') = J_1 r_k$$

und in Quadratur zu ihr die totale Reaktanzspannung des Transformators

$$\overline{LF} = J_2'x_2' + J_1 x_1 = J_1(x_1 + x_2') = J_1 x_k.$$

Die Primärspannung ergibt sich aus der Sekundärspannung P_2' zu

$$P_1 = \sqrt{(P_2' + J_1 r_k)^2 + (J_1 x_k)^2}$$

und durch Entwicklung der Wurzel in eine unendliche Reihe und Vernachlässigung der Glieder höherer Ordnung wird

$$P_1 \cong P_2' + J_1 r_k + \frac{(J_1 x_k)^2}{2(P_2' + J_1 r_k)} \cong P_2' + J_1 r_k + \frac{(J_1 x_k)^2}{2 P_1}.$$

Der Phasenverschiebungswinkel $\varphi_1 = (\Theta_1 + \Theta_2) = \Theta_k$ zwischen den beiden Spannungen ergibt sich auch aus der Fig. 31 zu

$$\sin \varphi_1 = \sin \Theta_k = \frac{\overline{LF}}{P_1} = \frac{J_1 x_k}{P_1}$$

oder in Graden

$$\varphi_1 = \Theta_k \cong 57{,}3 \frac{J_1 x_k}{P_1}.$$

c) Induktive Belastung. Haben wir induktive Belastung und ist die Reaktanz des äußeren sekundären Stromkreises gleich

$$x = x_s - x_c = 2\pi c L - \frac{1}{2\pi c C},$$

wobei L den Selbstinduktionskoeffizienten und C die Kapazität des äußeren Stromkreises bezeichnen, so ist das Diagramm wie früher zu entwerfen. Als Sehne in dem

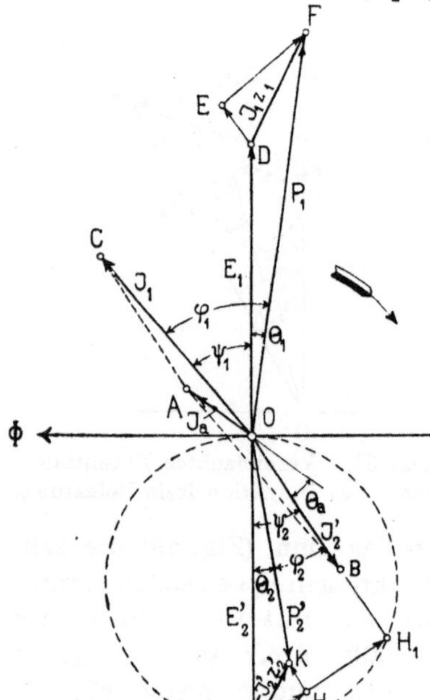

Fig. 32. Spannungsdiagramm für induktive Belastung.

über $\overline{OG} = E_2'$ beschriebenen Halbkreis tragen wir jetzt die gesamte Reaktanzspannung

$$\overline{GH_1} = J_2'\,(x_2' + x)$$

an und finden so die Richtung des Vektors J_2'.

Die sekundäre Klemmenspannung $P_2' = \overline{OK}$ (Fig. 32) ergibt sich, indem wir wie früher auf der Strecke $\overline{GH_1}$　$\overline{GH} = J_2'x_2'$ und senkrecht dazu, d. h. parallel zu J_2', $\overline{HK} = J_2'r_2'$ auftragen. Damit ist auch die sekundäre Phasenverschiebung φ_2 zwischen P_2' und J_2' bestimmt.

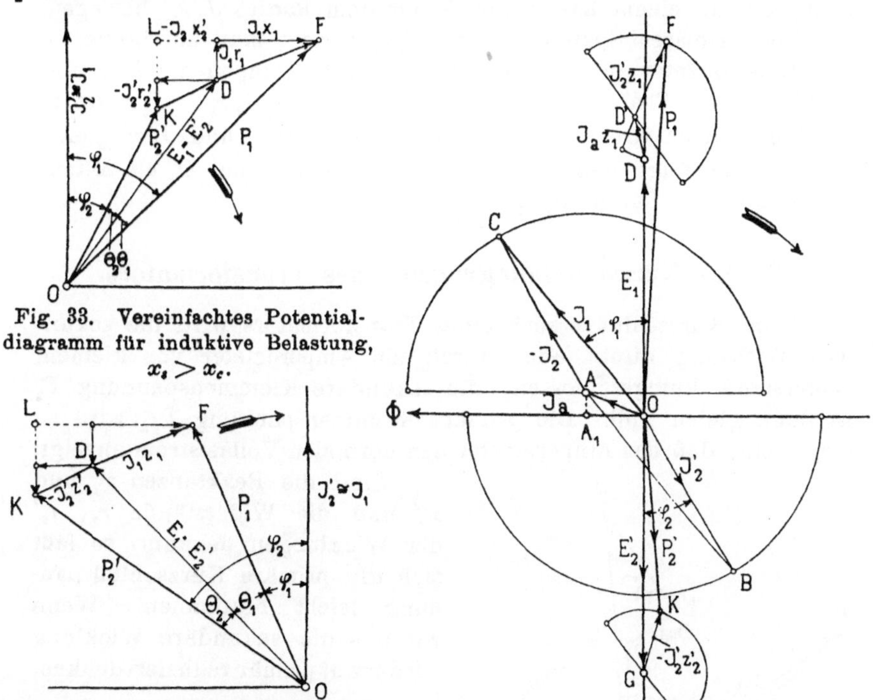

Fig. 33. Vereinfachtes Potentialdiagramm für induktive Belastung, $x_s > x_c$.

Fig. 34. Vereinfachtes Potentialdiagramm für induktive Belastung, $x_s < x_c$.

Fig. 35. Änderung der Phasenverschiebung φ_2 bei konstantem Sekundärstrom.

Das vereinfachte Potentialdiagramm, das für $J_a = 0$ und $\Theta_a = 0$ erhalten wird, ist in Fig. 33 dargestellt. Hier fällt der Stromvektor J_2' mit der Ordinatenachse zusammen.

Ist die Kapazitätsreaktanz x_c größer als die induktive Reaktanz x_s, so wird x negativ, und wenn in diesem Fall der absolute Wert von x größer ist als x_2', so wird die Gesamtreaktanz $(x_2' + x)$ negativ, und der Strom J_2' eilt E_2' voraus. Das entsprechende vereinfachte Diagramm ist in Fig. 34 dargestellt und ist ohne weiteres verständlich.

d) Konstanter Sekundärstrom und veränderlicher Phasenverschiebungswinkel φ_2. Wir können jetzt noch fragen, was eintritt, wenn wir außer dem Kraftfluß Φ noch J_2' konstant halten und φ_2 sich ändern lassen. In Fig. 35 ist das entsprechende Diagramm aufgezeichnet.

Der Punkt B wird um O als Mittelpunkt einen Kreis mit dem Radius J_2' beschreiben und ebenso C einen Kreis mit demselben Radius um A als Mittelpunkt. Da Φ konstant gehalten wird, bleibt auch die induzierte EMK $\overline{OG} = \overline{OD} = E_1$ konstant, und der Punkt K wird sich auf einem Kreise um G mit dem Radius $J_2'z_2'$ bewegen.

Den primären Spannungsabfall $J_1 z_1$ zerlegt man am besten in zwei Komponenten, nämlich in die konstante Komponente $J_a z_1$ und in die in der Phase veränderliche Komponente $J_2' z_1$. $J_a z_1$ ist in der Figur nach Größe und Richtung gleich $\overline{DD'}$ und $J_2' z_1$ gleich $\overline{D'F}$, woraus folgt, daß sich F auf einem Kreise um D' als Mittelpunkt mit dem Radius $J_2' z_1$ bewegt.

12. Das Kurzschlußdiagramm eines Transformators.

Beim Kurzschlußversuch eines Transformators wird die sekundäre Wicklung direkt oder durch ein Amperemeter von kleinem Widerstand kurzgeschlossen; die sekundäre Klemmenspannung P_2 ist dann gleich Null. Die primäre Klemmenspannung P_{1k} wird so eingestellt, daß das Amperemeter den normalen Vollaststrom anzeigt.

Sind die Reaktanzen x_1 und x_2' und die Widerstände r_1, r_2' der Wicklungen bekannt, so läßt sich die primäre Kurzschlußspannung leicht bestimmen. Wenn wir uns die sekundäre Wicklung wieder auf primär reduziert denken,

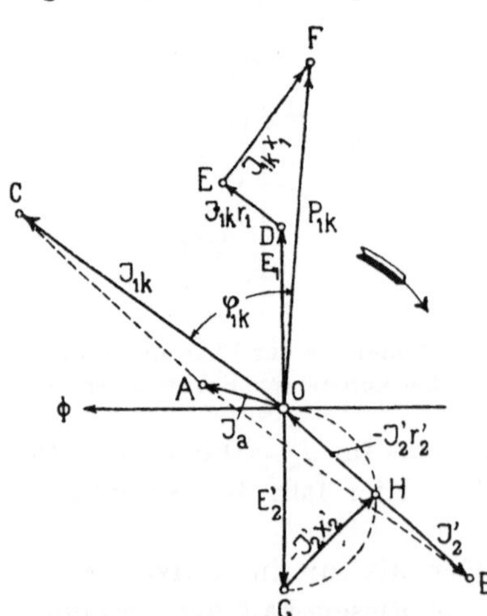

Fig. 36. Kurzschlußdiagramm.

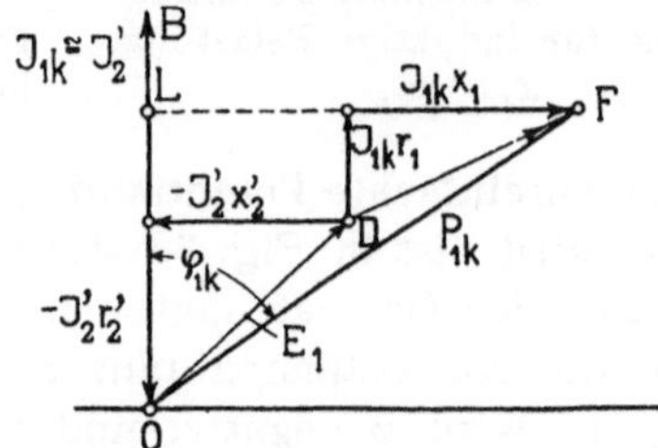

Fig. 37. Vereinfachtes Potentialdiagramm für Kurzschluß.

ergibt sich das Diagramm Fig. 36 und das vereinfachte Potentialdiagramm Fig. 37.

Aus dem vereinfachten Potentialdiagramm ergibt sich die Kurzschlußspannung

$$P_{1k} = \sqrt{(J_{1k}r_1 + J_2'r_2')^2 + (J_{1k}x_1 + J_2'x_2')^2}$$

$$\cong J_{1k}\sqrt{(r_1 + r_2')^2 + (x_1 + x_2')^2} = J_{1k}\sqrt{r_k^2 + x_k^2} \qquad (30)$$

$J_{1k}r_k$ ist die gesamte Widerstandsspannung und

$J_{1k}x_k$ die gesamte Reaktanzspannung des Transformators.

Wir können diese Reaktanzspannung somit leicht experimentell bestimmen, indem wir durch einen Kurzschlußversuch die primäre Klemmenspannung P_{1k} und aus der mittels Wattmeter gemessenen zugeführten Wattleistung W_k den effektiven Widerstand

$$r_k = \frac{W_k}{J_{1k}^2} \ . \ \ldots \ \ldots \ \ldots \qquad (31)$$

berechnen.   Es ist dann

$$J_{1k}x_k = \sqrt{P_{1k}^2 - \frac{W_k^2}{J_{1k}^2}}.$$

Das negative Glied unter der Wurzel darf meistens vernachlässigt werden, so daß annähernd

$$J_{1k}x_k \cong P_{1k} \ \ldots$$

ist, d. h. die gesamte Reaktanzspannung eines Transformators ist nahezu gleich der Kurzschlußspannung.

13. Ableitung des Belastungszustandes eines Transformators aus dem Leerlauf- und Kurzschlußzustand.

Wir gelangen zu dem normalen Belastungszustande eines Transformators, wenn wir von Leerlauf, bei dem $J_2' = 0$ ist, ausgehend, ohne die Spannung P_2' zu ändern, den Sekundärstrom allmählich erhöhen, wenn wir also die Verhältnisse, die bei Kurzschluß herrschen, über die bei Leerlauf vorhandenen lagern. Das gleiche erreichen wir, wenn wir von Kurzschluß ausgehend, ohne den Strom J_2' zu ändern, die Spannung zwischen den Sekundärklemmen allmählich steigern. Dabei setzen wir allerdings voraus, daß die Superposition von zwei magnetischen Zuständen im Eisen ohne weiteres erlaubt sei. Diese Übereinanderlagerung kann nur bei Zuhilfenahme der Magnetisierungskurve den richtigen Endzustand ergeben, doch wollen wir von dem Einflusse der Sättigung absehen und eine mittlere Sättigung zugrunde legen.

Auch ein Vergleich der Diagramme Fig. 25, 29 und 36 für Leerlauf, Kurzschluß und normalen Belastungszustand läßt uns leicht erkennen, daß die angegebene Superposition den Betriebszustand ergibt, da das Diagramm Fig. 29 die Linienzüge der beiden anderen in sich schließt. In Bd. I, S. 179 ist ein Beweis für die Richtigkeit der Superposition gegeben.

Die Möglichkeit, den Betriebszustand durch Leerlauf- und Kurzschlußzustand ersetzen zu können, ist von großer Wichtigkeit für die praktische Untersuchung der Transformatoren. Es ist im Prüfraum nur selten möglich, einen größeren Transformator direkt voll zu belasten. Wir werden daher von dieser Untersuchungsmethode wenig Gebrauch machen, sondern sie durch einen Leerlauf- und Kurzschlußversuch ersetzen und aus ihnen das Verhalten des Transformators bei Vollast rechnerisch oder graphisch ermitteln.

14. Prozentualer Spannungsabfall.

Wünscht man, daß die Spannung zwischen den Sekundärklemmen von Leerlauf bis Normallast konstant bleiben soll, so muß die Primärspannung P_1 mit der Belastung geändert werden. Diese Spannungsänderung drücken wir am besten in Prozenten der Leerlaufspannung P_{10} aus. Die Änderung ist gewöhnlich eine Erhöhung, aus welchem Grunde man auch

$$\frac{P_1 - P_{10}}{P_{10}} \, 100 = \varepsilon \, {}^0/_0$$

die prozentuale Spannungserhöhung nennt.

In der Praxis interessiert uns zwar die so definierte Spannungserhöhung nicht, sondern der Spannungsabfall, der bei Belastung an den Sekundärklemmen eintritt, wenn die Primärspannung P_1 konstant gehalten wird. Beide Spannungsänderungen sind aber sehr wenig voneinander verschieden, so daß wir den Spannungsabfall gleich der Spannungserhöhung $\varepsilon \, {}^0/_0$ setzen dürfen.

Aus dem vereinfachten Potentialdiagramm Fig. 31 sehen wir, daß P_2', $J_2' z_2'$ und $J_1 z_1$ geometrisch zusammengesetzt P_1 ergeben. Da J_1 praktisch fast gleich J_2' ist, können wir P_1 erhalten, wenn wir P_2' und $J_1 z_k$ geometrisch zusammensetzen (s. Fig. 38).

Bestimmen wir die Kurzschlußspannung P_{1k} durch einen Versuch, so können wir nach Fig. 38 durch Konstruieren des Dreiecks OAC zu jedem beliebigen sekundären Phasenverschiebungs-winkel φ_2 für eine gegebene Spannung P_2' die erforderliche Klemmen-spannung P_1 finden oder bei konstantem P_1 das zugehörige P_2'. Dies Verfahren ist aber unpraktisch, da im allgemeinen P_1 und P_2' sehr groß gegenüber P_{1k} sind, so daß die graphische Ermittlung ungenau wird. Wir erweitern daher die Figur, um ein genaueres Verfahren zu finden, bei dem alle Strecken von gleicher Größen-ordnung sind.

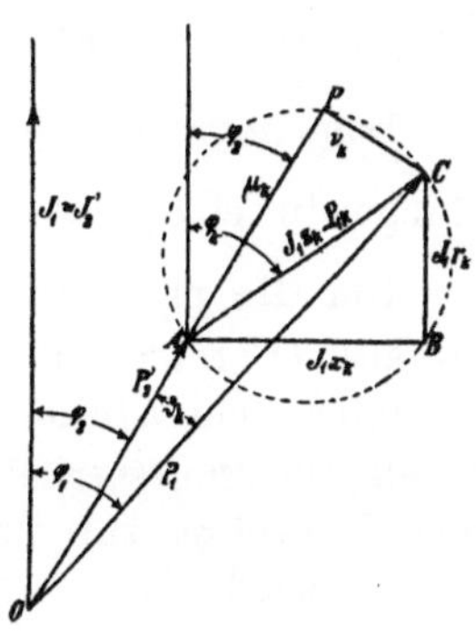

Fig. 38.[1])

Wir beschreiben über dem Durch-messer $\overline{AC}$ einen Kreis und verlängern den Strahl $\overline{OA}$ bis zum Schnittpunkte P mit diesem Kreise. $\overline{AB}$ ist gleich $J_1 x_k$, $\overline{BC}$ gleich $J_1 r_k$.

Die prozentuale Spannungserhöhung ist

$$\varepsilon^0/_0 = \frac{P_1 - P_{10}}{P_{10}} 100 \simeq \frac{P_1 - P_2'}{P_2'} 100 = \frac{\overline{OC} - \overline{OA}}{\overline{OA}} 100.$$

Setzen wir vorläufig die Strecken

$$\overline{AP} = \mu_k \overline{OA} \quad \text{und} \quad \overline{CP} = \nu_k \overline{OA},$$

so ergibt sich in einfacher Weise aus der Figur

$$\varepsilon = \frac{\overline{OC} - \overline{OA}}{\overline{OA}} = \sqrt{(1 \pm \mu_k)^2 + \nu_k^2} - 1$$

$$= \sqrt{1 \pm 2\mu_k + \mu_k^2 + \nu_k^2} - 1.$$

Bei Entwicklung dieser Wurzel in eine Reihe ergibt sich

$$\varepsilon = \frac{\pm 2\mu_k + \mu_k^2 + \nu_k^2}{2} - \frac{4\mu_k^2 \pm 4\mu_k(\mu_k^2 + \nu_k^2) + (\mu_k^2 + \nu_k^2)^2}{8} + \cdots$$

$$= \pm \mu_k + \frac{\nu_k^2}{2} \pm \frac{\mu_k(\mu_k^2 + \nu_k^2)}{2} - \cdots$$

Für $\mu_k = \nu_k = 0{,}2$ wird das letzte Glied gleich $\mu_k^3 = \frac{8}{1000}$ und kann somit in allen Fällen vernachlässigt werden.

Setzen wir

$$\overline{AP} = \frac{\mu_k}{100} \overline{OA} \quad \text{und} \quad \overline{CP} = \frac{\nu_k}{100} \overline{OA},$$

______

[1]) Der Winkel zwischen P_1 und P_2' ist mit Θ_k statt mit ϑ_k zu bezeichnen.

indem μ_k und ν_k nicht als Verhältnisse, sondern als Prozente aufzufassen sind, so wird die prozentuale Spannungserhöhung

$$\varepsilon^0/_0 = \frac{P_1 - P_{10}}{P_{10}} 100 = \pm \mu_k + \frac{\nu_k^2}{200} \quad \cdot \quad \cdot \quad \cdot \quad (32)$$

Das negative Vorzeichen von μ_k bezieht sich auf Phasenvoreilungswinkel φ_2, die größer als $\frac{\pi}{2} - \varphi_k$ sind.

Um die prozentuale Spannungserhöhung zu bestimmen, tragen wir also (Fig. 39) die Strecke $\overline{AC} = J_1 z_k = P_{1k}$ in Prozenten von P_2' unter dem Winkel φ_k zur Ordinatenachse auf, beschreiben über sie als Durchmesser einen Kreis und ziehen einen Strahl $\overline{AP}$ unter dem Winkel φ_2 zur Ordinatenachse.

Es wird also

$$\overline{AB} = \frac{J_1 x_k}{P_2'} 100, \qquad \overline{BC} = \frac{J_1 r_k}{P_2'} 100,$$

und die prozentuale Spannungserhöhung ist

$$\varepsilon^0/_0 = \pm \overline{AP} + \frac{\overline{CP}^2}{200}.$$

Sie wird ein Maximum für $\varphi_2 = \varphi_k$.

Bei induktionsfreier Belastung ($\varphi_2 = 0$) wird

$$\mu_k = \frac{J_1 r_k}{P_2'} 100 \quad \text{und} \quad \nu_k = \frac{J_1 x_k}{P_2'} 100,$$

also

$$\varepsilon^0/_0 = 100 \left[\frac{J_1 r_k}{P_2'} + \frac{1}{2}\left(\frac{J_1 x_k}{P_2'}\right)^2 \right].$$

Fig. 39 stimmt mit dem Spannungsdiagramm bei Kurzschluß Fig. 37 überein und kann deswegen als **Kurzschlußdiagramm des Transformators** bezeichnet werden.

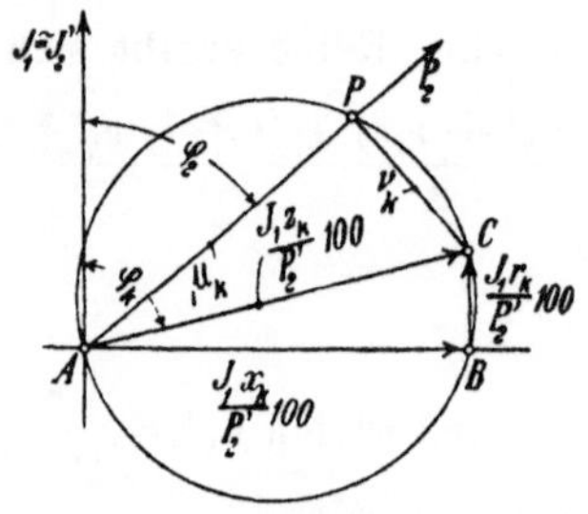

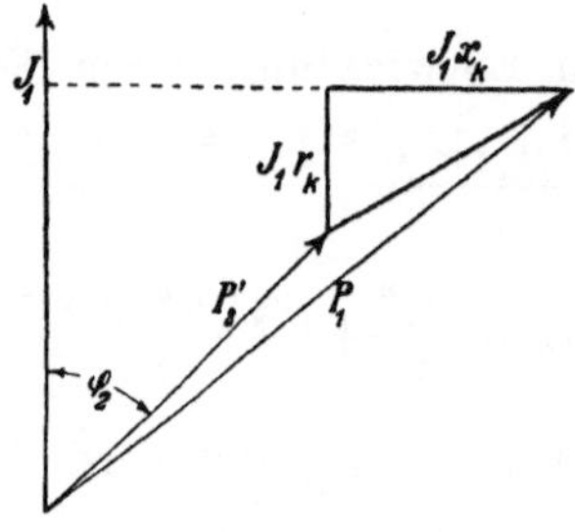

Fig. 39. Kurzschlußdiagramm eines   Fig. 40.
Transformators.

Will man die Aufzeichnung des Diagramms vermeiden, so kann man auch rechnerisch die Spannungserhöhung auf folgende Weise ermitteln.

In Fig. 40 ist

$$P_1{}^2 = (P_2{}' \cos \varphi_2 + J_1 r_k)^2 + (P_2{}' \sin \varphi_2 + J_1 x_k)^2$$
$$= P_2{}'^2 + J_1{}^2 (r_k{}^2 + x_k{}^2) + 2 P_2{}' J_1 (r_k \cos \varphi_2 + x_k \sin \varphi_2).$$

Diese Gleichung nach $P_2{}'$ aufgelöst gibt

$$P_2{}' = - J_1 (r_k \cos \varphi_2 + x_k \sin \varphi_2)$$
$$\pm \sqrt{P_1{}^2 - J_1{}^2 (r_k{}^2 + x_k{}^2) + J_1{}^2 (r_k \cos \varphi_2 + x_k \sin \varphi_2)^2}$$
$$= - J_1 (r_k \cos \varphi_2 + x_k \sin \varphi_2) + \sqrt{P_1{}^2 - J_1{}^2 (r_k \sin \varphi_2 + x_k \cos \varphi_2)^2}.$$

Die Wurzel lösen wir in eine Reihe auf und erhalten

$$P_2{}' = - J_1 (r_k \cos \varphi_2 + x_k \sin \varphi_2) + P_1 - \frac{J_1{}^2 (r_k \sin \varphi_2 - x_k \cos \varphi_2)^2}{2 P_1} - \cdots$$

und als Spannungsabfall

$$P_1 - P_2{}' = J_1 (r_k \cos \varphi_2 + x_k \sin \varphi_2) + \frac{J_1{}^2 (r_k \sin \varphi_2 - x_k \cos \varphi_2)^2}{2 P_1}$$
$$+ \frac{J_1{}^4 (r_k \sin \varphi_2 - x_k \cos \varphi_2)^4}{2 \cdot 4 \, P^3} + \frac{J_1{}^6 (r_k \sin \varphi_2 - x_k \cos \varphi_2)^6}{2 \cdot 4 \cdot 6 \, P^5.} + \cdots$$

In den allermeisten praktischen Fällen genügt bereits die Ausrechnung des ersten Gliedes dieser Reihe. Nur in der Nähe von $\cos \varphi_2 = 0$ und $\cos \varphi_2 = 1$ ist es für genauere Rechnungen zweckmäßig, auch noch das zweite Glied mitzuberücksichtigen. Im allgemeinen können wir setzen

$$\varepsilon \, {}^0/_0 = \frac{J_1 (r_k \cos \varphi_2 \pm x_k \sin \varphi_2)}{P_1} 100 \quad \cdots \quad (33)$$

Bei Phasenvoreilung des Stromes ist hierbei das — Zeichen zu wählen.

15. Prozentualer Stromverlust.

Aus dem Diagramm Fig. 29 sehen wir, daß der primäre Strom sich aus zwei Komponenten, aus dem Magnetisierungsstrom und aus $- J_2{}'$ zusammensetzt. Im allgemeinen (außer bei voreilenden Strömen) ist also J_1 größer als $J_2{}'$, so daß es scheint, als sei beim Durchgang durch den Transformator ein Teil des Stromes verloren gegangen. Wir bezeichnen daher die Differenz $J_1 - J_2{}'$ als Stromverlust. Nun ist aber der Kurzschlußstrom $J_{1k} = J_2{}'$, und bei Kurzschluß unterscheiden sich der primäre und sekundäre Strom voneinander fast nicht, da hierbei praktisch kein Feld besteht. Wir können den Stromverlust also auch definieren als die Stromzunahme, die auftritt, wenn wir den Strom vom Kurzschlußwerte aus durch

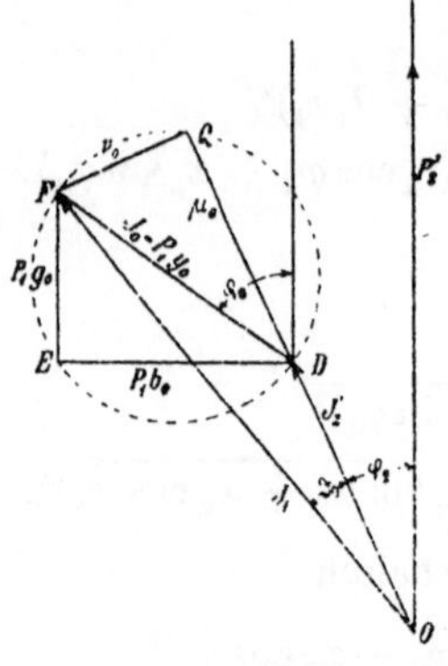

Fig. 41.[1]

Vergrößerung der Spannung bis zur normalen Größe wachsen lassen, und bekommen für den prozentualen Stromverlust die Gleichung

$$j^0/_0 = \frac{J_1 - J_{1k}}{J_{1k}} 100 \, .$$

In Fig. 41 ist wieder das bekannte Diagramm des Transformators gezeichnet mit der praktisch meistens unbedeutenden Ungenauigkeit, daß wir die Richtung von P_2' und P_1 zusammenfallen lassen. (Das genaue Diagramm s. Bd. I, S. 189.) Es ist die prozentuale Stromzunahme

$$j^0/_0 = \frac{J_1 - J_{1k}}{J_{1k}} 100 = \frac{J_1 - J_2'}{J_2'} 100 = \frac{\overline{OF} - \overline{OD}}{\overline{OD}} 100 \, .$$

In der gleichen Weise wie im vorhergehenden Abschnitte setzen wir hier

$$\overline{DQ} = \frac{\mu_0}{100} \overline{OD} \quad \text{und} \quad \overline{FQ} = \frac{\nu_0}{100} \overline{OD}$$

und bekommen

$$j^0/_0 = \pm \mu_0 + \frac{\nu_0^2}{200} \quad . \quad . \quad . \quad . \quad (34)$$

Das negative Vorzeichen von μ_0 bezieht sich auf Phasenvoreilwinkel φ_2, die größer als $\frac{\pi}{2} - \varphi_0$ sind.

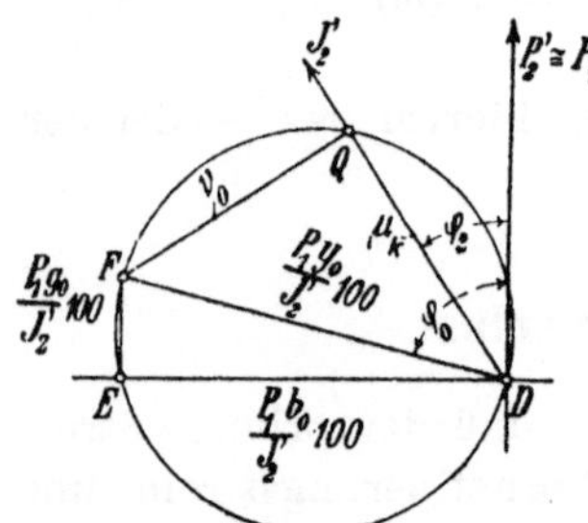

Fig. 42. Leerlaufdiagramm eines Transformators.

Um die prozentuale Stromzunahme zu bestimmen, tragen wir also (Fig. 42) die Strecke $\overline{DF} = P_1 y_0$ in Prozenten von J_2' unter dem Winkel φ_0 zur Ordinatenachse auf, beschreiben über sie als Durchmesser einen Kreis und ziehen einen Strahl $\overline{DQ}$ unter dem Winkel φ_2 zur Ordinatenachse. Es ist also

$$\overline{DE} = \frac{P_1 b_0}{J_2'} 100, \quad \overline{EF} = \frac{P_1 g_0}{J_2'} 100$$

und die prozentuale Stromzunahme ist

$$j^0/_0 = \pm \overline{DQ} + \frac{\overline{FQ}^2}{200} \, .$$

Sie wird ein Maximum für $\varphi_2 = \varphi_0$.

---

[1] Der Winkel zwischen J_1 und J_2' ist mit Θ_0 statt mit ϑ_0 zu bezeichnen.

Bei induktionsfreier Belastung $(\varphi_2 = 0)$ wird

$$\mu_0 = \frac{P_1 g_0}{J_2{}'}\,100 \quad \text{und} \quad \nu_0 = \frac{P_1 b_0}{J_2{}'}\,100,$$

also

$$j^0/_0 = 100\left[\frac{P_1 g_0}{J_2{}'} + \frac{1}{2}\left(\frac{P_1 b_0}{J_2{}'}\right)^2\right].$$

Fig. 42 stimmt mit dem Spannungsdiagramm bei Leerlauf Fig. 25 überein und kann deswegen als **Leerlaufdiagramm** des Transformators bezeichnet werden.

Man kann die Stromzunahme auch wieder rechnerisch ermitteln aus

$$J_1 - J_2{}' = P_1 (g_0 \cos \varphi_2 \pm b_0 \sin \varphi_2) + \frac{P_1{}^2 (g_0 \sin \varphi_2 - b_0 \cos \varphi_2)^2}{2 J_1},$$

wobei das — Zeichen in der ersten Klammer für voreilende Winkel gilt. Auch hier genügt in den meisten praktischen Fällen die Ausrechnung des ersten Gliedes der Reihe.

16. Änderung der Phasenverschiebung in einem Transformator.

Durch den Vektor P_{1k} der Kurzschlußspannung und den Vektor J_0 des Leerlaufstromes ändert sich die Phasenverschiebung zwischen Spannung und Strom von den Sekundärklemmen bis zu den Primärklemmen. Den Phasenverschiebungswinkel bei Belastung bezeichnen wir sekundär mit φ_2 und primär mit φ_1. Es ist (s. Fig. 30)

$$\sphericalangle \varphi_1 = \sphericalangle (P_1 J_1) = \sphericalangle (P_1 P_2{}') + \sphericalangle (P_2{}' J_2{}') + \sphericalangle (J_2{}' J_1),$$

$$\varphi_1 = \varphi_2 + \Theta_1 + \Theta_2 + \Theta_0.$$

Um den primären Phasenverschiebungswinkel φ_1 zu bestimmen, müssen wir also die beiden Winkel $\Theta_1 + \Theta_2 = \Theta_k$ und Θ_0 ermitteln.

Aus Fig. 38 ergibt sich

$$\sin \Theta_k = \frac{\overline{PC}}{\overline{OC}}.$$

Nun ist

$$\overline{OC} = \overline{OA}\,(1 + \varepsilon),$$

also

$$\sin \Theta_k = \frac{\overline{PC}}{\overline{OA}\,(1 + \varepsilon)} = \frac{\nu_k}{100\,(1 + \varepsilon)}.$$

Da gewöhnlich Θ_k ein kleiner Winkel ist, so können wir $\sin \Theta_k$ in eine Reihe entwickeln:

$$\Theta_k - \frac{\Theta_k{}^3}{3!} + \cdots = \frac{\nu_k}{100\,(1 + \varepsilon)}.$$

$\dfrac{\Theta_k^3}{6}$ ist gegenüber Θ_k zu vernachlässigen, solange $\Theta_k \leqq 0{,}25$ ist, wobei Θ_k im Bogenmaß ausgedrückt ist. Wünscht man Θ_k in Graden zu erhalten, so wird

$$\Theta_k = \frac{\nu_k}{(1+\varepsilon)\,100}\,\frac{180}{\pi}\,,$$

d. h.

$$\Theta_k = \frac{0{,}573\,\nu_k}{1+\varepsilon}\,.$$

In gleicher Weise ergibt sich aus Fig. 41

$$\sin\Theta_0 = \frac{\overline{QF}}{\overline{OF}}.$$

und, da $\overline{OF} = \overline{OD}(1+j)$ ist,

$$\Theta_0 = \frac{0{,}573\,\nu_0}{1+j}\,.$$

Also ergibt sich der primäre Phasenverschiebungswinkel zu

$$\varphi_1 = \varphi_2 + 0{,}573\left(\frac{\nu_k}{1+\varepsilon} + \frac{\nu_0}{1+j}\right) \quad\cdots\quad (35)$$

In dieser Formel sind ν_0 und ν_k als negative Größen einzusetzen, wenn der Punkt P bzw. der Punkt Q auf dem Kreisbogen $\overline{BC}$ bzw. $\overline{EF}$ liegt; dies ist der Fall bei Phasenverspätungswinkeln φ_2, die größer als φ_0 bzw. größer als φ_k sind.

17. Beispiele für die Anwendung des Leerlauf- und Kurzschlußdiagrammes.

Mit Hilfe des Leerlauf- und Kurzschlußdiagrammes kann das ganze Verhalten eines Transformators in bezug auf Spannungs- und Stromänderungen bei verschiedenen Belastungen in einfacher Weise untersucht werden. Die Formel zur Bestimmung der Spannungsänderung ist um so genauer, je kleiner die Belastung ist. Die Formel zur Berechnung der Stromerhöhung dagegen nimmt mit der Belastung an Genauigkeit zu. Bei sehr kleinen Belastungen, wie z. B. bei solchen, die kleiner als $^1/_5$ der Normallast sind, wird die Formel nicht mehr ganz genau. Hat μ_0 bei Vollast z. B. den großen Wert von $5^0/_0$, so wird μ_0 bei $^1/_5$ Last gleich $25^0/_0$ sein.

Ein Beispiel wird die Konstruktion und Anwendung dieser Diagramme am deutlichsten zeigen. An einem 20 KW Transformator wurden bei Leerlauf folgende Messungen ausgeführt: $P_{10} = 1000$ Volt;

$P_2 = 100$ Volt; $J_0 = 1{,}24$ Ampere und Leistung $W_0 = 300$ Watt. Hieraus ergibt sich das Übersetzungsverhältnis

$$u = \frac{w_1}{w_2} = \frac{P_{10}}{P_2} = \frac{1000}{100} = 10,$$

und da

$$P_{10}^2 g_0 = W_0 = 300 \text{ Watt ist,}$$

wird die Wattkomponente des Leerlaufstromes

$$P_{10} g_0 = 0{,}3 \text{ Ampere}$$

und die wattlose Komponente

$$P_{10} b_0 = \sqrt{J_0{}^2 - P_{10}^2 g_0{}^2} = 1{,}2 \text{ Ampere.}$$

Es ist somit

$$100 \frac{P_{10} g_0}{J_2'} = \frac{0{,}3}{20} 100 = 1{,}5\,^0/_0 = \overline{EF}$$

und

$$100 \frac{P_{10} b_0}{J_2'} = \frac{1.2}{20} 100 = 6\,^0/_0 = \overline{ED}.$$

Die Leerlaufkonduktanz des Transformators ist

$$g_0 = \frac{W_0}{P_{10}^2} = \frac{300}{1000^2} = \frac{0{,}3}{1000}$$

und die Leerlaufsuszeptanz

$$b_0 = \frac{P_{10} b_0}{P_{10}} = \frac{1{,}2}{1000},$$

also die Leerlaufadmittanz

$$y_0 = \sqrt{0{,}3^2 + 1{,}2^2} \cdot 10^{-3} = 1{,}24 \cdot 10^{-3}.$$

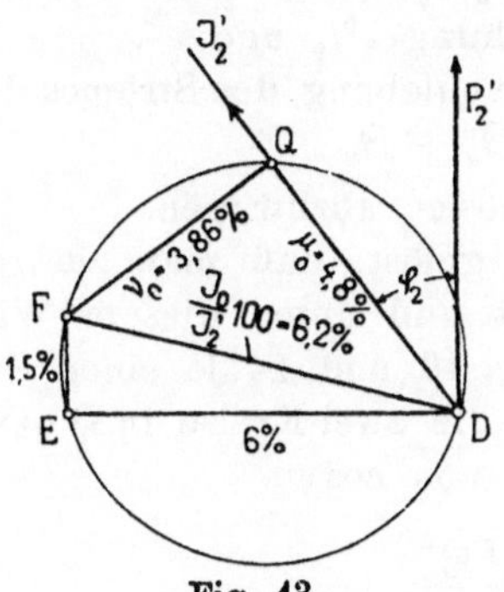

Fig. 43.

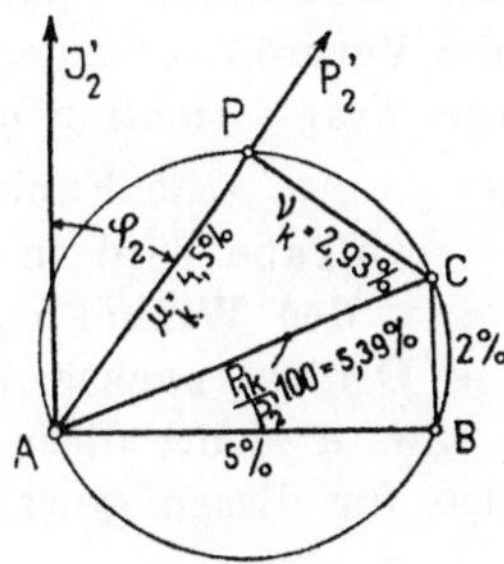

Fig. 44.

In der Fig. 43 sind die Größen $\overline{EF}$ und $\overline{ED}$ im Maßstabe $1\,^0/_0$ gleich 0,5 cm abgetragen.

Ferner wurden beim Kurzschließen der Sekundärklemmen

$$P_{1k} = 53{,}8 \text{ Volt}, \quad J_1 = J_2' = 20 \text{ Ampere}$$

und am Wattmeter die Leistung $W_k = 400$ Watt gemessen.

Hieraus ergibt sich die Wattkomponente der Kurzschlußspannung

$$J_1 r_k = \frac{W_k}{J_1} = \frac{400}{20} = 20 \text{ Volt}$$

und die wattlose Komponente

$$J_1 x_k = \sqrt{P_{1k}^2 - (J_1 r_k)^2} = 50 \text{ Volt.}$$

Es wird somit in Fig. 44

$$\frac{J_1 r_k}{P_2'} 100 = 2\,^0/_0 = \overline{BC}$$

und

$$\frac{J_1 x_k}{P_2'} 100 = 5\,^0/_0 = \overline{AB}.$$

Der Kurzschlußwiderstand des Transformators ist

$$r_k = \frac{W_k}{J_1^2} = 1 \text{ Ohm}$$

und die Kurzschlußreaktanz

$$x_k = \frac{J_1 x_k}{J_1} = 2{,}5 \text{ Ohm.}$$

Es sei nun

Erstens unter Annahme konstanter Sekundärspannung $P_2 = 100$ Volt und konstanten Sekundärstromes $J_2 = 200$ Amp. bei verschiedenen Phasenverschiebungswinkeln φ_2:

1. die prozentuale Stromerhöhung $j\,^0/_0$,
2. die prozentuale Spannungserhöhung $\varepsilon\,^0/_0$ und
3. die Vergrößerung der Phasenverschiebung des Stromes durch die Transformation $\varphi_1 - \varphi_2 = \Theta_k + \Theta_0$

zu bestimmen und als Funktion von $\cos \varphi_2$ abzutragen.

Die Aufgabe wird in der Weise gelöst, daß man zu irgend einem $\cos \varphi_2$ den Winkel φ_2 berechnet und unter diesem Winkel gegen die Ordinatenachse in den Fig. 43 und 44 je einen Strahl durch O bzw. A zieht; diese schneiden die zwei Kreise in Q bzw. P. Es ist also für diesen gewählten Wert von $\cos \varphi_2$

$$j\,^0/_0 = \pm \overline{DQ} + \frac{\overline{FQ}^2}{200},$$

$$\varepsilon\,^0/_0 = \pm \overline{AP} + \frac{\overline{CP}^2}{200}$$

und
$$\varphi_1 - \varphi_2 = \Theta_k + \Theta_0 = 0{,}573\left(\frac{\overline{CP}}{1+\varepsilon} + \frac{\overline{FQ}}{1+j}\right).$$

In der Fig. 45 sind diese drei Größen als Funktion von $\cos\varphi_2$ aufgetragen.

Zweitens sind unter Annahme konstanter Sekundärspannung $P_2 = 100$ Volt und konstantem $\cos\varphi_2 = 0{,}8$ bei verschiedenen Sekundärströmen J_2 dieselben Größen wie im ersten Falle, nämlich

$$j^0/_0, \quad \varepsilon^0/_0 \quad \text{und} \quad \varphi_1 - \varphi_2$$

zu bestimmen und als Funktion von J_2 abzutragen.

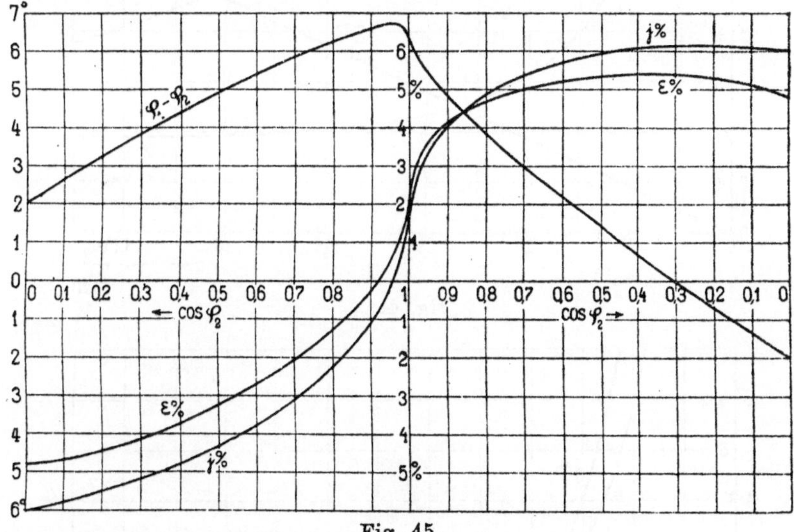

Fig. 45.

Unter dem Winkel $\varphi_2 = 36{,}9^0$ (entsprechend $\cos\varphi_2 = 0{,}8$) zieht man wieder gegen die Ordinatenachsen die Strahlen $\overline{AP}$ bzw. $\overline{DQ}$. Bei Vollast ($J_2 = 200$ Amp.) verfährt man in gleicher Weise wie oben. Bei $\dfrac{1}{x}$ dieser Belastung, d. h. $J_2 = \dfrac{200}{x}$ Amp., ist

$$\mu_0 = x\cdot\overline{DQ} \quad \text{und} \quad \nu_0 = x\cdot\overline{FQ},$$

während

$$\mu_k = \frac{\overline{AP}}{x} \quad \text{und} \quad \nu_k = \frac{\overline{CP}}{x}$$

ist, woraus sich die Spannungs- und Stromerhöhung bestimmen lassen. Nur bei Belastungen, die kleiner als $^1/_5$ der Normallast sind, wird die Rechnung mit μ_0 und ν_0 ungenau, weshalb man für diese Fälle

$$j^0/_0 \quad \text{und} \quad \Theta_0$$

graphisch, wie die Fig. 42 zeigt, oder rechnerisch ermittelt.

4*

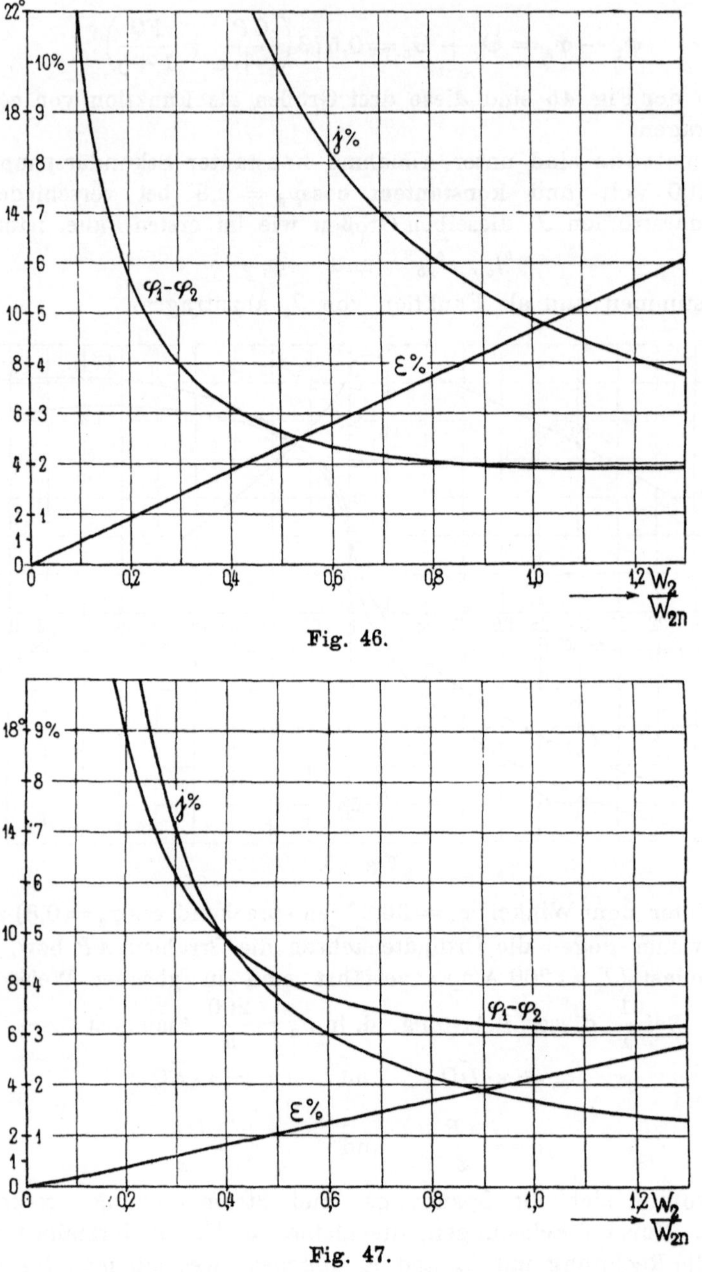

Fig. 46.

Fig. 47.

In der Fig. 46 sind alle drei Größen $j^0/_0$, $\varepsilon^0/_0$ und $\varphi_1 - \varphi_2$ als Funktion von J_2 aufgetragen. In der Figur sind als Abszissenwerte die Verhältnisse $\dfrac{W_2}{W_{2n}}$ eingetragen, wobei W_{2n} die normale und W_2 die gewählte sekundäre Belastung bezeichnet.

Drittens sind unter Annahme konstanter Sekundärspannung $P_2 = 100$ Volt, die Größen $j\,^0/_0$, $\varepsilon\,^0/_0$ und $\varphi_1 - \varphi_2$ für verschiedene Sekundärströme und konstantem $\cos\varphi_2 = 1$ zu bestimmen und als Funktion von J_2 abzutragen. Dies kann graphisch nach dem im zweiten Falle beschriebenen Verfahren geschehen. Ebenso kann man auch die Primärspannung P_1 und die Primärstromstärke J_1 berechnen. Aus der Fig. 38 ergibt sich für $\varphi_2 = 0$

$$P_1 = u\,\sqrt{(P_2 + J_2\,r_k)^2 + (J_2\,x_k)^2}$$

und aus der Fig. 40

$$J_1 = \sqrt{(J_2{}' + P_1\,g_0)^2 + (P_1\,b_0)^2}\,.$$

In der Fig. 47 sind $j\,^0/_0$, $\varepsilon\,^0/_0$ und $\varphi_1 - \varphi_2$ als Funktion von J_2 aufgetragen. Man sieht, daß $j\,^0/_0$ und $\varepsilon\,^0/_0$ bei $\cos\varphi_2 = 0{,}8$ bedeutend größere Werte als bei $\cos\varphi_2 = 1$ ergeben, während die Vergrößerung $\varphi_1 - \varphi_2$ des Phasenverschiebungswinkels bei $\cos\varphi_2 = 1$ größer ist als bei $\cos\varphi_2 = 0{,}8$.

18. Einphasentransformator zur Speisung von Dreileiternetzen.

Dient ein Transformator zur Speisung eines unsymmetrisch belasteten Dreileiternetzes, so ist bei der Schaltung des Transformators darauf zu achten, daß die Spannungen der beiden Netzhälften voneinander möglichst unabhängig werden.

Besitzt der Transformator zwei bewickelte Kerne und sind die beiden Sekundärwicklungen, die zur Speisung der beiden Hälften des Dreileiternetzes dienen, jede auf einer Säule angebracht, so ist es nötig, die Primärwicklungen der beiden Säulen parallel

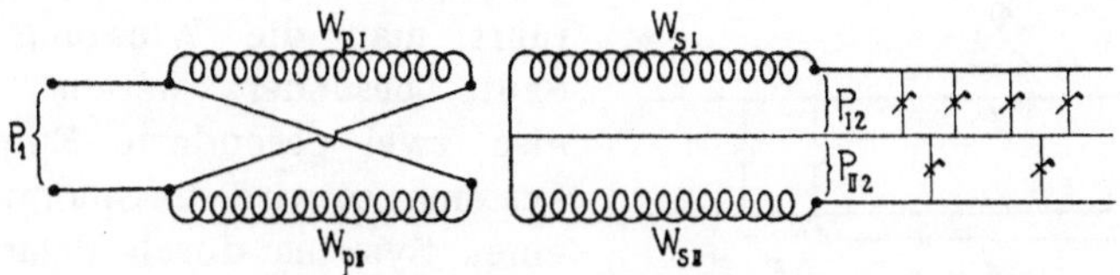

Fig. 48. Transformator zur Speisung von Dreileiternetzen.

zu schalten, wie Fig. 48 zeigt. Würde man die beiden Primärspulen in Serie schalten, so würde eine einseitige Belastung des Sekundärnetzes einen Spannungsabfall in dem belasteten Teile und eine Spannungserhöhung in dem unbelasteten Teile hervorrufen, wodurch ein großer Spannungsunterschied zwischen den beiden Hälften entsteht.

In der Anordnung nach Fig. 48 erzeugen beide Spulen das Hauptfeld gemeinsam, nehmen also bei Leerlauf beide den gleichen Strom auf, der gleich der Hälfte des Magnetisierungsstromes ist, der auftreten würde, wenn nur eine Spule vorhanden wäre. Wird jetzt sekundär eine Netzhälfte (I) belastet, so nimmt die entsprechende Primärwicklung einen Strom auf, der dem sekundären Strome das Gleichgewicht hält. Dabei wird durch den Ohmschen und induktiven Spannungsabfall in der primären Wicklung ein Teil der zugeführten Klemmenspannung verbraucht, die gegenelektromotorische Kraft E muß also um diesen Betrag geringer werden, d. h. der Hauptkraftfluß der Säule I wird kleiner. In der Wicklung der anderen Säule (II) fließt aber kein Strom, hier muß daher der Hauptkraftfluß konstant

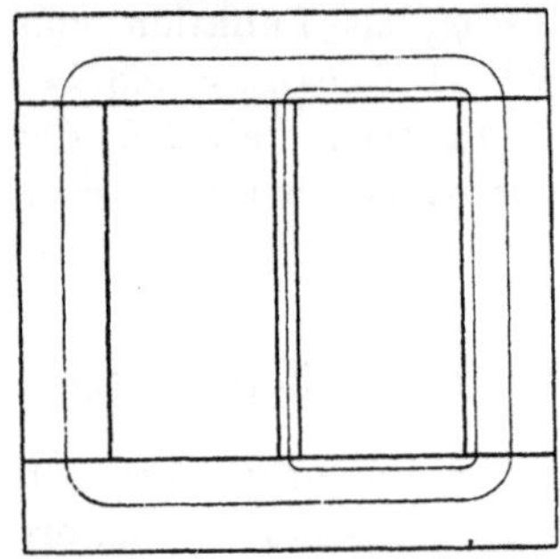

bleiben, und da Säule I jetzt nur einen kleineren Teil des Hauptkraftflusses erzeugt als vorher, muß die Wicklung der Säule II nunmehr einen größeren Magnetisierungsstrom aufnehmen als bei Leerlauf. Da sich nun der ganze Kraftfluß der Säule II nicht mehr durch Säule I schließen kann, muß der Differenzkraftfluß seinen Weg durch die Luft nehmen. Die Luft bietet aber diesem Durchgange des Flusses einen großen Widerstand, der Magnetisierungsstrom steigt also verhältnismäßig stark. Wir können ihn kleiner halten, wenn wir dem zusätzlichen Kraftfluß einen Eisenweg durch einen magnetischen Nebenschlußkreis bieten (s. Fig. 49).

Fig. 49. Einphasentransformator mit magnetischem Nebenschluß für Dreileiternetze.

Sind die Wicklungen auf den beiden Säulen nicht zu einem Dreileitersystem verbunden, sondern führt man die Wicklung jeder Säule besonders heraus, macht also zwei gesonderte Einphasensysteme, so wird die Spannung des einen Systems durch Belastungen im anderen nicht verändert.

In der Dreileiterschaltung nach Fig. 48 steigt die Spannung

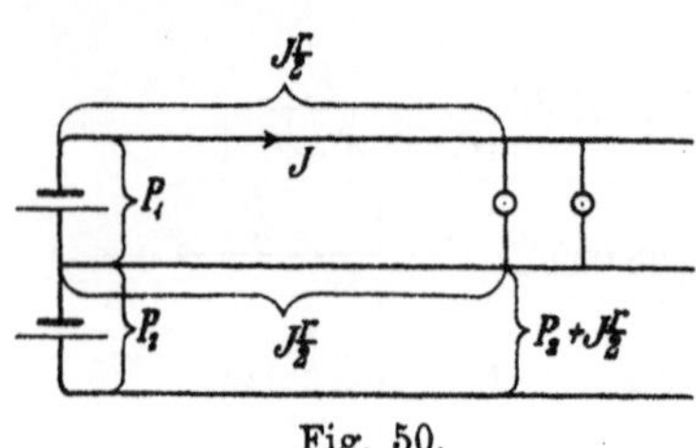

Fig. 50.

im unbelasteten Zweige bei Belastung im anderen ein wenig. Wir verstehen das leicht nach Analogie einer Schaltung für Gleichstrom (Fig. 50). Die Figur zeigt zwei Elemente, von denen ein

Dreileitersystem ausgeht. Die Spannung im unbelasteten Teile muß um den Spannungsabfall im belasteten Teile wachsen.

Die Vorgänge in einer Schaltung nach Fig. 48 mögen durch die folgenden mit einem kleinen Transformator erhaltenen Versuchszahlen verdeutlicht werden.

Primär-spannung	J_I	J_{II}	Sekundär	
			P_I	P_{II}
83 Volt	1,1 Amp.	1,1 Amp.	83 Volt	83 Volt
83 „	11 „	1,7 „	73 „	83,5 „

Wir können also sagen, daß bei Einphasen-Dreileitertransformatoren mit Parallelschaltung der beiden Primärwicklungen der Spannungsabfall einer Hälfte des Sekundärnetzes praktisch nur abhängig von der Belastung dieser Hälfte und fast unabhängig von der Belastung der anderen Hälfte ist.

Das trifft jedoch nicht mehr zu, wenn man beide Primärwicklungen in Serie schaltet, wie in Fig. 51 dargestellt ist.

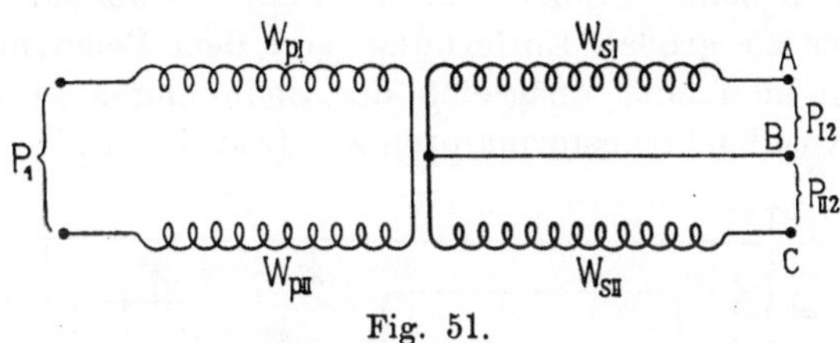

Fig. 51.

Wird hier eine Sekundärseite (Säule I) belastet, so fließt der Strom primär in den Wicklungen beider Säulen. Auf Säule II muß sich ein starkes Streufeld ausbilden, da die Sekundärwicklung stromlos ist, während das primäre Streufeld der Säule I durch die Gegenwirkung der hier doppelt so großen sekundären Amperewindungen aufgehoben und durch das sekundäre Streufeld sogar primär eine um 90° voreilende Spannung induziert wird. Da primär auf den beiden Säulen die Widerstände r_I und r_{II} gleich sind, x_{II} aber größer als x_I wird, entfällt auf Säule II ein größerer Teil der Primärspannung als auf Säule I, weil $Jz_{II} > Jz_I$ ist. Das primäre Streufeld auf Säule II hat die gleiche Richtung wie der Hauptkraftfluß, es vergrößert hier also die sekundäre Spannung, während der sekundäre Streufluß auf Säule I mit zur Erniedrigung der sekundären Spannung beiträgt. Es entsteht daher zwischen den beiden Netzhälften ein beträchtlicher Spannungsunterschied, und diese Schaltung ist deswegen für die Praxis unbrauchbar. Die ungleiche Verteilung der Amperewindungen auf einem Kern läßt sich durch die Schaltung Fig. 52 vermeiden, bei der sekundär zwei Wicklungssysteme parallel geschaltet sind. Hier fließt bei einseitiger Belastung auch sekundär der Strom in den Wicklungen beider Säulen, so daß für die Streuung die normalen Verhältnisse vorhanden sind. Die Anordnung ist aber hinsichtlich ihrer Ausführung etwas ungünstiger als die in Fig. 48 dargestellte Schaltung.

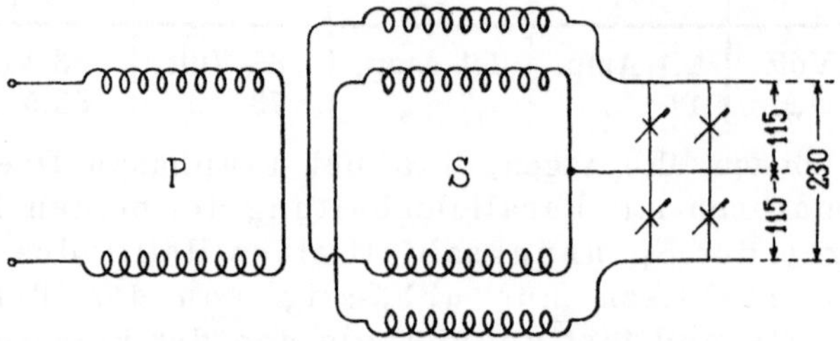

Fig. 52. Transformatorschaltung für Dreileiternetze.

Ausgleichtransformator. Wünscht man in einem Dreileiternetz den Mittelleiter zum Transformator nicht zurückzuführen, weil dieser in einer zu großen Entfernung von dem Beleuchtungsgebiet liegt, so kann man zum Ausgleich der Spannungen in den beiden Netzhälften Ausgleichtransformatoren AT (Fig. 53) aufstellen. Diese

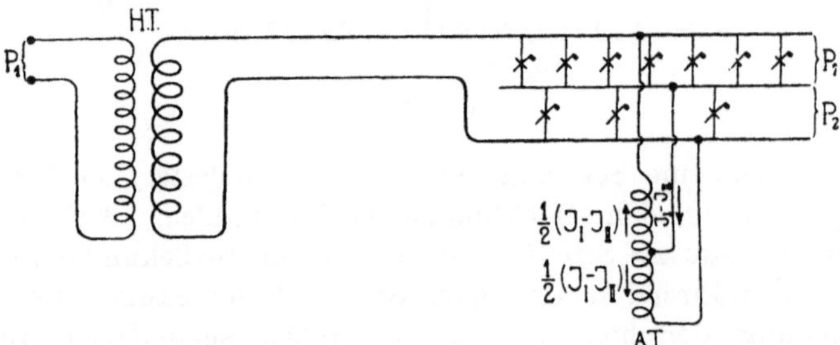

Fig. 53. Ausgleichtransformator für Dreileiternetze.

erhalten nur eine Wicklung, an deren Mittelpunkt der neutrale Leiter angeschlossen wird. Die beiden Hälften der Wicklung sollen möglichst nahe aneinander liegen, damit die Streuinduktion zwischen ihnen klein ausfällt, man erhält dann den besten Ausgleich. Die Leistung eines derartigen Ausgleichtransformators kann sehr klein gehalten werden. Ist J_I die maximale Strombelastung der einen Netzhälfte und J_{II} die kleinere in der zweiten Hälfte, so muß der Ausgleichtransformator für die Leistung $\dfrac{J_I - J_{II}}{2} P_2$ gebaut werden.

Denn die eine Hälfte der Wicklung nimmt den Strom $\dfrac{J_I - J_{II}}{2}$ auf, während die andere den gleichen Strom abgibt.

Der Haupttransformator HT, der zur Speisung des ganzen Netzes dient, muß für die Leistung $2\,J_I\,P_2$ gebaut werden, so daß das Verhältnis zwischen den beiden Transformatoren AT und HT gleich $\dfrac{J_I - J_{II}}{4\,J_I}$ wird. Bei einer Belastungsdifferenz von $40\,^0/_0$ $= \dfrac{J_I - J_{II}}{J_I}\,100$ würde der Ausgleichtransformator nur für $\dfrac{1}{10}$ der Leistung des Haupttransformators zu bauen sein. Hieraus folgt, daß ein verhältnismäßig kleiner Ausgleichtransformator die Zurückführung des Mittelleiters zum Haupttransformator überflüssig machen kann.

Fünftes Kapitel.

Die Verluste und der Wirkungsgrad eines Transformators.

19. Die Verluste im Eisen.

Im Eisenkörper eines Transformators treten zweierlei Verluste auf. Einmal verursacht der sich nach Größe und Richtung periodisch ändernde Kraftfluß durch die fortwährende Ummagnetisierung des Eisens **Hysteresisverluste**, und zweitens induziert er im Eisen elektromotorische Kräfte, die Ströme und Stromwärmeverluste hervorrufen, die wir als **Wirbelstromverluste** bezeichnen.

Hysteresisverluste. Erfolgt die Ummagnetisierung langsam, so sprechen wir von Verlusten durch **statische Hysteresis.** Sie sind für eine gegebene Eisensorte dem Volumen und der Periodenzahl proportional. Aus zahlreichen Versuchen hat **Steinmetz** gefunden, daß der Verlust durch statische Hysteresis für die Volumeneinheit (cm^3) und eine Periode angenähert gleich

$$\eta\, B_{max}^{1,6}\ \mathrm{Erg}$$

ist, wobei η eine für die betreffende Eisensorte konstante Größe ist. η liegt zwischen 0,001 und 0,005.

Erfolgt die Ummagnetisierung des Eisens rasch, z. B. durch Wechselstrom höherer Periodenzahl, so weicht die Form der Hysteresisschleife von der bei statischer Ummagnetisierung gefundenen ab (vgl. WT Bd. I, S. 393). Der Koeffizient η ist also von der Periodenzahl nicht unabhängig. Die Abweichung ist aber bei den in der Wechselstromtechnik gebräuchlichen niedrigen Periodenzahlen so gering, daß wir die statische Hysteresisschleife den Verlustrechnungen zugrunde legen können.

Wird das Eisenvolumen V_{ei} in dm³ angegeben und ist c die Periodenzahl des Wechselstromes, so ist der Hysteresisverlust W_h in Watt

$$W_h = \sigma_h \left(\frac{c}{100}\right)\left(\frac{B_{max}}{1000}\right)^{1,6} V_{ei} \text{ Watt} \quad . \quad . \quad . \quad (36)$$

worin die Hysteresiskonstante

$$\sigma_h = \frac{\eta}{0,0016} = 630\,\eta \quad . \quad . \quad . \quad . \quad . \quad (37)$$

ist. Für gute Eisenbleche ist $\sigma_h = 1$ oder kleiner als 1.

Wirbelstromverluste. Der wechselnde Kraftfluß induziert im Eisen elektromotorische Kräfte, die **Wirbelströme** hervorrufen. Diese Ströme wirken der Änderung des magnetischen Kraftflusses entgegen und bewirken dadurch Energieverluste und eine Vergrößerung des Leerlaufstromes J_a. Da ferner die entmagnetisierende Wirkung der Wirbelströme in der Mitte der Platte am größten und an ihrer Kante Null ist, verursachen die Wirbelströme eine ungleichmäßige Verteilung der Induktion über den Querschnitt der Platte. Wir bekommen in der Mitte eine kleinere Induktion als an den Kanten (Schirmwirkung, vgl. WT Bd. I, S. 403).

Wenn wir von der ungleichmäßigen Verteilung der Induktion in den Platten absehen, können wir den durch die Wirbelströme verursachten Verlust berechnen.

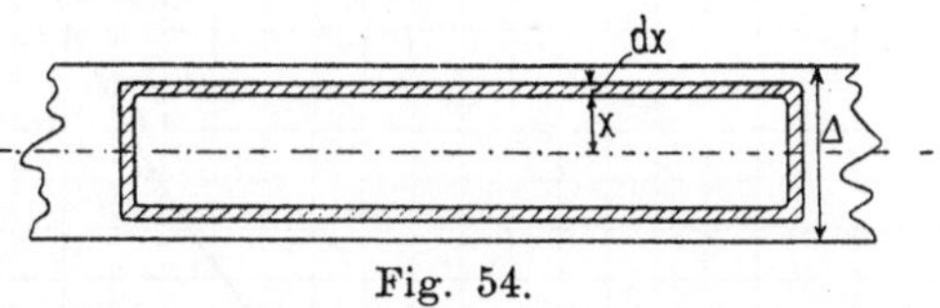

Fig. 54.

Fig. 54 zeigt einen Schnitt durch die Platte senkrecht zu den Induktionslinien. In einem Stromfaden von 1 cm Länge im Abstande x von der Mittellinie des Bleches wird eine EMK induziert

$$E_x = 4 f_\varepsilon c B x\, 10^{-8} \text{ Volt.}$$

Der Widerstand eines Streifens von der Blechtiefe 1 cm (senkrecht zur Schnittebene gemessen) ist $\dfrac{\varrho}{dx}$ Ohm. Der Verlust in einem Stromfaden von 1 cm Länge, 1 cm Tiefe und dx cm Stärke ist

$$E_x^2 \frac{dx}{\varrho} = \frac{16}{\varrho} c^2 f_\varepsilon^2 B^2 x^2 dx\, 10^{-16} \text{ Watt.}$$

Für die ganze Blechstärke ist der Verlust

$$2 \int_0^{\frac{\varDelta}{2}} E_x^2 \frac{dx}{\varrho} = \frac{4}{3} \frac{c^2}{\varrho} f_\varepsilon^2 B^2 \varDelta^3 10^{-16} \text{ Watt.}$$

Der Verlust in einem Kubikzentimeter ist daher, wenn $\varDelta$ in Zentimetern gemessen wird,

$$w_w = \frac{4}{3}\frac{c^2}{\varrho}\, f_\varepsilon^{\,2} B^2 \varDelta^2\, 10^{-16}\ \text{Watt.}$$

In Wirklichkeit sind die Verluste wegen der ungleichmäßigen Verteilung der Induktion etwas größer. Wir rechnen zur Vereinfachung auch die Verluste, die durch die Veränderung der Form der Hysteresisschleife mit der Periodenzahl entstehen, zu den mit $(cB)^2$ proportionalen Verlusten und schreiben

$$W_w = \sigma_w \left(\varDelta\, \frac{c}{100}\, \frac{f_\varepsilon\, B_{max}}{1000} \right)^2 V_{ei}\ \textbf{Watt} \quad . \quad . \quad . \quad (38)$$

In diese Formel ist $\varDelta$ in mm und V_{ei} in dm³ einzusetzen. Die Wirbelstromkonstante σ_w liegt für gewöhnliche (nicht legierte) Bleche zwischen

$$\sigma_w = 1{,}3 \text{ bis } 1{,}6.$$

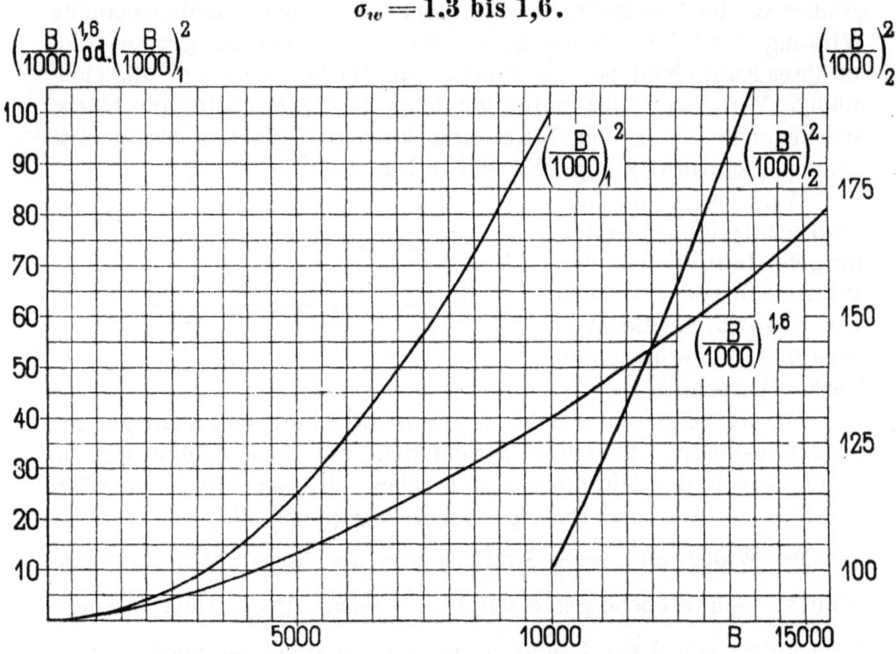

Fig. 55. Kurven zur Berechnung der Eisenverluste.

Zur bequemen Berechnung von W_h und W_w dienen die in Fig. 55 gegebenen Kurven.

Die Summe von Hysteresis- und Wirbelstromverluste bezeichnen wir als Eisenverluste W_{ei}. Im allgemeinen sind die Hysteresisverluste gewöhnlicher Blechsorten von 0,5 mm Stärke etwa 3 mal größer als die Wirbelstromverluste. Man wird also bei der Auswahl des Eisens hauptsächlich darauf sehen, daß σ_h klein ist und sich im Betriebe nicht ändert. Eine dauernde Erwärmung der Bleche, wie sie im Betriebe stattfindet, verursacht nämlich eine Oxydbildung auf der Oberfläche des Eisens, und die Verluste in dieser Schicht sind größer als die im frischen Eisen. Man bezeichnet diese Erscheinung als Altern der Bleche.

Eine erhebliche Vergrößerung der Wirbelstromverluste kann durch die Stanzränder der Bleche herbeigeführt werden, die sich gegenseitig berühren und so die Wirkung der Blechunterteilung illusorisch machen. Um diesen Übelstand zu vermeiden, müssen die Bleche nach dem Stanzen gewalzt oder der Grat abgeschliffen werden.

Im Transformatorenbau kommen verschiedene Blechsorten zur Verwendung. Man unterscheidet gewöhnliche (normale) Bleche, Spezialbleche und legierte Bleche.

In neuerer Zeit haben im Transformatorenbau legierte Bleche allgemeinen Eingang gefunden, die einen hohen spezifischen Widerstand haben und sehr kleine Verluste ergeben. Die Bleche bestehen aus Legierungen von Eisen mit Silizium.

Die Festigkeit wird durch einen mäßigen Siliziumgehalt, bis zu etwa $4^0/_0$, erhöht, während gleichzeitig die Zähigkeit verringert und die Sprödigkeit gesteigert wird. Hierbei spielt auch der Gehalt an Kohlenstoff und anderen Beimengungen eine Rolle. Der Einfluß des Siliziums besteht hauptsächlich in der sehr starken Erhöhung des elektrischen Widerstandes des Eisens und einer entsprechenden Verminderung der Wirbelstromverluste. Reines Silizium hat nach Untersuchungen von R. A. Hadfield einen spezifischen Widerstand von 430 bis 800 Ohm pro 1 m Länge und 1 mm^2 Querschnitt.[1]

Im Laboratorium der E. A.-G. vorm. Kolben & Co. haben Untersuchungen mit Blechen von 0,5 mm Stärke der Bismarckhütte von verschiedenem Siliziumgehalt folgende Werte ergeben.[1]

Blechsorte . . .	A	B	C	D	E
Siliziumgehalt in Prozenten	0,26	1,072	2,28	3,25	3,52
$\eta =$	0,0015	0,0014	0,0010	0,0009	0,0009

[1] Siehe: Dr. E. Kolben, „Der Einfluß des Siliziums auf die elektrischen und magnetischen Eigenschaften des Eisens". Rundschau für Technik und Wirtschaft, 1909. Ferner Dr. S. Guggenheim, Legiertes Eisen. Bulletin des Schweiz. Elektrot. Vereins, 1910.

Blechsorte . . . . A B C D E

Blechsorte	A	B	C	D	E	
Hysteresisverlust in Watt pro kg	2,5	2,2	1,65	1,45	1,45	
Wirbelstromverlust in Watt pro kg	1,3	0,8	0,7	0,6	0,4	für B_{max} = 10000
Total-Watt pro kg	3,8	3,0	2,35	2,05	1,85	

Bei $H = 140$ ist $B = 17600$ 17300 17000 16700 16400

Sämtliche Versuche wurden mit kreisrunden Ringscheiben von 20 cm Durchmesser durchgeführt, so daß eine wichtige Fehlerquelle vermieden war. Die Bleche haben nämlich andere Verluste, je nachdem sie so geschnitten sind, daß sie in der Walzrichtung oder senkrecht dazu magnetisiert werden. — Die hochsilizierten Bleche werden im Transformatorenbau verwendet, die niedriger silizierten auch im Dynamobau, für den die hochsilizierten Bleche zu spröde sind.

Der spezifische Widerstand hoch legierter Bleche ist ungefähr 0,5 gegenüber 0,11 bis 0,14 bei gewöhnlichen Blechen, σ_w ist also nur etwa $\frac{1}{4}$ so groß, und der Koeffizient der Hysteresisverluste ist

$$\eta = 0,0008 \text{ bis } 0,0010\,,$$

also $\sigma_w = \mathbf{0,4 \text{ bis } 0,5}$ $\sigma_h = \mathbf{0,5 \text{ bis } 0,63.}$

Die Permeabilität ist bis etwa 10000 besser, dann schlechter als die der gewöhnlichen Bleche, so daß Induktionen von über 14000 große Leerlaufströme bedingen. Ein Altern der Bleche findet nur in sehr geringem Maße und von etwa 3,5 $^0/_0$ Siliziumgehalt an nicht mehr statt.

Berechnung des gesamten Eisenverlustes aus Verlustkurven. Die Eisenverluste berechnet man meist nicht nach den Formeln 36, 38, sondern bestimmt durch Versuch den Eisenverlust für 1 kg Eisen bei verschiedenen Induktionen und Periodenzahlen und berechnet damit den gesamten Eisenverlust.

Die verschiedenen Blechsorten werden nach der Verlustziffer[1] beurteilt. Man versteht darunter die Summe der Hysteresis- und Wirbelstromverluste bezogen auf eine Maximalinduktion $B_{max} = 10000$ bei 50 Perioden und sinusförmigen Verlauf der Spannungskurve in Watt für 1 kg und bei einer bestimmten Temperatur. Für Bleche von 0,5 mm Stärke werden von blecherzeugenden Firmen heute etwa folgende Verlustziffern garantiert:

> für gewöhnliche (normale) Bleche   3,8 Watt/kg
> für Spezialbleche . . . . . . 2,6 bis 3 Watt/kg
> für legierte Bleche bester Qualität 1,8 Watt/kg

Die Fig. 56 bis 60 stellen Verlustkurven verschiedener Blechsorten dar, denen man zu den berechneten oder angenommenen

---

[1] Normalien für die Prüfung von Eisenblech, aufgestellt vom V. D. E. siehe Kapitel XV.

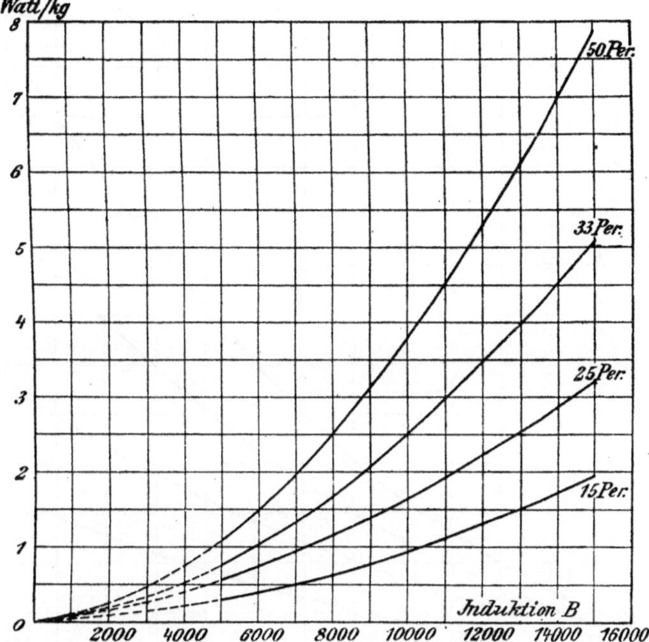

Fig. 56a. Verlustkurven für gewöhnliches Blech von 0,5 mm.

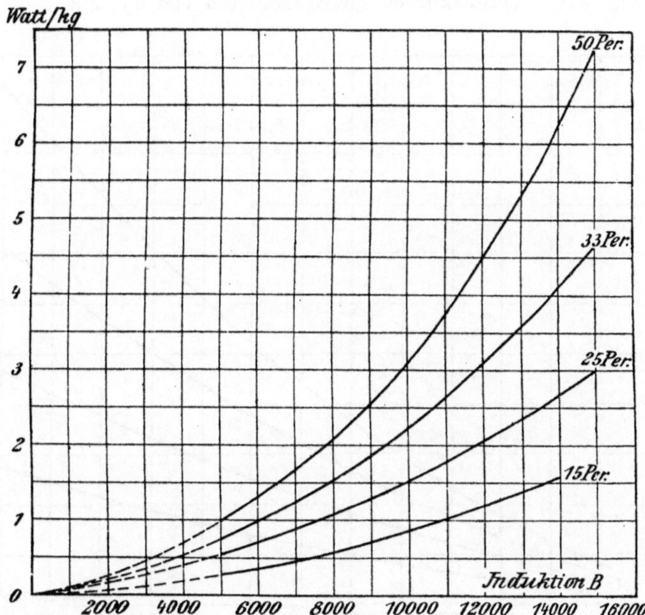

Fig. 56b. Verlustkurven für gewöhnliches Blech von 0,35 mm.

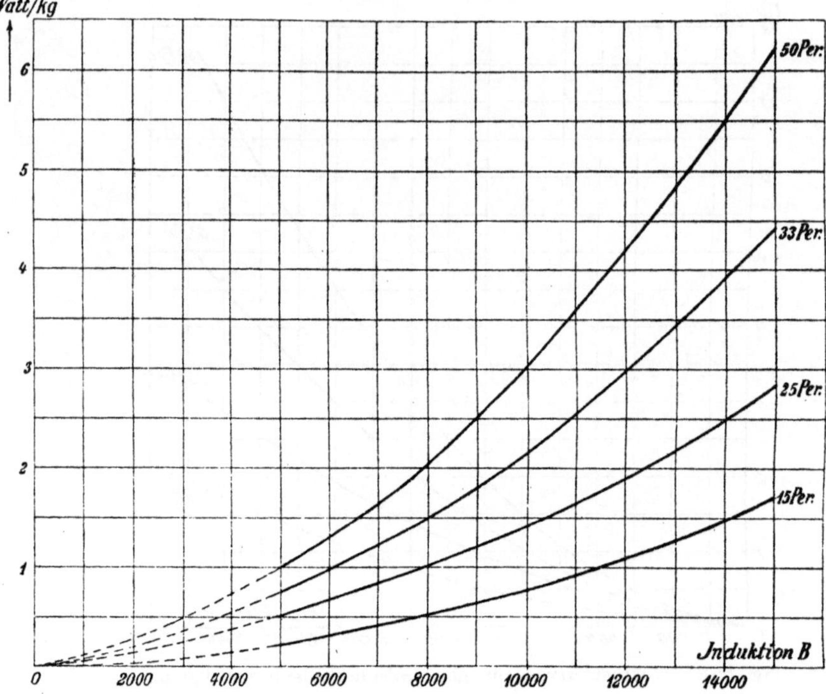

Fig. 57a. Verlustkurven für Spezialblech von 0,5 mm.

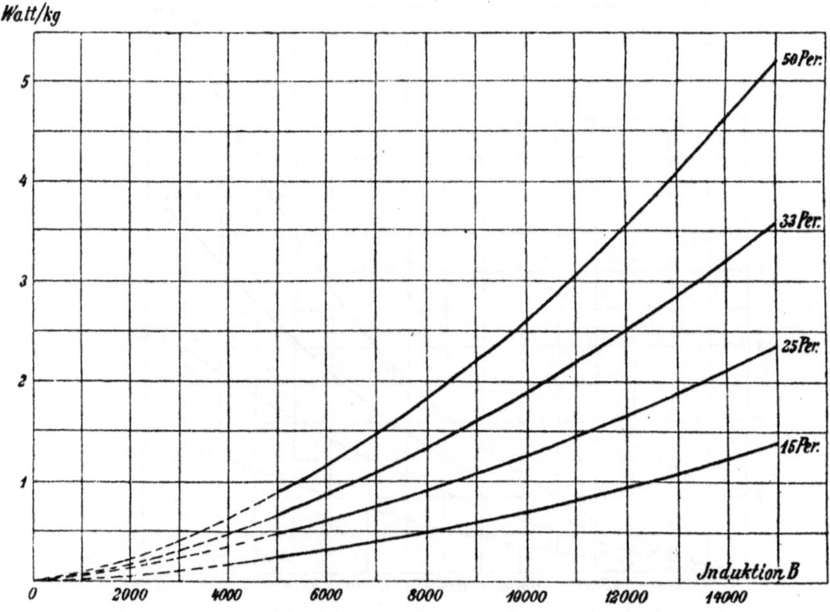

Fig. 57b. Verlustkurven für Spezialblech von 0,35 mm.

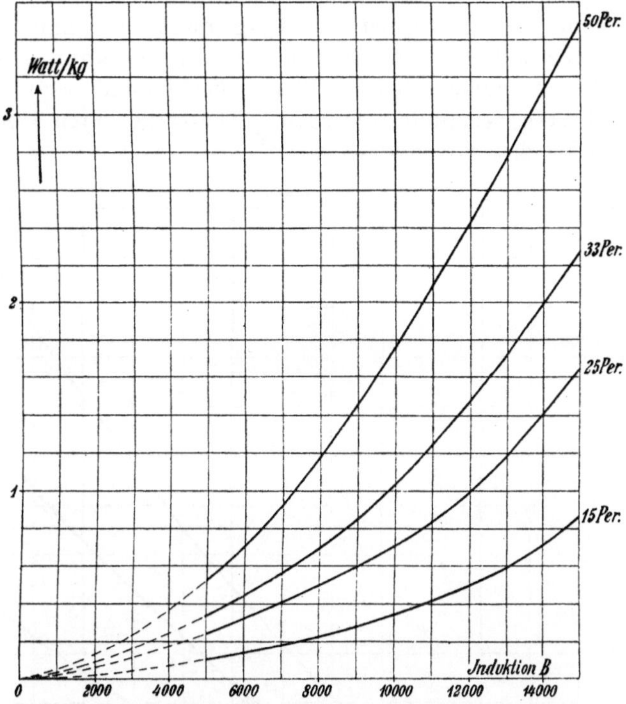

Fig. 58. Verlustkurven für legiertes Blech von 0,5 mm.

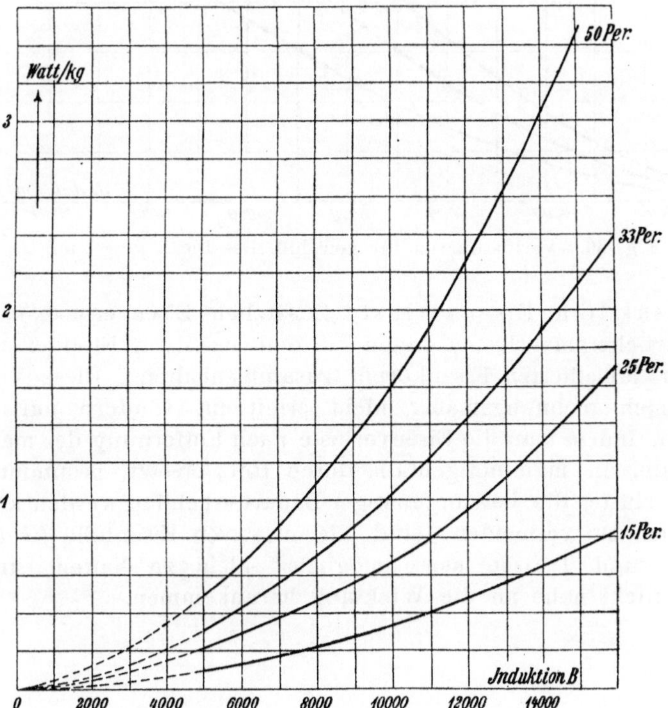

Fig. 59. Verlustkurven für legiertes Blech von 0,35 mm.

Induktionen den Gesamtverlust für 1 kg Eisen entnehmen kann. Da die Verluste mit der Periodenzahl abnehmen, kann man für niedrigere Periodenzahlen dickere Bleche verwenden, wodurch die Fabrikationskosten vermindert werden. Für 15 Perioden kann man bis zu 1 mm Blechstärke gehen.

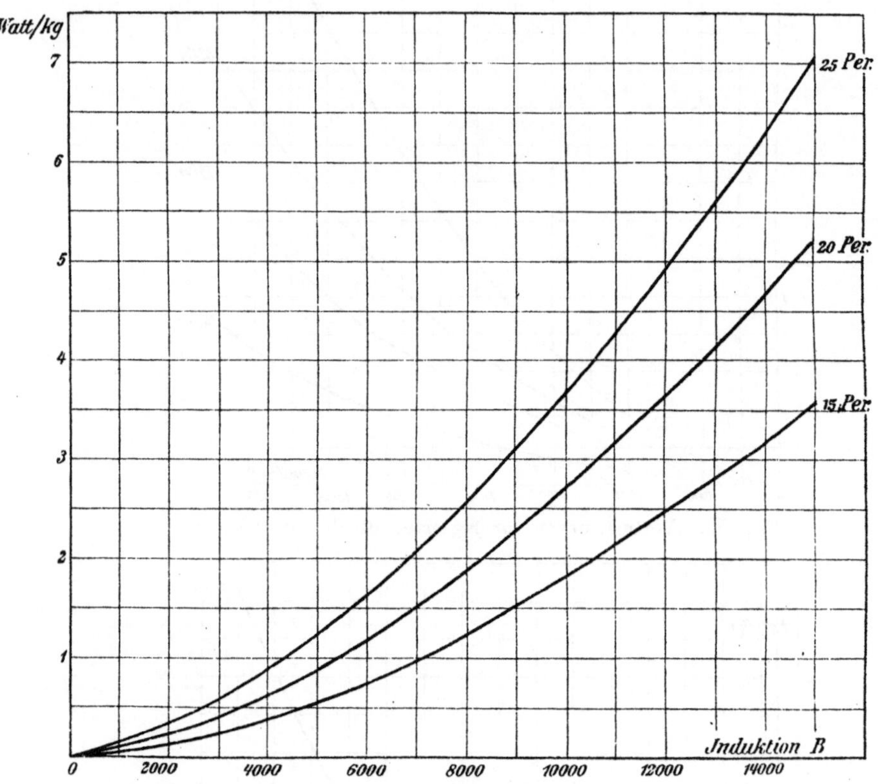

Fig. 60. Verlustkurven für gewöhnliches Blech von 1 mm.

Zusätzliche Eisenverluste. Zusätzliche Eisenverluste, namentlich Wirbelstromverluste, treten in den massiven Eisenteilen auf, die den lamellierten Eisenkörper zusammenhalten. Diese Verluste lassen sich rechnungsmäßig nicht ermitteln, sondern nur durch Versuch, indem man die Eisenverluste nach Entfernung der massiven Eisenteile, die man nötigenfalls durch Holz ersetzt, bestimmt. Um diese Verluste, die bei ungünstiger Bauart erheblich werden können, möglichst zu vermeiden, sind die massiven Eisenteile (Gußeisen, Winkel- und T-Eisen usw.) möglichst klein zu halten, und sie dürfen nicht nahe an die Wicklung herankommen.

Bei Kerntransformatoren finden fast gar keine Gußteile mehr Verwendung.

20. Wahl der Querschnitte des magnetischen Kreises mit Rücksicht auf die Eisenverluste.

Wir wollen zunächst untersuchen, wie die Querschnitte der magnetischen Kreise eines Transformators oder eines anderen elektromagnetischen Apparates zu wählen sind, damit die Eisenverluste bei gegebenem Eisenvolumen, Kraftfluß und Länge der magnetischen Kreise möglichst klein ausfallen.

Wir nehmen an, daß in dem Volumen $V_1 = l_1 Q_1$ die Induktion B_1 und im Volumen $V_2 = l_2 Q_2$ die Induktion B_2 herrsche, und daß die Kraftflüsse in V_1 und V_2 in dem konstanten Verhältnis $\Phi_2 = \alpha \Phi_1$ zueinander stehen. Dann sind die Eisenverluste

$$W_{ei} = C_1 B_1^{1,6} \frac{\Phi_1}{B_1} l_1 + C_2 B_1^2 \frac{\Phi_1}{B_1} l_1 + C_1 B_2^{1,6} \frac{\alpha \Phi_1}{B_2} l_2 + C_2 B_2^2 \frac{\alpha \Phi_1}{B_2} l_2,$$

wir haben also

$$C_1 B_1^{0,6} l_1 + C_2 B_1 l_1 + \alpha C_1 B_2^{0,6} l_2 + \alpha C_2 B_2 l_2 = \text{Minimum}.$$

Nun soll das gesamte Eisenvolumen konstant sein, also ist

$$V_1 + V_2 = C',$$

$$\frac{\Phi_1}{B_1} l_1 + \frac{\alpha \Phi_1}{B_2} l_2 = C'$$

oder

$$\frac{l_1}{B_1} + \frac{\alpha l_2}{B_2} = C$$

Wir bilden nun die Funktion

$$F = C_1 B_1^{0,6} l_1 + C_2 B_1 l_1 + \alpha C_1 B_2^{0,6} l_2 + \alpha C_2 B_2 l_2 + \lambda \left(\frac{l_1}{B_1} + \frac{\alpha l_2}{B_2} - C \right)$$

und setzen die partiellen Differentialquotienten von F nach B_1 und B_2 gleich Null.

$$\frac{\partial F}{\partial B_1} = 0,6 C_1 B_1^{-0,4} + C_2 - \lambda B_1^{-2} = 0,$$

$$\frac{\partial F}{\partial B_2} = 0,6 C_1 B_2^{-0,4} + C_2 - \lambda B_2^{-2} = 0.$$

Hieraus folgt sofort

$$\boldsymbol{B_1 = B_2 = B} \quad \ldots \ldots \quad (39)$$

d. h. bei gegebenem Eisenvolumen, Kraftfluß und Längen der magnetischen Kreise erhält man den kleinsten Eisenverlust, wenn im ganzen Eisenkörper die gleiche Induktion herrscht.

Wenn man jedoch bei gegebenen Eisenvolumen $B_1 > B_2$, d. h. die Induktion im Kern größer als im Joch macht, so wird die mittlere Windungslänge und daher der Stromwärmeverlust kleiner. Der dadurch zu erreichende Gewinn ist nicht groß, man wählt daher die Induktion im Joch und Kern meistens gleichgroß oder im Kern um 1000 bis 2000 Linien größer.

21. Einfluß der Periodenzahl auf die Eisenverluste.

Bei gegebener Klemmenspannung und gegebenem Eisenkörper ändern sich mit der Periodenzahl die Induktionen, also auch die Eisenverluste.

Es ist

$$cB = \frac{E\,10^8}{4\,f_\varepsilon\,w\,Q} = \text{konst.}$$

Der Verlust durch Wirbelströme ist proportional $(cB)^2$. Er ist also, da $cB = \text{konstant}$ ist, unabhängig von der Periodenzahl.

Der Hysteresisverlust ist proportional

$$cB^{1,6} = \frac{\text{Konstante}}{c^{0,6}},$$

d. h. bei gegebener Klemmenspannung und gegebenem Eisenkörper werden die Hysteresisverluste und somit auch die Eisenverluste um so kleiner, je größer die Periodenzahl gewählt wird.

22. Die Verluste im Kupfer.

Unter der Annahme, daß der Strom sich gleichmäßig über den Leiterquerschnitt verteilt, ist der Stromwärmeverlust für eine Phase

$$W_k = J^2 r,$$

worin

$$r = \varrho_0 \frac{(1 + \alpha T)\,l_m\,w}{q}$$

den Ohmschen Widerstand bedeutet. ϱ_0 ist der spezifische Widerstand des Materials bei 0^0, T die Temperatur in ^{0}C, l_m die mittlere Windungslänge in cm, w die Windungszahl und q der Leiterquerschnitt in mm². Für Kupfer ist

$$\varrho_0 = 0{,}00016$$

und der Temperaturkoeffizient

$$\alpha = 0{,}0039\,.$$

Für Aluminium ist

$$\varrho_0 = 0,00027 \quad \text{und} \quad \alpha = 0,004 \,.$$

Drücken wir das Kupfervolumen V_k in dm^3 aus, so wird

$$w\, l_m\, q = V_k\, 10^5$$

und

$$\boldsymbol{W_k = \varrho_0\, (1 + \alpha T)\, V_k\, s^2\, 10^5} \quad \ldots \quad \ldots \quad (40)$$

$s = \dfrac{J}{q}$ ist die Stromdichte in Amp./mm^2.

Wie müssen nun bei gegebenem Kupfergewicht die Verluste auf die Primär- und Sekundärwicklung verteilt werden, damit der Gesamtverlust im Kupfer ein Minimum wird?

Es seien V_1 und V_2 die Kupfervolumina der Primär- und Sekundärwicklung, s_1 und s_2 die Stromdichten, l_{m1} und l_{m2} die mittleren Windungslängen, die als nahezu konstant anzusehen sind. Dann soll

$$s_1{}^2\, V_1 + s_2{}^2\, V_2 = \text{Minimum}$$

und

$$V_1 + V_2 = \text{konstant}$$

sein.

Führen wir in diese Gleichungen die Beziehungen

$$V_1 = l_{m1}\, w_1\, q_1\, 10^{-5}\,, \qquad V_2 = l_{m2}\, w_2\, q_2\, 10^{-5}\,,$$

$$s_1\, q_1 = J_1 \qquad \text{und} \qquad s_2\, q_2 = J_2 \cong u\, J_1$$

ein, wobei $u = \dfrac{w_1}{w_2}$ ist, so wird

$$s_1\, l_{m1} + s_2\, l_{m2} = \text{Minimum}$$

und

$$\frac{l_{m1}}{s_1} + \frac{l_{m2}}{s_2} = \text{konst.}$$

Durch Differenzieren ergibt sich als Minimalbedingung

$$\boldsymbol{s_1 = s_2} \quad \ldots \quad \ldots \quad \ldots \quad (41)$$

d. h. wird die Stromdichte der Primär- und Sekundärwicklung gleich groß gewählt, so wird bei gegebenem Kupfergewichte der gesamte Stromwärmeverlust ein Minimum.

Haben die beiden Wicklungen nicht den gleichen spezifischen Widerstand, so erhält man aus

$$\varrho_1\, s_1\, l_{m1} + \varrho_2\, s_2\, l_{m2} = \text{Minimum}$$

und

$$\frac{l_{m1}}{s_1} + \frac{l_{m2}}{s_2} = \text{konstant}$$

die Bedingung

$$\varrho_1 s_1{}^2 = \varrho_2 s_2{}^2$$

oder

$$\frac{s_1}{s_2} = \sqrt{\frac{\varrho_2}{\varrho_1}} \qquad \dots \dots \quad (42)$$

Ist die Primärwicklung z. B. aus Kupfer und die Sekundär-wicklung aus Aluminium, so wird

$$\frac{\varrho_2}{\varrho_1} = 1,7\,,$$

$$\frac{s_1}{s_2} = 1,3\,.$$

Besitzt der Transformator Zylinderwicklung und liegt die Sekundärwicklung innen, so wird sie ein wenig wärmer als die äußere, primäre Wicklung, also ist

$$\frac{\varrho_2}{\varrho_1} \approx 1,06 \qquad \text{und} \qquad \frac{s_1}{s_2} = 1,03\,.$$

Man beansprucht abgesehen hiervon die innen liegende Wicklung schon deshalb geringer, weil sie schlechtere Abkühlungsverhält-nisse hat.

23. Zusätzliche Verluste im Kupfer.

Außer den Stromwärmeverlusten, die durch den Ohmschen Widerstand bedingt sind, treten auch zusätzliche Verluste im Kupfer auf, die von der ungleichmäßigen Verteilung des Stromes über den

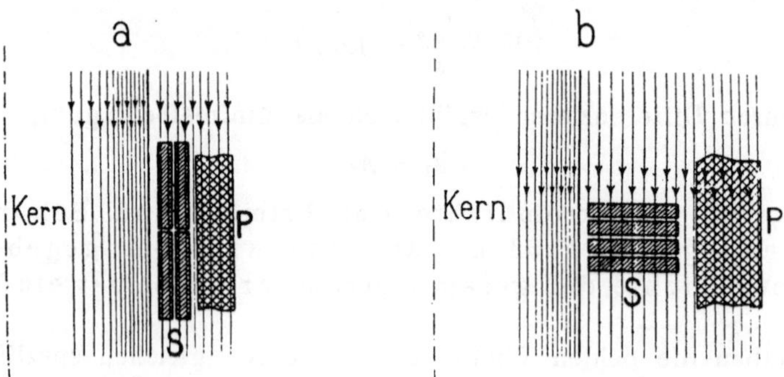

Fig. 61a.   Fig. 61b.

Entstehung der zusätzlichen Kupferverluste bei Zylinderwicklung.

Querschnitt herrühren. Die Streuflüsse durchsetzen nämlich die Wicklung und induzieren in ihr Wirbelströme, die den Verlust in derselben Weise erhöhen wie die Wirbelströme den Verlust im Eisen. Diese Erhöhung kann durch Multiplikation des Ohmschen Widerstandes mit einem Faktor, der im allgemeinen zwischen 1,05 und 1,25 liegt, berücksichtigt werden. Bei großen Kupferquerschnitten, wie sie in den Transformatoren für elektrochemische Zwecke für Ströme bis 50000 Ampere notwendig werden, können die zusätzlichen Verluste noch bedeutend größer werden.

Die Richtung der Streuflüsse ist in Fig. 61a und b für Zylinderwicklung und in Fig. 62a und b für Scheibenwicklung dargestellt. Damit die Wirbelstromverluste im Kupfer klein bleiben, soll bei massiven Leitern von rechteckigem Querschnitt die Richtung des Streuflusses mit der längeren Seite des Querschnittes zusammenfallen (Fig. 61a und 62a).

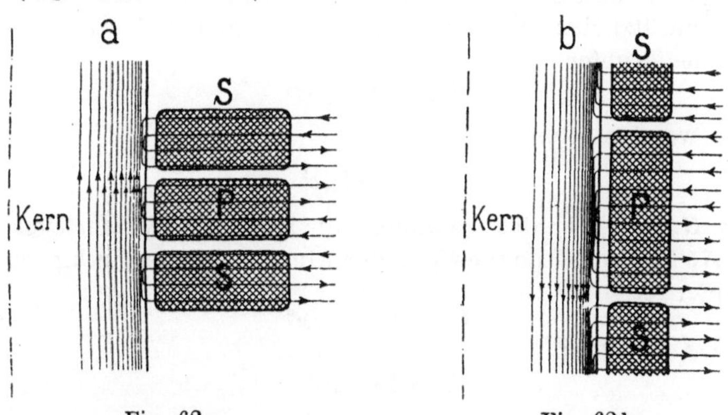

Fig. 62a.   Fig. 62b.

Entstehung der zusätzlichen Kupferverluste bei Scheibenwicklung.

Sind mehrere Spulen oder Windungen parallel geschaltet und sind die in den parallelen Zweigen induzierten EMKe z. B. infolge Streuung ungleich, so entstehen innere Ströme in der Wicklung, die den Stromwärmeverlust ebenfalls erhöhen.

Liegen Primär- und Sekundärwicklung nicht genau symmetrisch, ist z. B. die eine Wicklung gegen die andere verschoben (Fig. 63), so treten ebenfalls zusätzliche Verluste auf.

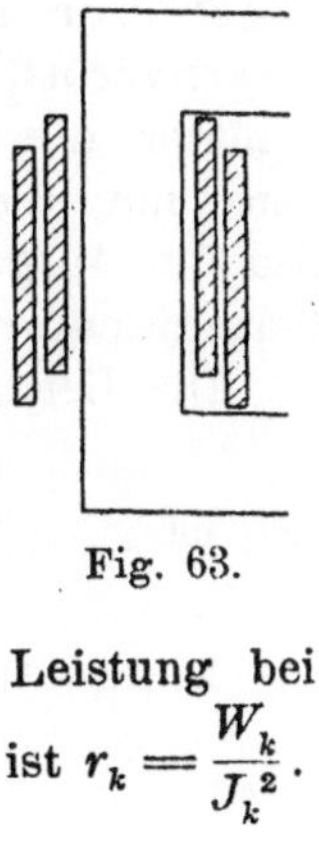

Eine genaue Vorausberechnung der zusätzlichen Verluste ist nicht möglich. Durch einen Kurzschlußversuch läßt sich aber der effektive Widerstand r_k eines Transformators in einfacher Weise

Fig. 63.

ermitteln. Ist W_k für eine Phase die aufgenommene Leistung bei kurzgeschlossener Sekundärwicklung, J_k der Strom, so ist $r_k = \dfrac{W_k}{J_k^2}$.

In der folgenden Tabelle ist das Verhältnis dieses Widerstandes zu dem Ohmschen Widerstande für mehrere Transformatoren zusammengestellt.

Leistung in KW	5	10	15	20	30	1000
Dreiphasentransformator mit Stoßfugen und Zylinderwicklung . .	1,39	1,04	1,19	1,12	1,24	1,22
Dreiphasentransformator ohne Stoßfugen und mit Scheibenwicklung	—	1,13	1,16	1,27	1,34	—

Daß aber die zusätzlichen Verluste gelegentlich viel größer sein können, lehrt das in Abschn. 66 angegebene Beispiel.

Zur Berechnung der gesamten Stromwärmeverluste einschließlich der zusätzlichen Verluste können wir im Mittel setzen:
für warmes Kupfer

$$W_k = 23 \, V_k \, s^2$$

und für warmes Aluminium

$$W_k = 39 \, V_A \, s^2 .$$

Ist $G_k = 8{,}9 \, V_k$ das gesamte Gewicht der Kupferleiter und $G_A = 2{,}75 \, V_A$ das Gesamtgewicht der Aluminiumleiter in kg, so wird für Kupfer

$$\boldsymbol{W_k = 2{,}6 \, G_k \, s^2} \quad . \quad . \quad . \quad . \quad . \quad . \quad (43)$$

und für Aluminium

$$W_k = 14 \, G_A \, s^2 .$$

24. Günstigste Verteilung der Verluste.

Es ist noch die Frage zu beantworten, wie groß das Verhältnis der Verluste im Kupfer zu denen im Eisen sein soll, damit bei gegebener Leistung eines gegebenen Transformators der Gesamtverlust am kleinsten wird. Da wir bei einem fertigen Transformator die Induktion und die Stromdichte, damit also die Verluste, nur durch Änderung der Spannung ändern können, lautet also die Aufgabe, die Spannung zu finden, bei der ein gegebener Transformator den größten Wirkungsgrad besitzt.

Die Leistung des Transformators ist

$$KVA = 4{,}44 \, c \, w \, B \, Q \, 10^{-8} \, s \, q \, 10^{-3},$$

also ist

$$sB = \text{konstant.}$$

Die gesamten Verluste im Transformator sind

$$C_1 \, B^{1,6} \, V_{ei} + C_2 \, B^2 \, V_{ei} + C_3 \, s^2 \, V_k .$$

wobei wir die gleiche Induktion für den ganzen Eisenkörper annehmen. Die Gesamtverluste sollen ein Minimum werden. Wir bilden die Funktion

$$F = C_1 B^{1,6} V_{ei} + C_2 B^2 V_{ei} + C_3 s^2 V_k + \lambda s B$$

und differenzieren sie partiell nach s und B.

$$\frac{\partial F}{\partial s} = 2 C_3 s V_k + \lambda B = 0 ,$$

$$\frac{\partial F}{\partial B} = 1,6 C_1 B^{0,6} V_{ei} + 2 C_2 B V_{ei} + \lambda s = 0 .$$

Durch Elimination von λ erhalten wir

$$2 C_3 s^2 V_k - 1,6 C_1 B^{1,6} V_{ei} - 2 C_2 B^2 V_{ei} = 0 ,$$

$$C_3 s^2 V_k = C_2 B^2 V_{ei} + 0,8 C_1 B^{1,6} V_{ei}$$

oder

Stromwärmeverlust = Wirbelstromverlust + 80 % des Hysteresisverlustes,

d. h. um aus einem gegebenen Transformator bei gegebenem Gesamtverlust die maximale Leistung zu erhalten oder bei gegebener Leistung den maximalen Wirkungsgrad zu erzielen, muß man den Transformator mit einer Spannung betreiben, bei der der Stromwärmeverlust im Kupfer gleich dem Wirbelstromverlust im Eisen vermehrt um 80 % des Hysteresisverlustes ist.

Bei welcher Belastung wird aber bei gegebener Spannung der maximale Wirkungsgrad erreicht?

In diesem Falle ist der Eisenverlust konstant, und die Leistung ist nur von der Stromstärke abhängig, also

$$KVA = C_1 \cdot s .$$

Die Verluste im Kupfer sind

$$W_k = C_2 V_k s^2 = C_3 \cdot KVA^2 .$$

Es soll also werden

$$\frac{W_{ei} + C_3 KVA^2}{KVA \cdot \cos \varphi} = \text{Minimum} .$$

Die Differentiation ergibt

$$- \frac{W_{ei}}{KVA^2} + C_3 = 0 ,$$

$$C_3 KVA^2 = W_{ei}$$

oder

Verlust im Kupfer = Verlust im Eisen.

Ein gegebener Transformator hat also bei gegebener Spannung seinen maximalen Wirkungsgrad bei einer Belastung, bei der der Verlust im Kupfer gleich dem Verlust im Eisen ist.

Dieses Maximum ist aber nur ein relatives, denn derselbe Transformator könnte bei der gleichen Belastung noch einen höheren Wirkungsgrad besitzen, wenn man in der Lage wäre, die Spannung zu ändern.

Soll ein Lichttransformator z. B. bei $70^0/_0$ Belastung seinen günstigsten Wirkungsgrad haben, so muß bei dieser Belastung

$$W_k = W_{ei}$$

sein, während dann bei Vollast

$$W_k = \left(\frac{1}{0,7}\right)^2 \cdot W_{ei} = 2\,W_{ei}$$

wird.

25. Wirkungsgrad eines Transformators.

Der Wirkungsgrad ist das Verhältnis

$$\eta\,^0/_0 = \frac{\text{Abgegebene Leistung}}{\text{Zugeführte Leistung}}\,100$$

$$= \frac{m_2\,P_2\,J_2\,\cos\varphi_2}{m_1\,P_1\,J_1\,\cos\varphi_1}.$$

Für die experimentelle Bestimmung des Wirkungsgrades ist in Kap. XV eine Reihe von Methoden angegeben. Da wir zur Bestimmung des Spannungsabfalles schon das Leerlauf- und Kurzschlußdiagramm verwendet haben, soll hier gezeigt werden, wie sich auch der Wirkungsgrad aus diesen Diagrammen finden läßt.

Die Eisenverluste W_{ei} sind bei allen Belastungen nahezu konstant. Sie nehmen bei konstant gehaltener Sekundärspannung von Leerlauf bis Kurzschluß um 1 bis $2^0/_0$ zu, weil wegen des Spannungsabfalles in der Sekundärwicklung der Kraftfluß, also auch die Eisenverluste größer werden müssen. Nehmen wir an, daß der Spannungsabfall in der primären und sekundären Wicklung gleich groß ist, so ist die vom Hauptkraftfluß induzierte EMK

$$E_2 = P_2\left(1 + \frac{\varepsilon}{2}\right),$$

und die Eisenverluste bei Belastung sind gleich

$$W_{ei} = P_2{}^2\left(1 + \frac{\varepsilon}{2}\right)^2 g_0 \approxeq P_2{}^2\,(1 + \varepsilon)\,g_0 = W_0{}^x\,(1 + \varepsilon).$$

Die Verluste im Kupfer sind

$$J_1{}^2 r_1 + J_2{}^2 r_2 \eqsim \left(\frac{J_1 + J_2'}{2}\right)^2 r_k = J_k{}^2 \left(1 + \frac{j}{2}\right)^2 r_k \eqsim W_k (1 + j).{}^*)$$

Der Wirkungsgrad ist deswegen mit großer Annäherung

$$\eta^0/_0 = \frac{W_2}{W_2 + W_{ei} + J_1{}^2 r_1 + J_2{}^2 r_2} 100$$

$$= \frac{P_2 J_2 \cos \varphi_2}{P_2 J_2 \cos \varphi_2 + W_0 (1 + \varepsilon) + W_k (1 + j)} 100 \qquad (44)$$

W_0 ist der bei Leerlauf gemessene Verlust, wenn die Sekundärspannung P_2 auf ihren Wert bei Belastung einreguliert wird. In W_0 ist auch der Stromwärmeverlust bei Leerlauf $J_0{}^2 r_1$ enthalten. Da aber dieser Verlust in den Wert $W_k (1 + j)$ noch nicht einbegriffen ist, ist er nicht abzuziehen. W_k ist der bei Kurzschluß gemessene Verlust, wenn die Sekundärstromstärke auf ihren Wert J_2 bei Belastung einreguliert wird.

Für den 20 KVA-Transformator (s. S. 48) mit $P_2 = 100$ Volt, $J_2 = 200$ Amp. und den Konstanten

$$g_0 = 0,3 \cdot 10^{-3} \qquad b_0 = 1,2 \cdot 10^{-3}$$

$$r_k = 1\ \Omega \qquad x_k = 2,5\ \Omega$$

wird bei $\cos \varphi_2 = 0,8$

$$\varepsilon^0/_0 = 4,54\ ^0/_0 \qquad j^0/_0 = 4,87\ ^0/_0.$$

Es sind somit die Verluste bei dieser Belastung

$$W_0 (1 + \varepsilon) + W_k (1 + j) = 300 \cdot 1,0454 + 400 \cdot 1,0487 = 733\ \text{Watt}$$

und der Wirkungsgrad

$$\eta^0/_0 = \frac{100 \cdot 200 \cdot 0,8}{100 \cdot 200 \cdot 0,8 + 733} = 95,7\ ^0/_0.$$

Wir hatten früher gefunden, daß für den maximalen Wirkungsgrad die Bedingung gilt

$$W_{ei} = W_k,$$

also ist

$$\eta_{max} = \frac{P_2 J_2 \cos \varphi_2}{P_2 J_2 \cos \varphi_2 + 2\,W_{ei}} \quad \cdot \quad \cdot \quad \cdot \quad (45)$$

In den Fig. 64 und 65 sind die Ströme, Verluste und der Wirkungsgrad von zwei 10 KVA Transformatoren als Funktion der Leistung bei $\cos \varphi = 1$ dargestellt. Die Wirkungsgradkurven sind

---

*) Vgl. S. 46.

verschieden und erreichen ihr Maximum dort, wo die Stromwärmeverluste gleich den Eisenverlusten sind, bei dem einen Transformator

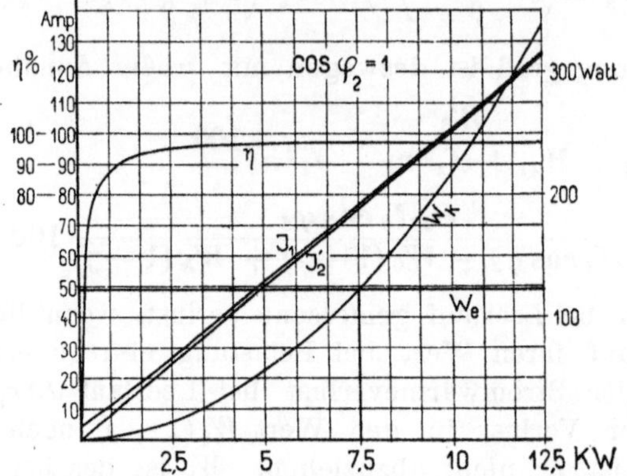

Fig. 64. Verluste und Wirkungsgrad eines 10 KVA-Lichttransformators.

(Fig. 64) ist das bei $^3/_4$, bei dem anderen (Fig. 65) bei $^5/_4$ der vollen
Belastung der Fall.

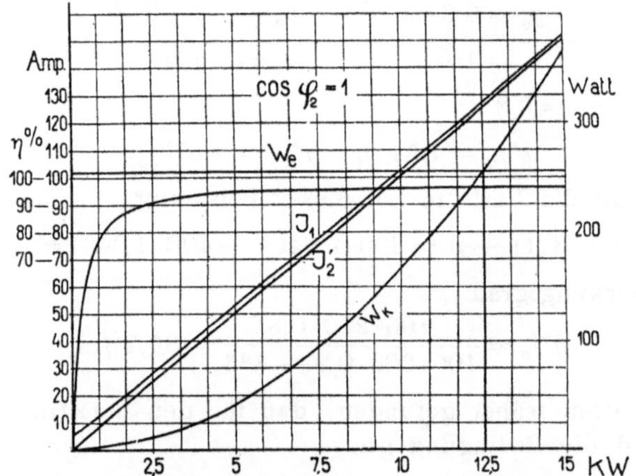

Fig. 65. Verluste und Wirkungsgrad eines 10 KVA-Krafttransformators.

Der Jahreswirkungsgrad. Um ein möglichst ökonomisches
Arbeiten zu erreichen, muß bei Transformatoren, die während des
größten Teiles der Betriebszeit mit einer erheblich kleineren Belastung als der normalen arbeiten, der maximale Wirkungsgrad
auf eine Belastung verlegt werden, die kleiner ist als die normale.
Das gilt namentlich für Transformatoren, die Beleuchtungszwecken
dienen. Die Belastung eines solchen Lichttransformators schwankt

nämlich im Laufe des Tages sehr stark. Die mittlere Tagesleistung kann nur $^1/_3$ oder noch weniger der normalen Leistung betragen, und die maximale Leistung wird oft nur an wenigen Tagen des Jahres erreicht. Bei solchen Transformatoren, die das ganze Jahr im Betriebe sind, müssen die dauernden Verluste, d. h. die Eisenverluste, möglichst klein gehalten werden; die Kupferverluste bei normaler Belastung werden dann größer als die Eisenverluste. Bei Lichttransformatoren wird also auf einen kleinen Leerlaufverlust das größte Gewicht gelegt.

Transformatoren, die ausschließlich Kraftzwecken dienen und die einen Teil des Tages und an Feiertagen nicht im Betriebe sind und außerdem während der Betriebszeit gut belastet sind (Krafttransformatoren), wird man so bauen, daß der maximale Wirkungsgrad annähernd bei Vollast liegt, d. h. man macht die Eisenverluste annähernd gleich den Stromwärmeverlusten.

Einen Maßstab für die Wirtschaftlichkeit erhält man, wenn man berechnet, wie viel Kilowattstunden ein Transformator jährlich abgibt und wie viel Kilowattstunden er verbraucht. Das Verhältnis beider kann man als Jahreswirkungsgrad bezeichnen. —

Um die abgegebenen Kilowattstunden auf einfache Weise auszudrücken, denken wir uns, der Transformator sei während a Stunden des Tages vollbelastet, und die übrige Zeit sei er unbelastet. Ist a zugleich das Mittel aus 365 Tagen, so wird

$$\eta_{Jahr} = \frac{a\,W_2}{a\,W_2 + a\,W_k + 24\,W_{ei}} \quad \ldots \quad (46)$$

Da $a < 24$ ist, sind, um den Jahreswirkungsgrad groß zu bekommen, die Eisenverluste klein gegenüber den Stromwärmeverlusten zu halten.

Sechstes Kapitel.

Einfluß der Form der Spannungskurve auf den Spannungsabfall und die Eisenverluste im Transformator.

26. Einfluß der Kurvenform auf den Spannungsabfall.

Führt man einem Transformator eine nicht sinusförmige Klemmenspannung zu, so entsteht bei Belastung ein anderer Spannungsabfall, als eine sinusförmige Spannung von gleichem Effektivwerte hervorrufen würde. Denn die verzerrte Welle können wir in ihre Harmonischen auflösen, für deren jede die Impedanz des Transformators eine andere ist. Wir müssen daher für jede Harmonische den Spannungsabfall besonders bestimmen und dann nach der unten angegebenen Formel 47 den Gesamtspannungsabfall berechnen.

Den Spannungsabfall für jede Harmonische ermitteln wir genau wie auf S. 44 durch ein Kurzschlußdiagramm, wobei wir den Einfluß des Leerlaufstromes vernachlässigen. Für die Grundharmonische sei die Reaktanz des Transformators x_{k1}, der Widerstand r_{k1} und die Gesamtimpedanz einschließlich der Impedanz des äußeren Belastungskreises z_{t1}. Ebenso setzen wir für die dritte Harmonische x_{k3}, r_{k3}, z_{t3} usw. Es ist dabei $x_{k3} = 3x_{k1}$, $x_{k5} = 5x_{k1}$, und wir nehmen an, daß $r_{k1} = r_{k3} = r_{k5}$ usw. ist. Die einzelnen Harmonischen erzeugen nun die Ströme

$$J_{11} = \frac{P_{11}}{z_{t1}}$$

$$J_{31} = \frac{P_{31}}{z_{t3}}$$

$$J_{51} = \frac{P_{51}}{z_{t5}} \quad \text{usf.}$$

Die einzelnen Spannungsabfälle seien ε_1, ε_3, ε_5 usw. Dann ist der gesamte Spannungsabfall

$$\varepsilon^0/_0 = \frac{P_1 - P_2}{P_1} 100 = 100\left(1 - \frac{P_2}{P_1}\right)$$
$$= 100\left(1 - \sqrt{\frac{P_{21}^2 + P_{23}^2 + P_{25}^2 + \cdots}{P_{11}^2 + P_{13}^2 + P_{15}^2 + \cdots}}\right).$$

Setzen wir nun das Verhältnis

$$\frac{P_{2x}}{P_{1x}} = \alpha_x,$$

so ist

$$1 - \alpha_x = \frac{P_{1x} - P_{2x}}{P_{1x}} = \frac{\varepsilon_x{}^0/_0}{100}.$$

Setzen wir $P_{2x} = \alpha_x P_{1x}$ in die Wurzel ein und entwickeln diese in eine unendliche Reihe, so ist bei Vernachlässigung aller Glieder höherer Ordnung

$$\varepsilon^0/_0 = 100\left[1 - \alpha_1 + \frac{1}{2\alpha_1}(\alpha_1{}^2 - \alpha_3{}^2)\frac{P_{13}^2}{P_{11}^2} + \frac{1}{2\alpha_1}(\alpha_1{}^2 - \alpha_5{}^2)\frac{P_{15}^2}{P_{11}^2} + \cdots\right]$$

und wenn man annäherungsweise

$$\frac{50}{\alpha_1}(\alpha_1{}^2 - \alpha_3{}^2) = \varepsilon_{13}{}^0/_0 - \varepsilon_{11}{}^0/_0$$

usw. setzt, ist

$$\varepsilon^0/_0 = \varepsilon_1{}^0/_0 + (\varepsilon_3{}^0/_0 - \varepsilon_1{}^0/_0)\frac{P_{13}^2}{P_{11}^2}$$
$$+ (\varepsilon_5{}^0/_0 - \varepsilon_1{}^0/_0)\frac{P_{15}^2}{P_{11}^2} + \cdots \qquad \cdots \quad (47)$$

Je größer

$$\frac{\varepsilon_3{}^0/_0}{\varepsilon_1{}^0/_0}, \qquad \frac{\varepsilon_5{}^0/_0}{\varepsilon_1{}^0/_0} \cdots$$

sind, desto größer wird der Spannungsabfall.

Ein Beispiel soll die Ausführung einer solchen Berechnung näher erläutern. Für einen Transformator, der für den Grundstrom im Kurzschlußdiagramm die Verhältnisse

$$100\,\frac{J_{21}' r_{k1}}{P_{11}} = 100\,\frac{r_{k1}}{z_{t1}} = 2\,^0/_0$$

und

$$100\,\frac{J_{21}' x_{k1}}{P_{11}} = 100\,\frac{x_{k1}}{z_{t1}} = 3\,^0/_0$$

besitzt, sollen die Primärspannungen wie folgt angenommen werden:

1. $P_{11} = 100;$　　$P_{13} = 31{,}65;$　　$P_{15} = 10,$
2. $P_{11} = 100;$　　$P_{13} = 22{,}4;$　　$P_{15} = 22{,}4,$
3. $P_{11} = 100;$　　$P_{13} = 10;$　　$P_{15} = 31{,}65.$

Es sei nun für konstantes z_{t1} und variablen Phasenverschiebungswinkel φ_{21} der Spannungsabfall zu bestimmen.

Wir zeichnen dazu für jede Harmonische das Kurzschlußdiagramm auf. Mit den Bezeichnungen der Fig. 39, S. 44 ist für das Dreieck ABC zu konstruieren

$$\overline{AB} = \frac{x_{kx}}{z_{tx}}\,100$$

und

$$\overline{BC} = \frac{r_{kx}}{z_{tx}}\,100 = \frac{r_k}{z_{tx}}\,100,$$

woraus folgt

$$\varepsilon_x\,^0/_0 = \mu_{kx} + \frac{\nu_{kx}^2}{200}.$$

Es ergab sich hierdurch das folgende Resultat:

Für
$\cos \varphi_{21} = 1$
$$\varepsilon_1\,^0/_0 = 2{,}04\,^0/_0;\quad \varepsilon_3\,^0/_0 = 2{,}41\,^0/_0;\quad \varepsilon_5\,^0/_0 = 3{,}08\,^0/_0,$$

$\cos \varphi_{21} = 0{,}9$
$$\varepsilon_1\,^0/_0 = 3{,}12\,^0/_0;\quad \varepsilon_3\,^0/_0 = 5{,}26\,^0/_0;\quad \varepsilon_5\,^0/_0 = 6{,}01\,^0/_0,$$

$\cos \varphi_{21} = \dfrac{r_k}{z_k} = 0{,}555$
$$\varepsilon_1\,^0/_0 = 3{,}60\,^0/_0;\quad \varepsilon_3\,^0/_0 = 3{,}60\,^0/_0;\quad \varepsilon_5\,^0/_0 = 3{,}60\,^0/_0,$$

und hiermit folgt aus Gl. 47 der prozentuale Spannungsabfall bei den drei verschiedenen Spannungskurven:

$\cos \varphi_{21}$	Spannungskurve			
	sinusförmig	1	2	3
1	2,04	2,08	2,10	2,15
0,9	3,12	3,36	3,37	3,43
0,55	3,60	3,60	3,60	3,60

Für einen Transformator der im Kurzschlußdiagramm für die Grundwelle die Verhältnisse

$$100\,\frac{J_2'\,r_{k1}}{P_{11}} = 100\,\frac{r_{k1}}{z_{t1}} = 2\,^0/_0$$

und $$100\,\frac{J_2'\,x_{k1}}{P_{11}} = 100\,\frac{x_{k1}}{z_{t1}} = 5\,{}^0/_0$$

hat, findet man in gleicher Weise für

$\cos\varphi_{21} = 1$

$$\varepsilon_1\,{}^0/_0 = 2{,}12\,{}^0/_0;\quad \varepsilon_3\,{}^0/_0 = 3{,}13\,{}^0/_0;\quad \varepsilon_5\,{}^0/_0 = 5{,}13\,{}^0/_0,$$

$\cos\varphi_{21} = 0{,}9$

$$\varepsilon_1\,{}^0/_0 = 4{,}02\,{}^0/_0;\quad \varepsilon_3\,{}^0/_0 = 7{,}40\,{}^0/_0;\quad \varepsilon_5\,{}^0/_0 = 10{,}0\,{}^0/_0,$$

$\cos\varphi_{21} = \dfrac{r_k}{z_k} = 0{,}371$

$$\varepsilon_1\,{}^0/_0 = 5{,}38\,{}^0/_0;\quad \varepsilon_3\,{}^0/_0 = 5{,}38\,{}^0/_0;\quad \varepsilon_5\,{}^0/_0 = 5{,}38\,{}^0/_0,$$

und der prozentuale Spannungsabfall wird

$\cos\varphi_{21}$	Spannungskurve			
	sinusförmig	1	2	3
1	$2{,}12\,{}^0/_0$	$2{,}25\,{}^0/_0$	$2{,}32\,{}^0/_0$	$2{,}43\,{}^0/_0$
0,9	4,02 ,,	4,43 ,,	4,50 ,,	4,67 ,,
0,371	5,38 ,,	5,38 ,,	5,38 ,,	5,38 ,,

Wie aus diesen Tabellen ersichtlich ist, ist der Spannungsabfall in einem Transformator bei induktionsfreier und schwach induktiver Belastung ($\cos\varphi_{21} = 1{,}0$ bis 0,7) unter Annahme deformierter Spannungskurven größer als bei einer sinusförmigen Spannungskurve. Die Vergrößerung des Spannungsabfalles ist bei $\cos\varphi_{21} = 1$ etwa 10 Prozent; sie nimmt mit abnehmendem $\cos\varphi_{21}$ erst zu, später wieder ab. Bei $\cos\varphi_{21} = \dfrac{r_k}{z_k}$ findet keine Vergrößerung des Spannungsabfalles durch die Oberwellen statt, weil hier die Impedanz der Belastung z_{ax} und z_{kx} für alle Harmonischen in die Verlängerung voneinander fallen. Bei $\cos\varphi_{21} = 0{,}9$ ist für die Spannungskurve 3), die den Spannungsabfall am meisten erhöht, die

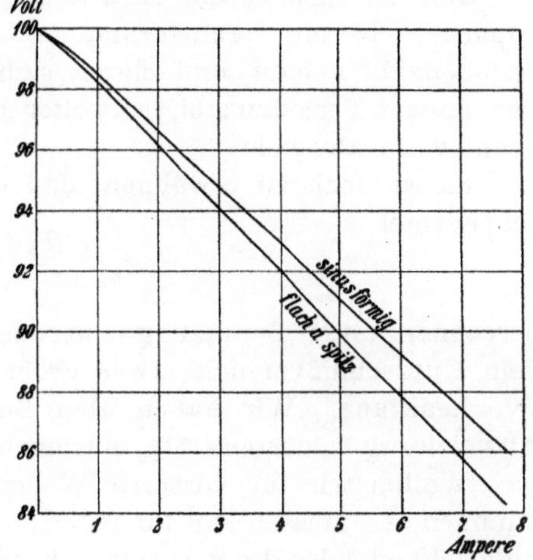

Fig. 66. Spannungsabfall bei verschiedenen Kurvenformen.

Vergrößerung des Abfalles etwa 10 bis 16 Prozent, weil diese die größte fünfte Harmonische enthält.

Die Fig. 66 zeigt die Resultate einer experimentellen Untersuchung des Spannungsabfalles bei verschiedenen Spannungswellen,

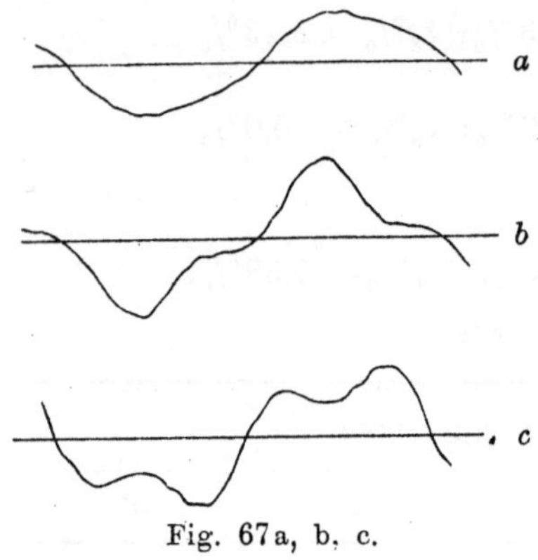

Fig. 67a, b, c.

deren Oszillogramme in Fig. 67 wiedergegeben sind. Der Spannungsabfall bei der spitzen (67b) und flachen Kurve (67c) war ungefähr gleich und größer als bei der mehr sinusförmigen Kurve (67a). Die Versuche sind an einem 1 KW-Transformator angestellt worden.

Ist die Reaktanz des äußeren sekundären Belastungsstromkreises negativ, so ist es von vornherein nicht zu sagen, ob der Spannungsabfall durch die Anwesenheit der Harmonischen vergrößert oder verkleinert wird. Jeder Fall muß für sich untersucht werden.

In bezug auf den Spannungsabfall ist die sinusförmige Spannungskurve für einen Transformator die günstigste. Eine Spannungskurve bewirkt bei induktionsfreier und schwach induktiver Belastung einen um so größeren Spannungsabfall, je größer und von je höherer Periodenzahl die größte der Oberwellen dieser Kurve ist.

Dies ist auch ganz natürlich. Denn ein elektromagnetischer Apparat wie ein Transformator wird für eine ganz bestimmte Periodenzahl gebaut und eignet sich deswegen um so weniger für eine andere Periodenzahl, je weiter diese von der Periodenzahl der Grundwelle abweicht.

Es ist noch zu erwähnen, daß die Reaktanz x_k, die man nach der Formel

$$x_k = \frac{P_k \sin \varphi_k}{J}$$

berechnet, unter Benutzung einer deformierten Spannungskurve bei dem Kurzschlußversuch etwas größer wird als die wirkliche effektive Reaktanz. Wir haben aber Bd. I, S. 251 gesehen, daß diese Abweichung höchstens $5\,^0/_0$ ausmachen kann.

Wollen wir für verzerrte Wellen auch den Stromverlust bestimmen, so müssen wir für jede Harmonische das Leerlaufdiagramm aufzeichnen, also die Suszeptanz b und die Konduktanz g bestimmen. Diese Bestimmung ist aber nicht ohne weiteres möglich, da selbst für eine rein sinusförmige Spannungswelle die Stromkurve verzerrt wird. Wir müssen die Stromkurve irgendwie ermitteln und in ihre Harmonischen zerlegen, die Spannungskurve ebenfalls in die Harmonischen zerlegen und Strom und Spannung gleicher Periodenzahl als zusammengehörig auffassen. Wir finden dann aus den Effektivwerten von zwei zusammengehörigen Wellen und deren Phasenverschiebung gegeneinander die Konstanten b_x und g_x. Der Magnetisierungsstrom, der den Hauptkraftfluß zu erzeugen hat, ergibt sich aus der Form der Klemmenspannung (genauer der induzierten EMK) und der Hysteresisschleife des magnetischen Kreises in derselben Weise wie bei sinusförmiger EMK (s. S. 9). Der höchste Punkt der Hysteresisschleife muß dabei der maximalen Induktion im Kreise entsprechen. Die auf solche Weise bestimmten Konduktanzen und Suszeptanzen sind also keine für den Transformator konstante Größen, sondern hängen von der Form der Spannungswelle und der Hysteresisschleife ab.

Die Bestimmung der prozentualen Stromzunahme gestaltet sich also bedeutend schwieriger als die Ermittelung des prozentualen Spannungsabfalles, bietet aber bei weitem nicht das Interesse, das dieser besitzt. Wir werden daher stets zur Berechnung des Wirkungsgrades die Leerlauf- und Kurzschlußdiagramme nur für die eine äquivalente Sinuswelle aufzeichnen, und nur wenn die genaue Bestimmung des Spannungsabfalles von großem Werte ist, auch noch die oben beschriebene Methode anwenden.

27. Einfluß der Form der Spannungskurve auf die Eisenverluste.

Die Eisenverluste

$$W_{ei} = k_1 c B^{1,6} + k_2 (c f_\varepsilon B)^2$$

sind abhängig von der maximalen Induktion B. Nun ist der Effektivwert der Spannung

$$E = 4 f_\varepsilon c w \Phi 10^{-8} = 4 f_\varepsilon c w B Q 10^{-8} = k_3 c f_\varepsilon B.$$

Die Eisenverluste sind daher auch

$$W_{ei} = \frac{k_1 c}{(k_3 c)^{1,6}} \frac{1}{f_\varepsilon^{1,6}} E^{1,6} + \frac{k_2}{k_3^2} E^2.$$

Bei gleichbleibender Periodenzahl und effektiver Spannung sind also die Wirbelstromverluste unabhängig von der Form der Spannungskurve, während die Hysteresisverluste mit zunehmendem Formfaktor f_ε kleiner werden. Spitze Spannungskurven bedingen daher einen kleineren, flache einen größeren Eisenverlust als eine sinus-

förmige Spannungswelle. Bei spitzer Spannungskurve ist die Kurve
des Kraftflusses flach, die maximale Induktion also kleiner, und
umgekehrt bei flacher Spannungskurve ist die Kraftflußkurve spitz.

Um ein Bild von dem Einfluß der Kurvenform auf die Hysteresisverluste zu erlangen, sind die Hysteresisverluste bei verschiedenen
Formfaktoren unter Voraussetzung konstanter Klemmenspannung
nachfolgend angegeben. Der Hysteresisverlust für eine sinusförmige
Kurve ist gleich 100 gesetzt.

$$f_\varepsilon = \quad 1 \quad 1{,}05 \quad 1{,}11 \quad 1{,}15 \quad 1{,}2 \quad 1{,}25 \quad 1{,}3 \quad 1{,}35 \quad 1{,}4$$
$$W_h \text{ in } \%_0 = 118 \quad 109 \quad 100 \quad 94{,}5 \quad 88{,}5 \quad 82{,}2 \quad 77{,}6 \quad 73{,}3 \quad 69{,}3.$$

Morton G. Lloyd hat untersucht, in welcher Weise die Änderung der Eisenverluste (oder des Formfaktors) von der Ordnungszahl der höheren Harmonischen und der Größe ihrer Amplituden abhängt.[1]) Ist für die Induktion B_0 der Eisenverlust $W_{ei\,0} = W_{h\,0} + W_{w\,0}$
und das Verhältnis

$$q = \frac{W_{h\,0}}{W_{ei\,0}}$$

bekannt, so ist für eine beliebige Induktion B die Änderung des
Verlustes, die bei gleichbleibendem E nur in der Änderung des Hysteresisverlustes besteht,

$$\frac{W_{ei} - W_{ei\,0}}{W_{ei\,0}} = q\left(\frac{W_h}{W_{h\,0}} - 1\right) = q\left[\left(\frac{B}{B_0}\right)^{1{,}6} - 1\right] . \quad . \quad (48)$$

Die Änderung des Verlustes hängt also von

$$\frac{B}{B_0} = \frac{E_{mittel}}{E_{0\,mittel}}$$

ab. Haben wir eine Spannungswelle von der Form

$$e = E_1 \sin(\omega t + \varphi_1) + E_3 \sin(3\,\omega t + \varphi_3) + \ldots$$

und bezeichnen wir $\dfrac{E_3}{E_1} = h_3,\qquad \dfrac{E_5}{E_1} = h_5 \ldots$ usw.,

und allgemein $\dfrac{E_\nu}{E_1} = h_\nu,$

wenn ν die Ordnung der Harmonischen angibt, so ist

$$E_{mittel} = \frac{2}{T} \int_{t_1}^{t_1 + \frac{T}{2}} e\,dt$$

$$= \frac{2\,E_1}{\pi}\left[\cos\omega t_1 + \frac{h_3}{3}\cos(3\,\omega t_1 + \varphi_3) + \frac{h_5}{5}\cos(5\,\omega t_1 + \varphi_5) + \ldots\right].$$

---

[1]) M. G. Lloyd, Effect of Wave form upon the iron losses in transformers, Washington 1908.

Sind alle Harmonischen mit der Grundwelle in Phase, ist also $\varphi_3 = \varphi_5 = \ldots = 0$ und rechnen wir von der Zeit $t_1 = 0$ an, so ist

$$E_{mitt} = \frac{2\,E_1}{\pi}\left(1 + \frac{h_3}{3} + \frac{h_5}{5} + \cdots\right).$$

Ferner ist (s. Bd. I S. 238)

$$E_{effektiv} = \frac{E_1}{\sqrt{2}}\sqrt{1 + h_3{}^2 + h_5{}^2 + \cdots}$$

Bezeichnen wir den Mittelwert der Sinuswelle, die den gleichen Effektivwert hat wie die zusammengesetzte Welle, mit E_{sin}, so ist

$$\frac{E_{mit}}{E_{sin}} = \frac{1 + \dfrac{h_3}{3} + \dfrac{h_5}{5} + \cdots}{\sqrt{1 + h_3{}^2 + h_5{}^2 + \cdots}} \quad \ldots \ldots \quad (49)$$

Mit dieser Formel können wir nun die Änderung des Verlustes einer zusammengesetzten Welle gegenüber dem einer Sinuswelle berechnen.

Ist nur eine Harmonische vorhanden, so ist

$$\frac{E_{mit}}{E_{sin}} = \frac{1 + \dfrac{h_v}{v}}{\sqrt{1 + h_v^2}}.$$

Ist h_v negativ, d. h. ist die Harmonische gegen die Grundwelle um 180^0 verschoben, so wird der Verlust immer kleiner als bei Sinusform.

Ist h_v positiv, so wird der Verlust größer, bleibt konstant oder wird kleiner, je nachdem der Zähler des Bruches größer, gleich oder kleiner als der Nenner ist. Der Verlust bleibt unverändert für

$$h_v = \frac{2\,v}{v^2 - 1},$$

und er wird ein Maximum für

$$h_v = \frac{1}{v},$$

wie sich durch Differenzieren finden läßt.

Dieses Resultat wird durch die umstehende Tabelle verdeutlicht.

Die Vergrößerung kann also bei einer dritten Harmonischen fast $9^0/_0$ ausmachen.

Bei spitzen Kurven bekommen wir keine Werte für den geringsten oder für gleichbleibenden Verlust. Je größer hier h_v wird, um so mehr nimmt der Verlust ab.

Ordnungszahl der Harmonischen ν	Verhältnis h_ν für den größten Verlust	Verhältnis h_ν für gleichbleibenden Verlust	Größter Wert von $\left(\dfrac{B}{B_0}\right)^{1,6}$
3	0,333	0,750	1,088
5	0,200	0,417	1,032
7	0,143	0,292	1,016
9	0,111	0,225	1,010
11	0,091	0,183	1,007
13	0,077	0,155	1,005
15	0,067	0,134	1,0035

In Fig. 68 ist der Ausdruck $\left(\dfrac{B}{B_0}\right)^{1,6} - 1 = \left(\dfrac{E}{E_0}\right)^{1,6} - 1$ für die ungeraden Harmonischen bis zur 15ten als Funktion von h_ν aufgetragen. Je höher die Ordnung der Harmonischen ist, um so geringer wird die Abweichung von den Verhältnissen bei Sinusform. Um die Änderung des Verlustes zu erhalten, müssen die Ordinaten der Figur mit q multipliziert werden.

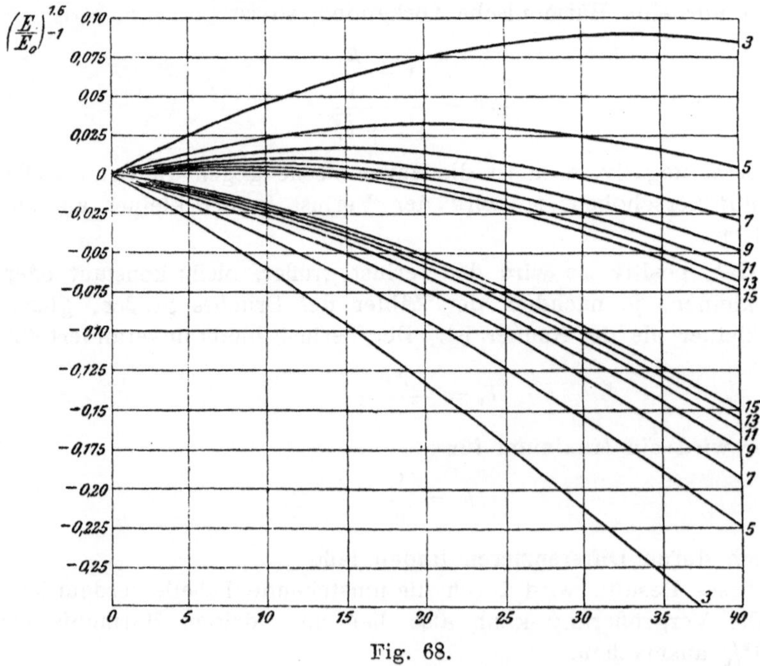

Fig. 68.

Ist der Phasenwinkel der Harmonischen nicht 0^0 oder 180^0, so läßt sich zeigen, daß zu einem beliebigen Phasenwinkel die Amplitude der Harmonischen eine ganz bestimmte Größe haben muß, damit der Verlust unverändert bleibt oder größer oder kleiner wird.

Geht die Kurve der EMK während einer halben Periode mehrmals durch 0, so hat die Kurve des Kraftflusses in diesen Punkten jedesmal ein Maximum, und die Hysteresiskurve bildet in ihrem Verlaufe kleine besondere Schleifchen. Durch diese Extraschleifen wird der Verlust vergrößert, doch ist diese Vergrößerung unbedeutend, solange die Amplitude der Harmonischen klein gegenüber der Grundwelle ist (z. B. ist die Größe der Schleife für eine fünfte Harmonische von $50\,^0/_0$ Amplitude nur $4\,^0/_0$ von B).

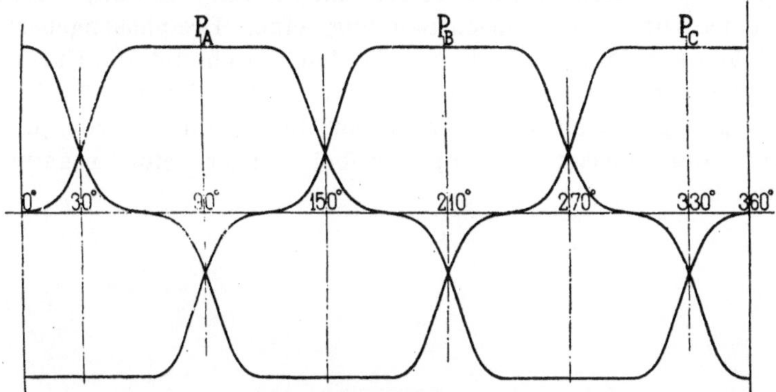

Fig. 69. Kurven der Phasenspannungen eines Dreiphasengenerators.

Da es also möglich ist, durch eine spitze Kurvenform die Eisenverluste zu verringern, so ist lange über die Frage gestritten worden, ob eine solche Kurvenform der Sinuswelle nicht vorzuziehen sei. Eine verzerrte Wellenform hat aber, ganz abgesehen von dem größeren Spannungsabfall, den Nachteil, daß durch die höheren Harmonischen Resonanzerscheinungen in den Leitungen auftreten und Überspannungen verursacht werden können. Ferner übersteigt bei spitzer Kurvenform die Amplitude den Effektiv-

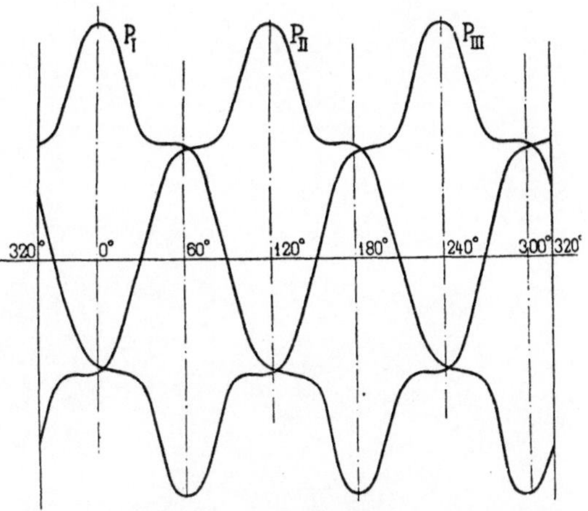

Fig. 70. Kurven der Linienspannungen eines Dreiphasengenerators.

wert viel mehr als bei Sinusform, so daß man für höhere Spannung isolieren muß. Da aber der Vorteil des transformierten Stromes für Fernleitungen gerade in der hohen Spannung besteht und diese nur durch die Unzulänglichkeit der Isolationsmittel und die stillen Entladungen der Leitung in die Luft eine obere Grenze findet, ist man von der spitzen Kurvenform abgekommen. Die Sinuskurve ist also die günstigste Wellenform für Wechselstrom.

Die Spannungskurve kann durch verschiedene Schaltung der Transformator- und Generatorwicklung geändert werden, da bekanntlich bei Sternschaltung in der verketteten Spannung die dritten (neunten usw.) Harmonischen verschwinden (Bd. I S. 325). Fig. 69 zeigt eine Kurve der Phasenspannung eines Dreiphasengenerators mit Einlochwicklung. Die Kurve ist flach, während die Kurve der verketteten Spannung (Fig. 70) spitz ist. Die Kurve der Linienspannung ergibt sich durch Addition der Ordinaten von je zwei Kurven der Phasenspannung, wobei immer eine negativ zu nehmen ist.

Siebentes Kapitel.

Mehrphasentransformatoren.

28. Dreiphasentransformatoren.

Die Transformation eines Dreiphasenstroms läßt sich dadurch erreichen, daß man für jede Phase einen Einphasentransformator benutzt. Berücksichtigt man nun, daß ein Einphasentransformator nur eine bewickelte Säule benötigt und daß man magnetische Stromkreise in derselben Weise verketten kann wie z. B. die elektrischen Stromkreise eines Sternsystems, indem man als gemeinsame Rückleitung für die drei Phasen den neutralen Leiter benutzt, so gelangt man zu der in Fig. 71 dargestellten Anordnung. Die unbewickelten Säulen der drei Einphasentransformatoren werden also zu einer gemeinschaftlichen magnetischen Rückleitung verbunden. In dieser magnetischen Rückleitung wird ein Kraftfluß, der in jedem Moment gleich der algebraischen Summe der Kraftflüsse aller bewickelten Säulen ist, fließen. Da diese entweder Null ist oder bedeutend kleiner ausfällt als die

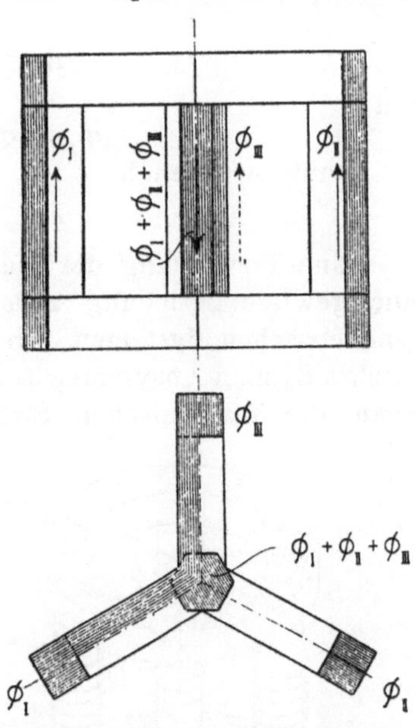

Fig. 71. Dreiphasentransformator mit magnetischer Rückleitung.

absolute Summe der drei Phasenflüsse, so ist es einleuchtend, daß
durch die Verkettung der magnetischen Kreise, ähnlich wie bei der
Verkettung von elektrischen Kreisen, Material gespart wird. In einem
Dreiphasensystem ohne neutrale Leitung muß die Summe der Momentanwerte der drei Phasenströme stets gleich Null sein. Diese Beziehung gilt auch für die magnetischen Kraftflüsse der drei Phasen, wenn man die magnetische Rückleitung wegläßt. Wir haben
dann

$$e_I = -w_1 \frac{d\,\Phi_I}{d\,t}$$

$$e_{II} = -w_1 \frac{d\,\Phi_{II}}{d\,t}$$

$$e_{III} = -w_1 \frac{d\,\Phi_{III}}{d\,t}$$

und

$$\Phi_I + \Phi_{II} + \Phi_{III} = 0.$$

Somit wird auch

$$e_I + e_{II} + e_{III} = 0.$$

Eine Fortlassung der magnetischen Rückleitung bedingt somit
eine gewisse Beziehung zwischen den EMKen, die aber bei allen
symmetrischen Systemen schon vorhanden ist. Wird ein symmetrisches System unsymmetrisch belastet, so entfällt diese Bedingung,
wenn die magnetischen Ströme eine Rückleitung besitzen. Die

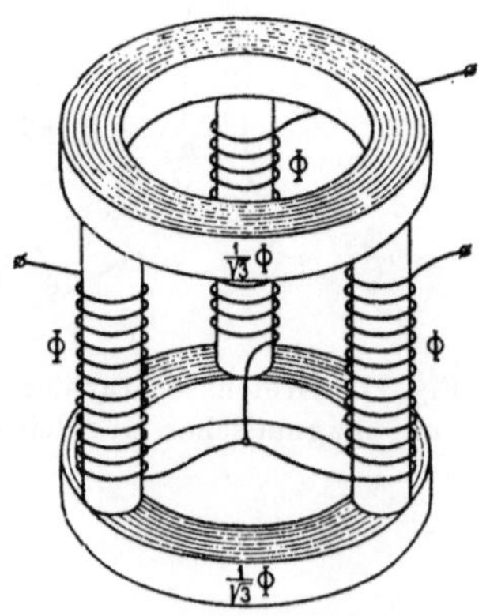
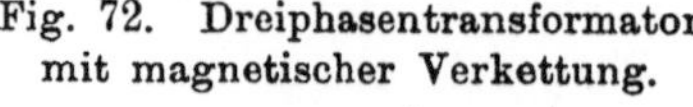

Fig. 72. Dreiphasentransformator
mit magnetischer Verkettung.

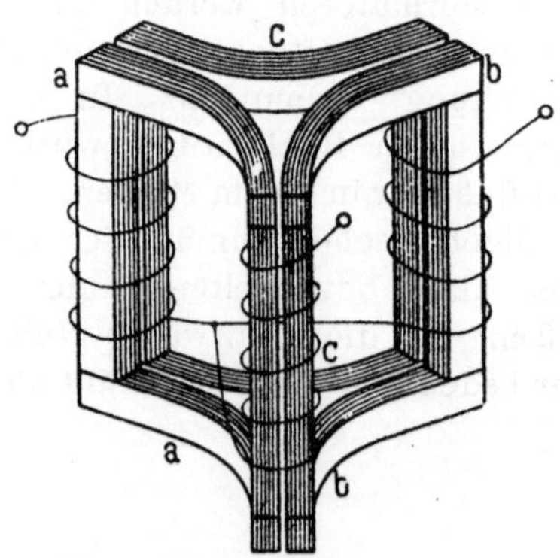

Fig. 73. Dreiphasentransformator mit
elektromagnetischer Verkettung der
magnetischen Kreise.

Fortlassung der Rückleitung bewirkt deswegen eine magnetisch
ausgleichende Wirkung zwischen den EMKen der drei Phasen bei
unsymmetrischer Belastung. Das Joch des dreisäuligen Transforma-

tors braucht nicht sternförmig zu sein, sondern kann eine Ringform haben, wie Fig. 72 zeigt.

Es gibt aber nicht allein magnetische und elektrische Verkettungen, sondern auch elektromagnetische. Ein elektromagnetisch verketteter Dreiphasentransformator ist in Fig. 73 dargestellt. Hier hat man drei getrennte magnetische Kreise, von denen je zwei durch eine gemeinschaftliche Wicklung miteinander verkettet sind. Sind die unabhängigen Kraftflüsse dieser Kreise Φ_I, Φ_{II} und Φ_{III} und ist

$$e_I \ = - w_1 \frac{d(\Phi_{II} - \Phi_{III})}{dt}$$

$$e_{II} \ = - w_1 \frac{d(\Phi_{III} - \Phi_I)}{dt}$$

$$e_{III} = - w_1 \frac{d(\Phi_I - \Phi_{II})}{dt},$$

so bekommt man auch hier die Bedingung

$$e_I + e_{II} + e_{III} = 0.$$

29. Leerlauf eines symmetrischen Dreiphasentransformators.

Bei Leerlauf eines symmetrischen Dreiphasentransformators, bei dem auf jedem Kerne nur die Wicklung einer Phase angebracht ist, wird der Kraftfluß in jeder Säule so groß sein, daß die in der Wicklung einer Säule induzierte EMK gleich der Phasenspannung ist, da der Spannungsabfall in der Primärwicklung vernachlässigt werden darf. Sind die drei Phasenspannungen

$$p_I \ = \sqrt{2}\, P_1 \sin \omega t$$

$$p_{II} \ = \sqrt{2}\, P_1 \sin (\omega t - 120^0)$$

und $\qquad p_{III} = \sqrt{2}\, P_1 \sin (\omega t - 240^0),$

so werden die Kraftflüsse in den drei Kernen

$$\Phi_I \ = \frac{\sqrt{2}\, P_1 \cdot 10^8}{\omega w} \sin \left(\omega t + \frac{\pi}{2}\right)$$

$$\Phi_{II} = \frac{\sqrt{2}\, P_1 \cdot 10^8}{\omega w} \sin \left(\omega t + \frac{\pi}{2} - 120^0\right)$$

$$\Phi_{III} = \frac{\sqrt{2}\, P_1 \cdot 10^8}{\omega w} \sin \left(\omega t + \frac{\pi}{2} - 240^0\right),$$

und es ist

$$\Phi_I + \Phi_{II} + \Phi_{III} = 0.$$

Der maximale Kraftfluß in einem Kerne wird somit gleich

$$\Phi = \frac{\sqrt{2}\,P_1\,10^8}{\omega w},$$

worin P_1 in Volt einzusetzen ist.

Vergleichen wir hier die **magnetischen Stromkreise** (Fig. 72) mit den elektrischen einer Dreieckschaltung, so sehen wir, daß der magnetische Fluß im Querschnitt des Jochringes einen $\sqrt{3}$ mal kleineren Maximalwert hat als der Fluß im Kern, es ist also

$$\Phi_j = \frac{\sqrt{2}\,P_1 \cdot 10^8}{\sqrt{3}\,\omega w}.$$

In dem Dreiphasentransformator (Fig. 73) mit elektromagnetischer Verkettung zwischen den drei Phasen bildet der Eisenkörper drei getrennte magnetische Kreise, so daß hier für jeden Kreis

$$\Phi = \Phi_j = \frac{\sqrt{2}\,P_1 \cdot 10^8}{\sqrt{3}\,\omega w} \quad \text{ist.}$$

Die Kraftflüsse Φ der beiden Kernhälften haben 120° Phasenverschiebung, und der Kraftfluß jedes Kernes ist $\dfrac{2}{\sqrt{3}} = 1,15$ mal, d. h. um 15 % größer als der eines Kernes in der Anordnung Fig. 72.

Der **Leerlaufstrom** des Dreiphasentransformators hat ebenso wie der des Einphasentransformators eine wattlose Komponente, herrührend von der Magnetisierung des Eisens, und eine durch die Eisenverluste bedingte Wattkomponente.

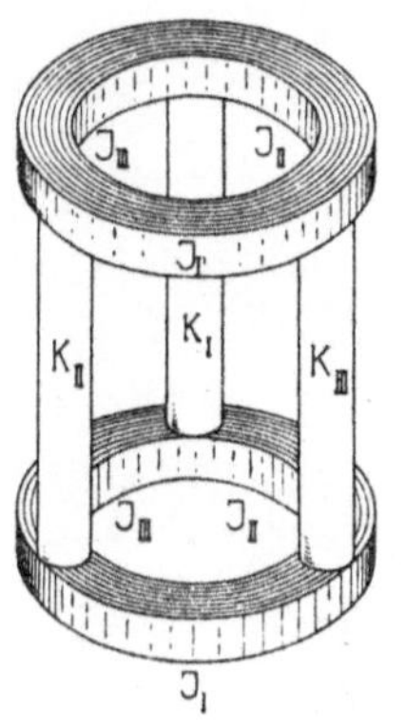

Fig. 74.

Die **wattlose Komponente** läßt sich am einfachsten berechnen, indem man zuerst nur eine Phase unter Spannung gesetzt denkt und den Magnetisierungsstrom dieser Phase berechnet. Der Strom erzeugt einen **Kraftfluß** Φ in dem Kern, um den die Windungen dieser Phase gewickelt sind. Dieser Kraftfluß Φ ist im Kerne K_I (Fig. 74) z. B. nach oben gerichtet und benutzt als magnetische Rückleitungen die Kerne K_{II} und K_{III}, in denen er somit nach unten gerichtet ist. Wir berechnen nun für diesen magnetischen Kreis, den wir als magnetischen Kreis der Phase I bezeichnen, den Magnetisierungsstrom.

Bei dem symmetrischen Dreiphasentransformator (Fig. 72) ist allgemein, wenn der Querschnitt des Kernes K_I gleich Q ist, der

Querschnitt der parallelgeschalteten Jochstücke J_{II} und J_{III} für den magnetischen Kreis gleich $\dfrac{2}{\sqrt{3}} Q$ und der Querschnitt der Kerne K_{II} und K_{III}, die auch parallel liegen, gleich $2\,Q$. Den Momentanwert des Magnetisierungsstromes für diesen magnetischen Kreis bezeichnen wir mit i_{1a}; ihm entsprechen die momentanen Amperewindungen eines Schenkels $aw_{1a} = i_{1a}w_1$.

Setzen wir nun alle drei Phasen der Primärwicklung unter Spannung, so wird der Symmetrie halber die algebraische Summe der drei von den Phasen aufgenommenen Magnetisierungsströme i_{Ia}, i_{IIa} und i_{IIIa} Null, d. h.

$$i_{Ia} + i_{IIa} + i_{IIIa} = 0$$

oder

$$i_{Ia} = -\left(i_{IIa} + i_{IIIa}\right).$$

Die Ströme i_{IIa} und i_{IIIa} unterstützen i_{Ia} bei der Magnetisierung des magnetischen Kreises der Phase I, denn die Hälfte der von i_{IIa} und i_{IIIa} erzeugten magnetischen Kraftflüsse geht durch den Kern der Phase I.

In bezug auf den magnetischen Kreis der Phase I haben also die beiden anderen Phasen nur die halbe Wirkung. Da ferner die beiden Wicklungen der Phase II und III relativ zu Phase I und in bezug auf den magnetischen Kreis dieser Phase um 180° gedreht sind, so wird die magnetomotorische Kraft, die von allen drei Phasen auf den Kreis I ausgeübt wird,

$$i_{Ia}w_1 - \frac{1}{2}\left(i_{IIa} + i_{IIIa}\right)w_1 = \frac{3}{2} i_{Ia}w_1$$

oder, wie man auch schreiben kann,

$$aw_{Ia} - \frac{1}{2}\left(aw_{IIa} + aw_{IIIa}\right) = \frac{3}{2} aw_{Ia}.$$

Wenn also in allen Phasen die Stromstärke bestehen würde, die bei Erregung einer Säule allein sich einstellt, so würden durch die Unterstützung der beiden anderen Phasen für jede Säule $\frac{3}{2}$ mal so viel Amperewindungen wirksam sein wie wirklich erforderlich sind. Der Strom muß daher in jeder Phase auf $\frac{2}{3}$ des ursprünglichen Wertes zurückgehen, oder man kann auch sagen, die für einen magnetischen Kreis wirksamen Amperewindungen sind $\frac{3}{2}$ mal so groß wie die für jede Phase vorhandenen Amperewindungen, also

$$A W_{1a} = A W_{ei} + A W_l = \frac{3}{2} A W_{Ia} = \frac{3}{2} \sqrt{2}\, J_a \sin\psi_a\, w_1.$$

Der Leerlaufstrom ist somit

$$J_a = \frac{AW_{ei} + AW_l}{\sqrt{2}\,\frac{3}{2}\,w_1 \sin \psi_a} \qquad \ldots \ldots \quad (50)$$

Aus $E_1 b_a = J_a \sin \psi_a$ folgt die **Suszeptanz** b_a des Dreiphasentransformators

$$b_a = \frac{AW_{ei} + AW_l}{1{,}5\,\sqrt{2}\,w_1 E_1} \simeq \frac{AW_{ei} + AW_l}{1{,}5\,\sqrt{2}\,w_1 P_1}.$$

Diese Formel haben wir abgeleitet unter der Annahme, daß das Gesetz der Superposition gültig ist, und unter Vernachlässigung der Kraftflüsse, die, von dem Strom einer Phase erzeugt, nicht durch die Kerne der beiden anderen Phasen gehen, sondern sich durch die Luft schließen. Der dadurch begangene Fehler ist nicht groß.

Bei dem Transformator (Fig. 73) mit elektromagnetischer Verkettung der drei Phasen liegen die Verhältnisse fast gleich. Hier ist der Querschnitt des magnetischen Kreises der Phase I überall konstant. Die Kraftflüsse in den beiden Teilen a und b eines Kernes sind aber nicht $= \dfrac{\Phi}{2}$, sondern ebenso wie im Joch $= \dfrac{\Phi}{\sqrt{3}} = \dfrac{\sqrt{2}\,E_1\,10^8}{\sqrt{3}\,\omega w_1}$, so daß hier die Amperewindungen der Kerne für eine etwas größere Induktion zu berechnen sind, nämlich für

$$B = \frac{\dfrac{1}{\sqrt{3}}\,\Phi}{\dfrac{1}{2}\,Q} = \frac{E_1\,10^8}{\sqrt{6}\,\omega w_1 Q}.$$

Für diese maximale Induktion sind auch die Hysteresisverluste zu berechnen.

Die **primäre Konduktanz** ergibt sich in einfacher Weise, indem man bei einem symmetrischen Dreiphasentransformator die Eisenverluste auf alle drei Phasen gleich verteilt denkt. Es ist somit

$$g_a = \frac{\text{totaler Eisenverlust}}{3\,E_1{}^2} \simeq \frac{\text{totaler Eisenverlust}}{3\,P_1{}^2}.$$

30. Leerlauf eines unsymmetrischen Dreiphasentransformators.

Der Dreiphasentransformator (Fig. 75) mit drei Säulen in einer Reihe ist in bezug auf die drei Phasen nicht symmetrisch. Die Unsymmetrie kommt aber nur in der Größe der Leerlaufströme der drei Phasen zum Ausdruck. Ist die Primärwicklung in Stern geschaltet, so wird in der Wicklung der mittleren Säule die kleinste EMK induziert werden, weil der Teil des Kraftflusses, der sich nicht durch das Eisen, sondern durch die Luft schließt, für diese Säule am kleinsten ist. Die Differenzen zwischen den in den drei Phasen induzierten EMKen sind aber vernachlässigbar klein. Es

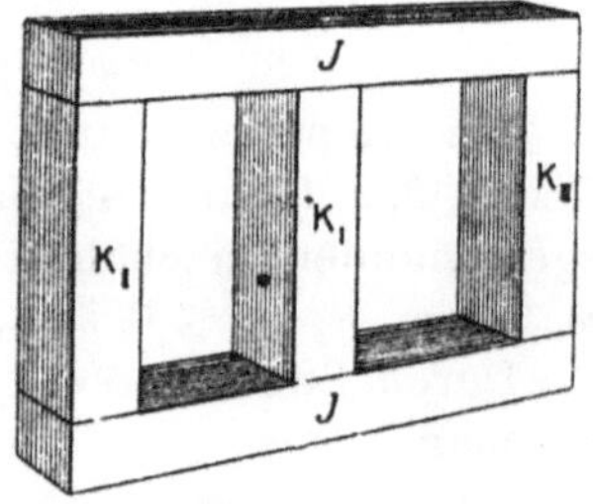

Fig. 75. Dreiphasentransformator mit unsymmetrischem Eisenkörper.

wurden z. B. an einem 5 KVA-Transformator der Allgemeinen Elektrizitätsgesellschaft bei Leerlauf folgende Spannungen (vgl. Fig. 79) gemessen:

$$P_1 = \overline{AC} = 121,8 \text{ Volt} \qquad P_{I0} = \overline{OA} = 70 \text{ Volt}$$

$$P_1 = \overline{CB} = 121,8 \text{ ,,} \qquad P_{II0} = \overline{OC} = 70,7 \text{ ,,}$$

$$P_1 = \overline{BA} = 121,8 \text{ ,,} \qquad P_{III0} = \overline{OB} = 70,3 \text{ ,,}$$

Wir dürfen also annehmen, daß die Kraftflüsse Φ_I, Φ_{II} und Φ_{III} der drei Säulen alle gleich und um 120^0 gegeneinander verschoben sind. Es soll nun gezeigt werden, wie man in einfacher Weise die Magnetisierungsströme der drei Phasen angenähert berechnen kann.

Wir bezeichnen mit AW_1, AW_2, AW_3 die Maximalwerte und mit aw_1, aw_2, aw_3 die Momentanwerte der Amperewindungen, die erforderlich sind, um die drei Kraftflüsse Φ_I, Φ_{II} und Φ_{III} von a über C_I, C_{II} bzw. C_{III} nach b (also nur über Teile von magnetischen Kreisen) zu treiben.

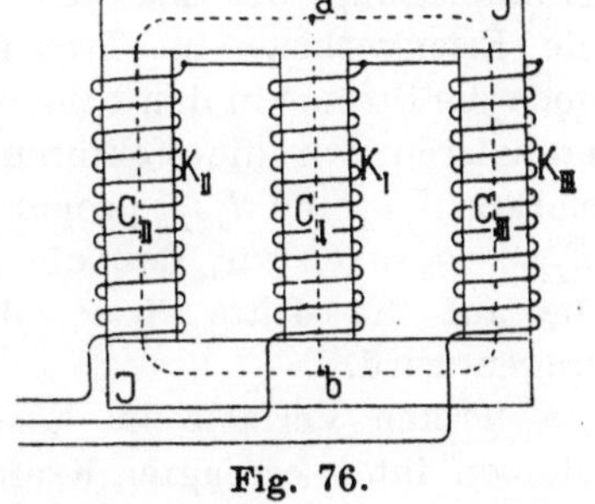

Fig. 76.

Durch Ermittlung des magnetischen Linienintegrales über die geschlossenen magnetischen Kreise $C_I C_{II}$, $C_{II} C_{III}$ und $C_{III} C_I$ des Eisenkörpers (Fig. 76) ergibt sich somit

$$aw_{Ia} - aw_{IIa} = aw_1 - aw_2$$
$$aw_{IIa} - aw_{IIIa} = aw_2 - aw_3$$
$$aw_{IIIa} - aw_{Ia} = aw_3 - aw_1.$$

Wir bilden für jeden Kreis die Differenzen der Amperewindungen, da wir in jeder Phase die Stromrichtung von außen zum Nullpunkt hin annehmen. Da die Primärwicklungen in Stern geschaltet sind, wird

$$aw_{Ia} + aw_{IIa} + aw_{III} = 0.$$

Die Amperewindungen aw_1, aw_2 und aw_3 sind mit den Kraftflüssen Φ_1, Φ_2 und Φ_3 in Phase. Sie sind somit um 120^0 zeitlich gegeneinander verschoben, und da nicht alle gleich groß sind, wird $aw_1 + aw_2 + \overset{\bullet}{a}w_3 \lessgtr 0$ sein.

Durch Subtraktion der dritten Gleichung von der ersten erhält man

$$2\,aw_{Ia} - aw_{IIa} - aw_{IIIa} = 3\,aw_{Ia} = 2\,aw_1 - aw_2 - aw_3$$

oder

und analog

$$\left.\begin{aligned}
aw_{Ia} &= \tfrac{2}{3}\,aw_1 - \tfrac{1}{3}\,aw_2 - \tfrac{1}{3}\,aw_3 \\[4pt]
aw_{IIa} &= \tfrac{2}{3}\,aw_2 - \tfrac{1}{3}\,aw_3 - \tfrac{1}{3}\,aw_1 \\[4pt]
aw_{IIIa} &= \tfrac{2}{3}\,aw_3 - \tfrac{1}{3}\,aw_1 - \tfrac{1}{3}\,aw_2
\end{aligned}\right\} \quad . \quad . \quad (51)$$

Die auf einem Kerne vorhandenen AW decken also $^2/_3$ der für diesen Kern erforderlichen AW und noch je $^1/_3$ der AW der beiden anderen Kerne.

Da AW_1, AW_2 und AW_3 in Phase mit Φ_I, Φ_{II} und Φ_{III} sind, so ergeben sich nun in einfacher Weise durch graphische Zusammensetzung, wie Fig. 77 zeigt[1]), die maximalen Amperewindungen der drei Phasen AW_{Ia}, AW_{IIa} und AW_{IIIa}.[2]) Die Amperewindungen AW_1, AW_2 und AW_3 lassen sich in bekannter Weise unter Zugrundelegung des maximalen Kraftflusses berechnen. Trotzdem die Eisenverluste im Transformator vernachlässigt wurden, sind doch die Ströme in den beiden Phasen II und III nicht wattlos, denn projizieren wir die Vektoren AW_{IIa} und AW_{IIIa}, die den Stromstärken J_{IIa} und J_{IIIa} proportional sind, auf die Vektoren E_{II} bzw. E_{III}, so sehen wir, daß die zweite Phase eine positive Leistung hat, die auf die dritte Phase, die eine negative Leistung hat, übertragen wird.

Treten Verluste im Eisen auf, so werden die Ströme gegen die von ihnen erzeugten Kraftflüsse in der Phase verschoben. Diese

---

[1]) In den Fig. 77 und 78 sind die EMKe E_I, E_{II}, und E_{III}, die zur Überwindung der induzierten EMKe nötig sind, eingezeichnet. Sie eilen dem zugehörigen Kraftfluß um 90^0 vor.

[2]) Siehe auch R. Goldschmidt, ETZ 1900, S. 991.

Verschiebung ist erstens abhängig von der Sättigung des Eisens, in dem der Kraftfluß fließt, und zweitens vom magnetischen Widerstande. Die Richtungen der MMKe AW_1, AW_2 und AW_3 fallen jetzt nicht mehr mit Φ_I, Φ_{II} und Φ_{III} zusammen (Fig. 78), sondern eilen um die Winkel

$$\left(\frac{\pi}{2} - \psi_{a1}\right), \quad \left(\frac{\pi}{2} - \psi_{a2}\right) \quad \text{und} \quad \left(\frac{\pi}{2} - \psi_{a3}\right)$$

voraus. Die Komponenten $AW_1 \sin\psi_{a1}$, $AW_2 \sin\psi_{a2}$ und $AW_3 \sin\psi_{a3}$ entsprechen den Magnetisierungsströmen für die drei Schenkel zwischen a und b (Fig. 76) mit den magnetischen Widerständen R, R' und R''.

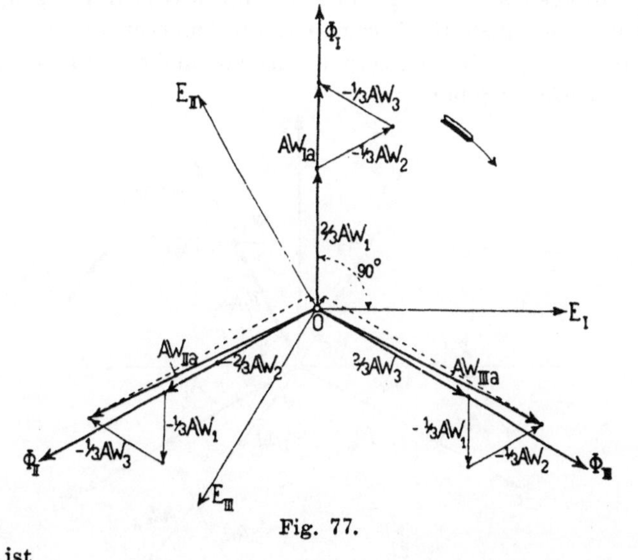

Fig. 77.

Es ist

$$
\left.
\begin{aligned}
AW_1 \sin\psi_{a1} &= \frac{\Phi_I}{\sqrt{2}\,R} = aw_1 L_1 \\[2em]
AW_2 \sin\psi_{a2} &= \frac{\Phi}{\sqrt{2}\,R'} = aw_2 L_2 \\[2em]
AW_3 \sin\psi_{a3} &= \frac{\Phi}{\sqrt{2}\,R''} = aw_3 L_3
\end{aligned}
\right\}
\quad \dots \quad (52)
$$

und

worin aw die Amperewindungen für 1 cm Länge und L die Länge der betreffenden Kreisstücke in cm bezeichnen.

$AW_1 \cos\psi_{a1}$, $AW_2 \cos\psi_{a2}$ und $AW_3 \cos\psi_{a3}$ geben uns ein Maß für die Eisenverluste. Man berechnet die Verluste für die drei Eisenvolumina zwischen a und b der Fig. 76. Für den Schenkel I erhält man den Eisenverlust W_{eI}. Es ist dann

ebenso

$$AW_1 \cos\psi_{a1} = w_1 \frac{W_{eI}}{E_1}$$

$$\left.\begin{array}{c} AW_2 \cos\psi_{a2} = w_1 \dfrac{W_{eII}}{E_1} \\[2ex] AW_3 \cos\psi_{a3} = w_1 \dfrac{W_{eIII}}{E_1} \end{array}\right\} \quad \ldots \ldots \quad (53)$$

und

Diese Größen, in die Fig. 78 eingetragen, ergeben uns die Amperewindungen AW_1, AW_2 und AW_3, die wieder durch graphische Zusammensetzung nach den Formeln 51 die Amperewindungen AW_{Ia}, AW_{IIa} und AW_{IIIa} der einzelnen Phasen unter Berücksichtigung der Eisenverluste ergeben.

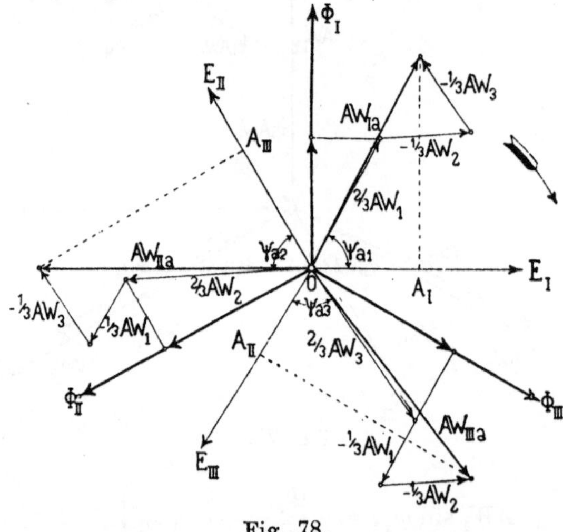

Fig. 78.

Die Projektionen $\overline{OA}$ dieser Amperewindungen auf die zugehörigen EMKe stellen uns ein Maß für die Leistung der betreffenden Phasen dar.

Die in Fig. 79 eingezeichneten Vektoren entsprechen den wirklichen Verhältnissen eines 5 KVA-Transformators.

Wir sehen hieraus, daß die drei Ströme eines unsymmetrischen Dreiphasentransformators alle verschieden sind und verschiedene Leistungen der einzelnen Phasen bedingen.

Da die drei Schenkel den gleichen Eisenverlust haben, können wir uns vorstellen, daß sich über die Leistung, die jedem Schenkel zur Deckung der Eisenverluste zugeführt wird, eine zweite Leistung lagert, die von einer Phase auf die anderen übertragen wird.

Wenn eine größere Zahl von unsymmetrisch gebauten Transformatoren leerlaufend oder mit sehr kleiner Belastung von einem Generator gespeist wird, so sind die Phasen des Generators ungleich belastet, und der Spannungsabfall der drei Phasen wird verschieden. In einem bestimmten praktischen Fall waren zwei Phasen des Generators, dessen Vollaststrom 63,5 Ampere betrug, mit etwa $40\,^0/_0$ und die dritte mit $25\,^0/_0$ des Vollaststromes durch den fast wattlosen Magnetisierungsstrom von Transformatoren belastet, und der Spannungsunterschied der einzelnen Phasen betrug $2\,^0/_0$. Mit zunehmender Belastung der Transformatoren verschwindet dieser Unterschied.

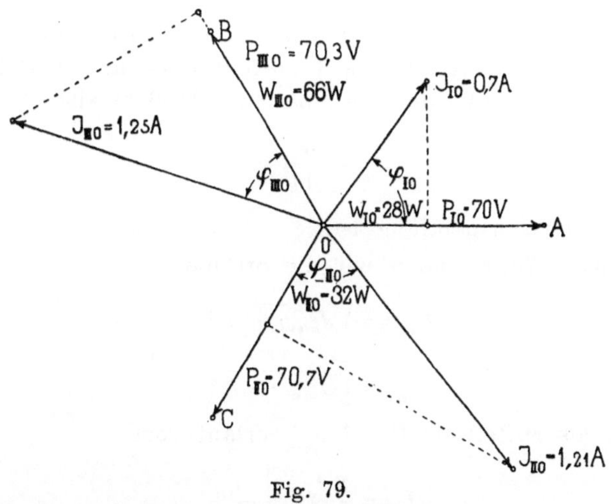

Fig. 79.

Im allgemeinen hat die genaue Ermittlung des Leerlaufstromes keinen großen praktischen Wert. Einmal ist der Leerlaufstrom klein gegenüber dem normalen Belastungsstrom, und zweitens können die unvermeidlichen Verschiedenheiten in der Struktur der Bleche und in der Montage rechnerisch kaum berücksichtigt werden. Wir wollen daher zur praktischen Berechnung des Leerlaufstromes das folgende angenäherte Verfahren benutzen.

Einfache Berechnung des Leerlaufstromes. Wir legen der Berechnung wieder die drei magnetischen Kreise der Fig. 76 zwischen den Punkten *a* und *b* zugrunde. Aus dem Diagramm (Fig. 77) sehen wir, daß der wattlose Strom für die Phasen II und III nur wenig kleiner ist, als ihn die wattlosen Amperewindungen für den äußeren magnetischen Kreis zwischen *a*, *b* erfordern wür-

den. Der wattlose Strom der Phase I ist dagegen etwas größer
als der Magnetisierungsstrom für den inneren magnetischen Kreis
zwischen a, b. Wir berechnen also für den äußeren Kreis zwischen a, b

$$J_{aus\,wl} = \frac{AW_{ei} + AW_l}{\sqrt{2}\,w} = \frac{aw \cdot L_{aus} + 0,8\,\delta B}{\sqrt{2}\,w}$$

und für den inneren Kreis

$$J_{in,\,wl} = \frac{aw \cdot L_{in} + 0,8\,\delta B}{\sqrt{2}\,w}$$

$a\,w$ entnehmen wir den Kurven S. 12, wobei die Verschiedenheit der Induktionen im Kern und Joch zu berücksichtigen ist.
Für δ ist im Mittel 0,01 cm zu setzen.

Zur Ermittlung des Wattstromes einer Phase berechnen wir
den gesamten Eisenverlust des Transformators und verteilen ihn
zu gleichen Teilen auf die drei Phasen, schreiben also

$$J_w = \frac{W_{ei}}{3\,P},$$

worin P die Phasenspannung ist.

Auf diese Weise finden wir die Ströme

$$J_{aus} = \sqrt{J_{aus\,wl}^2 + J_w^2}$$

und

$$J_{in} = \sqrt{J_{in\,wl}^2 + J_w^2}$$

und setzen als Mittelwert für den Leerlaufstrom

$$J_0 = \frac{2\,J_{aus} + J_{in}}{3} \quad \ldots \ldots \quad (55)$$

31. Symmetrische Belastung eines Dreiphasentransformators.

Schließt man die drei Klemmen eines symmetrischen oder unsymmetrischen Dreiphasentransformators kurz, so wird dieser primär
in allen drei Phasen denselben Strom und dieselbe Leistung aufnehmen. Denn alle Phasen haben primär und sekundär dieselbe
Windungszahl, und eben darauf beruht bei Kurzschluß das Verhältnis zwischen den primären und sekundären Strömen. Der
Magnetisierungsstrom ist bei Kurzschluß höchstens 1 pro Mille des
totalen Stromes, es kann also durch eine Unsymmetrie des Eisenkörpers nie eine merkbare Ungleichheit zwischen den Strömen der
drei Phasen entstehen.

Aus dem Kurzschlußversuch eines Dreiphasentransformators ergibt sich also in gleicher Weise wie beim Einphasentransformator das Kurzschlußdiagramm; dies bezieht sich hier nur auf eine Phase. Ist der gesamte Verlust bei Kurzschluß W_k und die primäre Kurzschlußspannung einer Phase P_{1k}, so wird der gesamte effektive Widerstand einer Phase

$$r_k = \frac{W_k}{3\,J_{1k}^2} \quad \cdots \cdots \quad (56)$$

und die gesamte Reaktanz einer Phase

$$x_k = \sqrt{\left(\frac{P_{1k}}{J_{1k}}\right)^2 - r_k^2} \quad \cdots \cdots \quad (57)$$

Die Berechnung der Reaktanz eines Dreiphasentransformators geschieht nach den im Kap. III gegebenen Formeln und bezieht sich natürlich nur auf eine Phase. Solange ein Dreiphasentransformator symmetrisch belastet ist, tritt in allen Phasen der gleiche Spannungsabfall auf, gleichgültig, ob die Primär- und Sekundärwicklungen in Stern oder Dreieck geschaltet sind.

Hat man sekundär dieselbe Schaltung wie primär, d. h. sind beide Wicklungen in Stern oder Dreieck geschaltet,

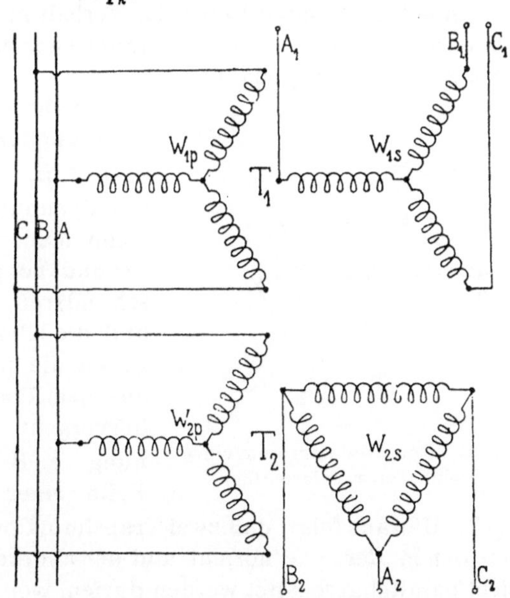

Fig. 80a und b. Normale und gemischte Schaltung von Dreiphasentransformatoren.

so kann man die Schaltung normal heißen, im anderen Fallé haben wir eine gemischte Schaltung.

Bei den Transformatoren mit normaler Schaltung (Fig. 80a) wird ein zwischen zwei sekundäre Klemmen geschaltetes Voltmeter eine Spannung zeigen, die sich zu der entsprechenden primären verhält wie die Windungszahlen, also

$$\frac{P_{l1}}{P_{l2}} = \frac{P_1}{P_2} = \frac{w_1}{w_2}$$

wie bei den Einphasentransformatoren.

Hat man dagegen eine gemischte Schaltung (Fig. 80 b), so wird eine Phasenspannung P einer verketteten Spannung P_l entsprechen und somit haben wir

während

$$\left. \begin{aligned} \frac{P_1}{P_2} &= \frac{w_1}{w_2}, \\[2mm] \frac{P_{l1}}{P_{l2}} &= \frac{w_1}{\sqrt{3}\,w_2} \end{aligned} \right\} \quad (58)$$

oder bei Vertauschung der primären und sekundären Anschlüsse

$$\frac{P_{l1}}{P_{l2}} = \frac{w_1 \sqrt{3}}{w_2} \quad \text{ist.}$$

In jedem Falle wird aber das Verhältnis der Klemmenspannungen bei Leerlauf ebenso wie bei Einphasentransformatoren das Übersetzungsverhältnis genannt.

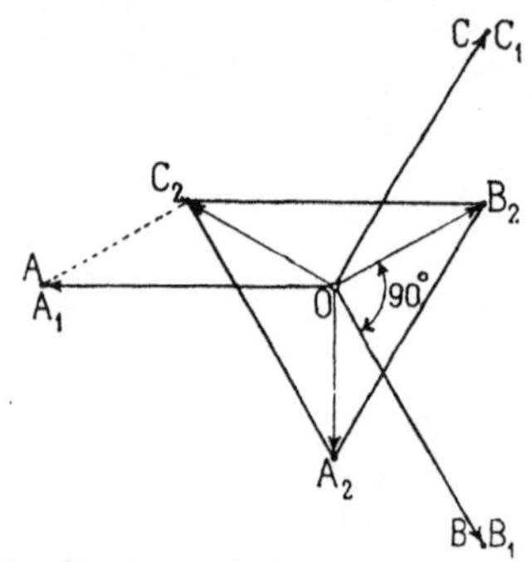

Fig. 81. Potentialdiagramm eines Dreiphasentransformators.

Während bei normaler Schaltung die sekundären Klemmenspannungen, z. B. $\overline{A_1 B_1}$ (Fig. 81) mit den primären Spannungen $\overline{AB}$ in Phase sind, wenn man vom Vorzeichen absieht, so sind bei gemischter Schaltung die sekundären Sternspannungen um 90^0 und die Klemmenspannungen um 30^0 gegen die primären verschoben, was aus dem Potentialdiagramm (Fig. 81) hervorgeht. Denn eine Phasenspannung, z. B $\overline{OA_1}$, entspricht in dem Falle einer verketteten Spannung $\overline{B_2 C_2}$. Hieraus folgt, daß zwei Transformatoren T_1 und T_2 (Fig. 80 a, b), von denen der eine normal und der andere gemischt geschaltet ist, nicht parallel geschaltet werden dürfen, weil die Klemmenspannungen dieser beiden Transformatoren nicht in Phase gebracht werden können.

32. Spannungsänderung von Dreiphasentransformatoren bei symmetrischer und unsymmetrischer Belastung.

Bei Einphasentransformatoren, die zur Speisung von Dreileiternetzen dienen, haben wir gesehen, daß der Spannungsabfall an den Klemmen der beiden Netzhälften bei unsymmetrischer Belastung in hohem Grade von der Schaltung der primären Wicklung abhängt. Dasselbe ist hier bei Dreiphasentransformatoren der Fall.

Eine ungleiche Belastung der Phasen stellt sich namentlich bei Beleuchtungsanlagen ein. Da die Klemmenspannungen in diesem

Falle bei unsymmetrischer Belastung nur wenig verschieden sein dürfen, sind nicht alle Schaltungen der Wicklungen für Beleuchtungstransformatoren brauchbar.

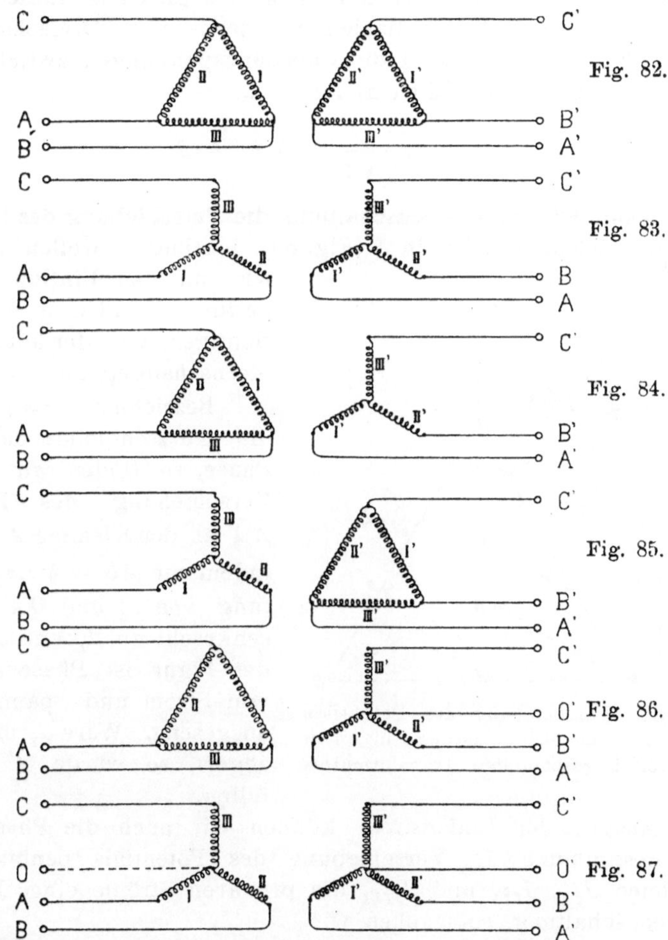

Fig. 82.

Fig. 83.

Fig. 84.

Fig. 85.

Fig. 86.

Fig. 87.

Fig. 82—87.　Verschiedene Schaltungsarten für Dreiphasentransformatoren.

In den Fig. 82 bis 87 sind verschiedene Schaltungen dargestellt, die wir nun der Reihe nach untersuchen wollen. Wir gehen dabei von der symmetrischen Belastung aus und betrachten daran anschließend, für jede Schaltung besonders, die Wirkung einer unsymmetrischen Belastung auf die Stromverteilung und die Spannungsänderung.

Allgemein ist zu bemerken, daß eine Sternschaltung der drei

Phasen durch eine äquivalente Dreieckschaltung ersetzt werden kann und umgekehrt.

Da die Windungszahlen der äquivalenten Schaltungen im Verhältnis $1 : \sqrt{3}$ stehen, verhalten sich bei gleichem Linienstrom J die Impedanzen der äquivalenten Stern- und Dreieckschaltung wie $1 : 3$, denn dann sind die Impedanzspannungen zwischen zwei Klemmen in beiden Fällen gleich, d. h. es ist

$$z_k \cdot \frac{J}{\sqrt{3}} = \sqrt{3} \cdot \frac{z_k}{3} \cdot J.$$

Wenn wir bei Dreieckschaltung die Verschiebung des Potentials an einer Klemme, z. B. in A (Fig. 88), bestimmen wollen, so gehen wir, um den Einfluß der Verkettung der Phasen zu berücksichtigen, von der äquivalenten Sternschaltung aus.

Bezeichnet $z_k = \sqrt{r_k{}^2 + x_k{}^2}$ die Kurzschlußimpedanz einer Phase, so finden wir z. B. die Verschiebung des Potentials $\overline{AA'}$ an der Klemme A (Fig. 88), indem wir $\overline{AG} = \tfrac{1}{3} J_1 r_k$ in Richtung von J_1 und $\overline{GA'} = \tfrac{1}{3} J_1 x_k$ senkrecht zu J_1 antragen. In der Figur ist Phasengleichheit von Strom und Spannung vorausgesetzt. Wäre J_1 um φ_1 verzögert, so würde A' nach A'' fallen.

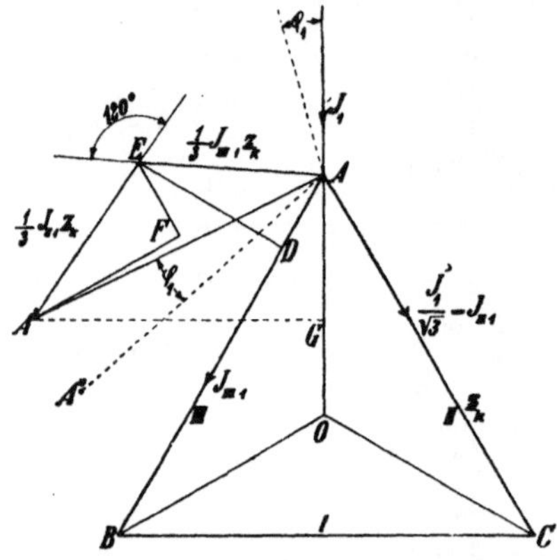

Fig. 88. Verschiebung des Potentials einer Klemme bei Belastung für einen in Dreieck geschalteten Transformator.

Anstatt den Linienstrom können wir auch die Phasenströme zur Bestimmung der Verschiebung des Potentials benützen. Bezeichnen J_{I1}, J_{II1} und J_{III1} die primären Ströme einer Phase bei Dreieckschaltung, so machen wir

ferner

$$\overline{AD} = \tfrac{1}{3} J_{III1} \cdot r_k \qquad \overline{DE} = \tfrac{1}{3} J_{III1} x_k$$

$$\overline{EF} = \tfrac{1}{3} J_{II1} r_k \qquad \overline{FA'} = \tfrac{1}{3} J_{II1} x_k$$

jeweils in Richtung bzw. senkrecht zum betreffenden Strome. Die Komponenten $\overline{AE}$ und $\overline{EA'}$ bilden einen Winkel von 120^0 und ergeben die schon auf die andere Weise gefundene Resultante $\overline{AA'}$.

Sind die benachbarten Phasen, z. B. II und III, ungleich belastet, so kommt die Ungleichheit durch eine Verschiedenheit der

Komponenten von $\overline{A\,A'}$ zum Ausdruck. Wir wollen nun einige besondere Fälle betrachten.

Wir setzen dabei im folgenden immer voraus, daß der Einfluß des Magnetisierungsstromes auf den Spannungsabfall klein ist, d. h. wir setzen $J_1 = J_2'$ und $\varphi_1 = \varphi_2$ und vernachlässigen damit den Einfluß des Magnetisierungsstromes.

I. Primär und sekundär Dreieckschaltung. (Fig. 82.)

Wir setzen voraus, daß die primären Klemmenspannungen einander gleich sind und daß sie konstant gehalten werden.

a) Symmetrische Belastung. Bei symmetrischer, induktionsfreier Belastung erhalten wir die in Fig. 89 dargestellte Konstruktion. Das Dreieck der sekundären Klemmenspannungen verschiebt sich von ABC bei Leerlauf nach $A'B'C'$ bei Belastung.

Ist der sekundäre Strom gegen die Klemmenspannung um den Winkel φ_2 verzögert und die Belastung ebenfalls symmetrisch, so gibt Fig. 90 die Verschiebung des sekundären Spannungsdreieckes.

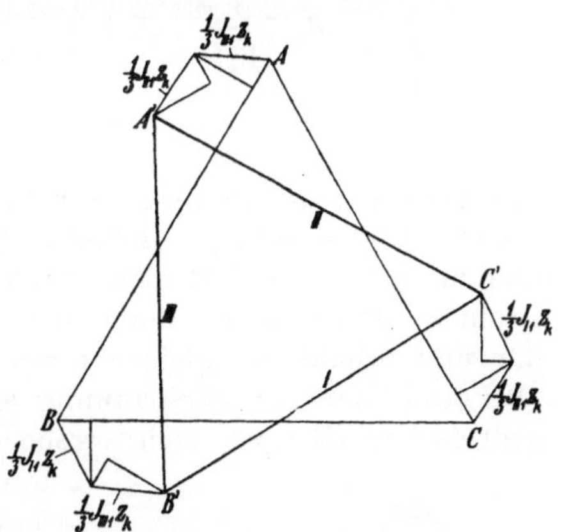

Fig. 89. Symmetrische, induktionsfreie Belastung eines primär und sekundär in Dreieck geschalteten Transformators.

Bei Kurzschluß werden die sekundären Klemmenspannungen Null. Diesen Fall stellt Fig. 91 dar.

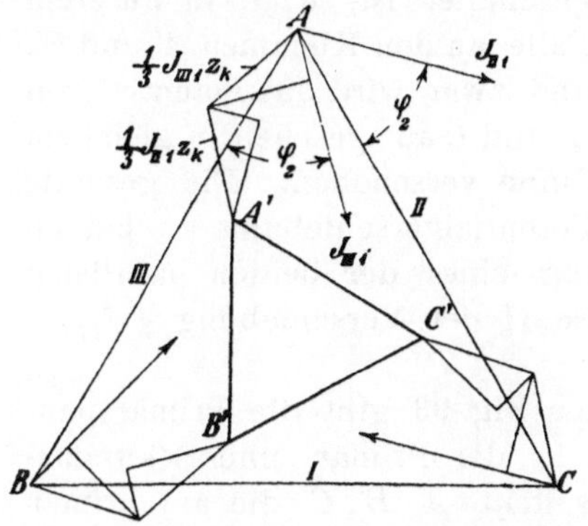

Fig. 90. Symmetrische, induktive Belastung eines primär und sekundär in Dreieck geschalteten Transformators.

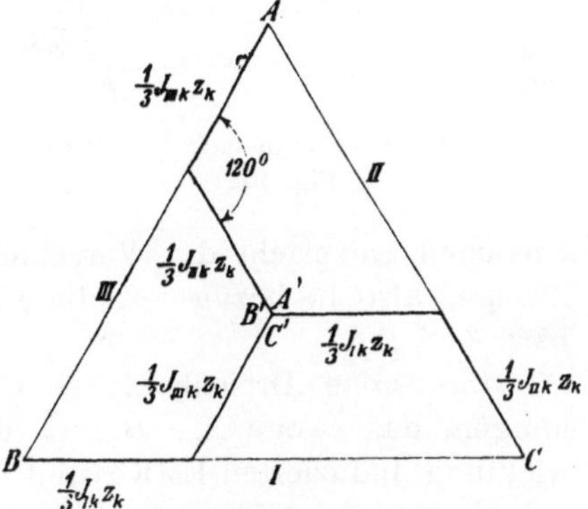

Fig. 91. Symmetrisch kurzgeschlossener Transformator in Dreieckschaltung.

b) **Unsymmetrische Belastung.** Um eine unsymmetrische Belastung zu erhalten, belasten wir nur eine sekundäre Phase oder schließen sie kurz. In Fig. 92 sind die Klemmen A', C' kurzgeschlossen, so daß nur Phase II belastet ist. Da die Reaktanz der hintereinander geschalteten Phasen III und I doppelt so groß ist

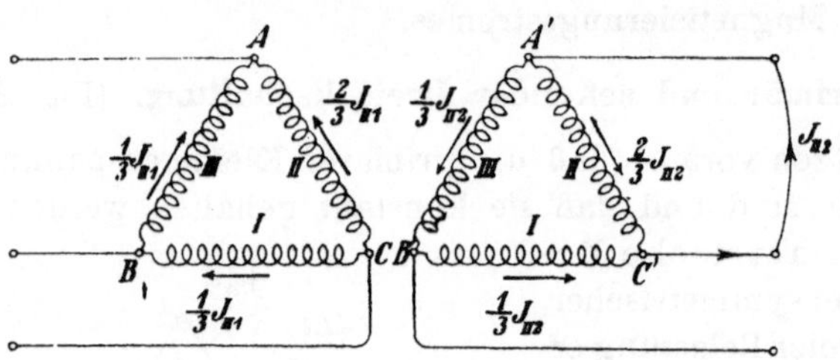

Fig. 92.　Unsymmetrisch belasteter Transformator in Dreieckschaltung.

wie die Reaktanz der Phase II, erhalten wir die in der Fig. 92 angegebene Stromverteilung. Lagern wir über diesen Zustand den Leerlaufzustand, so ändert sich durch das Hinzukommen des Leerlaufstromes die Stromverteilung nur wenig; wir dürfen daher sekundär und primär die gleiche Stromverteilung annehmen.

Bei konstanter Primärspannung erhält man die aus den Spannungsdreiecken (Fig. 93) sich ergebenden Spannungsabfälle bei induktionsfreier Belastung. Der Transformator ist mit einphasigem Wechselstrom belastet, der sich bei A und C in zwei Zweige spaltet. Die Potentiale verschieben sich an den Klemmen, zwischen denen die Belastung eingeschaltet ist, d. i. in unserem Falle an den Klemmen A' und C', und zwar wird das Potential von A und C aus gesehen in gleichem Sinne verschoben. Die gesamte Potentialverschiebung an beiden

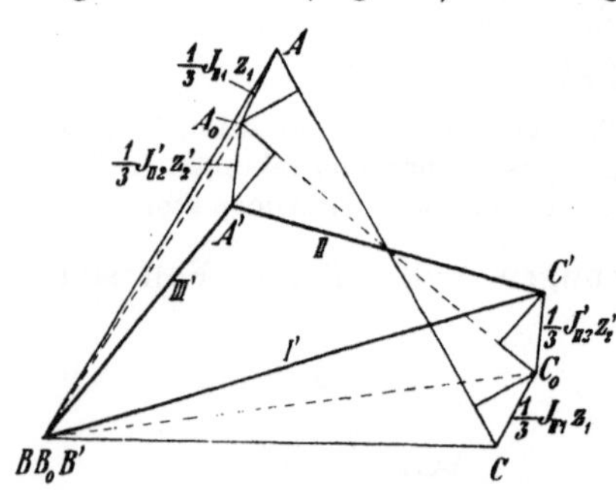

Fig. 93.　Diagramm zur Schaltung Fig. 92.

Klemmen entspricht der Verschiebung eines der beiden parallelen Zweige, also in bezug auf die Phase II der Verschiebung $\tfrac{2}{3} J_{II1} z_1$ bzw. $\tfrac{2}{3} J_{II2}' z_2'$.

Das erste Dreieck A, B, C der Fig. 93 gibt die Primärspannungen, das zweite A_0, B_0, C_0 die in der Primär- und Sekundärwicklung induzierten EMKe und das dritte A', B', C' die auf primär reduzierten sekundären Klemmenspannungen.

Der Spannungsabfall ist für die belastete Phase nur $\tfrac{2}{3}$ von dem, den man bei symmetrischer Belastung erhält. Für die eine der beiden übrigen Phasen erhält man einen Spannungsabfall (hier III′) und für die andere (hier I′) eine Spannungserhöhung.

Denken wir uns der Reihe nach alle drei Phasen, jede für sich allein, aber gleich belastet, und superponieren wir die drei entsprechend Fig. 93 bestimmten Spannungsdiagramme, so ergibt sich das Diagramm der symmetrischen Belastung (Fig. 89 bzw. 90), je nachdem wir induktionsfreie oder induktive Belastung voraussetzen.

Werden zwei Phasen, z. B. I und II, induktionsfrei belastet, während Phase III unbelastet bleibt, so erhalten wir in den drei Phasen Spannungsabfälle, die sich durch graphische Zusammensetzung der von jeder

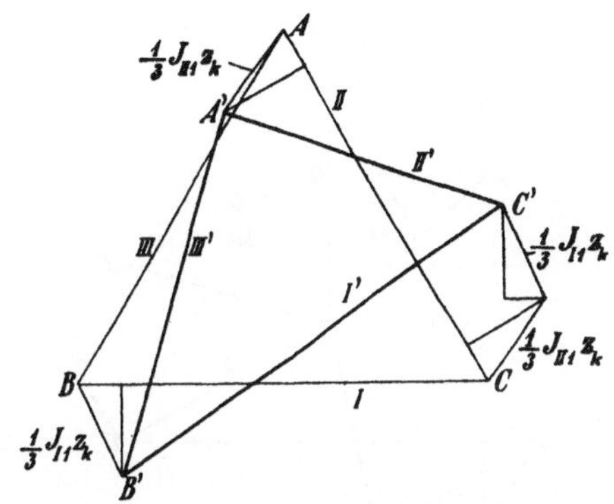

Fig. 94. Induktionsfreie Belastung zweier Phasen eines in Dreieck geschalteten Transformators.

Phase bedingten Spannungsänderung ergeben. Fig. 94 stellt die Konstruktion für diesen Fall dar.

II. Primär und sekundär Sternschaltung. (Fig. 83.)

Haben wir Sternschaltung, so können wir den Strom jeder Phase aus zwei Komponenten entstanden denken, die in den Phasen der äquivalenten Dreieckschaltung fließen. Ist jede Phase der Sternschaltung mit dem Strome J belastet, so haben die Teilströme die Größe $\dfrac{J}{\sqrt{3}}$, und wir können die Verschiebung des Potentials bestimmen, indem wir entweder $J z_k$ oder die zwei Komponenten $\dfrac{J}{\sqrt{3}} z_k$ nach Richtung und Größe antragen.

a) Symmetrische Belastung. Bei induktionsfreier Belastung sind die beiden äußeren Zweigströme mit der zugehörigen Klemmenspannung in Phase. Wir erhalten die Verschiebung des Potentials, indem wir, wie Fig. 95 zeigt, $\overline{AD} = J_1 r_k$ in Richtung und $\overline{DA'} = J_1 x_k$ senkrecht zur Richtung von J antragen, oder indem wir die Komponenten $\dfrac{J_1}{\sqrt{3}} r_k$ und $\dfrac{J_1}{\sqrt{3}} x_k$ in bezug auf die beiden Zweigströme nach Richtung und Größe zeichnen. Es wird in beiden Fällen $\overline{AA'} = J z_k$.

Ist Phasenverschiebung vorhanden, so ist der Vektor der Impedanzspannung $\overline{AA'}$ um den entsprechenden Winkel und in dessen Sinn zu drehen.

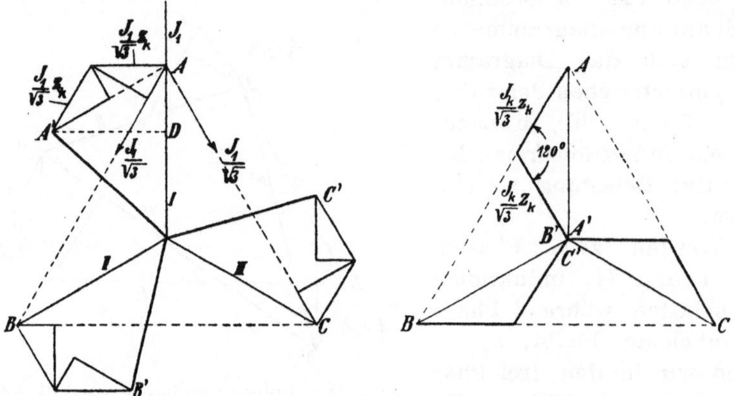

Fig. 95. Symmetrische, induktionsfreie Belastung eines in Stern geschalteten Transformators.

Fig. 96. Symmetrisch kurzgeschlossener Transformator in Sternschaltung.

Bei Kurzschluß der sekundären Klemmen ergibt sich das Diagramm Fig. 96.

b) Unsymmetrische Belastung. Haben wir primär und sekundär Sternschaltung und schließen wir z. B. wie in Fig. 97 die

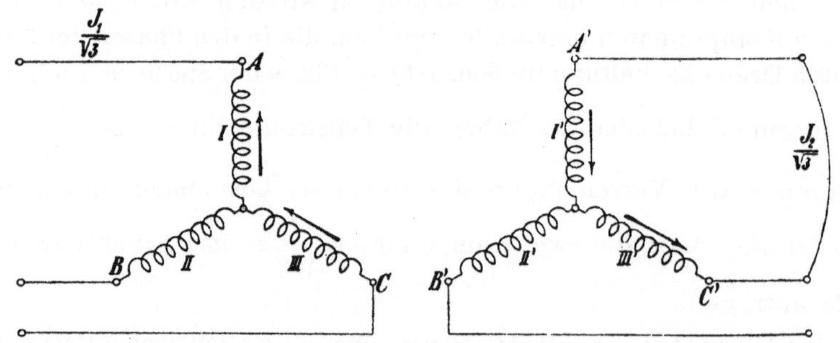

Fig. 97. Unsymmetrisch belasteter Transformator in Sternschaltung.

sekundären Klemmen A' und C' kurz, so bleibt nicht nur die sekundäre Phase II', sondern auch die primäre Phase II stromlos, wenn man vom Leerlaufstrom absieht, und wir haben primär und sekundär in allen Phasen äquivalente Ströme. Bei Konstanthalten der primären Spannung bleibt das Potential der unbelasteten

Klemme B' unverändert, und die Potentiale der beiden anderen Klemmen ändern sich so, wie es in Fig. 98 für induktionsfreie Belastung dargestellt ist.

Im Anschluß an das Diagramm für symmetrische Belastung ist der äußere Strom einer Phase mit $\dfrac{J}{\sqrt{3}}$ bezeichnet. Anstatt mit der gesamten Impedanz z_k haben wir jetzt mit der Impedanz z_1 einer primären und z_2' einer sekundären Phase getrennt zu rechnen. — ABC ist das Dreieck der konstant gedachten primären Klemmenspannungen, $A_0 B_0 C_0$ das Dreieck

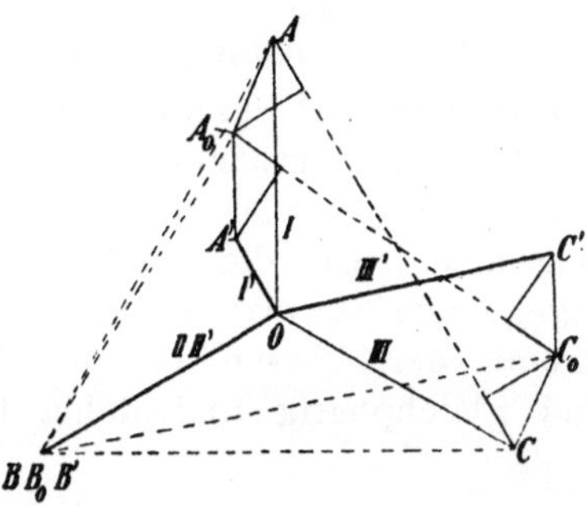

Fig. 98. Diagramm zur Schaltung Fig. 97.

der in beiden Wicklungen induzierten EMKe und $A'B'C'$ das Dreieck der sekundären Klemmenspannungen.

III. Primär Dreieckschaltung, sekundär Sternschaltung. (Fig. 84.)

a) Symmetrische Belastung. Für die in Fig. 99 angegebenen Bezeichnungen ergibt sich das Diagramm Fig. 100. Wir gehen von dem Dreieck der konstant angenommenen primären Klemmenspannungen ABC aus und bestimmen zuerst die Verschiebung der Potentiale, die durch die primäre Impedanz sekundär entsteht.

Wir erhalten dadurch, ähnlich wie in Fig. 89, indem wir nur z_k durch z_1 ersetzen, das Dreieck $A_0 B_0 C_0$ der induzierten EMKe. Von diesem Dreieck gehen wir zur Sternschaltung über, indem wir $\overline{A_0 A_0'} = \overline{B_0 C_0}$ und $\overline{A_0 C_0'} = \overline{A_0 C_0}$ machen. In den Punk-

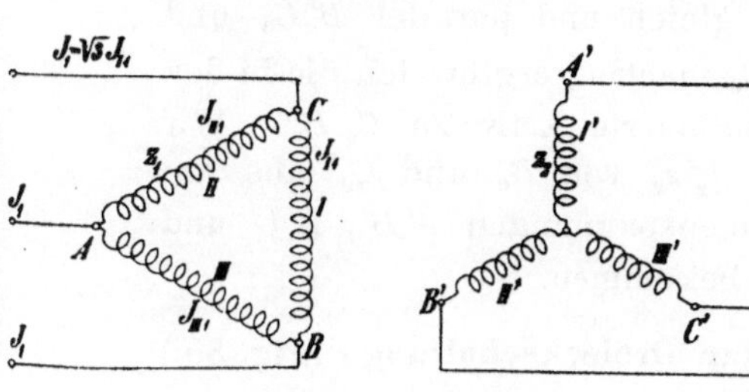

Fig. 99. Symmetrisch belasteter Transformator, der primär in Dreieck, sekundär in Stern geschaltet ist.

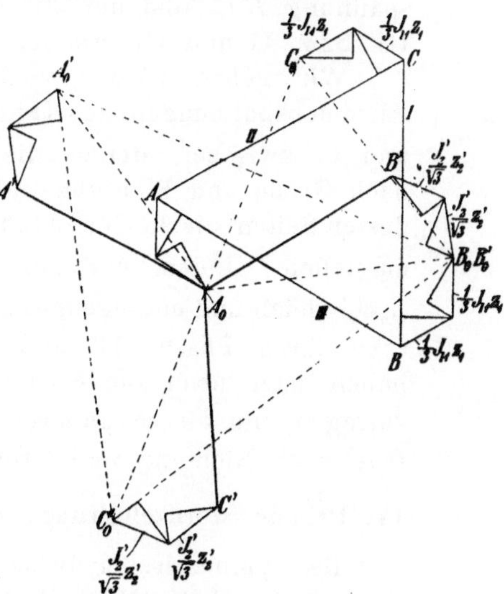

Fig. 100. Diagramm zur Schaltung Fig. 99.

ten A_0', B_0 (B_0') und C_0' sind dann, ähnlich wie in Fig. 95, die Komponenten $\frac{J_2'}{\sqrt{3}} z_2'$ anzutragen, die endlich die Lage der Punkte A', B', C' und damit die Lage und Größe der sekundären (auf primär reduzierten) Spannungen $\overline{A_0 A'}$, $\overline{A_0 B'}$ und $\overline{A_0 C'}$ bestimmen.

b) **Unsymmetrische Belastung.** Durch Belastung von zwei Phasen entsteht die in Fig. 101 angegebene Stromverteilung. Die Ströme der Phasen II und III sind gleichphasig und daher bei

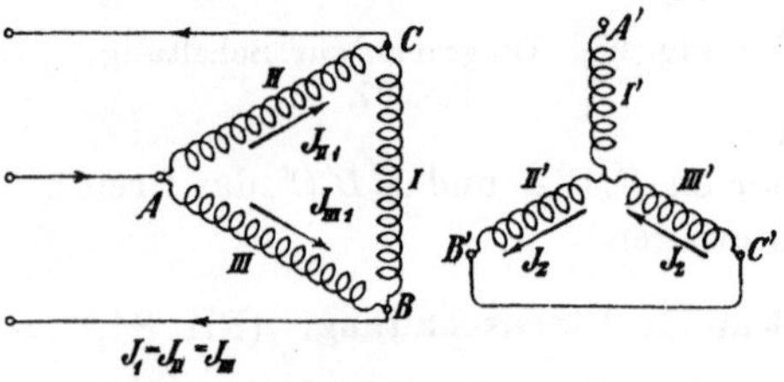

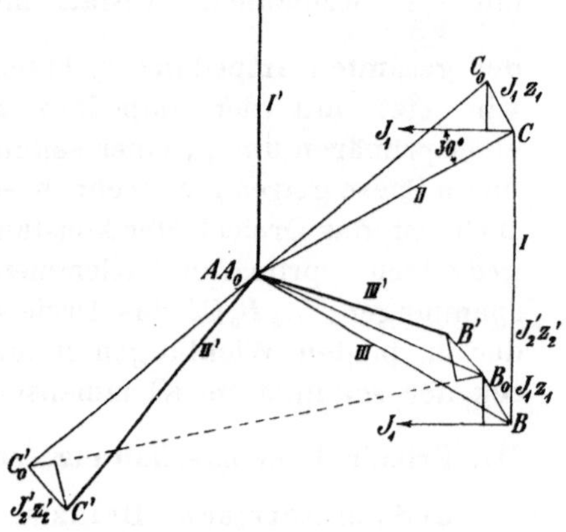

Fig. 101. Unsymmetrisch belasteter Transformator, der primär in Dreieck, sekundär in Stern geschaltet ist.

Fig. 102. Diagramm zur Schaltung Fig. 101.

induktionsfreier äußerer Belastung in Phase mit der Klemmenspannung $\overline{B'C'}$ und um 30° gegen die Phasenspannungen II$'$ und III$'$ bzw. II und III erhoben.

Wir gehen wieder von dem Dreieck ABC der primären Klemmenspannungen aus (Fig. 102) und tragen an den Punkten B und C, zwischen denen die Belastung liegt, $\overline{J_1 z_1} = \overline{BB_0} = \overline{CC_0}$ nach Größe und Richtung auf und erhalten das Dreieck $A_0 B_0 C_0$, dessen Seiten die in den Windungen einer Phase induzierten EMKe darstellen. Indem wir nun $\overline{A_0 A'}$ gleich und parallel $\overline{B_0 C_0}$ und $\overline{A_0 C_0'}$ gleich und entgegengesetzt $\overline{A_0 C_0}$ machen, ergibt sich die in den sekundären Phasen II$'$ und III$'$ induzierte EMK zu $\overline{C_0' B_0}$. Wir haben jetzt noch die Spannungen $J_2' z_2$ von B_0 und C_0' aus anzutragen, um die sekundären Klemmenspannungen $\overline{A'B'}$, $\overline{B'C'}$ und $\overline{C'A'}$ nach Richtung und Größe zu bekommen.

IV. Primär Sternschaltung, sekundär Dreieckschaltung. (Fig. 85.)

Bei symmetrischer Belastung liegen die Verhältnisse ganz ähnlich wie im Falle III, und die Spannungsabfälle können in ähnlicher Art bestimmt werden.

Wird dagegen eine sekundäre Phase kurz geschlossen oder der Transformator **unsymmetrisch belastet**, so übernimmt die belastete Phase $^2/_3$ und die beiden anderen $^1/_2$ der unsymmetrischen Belastung.

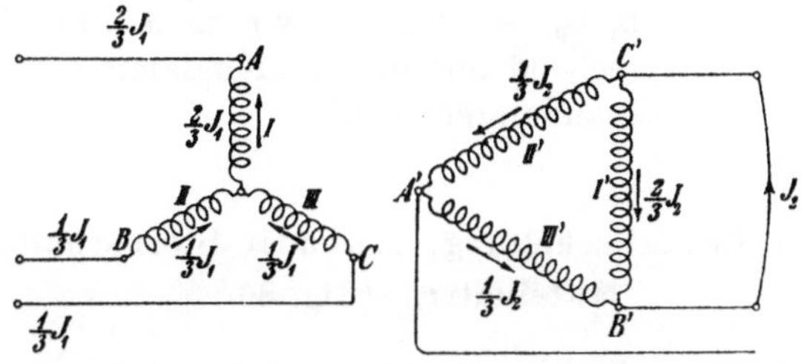

Fig. 103. Unsymmetrische, induktionsfreie Belastung eines Transformators, der primär in Stern, sekundär in Dreieck geschaltet ist.

Ist z. B. wie in Fig. 103 die Phase I' induktionsfrei belastet, während die beiden anderen Phasen II' und III' unbelastet sind, so ist der Strom $\frac{2}{3} J_2$ in Phase mit der Klemmenspannung $\overline{B'\,C'}$, und der Zweigstrom $\frac{1}{3} J_2$ ist um 60° gegen die Klemmenspannungen der Phasen II' und III' verschoben. Die primäre Phase I über-

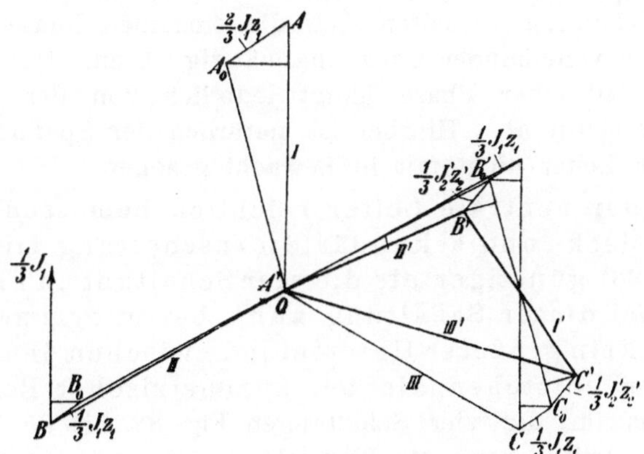

Fig. 104. Diagramm zu Fig. 103.

nimmt somit $\frac{2}{3}$ und jede der Phasen II und III je $\frac{1}{3} \cos 60° = \frac{1}{6}$ der Belastung. ·

Die Konstruktion der Spannungsänderung ist für diesen Fall in Fig. 104 dargestellt. Wir zeichnen zuerst die primären Phasenspannungen $\overline{OA}$, $\overline{OB}$ und $\overline{OC}$ und tragen unter Berücksichtigung der Richtung der Stromvektoren im Punkte A die Spannung $\frac{2}{3} J_1 z_1$ und in den Punkten B und C die Spannungen $\frac{1}{3} J_1 z_1$ auf und erhalten damit die Punkte $A_0 B_0 C_0$. Machen wir jetzt $\overline{O B_0'} = \overline{O B_0}$ und $\overline{C_0 B_0'} = \overline{O A_0}$, so ist $O B_0' C_0$ das Dreieck der induzierten EMKe. Da J_2 in·Phase mit $\overline{B_0' C_0}$ ist, tragen wir noch, ähnlich wie in Fig. 91, $\frac{1}{3} J_2' z_2'$ entsprechend auf und finden damit das Dreieck der sekundären Klemmenspannungen $A' B' C'$.

V. Primär Dreieckschaltung, sekundär Sternschaltung mit Mittelleiter. (Fig. 86.)

Diese Schaltung besitzt die Eigenschaft, daß man bei einer gegebenen Spannung für Licht eine $\sqrt{3}$ mal größere Spannung für Motoren zur Verfügung hat, so daß eine wesentliche Ersparnis an Leitungskupfer gemacht werden kann.

Die Belastung einer Phase des sekundären Vierleiternetzes bewirkt bei Dreieckschaltung der Primärwicklung nur einen Spannungsabfall der belasteten Phase, und zwar ist dieser fast ebenso groß wie der Spannungsabfall, der sich bei symmetrischer Belastung aller Phasen einstellt. Die Spannung an den Klemmen der unbelasteten Phasen bleibt von Leerlauf bis Vollbelastung der Phase I konstant. Bei dieser Schaltung verhalten sich die einzelnen Phasen beinahe so, als ob sie voneinander ganz unabhängig wären. Der maximale Spannungsabfall einer Phase hängt lediglich von der Belastung dieser Phase selbst ab. Hierbei ist natürlich der Spannungsabfall im neutralen Leiter nicht mit in Betracht gezogen.

Wenn der neutrale Leiter reichlich bemessen ist, ist primär Dreieck- und sekundär Sternschaltung mit Mittelleiter (Fig. 86) günstiger als die vier Schaltungen Fig. 82 bis 85; denn bei dieser Schaltung kann bei unsymmetrischer Belastung kein größerer Unterschied zwischen den Phasenspannungen entstehen als bei symmetrischer Belastung, während das für die vier Schaltungen Fig. 82 bis 85 besonders dann nicht zutrifft, wenn die Kurzschlußreaktanz x_k groß ist.

VI. Primär Sternschaltung, sekundär Sternschaltung mit Mittelleiter. (Fig. 87.)

Diese Schaltung ist praktisch unbrauchbar. Denn belastet man sekundär eine Phase, so fließen primär Ströme durch die Wicklung aller Phasen. Die primären Amperewindungen einer unbelasteten

Phase sind somit durch keine sekundären Amperewindungen kompensiert, und die Reaktanz dieser Phasen wird sehr groß. Die große Reaktanzspannung der unbelasteten Phasen verkleinert aber, wie wir sahen, die Spannung der belasteten Phase und erhöht die Spannung einer der unbelasteten Phasen. Die Schaltung wäre nur brauchbar, wenn auch primär ein Mittelleiter gezogen würde.

Alles, was in diesem Abschnitte über Dreiphasentransformatoren gesagt wurde, gilt auch für drei Einphasentransformatoren, die zur Transformierung von Dreiphasenströmen dienen.

Wünscht man in einem Dreiphasenvierleiternetz den neutralen Leiter nicht zum Transformator zurückzuführen, weil dieser ziemlich weit vom Beleuchtungsgebiet entfernt ist, so kann man auch hier, wie in Einphasendreileiteranlagen, Ausgleichtransformatoren mit nur einer Wicklung aufstellen, an deren neutralen Punkt der neutrale Leiter angeschlossen wird. Da aber bei den Dreiphasentransformatoren die Wicklung jeder Phase auf einem besonderen Kern angebracht werden muß, so ist bei diesen der Spannungsausgleich zwischen den einzelnen Phasen weniger wirksam als bei den Einphasenausgleichstransformatoren, bei denen die beiden Hälften der Wicklung auf einer Säule angeordnet werden können.

33. Prozentuale Spannungs- und Stromänderung eines Dreiphasentransformators.

Bei symmetrischer Belastung verhält sich jede Phase eines Dreiphasentransformators wie ein Einphasentransformator. Die für den Einphasentransformator abgeleiteten Kurzschluß- und Leerlaufdiagramme (Fig. 39 und 42) können direkt auf symmetrisch belastete Dreiphasentransformatoren angewandt und damit die Spannungsänderung bestimmt werden. Bei Dreiphasentransformatoren, deren Primärwicklungen in Dreieck geschaltet sind und die sekundär Sternschaltung mit neutralem Leiter besitzen, hat, wie wir oben gesehen haben, die Belastung einer Phase keinen Einfluß auf die Ströme und Spannungen der übrigen Phasen. Wir dürfen daher in diesem Falle auch bei unsymmetrischer Belastung annehmen, daß sich jede Phase wie ein Einphasentransformator verhält. Wir werden nachfolgend nur Leerlauf- und Kurzschlußdiagramme unsymmetrisch belasteter Dreiphasentransformatoren betrachten, die zur Speisung von Dreileiternetzen dienen.

a) Prozentuale Spannungsänderung. Wir denken uns einen symmetrisch belasteten Dreiphasentransformator mit Sternschaltung oder auf Sternschaltung reduzierter Dreieckschaltung, wenn der Transformator Dreieckschaltung besitzt. Wir wollen die prozentuale

Änderung der Primärspannungen bestimmen unter der Annahme,
daß die Sekundärspannungen von Leerlauf bis Vollast konstant
gehalten werden. Diese prozentuale Spannungsänderung ist fast
genau gleich der Spannungsänderung, die an den Sekundärklemmen
auftritt, wenn die Primärspannungen konstant gehalten werden.

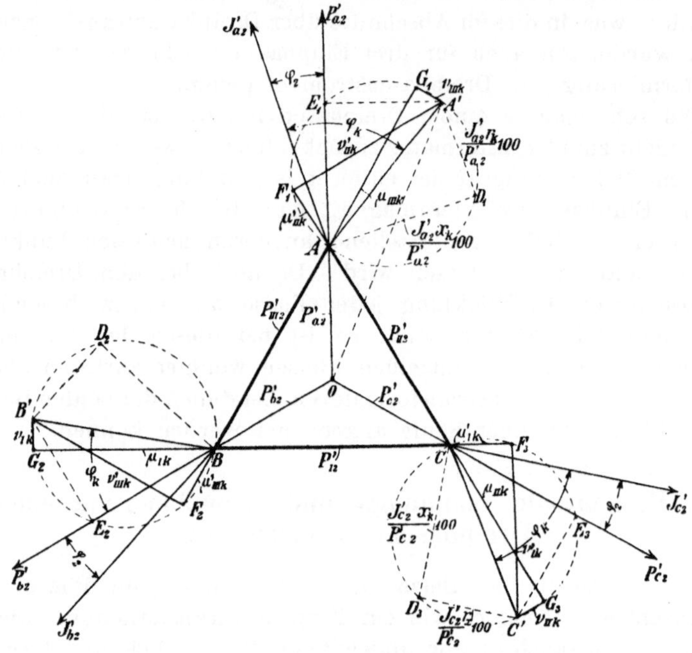

Fig. 105. Bestimmung der prozentualen Spannungsänderung für einen
symmetrisch belasteten Dreiphasentransformator.

Wir haben in Fig. 105 die drei sekundären Phasenspannungen
P'_{a2}, P'_{b2} und P'_{c2} und die drei verketteten oder Klemmenspannungen
P'_{I2}, P'_{II2} und P'_{III2}. Die Linienströme sind mit J'_{a2}, J'_{b2}, J'_{c2} bezeichnet; sie sind um den Winkel φ_2 gegen die Phasenspannungen
verzögert. Da wir symmetrische Belastung voraussetzen, sind alle
Ströme und alle Winkel φ_2 gleich groß.

Zwischen Leerlauf und Belastung verursacht jeder Linienstrom
an den Primärklemmen eine Verschiebung des Potentials um den
Betrag $J'_{a2}z_k$ bzw. $J'_{b2}z_k$, $J'_{c2}z_k$, die bei symmetrischer Belastung
einander gleich sind.

Wir tragen nun in der Figur diese Impedanzspannungen in
Prozenten der sekundären Klemmenspannung nach folgender Konstruktion auf. Wir machen:

$$\overline{AD_1} = \frac{J'_{a2}\,x_k}{P'_{a2}}\cdot 100 \quad\text{senkrecht zu } J'_{a2},$$

$$\overline{D_1A'} = \frac{J'_{a2}\,r_k}{P'_{a2}}\cdot 100 \quad\text{parallel zu } J'_{a2}$$

und erhalten

$$\overline{AA'} = \frac{J'_{a2}\,z_k}{P'_{a2}}\cdot 100 \quad\text{sowie den Winkel } \varphi_k.$$

Dieselbe Konstruktion wiederholen wir für die übrigen zwei Klemmen B und C und bestimmen so die Punkte B' und C'.

Um die prozentuale Änderung der primären Klemmenspannungen zu bestimmen, beschreiben wir über den Impedanzspannungen $\overline{AA'}$, $\overline{BB'}$ und $\overline{CC'}$ als Durchmesser Kreise und verlängern die Linienspannungen P'_{I2}, P'_{II2} und P'_{III3} bis zum Schnittpunkt mit diesen Kreisen.

Hätten wir die Phasenspannungen und Impedanzspannungen in gleichem Maßstabe dargestellt, so wären $\overline{OA'}$, $\overline{OB'}$, $\overline{OC'}$ die gesuchten primären Phasenspannungen und $\overline{A'B'}$, $\overline{B'C'}$, $\overline{C'D'}$ die primären Klemmenspannungen. — In unserer Fig. 105 ist, wenn $\varepsilon^0/_0$ die Spannungsänderung bezeichnet,

$$P_{II1} = P'_{II2} + \varepsilon_{II}{}^0/_0 \cdot P'_{II2}$$

und aus dem Linienzug $A'F_1\,ACG_3\,C'$, in dem $\overline{A'F_1} = \nu'_{IIk}$, $\overline{F_1A} = \mu'_{IIk}$, $\overline{CG_3} = \mu_{IIk}$, $\overline{G_3C'} = \nu_{IIk}$ ist, folgt analog den früheren Rechnungen, daß

$$\varepsilon_{II}{}^0/_0 = \mu_{IIk} + \mu'_{IIk} + \frac{(\nu_{IIk} + \nu'_{IIk})^2}{200}$$

ist.

Da bei symmetrischer Belastung alle Phasen gleiche Werte von μ_k und ν_k ergeben, ist

$$\varepsilon_I{}^0/_0 = \varepsilon_{II}{}^0/_0 = \varepsilon_{III}{}^0/_0 = \pm\,\mu_k \pm \mu_k' + \frac{(\nu_k + \nu_k')^2}{200}$$

Das negative Vorzeichen ist für μ_k dann zu wählen, wenn μ_k auf den Seiten $\overline{AB}$, $\overline{BC}$, $\overline{CA}$ zwischen zwei von den Punkten A, B, C abgeschnitten wird. In Fig. 105 sind alle Werte von μ_k positiv.

In Fig. 106 ist das Diagramm für eine unsymmetrische, induktionsfreie Belastung dargestellt. Es fallen also die Belastungsströme J'_{I2}, J'_{II2} und J'_{III2} mit den Richtungen der betreffenden Klemmenspannungen P'_{I2}, P'_{II2} und P'_{III2} zusammen. Wir ermitteln zuerst die Linienströme J'_{a2}, J'_{b2} und J'_{c2} durch geometrische Addition der Phasenströme und tragen dann die Impedanzspannungen $\overline{AA'}$, $\overline{BB'}$, $\overline{CC'}$ für die betreffenden Linienströme in Prozenten der sekundären Klemmenspannung auf. Beschreiben wir über diesen

Impedanzspannungen als Durchmesser Kreise, so erhalten wir die prozentuale Änderung der Primärspannungen in derselben Weise wie in Fig. 105.

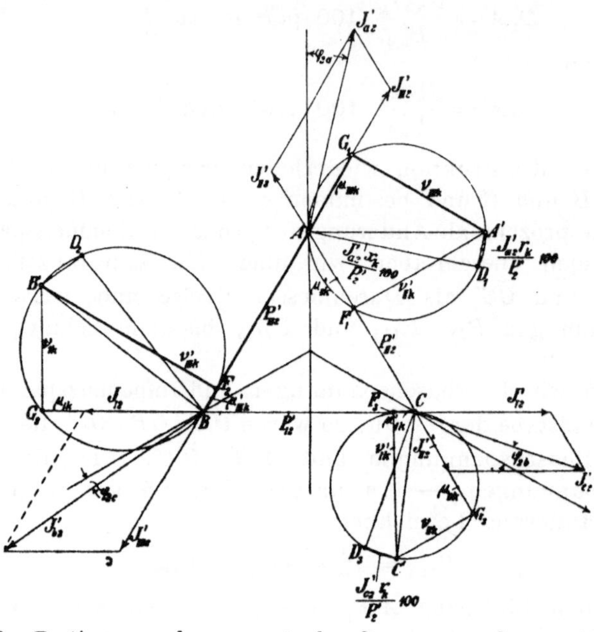

Fig. 106. Bestimmung der prozentualen Spannungsänderung für einen induktionsfrei und unsymmetrisch belasteten Dreiphasentransformator.

Für die Phase III ist z. B. diese Änderung

$$\varepsilon\,{}^{0}/_{0} = \mu_{IIIk} - \mu'_{IIIk} + \frac{(\nu_{IIIk} + \nu'_{IIIk})^2}{200}.$$

b) Prozentuale Stromänderung. Bei Leerlauf nehmen alle Phasen eines symmetrischen Dreiphasentransformators gleich große Leerlaufströme auf, die um 120^0 gegeneinander in der Phase verschoben sind. Diese können durch drei Vektoren J_{A0}, J_{B0} und J_{C0}, die mit den Richtungen der Phasenspannungen den Phasenverschiebungswinkel φ_0 bei Leerlauf einschließen, dargestellt werden.

Wird der Transformator unsymmetrisch belastet, so ermittelt man in gleicher Weise wie oben die Linienströme J'_{A2}, J'_{B2} und J'_{C2} aus den drei Belastungsströmen J'_{I2}, J'_{II2} und J'_{III2}. Unter dem Winkel φ_0 zu den Phasenspannungen P'_{A2}, P'_{B2} und P'_{C2} trägt man nun in Fig. 107 die Leerlaufströme $\dfrac{J_{A0}}{J'_{A2}}\,100$ usf. in Prozenten der Linienströme auf und erhält die Änderungen der drei Linienströme beim Übergang von primär auf sekundär zu

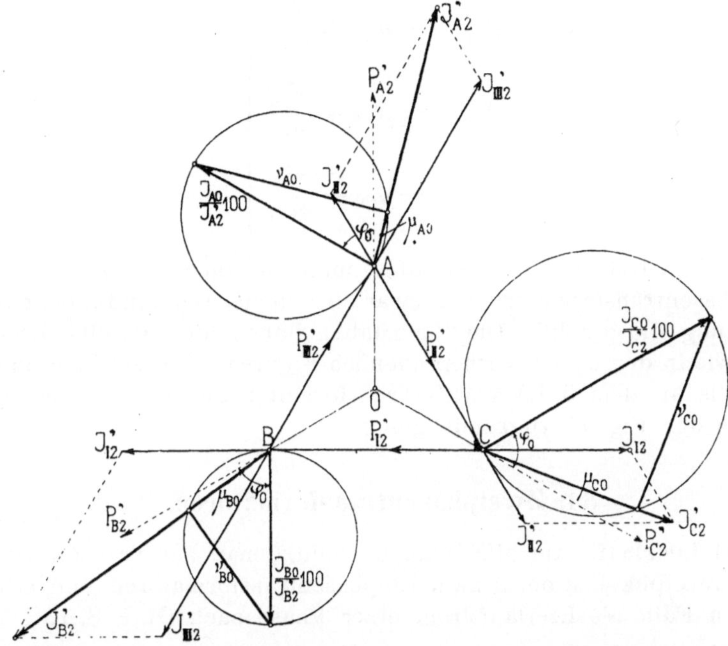

Fig. 107. Bestimmung der prozentualen Stromänderung für einen symmetrischen und unsymmetrisch belasteten Dreiphasentransformator (Leerlaufdiagramm).

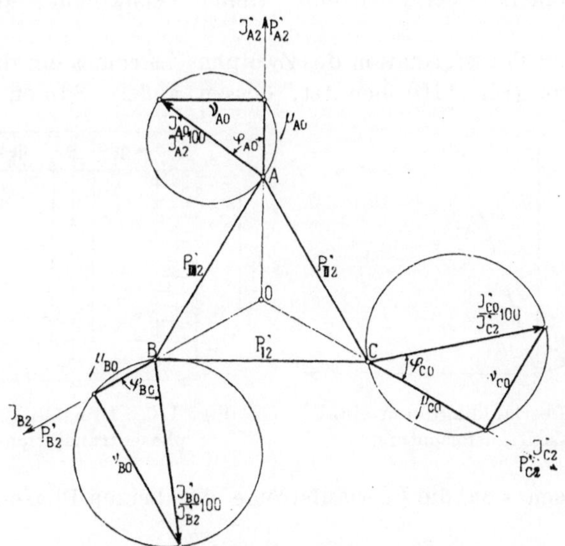

Fig. 108. Bestimmung der prozentualen Stromänderung für einen unsymmetrischen und symmetrisch belasteten Dreiphasentransformator.

$$
\left.
\begin{aligned}
j_A{}^0/_0 &= \pm \mu_{A0} + \frac{v_{A0}^2}{200} \\[2ex]
j_B{}^0/_0 &= \pm \mu_{B0} + \frac{v_{B0}^2}{200} \\[2ex]
j_C{}^0/_0 &= \pm \mu_{C0} + \frac{v_{C0}^2}{200}
\end{aligned}
\right\} \quad \ldots \ldots \quad (58)
$$

und

In Fig. 108 ist das Leerlaufdiagramm für einen unsymmetrischen Dreiphasentransformator, und zwar für symmetrische induktionsfreie Belastung dargestellt. Die Buchstaben haben hier dieselbe Bedeutung wie in den beiden vorhergehenden Figuren. Diesem Diagramme sind die an dem 5 KVA-AEG-Transformator gemessenen Leerlaufströme der Fig. 79 zugrunde gelegt.

34. Zweiphasentransformatoren.

a) Leerlauf. Im allgemeinen benutzt man zur Transformation eines Zweiphasenstromes zwei Einphasentransformatoren und erhält in dem Falle als Leerlaufstrom einer Phase nach Gl. 9 S. 13

$$
J_0 = \frac{A\,W_k}{\sqrt{2}\,w_1}.
$$

Die beiden Leerlaufströme stehen senkrecht aufeinander (Fig. 109).

Wird zur Transformation des Zweiphasenstromes ein dreisäuliger Transformator (Fig. 110) benutzt, dessen äußere Säulen bewickelt

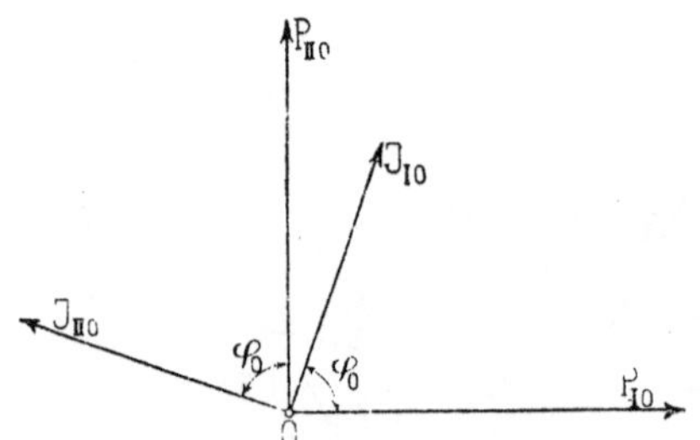

Fig. 109. Leerlaufdiagramm eines Zweiphasentransformators.

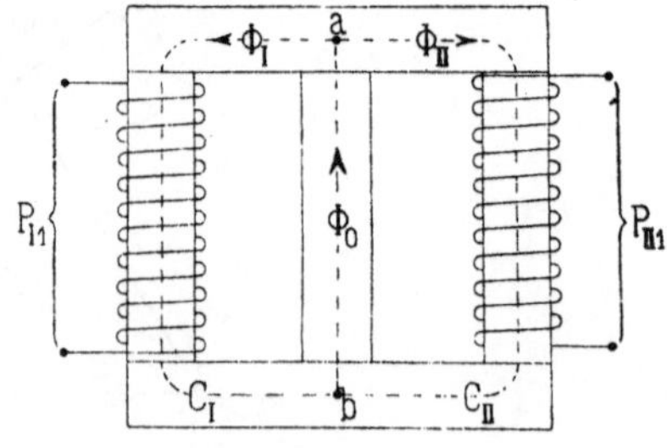

Fig. 110. Dreisäuliger Zweiphasentransformator.

sind, so lassen sich die Leerlaufströme der beiden Phasen wie folgt berechnen.

Wir bezeichnen mit aw_1, aw_2 und aw_0 die Momentanwerte der Amperewindungen, die nötig sind, um die Momentanwerte der drei

Kraftflüsse Φ_I, Φ_{II} und $\Phi_0 = \sqrt{2}\,\Phi_I$ von a nach b zu treiben und mit AW_1, AW_2, AW_0 die Maximalwerte. Durch Ermittlung des magnetischen Linienintegrals über die geschlossenen magnetischen Kreise des Eisenkörpers ergibt sich somit

$$aw_{Ia} = aw_1 + aw_0$$
$$aw_{IIa} = aw_2 + aw_0,$$

worin aw_{Ia} und aw_{IIa} die wirklich vorhandenen Amperewindungen der Wicklungen der zwei Phasen sind. Die Amperewindungen AW_1, AW_2 eilen den Kraftflüssen Φ_I, Φ_{II} um $\left(\dfrac{\pi}{2} - \psi'_a\right)$ und AW_0 eilt Φ_0 um $\left(\dfrac{\pi}{2} - \psi_a'\right)$ voraus.

Die Komponenten $AW_1 \sin \psi_a$, $AW_2 \sin \psi_a$ und $AW_0 \sin \psi_a'$, die mit den Vektoren der drei Kraftflüsse zusammenfallen, entsprechen den Magnetisierungsströmen für die drei Schenkel zwischen a und b. Es sind die drei Kraftflüsse

$$\Phi_I = \Phi_{II} = \frac{P_{10}\sqrt{2}\,10^8}{\omega w_1}$$

und

$$\Phi_0 = \sqrt{2}\,\Phi_I = \frac{2\,P_{10}\,10^8}{\omega w_1}.$$

Ihnen entsprechen die Amperewindungen

und
$$AW_1 \sin \psi_a = AW_2 \sin \psi_a = L_1\,aw_1$$
$$AW_0 \sin \psi_a' = L_0\,aw_0,$$

worin L die mittlere Kraftlinienlänge in den Säulen und aw die Amperewindungen für 1 cm Länge des magnetischen Kreises sind, die durch die Induktion $B = \dfrac{\Phi}{Q}$ bestimmt werden.

Die Amperewindungen $AW_1 \cos \psi_a$, $AW_2 \cos \psi_a$ und $AW_0 \cos \psi_a'$ entsprechen den Eisenverlusten für die drei Schenkel zwischen a und b. Es ist

und
$$AW_1 \cos \psi_a = AW_2 \cos \psi_a = w_1\,\frac{W_{ei}}{P_{10}}$$
$$AW_0 \cos \psi_a' = w_1\,\frac{W_{ei}'}{P_{10}}.$$

Tragen wir in die Fig. 111 die Amperewindungen AW_1, AW_2 und AW_0 unter den betreffenden Winkeln ein, so ergeben sich durch graphische Zusammensetzung die Amperewindungen AW_{Ia} und AW_{IIa} der beiden Phasen. Ihnen entsprechen die beiden Leerlaufströme J_{I0} und J_{II0}, die zwar gleich groß sind, aber nicht aufeinander

senkrecht stehen. Wie aus der Figur ersichtlich ist, nehmen beide
Phasen bei Leerlauf nicht dieselbe Enerergiemenge auf, da sich über
die gleich großen Energieaufnahmen zur Deckung der Eisenverluste
ein Energiefluß lagert, der von Phase II nach Phase I übertragen
wird. Dies Verhalten geht aus den Projektionen der Leerlaufströme
auf die Spannungsvektoren hervor.

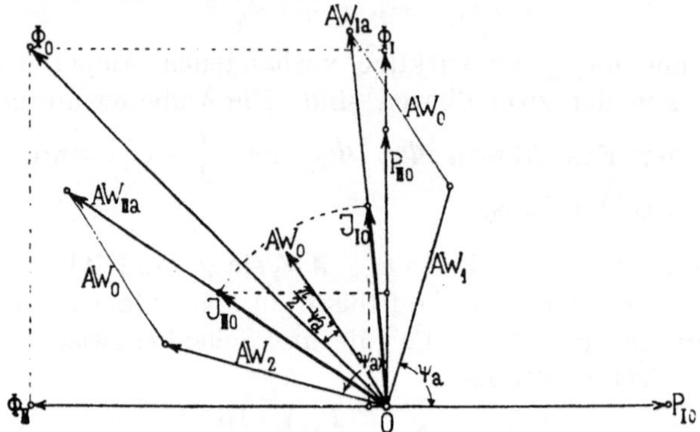

Fig. 111. Graphische Ermittelung der Leerlaufströme für den Zweiphasentransformator Fig. 110.

b) Belastung. Haben wir zwei Einphasentransformatoren, so
sind die magnetischen Kreise der beiden Phasen. vollständig unabhängig voneinander, und die Belastung einer Phase kann keinen
Einfluß auf die andere Phase ausüben. Beim dreisäuligen Transformator schließt sich ein Teil des Streuflusses der belasteten Phase
durch die mittlere Säule, erreicht also nicht die Windungen der
anderen Phase, so daß auch hier die beiden Phasen unabhängig
voneinander sind. Die Belastung einer Phase bewirkt nur einen
Spannungsabfall in dieser Phase selbst. Es können somit alle Diagramme und Rechnungen, die für Einphasentransformatoren gelten,
auch hier angewendet werden, abgesehen von der anderen Ermittlungsweise des Leerlaufstromes.

35. Zweiphasen-Dreiphasen-Transformatoren.

Zur Transformierung eines Zweiphasenstromes in einen Dreiphasenstrom oder umgekehrt hat C. F. Scott die in Fig. 112 dargestellte Schaltung angegeben.

Der in dem Zweiphasengenerator G (Fig. 112) erzeugte Zweiphasenstrom wird dadurch in einen Dreiphasenstrom transformiert,
daß man jede der zwei unverketteten Phasen des Zweiphasensystems an die Primärklemmen der zwei Einphasentransformatoren
T_1 und T_2 anschließt. Die Transformatoren haben nicht dasselbe

Übersetzungsverhältnis $\dfrac{w_1}{w_2}$, sondern T_1 kann z. B. das Verhältnis

$$\frac{w_1}{w_2} = 1 : 1 \text{ haben, während dann für } T_2 \text{ das Verhältnis } \frac{w_1}{w_2} = 1 : \sqrt{\frac{3}{4}}$$

$= 1 : 0{,}867$ zu nehmen ist. Verbindet man nämlich die Sekundär-wicklungen der beiden Transformatoren, wie die Figur zeigt, so ergibt sich das in der Fig. 113 dargestellte Potentialdiagramm des

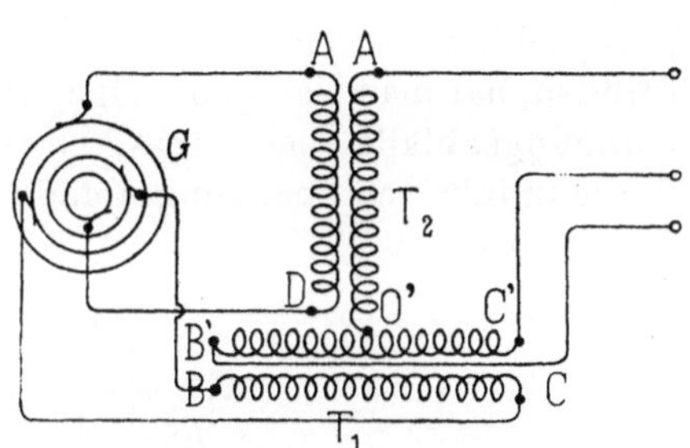

Fig. 112. Scottsche Schaltung für die Zweiphasen-Dreiphasentransformation.

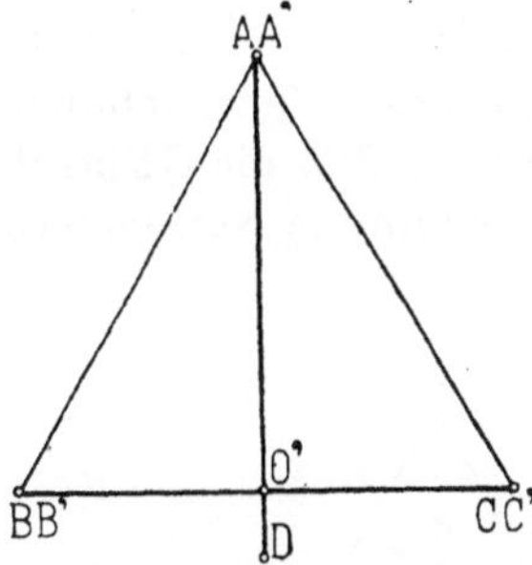

Fig. 113. Potential-diagramm der Scottschen Schaltung.

Sekundärsystems. Die beiden Primärspannungen $\overline{AD}$ und $\overline{BC}$ sind gleich groß und um 90° gegeneinander verschoben. Damit die sekundären Spannungen ein gleichseitiges Dreieck mit der Seiten-länge $\overline{BC}$ bilden, muß die Sekundärspannung $\overline{O'A'} = \sqrt{\frac{3}{4}}\,\overline{BC}$ sein, woraus sich das oben angegebene Übersetzungsverhältnis ergibt.

In Fig. 114 ist umgekehrt die Transformation eines Dreiphasen-stromes in einen Zweiphasen-strom mittels zweier Einphasen-transformatoren T_I und T_{II} gezeigt.

Bei der Scottschen Schal-tung bewirkt, ebenso wie bei den gemischten Schaltungen der Dreiphasentransformato-ren, die Belastung einer Phase sekundär sowohl in der pri-mären als auch in der sekun-dären Wicklung eine Verschie-

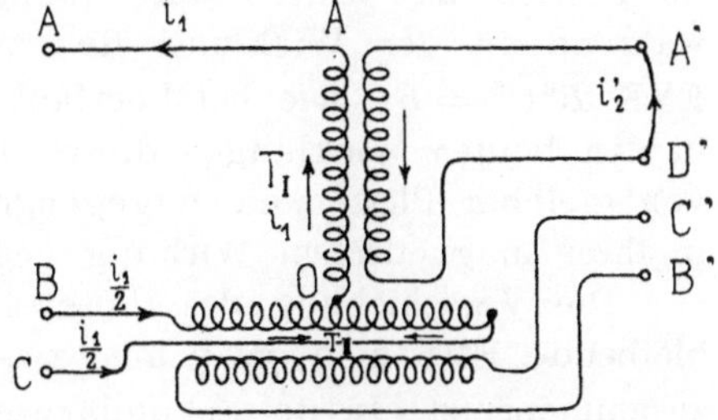

Fig. 114. Dreiphasen-Zweiphasentrans-formation.

bung der Potentiale der Sekundärklemmen in demselben Sinne. Be-lasten wir z. B. nur die Phase I des Zweiphasensystems, so wird sich die in Fig. 114 angegebene Stromverteilung einstellen, und man erhält die in der Fig. 115a, b und c dargestellten Spannungen.

Die Potentiale der Primärklemmen sind durch die Punkte A, B, C dargestellt. Die Windungszahlen der beiden Primärwicklungen $\overline{AO}$ und $\overline{BC}$ nehmen wir als gleich groß an. Durch die Wicklung $\overline{AO}$ fließt der Strom J_1 und erzeugt in ihr den Spannungsabfall $J_1 z_1$. Durch die Wicklungshälften $\overline{BO}$ und $\overline{CO}$ fließt der Strom $\dfrac{J_1}{2}$ und erzeugt den Spannungsabfall $\dfrac{J_1}{2} \cdot \dfrac{z_1}{2}$. Der Punkt O schiebt sich also um die Strecke $\frac{1}{4} J_1 z_1$ nach O^0, und entsprechend der Impedanz $\frac{3}{4} z_1$ muß sich A um $\frac{3}{4} J_1 z_1$ nach A^0 bewegen. Um die richtige Lage dieser Verschiebungen zu finden, hat man sich ganz allgemein zu merken, daß die Ohmschen Spannungsabfälle (bei $\cos\varphi = 1$) direkt die Spannung verkleinern und die induktiven Spannungsabfälle 90^0

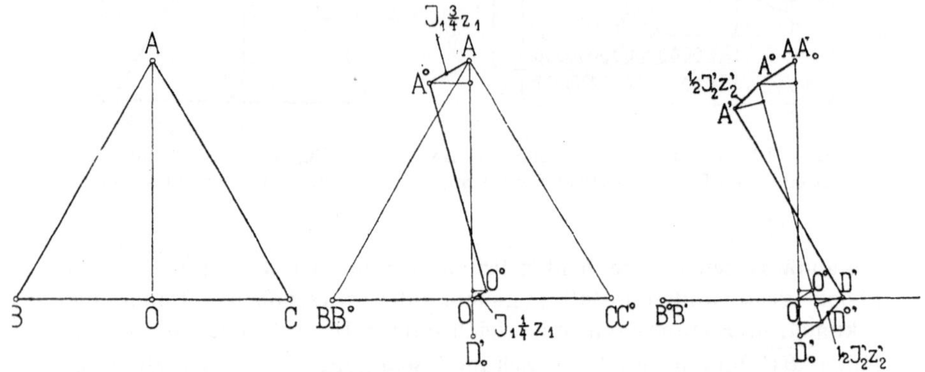

Fig. 115a, b, c. Spannungsdiagramme der Scottschen Schaltung.

gegen die Ohmschen verzögert aufzutragen sind. Im Transformator I wird also durch das Hauptfeld die EMK $\overline{O^0 A^0}$ induziert, während in der Wicklung des zweiten Transformators dieselbe EMK $\overline{B^0 C^0} = \overline{BC}$ wie bei Leerlauf erzeugt wird. Denn die Ströme in den beiden Wicklungen dieses Transformators sind gleich groß, von gleicher Phase und entgegengesetzt gerichtet, heben sich also in ihrer magnetischen Wirkung gegenseitig auf.

Die Verschiebung des Punktes O besagt nur, daß die gleichbleibende EMK sich jetzt aus zwei etwas anderen Komponenten zusammensetzt. In der Sekundärwicklung entspricht $\overline{A^0 O^0}$ die EMK $\overline{A^0 D^{0\prime}}$. Die Spannungen an den Sekundärklemmen werden somit gleich $\overline{A' D'}$ und $\overline{B' C'} = \overline{BC}$. Wir sehen, daß die Belastung einer Phase keinen Spannungsabfall in der zweiten Phase bewirken kann. Damit aber die Impedanzspannung $\overline{O O^0}$ nicht zu groß ausfällt, müssen die beiden Teile $\overline{OB}$ und $\overline{OC}$ der Primärwicklung des Transformators T_{II} auf denselben Kern gewickelt werden, und zwar so nahe aneinander wie möglich, da sonst die Streuinduktion des einen Teiles in bezug auf den zweiten Teil der Wicklung zu groß wird. Dabei ist aber zu beachten, daß die beiden Teile gut voneinander isoliert werden, da sie ganz verschiedene Potentiale besitzen. Dies kann aber unter Umständen Schwierigkeiten machen, da diese Wicklung gewöhnlich hochgespannten Strom führt.

Bei Anwendung dieser Transformationsmethode ergibt sich für Kraftübertragungsanlagen die in Fig. 116 gezeigte Schaltung. G ist wieder ein Zweiphasengenerator, dessen 100 Volt Spannung in den Transformatoren T_I und T_{II} auf 1000 bzw. 867 Volt erhöht wird, so daß die Linienspannung des Dreiphasensystems gleich 1000 Volt wird. An der Sekundärstation wird der Dreiphasenstrom für Beleuchtungszwecke und kleine Motoren in den Transformatoren T_I' und T_{II}' wieder in Zweiphasenstrom von etwa 100 Volt Spannung transformiert. Größere Dreiphasenmotoren M können dagegen direkt an das Dreiphasen-Hochspannungsnetz angeschlossen werden.

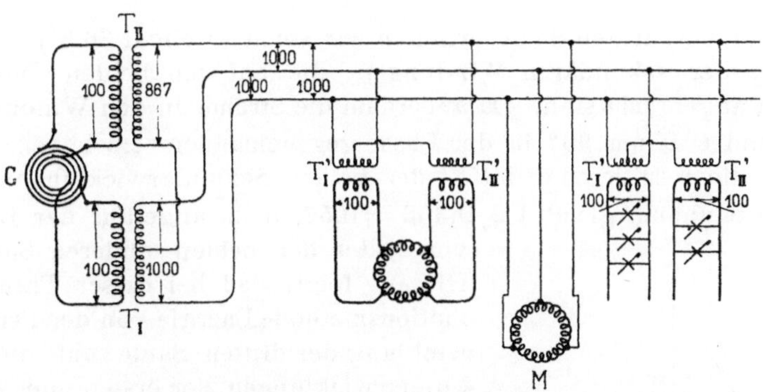

Fig. 116. Energieverteilung nach der Scottschen Schaltung.

Da die ganze Schaltung symmetrisch ist, so wird, wie aus der Fig. 116 ersichtlich ist, eine Belastung der einen Phase des Zweiphasensystems an der Sekundärstation keinen Strom in der zweiten Phase des Generators G an der Erzeugungsstation bewirken können, woraus folgt, daß die Regulierung auf konstante Lampenspannung keine größeren Schwierigkeiten verursacht, als wenn die Lampen direkt an den Generator angeschlossen wären, trotzdem die Phasen des Dreiphasensystems miteinander verkettet sind. Das Scottsche System vereinigt somit die folgenden Vorteile: Leichte Regulierung der einzelnen Lampenspannungen bei gemischtem Betriebe von Motoren und Lampen und billige Kraftübertragungsleitungen.

Die Transformation von Zweiphasenstrom in Dreiphasenstrom und umgekehrt läßt sich auch mittels eines Dreiphasentransformators ausführen, wie Fig. 117 zeigt. Machen wir den Phasenwinkel bei $C'D'$ gleich 90^0, so wird im Potentialdiagramm (Fig. 118)

$$\overline{O'C'} = \overline{O'D'} = \overline{QC'} - \overline{QO'}$$

$$= \overline{AQ} - \frac{1}{2}\,\overline{CO} = \frac{\sqrt{3}-1}{2}\,\overline{OC} = 0,366\,\overline{OC}.$$

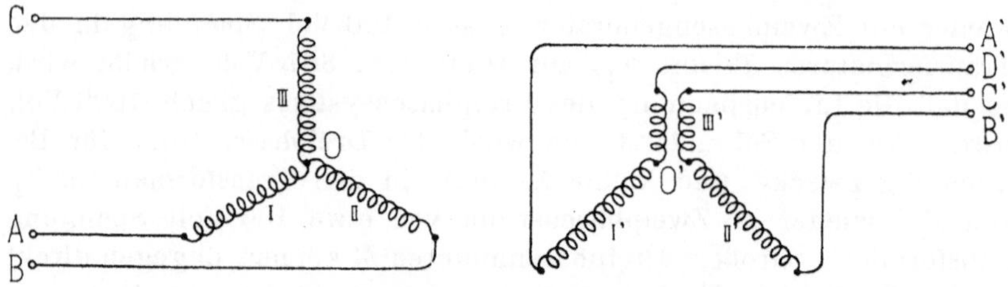

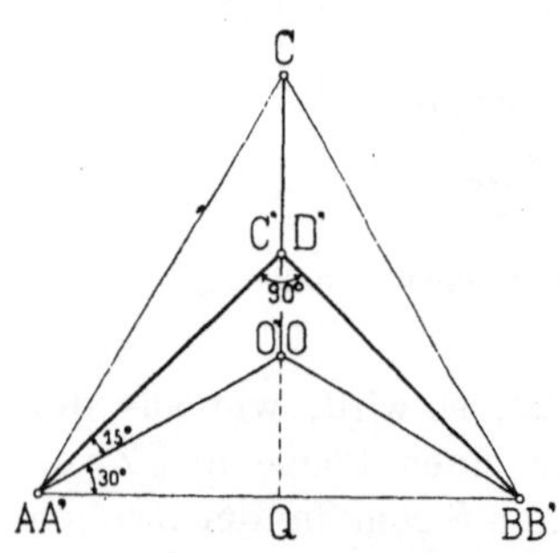

Fig. 117a und b. Transformation von Zweiphasen- in Dreiphasenstrom mittels eines Dreiphasentransformators.

Auf der dritten Säule erhalten wir somit zweimal $36,6\,^0/_0$, d. h. $73,2\,^0/_0$ der sekundären Windungen, die auf den beiden anderen Säulen angebracht sind. Da außerdem die Ströme in den Windungen $\overline{O'C'}$ und $\overline{O'D'}$ um 90^0 in der Phase gegeneinander verschoben sind, so ist die resultierende MMK der beiden Sekundärwicklungen der dritten Säule nur gleich $\sqrt{2} \cdot 0,366 = 0,52$, d. h. ungefähr der Hälfte von jeder der beiden anderen Säulen. Hieraus folgt, daß bei dieser Transformationsmethode Energie von der Primärwicklung der dritten Säule auf die Sekundärwicklungen der ersten und zweiten Säule übertragen werden muß, was natürlich große Reaktionsspannungen zur Folge hat.

Bei dieser Transformationsmethode hat außerdem die Belastung einer Phase des Zweiphasensystems eine sehr ungünstige Belastung des Dreiphasennetzes und des Dreiphasengenerators zur Folge, so daß diese Schaltung in Vergleich mit der Scottschen nicht in Betracht kommen kann.

Fig. 118. Potentialdiagramm der Schaltung Fig. 114.

Die Schaltung wird aber brauchbar, wenn man primär einen Mittelleiter zieht, da sich dann die Stromstärken in den Primärwicklungen so einstellen können, daß sie den sekundären MMKen auf allen drei Säulen das Gleichgewicht halten.

Eine Methode zur Umwandlung von verkettetem Zweiphasenstrom in Dreiphasenstrom ist von Meyer angegeben worden.[1]) In Fig. 119 ist diese Anordnung dargestellt. Im Transformator I wird die verkettete Spannung des Dreiphasennetzes in die Außenleiterspannung des Zweiphasennetzes umgewandelt, Transformator II setzt die Spannung $\overline{CO'}$ in $\overline{C'O'}$ um, so daß bei C' der rechte Winkel des Zwei-

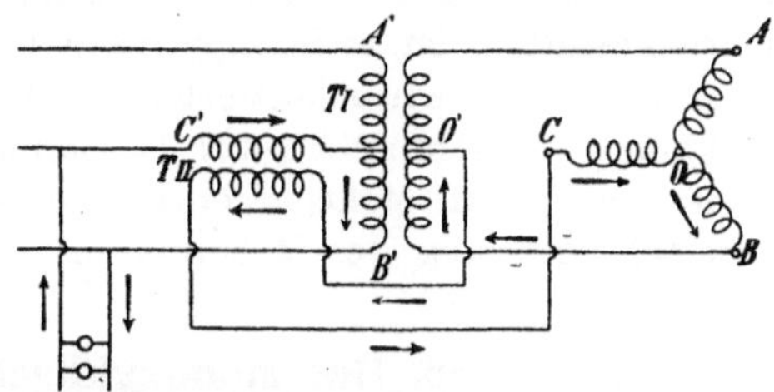

Fig. 119. Umwandlung von verkettetem Zweiphasenstrom in Dreiphasenstrom.

phasensystems entsteht. Wird das Zweileiternetz einseitig induktionsfrei belastet, so entsteht die in Fig. 120 eingezeichnete Stromverteilung, die eine Verschiebung der Punkte B' und C' nach B'' und C'' bewirkt. Die Spannung auf der unbelasteten Seite wird also vergrößert, und die Verschiebung der beiden Phasen gegeneinander ist nicht mehr 90^0 Transformator II hat denselben Strom bei halber Spannung zu führen wie Transformator I, ist also nur für die halbe Leistung zu bauen.

Wie C. F. Scott gezeigt hat, daß ein symmetrisches Zweiphasensystem in ein symmetrisches Dreiphasensystem mittels zweier Einphasentransformatoren transformiert werden kann, so ist auch

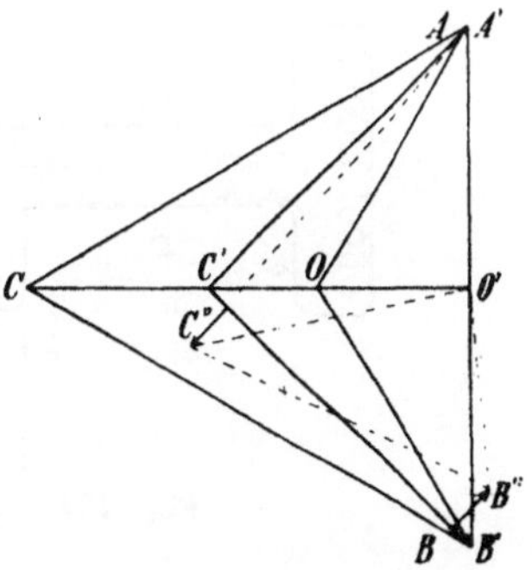

Fig. 120. Potentialdiagramm der Schaltung Fig. 119.

leicht einzusehen, daß jedes balancierte Mehrphasensystem mittels zweier Transformatoren ohne Energieaufspeicherung in jedes andere balancierte Mehrphasensystem transformiert werden kann. Die EMKe der Phasen irgendeines Mehrphasensystems können nämlich in Komponenten aufgelöst oder aus Komponenten von zwei gegebenen Richtungen zusammengesetzt werden. Diese Komponenten werden von den phasenverschobenen Kraftflüssen der zwei Transformatoren induziert und können durch zweckmäßige Wahl der Windungszahl beliebig groß gemacht werden.

Da in einem Transformator keine Energie aufgespeichert werden kann, ist es unmöglich, mittels eines solchen Apparates den zeit-

---

[1]) E. K. und B. 1909, S. 141.

lichen Verlauf der Leistung zu ändern. Ohne Apparate zu verwenden, die wie rotierende Maschinen lebendige Kraft aufspeichern
können und so den zeitlichen Verlauf des Energieflusses zu verändern gestatten, ist es infolgedessen auch unmöglich, ein unbalan-
ciertes System in ein balanciertes zu transformieren oder umgekehrt.
Man kann deswegen nicht durch Entnahme eines einphasigen Wechselstromes aus einem Mehrphasentransformator eine symmetrische (balancierte) Belastung des Mehrphasensystems herstellen.

36. Das monozyklische System.

Dieses System soll nach den Angaben von Steinmetz, der es
erdacht hat, nur eine Modifikation des Einphasensystems sein, das
hierdurch zum Betrieb von Motoren mit größerer Anzugskraft geeignet wird. Das monozyklische System ist ein unsymmetrisches
Mehrphasensystem, dessen eine Phase man nur zum Anlassen von

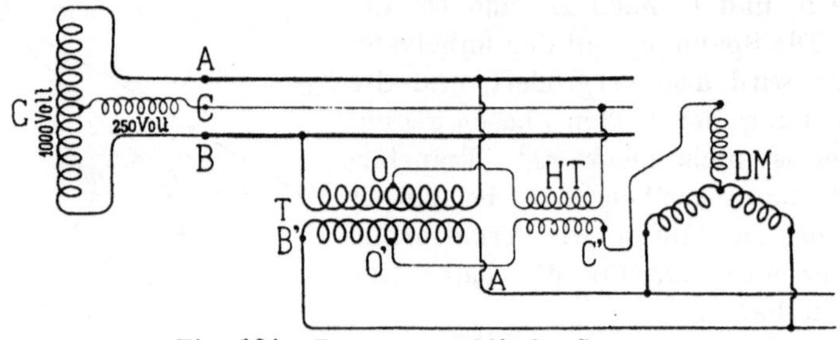

Fig. 121.   Das monozyklische System.

Motoren benutzt. Das System beruht auf demselben Prinzip wie
die Scottsche Transformationsmethode. Es wird auch hier durch
eine besondere Anordnung der primären und sekundären Wicklungen auf zwei Transformatoren ein Mehrphasensystem in ein
anderes umgewandelt.

Der Generator G (Fig. 121) besitzt zwei Wicklungen, die 90°
gegeneinander verschoben sind. Die Hauptphase,
die den Arbeitsstrom für Licht und Motoren liefert, bekommt eine fast viermal so große Spannung wie die Hilfsphase, die nur beim Anlassen der Motoren belastet wird. Die Wicklung der Hilfsphase ist mit ihrem einen Ende
an die Mitte der Hauptwicklung angeschlossen. An den Generatorklemmen erhält man
somit das in Fig. 122 dargestellte Potentialdiagramm.

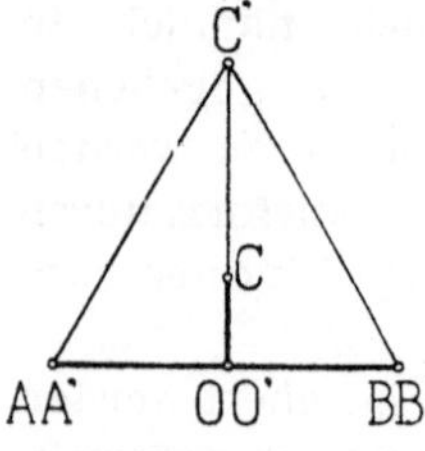

Fig. 122.   Potential-
diagramm des mono-
zyklischen Systems.

Mittels eines Haupt- und eines Hilfstransformators T und HT (Fig. 121) wird das Verhältnis zwischen den Spannungen der Hauptphase und der Hilfsphase von etwa 4 auf $\sqrt{\tfrac{1}{3}}$ transformiert, so daß man an den Sekundärklemmen die aus dem Potentialdiagramm Fig. 122 sich ergebenden Spannungen erhält. Da alle Spannungen zwischen den Sekundärklemmen gleich groß sind, kann an dem Sekundärnetz jeder gewöhnliche Dreiphasenmotor angeschlossen werden. Wenn dieser eine gewisse Umdrehungszahl erreicht hat, kann die Hilfsphase abgeschaltet werden, und der Motor läuft als Einphasenmotor weiter. Zwischen den Klemmen B' und A' der Hauptphase können Glühlampen eingeschaltet werden.

Achtes Kapitel.

Erscheinungen, die beim Einschalten und beim Kurzschluß eines Transformators auftreten.

37. Der Stromstoß beim Einschalten. — 38. Die Spannungserscheinungen beim Einschalten, die durch die Kapazität des Netzes hervorgerufen werden. — 39. Theorie der Einschaltvorgänge des leerlaufenden Transformators auf Grund der Annahme gleichmäßig verteilter Kapazität längs der Wicklung. I. Einschalten der Hochspannungsseite. II. Einschalten der Niederspannungsseite. III. Einfluß von vorgeschalteten Drosselspulen auf die Einschaltvorgänge. IV. Diskussion und experimentelle Untersuchungen. — 40. Kurzschluß-erscheinungen: I. Der maximale Kurzschlußstrom. II. Die mechanische Beanspruchung der Wicklung bei einem plötzlichen Kurzschluß.

37. Der Stromstoß beim Einschalten.

Die Erscheinungen, die beim Zuschalten eines Transformators an ein im Betriebe befindliches Netz auftreten, sind zweierlei Art:

1. Stromstöße in der primären Wicklung;

2. Überspannungen an den primären und sekundären Klemmen und unter Umständen Durchschläge einzelner Primärwindungen gegeneinander.

Das Zuschalten eines Transformators an eine Spannungsquelle bedeutet eine plötzliche Zustandsänderung für ihn. Da der Strom nicht plötzlich auf seinen normalen stationären Wert ansteigen kann, weil dies eine unendlich große Spannung $L\dfrac{di}{dt}$ erfordern würde, stellt sich ein vermittelnder, nicht stationärer Zustand, eine „freie Schwingung" ein, nach deren Abklingen der stationäre Stromzustand vorhanden ist. Diese „Extraströme" treten theoretisch in allen Stromkreisen beim Einschalten auf und lassen sich aus deren Differentialgleichungen ableiten:

$$e = Ri + L\frac{di}{dt} \qquad \ldots \ldots \ldots \quad (59)$$

worin für Wechselstromkreise speziell[1])

$$e = \overline{E} \sin(\omega t + \delta)$$

ist, und δ den Phasenwinkel der Spannung im Einschaltmoment $t = 0$ bedeutet. Aus Gl. 59 ergibt sich als Stromgleichung:

$$i = i' + i'' = \frac{\overline{E}}{\sqrt{R^2 + (\omega L)^2}} \sin(\omega t + \delta - \varphi) + ce^{-\frac{R}{L}t} \cdot \quad (60)$$

Hierin bedeutet

$$c = \frac{\overline{E}}{\sqrt{R^2 + \omega^2 L^2}} \sin(\varphi - \delta)$$

und

$$\operatorname{tg} \varphi = \frac{\omega L}{R}.$$

φ ist die normale Phasenverschiebung zwischen Strom und Spannung. Das erste Glied der Stromgleichung entspricht der von außen her erzwungenen, das zweite Glied der freien Stromschwingung des Kreises.

Der Extrastrom i'' wird ein Maximum für $\delta = \varphi - \dfrac{\pi}{2}$, also

wenn im Maximalwerte des stationären Stromes eingeschaltet wird. Er wird zu Null für $\delta = \varphi$, d. h. wenn im Nullwert des Stromes eingeschaltet wird. Dann kommt der Stromkreis sofort beim Einschalten in den stationären Zustand. Im allgemeinen ist die Stromkurve für die ersten Zeitmomente unperiodisch, sie besteht aus großen positiven und kleinen negativen Halbwellen, wie Fig. 123 zeigt.

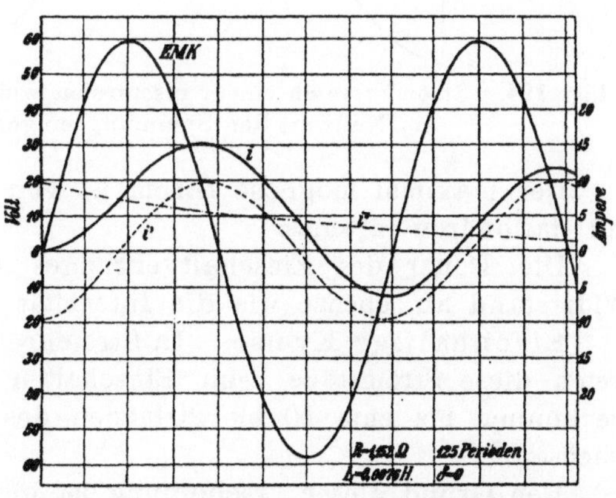

Fig. 123. Stromkurve kurz nach dem Einschalten im Nullwert der Spannung in einem eisenfreien Stromkreis.

Die Stromkurve selbst erreicht ihr Maximum, wenn im Nullwert der Spannung, für $\varphi = 0$, eingeschaltet wird, wie sich durch längere Rechnungen und Aufzeichnung verschiedener Einschaltkurven (Fig. 123) beweisen läßt. In diesem Falle erfolgt der größte Stromstoß, und man erhält den Maximal-

---

[1]) In diesem Kapitel sind die Amplituden der Spannungen und Ströme durch einen Strich über dem Buchstaben gekennzeichnet.

wert von i. Die maximale Stromamplitude, die in eisenfreien Kreisen möglich ist, tritt dann auf, wenn R sehr klein, bzw. Null ist. Dann ist $i'' = \dfrac{\overline{E}\cos\delta}{\omega L}$, also unabhängig von der Zeit. Für $\delta = 0$, d. h. Einschalten im Nullwerte der Spannung und zugleich im Maximalwerte des stationären Stromes, wird dann $i'' = \dfrac{\overline{E}}{\omega L}$. Der stationäre Zustand tritt jetzt überhaupt nicht ein, i'' ist gleich der Amplitude des stationären Stromes. Der Strom pendelt in dem Falle zwischen 0 und $2\,i'_{max}$, wie es Fig. 124 zeigt.

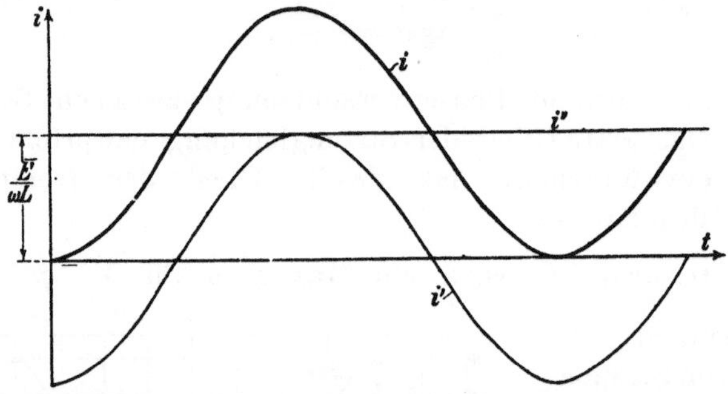

Fig. 124. Stromkurve in einem eisenfreien widerstandslosen Kreis, wenn im Nullwert der Spannung eingeschaltet wird.

Der maximal mögliche Strom ist von der doppelten Amplitude des stationären Stromes.

Die Dauer des Einschaltvorganges nimmt mit wachsendem Widerstand ab, ebenso wie die Intensität der Vorgänge.

Eisenhaltige Kreise. In Stromkreisen, die Eisen enthalten, treten diese Stromstöße beim Einschalten noch viel heftiger auf, sie können bis zum 10 bis 20 fachen des stationären Stromes anwachsen.

Der Grund dieser Erscheinung ist in der Abnahme des Selbstinduktionskoeffizienten mit zunehmender Sättigung, in der Schirmwirkung der Wirbelströme und in dem Einflusse der Remanenz zu suchen.

Da die EMK der Selbstinduktion

$$e = -L\frac{di}{dt} = -\frac{d\Phi_t}{dt}$$

ist, gilt
$$L = \frac{d\Phi_t}{di}.$$

Damit läßt sich aus der Hysteresisschleife (Fig. 125) eine Kurve des Selbstinduktionskoeffizienten (Fig. 126) konstruieren.

Der Selbstinduktionskoeffizient nimmt bei größeren Sättigungen sehr stark ab, und da $e = iR + L\dfrac{di}{dt}$ ist, muß i beim Einschalten, wo ein außergewöhnlich großer Kraftfluß erforderlich ist, sehr stark anwachsen, um der Gleichung zu genügen. Der Einfluß der Remanenz läßt sich auch aus der Hysteresisschleife (Fig. 125) erkennen, denn wenn die Remanenz im Sinne des entstehenden Feldes gerichtet ist, variiert der Kraftfluß nach Kurve I, d. h. L nimmt während der ersten Halbperiode dauernd und stark ab; ist die Remanenz dagegen entgegengesetzt gerichtet, dann geht der Vorgang auf dem Aste II der Schleife vor sich, und es tritt in der ersten Hälfte der ersten Halbperiode eine große Zunahme des Selbstinduktionskoeffizienten ein. Es wird im ersten Fall ein sehr großer Stromstoß eintreten, der so groß werden kann, als ob überhaupt keine Selbstinduktion im Kreise vorhanden wäre, im zweiten Fall dagegen wird der Strom beim Einschalten kaum über seinen normalen Wert hinausgehen. Der Strom besteht während der ersten Perioden aus sehr großen positiven und sehr kleinen negativen Halbwellen.

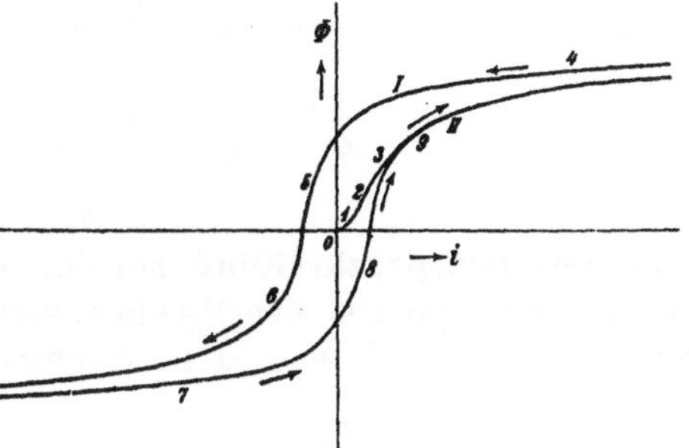

Fig. 125.

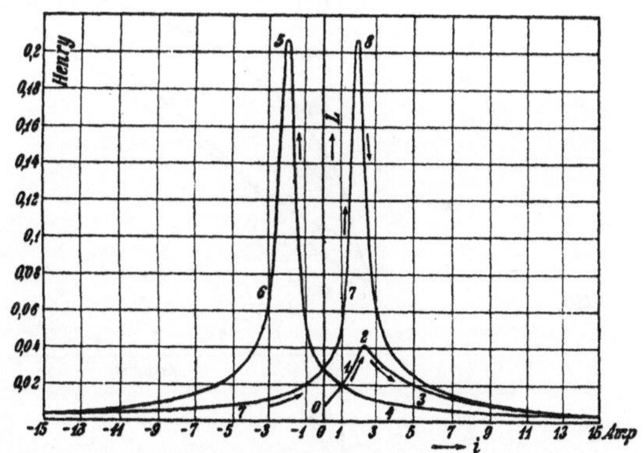

Fig. 126.

Fig. 125 und 126. Hysteresisschleife und daraus konstruierte Kurve des Selbstinduktionskoeffizienten.[1]

Die den ersten Stromwerten entsprechenden Hysteresisschleifen liegen, wie Fig. 127 zeigt, vollkommen unsymmetrisch zu den Koordinatenachsen, und erst allmählich, nach mehreren Perioden, stellt sich die stationäre Schleife ein.

---

[1] Schwaiger, El. u. M. 1909. Die Spitzen (5) und (8) der Kurven sind von der Ordinate 0,2 an verkürzt gezeichnet. Sie haben die Ordinate 0,4.

Auch beim Einschalten im Nullwert des Stromes kann bei eisenhaltigen Kreisen ein großer Stromstoß entstehen, wenn das Eisen sich nicht zufällig in dem magnetischen Zustande befindet, der einen stetigen Übergang zum stationären Betriebszustande möglich macht.

Da

$$e = w \frac{d\Phi_t}{dt} 10^{-8} \qquad \dots \dots \dots \quad (61)$$

ist, ergibt sich

$$\Phi_t - \Phi_0 = \frac{1}{w} \int_{t=0}^{t=t} e\,dt \cdot 10^8 \qquad \dots \dots \quad (62)$$

wo Φ_0 den Remanenzkraftfluß zur Zeit $t = 0$ bedeutet. Ferner bezeichnet nachfolgend Φ den Maximalwert des Kraftflusses im stationären Zustande und Φ_{max} den Höchstwert des Kraftflusses beim Einschalten.

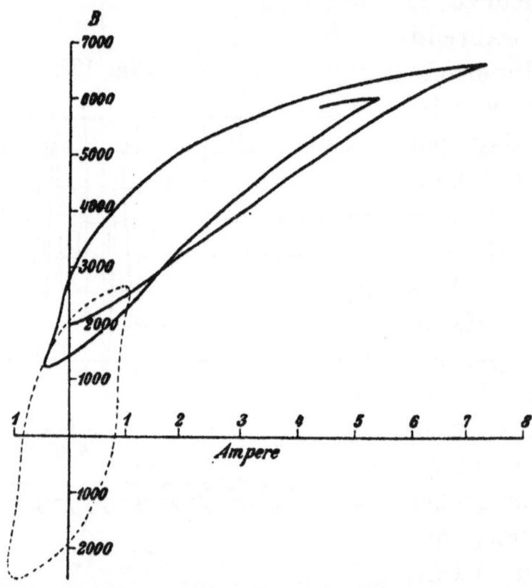

Fig. 127. Hysteresisschleifen, die den ersten Stromwerten nach dem Einschaltmoment entsprechen.[1]

Der maximale Strom entspricht dem maximalen Kraftfluß beim Einschalten und dieser tritt dann ein, wenn $\int e\,dt$ und Φ_0 ihren größten Wert haben, d. h. für positive Remanenz und für den Einschaltmoment im Nullwert der Spannung.

Das $\int e\,dt$ ergibt sich bei Vernachlässigung des Ohmschen Widerstandes aus der Kurve der Klemmenspannung, da dann

$$e \cong \overline{P} \sin(\omega t + \psi)$$

ist. Man erhält damit einen Näherungswert von Φ_t, den wir Φ_t' nennen wollen:

---

[1] **Hay**, Electrician 1894.

$$\Phi_t' = \frac{1}{w}\int\limits_{t=0}^{t=t} \overline{P}\cdot\sin(\omega t + \psi)\cdot 10^8\, dt + \Phi_0$$

$$= \frac{1}{w\omega}\left[\overline{P}\cos\psi - \overline{P}\cos(\omega t + \psi)\right] 10^8 + \Phi_0\,.$$

Da
$$\Phi = \frac{\overline{P}}{\omega w}\,10^8$$

ist, wird
$$\Phi_t' = \Phi\left[\cos\psi - \cos(\omega t + \psi)\right] + \Phi_0 \qquad . \quad . \quad (63)$$

$\Phi_{v0} = (\Phi\cos\psi + \Phi_0)$ läßt sich als Anfangswert eines vorübergehenden, gedämpft verlaufenden Kraftflusses auffassen, der sich über den Kraftfluß des stationären Zustandes $\Phi\cos(\omega t + \psi)$ lagert und mit wachsender Zeit verschwindet.

$$\Phi_v = \Phi_{v0}\, e^{-at} \qquad . \quad . \quad . \quad . \quad . \quad . \quad . \quad (64)$$

klingt nicht nach einer einfachen Exponentialfunktion ab, da L sich im Verlauf einer Periode stark ändert.

Zu jedem so gefundenen Φ_t' gehört ein Strom i', man kann somit die Produkte $i'r$ bilden, von der Welle der Klemmenspannung abziehen und eine angenäherte e-Kurve finden, aus der man den Kraftfluß Φ_t und den Strom i genauer bestimmen kann. In Fig. 128 ist der stationäre und der vorübergehende Kraftfluß dargestellt.

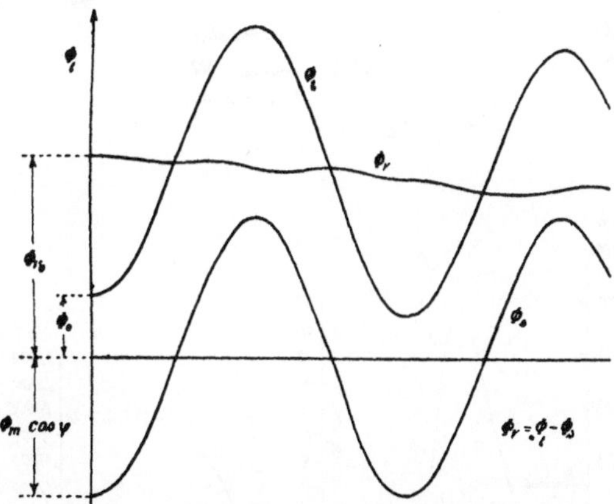

Fig. 128. Stationärer, vorübergehender und resultierender Kraftfluß kurz nach dem Einschalten eines Transformators.

Je größer die Verluste sind, desto rascher nimmt Φ_v ab. Für die Zeichnung der Exponentialkurve kann man einen Mittelwert von L verwenden.

Der maximal mögliche resultierende Kraftfluß Φ ist für $\cos\psi = 1$, Einschalten im Nullwert der Spannung, gleich $\Phi_0 + 2\,\Phi$. Für die erste Periode pendelt der Kraftfluß zwischen den Werten:

$$\Phi(\cos\psi + 1)\pm\Phi_0 \qquad \text{und} \qquad \Phi(\cos\psi - 1)\pm\Phi_0$$

hin und her. Beim Einschalten im Maximalwert der Spannung

$\left(\psi = \dfrac{\pi}{2}\right)$, $\cos \psi = 0$, ist der vorübergehende **Kraftfluß** $\Phi_{v0} = \Phi_0$, und wenn keine Remanenz vorhanden ist, gleich **Null**, so daß in diesem Falle kein Stromstoß entsteht.

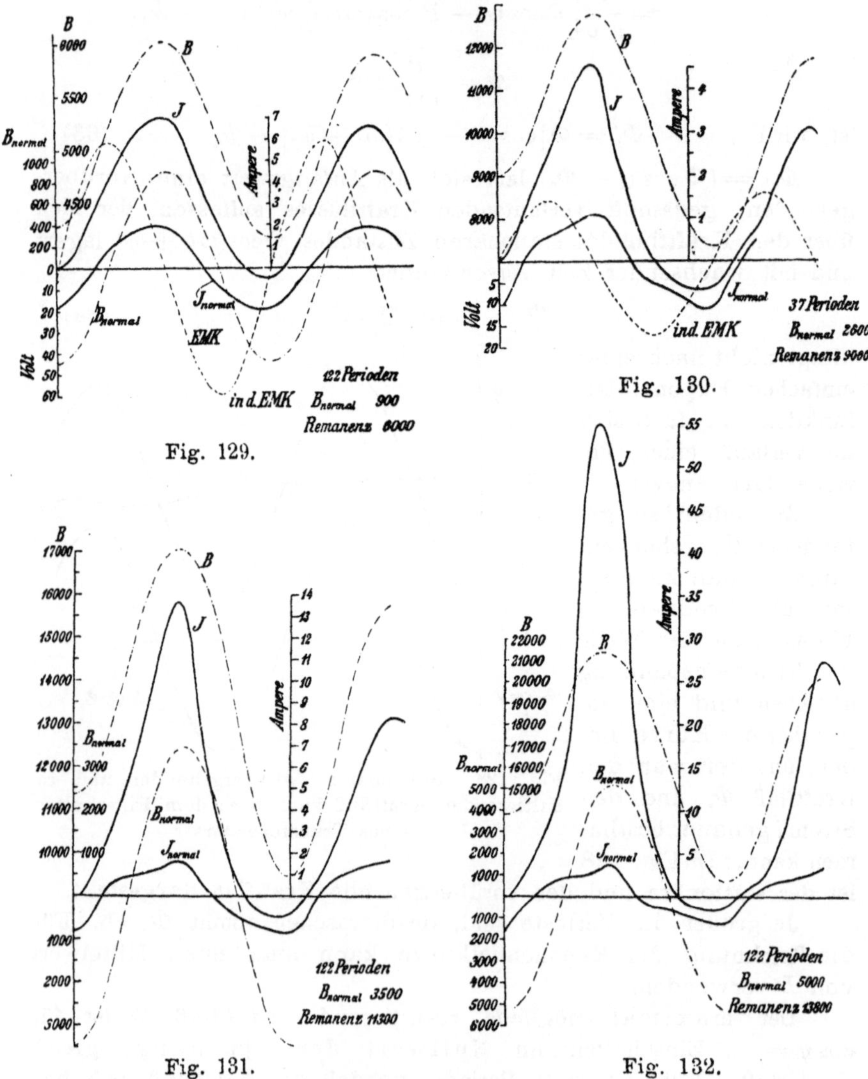

Fig. 129 bis 132. Einschaltkurven eines Transformators für verschiedene Sättigungen und Remanenzen.

Der Stromstoß nimmt mit wachsender normaler Maximalinduktion zu und ist deswegen bei Transformatoren geringer Periodenzahl, bei denen mit der Induktion höher gegangen wird, stärker bemerkbar.

Von A. Hay (El. review 1898) wurden folgende Kurven (Fig. 129—132) mit einem rotierenden Kontaktgeber und einer Joubertschen Scheibe aufgenommen, die deutlich den Einfluß der normalen maximalen Induktion B und der Remanenz zeigen. Es wurde bei allen Versuchen im Nullwert, also im ungünstigsten Zeitmoment, eingeschaltet. Die Verhältnisse erscheinen allerdings etwas übertrieben, weil mit ungewöhnlich hohen Remanenzen gearbeitet wurde, die durch die Versuchsbedingungen gegeben waren.

Die unangenehmen Folgen des Stromstoßes sind erstens die plötzlichen Stöße, die die Amperemeter erleiden, und die stoßartige mechanische Beanspruchung der Wicklung.

Unzulässige Spannungen zwischen den einzelnen Windungen und an den Klemmen des Transformators entstehen nicht durch den Stromstoß.

Will man den Stromstoß vermindern, so kann dies durch Vorschalten von Widerständen geschehen, die nach den ersten Perioden kurz geschlossen werden.

Es sei i_z der zulässige Maximalstrom und der ihm entsprechende Fluß Φ_{max} aus der Hysteresisschleife gegeben, dann gilt für das Einschalten im Nullwert der Spannung

$$\int_{t=0}^{t=\frac{T}{2}} (\overline{P}\sin\omega t - ir)\,dt \cong w(\Phi_{max} - \Phi_0)\,10^{-8} \quad . \quad . \quad . \quad (65)$$

Das Integral ergibt sich angenähert zu:

$$\frac{1}{\omega}\left[2\,\overline{P} - \pi\,i_{z\,mittel}\,r\right]$$

und es berechnet sich r:

$$r \geqq \frac{2\,\overline{P} - \omega\,w\,(\Phi_{max} - \Phi_0)\,10^{-8}}{\pi\,i_{z\,mittel}} \quad . \quad . \quad . \quad (66)$$

$$i_{z\,mittel} \cong \frac{2}{\pi}\,i_z.$$

Der Vorschaltwiderstand ergibt sich aus r durch Subtraktion des Eigenwiderstandes der Wicklung.

38. Die Spannungserscheinungen beim Einschalten, die durch die Kapazität des Netzes hervorgerufen werden.

Die Spannungserscheinungen, die beim Einschalten von Transformatoren bisher beobachtet wurden, bestehen erstens in einem Durchschlagen einzelner Windungen gegeneinander und zweitens in einer höheren als der normalen Spannung an den Anschlußklemmen. Die Ursachen der Überspannungserscheinungen beim Einschalten können verschieden sein. Wenn man den Transformator als reine Selbstinduktionsspule auffaßt, können die Überspannungen an den Klemmen durch Resonanzerscheinungen, die zwischen der Selbstinduktion des Transformators und der Kapazität der an den Transformator angeschlossenen Leitungen und Kabel verursacht sind, erklärt werden. Wenn man die jedem Transformator zugehörige Eigenkapazität sich als zur Wicklung parallel geschalteten Kondensator denkt, so bildet der Transformator selbst ein schwingungsfähiges System.

Die Schwingungen, die durch Resonanz erzeugt werden, sind von der Periodenzahl der technischen Wechselströme, und es können dabei sehr große Energiemengen in Pulsation versetzt werden. Diese Schwingungen sind nur unter gewissen Bedingungen zwischen R, L und C möglich, die zufällig durch das Zuschalten eines Transformators an das Netz erfüllt sein können, aber nur in den seltensten Fällen erfüllt sein werden. Sie verlaufen rein periodisch. Es treten aber in Stromkreisen mit R, L und C unter allen Umständen bei plötzlichen Zustandsänderungen, wie das Zuschalten eines Transformators eine darstellt, Schwingungen auf, die unabhängig von der Periodenzahl der aufgedrückten Schwingung und nur von den Konstanten des Systems abhängig sind, und je nach deren Verhältnis aperiodisch oder periodisch, mehr oder weniger gedämpft abklingen. Die allgemeine Gleichung eines Systems, das Widerstand, Selbstinduktion und Kapazität in Reihe geschaltet enthält, wie es bei einem Transformator vorkommt, an den eine lange Leitung angeschlossen ist, lautet:

$$e = E \sin \omega t = R i + L \frac{di}{dt} + \frac{1}{C}\int i\, dt \quad \ldots \ldots \quad (67)$$

und das allgemeine Integral dieser Gleichung ist:

$$i = i' + i'' = \frac{\bar{E}}{\sqrt{R^2 + \left(\dfrac{1}{\omega C} - \omega L\right)^2}} \sin(\omega t + \varphi) + c_1 e^{-\frac{t}{T_1}} + c_2 e^{-\frac{t}{T_2}}$$

Hierin bedeutet

$$T_{12} = \frac{2\,LC}{RC \mp \sqrt{R^2\,C^2 - 4\,LC}}, \qquad \operatorname{tg}\varphi = \frac{\dfrac{1}{\omega C} - \omega L}{R}\ . \quad (68)$$

i' stellt den stationären Strom infolge der Wechselspannung, i'' die freie Schwingung des Systems bei einer Zustandsänderung dar. c_1, c_2 sind Konstante, die von der Art dieser Zustandsänderung abhängig sind, d. h. von dem Momentanwert der Spannungswelle, bei dem eingeschaltet wird und die sich aus der Bedingung ergeben, daß im Einschaltmoment $t = t_1$ der Strom i und die Ladung des Kondensators gleich Null sein müssen. Die freie Stromschwingung i'' und die durch sie bedingte Spannungsschwingung $L\dfrac{di''}{dt}$ und $\dfrac{1}{C}\displaystyle\int i''\,dt$ verlaufen aperiodisch gedämpft, solange $R^2\,C^2 > 4\,LC$ ist. Ist der Widerstand aber klein, so wird der Wurzelausdruck in T_{12} imaginär, und durch eine Umformung läßt sich i'' darstellen als:

$$i'' = -\,e^{-\frac{R}{2L}(t-t_1)}\,c_1 \sin\left[\frac{\sqrt{4\,LC - R^2\,C^2}}{2\,LC}\,(t - t_1) + c_2\right],$$

wenn $t = t_1$ den Einschaltmoment darstellt. Die Periode dieser freien Schwingung ist

$$\omega_f = \frac{\sqrt{4\,LC - R^2\,C^2}}{2\,LC} \quad \text{bzw. wenn } R \text{ klein ist:} \quad \frac{1}{\sqrt{LC}}\ .$$

Die durch den Strom verursachte Kondensatorspannung ist:

$$\frac{1}{C}\int i\,dt = -\,\frac{\overline{J}}{\omega C}\cos(\omega t + \varphi)$$

$$+\,c_1 \sqrt{\frac{L}{C}}\ e^{-\frac{R}{2L}(t-t_1)}\sin\left[\sqrt{\frac{4\,LC - R^2\,C^2}{2\,LC}}\,(t - t_1) + c_2 + \delta\right],$$

und

$$\operatorname{tg}\delta = \sqrt{\frac{4\,L}{R^2\,C} - 1}\,,$$

ist für den Fall eines Transformators, an den ein Kabel oder eine Freileitung angeschlossen ist, fast gleich 90°.

Das Maximum der freien Schwingung, d. i. das Maximum der Konstanten c_1, tritt für den Einschaltmoment

$$\omega t_1 = \frac{\pi}{4} - \frac{3}{2}\,\varphi$$

ein (Bedell und Crehore), und es wird

$$c_{1m} = \frac{\overline{J}\sqrt{2}}{\omega\sqrt{4\,LC - R^2\,C^2}}\sqrt{\omega C\left[\sqrt{R^2 + \left(\frac{1}{\omega C} - \omega L\right)^2} + \omega L + \frac{1}{\omega C}\right]}\,.$$

Da in den praktisch wichtigen Fällen die Kapazitätsreaktanz x_c den Einfluß der Selbstinduktion und des Widerstandes, x und R, weit überwiegt, lassen sich die Ausdrücke für c_1 und c_2 durch Vernachlässigung von R gegenüber ωL und $\dfrac{1}{\omega C}$ sehr vereinfachen.

Der stationäre Strom des Systems ist fast genau um 90^0 gegen die Klemmenspannung verschoben, und wir dürfen, ohne einen großen Fehler zu begehen, $\varphi = +\, 90^0$ setzen, also einen stationären wattlosen voreilenden Strom annehmen.

Die Konstante $c_{1\,m}$ ergibt sich zu

$$\frac{\overline{J}}{\omega \sqrt{LC}} = \overline{J}\sqrt{\frac{x_c}{x}}\,.$$

Der Strom i'', der beim Einschalten auftritt, ist im Verhältnis $\sqrt{\dfrac{x_c}{x}}$ größer als der stationäre Ladestrom $\overline{J}$. Die Frequenz der freien Schwingungen $\dfrac{1}{\sqrt{LC}}$ ist unabhängig von der Frequenz der aufgedrückten Spannung und ist bei Hochspannungsanlagen meist viel größer als diese, da sie auch als $\omega_f = \sqrt{\dfrac{x_c}{x}}\cdot \omega$ geschrieben werden kann und x_c viel größer als x ist.

Die Amplitude der freien Spannungsschwingung am Kondensator ist $c_1 \sqrt{\dfrac{L}{C}}$ oder $\overline{J}x_c$, also von der Größenordnung der aufgeprägten Spannung, da $\overline{J}$ fast genau gleich $\dfrac{\overline{E}}{x_c}$ ist. Da der tatsächliche Einschaltvorgang durch Superposition der freien mit der erzwungenen Schwingung des Systems entsteht, ist die maximale Kondensatorspannung stets kleiner als die doppelte Klemmenspannung, **kann dieser aber ziemlich nahe kommen.** Da das Kabel direkt an den Transformator angeschlossen ist, gibt $\dfrac{1}{C}\displaystyle\int i\,dt$ auch zugleich den Verlauf der Klemmenspannung am Transformator an. Das gilt natürlich nur so lange, als die Selbstinduktion der Leitung vernachlässigbar klein ist, wird also nur für Kabel zutreffen. Bei einer Freileitung macht sich der Einfluß der gleichmäßig verteilten Selbstinduktion geltend. Sie läßt sich in ihrer Rückwirkung auf den Transformator nicht mehr als einfacher Kondensator auffassen, die Erscheinungen werden viel komplizierter, vor allem weil nicht mehr eine, sondern unendlich viele Schwingungen möglich sind, die sich alle überlagern. Bei einem Kabel gibt es wohl auch unendlich viele mögliche Schwingungen, aber es wird doch die Grundharmonische des ganzen Systems, die durch die Streuinduktion des Transformators und die ganze Kapazität des Kabels bestimmt ist, so stark vorherrschen, daß die höheren Harmonischen vernachlässigt werden dürfen.

Der 'Einschaltmoment, bei welchem die maximaien freien Schwingungen auftreten, ergibt sich unter der Annahme eines um 90° voreilenden Stromes als $\omega t_1 = -\dfrac{\pi}{2}$. Da eine negative Einschaltzeit undenkbar ist, haben wir den um π verschobenen Wert $\omega t_1 = +\dfrac{\pi}{2}$ einzuführen, bei welchem die Vorgänge genau entsprechend vor sich gehen. Es entstehen die stärksten freien Schwingungen also dann, wenn im Maximalwert der Klemmenspannung und zugleich Nullwert des stationären Stromes eingeschaltet wird.

Die Konstante c_2 ergibt sich bei den vereinfachenden Annahmen als π, der Winkel δ als $\dfrac{\pi}{2}$.

Wir erhalten also schließlich als Stromgleichung:

$$i = \overline{J}\sin(\omega t + 90) + e^{-\frac{R}{2L}(t-t_1)}\,\overline{J}\,\sqrt{\frac{x_c}{x}}\,\sin\left[\sqrt{\frac{x_c}{x}}\,\omega\,(t - t_1)\right] \qquad (69)$$

und als resultierende Kondensatorspannung, oder auch als Klemmenspannung am Transformator:

$$\frac{1}{C}\int i\,dt = \overline{J}x_c\,\sin\omega t - \overline{J}x_c\,e^{-\frac{R}{2L}(t-t_1)}\cos\left[\sqrt{\frac{x_c}{x}}\,\omega\,(t - t_1)\right] \qquad (70)$$

Wir sehen aus Gl. 70, daß im Einschaltmoment $\omega t_1 = \dfrac{\pi}{2}$ die sekundäre Klemmenspannung des Transformators gleich Null ist, wie es auch sein muß, da der Übergang von dem ersten Zustand, dem strom- und spannungslosen, zu dem zweiten, dem Betriebszustand, nicht zeitlos möglich ist, sondern immer einen allmählichen Übergang verlangt, wie ihn die freien Schwingungen vermitteln.

Beispiel. Als Beispiel eines derartigen Schwingungskreises sei ein Transformator betrachtet, dessen Niederspannungsseite an einen Generator angeschlossen ist und dessen Hochspannungsseite auf ein Kabelnetz arbeitet. Die Klemmenspannung des Generators sei rein periodisch. Beim Einschalten der Primärseite des Transformators, wenn an die Sekundärseite das Kabel angeschlossen ist, wirkt die Generatorspannung auf einen Schwingungskreis, der aus der Kapazität des angeschlossenen Kabels und der Streuinduktion des Transformators, die ja seine wirksame Selbstinduktion darstellt, besteht.

Generator und Transformator seien einphasig, der Transformator von einer Leistung 2400 KVA, der Periodenzahl 50 und einer Sekundärspannung von 30000 Volt. Der Vollaststrom des Kabels beträgt also 80 Amp. Der Ladestrom des Kabels sei $10\,^0/_0$ des Vollaststromes, die Reaktanz des Kabels ist also $\dfrac{30000}{0,1\cdot 80} = 3750\,\Omega$. Der Ohmsche Spannungsabfall im Kabel bei Normallast sei $5\,^0/_0$, entsprechend einem Widerstande von $18,75\,\Omega$. Im Transformator sei ein induktiver Spannungsabfall von $3\,^0/_0$, ein Ohmscher von $1\,^0/_0$ vorhanden, woraus sich die Streureaktanz x_k zu $11,25\,\Omega$, der Widerstand zu $3,75\,\Omega$ ergibt.

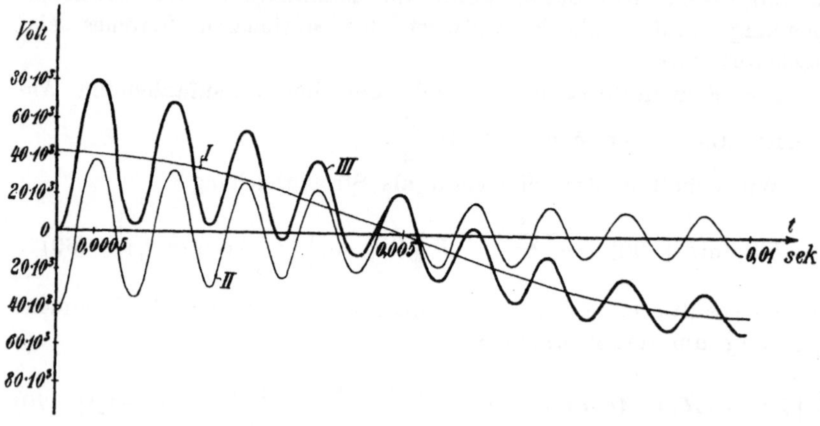

Fig. 133.

Für das schwingende System ist also $x_c = 3750\,\Omega$ und $x = 11,25\,\Omega$. Der Widerstand setzt sich aus dem Transformatorwiderstand und dem halben Widerstand des Kabels zusammen, da der ideelle Kondensator, durch den wir das Kabel ersetzen, in der Mitte der Kabellänge angebracht zu denken ist. R ist also $13,1\,\Omega$. Die Amplitude $\bar{E}$ der Generatorspannung auf den Sekundärkreis reduziert ist 42420 Volt, der stationäre Strom $\bar{J}$ des Systems 11,35 Amp., sein Effektivwert $J = 8,03$ Amp. Da $\sqrt{\dfrac{x_c}{x}} = 18,25$ ist, tritt der 18,25-fache stationäre Strom als freie Schwingung auf, wenn im Maximum der Klemmenspannung eingeschaltet wird, und es ist die Periodenzahl der freien Schwingungen 18,25mal größer, als die Periodenzahl der aufgedrückten Schwingung, sie ist also 912. Aus den Konstanten ergibt sich nach Gl. 70 der Verlauf der Klemmenspannung am Kondensator, bzw. am Transformator, wenn im Maximum der Spannung eingeschaltet wird, als:

$$42\,550 \sin \omega t - e^{-182(t-t_1)}\,42\,550 \cos 18,25\,\omega\,(t-t_1).$$

Der Einschaltvorgang ist in Fig. 133 für die erste Halbperiode der Grundschwingung dargestellt.

Kurve I stellt die stationäre Transformator-Klemmenspannung dar, Kurve II die freie Spannungsschwingung beim Einschalten und Kurve III die resultierende Transformator-Klemmenspannung. Man erkennt, wie der Transformator nach ungefähr 0,00025 sek seine normale Klemmenspannung und nach ungefähr 0,0005 sek seine maximale Klemmenspannung im Betrage von 80500 Volt erreicht, die seiner 1,9fachen normalen maximalen Klemmenspannung entspricht. Es ist in diesem Falle also eine maximale Überspannung von $90^0/_0$ vorhanden. Die freien Schwingungen klingen wegen des großen Wertes $\dfrac{R}{2L}$ sehr rasch ab und sind praktisch nach einer Periode des aufgedrückten Wechselstromes verschwunden.

39. Theorie der Einschaltvorgänge des leerlaufenden Transformators auf Grund der Annahme gleichmäßig verteilter Kapazität längs der Wicklung.

Mit Hilfe der Resonanzerscheinungen, die hier nicht näher erörtert wurden, weil sie nicht zu dem eigentlichen Einschaltproblem gehören und nur zufällig eintreten, und den beschriebenen freien Schwingungen beim Einschalten, lassen sich viele Fälle von Überspannungen erklären, die eintreten, wenn der Transformator von einer Leitung gespeist wird oder eine Leitung speist. Die Überspannungserscheinungen des direkt an die Maschine angeschlossenen leerlaufenden Transformators und jene lokalen Spannungsdifferenzen, die zwischen einzelnen Windungen auftreten und ein unstetiges, nicht geradliniges Spannungsgefälle längs der Wicklung voraussetzen, lassen sich auf diese Weise nicht erklären, sondern nur, wenn man jedem Wicklungselement einen bestimmten Ladestrom, d. h. eine bestimmte Kapazität zuschreibt. Denn nur dann ist die Stromstärke in der ganzen Wicklung nicht mehr konstant, und nur mit dieser Annahme ist die Vorstellung einer nach einer beliebigen Funktion sich ändernden Spannungsverteilung längs der Wicklung verträglich. Der Einfachheit halber sind die folgenden Rechnungen unter Voraussetzung gleichmäßig verteilter Kapazität durchgeführt, eine Annahme, die in Wirklichkeit nicht zutrifft, wie Lichtenstein ETZ 1904 gezeigt hat. Das Resultat kann daher nur ein qualitatives Bild der Vorgänge geben.

Die Vorgänge, die unter diesen Voraussetzungen vor sich gehen, sind freie Schwingungen, die der Transformator ausführt und bei denen sich, analog den Stromkreisen mit konzentrierter Kapazität, magnetische Energie in elektrische, und umgekehrt, umsetzt. Der ganze Vorgang ist durch die Jouleschen Wärmeverluste und bei einem Transformator noch in weit höherem Grade durch die Eisenverluste gedämpft. Die Vorgänge lassen sich am einfachsten übersehen, wenn man zuerst die „erzwungene", die stationäre Schwingung des Transformators mit Hilfe der symbolischen Rechnung feststellt, und dann die freie, zwischen den zwei verschiedenen Zuständen des Transformators vermittelnde Schwingung aus dem allgemeinen Integral der für derartige Kreise gültigen partiellen Differentialgleichung mit Hilfe der gegebenen örtlichen und zeitlichen Grenzbedingungen und der Gleichungen für den stationären Zustand ableitet.

Die exakten Gleichungen lassen sich hier wesentlich vereinfachen, da der Widerstand gegenüber der Selbstinduktion und der induktiven Reaktanz sehr klein ist. Es soll angenommen werden, daß die Kapazität der Niederspannungsseite sehr klein ist, gegen die der Hochspannungsseite, und daß das Potential der Niederspannungsseite im Vergleich mit dem der Hochspannungsseite vernachlässigbar gering sei. Von diesem Standpunkte aus zerfällt das Problem in zwei verschiedene Teile, nämlich:

  I. Einschalten der Hochspannungsseite bei leerlaufender (offener) Niederspannungsseite.

  II. Einschalten der Niederspannungsseite bei leerlaufender (offener) Hochspannungsseite.

Der erste Fall ist der weitaus einfachere, und da gerade er die Erscheinung des Durchschlagens einzelner Windungen gegeneinander erklärt, sei er zuerst behandelt. Man hat es in diesem Falle mit einer einzigen Wicklung zu tun, die plötzlich unter Spannung gesetzt wird, denn in der leerlaufenden Niederspannungsseite ist nach den gemachten Voraussetzungen der Ladestrom vernachlässigbar klein, und damit auch seine Rückwirkung auf den Primärkreis.

I. Einschalten der Hochspannungsseite.

Es sei ein Einphasentransformator betrachtet, und der Nullpunkt des Koordinatensystems liege in der Mitte der Wicklung. Es gelten dann die für diesen Fall gewonnenen Gleichungen von $x = 0$ und $x = l$ auch für eine Phase eines beliebigen mehrphasigen Transformators.

1. Gleichungen für den stationären Zustand.

Für ein Wicklungselement gelten folgende Beziehungen, wenn wir die Eigenschaften des Eisens vorläufig noch vernachlässigen:

$$\frac{d\overline{E}_{px}}{dx} = \overline{J}_x(r - j\omega L) \quad . \quad . \quad . \quad . \quad . \quad (71)$$

Die Stromableitung sei vernachlässigt.

$$\frac{d\overline{J}_x}{dx} = -\overline{E}_{px}j\omega C \quad . \quad . \quad . \quad . \quad . \quad (72)$$

C, r und L seien pro Längeneinheit bestimmt. Aus Gl. 71 und 72 leitet sich ab:

$$\frac{d^2\overline{E}_{px}}{dx^2} = -\overline{E}_{px}j\omega C(r - j\omega L) \quad . \quad . \quad . \quad (73)$$

$$\frac{d^2\overline{J}_x}{dx^2} = -\overline{J}_x j\omega C(r - j\omega L) \quad . \quad . \quad . \quad (74)$$

Zur Lösung von Gl. 73 werde

$$\overline{E}_{px} = c\,e^{\lambda x}$$

gesetzt:

Durch Einsetzen und Ausrechnen ergibt sich für λ die Bedingung.

$$\lambda^2 = -j\omega C(r - j\omega L).$$

Setzt man nun $\lambda = a - jb$, so erhält man:

$$\left.\begin{aligned} a &= \frac{r}{2}\sqrt{\frac{C}{L}} = \frac{\alpha}{v} \\[2mm] b &= \omega\sqrt{LC} = \frac{\omega}{v} \end{aligned}\right\} \quad . \quad . \quad . \quad . \quad (75)$$

worin

$$v = \frac{1}{\sqrt{LC}} \quad \text{und} \quad \alpha = \frac{r}{2L}$$

bedeutet, wenn $\dfrac{r}{\omega L}$, wie es schon erwähnt wurde, als vernachlässigbar klein gegen 1 betrachtet wird.

$$\frac{a}{b} = \frac{r}{2\,\omega L} \ll 1, \text{ also } \boldsymbol{b} \gg \boldsymbol{a}.$$

Der Ausdruck für die Spannung wird also:

$$\overline{E}_{px} = c_1 e^{\lambda x} + c_2 e^{-\lambda x} \quad \ldots \quad \ldots \quad (76)$$

und für den Strom erhält man:

$$\overline{J}_x = \frac{1}{r - j\omega L}\,\frac{d\overline{E}_{px}}{dx} = \frac{\lambda}{r - j\omega L}\left(c_1 e^{\lambda x} - c_2 e^{-\lambda x}\right) \quad . \quad (77)$$

An den Enden der Wicklung ist die aufgedrückte Klemmenspannung gegeben:

$$\left. \begin{array}{ll} x = +\,l, & \overline{E}_{px} = +\,\overline{E}_{p0} \\ x = -\,l, & \overline{E}_{px} = -\,\overline{E}_{p0} \end{array} \right\} \quad \ldots \quad \ldots \quad (78)$$

Aus Gl. 78 bestimmen sich die Konstanten:

$$c_1 + c_2 = 0, \qquad c_1 = -\,c_2 = \frac{\overline{E}_{p0}}{e^{\lambda l} - e^{-\lambda l}}.$$

$\overline{E}_{p0}$ bedeutet bei Sternschaltung des Transformators die Phasenspannung des Transformators, bei Ringschaltung die halbe Linienspannung, weil dann der Nullpunkt in der Mitte jeder Phase liegt. $\overline{E}_{p0}$ ist also die halbe Klemmenspannung für den Einphasentransformator.

Die Resultantgleichungen sind schließlich:

$$\left. \begin{array}{l} \overline{E}_{px} = \dfrac{\overline{E}_{p0}}{e^{\lambda l} - e^{-\lambda l}}\left(e^{\lambda x} - e^{-\lambda x}\right) \\[3ex] \overline{J}_x = \dfrac{\lambda\,\overline{E}_{p0}}{(r - j\omega L)(e^{\lambda l} - e^{-\lambda l})}\left(e^{\lambda x} + e^{-\lambda x}\right) \end{array} \right\} \quad . \quad . \quad (79)$$

Spannungs- und Stromverteilung sind bezüglich $x = 0$ symmetrisch. Spannung und Strom setzen sich aus zwei in entgegengesetzter Richtung wandernden Wellen zusammen. Die Spannungswellen wirken einander entgegen, die Stromwellen addieren sich. Beide Wellen werden im Verlauf ihrer Wanderung gedämpft, die eine in der positiven, die andere in der negativen x-Richtung. Für $x = 0$ haben beide Wellen die gleiche Amplitude.

Man kann diese Ausdrücke in den reellen und imaginären Teil zerlegen und den imaginären Teil nach dem Moivreschen Satz umformen:

$$e^{\pm jbx} = \cos bx \pm j \sin bx.$$

Führt man diese Umformung aus, so ergibt sich:

$$\left.\begin{aligned}
&\bar{E}_{px} = \bar{E}_{p0} \sqrt{\frac{e^{2ax} + e^{-2ax} - 2\cos 2bx}{e^{2al} + e^{-2al} - 2\cos 2bl}}\, e^{j(\varphi - \psi)} \\[2mm]
&\operatorname{tg}\varphi = \operatorname{tg} bl \frac{e^{al} + e^{-al}}{e^{al} - e^{-al}} \\[2mm]
&\operatorname{tg}\psi = \operatorname{tg} bx \frac{e^{ax} + e^{-ax}}{e^{ax} - e^{-ax}} \\[2mm]
&\bar{J}_x = \bar{E}_{p0}\, \frac{\sqrt{\omega C}}{\sqrt[4]{r^2 + \omega^2 L^2}} \sqrt{\frac{e^{2ax} + e^{-2ax} + 2\cos 2bx}{e^{2al} + e^{-2al} - 2\cos 2bl}}\, e^{j(\varphi - \beta - \chi)} \\[2mm]
&\operatorname{tg}\chi = \operatorname{tg} bx \frac{e^{ax} - e^{-ax}}{e^{ax} + e^{-ax}} \qquad \operatorname{tg}\beta = \sqrt{1 - \frac{\omega^2 L^2}{r^2}} - \frac{\omega L}{r}
\end{aligned}\right\} \quad (80)$$

β ist im allgemeinen sehr klein. Die Phasen der Spannungen und Ströme sind nach der Phase der Klemmenspannung gezählt, denn für $x = l$ ist $\bar{E}_{px} = \bar{E}_{p0}$.

Man kann durch Reihenentwicklung der obigen Ausdrücke und Vernachlässigung der kleinen Glieder höherer Ordnung zu einfacheren Ausdrücken gelangen; und wenn man zu der gewöhnlichen Darstellung des Verlaufs der Spannung übergeht, erhält man:

$$e_{px} = \bar{E}_{p0} \frac{\sin bx}{\sin bl} \sin[\omega t + \zeta - (\varphi - \psi)] \quad . \quad . \quad (81)$$

ζ ist der Phasenwinkel der Klemmenspannung im Einschaltmoment.

$$\operatorname{tg}\psi = \frac{\operatorname{tg} bx}{ax}, \qquad \operatorname{tg}\varphi = \frac{\operatorname{tg} bl}{al}$$

ψ ist sehr nahe an $\frac{\pi}{2}$ und praktisch fast vollständig unabhängig von x. Die Spannungsverteilung für den stationären Betriebszustand ist also eine Sinuslinie.

Aus Gl. 81 ergibt sich:

$$\left(\frac{d\bar{E}_{px}}{dx}\right)_{max} = \frac{\bar{E}_{p0}\, \omega \sqrt{LC}}{\sin bl} \quad \text{für } x = 0.$$

$\left(\dfrac{d\bar{E}_{px}}{dx}\right)_{max}$ bedeutet das maximale Spannungsgefälle pro Längeneinheit in der Wicklung, das in der Nähe des Nullpunktes vorhanden ist. Bei gleichmäßiger Spannungsverteilung wäre:

$$\left(\frac{d\bar{E}_{px}}{dx}\right)_{g} = \frac{\bar{E}_{p0}}{l}.$$

Die Überbeanspruchung der Windungen in der Nähe des Nullpunktes gegeneinander, während des stationären Betriebs, gegenüber der gleichmäßigen Spannungsverteilung ist charakterisiert durch den „Überspannungsfaktor" K:

$$\frac{\left(\dfrac{d\,\overline{E}_{p\,x}}{dx}\right)_{max}}{\left(\dfrac{d\,\overline{E}_{p\,x}}{dx}\right)_{g}} = \frac{\omega\,\sqrt{L_t\,C_t}}{\sin\omega\,\sqrt{L_t\,C_t}},$$

worin $\qquad\qquad L_t = Ll, \qquad C_t = Cl$

für die ganze Länge l gemessen bedeutet.

Für eine höhere Harmonische gilt dementsprechend:

$$K_n = \frac{n\,\omega\,\sqrt{L_t\,C_t}}{\sin n\,\omega\,\sqrt{L_t\,C_t}}.$$

Für eine spitze Spannungskurve, zusammengesetzt aus der Grundwelle und der dritten Harmonischen, ergibt sich als maximale tatsächliche Überbeanspruchung (unter Vernachlässigung der Sättigung)

$$\alpha) \qquad\qquad K_t = \frac{1}{l}\,(K_1\,\overline{E}_{p1} + K_3\,\overline{E}_{p3}).$$

Für eine flache Kurve ist dagegen:

$$\beta) \qquad\qquad K_t = \frac{1}{l}\,(K_1\,\overline{E}_{p1} - K_3\,\overline{E}_{p3}).$$

In diesem Falle tritt im stationären Betrieb, wie die Diagramme Fig. 143 III zeigen, ein stärkerer Spannungsabfall an den Klemmen des Transformators auf. Da dieser aber nie so groß werden kann wie bei der entsprechenden spitzen Spannungskurve in der Nähe des Nullpunktes, so gibt Gl. α ein für alle Fälle zureichendes Kriterium der Überbeanspruchung der ersten oder letzten Windungen während des stationären Zustandes.

Der Einfluß der Näherung macht sich dahin geltend, daß K unendlich werden kann, was natürlich ausgeschlossen ist. Der hierzu erforderliche Wert $bl = \pi$ ist aber für normale Transformatoren und für die Grundharmonische vollkommen ausgeschlossen. Höchstens eine höhere Harmonische kann in die Nähe jenes kritischen Wertes gelangen, und K kann für diese Harmonische dann recht groß werden, so daß die Windungen gegeneinander das 3—4fache der Spannung auszuhalten haben, die bei geradliniger Potentialverteilung auf sie entfiele. Bei spitzen Kurven ist die totale Beanspruchung K_t größer als bei flachen.

Das Spannungsgefälle pro Längeneinheit ändert sich also von Punkt zu Punkt, und wenn man den Punkt bestimmt, in dem es dem Gefälle bei geradliniger Potentialverteilung gleich ist, erhält man:

$$\frac{d\overline{E}_{px}}{dx} = \frac{\overline{E}_{p0}}{l} = \frac{\overline{E}_{p0}\,b}{\sin bl} \cdot \cos bx$$

$$\cos bx = \frac{\sin bl}{\omega\,\sqrt{L_t\,C_t}} = \frac{1}{K}.$$

Der reziproke Wert des Überspannungsfaktors gibt ein Maß für die gegenüber geradliniger Potentialverteilung überanspruchte Wicklungslänge.

Wenn man nach denselben Gesichtspunkten die Stromgleichung entwickelt, die für die Darstellung der freien Schwingungen erforderlich ist, so erhält man:

$$i_x = \overline{E}_{p0}\sqrt{\frac{C}{L}}\,\frac{\cos bx}{\sin bl}\,\sin\left[\omega t + \zeta - (\varphi - \beta - \chi)\right],$$

worin $\cos bx$ nur seinem Absolutwerte nach zu nehmen ist.

Ferner ist $\qquad\qquad \operatorname{tg} \chi = \operatorname{tg} bl \cdot ax.$

Wegen des sehr kleinen Wertes von a ist χ sehr nahe Null oder sehr nahe π und führt in der Nähe von $bx = \dfrac{\pi}{2}$ einen Sprung von 0 bis π aus. Für Werte von $bl > \dfrac{\pi}{2}$ ist also die Stromphase für $x = 0$ und $x = l$ um annähernd π verschoben.

Der Stromwert selbst wird im Punkte $bx = \dfrac{\pi}{2}$ gleich Null.

Der Strom hat sein Maximum für $x = 0$, und zwar ist

$$(\overline{J})_{max} = \overline{E}_{p0}\sqrt{\frac{C}{L}} \cdot \frac{1}{\sin bl}.$$

Die Phasenverschiebung zwischen Strom und Spannung ist annähernd durch den Ausdruck $-(\varphi - \chi)$ gegeben (nämlich, wenn $\varphi = \psi$ und $\beta = 0$ gesetzt wird).

Bei Vernachlässigung der Änderung der Spannungsphase ergibt sich daraus, daß für $x = 0$ der Strom um ca. 90^0 gegen die Spannung verzögert ist, daß er für $bx = \dfrac{\pi}{2}$ in Phase mit der Spannung ist und für größere x der Spannung um 90^0 voreilt. Im allgemeinen wird der Strom der Spannung um 90^0 nacheilen, solange $bl < \dfrac{\pi}{2}$ ist.

Da φ annähernd 90^0, $\beta \gtrsim 0$ und φ fast genau gleich ψ ist, ergeben sich schließlich die einfachen Resultantgleichungen, die zur Berechnung der freien Schwingungen verwendet werden sollen:

$$\left. \begin{aligned} e_{px} &= \overline{E}_{p0} \frac{\sin bx}{\sin bl} \sin(\omega t + \zeta) \\ i_x &= \overline{E}_{p0} \sqrt{\frac{C}{L}} \frac{\cos bx}{\sin bl} \sin(\omega t + \zeta - 90) \end{aligned} \right\} \quad \cdot \cdot \quad (82)$$

$\cos bx$ soll in der Gleichung für i_x wieder sein natürliches Vorzeichen haben, um dadurch die Phasenänderung von i_x für $bx = \frac{\pi}{2}$ zu berücksichtigen.

2. Berechnung der freien Schwingungen.

Zur Berechnung der freien Schwingungen, wie sie beim Einschalten auftreten, ist das allgemeine Integral der Differentialgleichung unseres Stromkreises aufzustellen:

In jedem Element ist ein Ohmscher und ein induktiver Spannnngsabfall vorhanden:

$$\frac{\partial p_f}{\partial x} dx = i_f r\, dx + L\, dx\, \frac{\partial i_f}{\partial t}.$$

Es muß die in ein Element eintretende und austretende Elektrizitätsmenge gleich sein, woraus folgt:

$$\frac{\partial i_f}{\partial x} = C \frac{\partial p_f}{\partial t}.$$

Es sind sowohl $\frac{\partial p_f}{\partial x}$ als auch $\frac{\partial i_f}{\partial x}$ als positive Zahlen eingeführt, weil vom Nullpunkt aus gemessen in der Richtung der positiven x Strom und Spannung zunehmen sollen.

Aus den obigen Gleichungen ergibt sich:

$$\left. \begin{aligned} \frac{\partial^2 p_f}{\partial x^2} &= Cr \frac{\partial p_f}{\partial t} + LC \frac{\partial^2 p_f}{\partial t^2} \\ \frac{\partial^2 i_f}{\partial x^2} &= Cr \frac{\partial i_f}{\partial t} + LC \frac{\partial^2 i_f}{\partial t^2} \end{aligned} \right\} \quad \cdot \cdot \cdot \cdot \cdot \cdot \quad (83)$$

Das allgemeine Integral der Gl. 83 lautet:

$$\left. \begin{aligned} p_f &= e^{-at} \Sigma (A \sin nt + B \cos nt) \frac{dV}{dx} \\ i_f &= C e^{-at} \Sigma [(-\alpha A - Bn) \sin nt + (nA - \alpha B) \cos nt] V \end{aligned} \right\} \quad (84)^{*}$$

*) Bezüglich der Ableitung dieser Gleichung siehe K. W. Wagner, „Elektromagnetische Ausgleichvorgänge in Freileitungen und Kabeln".

worin $\qquad V = a \sin \varkappa x + b \cos \varkappa x$

$$\alpha = \frac{r}{2\,L} \qquad \text{und} \qquad \varkappa^2 = L\,C\,(n^2 + \alpha^2)$$

ist.

A, B, a, b und n sind willkürliche Konstanten, die noch bestimmt werden müssen. Man sieht, daß $\dfrac{n}{2\,\pi}$ die Frequenz der Vorgänge und $\dfrac{2\,\pi}{\varkappa}$ die Wellenlängen der einzelnen Harmonischen angibt, aus denen sich der gesamte Vorgang zusammensetzt. Da die Frequenz $\left(\dfrac{n}{2\,\pi}\right)$ der freien Schwingungen groß ist gegen α, kann man in Gl. 84 die mit α multiplizierten Glieder gegenüber den mit n multiplizierten vernachlässigen, und erhält dann:

$$\left.\begin{aligned} p_f &= e^{-\alpha t}\,\Sigma\,(A \sin nt + B \cos nt)\,\frac{dV}{dx} \\[2mm] i_f &= C e^{-\alpha t}\,\Sigma\,(A n \cos nt - B n \sin nt)\,V \end{aligned}\right\} \quad . \quad . \quad (85)$$

und

$$\varkappa = n\sqrt{LC}.$$

Die Fortpflanzungsgeschwindigkeit der freien Schwingungen längs der Wicklung ist gleich Wellenlänge mal Frequenz,

$$v = \frac{1}{\sqrt{LC}},$$

d. h. die Fortpflanzungsgeschwindigkeit ist infolge der Vernachlässigung von α unabhängig von der Frequenz, die Welle bewegt sich unverzerrt fort. Diese Voraussetzung trifft für Transformatoren, bei denen die Dämpfung vornehmlich durch die Eisenverluste bedingt ist, nicht zu, sie soll aber der Einfachheit halber beibehalten bleiben, der Einfluß der Verluste wird später erörtert. Die freien Schwingungen müssen nun wieder den stetigen Übergang von dem ersten strom- und spannungslosen Zustande zum stationären Leerlaufzustande vermitteln, es muß also für den Einschaltmoment $t = 0$ gelten:

$$i_{f0} + (i_x)_{t=0} = 0 \qquad p_{f0} + (e_{px})_{t=0} = 0 \qquad (86)$$

Außerdem müssen die freien Schwingungen aber noch den Grenzbedingungen unseres Problems genügen, d. h. für $x = \pm l$ muß p_f dauernd gleich Null sein, da der Spannungszustand an den Klemmen festgelegt ist, und für $x = 0$ muß p_f aus Symmetriegründen ebenfalls Null sein. Aus diesen Bedingungen ergibt sich:

$$a = 0, \qquad \varkappa l = k\pi, \qquad V = b \cos \frac{k\pi}{l} \cdot x \quad . \quad . \quad (87)$$

wobei k **jede ganze Zahl sein kann.**

Die Wellenlängen und Frequenzen der einzelnen Schwingungen sind jetzt bekannt:

$$\text{Wellenlänge } \triangle = \frac{2\,l}{k}, \qquad \text{Frequenz } c_f = \frac{k}{2\sqrt{L_t C_t}}.$$

Die Wellenlänge der Grundschwingung ($k = 1$) ist gleich der Wicklungslänge $2\,l$.

Im Zeitmoment $t = 0$ ist nun die Strom- und Spannungsverteilung der freien Schwingungen:

$$i_{f0} = C\varSigma A_k\, n_k \cos \varkappa_k x, \qquad p_{f0} = -\varSigma B_k\, \varkappa_k \sin \varkappa_k x$$

und die stationäre Strom- und Spannungsverteilung:

$$\left. \begin{array}{l} (i_x)_0 = -\,\bar{E}_{p0} \sqrt{\dfrac{C}{L}}\, \dfrac{\cos b x}{\sin b l} \cos \zeta \\[4mm] (e_{px})_0 = \bar{E}_{p0}\, \dfrac{\sin b x}{\sin b l} \sin \zeta \end{array} \right\} \qquad (88)$$

Mittels der Gl. 86 und 88 sind die Funktionen $(i_x)_0$ und $(e_{px})_0$, d. h. die örtliche Verteilung des stationären Spannungs- und Stromzustandes im Einschaltmoment, als **Fouriersche Reihen** dargestellt, deren Koeffizienten A_k und B_k berechnet werden können. Damit wäre dann der Zustand des Transformators nach der Gl. 85 als eine stehende Schwingung zwischen den Punkten $-l$ und $+l$ dargestellt, ähnlich dem einer schwingenden, in zwei Punkten festgehaltenen Seite.

Da man aber eine viel anschaulichere Darstellung der Vorgänge erhält, wenn man die freien Schwingungen mittels einer kleinen mathematischen Umformung als wandernde Wellen, deren Gestalt sich im Verlauf der Wanderung nicht ändert, darstellt, soll die Berechnung dieser Koeffizienten hier unterbleiben. Zu diesem Zwecke müssen freilich zuerst die Funktionen

$$\left. \begin{array}{l} (i_x)_0 = \psi\,(x) \\[2mm] (e_{px})_0 = \varphi\,(x) \end{array} \right\} \quad . \quad . \quad . \quad . \quad . \quad (89)$$

wie sie durch die **Fourierschen** Reihen für das Intervall $-l$ bis $+l$ definiert sind, über dieses Intervall hinaus fortgesetzt werden. Aus den Definitionsgleichungen dieser Funktionen:

$$\psi(x) = -\,C\,\Sigma A_k\,n_k \cos\frac{k\pi}{l}\,x \left.\vphantom{\begin{array}{c}a\\b\end{array}}\right\}$$

$$\psi(x) = \Sigma B_k\,\frac{k}{l}\,\pi \sin\frac{k}{l}\,\pi x \qquad\qquad \text{(nach 86)}$$

. . . . (90)

ergibt sich:

$$\psi(x) = \psi(-x) \qquad\qquad \varphi(x) = -\varphi(-x)$$
$$\psi(x+2l) = \psi(x) \qquad\qquad \varphi(x+2l) = \varphi(x)$$
$$\psi(-x+2l) = \psi(x) = \psi(2l-x) \quad\Big|\quad \varphi(-x+2l) = -\varphi(x) = -\varphi(2l-x).$$

Wenn man nach diesen Folgerungen die Funktionen zeichnerisch fortsetzt, erhält man (Fig. 134):

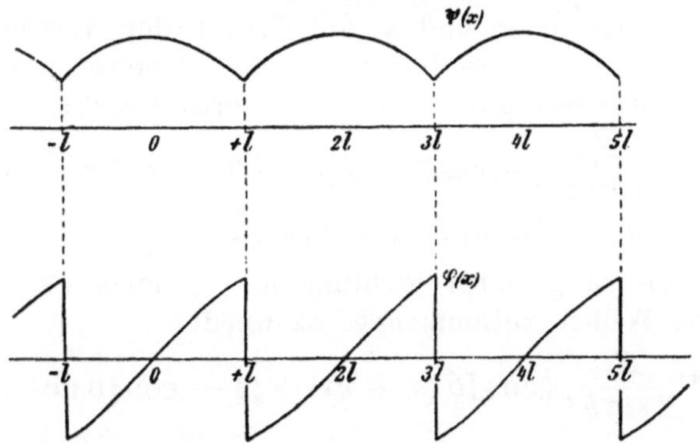

Fig. 134. Darstellung der Funktionen $\psi(x)$ und $\varphi(x)$.

$\psi(x)$ setzt sich aus lauter aneinandergereihten Kosinusbogen zusammen.

$\varphi(x)$ setzt sich aus lauter aufeinanderfolgenden Sinusbogen zusammen.

Die Wellenlänge der Kurven beträgt $2\,l$. In den Punkten l, $3\,l$, $5\,l$ ist die $\varphi(x)$-Kurve unstetig. Ihr Wert im Punkte l selbst ist nach Voraussetzung gleich Null, weil dort alle Sinus zu Null werden.

Der Ausdruck für p_f läßt sich nach Gl. 85 und 87 mit Hilfe der Beziehung $n = \varkappa v$ folgendermaßen umformen:

$$p_f = -\,e^{-\alpha t}\left\{\Sigma\frac{A_k}{2}\left[\cos\varkappa(x-vt) - \cos\varkappa(x+vt)\right]\right.$$

$$\left. +\,\Sigma\frac{B_k}{2}\sin\varkappa(x+vt) + \sin\varkappa(x-vt)\right]\right\}$$

und durch Einführung der Funktionen $\psi(x)$ und $\varphi(x)$ nach Gl 90 ergibt sich:

$$p_f = e^{-at}\left\{ \frac{1}{2}\sqrt{\frac{L}{C}}\,\psi(x-vt) - \frac{1}{2}\sqrt{\frac{L}{C}}\,\psi(x+vt) - \frac{1}{2}\varphi(x+vt) \right.$$

$$\left. - \frac{1}{2}\varphi(x-vt) \right\} \quad . \quad . \quad . \quad . \quad . \quad . \quad . \quad . \quad (91)$$

Damit ist p_f durch vier wandernde Wellen dargestellt, von denen zwei in der positiven, zwei in der negativen x-Richtung wandern.

Wenn nun die durch Gl. 89 definierten Ausdrücke für φ und ψ in Gl. 91 eingeführt werden, so ist zu beachten, daß jene nur für das Intervall $-l$ bis $+l$ gelten, die wandernde Welle also nur für den Zeitmoment $t=0$ vollständig darstellen. Für die folgenden Zeitmomente müssen φ und ψ auf Grund der vorhergegangenen Überlegungen über dieses Intervall hinaus fortgesetzt werden.

Durch Einsetzen und Vereinfachen ergibt sich:

$$p_f = e^{-at}\frac{\overline{E}_{p0}}{2\sin bl}\left[-\cos\zeta\cos b(x-vt) + \cos\zeta\cos b(x+vt) \right.$$

$$\left. -\sin\zeta\sin b(x+vt) - \sin\zeta\sin b(x-vt) \right],$$

und wenn die in gleicher Richtung mit gleicher Geschwindigkeit wandernden Wellen zusammengesetzt werden:

$$\boldsymbol{p_f = e^{-at}\frac{\overline{E}_{p0}}{2\sin bl}\left\{\cos\left[b(x+vt)+\zeta\right] - \cos\left[b(x-vt)-\zeta\right]\right\}}$$

$$(92)$$

Die freie Schwingung ist damit als Resultante zweier in entgegengesetzter Richtung mit der Geschwindigkeit v wandernder Wellen dargestellt, die sich beide aus Stücken von Kosinuskurven zusammensetzen. Der Einfluß der Phase des Einschaltens macht sich in der gegenseitigen Lage beider Wellen im Einschaltmoment geltend, sie sind für diesen Moment $(t=0)$ um den Winkel $(\pi-2\zeta)$ gegeneinander verschoben. Die Fortsetzung der Wellen über das Intervall $-l$ bis $+l$ hinaus ist sehr einfach, da die Wellenlänge als $2l$ bestimmt wurde, es folgen lauter Kosinusbogen aufeinander, wie Fig. 135 zeigt.

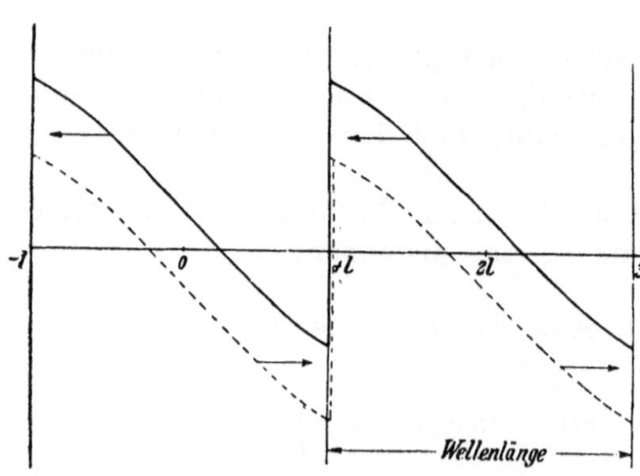

Fig. 135. Die wandernden Wellen beim Einschalten der Primärwicklung.

Für $\zeta = 90^0$ fallen beide Kosinuswellen zur Zeit $t = 0$ zusammen. Für $x = 0$ ist ihre Amplitude ebenfalls gleich Null (Fig. 136).

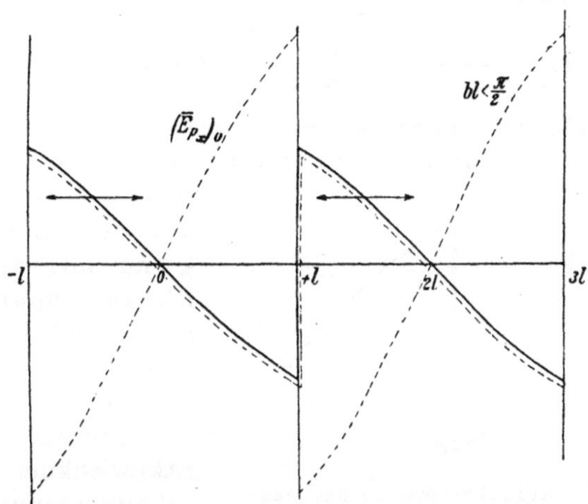

Fig. 136. Die wandernden Wellen im Einschaltmoment. $\zeta = 90^0$.

Die Gleichung für diesen Fall lautet:

$$p_{f_{(t=0)}} = -\, e^{-at}\, \frac{\overline{E}_{p0}}{2 \sin bl} \left(\overleftarrow{\sin bx} + \overrightarrow{\sin bx} \right).$$

Für diesen Einschaltmoment ist die stationäre Stromkurve gleich Null, die freie Schwingung ist zur Zeit $t = 0$ nichts anderes als die symmetrisch zur Abszissenachse liegende Spannungskurve $(\overline{E}_{px})_0$, und dient zur Kompensation dieser Kurve, da der ganze Transformator für $t = 0$ ja strom- und spannungslos sein soll.

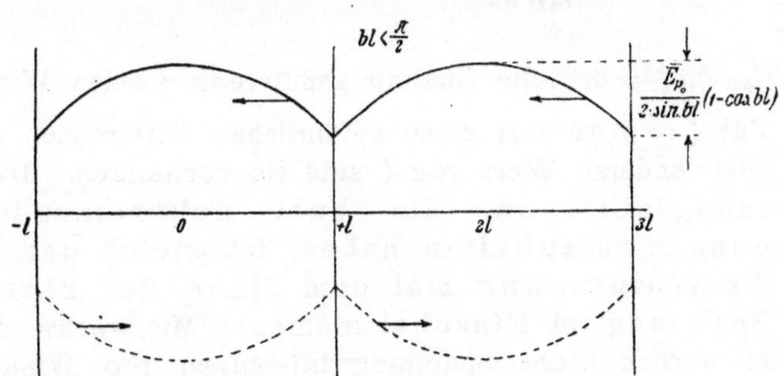

Fig. 137. Die wandernden Wellen im Einschaltmoment. $\zeta = 0$.

Für $\zeta = 0$ sind die beiden Wellen für $t = 0$ um π gegeneinander verschoben (Fig. 137), d. h. sie heben sich im Zeitmoment 0 gegenseitig auf, **was auch sein muß**, denn $(\overline{E}_{px})_0$ ist für diesen Moment für den **ganzen Transformator** gleich Null.

Die Gleichung lautet in dem Falle:

$$p_{f(t=0)} = e^{-\alpha t}\, \frac{\overline{E}_{p0}}{2\sin bl}\left(\overleftarrow{\cos bx} - \overrightarrow{\cos bx}\right).$$

Als **Resultante dieser beiden** in **entgegengesetzter Richtung wandernden Wellen entsteht** die **tatsächliche freie Schwingung**, und durch Superposition dieser Eigenschwingung mit dem stationären Spannungszustand erhält man den wirklichen Einschaltvorgang.

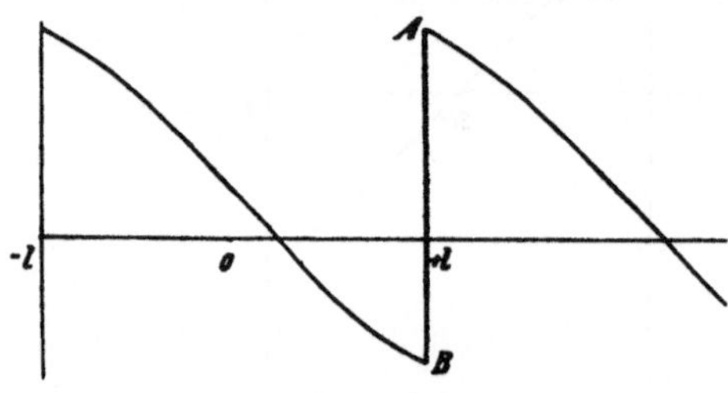

Fig. 138. Die Ordinatensprünge der wandernden Wellen, die die Ursache des Durchschlags der Windungen gegeneinander sind.

Ein wesentliches Charakteristikum des Einschaltvorganges, wenn ζ nicht gleich Null ist, ist das Auftreten von Unstetigkeiten in den Ordinaten der Kosinuskurve (AB), Fig. 138.

Diese Sprünge in der Spannungskurve, die örtliche, außerordentlich **große Spannungsabfälle** von einer Windung bis zur nächsten darstellen, sind es, die die Durchschläge der Isolation zwischen den einzelnen Windungen verursachen und den **Transformator** beim Einschalten zerstören können. Dieser Ordinatensprung berechnet sich zu:

$$\frac{\overline{E}_{p0}}{2\sin bl}\left[\cos\left(bl+\zeta\right)-\cos\left(bl-\zeta\right)\right]$$

oder

$$\overline{E}_{p0}\sin\zeta = \text{örtliche Spannungsdifferenz zweier Windungen.}$$

Für $\zeta = 0$ werden diese gefährlichen Differenzen gleich Null, für jeden anderen **Wert** von ζ sind sie vorhanden. Die örtliche Spannungsdifferenz, die zwei nebeneinanderliegende Windungen auszuhalten haben, ist gleich der Amplitude der Phasenspannung mal dem Sinus des Phasenwinkels der Spannung im Einschaltmoment. Mit wachsendem Phasenwinkel werden diese Spannungsdifferenzen pro Windung immer größer, und für den ungünstigsten Fall $\zeta = 90^0$, d. h. bei Einschalten im Maximum der Spannung, haben zwei nebeneinanderliegende Windungen des Transformators die volle Amplitude der Phasenspannung gegeneinander auszuhalten.

Die Spannungsdifferenzen durchwandern den ganzen Transformator mit Geschwindigkeiten von $(10 \sim 30)\,10^3$ km/sek und beanspruchen alle Windungen, abgesehen von der Dämpfung, deren Einfluß noch näher besprochen werden soll, gleich stark. Für $x = 0$ überlagern sich die Differenzen beider Kosinuswellen, so daß dort ein Spannungssprung von $2\,\overline{E}_{p0}\sin\zeta$, im Maximum von $2\,\overline{E}_{p0}$ stattfindet, und bei $x = +l$ und $-l$ erzeugen sie Überspannungen an den Klemmen, d. h. Spannungen zusätzlich zur normalen Spannung, die im Maximum $\overline{E}_{p0}\sin\zeta$ sein können, nämlich bei sehr geringer Dämpfung und geradzahligem Verhältnis zwischen Frequenz der aufgeprägten und der freien Schwingung. Es kann also beim Einschalten der Hochspannungswicklung im ungünstigsten Falle die doppelte normale Spannung an den Klemmen auftreten, nicht mehr.

Die Dämpfung der freien Schwingungen ist von $\alpha = \dfrac{r}{2\,L}$ abhängig. Bei technischen Transformatoren wird dieser Wert durch die Eisenverluste noch wesentlich erhöht, und da diese Dämpfung die höheren Harmonischen stärker beeinflußt, bewirkt sie, daß die Kanten und Ecken der Unstetigkeitsstellen sich abrunden (Fig. 139b), daß die Steilheit des Abfalls verringert wird — die Welle bewegt sich nicht mehr unverzerrt fort (Fig. 139).

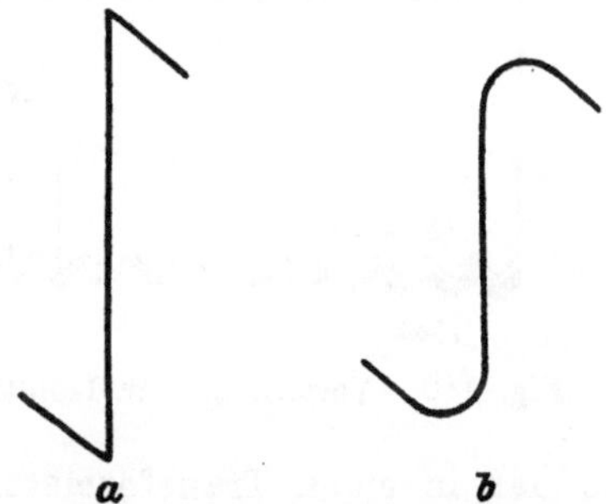

Fig. 139. Der Einfluß der Dämpfung durch Kupfer- und Eisenverluste.

Dadurch wird die Überanspruchung der Windungen mit der Zeit geringer, aber wie die Praxis ergibt, ist diese Dämpfung oft doch nicht so stark, um die Welle in der Zeit $\left(\dfrac{l}{v}\right)$, nach der sämtliche Windungen einmal derartig beansprucht worden sind, wirksam zu verkleinern. Es scheinen in der Hinsicht alle Windungen eines Kerntransformators für die erste Halbperiode der freien Schwingung fast gleich beansprucht zu sein, denn die Durchschläge einzelner Windungen gegeneinander finden nach praktischen Erfahrungen durchaus nicht nur in den ersten Spulen statt, sondern der Durchschlag kann an ganz beliebigen Stellen der Wicklung erfolgen, am häufigsten an den Verbindungsstellen zweier Spulen. Diese Stellen sind nun auch Punkte der Unstetigkeit der Leitungskonstanten, so daß hier wahrscheinlich noch kompliziertere Vorgänge vor sich gehen, auch ist die dielektrische Festigkeit dieser

Stellen eine andere als die, die zwei Windungen normalerweise gegeneinander besitzen.

Manteltransformatoren scheinen in der Hinsicht besser geschützt zu sein als Kerntransformatoren, denn nach den Erfahrungen der amerikanischen Hochspannungspraxis sind sie vollkommen geschützt, wenn ungefähr die ersten 60 m Wicklungslänge stärker isoliert sind als die darauffolgenden Windungen; siehe z. B. W. S. Moody, „Proceedings of the A. J." 1907, S. 689. Die erforderliche Isolation steigt mit der Größe der Leistung des Transformators, weil mit dieser die Länge einer Windung steigt und ebenfalls die bei einem gegebenen Potentialabfall pro Längeneinheit zwischen zwei Windungen auftretende maximale Spannung. Die freien Schwingungen, die durch die Einschaltvorgänge oder auch durch Vorgänge in der Freileitung hervorgerufen werden, scheinen bei allen Transformatoren bis annähernd zur gleichen Tiefe einzudringen,

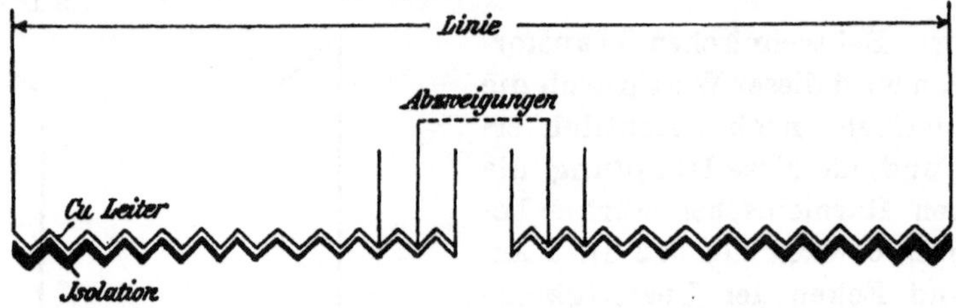

Fig. 140. Verteilung der Isolation eines Hochspannungstransformators.

so daß in einem Transformator von wenig Windungen ein größerer Prozentsatz der gesamten Windungszahl der Gefahr ausgesetzt ist, durchschlagen zu werden, als bei einem Transformator großer Windungszahl. Es wäre nicht richtig, einen bestimmten Prozentsatz der Windungen stärker zu isolieren, sondern es ist immer eine bestimmte Länge der Wicklung mehr zu schützen. Die Spannung, die die verstärkte Isolation der ersten Windungen aushalten muß, hat sich aus der Erfahrung als die normale Betriebsspannung ergeben, was mit der Theorie übereinstimmt. Diesen Transformatoren wird gewöhnlich eine Drosselspule von der Wicklungslänge von 15 m vorgeschaltet.

Die stärkere Dämpfung bei Manteltransformatoren ist vielleicht durch große lokale Wirbelstromverluste im Kupfer zu erklären, die durch die spezielle Bauart dieser Transformatoren hervorgerufen werden. Um die stärker isolierte Länge möglichst kurz zu machen, werden Abzweigungen der Wicklung, falls verschiedene Spannungen erwünscht sind, immer in der Nähe des Nullpunkts und nicht in der Nähe der Klemmen angeordnet. Für einen Einphasentransformator zum Beispiel nach Fig. 140.

Den Schnitt durch eine Spule, die an den Klemmen liegt und deren Windungen zum Teil stark gegeneinander isoliert sind, zeigt nebenstehende Fig. 141.

Gegenüber dieser Beanspruchung der Windungen ist natürlich die stetige Potentialverteilung längs der Wicklung ganz nebensächlich. Sie hat nur Interesse für den Fall $\zeta = 0$, da dann die lokalen Unstetigkeiten der Spannungskurve zu Null werden. Unter der Annahme, daß die Spannungswelle mit der Geschwindigkeit v in die Wicklung eindringt, während das Potential an den Klemmen sich nach dem Gesetz $\bar{E}_{p0} \sin \omega t$ ändert und der Spannungsabfall in der Wicklung für die ersten Momente geradlinig verläuft, ergibt sich nach Fig. 142:

$$\left(\frac{\partial e_{px}}{\partial x}\right)_{max} = \bar{E}_{p0}\,\omega\,\sqrt{LC}$$

$$\text{für } t = 0$$

Diese Beanspruchung ist meist kleiner oder gleich der normalen stationären Beanspruchung. Die exakte Nachrechnung ergibt, daß die tatsächliche Beanspruchung der Wicklung noch unter diesem Werte bleibt.

Die absolute Vermeidung jeder Überanspruchung beim Einschalten wäre also mit

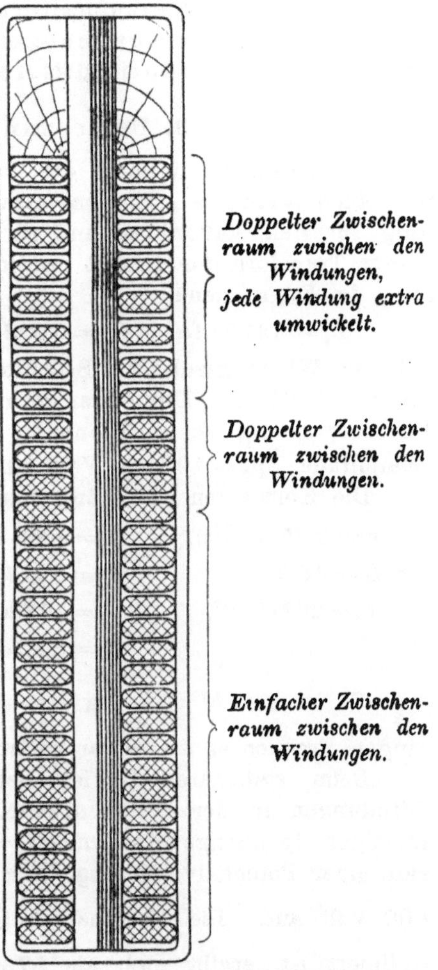

Fig. 141. Spule eines Hochspannungsmanteltransformators für 60 000 Volt.

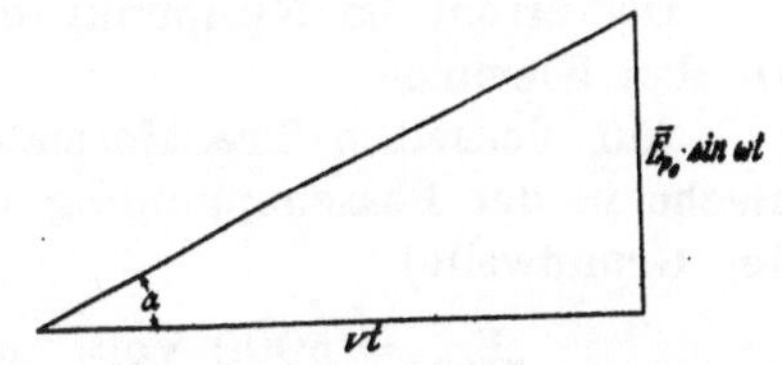

Fig. 142. Diagramm des Eindringens der Spannung in die Wicklung für $\zeta = 0$.

Hilfe eines Nullwerteinschalters möglich, denn nur dann entstehen weder Überspannungen an den Klemmen, noch große örtliche Potentialdifferenzen.

3. Berechnungsbeispiel.

Zur Veranschaulichung der besprochenen Verhältnisse werde für einen bestimmten Einphasentransformator die Spannungsverteilung für den stationären und für den Einschaltzustand bestimmt. Dieser Transformator besitzt pro Schenkel der Hochspannungswicklung die Konstanten:

$$R_t = 12150 \ \Omega, \qquad C_t = 0{,}002 \ \text{MF}, \qquad L_t = 5000 \ \text{Henry}.$$

Die Windungszahl pro Schenkel beträgt 30000, die Windungslänge 34000 m. Der Transformator sei mit einer effektiven Phasenspannung, d. h. Spannung pro Schenkel, von 70800 Volt (Amplitude $\overline{E}p_0 = 100000$ Volt) mit der Periodenzahl 50 betrieben.

Die Konstanten pro Längeneinheit ergeben sich als:

$$r = 0{,}3575 \ \Omega/\text{m}. \qquad C = 5{,}89 \cdot 10^{-14} \ \text{F/m}, \qquad L = 0{,}147 \ \text{H/m},$$
$$\omega L = 46{,}2 \qquad \alpha = 1{,}217, \qquad a = 1{,}132 \cdot 10^{-7},$$
$$b = 292 \cdot 10^{-7}, \qquad v = 10760 \ \text{km/sek.}, \qquad bl = 0{,}993 = 56^0 55'$$
$$al = 3{,}85 \cdot 10^{-3}.$$

Es ist also $bl < \dfrac{\pi}{2}$, wie es für alle Transformatoren mit geringen Frequenzen zu erwarten ist.

Beim stationären Betrieb beträgt die Überanspruchung der Windungen in der Nähe des Nullpunktes infolge der sinusförmigen Spannungsverteilung: $K = 1{,}186$, $19^0/_0$ mehr als bei geradliniger Potentialverteilung, z. B. statt 500 Volt treten dauernd 600 Volt auf. Die überanspruchte Wicklungslänge, die durch $\dfrac{1}{K}$ definiert ist, ergibt sich als $57{,}2^0/_0$ der gesamten Länge. Die Stromverteilung ergibt sich zu:

$$(\overline{J}_x)_{x=0} = 0{,}075 \ \text{Amp.} \quad (\overline{J}_x)_{x=l} = 0{,}041 \ \text{Amp.}$$

Der Strom im Nullpunkt der Wicklung ist $18{,}3^0/_0$ größer als an den Klemmen.

Auf denselben Transformator wirke noch eine dritte Harmonische in der Phasenspannung von der Amplitude 5000 Volt ($5^0/_0$ der Grundwelle).

$$\overline{E}_{p03} = 5000 \ \text{Volt}, \qquad \omega = 943, \qquad \omega L = 138{,}7,$$
$$b = 877 \cdot 10^{-7}, \qquad bl = 170^0 45',$$

also nahe an π.

Der Schwingungszustand infolge dieser dritten Harmonischen sei über den der Grundharmonischen gelagert gedacht. Die totale Überanspruchung im stationären Betriebszustand beträgt dann für eine spitze Spannungskurve $K_t = 2{,}114$, d. h. die Wicklung in der Nähe des Nullpunktes hat mehr als die doppelte Beanspruchung dauernd auszuhalten. Durch die Existenz dieser dritten Harmonischen von relativ geringer Amplitude ist der Überspannungsfaktor um $78\,^0/_0$ vergrößert worden. Für

$$x = \frac{1}{b} \cdot \frac{\pi}{2} = 17\,930 \text{ m}$$

bildet sich für die dritte Harmonische ein Spannungsmaximum von der Amplitude 31200 Volt aus, d. h. das 6,24fache der Klemmenspannung dieser Harmonischen. Die Stromverteilung dieser Harmonischen ergibt sich als:

$$(\overline{J}_x)_{x=0} = 0{,}0194 \text{ Amp.,}$$
$$(\overline{J}_x)_{x=17\,930\,m} = 0,$$
$$(\overline{J}_x)_{x=l} = 0{,}01913 \text{ Amp.}$$

Der Strom hat nicht mehr in allen Querschnitten denselben Richtungssinn. Die

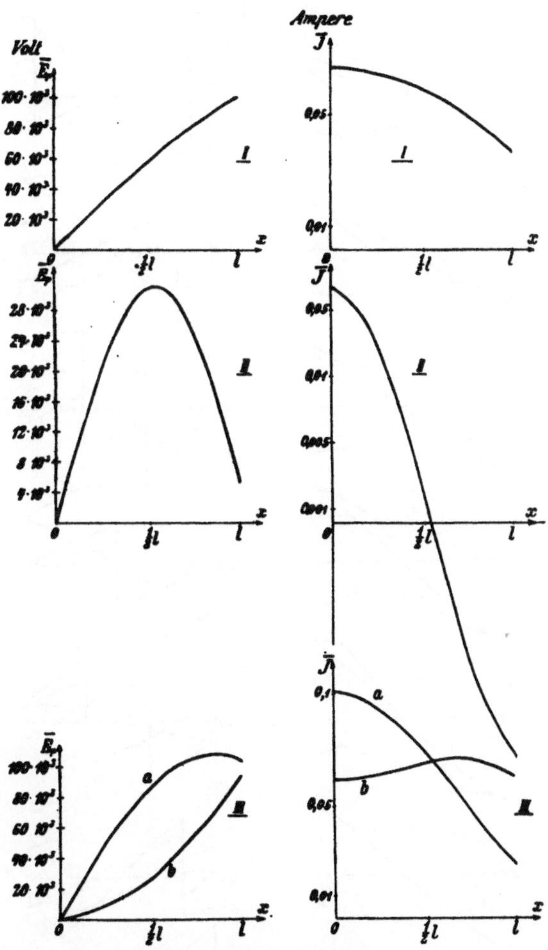

Fig. 143. Strom- und Spannungsverteilung eines Transformators, dessen Wicklung gleichmäßig verteilte Kapazität besitzt.

I. Die Grundschwingung (50 Perioden).

II. Eine dritte Harmonische.

III. a) für eine spitze, b) für eine flache Spannungskurve, aus I und II kombiniert.

entsprechenden Kurven sind in Fig. 143 dargestellt: I für die Grundharmonische, II für die dritte Harmonische und III aus beiden kombiniert, und zwar a für eine spitze, b für eine flache Spannungskurve.

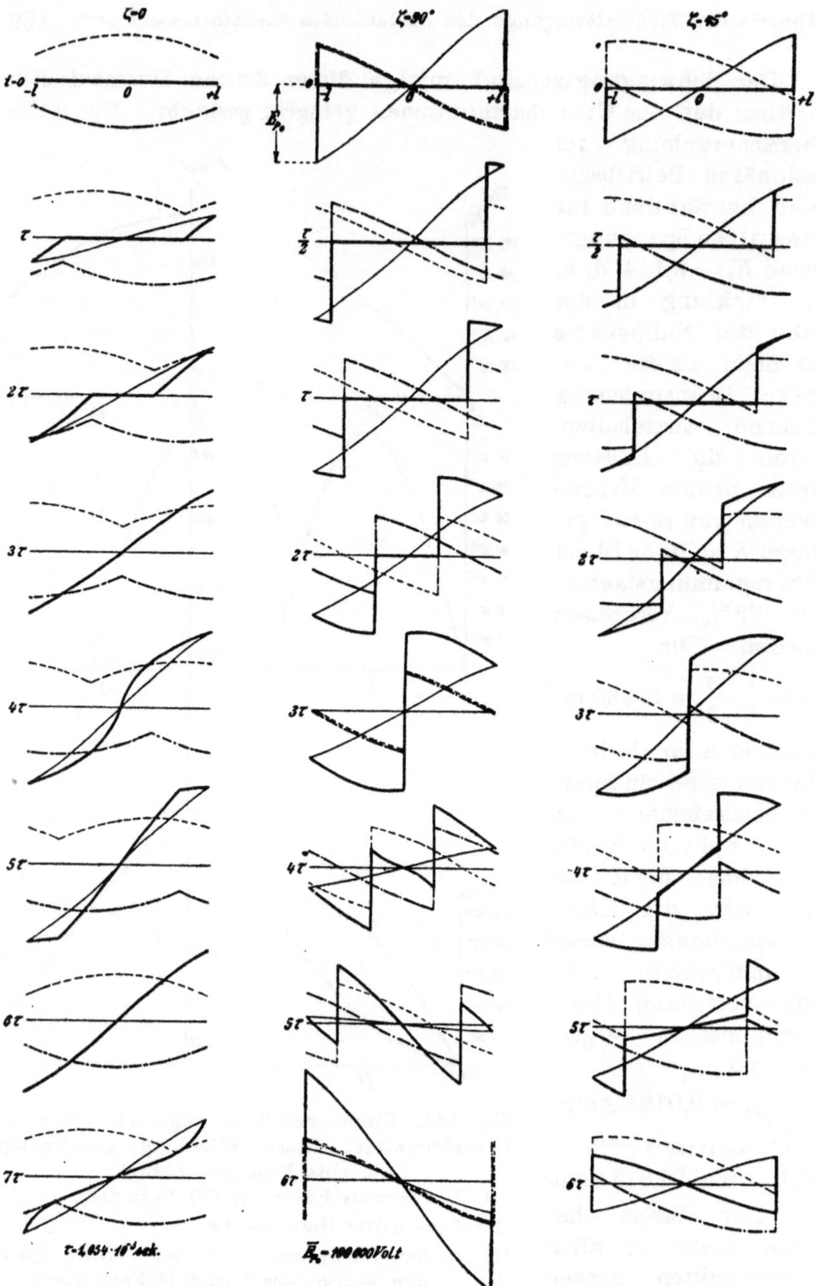

Fig. 144. Einschaltvorgänge eines Transformators, dessen Wicklung gleichförmig verteilte Kapazität besitzt, für drei verschiedene Einschaltmomente dargestellt. Einschalten der Hochspannungsseite. (Wandernde Wellen punktiert und strichpunktiert, stationäre Schwingung dünne Linie, resultierender Spannungszustand starke Linie.)

Die Einschaltvorgänge für die Grundharmonische sind in Fig. 144 für drei verschiedene ζ dargestellt, in Zeitintervallen

$$\tau = \left(\frac{l}{3\,v}\right) = 1{,}054 \cdot 10^{-3}\,\text{Sek.,}$$

in denen die freien Schwingungen jedesmal $^1/_3$ der Wicklungslänge durchwandern. Der resultierende Spannungszustand ist durch Superposition des stationären Zustandes mit den wandernden Wellen gewonnen. Für $\zeta = 45^0$ und 90^0 ist auch der Zeitmoment $\dfrac{l}{6\,v}$ eingezeichnet. Die Joulesche Dämpfung ist für die gezeichneten Kurven vernachlässigbar klein, die Eisenverluste sind der unsicheren Koeffizienten halber nicht berücksichtigt. Ihr Einfluß wurde schon erörtert. Der Resultantvorgang ist unperiodisch, denn die Schwingungsdauer der freien Schwingung ist $\dfrac{2\,l}{v} = 0{,}00633$ Sek. und die der eingeprägten Schwingung $0{,}02$ Sek. Deswegen tritt für $\zeta = 90^0$ auch nicht die maximale Klemmenspannung im Werte von $2\,E_{p0}$ auf. Man sieht das Eindringen der Spannung mit der Geschwindigkeit v in die Wicklung, die großen lokalen Spannungsdifferenzen für $\zeta = 45^0$ und 90^0 und auch die an den Klemmen entstehenden Überspannungen. Aus den Diagrammen für $\zeta = 0$ zeigt sich, daß die zwischen zwei Windungen auftretenden Überanspruchungen höchstens einer stationären Spannungsverteilung von doppelter Amplitude entsprechen, so daß ein auf annähernd die doppelte Klemmenspannung geprüfter Transformator beim Einschalten für $\zeta = 0$ unmöglich Schaden nehmen kann.

II. Einschalten der Niederspannungsseite.

Einen zweiten charakteristischen Fall bildet das Einschalten der Niederspannungsseite bei leerlaufender Hochspannungsseite. Es treten auf der Hochspannungsseite freie Schwingungen auf, und es soll der Einfachheit halber angenommen werden, daß auf der Niederspannungsseite durch irgendwelche Vorrichtungen die Möglichkeit freier Schwingungen ausgeschlossen sei, so daß sie nicht rückinduzierend wirken kann. Außerdem sei wieder die Kapazität der Niederspannungsseite verschwindend klein gegen die der Hochspannungsseite.

1. Gleichungen für den stationären Zustand.

Die Gleichungen für den stationären Znstand wurden für diesen Fall unter Vernachlässigung des Widerstandes von A. Dina, ETZ 1906, entwickelt:

Es sei wieder ein Einphasentransformator betrachtet:

$$L_{1t} \quad L_{2t} \quad r_{1t} \quad r_{2t} \quad M_t$$

seien pro Schenkel bzw. pro Phase gemessen, d. h. für die Länge l.

L_2, r_2, M ist pro Längeneinheit der Hochspannungswicklung gerechnet. $\overline{E}_1$ sei die Amplitude der Phasenspannung (in unserem Falle die halbe Amplitude der Klemmenspannung) der Niederspannungsseite.

Dann gilt für die Niederspannungsseite die Beziehung:

$$\overline{E}_1 = \overline{J}_1(r_{1t} - j\omega L_{1t}) - M\int_0^l j\omega \overline{J}_2\, dx \quad \ldots \quad (93)$$

Das letzte Glied stellt die „mittlere" Rückwirkung des Sekundärkreises dar, da der Sekundärstrom örtlich nicht konstant ist.

Für den Sekundärkreis gilt:

$$\left.\begin{aligned}
\frac{d\overline{E}_{p2}}{dx} &= -\overline{J}_2(r_2 - j\omega L_2) + j\omega M\overline{J}_1 \\[2mm]
\frac{d\overline{J}_2}{dx} &= \overline{E}_{p2}\cdot j\omega C
\end{aligned}\right\} \quad \ldots \quad (94)$$

Aus Gl. 94 ergibt sich, da $\dfrac{d\overline{J}_1}{dx} = 0$ ist:

$$\left.\begin{aligned}
\frac{d^2\overline{E}_{p2}}{dx^2} &= -\frac{d\overline{J}_2}{dx}(r_2 - j\omega L_2) = -\overline{E}_{p2}\, j\omega C(r_2 - j\omega L_2) \\[2mm]
&\text{und für den Sekundärstrom ergibt sich nach Gl. 94} \\[2mm]
\frac{d^3\overline{J}_2}{dx^3} &= -\frac{d\overline{J}_2}{dx}\, j\omega C(r_2 - j\omega L_2)
\end{aligned}\right\} \quad (95)$$

Aus den Gl. 95 folgt analog den Dinaschen Entwicklungen mit Hilfe der schon im ersten Falle (S. 144 u. 145) gemachten Annäherungen:

$$\left.\begin{aligned}
\overline{J}_1 &= \frac{\overline{E}_1}{r_{1t} - j\omega L_{1t}\left[1 + \dfrac{M_t^2}{L_{1t}L_{2t}}\left(\dfrac{\operatorname{tg} bl}{bl} - 1\right)\right]} \\[3mm]
\overline{E}_{p2} &= j\frac{M_t}{L_{2t}}\sqrt{\frac{L_{2t}}{C_t}}\frac{\sin bx}{\cos bl}\cdot \overline{J}_1 \\[3mm]
\overline{J}_2 &= \frac{M_t}{L_{2t}}\overline{J}_1\left(\frac{\cos bx}{\cos bl} - 1\right)
\end{aligned}\right\} \quad \ldots \quad (96)$$

wo $b = \omega\sqrt{L_2 C}$ bedeutet.

Setzen wir nun, um die Streuung zu berücksichtigen:

$$\varrho_1 = \frac{L_{1t} - S_1}{L_{1t}}, \qquad \varrho_2 = \frac{L_{2t} - S_2}{L_{2t}}, \qquad \varrho = \varrho_1 \varrho_2 = \frac{M_t^2}{L_{1t} L_{2t}} \left.\right\}$$
$$\frac{M_t}{L_{1t}} = \varrho_1 \frac{w_2}{w_1}, \qquad \frac{M_t}{L_{2t}} = \varrho_2 \frac{w_1}{w_2} \tag{97}$$

wobei w_1 und w_2 primäre und sekundäre Windungszahl bedeuten, so ergeben sich als Resultantgleichungen:

$$\overline{J}_1 \cong \frac{- b l \overline{E}_1}{j \omega L_{1t} [b l (1 - \varrho) + \varrho \, \mathrm{tg}\, b l]}$$
$$\overline{E}_{p2} = - \varrho_1 \frac{w_2}{w_1} \cdot \frac{\overline{E}_1}{b l (1 - \varrho) + \varrho \, \mathrm{tg}\, b l} \cdot \frac{\sin b x}{\cos b l} \left.\right\} \tag{98}$$
$$\overline{J}_2 = \varrho_2 \frac{w_1}{w_2} \overline{J}_1 \left(\frac{\cos b x}{\cos b l} - 1 \right)$$

Die ausführliche Diskussion dieser Gleichungen ist bei A. Dina, ETZ 1906, zu finden. Das Verhältnis der primären und sekundären Phasenspannung ist

$$\frac{\overline{E}_2}{\overline{E}_1} = \frac{(\overline{E}_{p2})_{x=l}}{\overline{E}_1} = \varrho_1 \frac{w_2}{w_1} \frac{\mathrm{tg}\, b l}{b l (1 - \varrho) - \varrho \, \mathrm{tg}\, b l} \quad . \quad . \quad (99)$$

braucht also durchaus nicht gleich dem Verhältnis der Windungszahlen zu sein. Der maximale Strom der Sekundärwicklung ergibt sich zu

$$(\overline{J}_2)_{x=0} = j \frac{- \overline{E}_2}{\omega L_{2t}} b l \, \mathrm{tg}\, \frac{b l}{2} \quad . \quad . \quad . \quad (100)$$

Der Überspannungsfaktor, definiert als Verhältnis des maximalen Spannungsabfalls pro Längeneineinheit zum Spannungsabfall bei geradliniger Potentialverteilung, ist hier:

$$K = \frac{\varrho_1 b l}{[b l (1 - \varrho) + \varrho \, \mathrm{tg}\, b l] \cos b l} \quad . \quad . \quad . \quad (101)$$

Die gegenüber geradliniger Potentialverteilung überanspruchte Wicklungslänge ist wieder durch den reziproken Wert des Überspannungsfaktors gegeben:

$$\cos b x = \frac{1}{K} \quad . \quad . \quad . \quad . \quad (102)$$

In der Sekundärwicklung kann sich für $b x = \frac{\pi}{2}$ ein Spannungsbauch bilden, von der Amplitude:

$$(\overline{E}_{p2})_{max} = - \varrho_1 \frac{w_2}{w_1} \cdot \frac{\overline{E}_1}{b l (1 - \varrho) + \varrho \, \mathrm{tg}\, b l} \cdot \frac{1}{\cos b l} \quad . \quad (103)$$
$$\frac{(\overline{E}_{p2})_{max}}{\overline{E}_2} = \frac{1}{\sin b l} \quad . \quad . \quad . \quad (104)$$

Dieser Spannungsbauch kann also viel größer als die Klemmenspannung werden.

2. Berechnung der freien Schwingungen.

Unter unseren Annahmen gilt wieder dieselbe partielle Differentialgleichung wie im ersten Fall, nur existieren andere Grenzbedingungen. Diese lauten jetzt: für $x = 0$ ist p_f dauernd gleich Null und für $x = \pm l$ ist i_f dauernd gleich Null. Aus diesen Bedingungen ergibt sich:

$$\left.\begin{aligned} a &= 0 \\ \varkappa l &= (2k+1)\frac{\pi}{2} \end{aligned}\right\} \quad \ldots \ldots \quad (105)$$

Wegen des stetigen Zusammenhangs zwischen dem strom- und spannungslosen Zustand mit dem stationären Betriebszustand gilt wieder:

$$\left.\begin{aligned} i_{f(0)} &= -(i_2)_{t=0} \\ p_{f(0)} &= -(e_{p2})_{t=0} \end{aligned}\right\} \quad \ldots \ldots \quad (106)$$

Durch Einführung des Phasenwinkels ζ erhält man für den Zeitmoment $t = 0$:

$$\left.\begin{aligned} (e_{p2})_{t=0} &= -\left(\frac{M_t}{L_{2t}}\sqrt{\frac{L_2}{C}}\cdot\frac{J_1}{\cos bl}\sin bx\right)\sin\zeta = \varphi(x) \\ (i_2)_{t=0} &= -\left(\frac{M_t}{L_{2t}}\bar{J}_1\frac{\cos bx}{\cos bl} - \frac{M_t}{L_{2t}}\bar{J}_1\right)\cos\zeta = \psi(x) \end{aligned}\right\} \quad (107)$$

Die Gleichungen der freien Schwingungen lauten in diesem Fall:

$$\left.\begin{aligned} p_f &= e^{-at}\Sigma(A\sin nt + B\cos nt)\varkappa\sin\varkappa x \\ i_f &= Ce^{-at}\Sigma(An\cos nt - Bn\sin nt)\cos\varkappa x \end{aligned}\right\} \quad (108)$$

Aus den Beziehungen 106 ergibt sich:

$$\left.\begin{aligned} p_{f(0)} &= \Sigma B_k\varkappa_k\sin\varkappa_k x = \Phi\sqrt{\frac{L_2}{C}}\frac{\sin bx}{\cos bl}\sin\zeta \\ i_{f(0)} &= C\Sigma A_k n_k\cos\varkappa_k x = \left(\Phi\frac{\cos bx}{\cos bl} - \Phi\right)\cos\zeta \end{aligned}\right\} \quad (109)$$

Zur Abkürzung ist

$$\frac{M_t}{L_{2t}}\bar{J}_1 = \Phi$$

eingeführt. Und es ist nach S. 149

$$n_k = \frac{\varkappa_k}{\sqrt{L_2 C}}.$$

Durch die Gl. 109 sind Strom- und Spannungswellen durch Fouriersche Reihen dargestellt. Eine anschauliche Vorstellung gewinnt man wieder, indem man die Schwingungen als wandernde Wellen darstellt. Die Wellenlängen der einzelnen Partialschwingungen sind durch $\dfrac{2\pi}{\varkappa_k} = \dfrac{4\pi l}{(2k+1)\pi} = \dfrac{4l}{2k+1}$ gegeben. Die Grundwelle $(k=0)$ hat die Wellenlänge $4l$.

Die Funktionen $\varphi(x)$ und $\psi(x)$ sind nur im Intervall $(-l)$ bis $(+l)$ bekannt. Werden sie mit Hilfe der Darstellung durch Fouriersche Reihen über dieses Intervall hinaus fortgesetzt, so erhält man:

$$
\left.
\begin{aligned}
&\text{1.}\quad \psi(x+4l) = \psi(x) \qquad \varphi(x+4l) = \varphi(x)\\
&\text{2.}\quad\;\; \psi(-x) = \psi(+x) \qquad \varphi(-x) = -\varphi(+x)\\
&\text{3.}\quad \psi(2l-x) = -\psi(x) \quad \varphi(2l-x) = \varphi(x)\\
&\text{4.}\quad
\begin{cases}
\psi(2l+x) = \psi(2l-x) = -\psi(x)\\
\varphi(2l+x) = -\varphi(2l-x) = -\varphi(x)
\end{cases}
\end{aligned}
\right\} \tag{110}
$$

Die Wellen haben die Wellenlänge $4l$. Die Welle $\varphi(x)$ ist zu den Punkten $x=l,\ 3l,\ 5l$ usw., die Welle $\psi(x)$ zu den Punkten $x=0,\ 2l,\ 4l$ usw. symmetrisch.

Die Welle $\psi(x)$ bildet einen vollständigen stetigen Wellenzug, da sie für $x=-l$ und $x=+l$ immer durch Null geht.

Die Welle $\varphi(x)$ hat in den Punkten $x=l,\ 3l$ usw. Unstetigkeiten im Differentialquotienten, aber nie eine Unstetigkeit in den Ordinaten, was gegenüber den Wellen des vorigen Falles ein wesentlicher Unterschied ist.

Zeichnerisch festgesetzt ergibt sich also folgendes Bild nach Fig. 145:

Durch die formale Umrechnung der Gleichung der freien Schwingungen, die bereits im vorigen Falle durchgeführt wurde, wieder unter der Voraussetzung, daß die mathematische Formulierung nur für $t=0$ von $x=-l$ bis $x=+l$ gilt, erhält man:

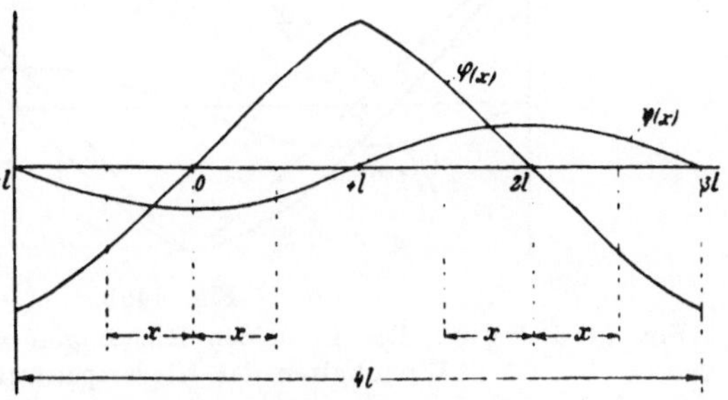

Fig. 145. Darstellung der Funktionen $\varphi(x)$ und $\psi(x)$, über das Intervall $(-l)$ bis $(+l)$ hinaus fortgesetzt.

$$p_f = e^{-at}\left[+\frac{1}{2}\sqrt{\frac{L_2}{C}}\,\psi'(x-vt) - \frac{1}{2}\sqrt{\frac{L_2}{C}}\,\psi'(x+vt) - \frac{1}{2}\varphi(x+vt)\right.$$

$$\left. - \frac{1}{2}\varphi(x-vt)\right]$$

$$p_f = e^{-at}\frac{1}{2}\sqrt{\frac{L_2}{C}}\frac{\Phi}{\cos bl}\left\{-[\cos b(x-vt)-\cos bl]\cos\zeta\right.$$

$$+[\cos b(x+vt)-\cos bl]\cos\zeta - \sin b(x+vt)\sin\zeta$$

$$\left. - \sin b(x-vt)\sin\zeta\right\},$$

und wenn wieder die in gleicher Richtung wandernden Wellen
zusammengesetzt werden:

$$p_f = e^{-at}\frac{1}{2}\sqrt{\frac{L_2}{C}}\,\Phi\,\frac{1}{\cos bl}\left\{\left[\cos[b(x+vt)+\zeta]-\cos bl\cos\zeta\right]\right.$$

$$\left. - \left[\cos[b(x-vt)-\zeta]-\cos bl\cos\zeta\right]\right\}\quad\ldots\ldots\quad(111)$$

Die Wellen setzen sich wieder aus Stücken von Kosinuskurven
zusammen, deren Ordinaten um den konstanten Betrag $\cos bl\cos\zeta$
zu verkleinern sind.

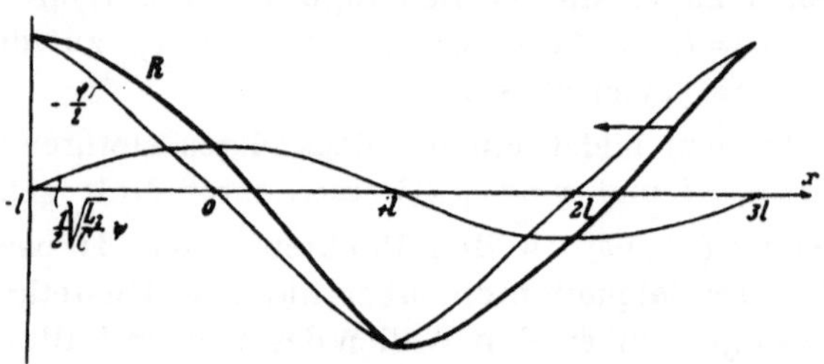

Fig. 146a.

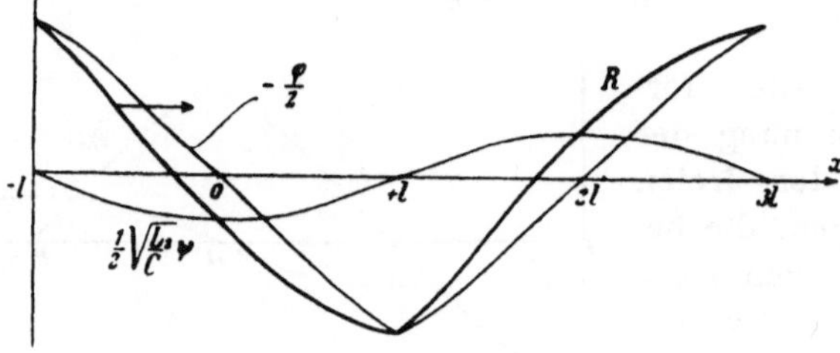

Fig. 146b.

Fig. 146a und b. Die in beiden Richtungen wandernden Wellen beim
Einschalten der Niederspannungsseite.

Fig. 146a und b geben ein Bild der in beiden Richtungen
wandernden Wellen für den Zeitmoment $t=0$, die aus den Kom-

ponenten φ und ψ zur Resultierenden R zusammengesetzt und nach der Gl. 110 über das Intervall $-l$ bis $+l$ hinaus fortgesetzt sind.

Fig. 147 zeigt die beiden Wellen in ihrer gegenseitigen Lage zur Zeit $t = 0$.

Aus den Skizzen ist zu ersehen, daß 1. unter keinen Umständen Unstetigkeiten der Ordinaten auftreten können, 2. die $(+x)$-Welle im Intervall $(-l)$ bis $(+l)$ genau symmetrisch zur $(-x)$-Welle im Intervall $(+l)$ bis $(+3l)$ liegt.   Die Konsequenz dieser Tatsache ist, daß für jeden Moment die beiden Wellenzüge für $x = -l$ und für $x = +l$ genau die gleichen Werte haben, daß die momentane Amplitude der freien Schwingung für diese Punkte das Doppelte der momentan dort vorhandenen Am-

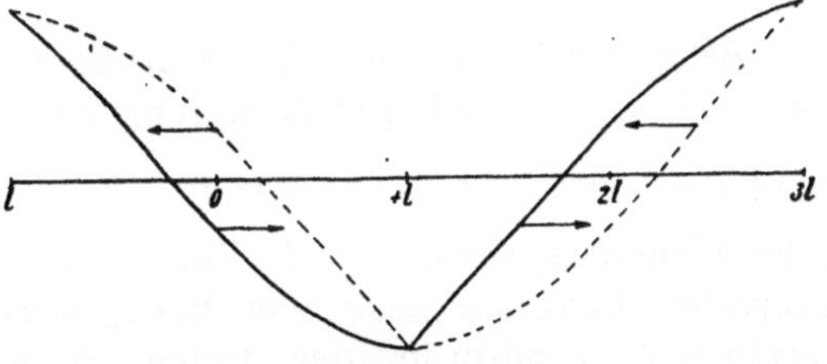

Fig. 147. Die beiden wandernden Wellen zusammengesetzt.

plitude der einen wandernden Welle ist. Aus diesen Tatsachen ergibt sich, daß in diesem Falle keine außerordentliche Beanspruchung der Isolation einzelner Windungen gegeneinander zu erwarten ist, daß aber große Überspannungen an den Klemmen auftreten können.

Es sind hier zwei Hauptfälle zu unterscheiden:

1. Für $\zeta = 0$, d. h. Einschalten im Nullwert der Spannung, haben die Wellen im Zeitmoment $t = 0$ folgende Form (Fig. 148).

Fig. 148. Die wandernden Wellen im Einschaltmoment $\zeta = 0$.

Die maximale Amplitude der wandernden Wellen für $x = 0$ ist:

$$\pm \frac{1}{2}\sqrt{\frac{L_2}{C}}\,\Phi\,\frac{1}{\cos bl}\,(1 - \cos bl).$$

Die maximale Amplitude der freien Schwingung an den Transformatorklemmen ergibt sich daher, bei geringer Dämpfung, zu:

$$\frac{M_t}{L_{1t}}\,\bar{E}_1\,\frac{1 - \cos bl}{[bl(1-\varrho) + \varrho\,\mathrm{tg}\,bl]\cos bl}.$$

Für normale technische Verhältnisse, wo bl gleich oder meist kleiner ist als $\frac{\pi}{2}$, wird diese Amplitude für $bl = \frac{\pi}{2}$

$$\frac{1}{\varrho_2} \cdot \frac{w_2}{w_1} \, \overline{E}_1 \cong \overline{E}_2 .$$

Für eine höhere Harmonische aber, deren bl nahe an π liegen kann; für $bl = \pi$

$$\varrho_1 \, \frac{w_2}{w_1} \, \overline{E}_1 \, \frac{2}{\pi} \cdot \frac{1}{1 - \varrho} .$$

Beim Einschalten im Nullwert der Spannung tritt im ungünstigsten Falle, d. i. bei geringer Dämpfung und geradzahligen Verhältnis zwischen freier und erzwungener Schwingung für $bl = \frac{\pi}{2}$ die doppelte Klemmenspannung auf. Für bl nahe π, für eine höhere Harmonische, kann sie sehr viel höher werden. Das Verhältnis der maximalen Amplitude der freien Schwingung zur sekundären Klemmenspannung ergibt sich zu $\operatorname{tg} \frac{bl}{2}$. Da bl für die Grundwelle kleiner ist als $\frac{\pi}{2}$, ist die tatsächliche Maximalspannung geringer als die doppelte Klemmenspannung. Die höheren Harmonischen können sich aber sehr unliebsam bemerkbar machen, wenn sie genügend große Amplituden haben.

Beanspruchung der Windungen gegeneinander. Der maximale Spannungsabfall pro Längeneinheit infolge der freien Schwingungen tritt dann ein, wenn die beiden wandernden Wellen sich überlagern. Dann ist für $x = 0$:

$$\left(\frac{dp_f}{dx}\right) = \varrho_1 \frac{w_2}{w_1} \frac{\overline{E}_1}{bl(1 - \varrho) + \varrho \operatorname{tg} bl} \cdot b \operatorname{tg} bl \left(\text{für } bl < \frac{\pi}{2}\right).$$

Das Verhältnis dieser Beanspruchung zu jener im stationären Betriebszustande ist:

$$\frac{\left(\dfrac{dp_f}{dx}\right)_{max}}{\left(\dfrac{d\overline{E}_{p2}}{dx}\right)_{max}} = \sin bl .$$

Für $bl = 90^\circ$ tritt in der Nähe des Nullpunktes als ungünstigster Fall die doppelte maximale normale Beanspruchung zweier Windungen gegeneinander auf. Auch für $bl > 90^\circ$ wird diese Beanspruchung nicht überschritten.

2. Für $\zeta = 90^0$ **haben die Wellen im Einschaltmoment folgende Gestalt (Fig. 149):**

Beide Wellenzüge decken sich vollkommen und sind von der Form $(-\sin bx)$, die stationäre Stromverteilung ist Null, es ist wieder nur die Spannungsverteilung zu kompensieren.

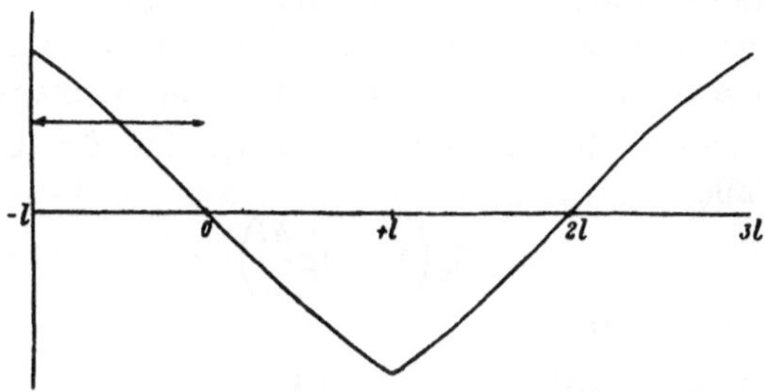

Fig. 149. Die freie Schwingung im Einschaltmoment $\zeta = 90^0$.

Für $bl < \dfrac{\pi}{2}$ ist der Maximalwert der Wellen gleich $\sin bl$. Also ist p_{fmax}, das durch die Überlagerung beider Wellen bei $x = -l$ und $x = +l$ entsteht,

$$p_{fmax} = \varrho_1 \frac{w_2}{w_1} \frac{\overline{E}_1}{bl(1-\varrho) + \varrho \operatorname{tg} bl} \cdot \operatorname{tg} bl \,.$$

p_{fmax} ist gleich der sekundären Klemmenspannung $\overline{E}_2$. Es tritt im ungünstigsten Falle die doppelte Klemmenspannung auf.

Ist bl aber größer als $\dfrac{\pi}{2}$, so ist der Maximalwert der freien Schwingungen:

$$p_{fmax} = \varrho_1 \frac{w_2}{w_1} \cdot \frac{\overline{E}_1}{bl(1-\varrho) + \varrho \operatorname{tg} bl} \cdot \frac{1}{\cos b\overline{l}} \cdot$$

Das Verhältnis von p_{fmax} zu $\overline{E}_2$ wird jetzt $\dfrac{1}{\sin bl}$, d. h. für

wachsendes bl wird $\dfrac{p_{fmax}}{\overline{E}_2}$ immer größer und kann sehr hoch werden für bl nahe π.

In diesem Falle können sehr hohe Überspannungen an den Klemmen auftreten, er ist aber nur für eine höhere Harmonische wahrscheinlich.

Potentialverteilung in der Wicklung. Das maximale Potentialgefälle entsteht wieder durch Überlagerung der wandernden Wellen in $x = 0$.

$$\left(\frac{\partial p_f}{\partial x}\right)_{max} = \varrho_1 \frac{w_2}{w_1} \cdot \frac{\overline{E}_1}{bl(1-\varrho) + \varrho \operatorname{tg} bl} \cdot \frac{b}{\cos bl} = \left(\frac{d\overline{E}_{p2}}{dx}\right)_{max},$$

d. h. in der Nähe des Nullpunktes werden die Windungen im ungünstigsten Falle auf die **doppelte** Spannung beansprucht, die sie im **stationären Betrieb** gegeneinander auszuhalten haben.

Für ζ zwischen 0° und 90° bewegen sich die entwickelten Größen zwischen den Grenzwerten für $\zeta = 0$ und $\zeta = 90^\circ$.

Die Überanspruchung einzelner Windungen gegeneinander ist also gegenüber den Beanspruchungen, die beim Einschalten der Hochspannungsseite eintreten, überhaupt nicht nennenswert.

Die **maximale Klemmenspannung** für $\zeta = 0$ ist im ungünstigsten Falle

$$\overline{E}_2 \left(1 + \operatorname{tg} \frac{bl}{2} \right)$$

und für $\zeta = 90^\circ$,

$$\text{für } bl < 90^\circ \quad . \quad . \quad . \quad 2\,\overline{E}_2\,,$$

$$\text{für } bl > 90^\circ \quad . \quad . \quad . \quad \overline{E}_2 \left(1 + \frac{1}{\sin bl} \right).$$

Für $bl < \dfrac{\pi}{2}$ treten für $\zeta = 0$ geringere Überspannungen ein, wenn aber $bl > \dfrac{\pi}{2}$ ist, treten sie für $\zeta = 0$ stärker auf, denn:

$$p_{fmax\,(\zeta=0)} = \overline{E}_2 \operatorname{tg} \frac{bl}{2}\,,$$

$$p_{fmax} \left(\zeta = \frac{\pi}{2} \right) = \overline{E}_2 \, \frac{1}{\sin bl}\cdot$$

$$\frac{p_{fmax\,(\zeta=0)}}{p_{fmax} \left(\zeta = \frac{\pi}{2} \right)} = 2 \sin^2 \frac{bl}{2} = 1 - \cos bl \quad . \quad . \quad (112)$$

Da für $bl > \dfrac{\pi}{2}$ $\cos bl < 0$ wird, wird $p_{fmax\,(\zeta=0)}$ mit wachsendem bl immer größer gegen $p_{fmax\,(\zeta=90)}$. Wenn $bl = \pi$ wird, ist $p_{fmax\,(\zeta=0)}$ doppelt so groß wie $p_{fmax\,(\zeta=90)}$. Im Vergleich zu $\overline{E}_2$ werden dann freilich beide theoretisch unendlich, praktisch jedenfalls sehr hoch. Die Wicklung enthält dann eine volle Wellenlänge der erzwungenen Schwingung, was nur für eine höhere Harmonische möglich ist.

3. Berechnungsbeispiel.

Es sei wieder derselbe Transformator betrachtet, der schon einmal nachgerechnet wurde. Für diesen Transformator gilt $\dfrac{w_2}{w_1} = 200$ und unter Annahme eines primären und sekundären Streuflusses von $10^0/_0$ ergibt sich $\varrho_1 = \varrho_2 = 0,9$ und

$$L_{1\,t} = 0,125 \text{ Henry.} \qquad R_{t\,1} = 0,3\,\Omega\,.$$

Die Niederspannung betrage 354 Volt eff. ($\overline{E}_1 = 500$ Volt) pro **Schenkel**.

Daraus berechnet sich nach den Gl. 98—104: $\overline{J}_1 = 8,83$ Amp., $\overline{E}_2 = 96\,400$ Volt.

$$\frac{\overline{E}_2}{\overline{E}_1} = 192,8 . \qquad (\overline{J}_2)_{max} = 0,033 \text{ Amp.}$$

Der Überspannungsfaktor K ist 1,142 und die überanspruchte Wicklungslänge 17460 m $\sim 51\,^0/_0$ der gesamten Länge.

Wenn die primäre Spannung noch eine 3. Harmonische von 25 Volt ($5\,^0/_0$ der Grundwelle) besitzt, so ergibt sich für diese:

$$\overline{J}_1 = 1,459 \text{ Amp.} \qquad \overline{E}_2 = 1685 \text{ Volt.} \qquad \frac{\overline{E}_2}{\overline{F}_1} = 67,4 \; (!) .$$

Für $bx = \dfrac{\pi}{2}$, $x = 17\,900$ m entsteht ein Spannungsmaximum $(\overline{E}_{p2})_{max} = 10\,380$ Volt. Der maximale Sekundärstrom ist 0,01318 Amp., nur $\frac{1}{5}$ des Stromes der Grundharmonischen.

Für eine aus beiden durch Superposition gewonnene spitze Spannungskurve ergibt sich der Überspannungsfaktor $K = 1,458$, er nimmt also durch die Existenz dieser 3. Harmonischen um $27\,^0/_0$ zu.

Die Einschaltvorgänge für die Grundharmonische sind in Fig. 150 für drei verschiedene Phasenwinkel ζ dargestellt, in Zeitintervallen $\tau = \dfrac{l}{3\,v} = 1,054 \cdot 10^{-3}$ sek, in denen die wandernden Wellen jedesmal $\frac{1}{3}$ der Wicklungslänge eines Schenkels zurücklegen. Dargestellt sind die beiden wandernden Wellen, der stationäre Schwingungszustand und, daraus resultierend, der **tatsächliche** Einschaltzustand. Man sieht, **daß** die Beanspruchung zweier Windungen gegeneinander in keinem **Falle größer** als die doppelte stationäre ist, und daß entsprechend $bl < \dfrac{\pi}{2}$, die maximale Klemmenspannung unter dem doppelten stationären Werte bleibt. Die Existenz einer höheren Harmonischen in der Primärspannung würde die Erscheinungen nur unwesentlich ändern, wenn ihre Amplitude gering ist. Die in unserem Falle angenommene Harmonische würde die maximale Klemmenspannung um ungefähr $8\,^0/_0$ erhöhen. Die Dämpfung ist auch in diesem Diagramm vernachlässigt.

Wesentlich höhere Überspannungen treten auf, wenn $bl > \dfrac{\pi}{2}$ ist. Würde dieser Transformator z. B. normal mit einer Primärspannung $\overline{E}_1$ von nur 25 Volt und 150 Perioden betrieben, wie sie der erwähnten 3. Harmonischen entspricht, so wäre für

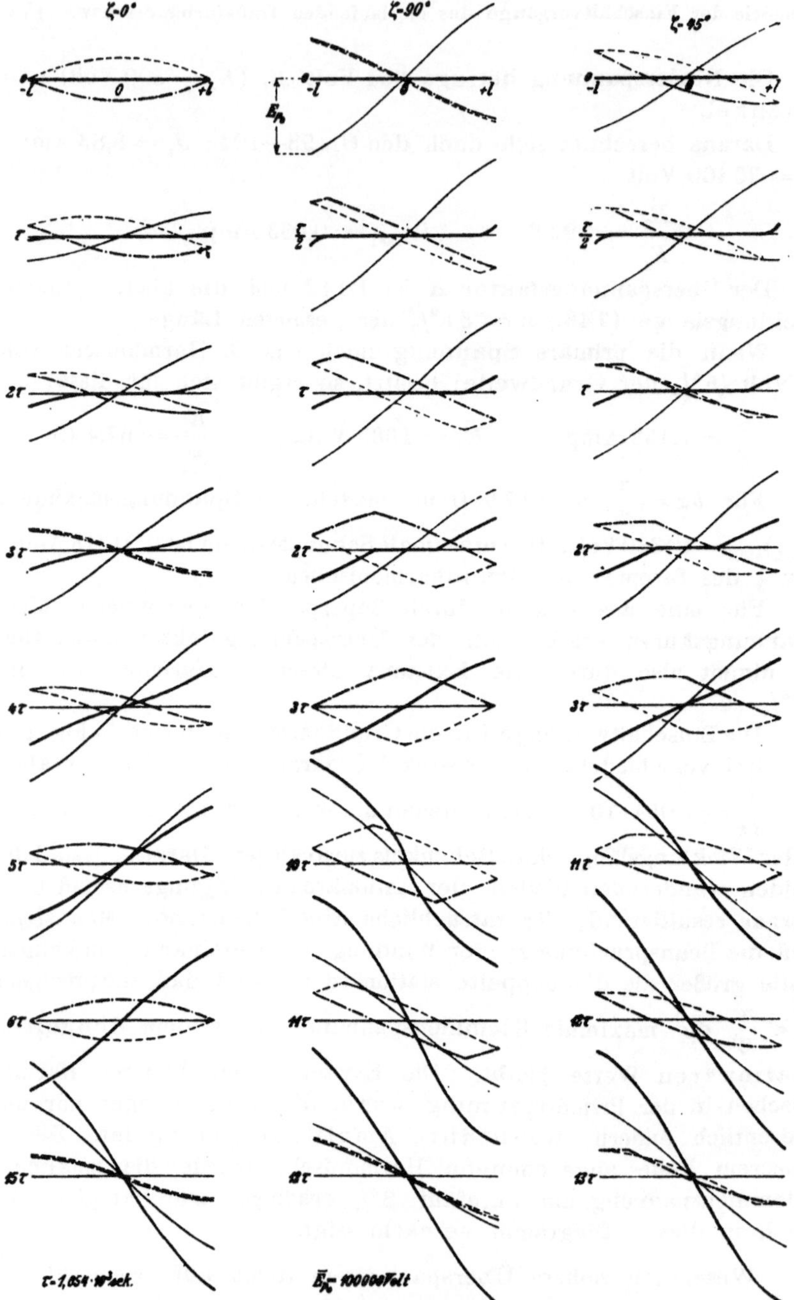

Fig. 150. Die Einschaltvorgänge in der Hochspannungswicklung beim Einschalten der Niederspannungsseite für drei verschiedene Einschaltmomente dargestellt.

$$\zeta = 0 \qquad p_{fmax} = 20\,750 \text{ Volt,}$$
$$\zeta = 90^0 \qquad p_{fmax} = 10\,400 \text{ Volt.}$$

Da die normale Sekundärspannung $\overline{E}_2$ für diesen Fall 1685 Volt beträgt, so würde für $\zeta = 0$ eine 13,3fache, für $\zeta = 90^0$ eine 7,2fache maximale Spannung im ungünstigsten Falle an den Klemmen auftreten.

III. Einfluß von vorgeschalteten Drosselspulen auf die Einschaltvorgänge.

Wie die Praxis gezeigt hat,. lassen sich die gefährlichen Spannungsdifferenzen zwischen den einzelnen Windungen durch Vorschalten von je einer Drosselspule in jede Leitung wirksam verkleinern, so daß die äußeren Windungen nicht oder nur wenig stärker isoliert werden müssen, als ihrer normalen gegenseitigen Spannung entspricht. Diese Wirkung läßt sich auf Grund der von K. W. Wagner in ,,Elektromagn. Ausgleichvorgänge in Freileitungen und Kabeln", Kap. XI, S. 98, entwickelten Gleichungen für das Verhalten zweier verschiedener in Reihe geschalteter Leitungen leicht übersehen. Zwei derartige Leitungen im weiteren Sinne bilden nämlich der Transformator und die vorgeschaltete Drosselspule. An der Verbindungsstelle zweier derartiger Leitungen werden die ankommenden wandernden Wellen mehr oder weniger vollkommen reflektiert und setzen ihren Weg verstärkt oder geschwächt weiter fort. Die Größe der Reflexion und die Verstärkung oder Abschwächung der wandernden Wellen hängt von den Werten $\sqrt{\dfrac{C_1}{L_1}}$ und $\sqrt{\dfrac{C_2}{L_2}}$, also von dem Verhältnis der Kapazität zur Selbstinduktion pro Längeneinheit in jeder der beiden Leitungen ab.

Hat nun jede Drosselspule, wie es verlangt werden muß, eine sehr kleine Kapazität und eine sehr große Selbstinduktion pro Längeneinheit gegenüber den entsprechenden Werten des Transformators, so wirkt im Grenzfalle, wenn $\sqrt{\dfrac{C_1}{L_1}}$ **sehr klein gegen** $\sqrt{\dfrac{C_2}{L_2}}$ ist, die Verbindung des Transformators mit den Drosselspulen auf die eindringenden wandernden Wellen so, als ob die dem Transformator zugekehrten Enden der vorgeschalteten Drosselspulen kurzgeschlossen wären. Die unstetigen Einschaltvorgänge spielen sich dann nur in den Drosselspulen ab, der Transformator selbst wird von ihnen gar nicht berührt, und nimmt stetig seine normale Potentialverteilung an, ungefähr entsprechend Fig. 150, da er sich verhält, als ob er an den Enden der Wicklung offen wäre. Dieser theoretische Grenzfall, wo überhaupt keine Wellen von außen in den Transformator dringen, ist in Wirklichkeit nie vorhanden, die eindringende Spannungswelle tritt von der Drosselspule in die Transformatorwicklung über, wird aber beim Übergang verkleinert. Wie sich aus dem obenerwähnten Buche ergibt, ist die in die Transformatorwicklung eintretende große örtliche Potentialdifferenz nicht mehr gleich $\overline{E}_{p0}\sin\zeta$, wie wir ohne Vorschaltung einer Drosselspule fanden, sondern nur noch gleich

$$\overline{E}_{p0}\sin\zeta\cdot\frac{2}{1+\sqrt{\dfrac{L_1}{L_2}\cdot\dfrac{C_2}{C_1}}}.$$

Man hat es also in der Hand, durch Vorschalten einer zweckmäßig gewählten Drosselspule mit den Konstanten L_1 und C_1 pro Längeneinheit die gefährliche Beanspruchung zweier Windungen gegeneinander beliebig zu vermindern. Die Windungen der Drosselspule müssen natürlich die volle Phasenspannung gegeneinander aushalten können, und an den Anschlußklemmen an das Netz treten wie früher die Überspannungen auf. Die gesamte Selbstinduktion der Drosselspule kann klein sein, es kommt nur auf einen hohen Wert der Selbstinduktion pro Längeneinheit an.

IV. Diskussion und experimentelle Untersuchungen.

In Wirklichkeit verlaufen die Einschalterscheinungen noch wesentlich komplizierter, weil alle die vereinfachenden Annahmen, wie z. B. die Konstanz des Selbstinduktionskoeffizienten, die Vernachlässigung der Eisenverluste, die gleichmäßige Verteilung der Kapazität, nicht zutreffen.

Die freien Schwingungen treten in beiden Kreisen auf, besonders bei den modernen Transformatoren, bei denen die Niederspannungsseite oft schon 8000—10 000 Volt besitzt. Außerdem treten durch die ferromagnetischen Eigenschaften des Eisens noch weitere Komplikationen der Vorgänge auf, so daß von einer exakten Verfolgung der Erscheinungen keine Rede sein kann. Daß die Vorgänge durch die vorhergehenden Entwicklungen qualitativ richtig dargestellt sind, ist durch die Erfahrungen von Dr. Behn-Eschenburg in der Maschinenfabrik Oerlikon bestätigt, der Überspannungen sekundär fast nur beim Einschalten primär beobachtete und Durchschläge einzelner Windungen gegeneinander nur in der Wicklung feststellte, die direkt an das Netz angeschlossen wurde. Außerdem stellte er rein empirisch die Forderung auf, daß für eine vollständige Sicherheit der einzelnen Windungen alle gegeneinander momentan die volle Phasenspannung aushalten sollen. Das häufig beobachtete

Durchschlagen nur der den Klemmen zunächst liegenden Windungen ist einerseits durch eine möglicherweise sehr starke Dämpfung durch die Eisenverluste zu erklären, wahrscheinlich aber Schuld einer ungenügenden Isolation. Denn da, wo der schwache Punkt der Wicklung liegt, schlägt sie eben durch, und weil die Wellen von den Klemmen her eindringen und zuerst die zunächstliegenden Windungen beanspruchen, so werden diese natürlich zuerst durchschlagen, wenn sie einen schwachen Punkt besitzen. Mit dem Durchschlag tritt aber Kurzschluß ein, die ganze Erscheinung wird wesentlich anders, die folgenden Windungen werden gar nicht mehr beansprucht. Außerdem wurde die Erfahrung gemacht, daß bei stark isolierten ersten Windungen einfach die dann folgenden, schwächer isolierten, durchschlagen wurden.

Die Erscheinungen werden natürlich noch viel komplizierter, wenn der Transformator nicht leer läuft, sondern z. B. von einem Kabel oder einer Freileitung gespeist wird, bzw. auf ein leerlaufendes Kabel arbeitet. Es können dann im ersten Falle beim Einschalten auch für die Grundwelle zwei-, vier- bis achtfache Überspannungen auftreten, bzw. die maximale Spannungsdifferenz zwischen zwei Windungen kann gleich der zwei- bis vierfachen Klemmenspannung werden. Bezüglich der Theorie dieser Erscheinungen sei auf das Buch von K. W. Wagner, „Elektromagnetische Ausgleichvorgänge in Freileitungen und Kabeln" verwiesen.

Durch eine Verringerung der Kapazität lassen sich die Überspannungserscheinungen beim Einschalten wohl verringern, die gegenseitige Beanspruchung der Windungen gegeneinander tritt aber immer auf und ist nur zu beseitigen mit Hilfe eines Nullweinteinschalters oder durch Vorschalten einer Drosselspule.

1907 wurden in „The Electrical World", Bd. 50, von T. Jensen und J. W. Andree Versuche beschrieben, die sich speziell auf die Einschalterscheinungen bezogen.

Die Spannungen auf der Sekundärseite wurden mit Oszillograph und Funkenstrecke bestimmt, der

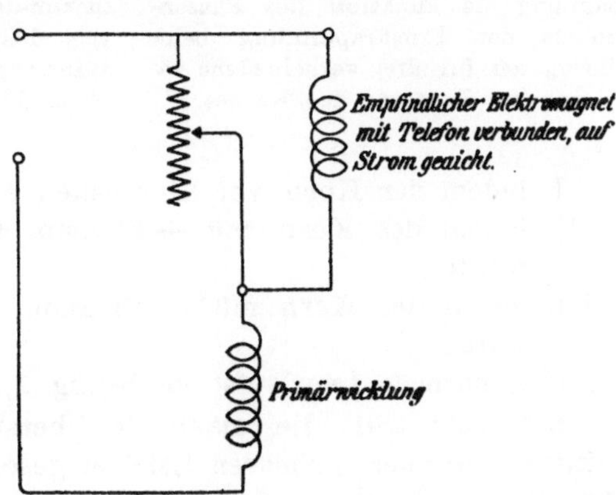

Fig. 151. Versuchsanordnung zur Bestimmung des maximalen Einschaltstromes von T. Jensen und J. W. Andree.

Primärstrom wurde nach folgender Anordnung (Fig. 151) gemessen, mit Hilfe eines Telephons.

Untersucht wurde ein 10 KW-Transformator von 440/100000 Volt und 60 Perioden.

Die Versuche wurden so ausgeführt, daß die Sekundärspannung normal 50000 Volt betrug, der Kern war daher wenig gesättigt.

Es wurden zuerst drei Kurven in bezug auf das Maximum der sekundären EMK aufgenommen, als Funktion des Phasenwinkels der primären Spannung beim Einschalten (Fig. 152):

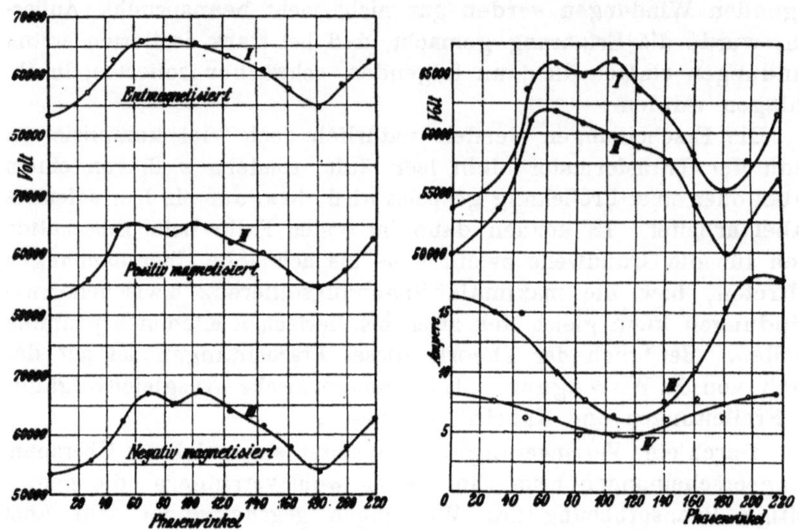

<table>
<tr><td>

Fig. 152. Die maximale Sekundär-
spannung als Funktion des Phasen-
winkels der Primärspannung beim
Einschalten für drei verschiedene re-
manente Zustände des Kernes.

</td><td>

Fig. 153. Maximaler Primärstrom und
maximale Sekundärspannung als Funk-
tion des Phasenwinkels der Primär-
spannung beim Einschalten. I und III
ohne, II und IV mit vorgeschalteter
Reaktanz primär.

</td></tr>
</table>

I. indem der Kern vor Einschalten entmagnetisiert wurde;

II. indem der Kern mit $+$ 25 Amp. Gleichstrom magnetisiert wurde;

III. indem der Kern mit $-$ 25 Amp. Gleichstrom magnetisiert wurde.

(Der normale Leerlaufstrom betrug 1,5 Amp.)

Sekundär tritt die maximale Überspannung auf, wenn im Maximalwerte der primären EMK eingeschaltet wird. Die sekundäre Spannung steigt bis 67000 Volt und bleibt nicht unter 54000 Volt, trotzdem normal 50000 vorhanden sind, ganz der Theorie entsprechend. Die drei Kurven sind einander sehr ähnlich, der magnetische Zustand des Kernes hat keinen Einfluß auf die Erscheinung.

Es wurden ferner Primärstrom und maximale Sekundärspannung gemessen als Funktion des Phasenwinkels (Fig. 153),

1. indem primär direkt eingeschaltet wurde (Kurve I und III),
2. indem primär eine eisenlose Reaktanz vorgeschaltet wurde. ($x = 3{,}77\ \Omega$ bei 60 Perioden, $L = 0{,}01$ Henry.) (Kurve II und IV.)

Der normale Erregerstrom beträgt 1,5 Amp. Ohne Reaktanz wurden Stromstöße bis zu 17 Amp. beobachtet, mit Reaktanz höchstens 8 Amp.

Der Stromstoß ist am größten, wenn im Nullwert der Spannungswelle, und ist am kleinsten, wenn im Maximum der Spannungswelle, d. h. im Nullwerte der Stromwelle eingeschaltet wird. Die günstige Wirkung einer vorgeschalteten Reaktanz ist deutlich zu sehen. (Sekundärspannung um $7^0/_0$, Primärstrom um $50^0/_0$ vermindert.)

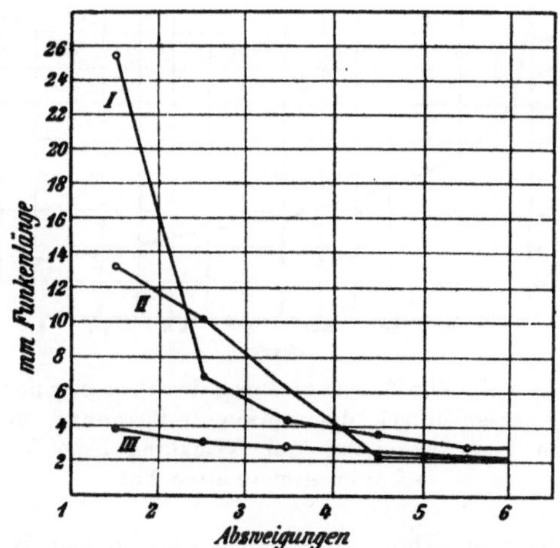

Fig. 154. Die maximale Spannungsdifferenz primär, die beim Einschalten in den verschiedenen Abteilungen der Wicklung eines Transformators auftritt. I ohne vorgeschaltete Reaktanz, II und III mit vorgeschalteten Reaktanzen.

Primär zeigten sich auch Überspannungen bis $25^0/_0$ über die Normale hinaus.

In „Proceedings of the A. J. of E. E." 1906, S. 848 sind Versuche wiedergegeben, die Jackson mit einem 30000 Volt-Transformator anstellte, indem er einen Kondensator von 0,1 MF auf 50000 Volt lud und auf den Transformator entlud. Die Wicklung des Transformators, die aus 2000 Windungen bestand, wurde in 10 Abteilungen zu 200 Windungen zerlegt und die maximale Spannung jeder Abteilung wurde mittels einer Funkenstrecke bestimmt. Die Resultate sind aus Fig. 154 zu ersehen.

Kurve I ist ohne vorgeschaltete Drosselspule aufgenommen; auf die erste Abteilung entfallen etwa $100^0/_0$ der Gesamtspannung. Bei Vorschalten einer Drosselspule von 0,0165 Henry (Kurve II) nimmt die erste Abteilung nur noch $40^0/_0$ auf, und bei Vorschalten von

0,1764 Henry (Kurve III) kommen nur noch 10°/₀ der Gesamt-spannung auf die erste Abteilung.

Die günstige Wirkung von vorgeschalteten Drosselspulen ist aus den Kurven II und III zu erkennen.

Bezüglich der Schutzwirkung von Drosselspulen veröffentlichte Jackson eine empirisch aufgenommene Kurve (Fig. 155), indem als Ordinaten die maximalen Spannungen aufgetragen sind, die in der ersten Abteilung bei verschiedenen vorgeschalteten Drosselspulen auftraten, wobei die maximale Spannung ohne vorgeschaltete Drosselspule gleich 100°/₀ gesetzt ist.

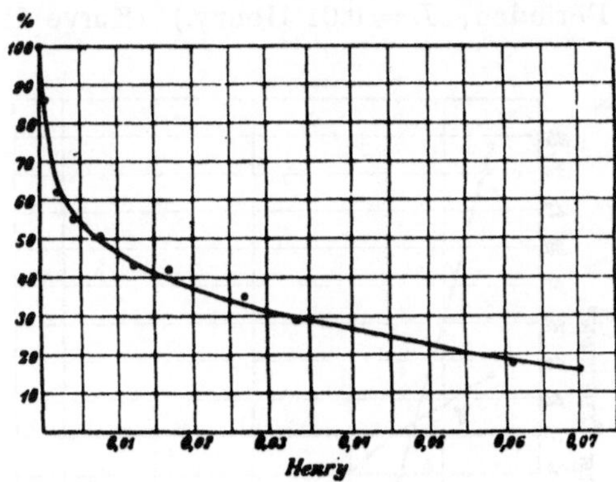

Fig. 155. Die Schutzwirkung der Drosselspulen, gemessen durch die maximale Spannung, die die erste Abteilung der Wicklung beim Einschalten auszuhalten hat.

Wie man sieht, kann man mit Drosselspulen von recht kleiner gesamter Selbstinduktion eine bedeutende Schutzwirkung erzielen, da es, wie wir sahen, nur auf einen großen Wert der Selbstinduktion und einen möglichst kleinen Wert der Kapazität pro Längeneinheit ankommt. Von diesem Gesichtspunkte aus muß auch die konstruktive Durchbildung der Drosselspulen erfolgen, derartig, daß mit möglichst geringer Wicklungslänge ein möglichst großer Wert der Selbstinduktion erreicht wird.

Zusammenfassung. Die Resultate der vorhergehenden Überlegungen können allgemein in folgenden Sätzen zusammengefaßt werden: Beim Einschalten eines leerlaufenden Transformators wird man Durchschläge einzelner Windungen gegeneinander nur in der Wicklung zu erwarten haben, die direkt an die Spannungsquelle angeschlossen ist. Die abnormale örtliche Spannung zwischen einzelnen Windungen ist gleich der Phasenspannung, wenn im Höchstwert, und sie wird gleich Null, wenn im Nullwert der Spannungswelle eingeschaltet wird. Im letzteren Falle tritt höchstens die doppelte normale Beanspruchung zweier Windungen gegeneinander ein. Jene große lokale Beanspruchung, die in erster Linie die nahe den Klemmen liegenden Windungen betrifft, und die folgenden um so weniger anstrengt, je größer die Eisen- und Kupferverluste sind, die durch die nicht stationäre Spannungsverteilung hervorgerufen werden, läßt sich sehr stark mit Hilfe einer vorgeschalteten Drosselspule verringern, die nur die Größe von ungefähr 0,02 Henry zu haben braucht und bei deren Formgebung auf möglichst geringe Kapazität und möglichst große Selbstinduktion pro Längeneinheit zu sehen ist.

Die zu erwartende maximale Klemmenspannung des Transformators während des Einschaltvorgangs ist bei der an die Spannungsquelle angeschlossenen Wicklung höchstens gleich der doppelten normalen Spannung, meist nur das 1,5 bis 1,8 fache. Bei der nicht angeschlossenen leerlaufenden Wicklung kann sie bei großen Werten der Kapazität pro Längeneinheit bedeutend höher werden, wird aber für normale technische Verhältnisse wohl kaum über die doppelte normale Spannung wachsen. Die Einschalterscheinungen werden intensiver und gefährlicher, wenn der Transformator durch Kabel oder Freileitung gespeist wird, oder wenn er ein Kabel oder eine Freileitung speist. Es sollte nie das ganze System auf einmal unter Spannung gesetzt werden, sondern nur partienweise, eins nach dem anderen.

40. Erscheinungen bei plötzlichem Kurzschluß.

I. Der maximale Kurzschlußstrom.

Tritt bei einem leerlaufenden oder im Betriebe befindlichen Transformator in der Nähe der Klemmen ein Kurzschluß auf, so wird infolge der stark verminderten äußeren Impedanz der Strom, den der Transformator führt, sehr stark anwachsen. Der stationäre Kurzschlußstrom, der dem Gleichgewichtszustande entspricht und einen rein periodischen Verlauf besitzt, ist in dem auf gleiche Windungszahl primär und sekundär reduzierten Transformatorschema durch die Kurzschlußimpedanz bestimmt, die sich aus primärem und sekundärem Widerstand und den entsprechenden Streureaktanzen zusammensetzt. Bei einem plötzlichen Kurzschluß kann sich aber nicht sofort dieser stationäre Kurzschlußstrom einstellen, sondern es tritt, entsprechend den im vorigen Abschnitt behandelten Erscheinungen, ein Übergangsstadium, eine freie Schwingung ein, die den Übergang von dem ersten Leerlauf- oder Belastungszustand zu dem eigentlichen Kurzschlußzustand vermittelt. Analog dem Einschaltvorgang eines Transformators wird man auch hier erwarten, daß in den ersten Momenten nach dem Kurzschluß bedeutend höhere Stromwerte auftreten als dem stationären Kurzschlußzustand entspricht, und es sei im folgenden versucht, diese Stromwerte der ersten Perioden im Kurzschluß zu ermitteln. Der

Ausgangspunkt der Betrachtungen sind die allgemeinen Transformatorgleichungen, die, wie es sich zeigen wird, in diesem Falle auch für den Transformator mit Eisen gelten, da die Erscheinungen von dem, beiden Wicklungen gemeinsamen Eisenkraftfluß nur ganz unwesentlich beeinflußt werden, sondern fast ausschließlich von dem primären und sekundären Widerstand und von den Streuflüssen, die zum größten Teil in Luft verlaufen, bedingt sind. Man darf daher von vornherein eine genügende Übereinstimmung zwischen Theorie und Praxis erwarten, die beim Einschaltvorgang durch die infolge des Eisens veränderliche Reaktanz gestört wird. Die Gleichungen, die sich auf den mit gleicher primärer und sekundärer Windungszahl versehenen Transformator beziehen, lauten:

$$\left.\begin{aligned}
e_1 &= r_1 i_1 + L_1 \frac{di_1}{dt} + M \frac{di_2}{dt} \\
0 &= r_2 i_2 + L_2 \frac{di_2}{dt} + M \frac{di_1}{dt}
\end{aligned}\right\} \quad \dots \dots \ (113)$$

Diese simultanen Differentialgleichungen geben als Lösungen für i_1 und i_2 erstens die dem stationären Zustand entsprechenden Werte und zweitens abklingende Exponentialfunktionen, die durch die Bedingungen für den Kurzschlußmoment $t = 0$ bestimmt sind, also jene obenerwähnten freien Schwingungen. Die Primärspannung e_1, die konstant sein soll, sei durch den Ausdruck $\overline{E}\sin(\omega t + \zeta)$ gegeben, wo ζ den Momentanwert der Spannung im Kurzschlußmoment bestimmt. Der stationäre Kurzschlußstrom ist durch die Kurzschlußimpedanz z_k und seine Phase durch

$$\operatorname{tg}\varphi = \frac{x_k}{r_k} = \frac{x_1 + x_2}{r_1 + r_2}$$

gegeben. Er sei primär und sekundär gleich, wobei die geringe Verschiedenheit infolge des primären Magnetisierungsstromes vernachlässigt sein soll; beide Ströme sind in der Phase um fast genau 180° verschoben.

Nach diesen Überlegungen setzen wir:

$$\left.\begin{aligned}
i_1 &= \frac{\overline{E}}{z_k}\sin(\omega t + \zeta - \varphi) + i_1' = \sqrt{2}\,J_k \sin(\omega t + \zeta - \varphi) + i_1' \\
i_2 &= -\sqrt{2}\,J_k \sin(\omega t + \zeta - \varphi) + i_2'
\end{aligned}\right\} \ (114)$$

Um die Gleichungen weiter behandeln zu können, werden sie nach i_1 und i_2 getrennt und durch Differenzieren und Eliminieren erhält man:

$$\left.\begin{aligned}
L_2 \frac{de_1}{dt} + r_2 e_1 &= r_1 r_2 i_1 + (L_1 r_2 + L_2 r_1)\frac{di_1}{dt} + (L_1 L_2 - M^2)\frac{d^2 i_1}{dt^2} \\
- M \frac{de_1}{dt} &= r_1 r_2 i_2 + (L_1 r_2 + L_2 r_1)\frac{di_2}{dt} + (L_1 L_2 - M^2)\frac{d^2 i_2}{dt^2}
\end{aligned}\right\} \quad (115)$$

Die abklingenden Glieder des Stromes erhält man, wenn die linken Seiten dieser Gleichung gleich Null gesetzt und dann ihre Lösungen bestimmt werden. Man erkennt, daß nach dieser Operation die beiden Gl. 115 vollständig analog sind, die Exponentialfunktionen für Primär- und Sekundärstrom werden vollständig gleich. Zum Zwecke der Lösung werde

$$i_1' = A\, e^{\lambda t}$$

gesetzt, und es ergibt sich als Bestimmungsgleichung für λ:

$$\left.\begin{aligned}
\lambda^2 (L_1 L_2 - M^2) &+ (r_1 L_2 + r_2 L_1)\lambda + r_1 r_2 = 0 \\
\lambda_{1,2} &= \frac{-(r_2 L_1 + r_1 L_2) \pm \sqrt{(r_2 L_1 - r_1 L_2)^2 + 4 r_1 r_2 M^2}}{2(L_1 L_2 - M^2)}
\end{aligned}\right\} \quad (116)$$

Für den symmetrischen Transformator gilt annähernd:

$$r_2 L_1 \approx r_1 L_2, \qquad S_1 \approx S_2.$$
$$L_1 \approx L_2 \approx L, \qquad L - S = M.$$
$$L_1 L_2 - M^2 = 2 L S.$$

Wird zur Berücksichtigung der Streuung noch $\dfrac{M}{L} = \varrho$ eingeführt, so ergibt sich als Näherung:

$$\lambda_{1,2} = \frac{-(r_1 + r_2) \pm 2\varrho\sqrt{r_1 r_2}}{4 S} \quad \dots \dots \quad (117)$$

und speziell für λ_2, da ϱ sehr nahe an Eins ist:

$$\lambda_2 \sim -\frac{r_1 + r_2}{2 S} \approx -\frac{r_k}{2 S}$$

Entsprechend den zwei Wurzeln für λ bestehen auch zwei gedämpfte Stromschwingungen, so daß das vollständige Integral der Gl. 113 nunmehr lautet:

$$\left.\begin{aligned}
i_1 &= \sqrt{2}J_k \sin(\omega t + \zeta - \varphi) + A_1 e^{\lambda_1 t} + A_2 e^{\lambda_2 t} \\
i_2 &= -\sqrt{2}J_k \sin(\omega t + \zeta - \varphi) + A_3 e^{\lambda_1 t} + A_4 e^{\lambda_2 t}
\end{aligned}\right\} \quad (118)$$

Die willkürlichen Koeffizienten A sind nun durch die Grenzbedingungen des Problems zu bestimmen. Für den Kurzschlußmoment $t = 0$ sei eine beliebige Belastung J des Transformators vorausgesetzt, die der Einfachheit halber wieder primär und sekundär gleich angenommen wird. Aus dieser Bedingung und den Gl. 118 ergeben sich:

$$\left.\begin{array}{l} \sqrt{2}\,J_k \sin(\zeta - \varphi) + A_1 + A_2 = J\sqrt{2} \\ -\sqrt{2}\,J_k \sin(\zeta - \varphi) + A_3 + A_4 = -J\sqrt{2} \end{array}\right\} \quad \cdot \cdot \cdot \quad (119)$$

Ferner müssen aber die Integrale 118 auch den Grundgleichungen für jeden Zeitmoment, also auch für $t = 0$ Genüge leisten, aus Gl. 113 ergibt sich also:

$$\left.\begin{array}{l} \bar{E}\sin\zeta = r_1 i_{10} + L_1\left(\dfrac{di_1}{dt}\right)_0 + M\left(\dfrac{di_2}{dt}\right)_0 \\[2ex] 0 = r_2 i_{20} + L_2\left(\dfrac{di_2}{dt}\right)_0 + M\left(\dfrac{di_1}{dt}\right)_0 \end{array}\right\} \quad \cdot \cdot \cdot \quad (120)$$

Aus den vier Gl. 119 und 120 lassen sich die vier Konstanten A bestimmen, und man erhält:

$$A_1 = -J\sqrt{2}\,\frac{(r_1 L_2 + r_2 M)}{(L_1 L_2 - M^2)(\lambda_1 - \lambda_2)} - J\sqrt{2}\,\frac{\lambda_2}{\lambda_1 - \lambda_2} - \frac{J_k\sqrt{2}}{\lambda_1 - \lambda_2}\left[\omega\cos(\zeta - \varphi)\right.$$
$$\left. - \lambda_2 \sin(\zeta - \varphi)\right] + \frac{L_2 \bar{E}\sin\zeta}{(L_1 L_2 - M^2)(\lambda_1 - \lambda_2)},$$

$$A_2 = J\sqrt{2}\,\frac{(r_1 L_2 + r_2 M)}{(L_1 L_2 - M^2)(\lambda_1 - \lambda_2)} + J\sqrt{2}\,\frac{\lambda_1}{\lambda_1 - \lambda_2} + \frac{J_k\sqrt{2}}{\lambda_1 - \lambda_2}\left[\omega\cos(\zeta - \varphi)\right.$$
$$\left. - \lambda_1 \sin(\zeta - \varphi)\right] - \frac{L_2 \bar{E}\sin\zeta}{(L_1 L_2 - M^2)(\lambda_1 - \lambda_2)},$$

$$A_3 = J\sqrt{2}\,\frac{(r_2 L_1 + M r_1)}{(\lambda_1 - \lambda_2)(L_1 L_2 - M^2)} + J\sqrt{2}\,\frac{\lambda_2}{\lambda_1 - \lambda_2} + \frac{J_k\sqrt{2}}{\lambda_1 - \lambda_2}\left[\omega\cos(\zeta - \varphi)\right.$$
$$\left. - \lambda_2 \sin(\zeta - \varphi)\right] - \frac{M \bar{E}\sin\zeta}{(\lambda_1 - \lambda_2)(L_1 L_2 - M^2)},$$

$$A_4 = -J\sqrt{2}\,\frac{(r_2 L_1 + M r_1)}{(\lambda_1 - \lambda_2)(L_1 L_2 - M^2)} - J\sqrt{2}\,\frac{\lambda_1}{\lambda_1 - \lambda_2} - \frac{J_k\sqrt{2}}{\lambda_1 - \lambda_2}\left[\omega\cos(\zeta - \varphi)\right.$$
$$\left. - \lambda_1 \sin(\zeta - \varphi)\right] + \frac{M \bar{E}\sin\zeta}{(\lambda_1 - \lambda_2)(L_1 L_2 - M^2)}.$$

Infolge der bei Transformatoren geltenden Verhältnisse ist λ_1 stets sehr klein und λ_2 ziemlich groß, so daß $\lambda_1 - \lambda_2$ gleich $(-\lambda_2)$ gesetzt werden kann. Führt man diese und die schon erwähnten Näherungen in obige Formeln ein, setzt beispielsweise $r_1 L_2 + r_2 M = L r_k$, und berücksichtigt, daß $2\omega S$ gleich x_k und $\dfrac{x_k}{r_k}$ gleich tg φ ist, so erhält man als einfache Näherungswerte.

$$A_1 \cong 0 \qquad\qquad A_3 \cong 0.$$
$$A_2 = -A_4 = J\sqrt{2} + J_k\sqrt{2}\,\sin(\varphi - \zeta).$$

Die exakte Rechnung ergibt, daß A_1 und A_3 höchstens einige Prozente von J_k werden können, so daß wir sie hier unbedenklich gleich Null setzen dürfen, da ihr Einfluß auf den maximalen Strom kaum merklich ist.

Die Integrale 118 werden also schließlich:

$$i_1 = -i_2 = J_k \sqrt{2}\sin(\omega t + \zeta - \varphi) + J_k \sqrt{2}\sin(\varphi - \zeta)\, e^{-\frac{r_k}{2S}t} + J\sqrt{2}$$
$$(121)$$

Man erkennt, daß die Schlußgleichung 121 in ihrer Form sehr der Gleichung des Stromes beim Einschalten eines Transformators ähnelt, nur wird hier die freie Schwingung viel rascher abklingen als beim Einschaltvorgang, weil der Streuinduktionskoeffizient S viel kleiner ist als der Selbstinduktionskoeffizient L. Er ist auch beim Transformator mit Eisen eine konstante Größe, weil sich der Streufluß zum großen Teile durch Luft schließt, so daß Gl. 121 auch ein quantitativ richtiges Bild der Vorgänge bietet. Je geringer die Streuung eines Transformators ist, desto rascher stellt sich der stationäre Kurzschlußzustand her, desto geringer ist die Maximalamplitude des Stromes, desto größer aber freilich auch die des stationären Kurzschlußstromes. Bei sehr großer Streuung und sehr geringem Widerstande ist hier im ungünstigsten Falle beim Kurzschließen im Nullwert der Spannung annähernd die doppelte Amplitude des normalen Kurzschlußstromes zu erwarten. Allgemein gilt hier also: ein kleinerer normaler Kurzschlußstrom bedingt eine größere maximale Amplitude des Stromes beim Kurzschließen im Verhältnis zum stationären Strome und umgekehrt. Eine Vergrößerung der Kurzschlußreaktanz wird aber im allgemeinen auch eine Abnahme des maximalen Stromes beim Kurzschließen zur Folge haben, denn bei Verdoppelung der Kurzschlußimpedanz ist der maximale ungünstigste Stromwert beim Kurzschließen höchstens der maximale stationäre Stromwert der ursprünglichen halb so großen Reaktanz. Es ist auch zu berücksichtigen, daß die Gleichung für konstante Primärspannung gilt, die in Wirklichkeit wohl immer abnehmen wird.

Beispiel: Als Beispiel sei ein Dreiphasentransformator von 5500 KVA, 50 Perioden, $\dfrac{8200}{49000}$ Volt Sternschaltung verkettet, $\dfrac{390}{65}$ Amp. Linienstrom, betrachtet. Dieser Transformator hat, auf die Hochspannungsseite reduziert:

$$r_1 = 1{,}205\,\Omega, \qquad r_2 = 1{,}4\,\Omega,$$
$$x_k = 12{,}5\,\Omega, \qquad x_1 = x_2 = 6{,}25\,\Omega,$$
$$S = 0{,}0199 \text{ Henry pro Phase.}$$

Der Leerlaufstrom beträgt 1,4 Amp., also der Selbstinduktions-koeffizient $L = 63,4$ Henry pro Phase.

Die Hochspannungswicklung dieses Transformators arbeite auf eine Freileitung, und auf dieser entstehe ein Kurzschluß zwischen zwei Phasen.

Dann gilt für das kurzgeschlossene System:

$$r_1 = 2,59\,\Omega, \qquad r_2 = 2,8\,\Omega,$$
$$S = 0,0398 \text{ Henry}, \qquad L = 126,8 \text{ Henry}, \qquad \bar{E} = 69\,400 \text{ Volt}.$$
$$z_k = 25,28\,\Omega, \qquad r_k = 5,39\,\Omega, \qquad x_k = 25\,\Omega.$$
$$J_k \sqrt{2} = \frac{\bar{E}}{z_k} = 2710 \text{ Amp.}, \quad M = L - S = 126,76 \text{ Henry}.$$
$$\operatorname{tg} \varphi = 4,64, \qquad \varphi = 77^{\circ}\,50',$$
$$\lambda_1 = -0,0497,$$
$$\lambda_2 = -67,8.$$

Da hier, wie beim Einschaltvorgang, die maximale freie Schwingung beim Kurzschluß im Maximum des stationären Kurz-schlußstromes entsteht, die maximale Gesamtamplitude aber beim Kurzschließen im Nullwert der Spannung, sei dieser letzte Moment betrachtet.

$$A_2 = J\sqrt{2} + J_k\,\sqrt{2}\sin\varphi,$$
$$J_k\,\sqrt{2}\sin\varphi = 2645 \text{ Amp.}$$

Bei Vollast und einer Phasenverschiebung des Belastungs-stromes $\cos\varphi_b = 0,7$ ist $J\sqrt{2} = -41,4$ Amp. bei induktiver Last, und $J\sqrt{2} = +41,4$ Amp. bei kapazitiver Belastung des Transformators.

$$\frac{J\sqrt{2}}{J_k\sqrt{2}\sin\varphi} = \sim 0,0156 \cong 2\,\%.$$

Es ist also fast ganz gleichgültig, ob der Kurzschluß bei Leerlauf oder Vollast entsteht, die Erscheinungen werden kaum anders. Starke kapazitive Belastung vergrößert den maximalen Kurzschluß-strom etwas, induktive Belastung verkleinert ihn etwas.

Die Gleichung des Kurzschlußstromes für Leerlauf lautet in unserem Falle:

$$i_1 = -i_2 = 2710 \sin(\omega t - 77^{\circ}\,50') + 2645\,e^{-67,8\,t}$$

Die freie Schwingung ist bereits nach einer Periode auf ein Drittel ihres Anfangswertes gesunken. Der auftretende maximale Stromwert von ~ 4200 Amp. ist das 1,5fache des normalen maxi-malen Kurzschlußstromes. Ein Bild der Vorgänge gibt Fig. 156.

Da wir bei der Berechnung des normalen Kurzschlußstromes von der Reaktanz einer Phase ausgehen, ist zu beachten, daß bei einer Reaktanz von $a^0/_0$ der Strom, den wir bei Kurzschluß von zwei Außenleitern erhalten, bei der Dreieckschaltung das $\dfrac{100}{a}$fache und bei der Sternschaltung das $\dfrac{\sqrt{3}}{2}\dfrac{100}{a}$, d. i. das $\dfrac{86,5}{a}$fache des normalen Belastungsstromes, beträgt. — Bei gleicher Phasenspannung verhalten sich also die normalen Kurzschlußströme von Dreieck- und Sternschaltung wie $100:86,5$ unter sonst gleichen Bedingungen.

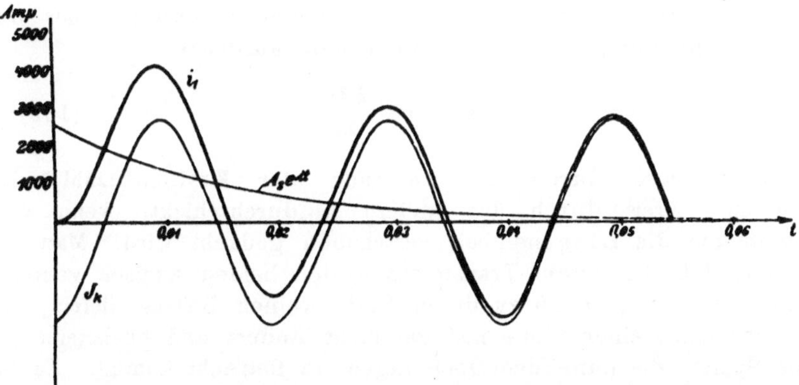

Fig. 156. Kurzschlußstrom eines 5500 KVA, 49000 Volt Dreiphasentransformator. Kurzschluß im Nullwert der Spannung.

Bei gleicher Linienspannung verhalten sich dagegen die Windungszahlen von Dreieck- zu Sternschaltung wie $\sqrt{3}:1$ und bei gleicher Reaktanz für eine Windung die Reaktanzen ebenfalls wie $\sqrt{3}:1$ und die Kurzschlußströme wie $\dfrac{1}{\sqrt{3}}:\dfrac{1}{2}$ oder ebenfalls wieder wie $100:86,5$. Die Sternschaltung besitzt also einen Vorteil, weil sich bei einphasigem Kurzschluß die Reaktanzen von zwei Phasen algebraisch addieren.

Für die Beurteilung der mechanischen Beanspruchung der Wicklung wird in fast allen Fällen die Annahme genügen, daß der Strom bei plötzlichem Kurzschluß auf den 1,8fachen Wert des normalen Kurzschlußstromes ansteigt.

II. Die mechanische Beanspruchung der Wicklung bei einem plötzlichen Kurzschluß.

Die bei einem plötzlichen Kurzschluß in einem Transformator auftretenden großen Ströme verursachen eine sehr starke mechanische Beanspruchung der Wicklung, da nach den elektrodynamischen Grundgesetzen zwischen zwei magnetisch verketteten Kreisen, in denen Ströme fließen, Kräfte auftreten, die von den Strömen und der gegenseitigen Lage dieser beiden Kreise abhängig sind.

Diese Kraftwirkungen beruhen darauf, daß parallele Leiter, in denen entgegengesetzt gerichtete Ströme fließen, sich abstoßen. Ganz allgemein suchen sich die Schleifen, die die Drähte bilden, so zu bewegen, daß die magnetische Feldenergie ein Maximum wird. Parallele Drähte mit gleichgerichteten Strömen ziehen sich daher an und stoßen sich bei entgegengesetzt gerichteten Strömen ab.

Die Kraft, die zwischen zwei derartigen Leitern in einer beliebigen Richtung x wirkt, ist durch den Ausdruck

$$k_x = i \cdot i' \cdot \frac{\delta M}{\delta x} \quad \ldots \ldots \ldots \quad (122)$$

gegeben, also durch die Änderung der Kraftlinienzahl, die der eine Kreis durch den andern hindurchschickt, wenn der zweite um die Längeneinheit verschoben gedacht wird. Man erkennt, daß bei einem Transformator der beiden Kreisen gemeinsame Eisenkraftfluß zu dieser Kraft keinen Beitrag liefert, da er sich längs einer Säule fast gar nicht ändert und höchstens für die Spulen, die nahe dem Joch liegen, in Betracht kommt. Es ist in erster Linie der Streufluß des Transformators, der für diese Kräfte bestimmend ist, und unter gewissen vereinfachenden Annahmen über die Verteilung dieses Streuflusses sollen hier Näherungswerte für die zwischen den einzelnen Spulen auftretenden Kräfte gesucht werden. Ist die Verteilung irgendeines magnetischen Feldes bekannt, so wirkt auf einen in diesem Felde vorhandenen Stromleiter nach dem Biot-Savartschen Gesetze eine Kraft

$$K = \frac{iBds \cdot 10^{-6}}{9,81}\, \text{kg} \quad \ldots \ldots \ldots \quad (123)$$

wenn Kraftlinien und Stromleiter senkrecht aufeinanderstehen, wobei i in Ampere, B in CGS und ds in cm gemessen wird. Wenn man also die Feldstärke an jeder Stelle einer Spule kennt, läßt sich mittels eines Integrals die gesamte auf die Spule wirkende Kraft berechnen.

1. Transformator mit Scheibenwicklung und halben Endspulen.

Die annähernde Feldverteilung des Streuflusses ist aus Fig. 24 zu ersehen.

Die Feldstärke im Luftspalt zwischen zwei Spulen ergibt sich annähernd zu (s. Gl. 25 S. 29)

$$B_{\Delta} = \left(1 - \frac{\Delta_1 + \Delta_2 + 2\Delta}{2\pi l_s}\right) \cdot \frac{0,4\pi}{2 l_s} w_s i = k \frac{0,63 w_s i}{l_s} \qquad (124)$$

worin

$$k = 1 - \frac{\Delta_1 + \Delta_2 + 2\Delta}{2\pi l_s}$$

und w_s die Windungszahl einer Spule bedeutet.

Es sei nun angenommen, daß sich die Feldstärke in radialer Richtung sehr wenig ändere, d. h. wir setzen sie konstant. Die Fehler, die wir hierdurch begehen, heben sich zum Teil auf, da im Luftspalt die Feldstärke nach den Spulenrändern hin abnimmt, während sie im Innern der Spulen nach den Rändern hin zunimmt. Primäre und sekundäre AW-Zahl $(i w_s)$ seien gleich.

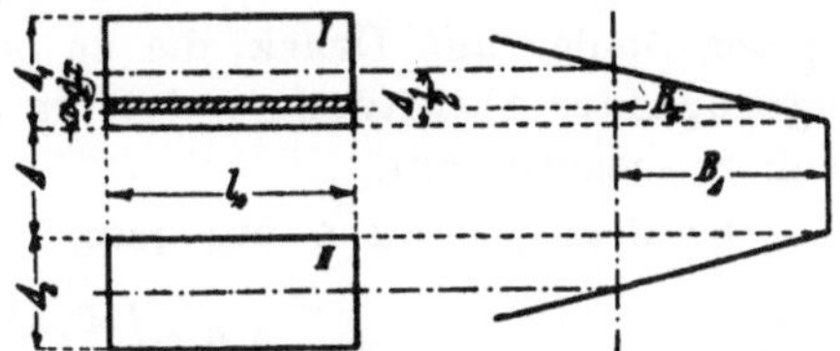

Fig. 157. Verteilung des Streufeldes einer Scheibenwicklung.

Wir erhalten nach dieser Annahme die Fig. 157.

Es ist

$$B_x = B_{\Delta} \frac{\frac{\Delta_1}{2} - x}{\frac{\Delta_1}{2}} = B_{\Delta} \frac{\Delta_1 - 2x}{\Delta_1}.$$

Die Rechnung werde so durchgeführt, als ob der ganze Spulenquerschnitt massives Kupfer wäre, der Fehler wird durch den Faktor f_1, der das Verhältnis von wirklichem Kupferquerschnitt zum Gesamtspulenquerschnitt darstellt, ausgeglichen. Die primäre und sekundäre Stromdichte sei gleich s.

Auf Spule I wirkt eine Kraft pro cm Spulenumfang:

$$k_I = f_1 \int_0^{\frac{\Delta_1}{2}} s l_s \, dx \cdot B_{\Delta} \frac{\Delta_1 - 2x}{\Delta_1} \cdot \frac{10^{-6}}{9,81} \text{ kg},$$

$$k_I = f_1 s l_s B_{\Delta} \frac{\Delta_1}{4} \cdot \frac{10^{-6}}{9,81} \text{ kg}.$$

Setzt man nun den Wert von B_{Δ} ein, so erhält man:

$$k_I = f_1 s l_s k \frac{0,63 w_s i}{l_s} \frac{\Delta_1}{4} \cdot \frac{10^{-6}}{9,81} \text{ kg},$$

und wenn man berücksichtigt, daß

$$s \Delta_1 l_s f_1 = w_s i$$

ist, ergibt sich schließlich

$$k_I = 1{,}6\,k\,\frac{(w_s\,i)^2}{l_s}\,10^{-8}\,\text{kg}\,.$$

Die Kraft, die auf Spule II wirkt, ist genau gleich groß und entgegengesetzt gerichtet.

Auf eine ganze Spule wirkt also die Kraft

$$K = 1{,}6\,k\,U_m\,\frac{(w_s\,i)^2}{l_s}\,10^{-8}\,\text{kg}\quad\ldots\ (125)$$

gleichförmig auf die Auflagefläche verteilt, die die in der Mitte gelegenen Spulen auf Druck, die zu oberst und unterst liegende bei ungenügender Abstützung auf Biegung bzw. Scherung gegen das Joch zu beansprucht.

Die Beanspruchung pro qcm Spulenfläche beträgt

$$\sigma = 1{,}6\,k\left(\frac{w_s\,i}{l_s}\right)^2 10^{-8}\,\text{kg}\quad\ldots\ldots\ (126)$$

Die oberste und unterste Spule ist in Wirklichkeit noch ungünstiger beansprucht, weil bei ihr noch der Streufluß der Eisenkerne gegen das Joch zu in Frage kommt. Die Kräfte sind in Wirklichkeit auch nicht gleichmäßig verteilt, sondern nehmen nach den Spulenrändern zu ab.

Bei Kerntransformatoren mit Scheibenwicklung zeigt sich die Erscheinung, daß die dem oberen bzw. unteren Joch am nächsten liegenden Spulen bei Kurzschlüssen gegen das Joch gedrückt werden. Es beruht das darauf, daß die Spulen das Bestreben haben, sich dahin zu bewegen, wo ihre Reaktanz am größten ist. Da nun die Streuung am Joch den größten Wert erreicht, suchen die Spulen diese Lage auf. Um das zu verhindern, müssen sie kräftig gegen das Joch abgestützt werden.

2. Kerntransformatoren mit Zylinderwicklung.

Die Feldverteilung zeigt Fig. 158.
Hier ist

$$B_\delta = \frac{0{,}4\,\pi\,i w}{l_s}\,k\,.$$

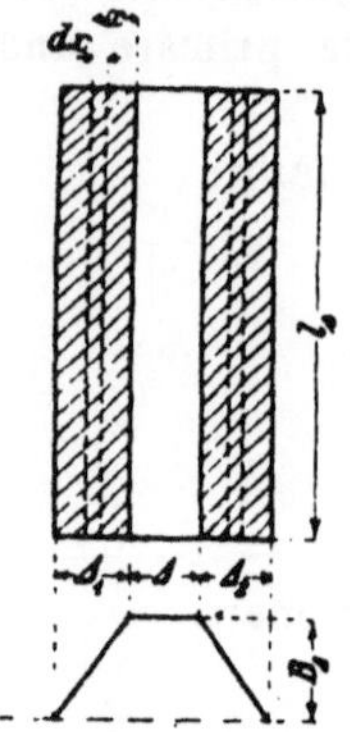

Fig. 158. Streufeld eines Kerntransformators mit Zylinderwicklung.

w ist die Windungszahl einer Spule pro Schenkel.

Wir zerlegen hier die Wicklung in lauter unendlich dünne Zylinder und berechnen wieder die Kraft auf die Längeneinheit des Umfangs. Hier soll das Feld in **axialer** Richtung als konstant angesehen werden. Die Kraft pro cm Umfang ergibt sich zu:

$$k_I = f_1 \int_0^{J_1} s l_s \, dx \, B_x \, \frac{10^{-6}}{9{,}81} \text{ kg} ,$$

$$B_x = B_{J} \cdot \frac{\varDelta_1 - x}{\varDelta_1} ,$$

$$B_x = \frac{1{,}25 \cdot i w k}{l_s} \cdot \frac{\varDelta_1 - x}{\varDelta_1} ,$$

$$k_I = 6{,}4 \cdot k \frac{(i w)^2}{l_s} \, 10^{-8} \text{ kg} .$$

Auf die ganze Spule wirkt die Kraft

$$K = 6{,}4 \, k \, U_m \cdot \frac{(i w)^2}{l_s} \, 10^{-8} \text{ kg} \quad \dots \dots \quad (127)$$

und die Beanspruchung pro cm² ist

$$\sigma = 6{,}4 \, k \left(\frac{i w}{l_s} \right)^2 10^{-8} \text{ kg} \quad \dots \dots \quad (128)$$

Man sieht, daß eine Zylinderwicklung ungefähr eine viermal größere Beanspruchung pro cm² bei einem Kurzschluß auszuhalten hat als eine Scheibenwicklung, wenn das Glied $\left(\dfrac{i w}{l_s} \right)$ in beiden Formeln ungefähr den gleichen Wert besitzt.

Diese Kraft beansprucht die außenliegende Spule auf Zug und sucht sie, da sie radial gerichtet ist, in die Form eines Kreisringes zu bringen. Kreisförmige Spulen werden also am günstigsten und gleichmäßigsten beansprucht werden. Die Kraft ist axial nicht genau konstant, sondern nimmt nach den Spulenenden zu ab, sie wird daher die Spule in der Mitte auszubauchen suchen, und die Windungen in der Mitte werden am stärksten beansprucht sein. Für die Windungen am Ende tritt noch eine zusätzliche Beanspruchung infolge des Streuflusses zwischen Eisenkern und Joch ein, die diese Windungen gegen das Joch zu biegen sucht. Diese Beanspruchung ist stärker für die Spulenhälften, die zwischen den Eisenkernen liegen.

Schließlich sei noch die **Zylindertype mit geteilter Sekundärwicklung** betrachtet, deren Streufeld in Fig. 159 dargestellt ist. Hier kann man

$$B_{\varDelta} = \frac{0{,}4 \, \pi \, i w}{l_s} \cdot \frac{k}{2}$$

setzen, wenn w wieder die Windungszahl pro Schenkel bedeutet, oder

$$B_A = 0{,}63 \, \frac{i\,w\,k}{l_s}.$$

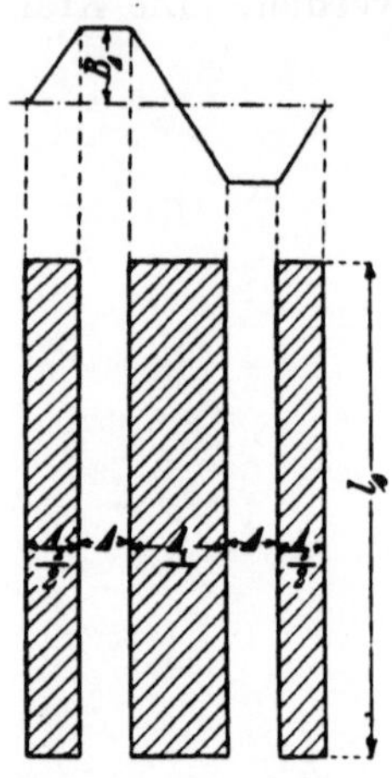

Fig. 159. Streufeld eines Kerntransformators mit Zylinderwicklung und geteilter Sekundärspule.

Die Kraft pro cm Spulenumfang ergibt sich jetzt zu:

$$k_{II} = f_1 \int\limits_0^{\frac{A_s}{2}} s\,l_s\,dx \cdot B_x \, \frac{10^{-6}}{9{,}81}\,\mathrm{kg},$$

$$k_{II} = 1{,}6 \, \frac{(i\,w)^2 k}{l_s} \, 10^{-8}\,\mathrm{kg}.$$

Die Kraft, die auf die ganze Spule wirkt, ist

$$K = 1{,}6\,k\,U_m \, \frac{(i\,w)^2}{l_s}\, 10^{-8}\,\mathrm{kg} \qquad (129)$$

und die Beanspruchung pro cm²:

$$\sigma = 1{,}6\,k\left(\frac{i\,w}{l_s}\right)^2 10^{-8}\,\mathrm{kg} \qquad (130)$$

Die Beanspruchung ist bei dieser Type also ungefähr gleich der bei Scheibenwicklungen und nur $^1/_4$ derjenigen bei ungeteilter Sekundärwicklung.

Beispiel. Als Beispiel sei der schon betrachtete Dreiphasentransformator von 5500 KVA, 50 Perioden, $\dfrac{8100}{49000}$ Volt betrachtet, bei dem

$$J_k = 1910 \text{ Amp.},$$

$$\sqrt{2}\,J_k = 2710 \text{ Amp.}$$

und der maximale Kurzschlußstrom 4200 Ampere bei konstanter Primärspannung beträgt. Dieser Transformator besitzt eine gewöhnliche Zylinderwicklung mit den Windungszahlen $^{625}/_{103}$, seine Säulenhöhe beträgt 125 cm, seine Spulenhöhe ungefähr 120 cm.

Die maximal auftretende Beanspruchung der Wicklung ist:

$$\sigma = 6{,}4\,k\left(\frac{4200 \cdot 625}{120}\right)^2 10^{-8}\,\mathrm{kg}, \qquad (k \simeq 1{,}06),$$

$$\sigma = 32{,}4 \ \mathrm{kg/cm}^2,$$

und im stationären Kurzschlußzustande beträgt die mittlere

Beanspruchung 6,7 kg/cm², entsprechend dem Werte von $J_k = 1910$ Amp.

Es treten jedoch nicht nur zwischen den primären und sekundären Spulen eines Kerns mechanische Kräfte auf, sondern auch zwischen den primären bzw. sekundären Spulen benachbarter Eisenkerne. Die Ströme sind in ihnen auf den einander zugekehrten Seiten gleichgerichtet, die Spulen benachbarter Eisenkerne ziehen sich daher an, und die abstoßenden Kräfte von konzentrischen Spulen desselben Kernes werden dadurch unterstützt.

Auch beim Einschalten eines Transformators, bei offener Sekundärwicklung, treten mechanische Kräfte auf, die um so größer sind, je mehr das Eisen des Transformators gesättigt ist. Die primäre Wicklung sucht sich dahin zu bewegen, wo die Reaktanz am größten ist. Bei Zylinderwicklungen ist daher darauf zu achten, daß beide Endspulen gleichweit vom Joch entfernt sind.

Die mechanischen Kräfte lassen sich erfolgreich verkleinern durch Vergrößerung der Reaktanz des Transformators oder durch Vorschalten einer Drosselspule. Hätte man in dem oben angeführten Beispiel die Reaktanz verdoppelt, z. B. durch Verdoppelung des Zwischenraumes $\varDelta$ zwischen den beiden Zylinderwicklungen, so wäre der Kurzschlußstrom annähernd auf die Hälfte gesunken, und die Beanspruchungen k, K und σ wären auf $\frac{1}{4}$ ihres früheren Wertes gefallen, d h. die maximal auftretende Beanspruchung σ pro cm² wäre nur gleich 8,1 kg/cm² und die mittlere Beanspruchung σ während des Kurzschlußzustandes wäre nur 1,67 kg/cm².

Es ist daher für alle Betriebe, bei denen mit starken Stromstößen und Kurzschlüssen zu rechnen ist, die Reaktanz des Transformators größer zu machen als sie etwa mit Rücksicht auf den Spannungsabfall allein gemacht werden würde. Bei Transformatoren mit Scheibenwicklung kann das durch eine Verminderung der Zahl der Spulen oder Spulengruppen bzw. Vergrößerung der Spulenbreiten, Vergrößerung des Abstandes der Hoch- und Niederspannungsspulen und durch Einlegen von im Durchmesser aufgeschlitzten Eisenblechen zwischen die Isolation der Hoch- und Niederspannungsspulen in bequemer Weise erreicht werden. Bei konzentrischen Wicklungen ist der Abstand der Wicklungen zu vergrößern.

Je größer die Leistung der Generatoren, die auf einen Kurzschluß arbeiten, und je kleiner ihr Spannungsabfall ist, um so mehr ist es geboten, die Reaktanz der Transformatoren zu erhöhen oder eine Drosselspule ohne Eisenkern mit entsprechender Reaktanz vorzuschalten. Diese werden bei hohen Spannungen in Ölkästen untergebracht. Namentlich bei Kerntransformatoren mit konzentrischer

Wicklung ist eine passende Erhöhung der Reaktanz ein sehr zweck-mäßiges und oft benutztes Schutzmittel.

Auf die verschiedenen Arten der Befestigung der Wicklungen und ihrer Versteifung gegen mechanische Beanspruchungen soll hier nicht näher eingegangen werden. Aus den im Kap. X ge-brachten Beispielen sind die hauptsächlichsten Anordnungen zur Befestigung der Wicklung ersichtlich.

Hervorzuheben ist jedoch, daß eine gute mechanische Festig-keit der Wicklung gegen Erschütterungen durch Stromstöße einer der wichtigsten Punkte einer guten Transformatorkonstruktion ist.

Neuntes Kapitel

Bau und Anordnung der Eisenkörper.

41. Blechstärke. Qualität der Bleche. Querschnittsform der Eisenkerne. — 42. Eisenkörper von Einphasentransformatoren. — 43. Eisenkörper von Mehrphasentransformatoren.

41. Blechstärke. Qualität des Bleches. Querschnittsform der Eisenkerne.

Der Eisenkörper eines Transformators muß wie der jeder elektrischen Maschine aus Blechen zusammengesetzt sein, damit der Verlust durch Wirbelströme klein bleibt. Übliche Blechstärken sind 0,3, 0,35, 0,4, 0,5 und 0,6 mm, und bei geringen Periodenzahlen (15 in der Sekunde) geht man mitunter bis zu 0,8 und 1 mm Dicke.

An die Qualität des Eisens sind vor allem die folgenden drei Forderungen zu stellen: es muß eine hohe Permeabilität besitzen, damit der Magnetisierungsstrom klein bleibt, der spezifische Widerstand soll groß sein, um die Wirbelströme klein zu halten, und der Hysteresiskoeffizient muß möglichst gering sein, damit bei der Ummagnetisierung wenig Energie verloren geht. Die Bleche müssen ferner gewissen mechanischen Bedingungen genügen, nicht spröde und brüchig sein, und ihre Eigenschaften mit der Zeit bei der dauernden Erwärmung im Betriebe nicht ändern. Man verwendet weiches Eisenblech, gut ausgeglühtes Flußeisen- oder Stahlblech und das sogenannte legierte Blech, eine Legierung von Eisen mit Silizium und anderen Stoffen (Näheres S. 61).

Um die Qualität des Eisens zu bestimmen, werden die Bleche im Eisenuntersuchungsapparat (s. S. 355) geprüft, in dem der Verlust durch Hysteresis und Wirbelströme für 1 kg Eisen bei verschiedenen Induktionen und Periodenzahlen gemessen wird. Auf S. 63 sind derartige Kurven für gewöhnliche und legierte Bleche gegeben.

Den Wattverlust für 1 kg Eisen bei einer Induktion von $B_{max} = 10000$ und $B_{max} = 15000$ bei 50 Perioden bezeichnet man als Verlustziffer (s. S. 354). Die Verlustziffer gibt einen Maßstab für die Güte des Bleches. Wie aus den Figuren S. 63 bis 65 zu entnehmen ist, soll für $B_{max} = 10000$ weiches Eisenblech guter Qualität

von $\Delta = 0,35$ mm die Verlustziffer 3,3 Watt/kg
„ $\Delta = 0,5$ „ „ „ 3,8 „

und legiertes Blech

von $\Delta = 0,35$ mm die Verlustziffer 1,6 Watt/kg
„ $\Delta = 0,5$ „ „ „ 1,8 „

nicht überschreiten. Hochlegierte Bleche ergeben noch kleinere Werte der Verlustziffer als oben angegeben ist.

Das Blech kann im Transformator 25 bis 35 °/₀ mehr Verluste ergeben als im Eisenuntersuchungsapparat. Diese Erscheinung ist auf die Blechränder zurückzuführen, da bei sorgfältigem Abschleifen der Ränder nur 5 bis 10 °/₀ mehr Verluste gemessen werden.

Damit die Spulen eines Transformators auf Wickelbänken hergestellt und der Transformator bequem aufgebaut und wenn nötig wieder zerlegt werden kann, muß der geschlossene Eisenkörper aus einzelnen Teilen bestehen. Diese Teile werden entweder mit sauber bearbeiteten Stoßflächen stumpf gegeneinander gestoßen, oder die Bleche werden an den Stoßstellen ineinandergeschoben (verzapft).

Bei Kerntransformatoren bilden die Kerne und die Joche meist besondere Stücke, die stumpf gegeneinander stoßen und mit Preßschrauben zusammengehalten werden, bei Manteltransformatoren ist das schichtweise Aufbauen der Bleche mit versetzten Stoßfugen vielfach üblich.

Alle massiven Eisenteile, die zum Zusammenpressen des lamellierten Eisenkörpers dienen, sind so anzuordnen, daß keine erheblichen Wirbelstromverluste in ihnen entstehen können.

Die Bleche werden durch Anstrich mit einem Isolierlack oder durch Papier voneinander isoliert. Die Papierisolation ist die am meisten gebräuchliche. Das Papier wird in einer Stärke von 0,02 bis 0,03 mm durch Maschinen mittels Stärkekleister auf die Bleche aufgeklebt. Es gehen hierdurch und durch Unebenheiten der Bleche 8 °/₀ bis 12 °/₀ des Raumes verloren, so daß durchschnittlich nur 90 °/₀ des Querschnittes Eisen enthält.

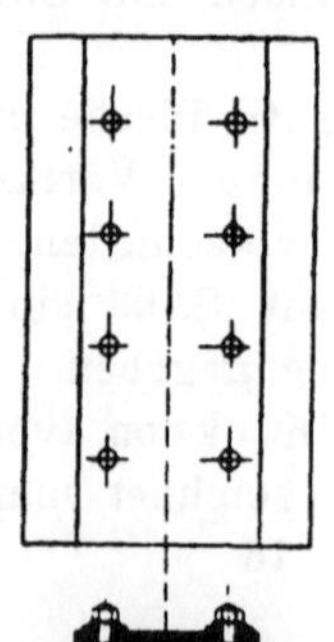
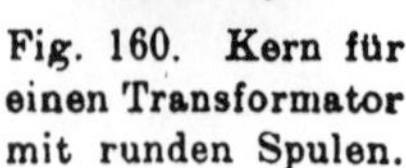

Fig. 160. Kern für einen Transformator mit runden Spulen.

Querschnittsformen. Die Kernquerschnitte werden in runder und rechteckiger Form ausgeführt. In Kap. XIII S. 305 sind die Vorteile und Nachteile beider ausführlich besprochen.

Besitzen die Spulen runde Form, so muß der Kern aus verschieden großen Blechen zusammengesetzt werden. Fig. 160 zeigt die einfachste Form eines solchen Kernes. Die Bleche werden durch ein oder zwei Reihen von Nieten oder Schraubenbolzen zusammengepreßt.

Die Bolzen sind auf der ganzen Länge und von den Endplatten zu isolieren, weil sonst zwei Bolzen und die Bleche eine in sich kurzgeschlossene Windung bilden. Bei einfacher Bolzenreihe kann, namentlich bei geringen Sättigungen des Eisens, die Isolierung der Bolzen unterbleiben.

Es ist auch möglich, die Bleche durch B ä n d e r a u s H a n f - s c h n u r zusammenzuhalten. Für diese Konstruktion findet sich ein Beispiel in der Fig. 284 S. 267.

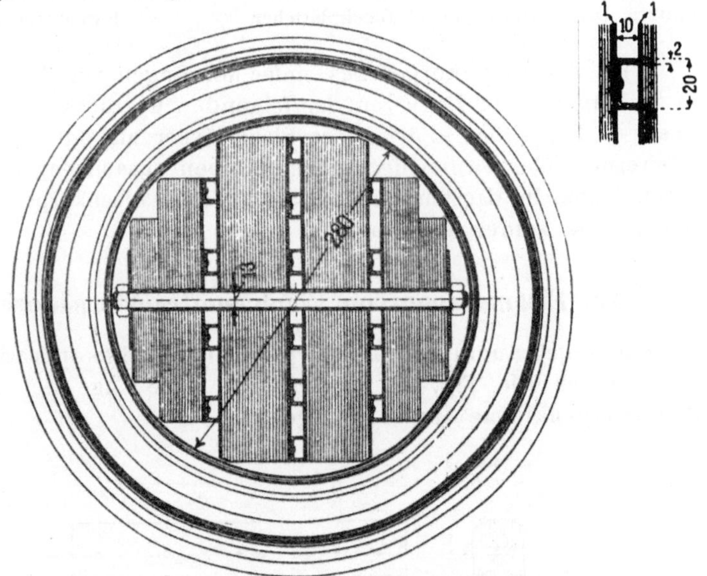

Fig. 161. Kernquerschnitt mit Ventilationsrippen.

Bei größeren Querschnitten ist es wegen der Kühlung notwendig, Luftschlitze anzuordnen (Fig. 161), wobei die Distanzierung der Blechpakete, die den Kern bilden, durch ⊏-förmige Zwischenstücke, durch Zwischenlage von mit Öl oder Paraffin getränkten Holzleisten oder nach Fig. 162 durch Blechstücke geschieht, die aus Blechabfällen ausgestanzt werden. Eine andere Art der Distanzierung ist in Fig. 197 bei einem Manteltransformator der W e s t i n g - h o u s e - C o m p. dargestellt.

13*

Die Kerne mit rechteckigem Querschnitt (Fig. 163) werden meist so ausgeführt, daß die Seiten ungefähr im Verhältnis 1 : 2
stehen. Hier haben alle
Bleche gleiche Größe, und
die einzelnen Teile des Kerns
sind unter sich gleich.

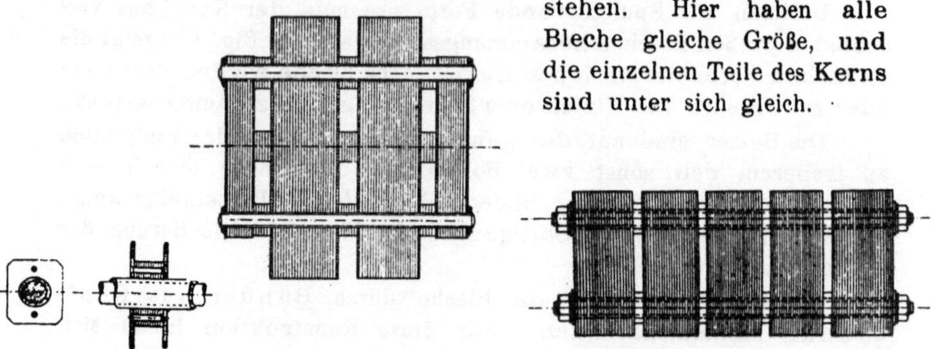

Fig. 162. Kernquerschnitt mit 3 Luftschlitzen. Distanzierung durch Blechplättchen.

Fig. 163. Rechteckiger Trans-
formatorkern.

Wird der Eisenkörper aus einfachen Lagen von Blech, wobei
die Stoßfugen einer Lage von der folgenden überdeckt werden, aufgebaut (s. Fig. 173), so wird der Blechkörper als Ganzes zwischen
gußeisernen oder schmiedeeisernen Rahmen zusammengepreßt. Die
Bolzen liegen in diesem Falle außerhalb des Blechkörpers und be-
dürfen dann keiner Isolierung.

42. Eisenkörper von Einphasentransformatoren.

Einige gebräuchliche Eisenkörper von Einphasentransformatoren stellen die Fig. 164 bis 166 dar. Die Lage der Wicklung
ist durch punktierte Linien angegeben.

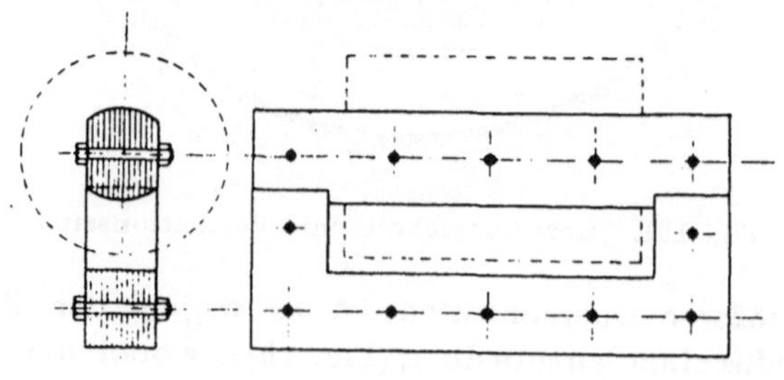

Fig. 164.

Der Eisenkörper Fig. 164 besteht aus einem bewickelten Kern
und einem ⊔ förmigen Joch, die stumpf zusammenstoßen. Er eignet
sich nur für kleine Transformatoren.

Eine größere Kühlfläche für die Wicklung und kleinere mag-

netische Streuung erhält man, wenn die Wicklung auf zwei Eisenkerne wie in den Fig. 165 und 166 verteilt wird. Für größere
Typen ist die Anordnung Fig. 166 besser geeignet und die am
meisten gebrauchte. Sie besteht aus zwei Kernen K, zwei Spulensätzen und zwei Jochstücken J.

Da hier doppelt so viel Kernlänge zur Bewicklung vorhanden
ist wie in Fig. 164, werden die Spulen dünner, die mittlere Windungslänge und das Kupfergewicht also kleiner.

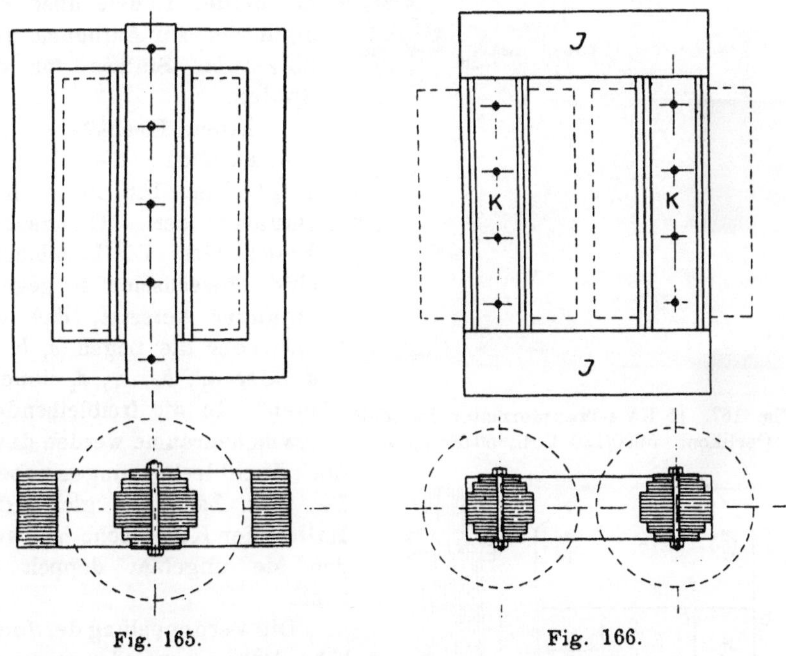

Fig. 165.   Fig. 166.

Kern- und Jochbleche können nun zunächst stumpf gegeneinander stoßen. Für große Kerntransformatoren ist das heute allgemein üblich. Bei der Bearbeitung der Stoßstellen muß sorgfältig
darauf geachtet werden, daß nicht der überstehende Grat den
Wirbelströmen einen Weg bietet. Wendet man säurefestes Papier als
Isolation zwischen den Blechen an, so kann man nach der Bearbeitung
den feinen Grat durch ein geeignetes Säurebad oder auf elektrolytischem Wege vernichten. Bei größeren Transformatoren, bei denen
die Vergrößerung des Leerlaufstromes mit in Kauf genommen werden kann, legt man Papier zwischen die Stoßstellen, und zwar in
einer Stärke bis zu 0,2 mm. Dünneres Papier wird im Betrieb bei
den dauernden Vibrationen zerrieben und verliert so seine Wirkung.
Der Bau des Eisenkörpers eines Transformators von 15 KVA

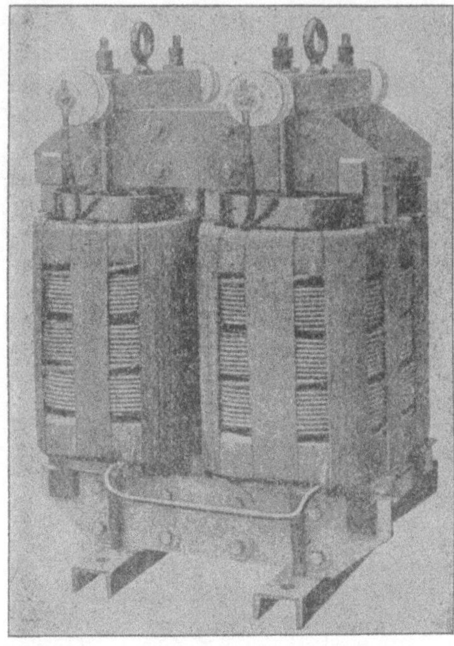

Fig. 167. 15 KVA-Transformator der M.-F. Oerlikon. 5000/120 Volt, 50·Perioden.

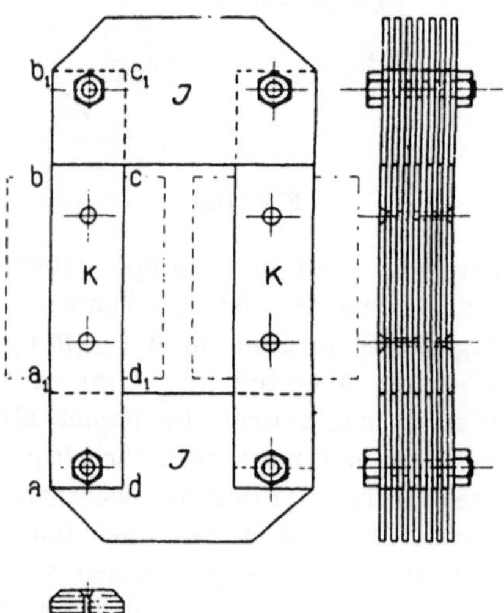

Fig. 168. Eisenkörper mit Verzapfung der Bleche.

der M.-F. Oerlikon ist aus Fig. 167 gut ersichtlich. Joch und Kern werden durch Schrauben, deren Bolzen zwischen Spule und Kern liegen, zusammengepreßt. Die etwa 2 mm starken Seitenbleche der Jochstücke stehen an beiden Enden über das Joch vor zur Aufnahme von hölzernen Stützen für die Spulen.

Einen Eisenkörper mit Verzapfung der Bleche zeigt Fig. 168 nach einer Bauart der Ganzschen Elektr. Ges. Die Kernbleche sind abwechselnd so gegeneinander versetzt, daß sie entweder die Lagen a, b, c, d oder a_1, b_1, c_1, d_1 einnehmen. In die freibleibenden Zwischenräume werden dann die Jochbleche eingeschoben. Da ihre Zahl nur gleich der Hälfte der Kernbleche ist, werden sie ungefähr doppelt so hoch.

Die Verdoppelung der Jochhöhe kann vermieden werden, wenn man nach Ausführungen der A. E.-G. den von der Jochlänge zwischen den beiden Kernen freibleibenden Raum durch nachträglich eingeschobene Bleche ausfüllt.

Die Allis Chalmers Co., Milwaukee, baut Lichttransformatoren von 0,6 bis 50 KVA mit einem aus L-förmigen Blechen zusammengesetzten Eisenkörper, so daß nur zwei Stoßstellen entstehen. Jede Blechlage bedeckt immer die Stoßstelle der nächsten Lage. Die Bleche werden in die auf der Wickelbank hergestellten Spulen Lage um Lage eingeschoben und dann oben und unten, wie aus Fig. 169 ersichtlich ist, durch je zwei gußeiserne Platten seitlich gefaßt und mit zwei Schrauben zusammengepreßt.

Beim Bau des Eisenkörpers von Manteltransformatoren sucht man einen Blechschnitt zu bekommen, der möglichst wenig Materialverlust ergibt. Die Fig. 170 stellt den Blechschnitt eines Manteltransformators dar, bei dem der aus dem Rahmen herausgestanzte Teil ohne Blechabfall zum Aufbau des Kernes verwendet werden kann. Zunächst werden

Fig. 169. Eisenkörper für Lichttransformatoren der Allis Chalmers Co.

die Blechtafeln in Stücke von $3d \times 2d$ und $2d \times 2d$ zerschnitten und hieraus, wie Fig. 170 zeigt, Fenster mit den Abmessungen $2d \times d$ und $d \times d$ ausgestanzt. Der übrigbleibende Rahmen der

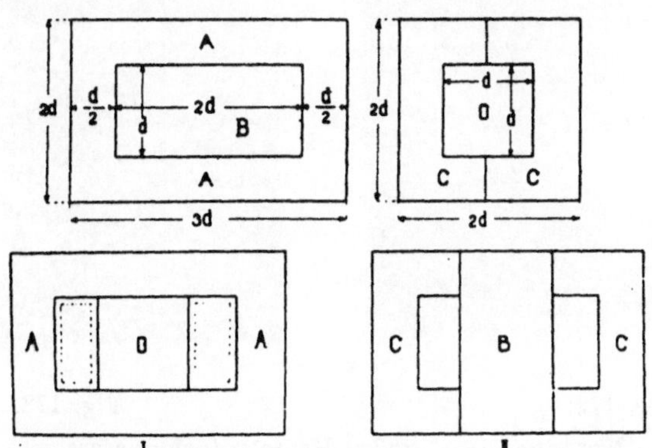

Fig. 170. Blechschnitt eines Manteltransformator.

kleineren Blechstücke wird halbiert. Aus Fig. 170 I und II ist die Zusammenstellung der fünf Teile ersichtlich. Der Rahmen $A\,A$ wird über die Spulen und die Teile D und B in die Spulen ge-

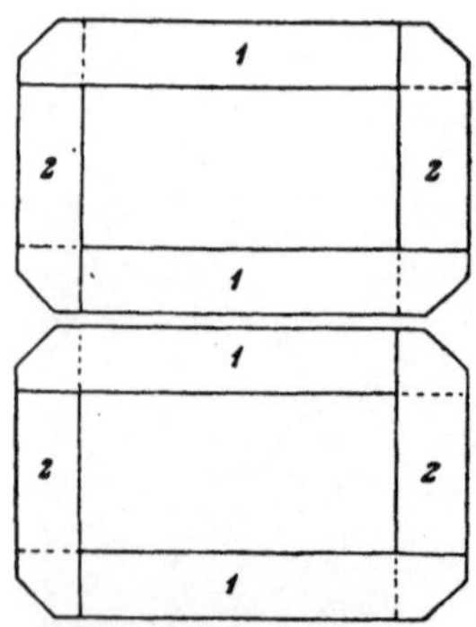

Fig. 171. Blechschnitt
eines Manteltransformators
der Westinghouse Comp.

schoben. Die Zusammenstellungen I und II
folgen abwechselnd aufeinander und überdecken gegenseitig ihre Trennfugen.

Fig. 171 stellt den Blechschnitt eines
Manteltransformators der Westinghouse
Comp. dar. Eine Schicht besteht aus
8 Blechstücken, von denen je 4 die
gleiche Form haben. Die Schichten werden abwechselnd so zusammengesetzt,
daß die Fugen jeder Schicht von den
Blechen der folgenden Schicht überdeckt
werden.

Der Zusammenbau der Spulen und
des Eisenkörpers geschieht derart, daß,
wie die Fig. 172, 173 zeigen, die fertig
gewickelten Spulen aufgestellt werden und um sie herum der
Eisenkörper aufgebaut wird.

Fig. 172.

Fig. 173.

Montage eines großen Manteltransformators.

Fig. 174 stellt die Montage der Hochspannungsspulen eines
Manteltransformators der Westinghouse Comp. dar, und Fig. 175
zeigt einen fertig montierten Manteltransformator derselben Firma.
Die Bleche werden zwischen zwei massiven Gußstücken durch verti-

Fig. 174. Montage der Spulen für einen 2800 KVA-Transformator, 5000/60 Volt, 25 Perioden.

Fig. 175. 2750 KVA-Manteltransformator, 88000/8000 Volt, 50 Perioden der Westinghouse Comp. Der Transformator ist etwa 3 m hoch.

kale Bolzen zusammengepreßt. Bemerkenswert ist ferner, daß der aus dem Eisen herausragende Teil der Spulen gegen die bei Stromstößen zwischen den Spulen auftretenden mechanischen Kräfte durch starke, mit Schrauben angepreßte Seitenschilde gegen Lagenänderungen geschützt sind.

Fig. 176 zeigt einen kleineren Manteltransformator der Felten & Guilleaume-Lahmeyerwerke.

Will man wegen leichterer Montage und Demontage den Eisenkörper nicht aus einzelnen sich über-

Fig. 176. Kleiner Manteltransformator der F. G. Lahmeyerwerke.

deckenden Eisenblechen zusammensetzen, so gelangt man zu Stoßfugen.

Fig. 177, 178 stellen den Blechschnitt eines Manteltransformators mit Stoßfugen dar, bei dem das aus der Blechtafel $3d \times 2d$

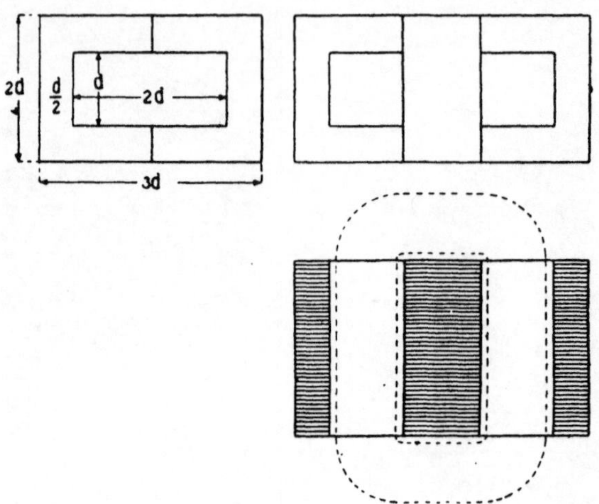

Fig. 177 und 178.　Manteltransformator mit Stoßfugen.

ausgestanzte Fenster den Kern liefert. Der übrigbleibende Rahmen wird halbiert und liefert den Mantel.

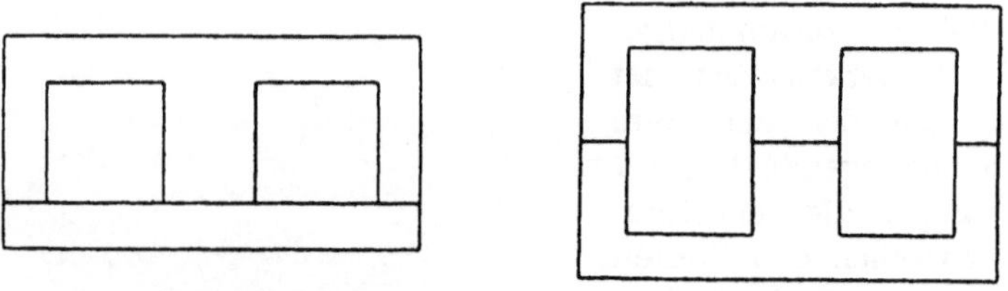

Fig. 179.　　　　　　　　　　Fig. 180.

Blechschnitte für Manteltransformatoren.

Eine andere Art des Blechschnittes für stumpfen Stoß zeigen die Fig. 179 und 180.　Die ausgestanzten Fenster liefern hier Blechabfälle, dafür ist man aber in der Bemessung der Größe der Fenster unabhängig von den übrigen Abmessungen.

43. Eisenkörper von Mehrphasentransformatoren.

Ein Zweiphasentransformator wird meistens aus zwei Einphasentransformatoren gebildet, diese können jedoch zu einem einzigen Transformator mit drei Eisenkernen vereinigt werden; zwei

Kerne sind bewickelt, und der dritte dient als magnetischer Rückleiter. In diesem Falle kann der Eisenkörper die gleiche Form wie
der eines Dreiphasentransformators erhalten, nur muß der dritte
Kern einen $\sqrt{2}$ mal größeren Querschnitt erhalten als die beiden
andern. In Fig. 181 würde man z. B. die beiden äußeren Kerne
bewickeln und den mittleren als magnetischen Rückleiter benützen.

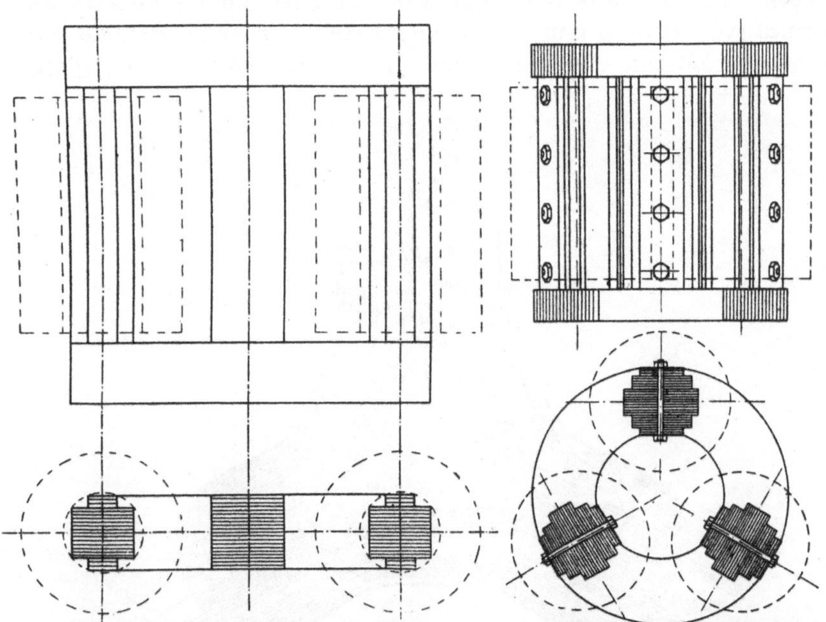

Fig. 181. Zweiphasentransformator.

Fig. 182. Dreiphasentransformator der Kraftübertragung
Lauffen-Frankfurt.

Ein Dreiphasentransformator kann aus drei Einphasentrans-
formatoren bestehen, indem man jeder Phase einen besonderen
Transformator gibt. Dieses Verfahren wird namentlich bei großen
Leistungen vielfach angewandt. Man erreicht dadurch eine größere
Abkühlungsfläche, bei Beschädigungen sind Reparaturen bequemer
auszuführen, und es ist eine kleinere Reserve notwendig.

Andererseits bietet auch die Verwendung von mehreren elektrisch verketteten Einphasentransformatoren den Vorteil einer Vereinfachung der Fabrikation, indem für Ein-, Zwei- und Dreiphasentransformatoren gleiche Blechschnitte, gleiche Schablonen für die
Spulen und gleiche Armaturen für den Zusammenbau zur Anwendung kommen können.

Die Eisenkonstruktion eines Transformators, der bei der ersten
berühmten Dreiphasenkraftübertragung in Lauffen a. N. — Frank-

furt a. M. im Jahre 1891 im Betriebe war, ist in Fig. 182 dargestellt. Drei vertikale Eisenkerne werden oben und unten je durch einen aus Bandeisen gewickelten Jochring miteinander verbunden.

Eine andere Lösung der Aufgabe stellt die Jochform dar, die in Fig. 183 wiedergegeben ist.[1]) Hier ist es in bequemer Weise möglich, Joch und Kern zu verzapfen. Man versetzt zu dem Zwecke, wie dies aus der Figur ersichtlich ist, die Blechpakete des Kernes (von etwa 5 mm Stärke) gegeneinander und legt in die entstehenden Lücken die Jochbleche. Ihre Zahl ist dann nur gleich

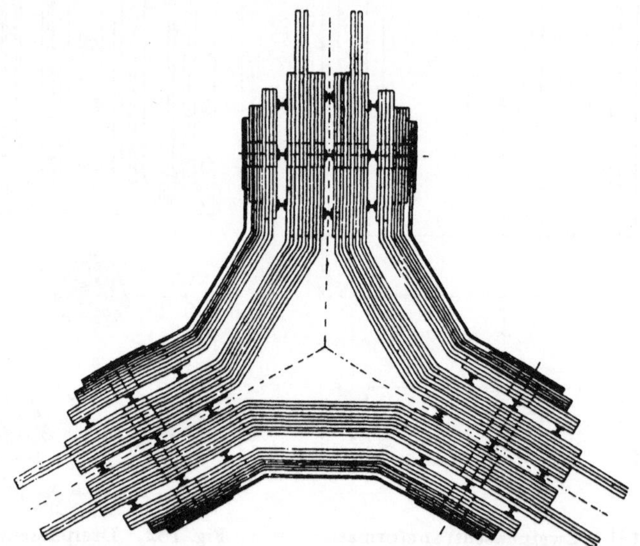

Fig. 183. Dreiphasentransformator mit verzapften Blechen.

der Hälfte der Kernbleche, sie werden daher annähernd doppelt so hoch. Die Zwischenräume der einzelnen Pakete der Jochbleche begünstigen die Abkühlung des Transformators.

Wie schon früher an Hand der Fig 73 erläutert wurde, bildet der Eisenkörper drei getrennte magnetische Stromkreise, und der gesamte Kraftfluß eines Kernes wird um 15°/₀ größer als bei vollkommener magnetischer Verkettung, andererseits ergibt aber diese Konstruktion das kleinste Eisengewicht für die Jochverbindungen.

Für Dreiphasenkerntransformatoren ist heute fast ausschließlich die Form mit drei in einer Ebene stehenden Kernen üblich, und zwar stoßen fast immer Kerne und Joche stumpf aufeinander und werden durch Bolzen zusammengehalten.

---

[1]) Amerik. Patent Nr. 644565.

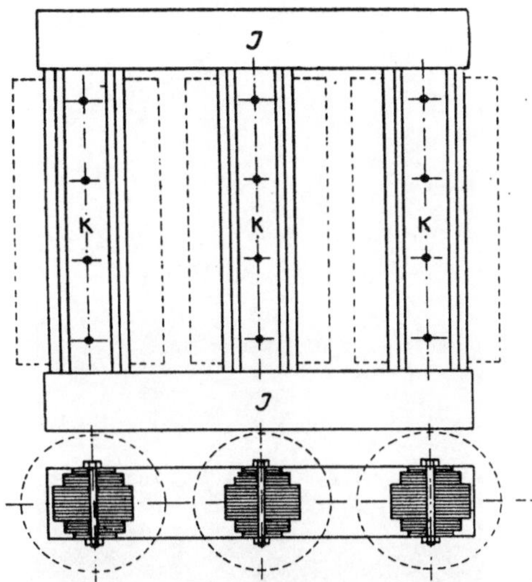

Fig. 184. Dreiphasentransformator mit
vertikalen Eisenkernen.

Die Fig. 184, 185 zeigen Anordnungen für vertikale und horizontale Kerne. Diese Anordnung der Eisenkerne wurde zuerst von der A. E.-G., Berlin, ausgeführt.

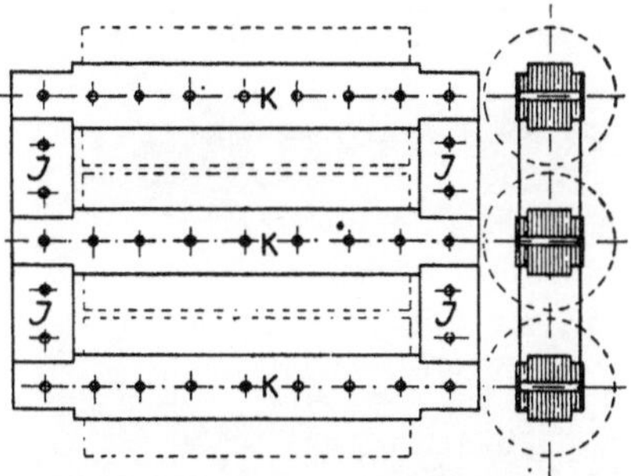

Fig. 185. Dreiphasentransformator
mit horizontalen Eisenkernen.

Fig. 186 zeigt die Photographie des Eisenkörpers eines Transformators für 1000 KVA der Westinghouse Comp. Die Kerne und Joche sind in sich durch eine Reihe von Schrauben zu festen Teilen verbunden, zusammengestellt und durch über die Joche gelegte Preßstücke und lange Verbindungsbolzen zusammengehalten.

Fig. 187 zeigt den Eisenkern eines 15 KW-Transformators von Brown, Boveri & Co. Der Kernquerschnitt ist rechteckig, der ganze Körper wird durch ⊔-Eisen und Schrauben zusammengehalten. Die Isolierringe für die Ausführungen sind an einem kleinen Gerüst auf den Eisenkörper aufmontiert. In Fig. 188 sehen wir einen fertig bewickelten Transformator dieser Type.

Fig. 186. Eisenkörper eines 1000 KVA-
Transformators der Westinghouse Comp.

Fig. 187.   Fig. 188.

15 KVA-Transformator von Brown, Boveri & Co.

Fig. 189.   275 KVA-Transformator der M.-F. Oerlikon, 1500/88 Volt,
40 Perioden für natürl. Luftkühlung.

Einen Dreiphasentransformator der M.-F. Oerlikon für natürliche Luftkühlung gebaut veranschaulicht Fig. 189. Der Eisenkörper mit rechteckigen Kernen ruht auf einem gußeisernen Rahmen, durch den die Luft von unten eintritt und um den Transformator, dessen Schutzhülle in der Figur entfernt ist, geführt wird. — Quer über dem oberen Joch liegen ⊔-Eisen, auf denen die Platten für die Schraubenmuttern der Preßbolzen liegen.

Das Bild eines Transformators mit horizontal liegenden Eisenkernen und Schmiedeeisenkonstruktion von den Felten & Guilleaume - Lahmeyerwerken ist in Fig. 190 gegeben.

Mehrphasentransformatoren nach der Manteltype werden namentlich für große Leistungen vielfach gebaut. Die Bleche stoßen entweder mit stumpfem Stoß zusammen oder sie werden überlappt.

Fig. 190. Liegender Transformator der Felten & Guilleaume Lahmeyerwerke.

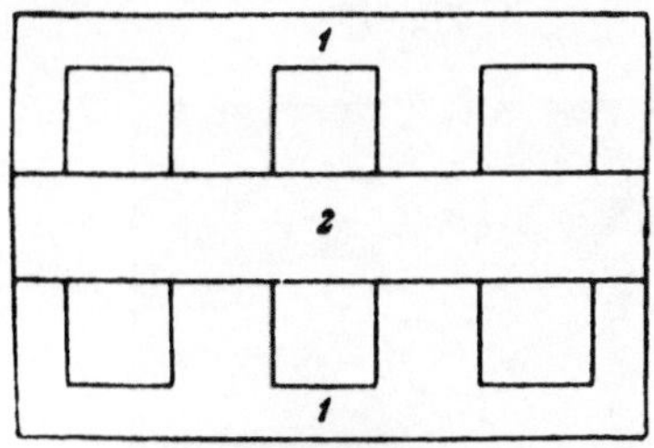

Fig. 191.

Fig. 192.

Blechschnitte der Siemens-Schuckert-Werke.

Die Siemens-Schuckert-Werke setzen bei kleineren Transformatoren den Blechkörper aus drei Teilen und bei großen Transformatoren aus elf Teilen zusammen. Im ersten Fall besteht der Blechkörper, wie Fig. 191 zeigt, aus zwei Seitenteilen und einem Mittelstück, und im anderen Fall, wie Fig. 192 darstellt, aus zwei

Seitenteilen, acht Querstegen und einem Mittelstück. Bei ganz großen
Transformatoren besteht auch das Mittelstück noch aus zwei Teilen.

Diese Teilung des Blechkörpers ermöglicht ein bequemes Einsetzen und Herausnehmen
der Wicklung, wie das die
Fig. 193 bis 196 veranschaulichen.

.Um bei einem Transfor-
mator mit dreiteiligem Blechkörper ein Wicklungspaket
P herauszunehmen, wird der
obere Teil der Spannkon-
struktion abgenommen, der
Transformator auf die Seite
umgelegt, sodann das obere
Seitenteil des Blechkörpers
abgehoben und das Mittel-
stück (MT) so weit herausge-
zogen, bis das betreffende
Spulenpaket frei wird. Dieses kann dann, wie Fig. 195
zeigt, nachdem die Wick-
lungsenden von den Klem-
men gelöst sind, herausge-
schoben werden. In ähnlicher Weise wird bei dem
Herausnehmen eines Spulen-
paketes eines Transformators

Fig. 193.

Fig. 194.

mit 11 teiligem Blechkörper verfahren. Der Transformator wird so umgelegt (Fig. 194), daß die Spulen, nachdem die darüberliegenden Querstege entfernt sind, herausgehoben werden können (Fig. 196).

Fig. 195.

Fig. 196.

Fig. 193 bis 196. Zusammenbau der Manteltransformatoren der Siemens-
Schuckert-Werke.

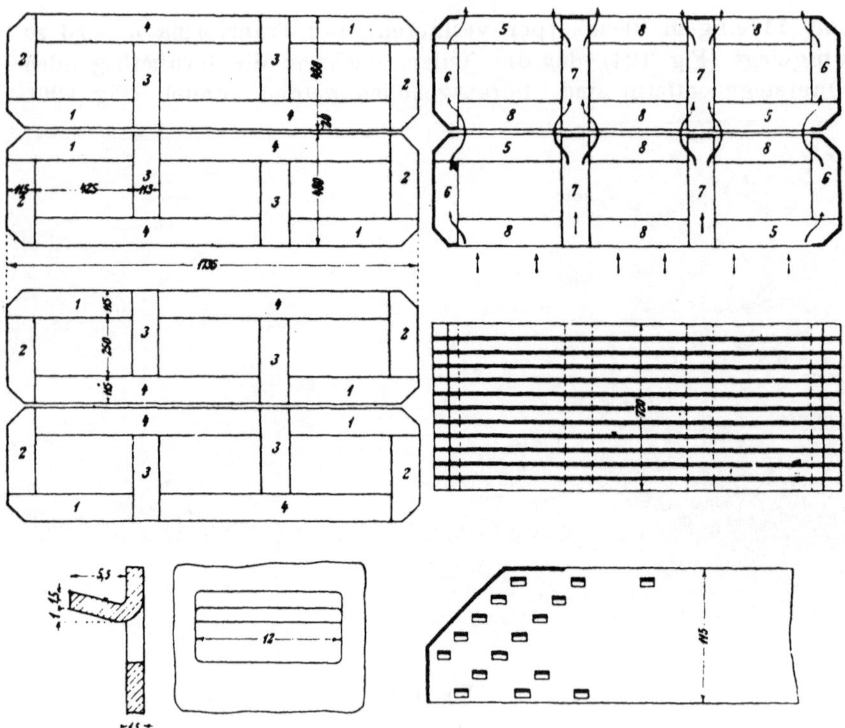

Fig. 197. Blechschnitte für große Manteltransformatoren der Westinghouse Co.

Fig. 198. Dreiphasiger Manteltransformator
der Westinghouse Co.

Ebenso wie die Ein-
phasen - Manteltransformatoren baut die Westing-
house Co. auch die Drei-
phasen - Manteltransformatoren mit Überlappung der
einzelnen Bleche. Der Blechschnitt eines solchen Transformators für eine Leistung
von 2500 bis 3500 KW bei
50 Perioden · (je nach der
Höhe der Summe der primä-
ren und sekundären Klem-
menspannung), von 720 mm
Höhe des Blechkörpers und
1060 cm² Fläche der Fenster,
ist in Fig. 197 dargestellt.
Die einzelnen Lagen werden

aus vier verschiedenen Blechen (1 bis 4) von 0,35 mm Stärke so zusammengesetzt, daß sich die Fugen von zwei aufeinanderfolgenden Lagen überdecken. Der Blechkörper erhält 11 Luftschlitze von 5,5 mm Weite. Dieser Abstand von 5,5 mm der einzelnen Blechpakete wird dadurch gesichert, daß die letzte Schicht eines Paketes aus Blechen von 1,5 mm Stärke besteht, in denen Stege von 5,5 mm Höhe durch Stanzen eingedrückt sind. Damit die Kühlluft den richtigen Weg nimmt, ist das Blech außerdem auf beiden schmalen Seiten des Blechkörpers um 5,5 mm umgebördelt, so daß die Luft nicht seitlich austreten kann. Fig. 198 zeigt die Photographie eines dreiphasigen Manteltransformators der Westinghouse Co.

Einen ganz eigenartigen, von den üblichen Formen stark abweichenden Aufbau des Eisenkerns besitzt der Berrytransformator, den die British Electric Transformer Co. Ltd., Hayes, Middlesex baut. Der Berrytransformator ist ein Manteltransformator mit Zylinderspulen. Aus dem Querschnitt (Fig. 199) und der Photographie (Fig. 200) ist zu erkennen, daß der

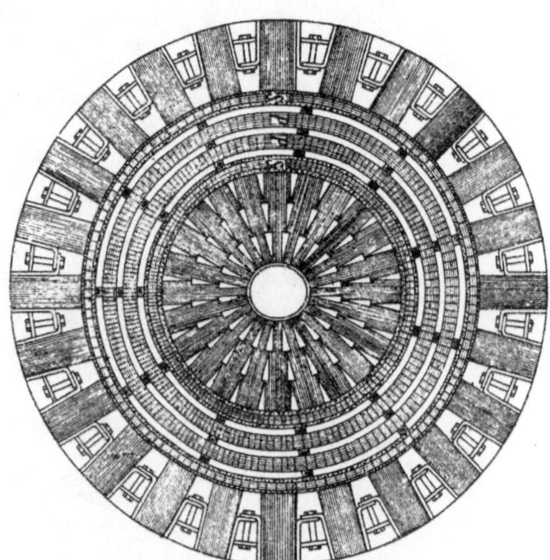

Fig. 199. Berrytransformator.

Fig. 200. Berrytransformator.

Eisenkörper aus radial angeordneten, L-förmigen Blechen sich zusammensetzt. Je zwei solcher L-förmigen Bleche umschließen die

Fig. 201. Berrytransformator.

Fig. 202. Manteltransformator
der General Electric Comp.

Wicklungen und überlappen sich
an beiden Schenkeln. Damit alle
Bleche im Innern der Wicklung
untergebracht werden können, sind
die radialen Schenkel verschieden
lang. Die entstehenden Zwischenräume ermöglichen eine sehr
gute Lüftung des Transformators.
Fig. 201 zeigt einen fertigen Transformator. Für Mehrphasenstrom
werden mehrere solche Transformatoren aufeinander gesetzt und
zu einem Ganzen verbunden.

Eine ähnliche Konstruktion
(Fig. 202) wird von der General
Electric Company ausgeführt. Der
Eisenkörper umschließt hier in
vier Jochstücken, die oben und
unten an einen mittleren Kern
anschließen, die als Zylinderwicklung ausgeführten Spulen.

Zehntes Kapitel

Anordnung, Isolation und Befestigung der Wicklung.

44. Anordnung der Wicklung. — 45. Wicklungsart der Spulen. — 46. Isolation und Befestigung der Wicklung. Transformatorenöl. — 47. Ausführungsisolatoren. Prüftransformator für 500000 Volt.

44. Anordnung der Wicklung.

Je nach der Anordnung der Spulen unterscheidet man konzentrische oder Zylinder(Röhren)wicklung und Scheibenwicklung.

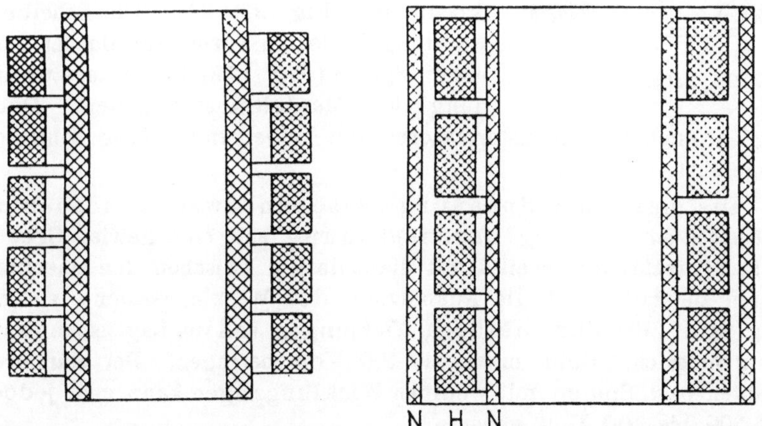

Fig. 203. Konzentrische Wicklung. Fig. 204. Konzentrische Wicklung mit geteilter Niederspannungswicklung.

Bei der konzentrischen Wicklung (Fig. 203) bilden die Hoch- und Niederspannungswicklung[1]) konzentrische, ineinander geschobene Röhren von rundem oder rechteckigem Querschnitt.

---

[1]) Anstatt Hoch- und Niederspannung sagt man häufig Ober- und Unterspannung, da die Oberspannung nicht immer eine Hochspannung ist.

Hierbei kann, um die Streuinduktion zu verkleinern, die Niederspannungswicklung in zwei Röhren geteilt werden, zwischen die
die Hochspannungswicklung gelegt wird (Fig. 204).

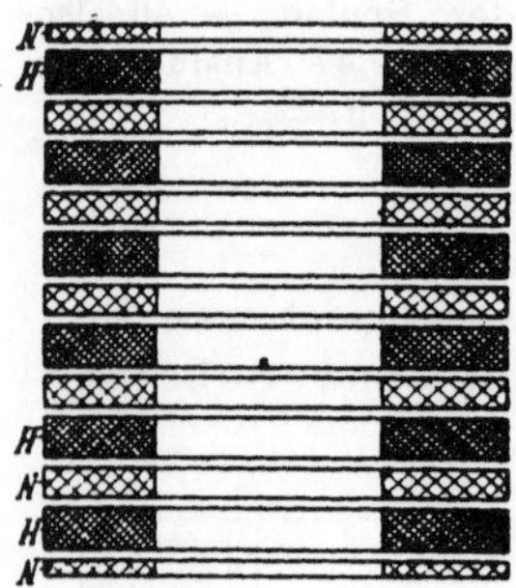

Fig. 205. Scheibenwicklung.

Eine Scheibenwicklung besteht
aus abwechselnd nebeneinander angeordneten Hoch- und Niederspannungsspulen
(Fig. 205). Zur besseren Isolation der Wicklung gegen das Eisen nimmt man als Endspulen Niederspannungsspulen. Die beiden Endspulen werden meist mit halber
Windungszahl ausgeführt, um die Streuung klein zu halten (vgl. hierzu die
Streubilder, Fig. 23, 24). Die Scheibenwicklung findet in Form sehr flacher und
hoher Spulen (Fig. 172) ihre Hauptanwen-
dung bei Manteltransformatoren. Doch
werden auch Kerntransformatoren mit Scheibenwicklung zahlreich
ausgeführt.

Die maximale Spannung zwischen zwei benachbarten
Drähten oder die sog. Lagenspannung soll eine gewisse Grenze
nicht überschreiten, weil damit die Isolation zwischen den einzelnen
Lagen zu stark und die Ausnützung des Wicklungsraumes zu gering wird. Bei dünndrähtigen Wicklungen soll die Lagenspannung,
wenn möglich, nicht mehr als 100 Volt betragen. Bei stärkeren
Drähten bzw. Spulen mit wenigen Wicklungslagen kann man jedoch
auf 300 bis 400 Volt gehen.

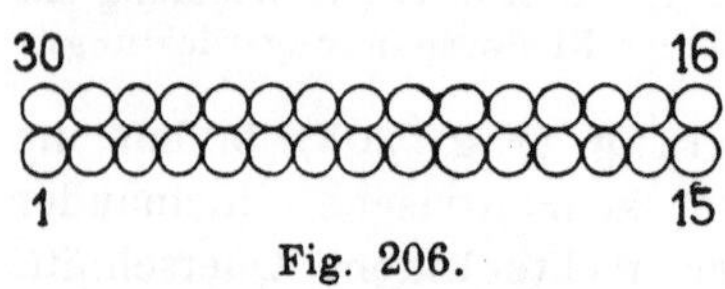

Fig. 206.

Beträgt z. B. die Spannung
einer Wicklung 4500 Volt und die
Windungszahl 1500, so entfallen
3 Volt auf jede Windung. Hat
nun eine Spule in jeder Lage
15 Windungen, so erhalten wir
(Fig. 206) zwischen den benachbarten Windungen 1 und 30 die
maximale Lagenspannung von

$$30 \cdot 3 = 90 \text{ Volt.}$$

Aus diesem Grunde wird es notwendig, Wicklungen für hohe
Spannung in eine größere Zahl von Spulen zu teilen. Die Spulen-
zahl wird um so größer, je größer die Windungszahl und die Spannung einer Windung ist.

45. Wicklungsart der Spulen.

Bei allen Typen von Transformatoren werden Spulen mit mehreren Drahtlagen, bei denen jede Lage aus mehreren Windungen besteht, häufig angewandt. Verschiedene Spulen dieser Art sind in den Fig. 207 bis 230 dargestellt.

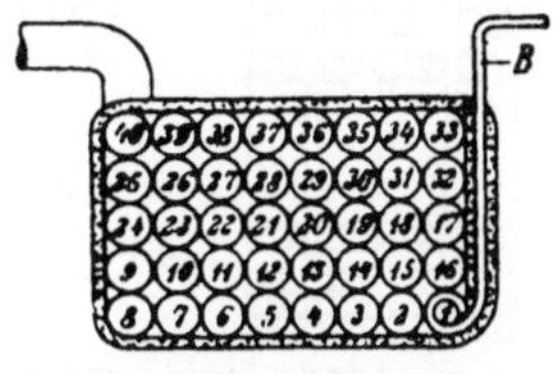

Fig. 207.

Der Draht steigt im „Übergang" von einer Lage zur anderen hinauf. In Fig. 207 findet z. B. dieser Übergang zwischen den Windungen 8 und 9, 16 und 17 usf. statt.

Jede Querschnittsform kann für den Draht bei dieser Wicklung gewählt werden, und durch passende Wahl der Querschnittsform kann bei einer bestimmten äußeren Spulenform jede gewünschte Lagenspannung erhalten werden. Ist z. B. die Voltzahl einer Windung groß, so verwendet man einen sehr flachen Draht, um wenige Windungen in einer Lage zu bekommen.

Ist die Zahl der Wicklungslagen gerade, so liegen beide Wicklungsenden auf derselben Seite, ist sie ungerade, auf entgegengesetzten Seiten der Spule. Eine ungerade Anzahl Lagen (Fig. 207) ist daher für die Verbindung der Spulen untereinander etwas bequemer.

In Fig. 207 liegt der Wicklungsanfang unten, und ein gut isoliertes Kupferband (B) bildet die Verbindung nach außen und zur benachbarten Spule. Die nach außen führende und die Windungen kreuzende Verbindung läßt sich vermeiden, wenn man, wie die Fig. 208 zeigt, die Spule aus zwei Hälften herstellt und die innen liegenden Enden (1) verbindet, oder indem man zuerst die eine Spulenhälfte 1—35, z. B. links herum, und die andere Spulenhälfte 1—35 rechts herum wickelt, wozu besondere Vorrichtungen zum Wickeln erforderlich sind. Die beiden Spulenhälften werden durch eine isolierende Zwischenlage getrennt.

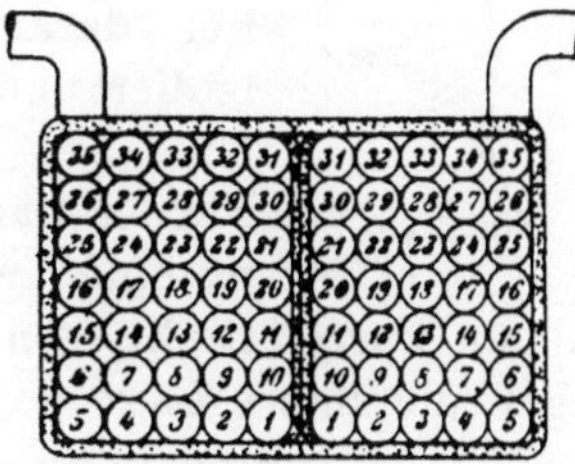

Fig. 208.

Ist die Zahl der Windungen einer Lage kleiner als etwa 5 oder 4, so ist die Wicklung wegen des vielen Platzes, den die Übergänge im Verhältnis zur Breite einer Lage einnehmen, nicht mehr gut auszuführen. Man kann dann die Wicklung in der Art herstellen, wie Fig. 209 angibt, und erhält vier Sektionen a, b, c, d.

Sind *a* und *c* rechts herum gewickelt, so sind *b* und *d* links herum
zu wickeln. Am besten verwendet man bei dieser Wicklungsart
Flachdraht.

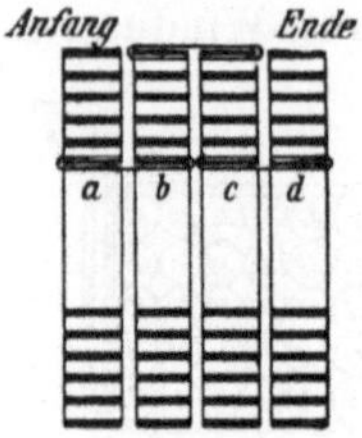

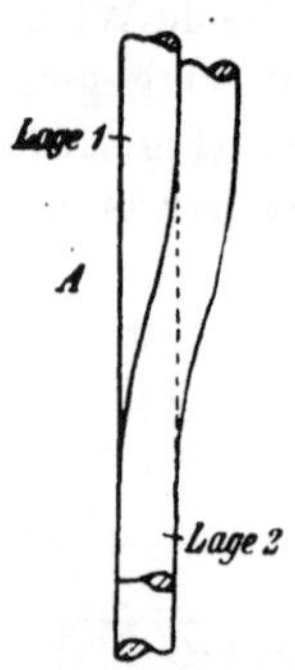

Fig. 209.

Die Nachteile einer Spule mit mehreren
Drahtlagen und vielen Windungen in einer Lage
sind folgende:

1. es liegt nicht jede Windung direkt am
Kühlmittel,

2. die Spulen sind schwer zu imprägnieren,

3. da Isolierstoffe zwischen die Lagen eingewickelt werden müssen (s. Fig. 229), ist die
Lage der Drähte keine feste, und bei der stän-
digen Erschütterung der Drähte kann eine Verletzung der Draht-
und Lagenisolation entstehen,

4. es sind „Übergänge“ von einer Drahtlage zur anderen erforderlich.

Diese Übergänge machen namentlich bei rechteckigen Draht-
querschnitten einige Schwierigkeit, da der Draht an dieser Stelle
nicht auf der unteren Lage aufliegt und bei *A*
(Fig. 210) stark gegen den anderen Draht gepreßt
wird. Liegt nun gar die Spule beim fertigen Transformator horizontal, also auf den Übergängen auf,
so kann durch die ständige Vibration der Drähte
leicht eine Beschädigung der Isolation an dieser
Stelle eintreten.

Bei Verwendung dieser Art von Spulen ist daher darauf zu achten, daß die Übergänge sehr gut
isoliert sind, nicht zu plötzlich ausgeführt und am
Umfange der Spule gleichmäßig verteilt werden.
Ferner darf der Drahtquerschnitt nicht zu flach genommen werden. Man legt manchmal bei den Übergängen kurze Stücke von Schnur ein, um den überführenden Draht
gegen die untere Lage zu stützen.

Fig. 210.

Runde Spulen eignen sich für die beschriebene Wicklungsart
besser als rechteckige, denn bei rechteckigen Spulen ist es unmöglich, die einzelnen Lagen auf den geraden Seiten fest aneinander
zu legen.

Die oben angegebenen Schwierigkeiten umgeht man, wenn die
Spule nur mit einem Draht in jeder Lage gewickelt wird, oder
wenn man breitere Spulen aus mehreren solcher Sektionen
zusammensetzt. Die Fig. 211 zeigt eine derartige, aus zwei Sektionen bestehende Spule.

Angewendet wird diese Wicklung sowohl bei Mantel- als auch

zum Teil bei Kerntransformatoren. Der Draht kann quadratisch sein oder rechteckig und kann dann flach oder hochkantig gewickelt werden. Diese Wicklungsart führt auch den Namen „Sandwich-Wicklung", sie kommt namentlich als Scheibenwicklung vielfach zur Anwendung.

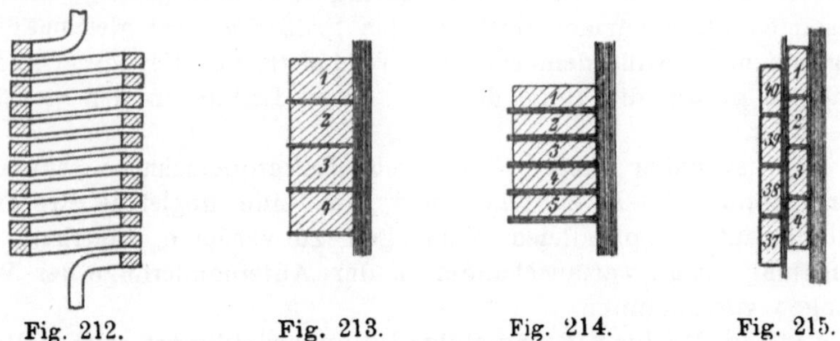

Besteht eine Spule aus mehreren Sektionen, so wickelt man meistens jede Sektion für sich und schaltet sie dann, wie Fig. 209 zeigt, durch Lötverbindungen hintereinander oder parallel und trennt die einzelnen Sektionen durch eine isolierende Schicht. Es ist mit einer besonders hierfür gebauten Wickelbank möglich, zwei Sektionen gleichzeitig zu wickeln. Man beginnt mit der Wicklung in der Mitte und vermeidet so die innen liegende Lötstelle.

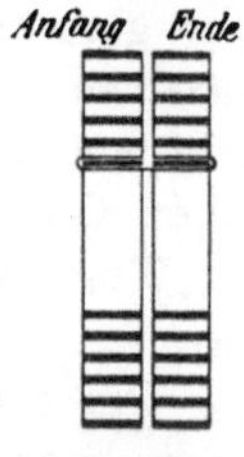

Fig. 211.
Sandwich-
Wicklung.

Bei Röhrenwicklungen und größeren Stromstärken besteht die Niederspannungswicklung häufig aus einer einzigen Spule, deren Windungen, wie Fig. 212 zeigt, in einer Lage schraubenförmig über die Kernhöhe verlaufen. In diesem Falle ist die Lagenspannung gleich der Spannung einer Windung. Der Draht solcher Spulen ist entweder quadratisch oder rechteckig. Dieser kann flach oder hochkantig gewickelt werden, und es können mehrere Drähte parallel geschaltet sein. In Fig. 213 und 214 sind Spulen mit einer Wicklungslage dargestellt. Das in nacktem Zustande hochkant gewickelte Flachkupfer ergibt mit Zwischenlagen aus Band oder Papier und einem kittenden Lack einen festen Zylinder.

Fig. 212.   Fig. 213.   Fig. 214.   Fig. 215.

In Fig. 215 ist besponnener Flachdraht in zwei Lagen gewickelt, wobei eine Lage die gesamte Wicklungshöhe bedeckt. Da die Lagenspannung zwischen der ersten und letzten Windung (1 und 40) in diesem Falle gleich der Klemmenspannung ist, ist eine besondere Isolation beider Lagen erforderlich.

Gegen das Lockerwerden wird eine Zylinderspule auf zwei Arten geschützt, und zwar einmal dadurch, daß die Endwindungen gegeneinander abgebunden werden, das andere Mal, daß eine Lage Band mit Überlappung um die Spule gewickelt wird.

Das Parallelschalten von Windungen und Spulen. Bei sehr großen Stromstärken ist es sowohl mit Rücksicht auf die in massiven Leitern entstehenden Wirbelströme, als auch mit Rücksicht auf die Herstellung der Wicklung zweckmäßig, den erforderlichen Querschnitt zu teilen. Man stellt in diesem Falle entweder die Windungen aus zwei oder mehr parallelen Drähten her, oder man schaltet mehrere Spulen parallel.

Um die Wirkung des Streufeldes auf die Stromverteilung in einem massiven Leiter zu verstehen, denken wir uns (Fig. 216) zwei Leiter A und B, von denen A aus vier parallelen Leitern bestehen soll. Durch jeden Leiter möge ein Wechselstrom fließen und beide Ströme 180° Phasenverschiebung gegeneinander haben. Dann entsteht ein pulsierendes Streufeld von gleicher Form, wie es bei Transformatoren zwischen Primär- und Sekundärwicklung auftritt. Wir erkennen, daß die innen liegenden Teile der Leiter mehr Kraftlinien umschließen, also auch eine größere Reaktanz haben als die

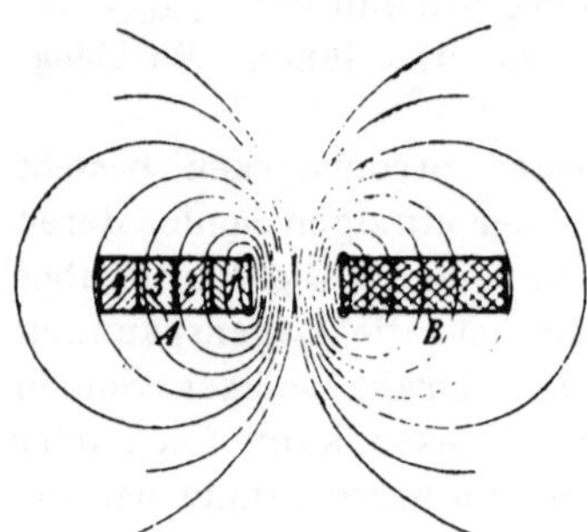

Fig. 216. Streufeld bei unterteilten Leitern.

äußeren, so daß der Strom nach außen gedrängt wird. Leiter 4 hat also die größte, Leiter 1 die geringste Strombelastung, und die gesamten Stromwärmeverluste werden größer als bei gleichmäßiger Stromdichte. Außerdem entstehen Wirbelströme, die um so größer sind, je größer die Höhe des ungeteilten Leiters in der Richtung $A—B$ ist.

Es ist daher erforderlich, große Leiterquerschnitte senkrecht zur Richtung $A—B$ zu teilen und, um eine ungleiche Stromverteilung auf die parallelen Windungen zu verhüten, innerhalb der Wicklung einige Vertauschungen in der Aufeinanderfolge der Windungen vorzunehmen.

In Fig. 217 bis 219 sind einige Zylinderwicklungen mit parallelen Windungen dargestellt. Bei Wicklungen mit zwei Drahtlagen (Fig. 220) hilft man sich so, daß man an jedem Kern zwei Zylinderspulen von gleicher Windungszahl übereinander anordnet und den innenliegenden Draht der einen Spule mit dem außenliegenden der anderen verbindet.

Liegen drei übereinander gewickelte Drähte parallel, so hat man auf jedem Kern drei Zylinderspulen übereinander zu setzen und nach dem Schema Fig. 221 so zu verbinden, daß je eine innere, eine mittlere und eine äußere Lage in Reihe geschaltet sind.

Bei doppelt konzentrischer Wicklung (Fig. 222) schaltet man bei zwei parallelen Drähten die außenliegenden miteinander und die innenliegenden Drähte miteinander in Reihe.

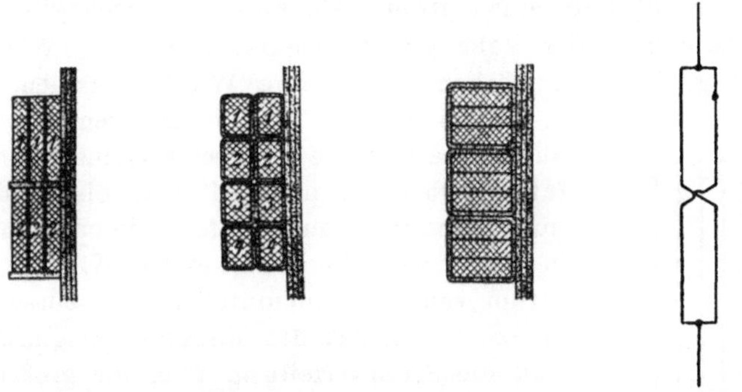

Fig. 217.   Fig. 218.   Fig. 219.   Fig. 220.

Zylinderwicklungen mit parallelen Windungen.

Soll nach Fig. 223 die außenliegende Zylinderspule mit der innenliegenden parallel geschaltet werden, so ist darauf zu achten, daß beide Spulen ungefähr gleiche Reaktanz haben. Praktisch ist ein Unterschied in der Reaktanz von $20^0/_0$ noch zulässig.

Besteht eine Spule, wie es z. B. bei Scheibenwicklungen öfters der Fall ist, aus z. B. drei parallelen Sektionen (Fig. 224), so ist jede Sektion in drei Teile zu teilen und die Teile sind nach dem Schema Fig. 221 untereinander zu verbinden.

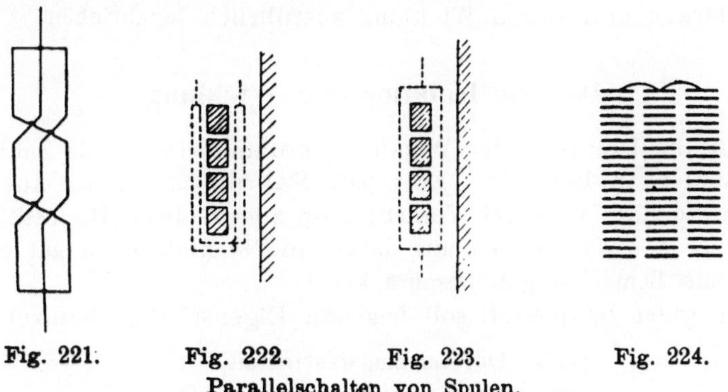

Fig. 221.   Fig. 222.   Fig. 223.   Fig. 224.

Parallelschalten von Spulen.

Werden ganze Spulen parallel geschaltet, so stellt sich der Übelstand ein, daß die Belastung sich nicht gleichmäßig auf alle Spulen verteilt. Die Spulen, die am Joch liegen, haben eine größere Reaktanz als die Spulen, die in der Kernmitte liegen, diese werden daher einen größeren Strom aufnehmen, wodurch die Stromwärmeverluste erhöht werden. Dieser Übelstand läßt sich zum Teil beseitigen, wenn man eine halbe Endspule mit einer halben, in der Kernmitte liegenden Spule in Reihe schaltet, oder indem man den Endspulen einen großen Abstand vom Joch gibt.

Wicklungen für sehr große Stromstärken. Bei Wicklungen für sehr große Stromstärken und kleine Windungszahlen, wie sie z. B. bei großen Transformatoren für elektrochemische Prozesse oder elektrische Schmelzverfahren vorkommen, stellt man die Niederspannungswindungen aus Kupferblech oder Kupferguß her (s. S. 295). Hierbei ist es von Wichtigkeit, den Strom vom Transformator zur Arbeitsstelle derart zu leiten, daß die Reaktanz möglichst klein und die Stromverteilung über die großen Querschnitte eine möglichst gleichmäßige wird. Es wird das erreicht, indem man die positiven und negativen Leiter in mehrere Streifen teilt und sie, wie Fig. 225 zeigt, in abwechselnder Reihenfolge und so nahe aneinander, wie es zulässig ist, anordnet.

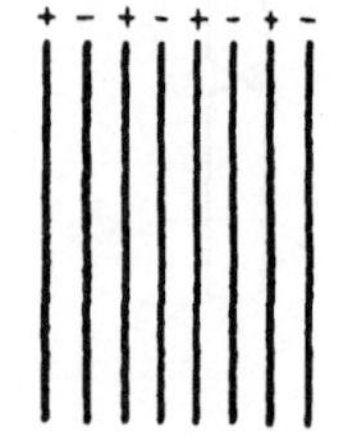

Fig. 225. Anordnung der Ableitungen für einen Transformator mit sehr großer Stromstärke.

Es ist daher zweckmäßig, die Windungen des Transformators selbst aus mehreren parallelen Kupferbändern herzustellen und ihre Enden so zusammenzuführen, daß für die Fortleitung des Stromes der Anschluß in der oben beschriebenen Weise leicht ausführbar ist.

Im Kapitel XII, S. 293, sind einige Transformatoren für große Stromstärken und deren Wicklung ausführlich beschrieben.

46. Die Isolation der Wicklung.

Für die Isolation der Wicklung kommt eine große Zahl von Isolierstoffen in Betracht. Fast jede Fabrik hat in der Auswahl, der Anwendung und der Verarbeitung der Isolierstoffe besondere Erfahrungen. Wir wollen uns daher im Nachfolgenden auf einige allgemeine Bemerkungen beschränken.[1]

Ein guter Isolierstoff soll folgende Eigenschaften besitzen:

> große Durchschlagsfestigkeit,
> geringe Feuchtigkeitsaufnahme,
> gute mechanische Festigkeit.

---

[1] Näheres siehe: Turner und Hobart, „Die Isolierung elektrischer Maschinen"; ferner Wernike, „Die Isoliermittel der Elektrotechnik".

Isolierstoffe, die für Öltransformatoren in Anwendung kommen, dürfen keine Gummisorten oder sonst in Öl lösliche Substanzen enthalten. Sie müssen daher in heißem Öl geprüft werden.

Eine immer steigende Anwendung findet das Papier, das sich bequem in alle Formen pressen und zu Hülsen und Röhren formen läßt und eine hohe Durchschlagsfestigkeit besitzt.

Die Prüfung auf Durchschlagsfestigkeit erfolgt mit einer in jedem Falle besonders zu wählenden Überspannung zwischen Spitzen oder rechteckigen Platten. Da die Amplitude der Spannungswelle am Voltmeter nicht zu erkennen ist, legt man parallel zum zu untersuchenden Material eine Funkenstrecke zwischen Nähnadelspitzen, für die man einmal die Überschlagsspannung als Funktion des Spitzenabstandes bestimmt. Die Americ. Institution of Electr. Engineers gibt folgende Werte an:

Maximale Prüfspannung	Überschlags-distanz in mm	Maximale Prüfspannung	Überschlags-distanz in mm
10000	13	60000	118
15000	20	70000	148
20000	26	80000	180
30000	43	90000	212
40000	64	100000	244
50000	90		

Schon ein geringer Prozentsatz von Feuchtigkeit setzt die Durchschlagsfestigkeit bedeutend herab. Daher hat sich für hohe Spannungen die Ölisolation, bei der jedes Eindringen von Wasser in die Isolierstoffe verhindert wird, so vorzüglich bewährt. Für sehr hohe Spannungen ist die Ölisolation unentbehrlich.

Um die Spulen vom Feuchtigkeitsgehalt zu befreien und gegen das Eindringen von Feuchtigkeit zu schützen, werden sie im Vakuum getrocknet und dann ebenfalls im Vakuum mit Isolierlack getränkt. Häufig wird der ganze Transformator, fertig montiert, in den Vakuumofen zum Trocknen und Lackieren gebracht.

Wird bei einer Betriebsstörung der Transformator aus dem Ölkasten gezogen und bleibt einige Zeit an der Luft, so macht sich schon nach 24 Stunden eine Verschlechterung der Isolation durch Wasseraufnahme bemerkbar. Nach jeder längeren Reparatur muß daher der Transformator in seinem Ölbade bis auf etwa 110—120° C erwärmt werden. Das geschieht, indem man den Ölkasten auf ein Feuer setzt, oder noch besser, indem man besondere Heizspiralen in das Öl legt oder den Transformator im Kurzschluß das Öl heizen läßt.

Schließlich müssen die Isolierstoffe, sofern sie einer mechanischen Beanspruchung ausgesetzt sind, genügende mechanische Festigkeit besitzen, damit sie nicht reißen.

Der Isolierwiderstand hängt außer von der physikalischen Beschaffenheit der Isolierschicht hauptsächlich von ihrer Homogenität und Stärke ab. Um eine große Homogenität zu erreichen, wird die Isolierschicht aus mehreren Lagen, z. B. aus vielen Lagen Papier, oder Papier mit Zwischenlagen aus Mika usf. in der erforderlichen Stärke hergestellt. Der eigentliche Isolationswiderstand, also der Ohmsche Widerstand, steht jedoch an Bedeutung den anderen Forderungen nach, denn der Widerstand trockener Isolierstoffe ist immer so hoch, daß nur ein geringer Verlust durch direkten Stromübergang stattfindet. Hat der Isolierstoff aber Wasser in sich aufgenommen, so kann dieser Verlust merkbare Werte annehmen.

Da der Isolierwiderstand mit der Temperatur abnimmt und das Isoliermaterial infolge dielektrischer Hysterese erwärmt wird, ist es ferner wichtig, nicht allein für eine gute Kühlung von Eisen und Kupfer, sondern auch für eine gute Kühlung des Isoliermaterials zu sorgen. Das Kühlmittel soll daher zu den Isolationsschichten Zutritt haben, und starke Isolierschichten sind, wenn möglich, mit Kanälen für die Luft bzw. das Öl zu versehen.

Die Isolation der Wicklung hat nach verschiedenen Richtungen zu erfolgen. Es sind zu isolieren:

1. die Windungen einer Spule unter sich;

2. die Windungen einer Wicklung unter sich, die Hoch- und Niederspannungswicklung gegeneinander und gegen den Eisenkörper;

3. die Verbindungen zu den Klemmen gegen den Eisenkörper.

Isolation der Drähte. Die Isolation besteht gewöhnlich aus einer zweifachen (seltener dreifachen) Bespinnung mit Baumwolle, und zwar ohne Schellacktränkung. Die Stärke der Isolation von runden Drähten ist aus der folgenden Tabelle ersichtlich. Die Isolationsdicke ist auch etwas vom Drahtdurchmesser abhängig, und zwar so, daß stärkere Drähte eine etwas dickere Bespinnung erhalten. Die Durchmesserzunahme des Drahtes ist im Mittel etwa 0,35 bis 0,5 mm.

Bei Öltransformatoren werden auch Drähte, die mit Papierband isoliert sind, verwendet.

Quadratische und flache Drähte werden entweder zwei- oder dreimal besponnen oder mit Papier- oder Baumwollband umwickelt. Größere Querschnitte wickelt man oft nackt zu Spulen, und die einzelnen Windungen werden erst nachträglich durch Streifen von

Papier, Asbest usw. voneinander isoliert, oder der Luftabstand benachbarter Windungen, die in einer Lage angeordnet sind, wird z. B. durch Aufwickeln einer Schnur parallel zum Draht so groß gemacht, daß eine weitere Isolation nicht erforderlich ist.

Durchmesserzunahme durch die Umspinnung in mm.

Umspinnung mit ungebleichter Baumwolle	Nr. 160	Nr. 100	Nr. 60	Nr. 50
1 mal umsponnen	0,1	0,13	0,17	0,2
2 ,, ,, ...	0,2	0,26	0,32	0,4
3 ,, ,, ...	0,3	0,39	0,51	0,6
1 ,, umsponnen ⎫ 1 ,, umklöppelt ⎭	0,6	0,63	0,67	0,7
2 ,, umsponnen ⎫ 1 ,, umklöppelt ⎭	0,7	0,76	0,82	0,9

Eine hohe Ausnützung des Wicklungsraumes ermöglicht der von der A. E.-G. Berlin in den Handel gebrachte Emailledraht, dessen Isolierschicht je nach der Dicke des Drahtes aus einer nur 0,01 bis 0,02 mm starken biegsamen und zähen Emailleschicht besteht. Trotz dieser außergewöhnlich geringen Stärke der Isolierschicht besitzt der Emailledraht eine hohe Durchschlagsfestigkeit, die von keiner anderen Drahtsorte erreicht wird. Es beträgt nach Angabe der A. E.-G. beispielsweise die Durchschlagsspannung zweier miteinander verseilter Drähte von 1,2 mm Durchmesser gegeneinander 2500 bis 3000 Volt, die einzelner Drähte gegen Quecksilber 2000 bis 2500 Volt.

Da die Isolierhülle vollkommen homogen und nicht hygroskopisch ist, hat der Emailledraht auch einen verhältnismäßig hohen Isolationswiderstand. Er verträgt dauernd eine hohe Temperatur, ohne seine guten Eigenschaften zu verlieren. So darf man, ebenfalls nach Angabe der A. E.-G.. beispielsweise für länger unter Strom stehende Spulen unbedenklich 150° C und für solche, die nur auf Minuten eingeschaltet, dann aber wieder geraume Zeit hindurch stromlos bleiben und sich abkühlen können, sogar 200° C zulassen. Der Emailledraht ermöglicht daher eine hohe spezifische Belastung.

Säuren greifen den Emailledraht erst bei höherer Konzentration an, während er gegen Alkalien weniger widerstandsfähig ist. Von den organischen Lösungsmitteln wirken Benzin, Benzol, Alkohol nur in der Wärme, Terpentin bereits in der Kälte ein.

In Fig. 226 ist der Füllfaktor, d. h. das Verhältnis des Kupferquerschnittes zum Querschnitt des Wicklungsraumes einer Spule für verschiedenartig isolierte Drähte dargestellt.

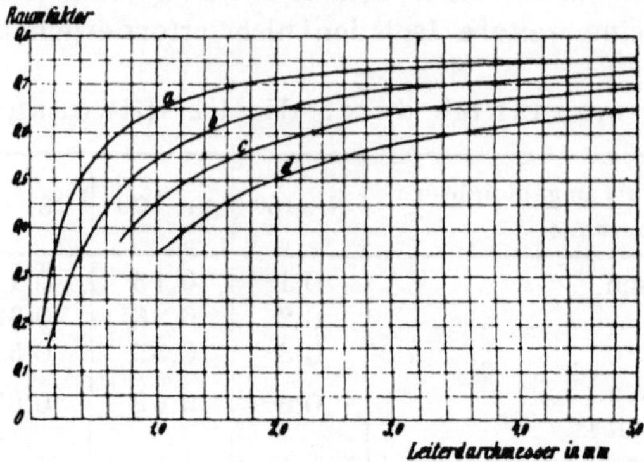

Fig. 226.   Füllfaktor für verschiedenartig isolierte Drähte.

a Baumwolldraht einfach besponnen mit 160 er Baumwolle.
b Baumwolldraht doppelt besponnen mit 160 er Baumwolle.
c Baumwolldraht doppelt besponnen mit 60 er Baumwolle.
d Baumwolldraht dreifach besponnen mit 60 er Baumwolle.

Isolation der Wicklungslagen.   Wenn eine Spule, wie in Fig. 211 dargestellt wurde, aus mehreren Sektionen besteht, so beträgt der größte Spannungsunterschied zwischen zwei Sektionen die doppelte Spannung einer Sektion. Die Isolation zwischen den Sektionen erfolgt entweder durch weiches Isoliermaterial (*a*, *b*, Fig. 227), das an der Stelle des höchsten Spannungsunterschiedes auseinander gebogen wird, oder mit hartem Isoliermaterial, das man vorstehen läßt (Fig. 228). Es werden in diesem Falle oft Beilagen von Holz- oder anderem Isoliermaterial angewendet, wenn die Spule nachher eingewickelt wird.

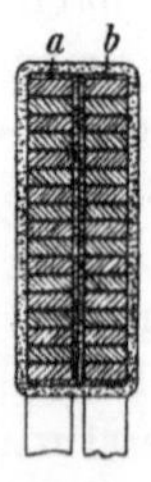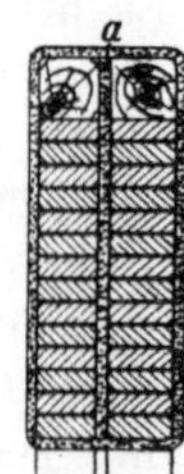

Fig. 227.   Fig. 228.
Isolationen von Sektionen.

Bei Spulen, die durch Übergang von einer Wicklungslage in die folgende gewickelt werden, werden die einzelnen Wicklungslagen mit Papier, geölter Leinwand, geöltem Baumwollband oder Karton voneinander isoliert.

Bei ganz dünnem Draht verwendet man Papier. Man schneidet, wie Fig. 229 zeigt, an den Seiten die Papierstreifen ein und biegt sie um. Durch das Umbiegen der Seiten beim Wickeln erhält dann die Spule genügenden Halt. Papier mit angefalteten Seiten (Fig. 230) wird hauptsächlich bei Spulen mit dünnem Draht und großer Lagenspannung benutzt.

Die aufgerollten Enden geben einen großen Übergangswider-
stand und eine Sicherung gegen das Abrutschen der äußeren Windungen.

Bei stärkeren Drähten ist die Verwendung eines Gewebstoffes
zur Isolierung zweckmäßig. Wie aus der Fig. 231 ersichtlich ist,
wird die erste Windung jeder Lage mit Stoff eingeschlagen, wodurch die Windungen der Spule den erforderlichen festen Zusammen-
hang bekommen. Die Anzahl der Stofflagen und die Breite einer
Lage hängt von der Höhe der Lagenspannung ab.

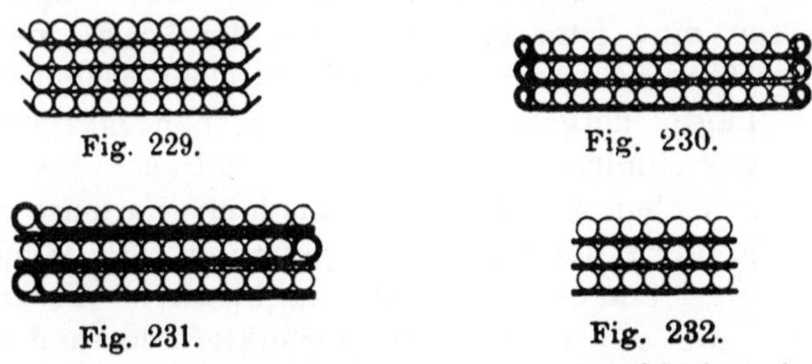

Fig. 229.   Fig. 230.

Fig. 231.   Fig. 232.

Fig. 229 bis 232.   Lagenisolation von Runddrahtspulen.

Bei Verwendung von Karton wird die Kartonbreite größer gemacht als die Breite einer Windungslage, wie Fig. 232 zeigt. Die
einzelnen Windungen müssen gut gegeneinander abgebunden werden, um die Lage der Windungen zu sichern. Diese Art der
Wicklung wird vielfach für hochvoltige Drosselspulen benutzt.

Die auf diese und ähnliche Weise hergestellten Spulen werden
im Vakuumofen getrocknet und imprägniert und dann, um dem
Ganzen den erforderlichen Halt zu geben, mit Baumwollband oder
Leinenband mit Überlappung in einer oder mehreren Lagen umwickelt. Nötigenfalls wird die Isolierung an den Stellen, an denen
sich benachbarte Spulen berühren, durch Einlage von Papier, Holz,
Karton, Glimmer usw. noch verstärkt.

Es ist zu beachten, daß Umwicklungen, namentlich bei luft-
gekühlten Transformatoren, der Abgabe von Wärme hinderlich sind.
Man vermeidet daher eine zu dicke Umwicklung und bindet z. B.
Spulen mit dicken Drähten oft nur durch einzelne, in Abständen
liegende Bänder zusammen und unterstützt die erforderliche Isolation durch eine mehrmalige Tränkung der Spulen mit Isolierlack.

Die Kasten von Meßtransformatoren für hohe Spannungen werden zweckmäßig mit Kompound gefüllt, der zwischen 80 und 110°
schmilzt. Mit dieser bei gewöhnlicher Temperatur festen Masse
läßt sich der Transformator gut transportieren, auch bedarf er im
Betriebe keiner Wartung, da die Füllmasse nicht verdunsten kann.

Die Spulen von Manteltransformatoren haben bei dünndrähtigen Wicklungen mehrere Windungen pro Lage. Der dickste
Runddraht, der hierzu für gewöhnlich noch verwendet wird, hat
2 mm Durchmesser. Damit man bei gegebener Spulenbreite in
einer Lage nur wenig Windungen und dadurch eine kleine Lagenspannung erhält, verwendet man statt Runddraht häufig Flachdraht,
dessen kleinste Abmessungen etwa 0,4 $\times$ 5 mm betragen. Weniger
als vier Drähte werden wegen der Ausführung der Übergänge in
einer Lage nicht gewickelt.

Bei größeren Stromstärken und sobald sich weniger als vier
Windungen für eine Lage ergeben, wird die Spule, wie Fig. 209
angibt, in einzelnen Sektionen, also nur mit einer Windung in jeder
Lage, hergestellt. Für Hochspannungsspulen wird
gewöhnlich besponnener Flachdraht verwendet und
zwischen jede Lage wird noch ein Kartonstreifen, der,
je nach der Höhe der Spannung, pro Windung 0,2
bis 1 mm Stärke besitzt, eingewickelt. Es kann auch

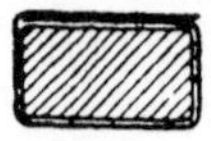

Fig. 233.

blanker Draht, der mit Papier oder getränkter Leinwand mit Überlappung (Fig. 233) umkleidet ist, bei größeren Querschnitten mit
Vorteil benutzt werden. — An den End-
spulen wird die Zwischenisolation verstärkt (siehe hierüber S. 157).

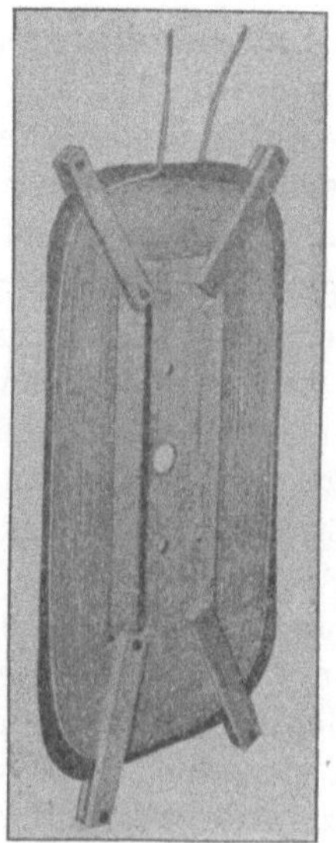

Fig. 234a.

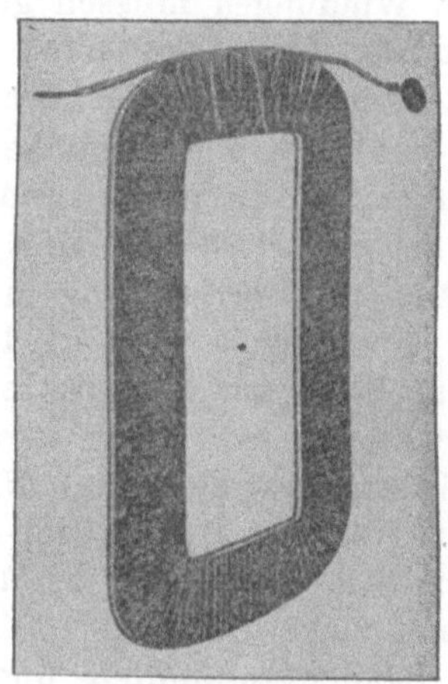

Fig. 234b.

Fig. 234a und b. Herstellung einer Flachspule.

Spulen für niedrige Spannung werden häufig aus nacktem
Kupferband mit Papierzwischenlage gewickelt. Um große Leiter-

querschnitte zu vermeiden, werden entweder mehrere Leiter parallel gewickelt oder mehrere Sektionen parallel geschaltet oder endlich, wie auf S. 217 erläutert wurde, aus Flachdraht hergestellt.

Fig. 236. Niederspannungsspule eines Manteltransformators.

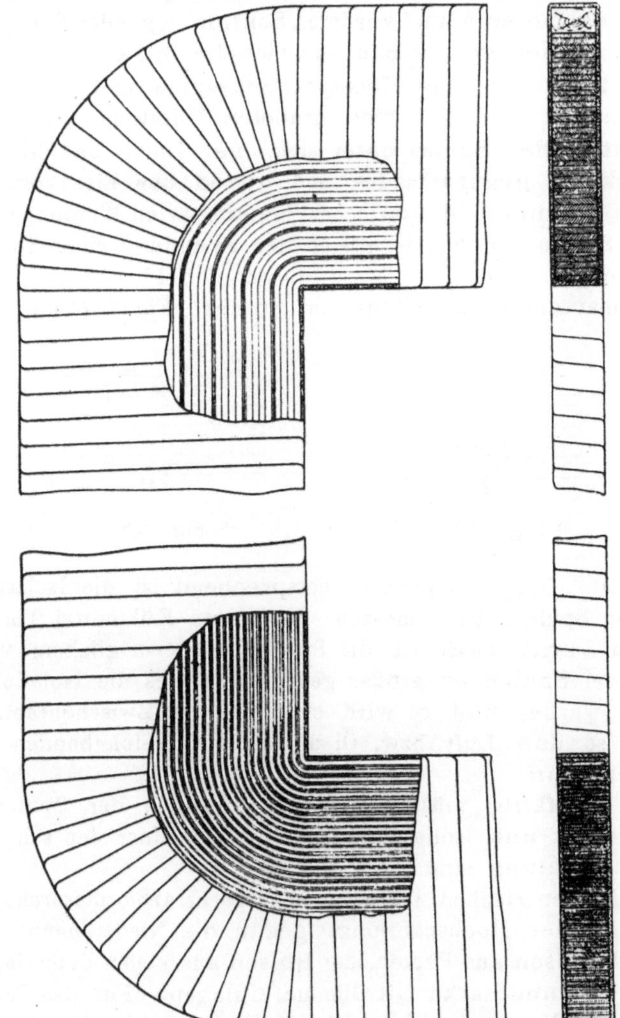

Fig. 235. Hochspannungsspule eines Manteltransformators.

Fig. 234a zeigt eine Spule mit Holzschablone. Sie wird, mit einigen schmalen Hilfsbandagen versehen, im Vakuum getrocknet und imprägniert und dann mit halb überlappendem Baumwollband

15*

umwickelt. — Damit die Windungen fest aufeinander liegen, werden bei großen Manteltransformatoren die geraden Seiten der Spulen in besonderen Pressen vor dem Umwickeln eingespannt und in gepreßtem Zustande mit Band umwickelt.

Fig. 234a zeigt den Wickelrahmen mit Spule und vorstehender, zwischen der hinteren und vorderen Sektion liegender Papierscheibe, Fig. 234b die fertige mit Band umwickelte Spule.

Fig. 235 stellt eine Hochspannungsspule und Fig. 236 eine Niederspannungsspule mit vier parallelen Windungen dar.

Isolation der Spulen unter sich, der Hoch- und Niederspannungswicklung gegeneinander und gegen den Eisenkörper. Die maximale Spannung, die zwischen benachbarten Windungen a und b zweier Spulen auftritt, ist gleich der Spannung einer Spule bzw. gleich der Spannung von zwei Halbspulen Ib und IIa, wie aus der schematischen Darstellung der Spulen, Fig. 237 und 238, ersichtlich ist.

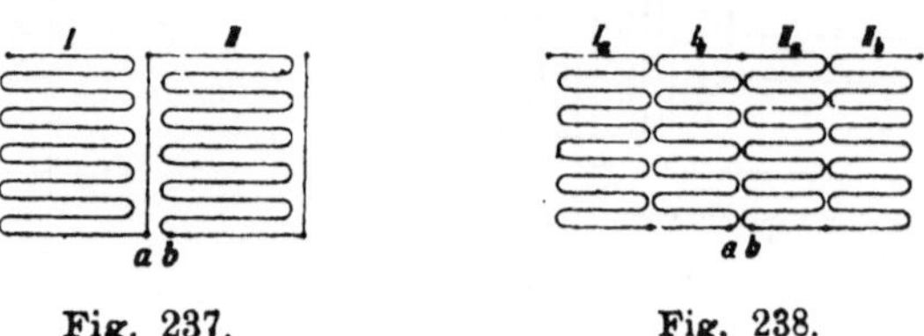

Fig. 237.   Fig. 238.

sichtlich ist. Dieser Spannung entsprechend ist die Isolation zwischen den Spulen zu bemessen. Um dem Kühlmittel (Luft oder Öl) freien Zutritt zwischen die Spulen zu ermöglichen, wird der Abstand der Spulen oft größer gemacht, als es die Isolation allein erfordern würde, und es wird ein Teil des Zwischenraumes frei gelassen, so daß Luft bzw. Öl durch die freibleibenden Lücken zirkulieren kann.

Sehr sorgfältig müssen die Verbindungen der Spulen unter sich hergestellt und isoliert werden, da sie einer der schwächsten Teile der Wicklung sind.

Bei konzentrischen Wicklungen (Kerntransformatoren) erfolgt die Isolation der Hochspannungs- gegen die Niederspannungswicklung durch Hülsen aus Papier oder Hülsen aus vielen Papierlagen von je 0,1 bis 0,3 mm Stärke mit Glimmereinlagen. Für das Papier der Isolierröhren dient ein Klebstoff als Bindemittel, die Hülse wird dann vollständig in Lack getaucht. In fertigem Zustande lassen sich solche Röhren wie Holz bearbeiten. Für Verwendung in heißem Öl muß die Wandstärke etwas reichlicher als für Hülsen in Luft genommen werden, um jedes Verziehen zu verhindern. Da die Durchschlagskraft der reinen Papierhülsen von Temperaturen über

80° C an geringer wird, macht man für solche Fälle eine Glimmer-einlage.

Das Herstellungsverfahren ist nach Angabe von Meirowsky & Co. in Köln-Ehrenfeld so, daß der Wickeldorn gegen zwei rotierende, stark erhitzte Walzen gepreßt wird, der Isolationsstoff (Papier, Glimmer oder Glimmer und Papier) zwischen diesen Walzen unter starkem Druck durchgeführt wird, wodurch ein Erhitzen des Isolierstoffes stattfindet, um jede Spur von Feuchtigkeit herauszutreiben, oder wie bei Mikanit, um die Platten geschmeidig zu machen. Durch den starken Druck und die gleichzeitige Erhitzung findet eine innige Verbindung der einzelnen Lagen statt, so daß ein sehr dichtes und gleichmäßiges Gefüge ohne Hohlräume entsteht.

Nach einem Verfahren der M.-F. Oerlikon wird ebenfalls ein isolierender Lack als Klebstoff benutzt. und jede Lage wird beim Aufwickeln mittels elektrisch geheizter gußeiserner Platten getrocknet

Für die Stärke der Röhren sind die mechanische Festigkeit und die maximale Prüfspannung maßgebend. Nach Angaben der M.-F. Oerlikon gelten für Isolationshülsen die umstehenden Werte.

Hülsen von großer Wandstärke erwärmen sich durch die dielektrische Hysteresis, wobei die Isolationsfestigkeit vermindert wird. Man stellt daher zweckmäßig die Hülse aus zwei oder mehreren Schichten von etwa 5 mm Wandstärke her und läßt Ölkanäle zwischen den Schichten frei. Fig. 239 zeigt den Querschnitt einer solchen Hülse, wie sie von der Fabrik elektrotechnischer Isoliermaterialien Emil Haefely, Basel herge-

Fig. 239. Isolierhülse mit Kühlkanal.

stellt werden. Zwischen die konzentrischen Hülsen sind gequetschte Rundröhren aus Mikarta eingelegt. Diese Röhren haben im heißen Öl das Bestreben wieder rund zu werden und pressen sich dadurch fest.

Die Lacke, mit denen die Isolierhülsen und die Transformatorspulen getränkt werden, sind in Benzin, Benzol und Terpentin löslich. Das Eintauchen in den Lack nimmt den Geweben die hygroskopischen Eigenschaften, der Überzug gleicht ungleichmäßige Stellen der Oberfläche aus und erhöht den „Kriechwiderstand" der Oberfläche. Die Lacke müssen gegen die Einflüsse der atmosphärischen Luft und des Öles unempfindlich sein. Die zu tauchenden Gegenstände sind vorher zu trocknen oder in ein Vakuum zu bringen, damit die Poren offen werden.

Wandstärke u. Hülsendicke total mm	Mischung Mikanitdicke mit 75 % Mikagehalt mm	Zahl der Mikanitlagen	Dicke der Papierschutzmäntel mm	Maximale Prüfspannung	Betriebsspannung nach den Vorschriften des V. D. E.
1	—	—	1	3000	1500
2	—	—	2	6000	3000
3	—	—	3.	9000	4500
4	—	—	4	12 000	7000
5	—	—	5	15 000	10 000
7	—	—	7	20 000	13 300
10	—	—	10	30 000	20 000
13	—	—	13	40 000	26 700
16	—	—	16	—	—
20	—	—	20	—	—
3	0,8	2	2×1	12 000	7 000
5	2,0	5	$2 \times 1,5$	22 000	14 700
7	2,8	7	2×2	30 000	20 000
7	4,8	12	2×1	40 000	26 700
10	6,0	15	2×2	50 000	33 400
10	8.0	20	2×1	60 000	40 000
13	8,8	22	2×2	70 000	46 700
13	10.8	27	2×1	80 000	53 300
16	12,0	30	2×2	90 000	60 000
16	14,0	35	2×1	100 000	66 700
20	16,0	40	2×2	110 000	73 300
20	18,0	45	2×1	120 000	80 000
25	20,0	50	$2 \times 2,5$	135 000	90 000
25	22,0	55	$2 \times 1,5$	155 000	103 000

Damit zwischen den Wicklungen oder den Wicklungen und dem Eisenkörper kein Kurzschluß durch sog. „Überkriechen" erfolgt, muß für genügende Oberflächenisolation am oberen und unteren Ende der Wicklungen gesorgt werden, indem man den isolierenden Zylinder um ein gewisses Stück über die Wicklungen vorstehen läßt. Die kleinste zulässige Höhe des Hülsenrandes ist nach Angaben der M.-F. Oerlikon für Transformatoren in Öl und Luft in Fig. 240 durch Kurven dargestellt.

Die Isolation gegen den Eisenkörper erfolgt bei konzentrischen Wicklungen bis etwa 5000 Volt der innen liegenden Spule in der in den Fig. 241 und 242 dargestellten Weise durch Eckleisten aus Preßspan oder Holz, auf die sich die Spule stützt. Eine gute Abstützung der inneren Spule gegen den Eisenkörper ist namentlich mit Rücksicht auf die mechanischen Kräfte, die bei Stromstößen und Kurzschlüssen auftreten, erforderlich (s. S. 185). Zwischen der Spule und dem Eisenkörper bleiben Kanäle für das Kühlmittel frei.

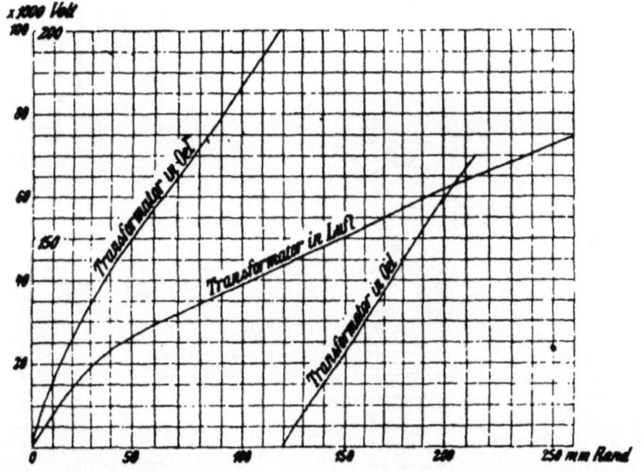

Fig. 240. Kleinster zulässiger Hülsenrand für Transformatoren in Öl und Luft.

Bei höheren Spannungen wird zwischen Eisenkern und Wicklung eine Isolierhülse passender Stärke eingeschoben.

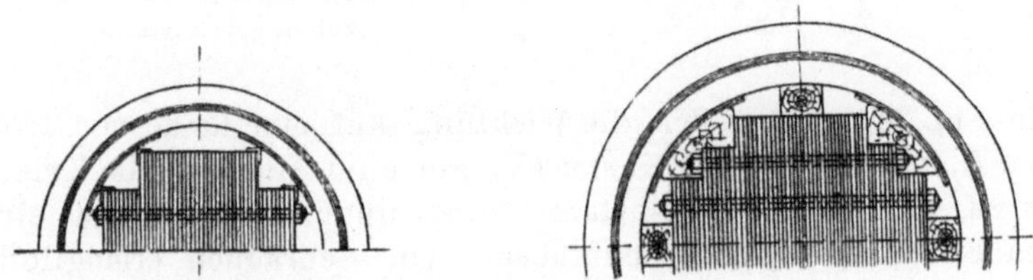

Isolation der Wicklung gegen den Eisenkörper.

Die Isolation einer konzentrischen Wicklung gegen die Joche wird durch Abstützungen gebildet, die aus in Öl gekochtem Holz, Porzellan, Glas oder Preßspanscheiben bestehen und die gleichzeitig den Zweck haben, die Wicklung gegen den Eisenkörper zu befestigen.

In den Fig. 243 bis 245 sind einige derartige Abstützungen und Isolierungen dargestellt.

In Fig. 243 ruht die Niederspannung auf Segmenten aus Holz H, die unter Zwischenlage von Preßspaneckstücken sich an den Eisenkörper lehnen, und die Hochspannungswicklung auf Porzellanstücken P. Die Porzellanstücke (die Holzsegmente ebenfalls) werden durch Schnüre in ihrer Lage festgehalten. Die Lage der Niederspannungswicklung wird durch Leisten L aus Holz, Preßspan oder Karton gesichert, die auf den Stücken H ruhen und deren Länge gleich der Säulenhöhe ist.

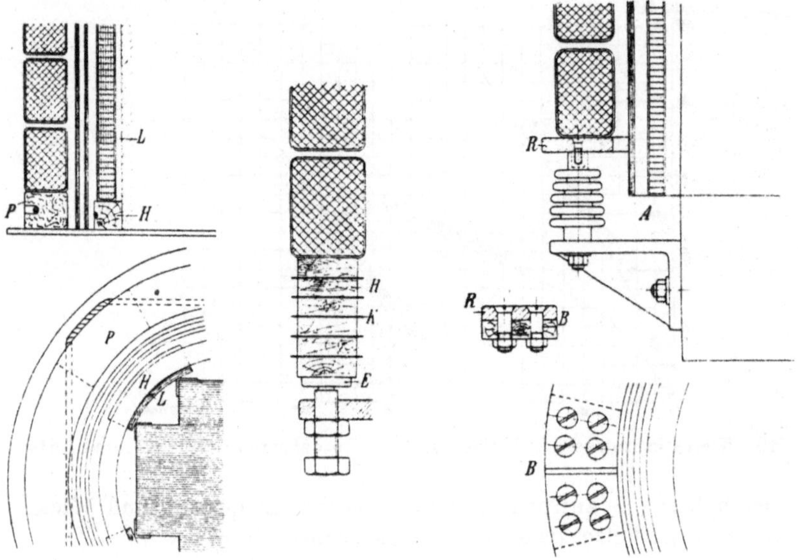

Fig. 243.   Fig. 244.

Abstützungen der Wicklung.

Fig. 245. Abstützung einer Hochspannungswicklung durch Porzellanisolatoren.

In Fig. 244 stützt sich die Wicklung auf eine Reihe von Holzstücken H, die noch durch Karton (K) getrennt sind, um die Kriechfläche zu vergrößern. Das Ganze ruht unter Zwischenlage einer kleinen Eisenplatte E auf Schrauben. Die Schrauben ermöglichen ein Anziehen, falls die Wicklung mit der Zeit etwas zusammengeschrumpft ist und der Aufbau dadurch lose wird.

Fig. 245 zeigt die Abstützung einer Hochspannungswicklung durch Porzellanisolatoren. Die Wicklung ruht auf einem geschlitzten Eisenringe R, der an den Schlitzstellen B durch ein Verbindungsstück aus Hartholz und Schrauben zusammengehalten ist. Die Niederspannungswicklung ruht auf einigen, am Umfange verteilten Holz- oder Porzellanstücken (vgl. Fig. 243), die sich im Raume A

befinden. Oft werden die Isolatoren auch nachstellbar ausgeführt (vgl. Tafel III).

Einige andere Beispiele für die beschriebene Art der Isolation sind in den Fig. 246 bis 249 dargestellt. Sie sind Transformatoren von Brown, Boveri & Co. (Tabelle Nr. 3, 7, 12, 20) entnommen. In den Fig. 247 und 248 schließt die geteilte Niederspannungswicklung

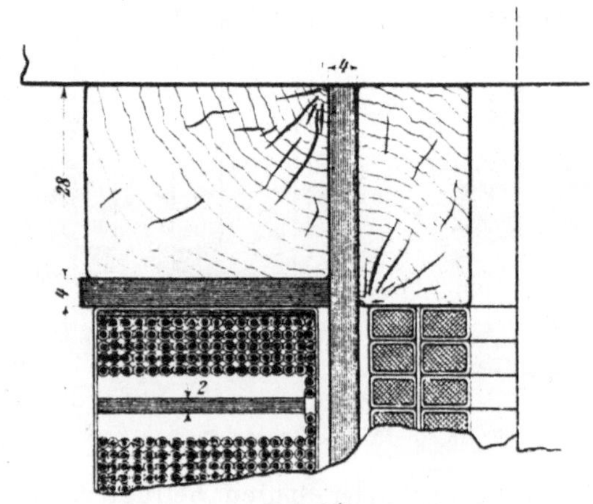

Fig. 246.

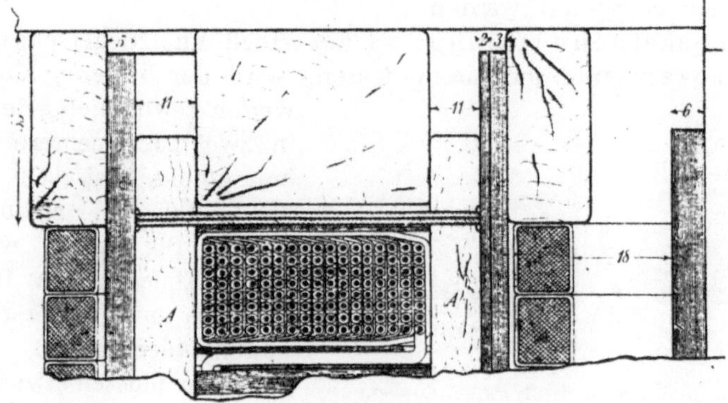

Fig. 247.

Fig. 246 und 247. Beispiele für die Isolation von Zylinderwicklungen.

die Hochspannungswicklung ein, in Fig. 249 besteht die Niederspannungswicklung aus zwei parallelen Zylindern. die unmittelbar nebeneinander sitzen. Eine solche Anordnung vergrößert zwar die Reaktanz, vereinfacht aber die Isolation. Die in den Fig. 247 bis 249 mit A bezeichneten Hölzer sind Holzstücke und Leisten, die mehrfach am Umfange des Wicklungszylinders verteilt sind.

Bei Kerntransformatoren ist auch für eine genügende Isolation zwischen den Spulen benachbarter Kerne zu sorgen. Der

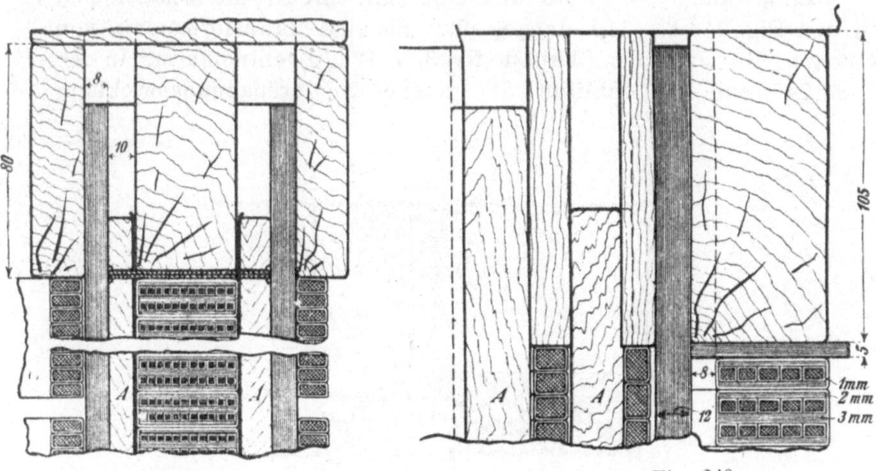

Fig. 248.   Fig. 249.

Fig. 248 und 249. Beispiele für die Isolation von Zylinderwicklungen.

kleinste Abstand benachbarter Spulen beträgt etwa 3 bis 15 mm.
Wenn erforderlich, kann ein Isolationsschild SS (Fig. 250) zwischen
die Spulen eingebaut werden.

Bei Scheibenwicklung, bei der Hoch- und Niederspannungsspulen abwechselnd aufeinanderfolgen, wird der besseren Kühlung

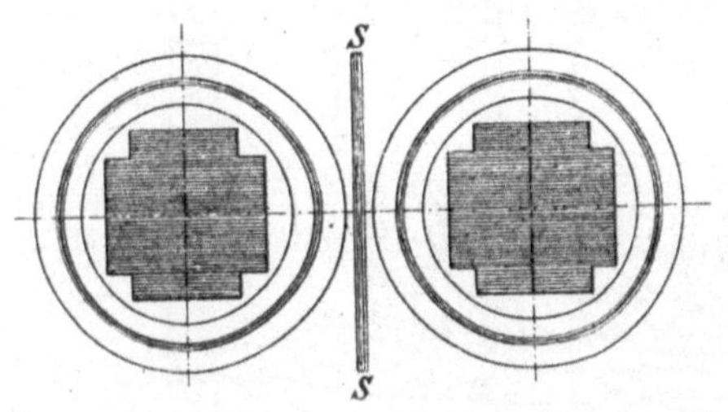

Fig. 250. Isolationsschild zwischen benachbarten Kernen.

wegen gewöhnlich jede Spule
in zwei oder mehrere Scheiben geteilt, zwischen denen
das Kühlmittel zirkulieren
kann. Die Spulen werden
durch Einlegen von Isolierscheiben und Holzstücken
voneinander isoliert. Diese
Scheiben müssen etwas über
den Umfang der Spulen vorstehen. An einigen Stellen
des Umfanges werden die Spulen auch innen gegen den Eisenkern
abgestützt.

Aus Fig. 251 sind die Isolierstücke zwischen den Spulen —
Holzsegmente zwischen Teilen der gleichen Wicklung und Isolierscheiben aus Karton oder Preßspan zwischen Hoch- und Niederspannung —, ferner die Abstützungen gegen den Eisenkern deutlich zu erkennen. Je zwei zusammengehörige Spulen werden an

den Stellen, an denen die Holzsegmente liegen, durch Umwicklung mit Band zusammengehalten. Die ganze Wicklung liegt zwischen zwei im Durchmesser aufgeschnittenen Platten aus Eisen oder Bronze, die durch drei oder vier Bolzen miteinander verbunden sind.

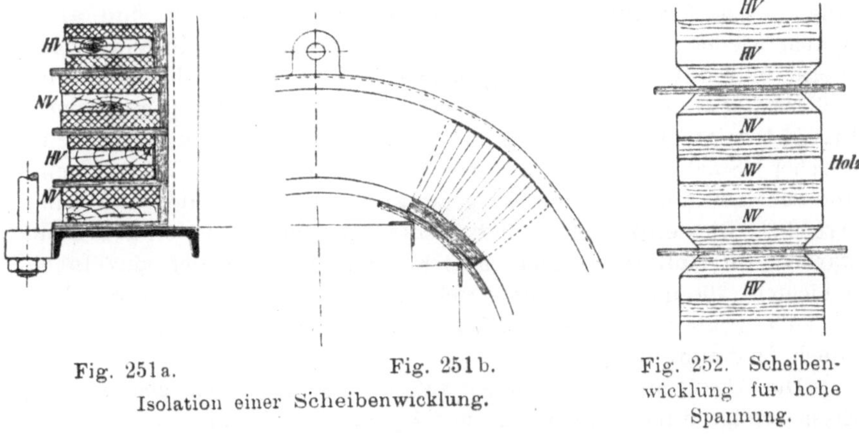

Fig. 251a.   Fig. 251b.

Isolation einer Scheibenwicklung.

Fig. 252. Scheiben-wicklung für hohe Spannung.

Die Fig. 252 zeigt die Anordnung einer Scheibenwicklung für hohe Spannung, bei der die Spulen weiter unterteilt sind. Auch die Reaktanz einer solchen Wicklung ist etwas größer als die der Wicklung Fig. 251.

Eine andere Art der Isolation der Scheibenwicklung siehe auf S. 267 bei den Transformatoren von Ganz & Co.

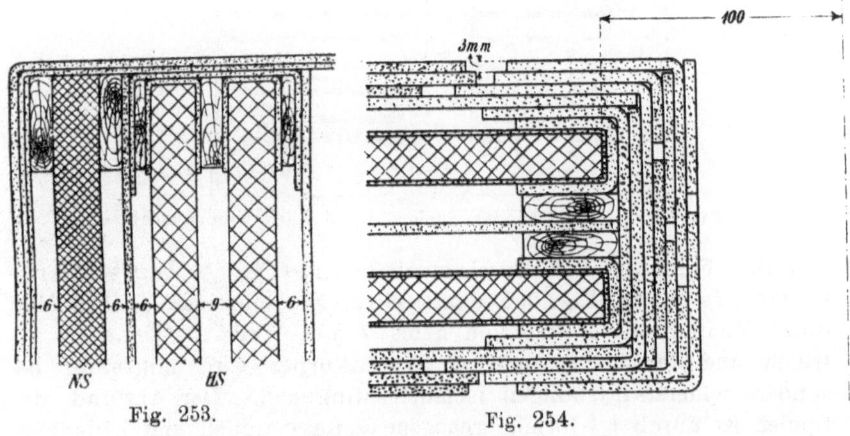

Fig. 253.   Fig. 254.

Isolation der Wicklung von Manteltransformatoren.

Die Isolation der Spulen gegeneinander und gegen das Eisen bei Manteltransformatoren veranschaulichen die Fig. 253, 254.

Fig. 253 zeigt eine Isolation für etwa 15000 Volt. Die Hochspannungsspulen sind an den Enden durch ⊔-Stücke aus Isoliermasse gehalten, dann durch Holzstücke voneinander getrennt und zusammen wieder von einem größeren ⊔-Stück aus mehreren Lagen Isolierpapier umfaßt. Zwischen Hoch- und Niederspannungswicklung ist eine Trennwand eingebaut, gegen das Eisen hin sind alle Spulen wieder durch mehrere Lagen Papier isoliert. In ähnlicher Weise, nur durch Anwendung immer zahlreicherer Schichten von Isoliermaterial erfolgt die Isolierung bis zu den höchsten Spannungen. Fig. 254 zeigt eine Isolierung für 100000 Volt. Die Spulen werden durch ⊔-Stücke gefaßt und dann immer weiter mit Eckstücken und Scheiben umgeben, bis die gesamte Dicke der Isolation 100 mm erreicht. Die einzelnen Isolierschichten bestehen aus etwa 3 mm starkem, in Isolierlack getauchten Karton, zwischen den einzelnen Schichten läßt man Hohlräume stehen, um eine Kühlung durch das Öl zu ermöglichen. Der Füllfaktor des Fensters ist bei einer so hohen Spannung etwa $4\,^0/_0$.

Die Abstützung der Spulen auf den Schmalseiten gegen das Eisen erfolgt durch Holzklötze und ⊔-Stücke, die die Spulen umfassen. Die Befestigung und Abstützung der Spulenköpfe zur Sicherung gegen Lagenänderung bei Stromstößen und Kurzschlüssen ist im Kap. XII aus den Fig. 299—304 zu ersehen.

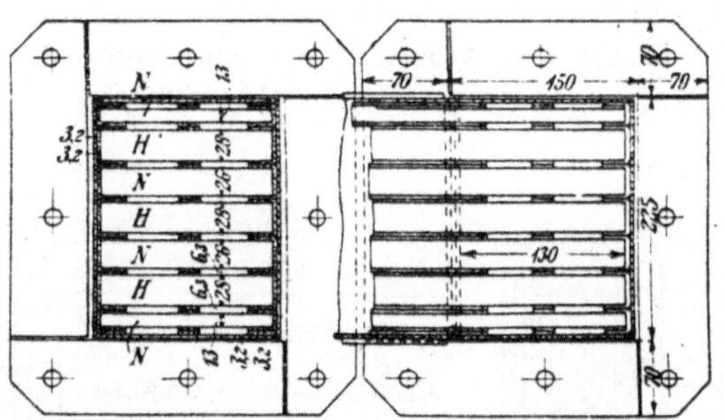

Fig. 255. Isolation der Spulen eines Manteltransformators.

Der Einbau der Spulen eines 100 KVA-Manteltransformators ist in Fig. 255 dargestellt. Die einzelnen Spulen sind durch Ventilationsschlitze von 5 bis 7 mm Weite voneinander getrennt und der so entstehende Spulenkörper wird mit einer besonders widerstandsfähigen Isolation umgeben. Der Abstand der Spulen ist durch ⊔-förmig gebogene Zulagestreifen und Zwischenlagen aus Preßspan gesichert.

Schließlich ist noch zu erwähnen, daß alle Metallteile, die ein Überschlagen von einer Wicklung oder einer Spule zur anderen begünstigen können, zu isolieren sind. So sind z. B. in Fig. 280 die Bolzen, die die Joche und Kerne zusammenpressen, durch übergeschobene Papierhülsen isoliert.

Schutz der Niederspannungswicklung gegen das Eindringen der Hochspannung (Erdung der Niederspannungswicklung).

Bei Transformatoren von 500 Volt an gibt man der Niederspannungswicklung oft eine Spannungssicherung, die bei einem Ansteigen des Potentials die Wicklung erdet. Die Sicherung kann an die Mitte oder jeden beliebigen anderen Punkt der Wicklung angeschlossen sein. Sind die Transformatoren in Stern geschaltet, so kann man den neutralen Punkt erden, bei Dreieckschaltung eine Ecke des Dreiecks. Wenn die direkte Erdung möglich ist, so ist sie immer besser als die Erdung über eine Spannungssicherung.

Um Unglücksfälle bei der Berührung des Ölgefäßes zu verhüten, ist der Ölkasten zu erden. Bei Transformatoren mit Wasserkühlung erfolgt diese Erdung schon von selbst durch die Leitungsröhren des Wassers.

Transformatorenöl. Das wichtigste Isoliermaterial für den Transformatorenbau ist das Öl. Durch seine Verwendung ist es erst möglich geworden, große Transformatoren für hohe Spannungen betriebssicher herzustellen. Öl besitzt eine verhältnismäßig hohe Durchschlagsfestigkeit[1]) und schützt, da es in alle Hohlräume eindringt, den Transformator ausgezeichnet. Wird das feste Isoliermaterial an einer Stelle durchschlagen, so füllt das Öl sofort das entstandene Loch aus. Der Lichtbogen wird durch Öl schnell gelöscht. Das Isoliermaterial ist im Öl gegen Verwitterungserscheinungen und Aufnahme von Wasser geschützt, behält seine Geschmeidigkeit bei, besitzt also eine weit größere Durchschlagsfestigkeit und Lebensdauer als in Luft.

Das Öl muß aber gewisse Eigenschaften besitzen, wenn es für Transformatoren verwendet werden soll. Es muß bei der Betriebstemperatur zunächst dünnflüssig sein, damit es leicht überall eindringen kann und eine gute Zirkulation ermöglicht. Da Öl in erwärmtem Zustande dünner wird, nimmt man ein Öl, das kalt verhältnismäßig dickflüssig ist. Ferner muß es säure- und schwefelfrei sein, um die Isolation nicht anzugreifen. Vor allem darf es aber kein Wasser enthalten, da hierdurch die Durchschlagsfestigkeit des Öles selbst und der Isoliermittel stark herabgesetzt wird. Ein Feuchtigkeitsgehalt von $0,04\,{}^0/_0$ vermindert die Durchschlagsfestig

---

[1]) Nach Untersuchungen von Digby und Mellis nimmt die Durchschlagsfestigkeit mit der Temperatur zu (Elect World, 1910, S. 1017).

keit bereits auf die Hälfte. Der Entflammungspunkt muß hoch liegen, und bei der Temperaturerhöhung im normalen Betriebe soll möglichst wenig verdampfen. Ferner darf das Öl nicht durch feste Substanzen verschmutzt sein. Es bildet sich schon so wie so durch die dauernde Erwärmung ein Niederschlag durch aufgelösten Lack und Isoliermaterial. Dieser Niederschlag verschlechtert die Isolation nicht, hindert aber die Zirkulation und kann die Durchflußöffnungen des Öles verstopfen. Setzt sich der Niederschlag auf der Kühlschlange ab, so wird deren abkühlende Wirkung stark verschlechtert.

Am geeignetsten sind Mineralöle und Harzöle, da tierische oder Pflanzenöle bei der Erwärmung Kohlenstoff ausscheiden. Bei der Prüfung des Öles macht man zunächst einen Durchschlagsversuch zwischen Kugeln in einer Glasröhre. Nach Kitner [1]) ist

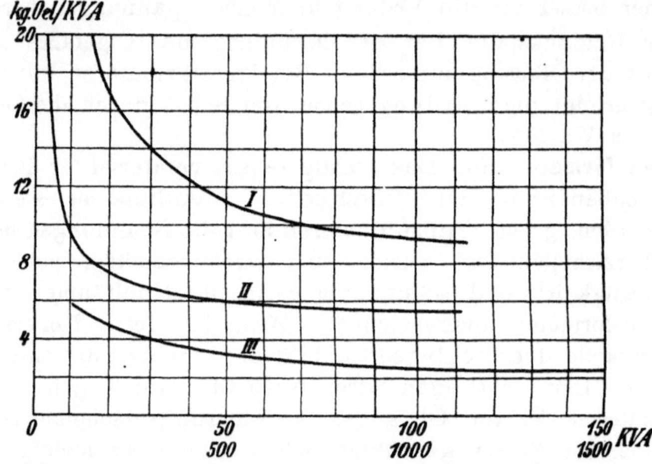

Fig. 256. Ölmenge in kg für ein KVA für gewöhnliche Öltransformatoren.
I 1—100 KVA bis 20000 Volt Spannung. *II* 1—100 KVA bis 3000 Volt Spannung. *III* 100—1500 KVA bis 20000 Volt Spannung.

zwischen Halbkugeln von 13 mm Durchmesser für 30000 Volt ein Abstand von 3,8 mm erforderlich. Bei 10 Versuchen soll dabei kein Durchschlag unter 25000 Volt vorkommen. Um zu untersuchen, ob das Öl schmutzige Bestandteile enthält, bringt man es in einem Reagenzgläschen zum Verdampfen und beobachtet den Rückstand.

Die Trennung von Öl und Wasser geschieht durch Erhitzen des Öles auf 110 bis 120° C. Dies erfolgt am besten im Vakuum, da in Luft das Öl sich etwas zersetzt und schlechter wird. Empfehlenswert ist es auch, das Öl durch wasseraufnehmende Körper, z. B.

---

[1]) Electric Journal 1906.

Kalk oder Leim, laufen zu lassen und dann durch trockenen Sand zu filtrieren. Ein billiges Verfahren ist ferner die Wasserentziehung durch Natriumsulfat. Dieses bildet ganz feine Kristalle, die sich unten setzen und abzapfen lassen, und greift auch die Isolierstoffe nicht an.

Wie schon auf S. 221 erwähnt wurde, muß der Transformator auch nach jeder Reparatur ausgekocht werden. Man erhitzt auf eine der früher angegebenen Weise so lange, bis das Öl keinen Schaum und keine Blasenbildung mehr aufweist. Nach einer Vorschrift der Siemens-Schuckert-Werke ist auf 120° C zu erhitzen und von 80° C an 0,7°/₀ kohlensaures Ammoniak dem Öl zuzusetzen, um etwaige Säuren zu neutralisieren. Man hängt das Ammonium in kleinen Säcken etwa bis in die Mitte des Ölkübels.

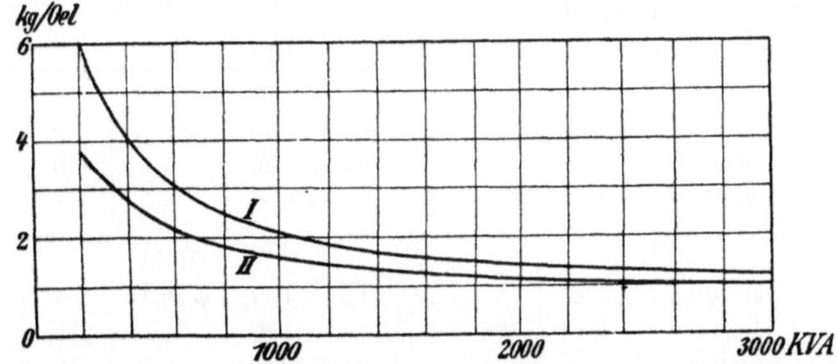

Fig. 257. Ölmenge in kg für ein KVA für Transformatoren mit Wasserkühlung.
I bis 50 000 Volt. *II* bis 10 000 Volt.

Das Öl darf bei Betriebsanfang auch nicht kälter als 5 bis 15° C sein, da es sonst sehr dickflüssig ist und die Zirkulation so verschlechtert wird, daß die Isolation verbrennt, bevor das ganze Ölvolumen die normale Betriebstemperatur erreicht. Das Öl dehnt sich im Betrieb um etwa 10°/₀ seines anfänglichen Volumens aus, worauf man bei der Füllung des Kübels Rücksicht nehmen muß.

Die erforderliche Ölmenge findet man aus der Größe der wärmeabgebenden Oberfläche mit Hilfe der auf S. 257, 262 angegebenen Abkühlungskonstanten. Die Kurven Fig. 256 und 257 geben durchschnittliche Werte der Ölmenge für Transformatoren mit und ohne Wasserkühlung an.

47. Ausführungsisolatoren.

Bei hohen Spannungen ist es schwierig, die Leitungen aus dem Transformator zu führen. Die Wanddurchführungen bestehen im allgemeinen aus Papier mit Mikanit oder aus Porzellan. Auf die Mitte der Ableitröhre ist eine Schelle aus Holz, Metall oder einem

Isolierstoff gekittet, mit der sie an der Gehäusewand oder dem Deckel befestigt wird. Bei niedriger Spannung wird der isolierte Hochspannungsdraht direkt vom Anfang der Wicklung an die Ausführungsklemme geleitet. Bei höherer Spannung wird der Draht durch ein isolierendes Rohr geschützt.

Die Maschinenfabrik Oerlikon verwendet teleskopartig angeordnete Ableitröhren (Fig. 258a) von den folgenden Abmessungen. Jeder größere Zylinder ist dabei aus mehreren Papier- und Mikanitröhren zusammengesetzt.

| Maximale Prüfspannung | Betriebsspannung | *a* Abstand der Klemme von der Schelle | Anzahl Abstufungen | | | *b* Länge einer Abstufung | *c* Durchmesser des Leiters | *d* Dicke einer Röhre | *e* Äußerer Durchmesser der Ableitung |
| | | | total | davon aus Papier | davon aus Mikanit | | | | |
Volt	Volt	mm				mm	mm	mm	mm
10000	5000	80	2	2	—	40	Stab ϕ 10	5	30
15000	10000	100	2	2	—	50	„	5	30
30000	20000	200	2	2	—	100	„	8	42
50000	33400	300	3	2	1	100	Rohr ϕ 20/17	8	68
70000	46700	450	3	2	1	150	„	10	80
100000	66700	600	3	1	2	200	„	10	80
130000	86700	769	4	1	3	190	„	10	100
160000	107000	900	4	1	3	225	„	10	100
200000	133000	1100	5	1	4	220	„	10	120

Bei mehrteiligen Ableitröhren hat die Trennung unterhalb der Rohrschelle zu erfolgen.

Bei hohen Spannungen müssen die Ableitröhren aus mehreren Zylindern verschiedener Materialien bestehen. Verwendet man nur eine Röhre aus nur einem Dielektrikum, die man sehr dick macht, so zeigt sich, daß das Potentialgefälle im Dielektrikum von innen nach außen nicht stetig abnimmt. Das Potential nimmt im Innern, unmittelbar am Kupferleiter zunächst sehr stark und dann nach außen zu immer langsamer ab.[1] Ferner ist die elektrische Beanspruchung des äußeren Mantels der Ableitung in der Mitte, an der Befestigungsstelle der Schelle, am größten, um nach den beiden Enden der Ableitung immer mehr abzunehmen. Daher wird das Isoliermaterial an einzelnen Stellen stärker beansprucht und kann

---

[1] Eine nähere Untersuchung siehe Nagel, Elektr. Bahnen u. Betriebe, 1906, S. 275.

hier zerstört werden. Um ein gleichmäßiges Gefälle des Potentials zu erzielen, kann man abwechselnd Zylinder aus Isoliermaterial und aus Metallblättern nehmen (siehe Fig. 258 b). Die aufeinanderfolgenden Isolationsschichten macht man am besten gleich dick, und den Metallblattzylindern gibt man allen gleiche Oberfläche, so daß das Ganze eine Reihe von in Serie geschalteten, gleich großen Kondensatoren darstellt. Dadurch nimmt das Potential über die ganze Dicke der

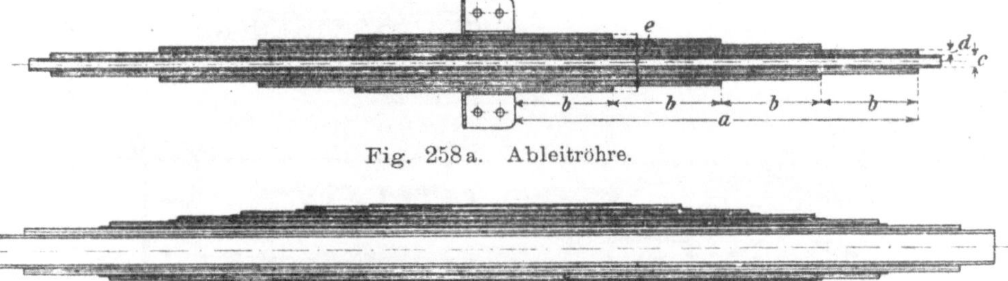

Fig. 258 a. Ableitröhre.

Fig. 258 b. Kondensatorableitröhre für 75000 Volt. Maßstab 1 : 6.

Röhre gleichmäßig ab. Fig. 258 b zeigt eine solche Ausführungsröhre der Siemens-Schuckert-Werke für 75000 Volt. Es ist ein System von fünf Kondensatoren gebildet, die Dicke der Isolationsschichten nimmt hier von innen nach außen von 4 mm auf 2 mm ab. Fig. 303 auf S. 290 zeigt die Photographie eines Manteltransformators der Westinghouse Comp. für 2750 KVA bei 88000/6000 Volt, der ebenfalls solche Klemmenausführungen besitzt.

Fig. 259 stellt die Ableitungen eines Transformators für 48800/15000 Volt der Felten und Guilleaume-Lahmeyerwerke dar. Die Dreiecksschaltung der Wicklung ist deutlich zu erkennen, die Verbindungsleiter liegen in starken Isolierrohren. Die Ableitungsisolatoren für die Ober- und Unterspannung sind auf einem besonderen, aus Winkeleisen gefertigten Gerüst montiert. Die Isolatoren sind in gußeisernen Schellen gefaßt, zwischen dem Kastendeckel und den Isolatoren liegen Filzunterlagen. Für die Unterspannung sind gewöhnliche Rillenisolatoren verwendet, innen liegt ein 8 mm starker Anschlußbolzen aus gezogenem Messing, der von einer Papierhülse umgeben ist. Der Anschlußbolzen für die Oberspannung ist ein 2 mm starkes Messingrohr. Er ist zunächst von einem 15 mm dicken Haefely-Isolierrohr A, dann von einer 15 mm dicken Papierhülse B umgeben. Dann folgt der aus der Detailzeichnung ersichtliche, 730 mm lange Porzellankörper C, der in die gußeiserne Schelle eingekittet ist. Das Ableitrohr hat an beiden Enden Kontaktbolzen D, die mit dem Messingrohr durch Kupfer-

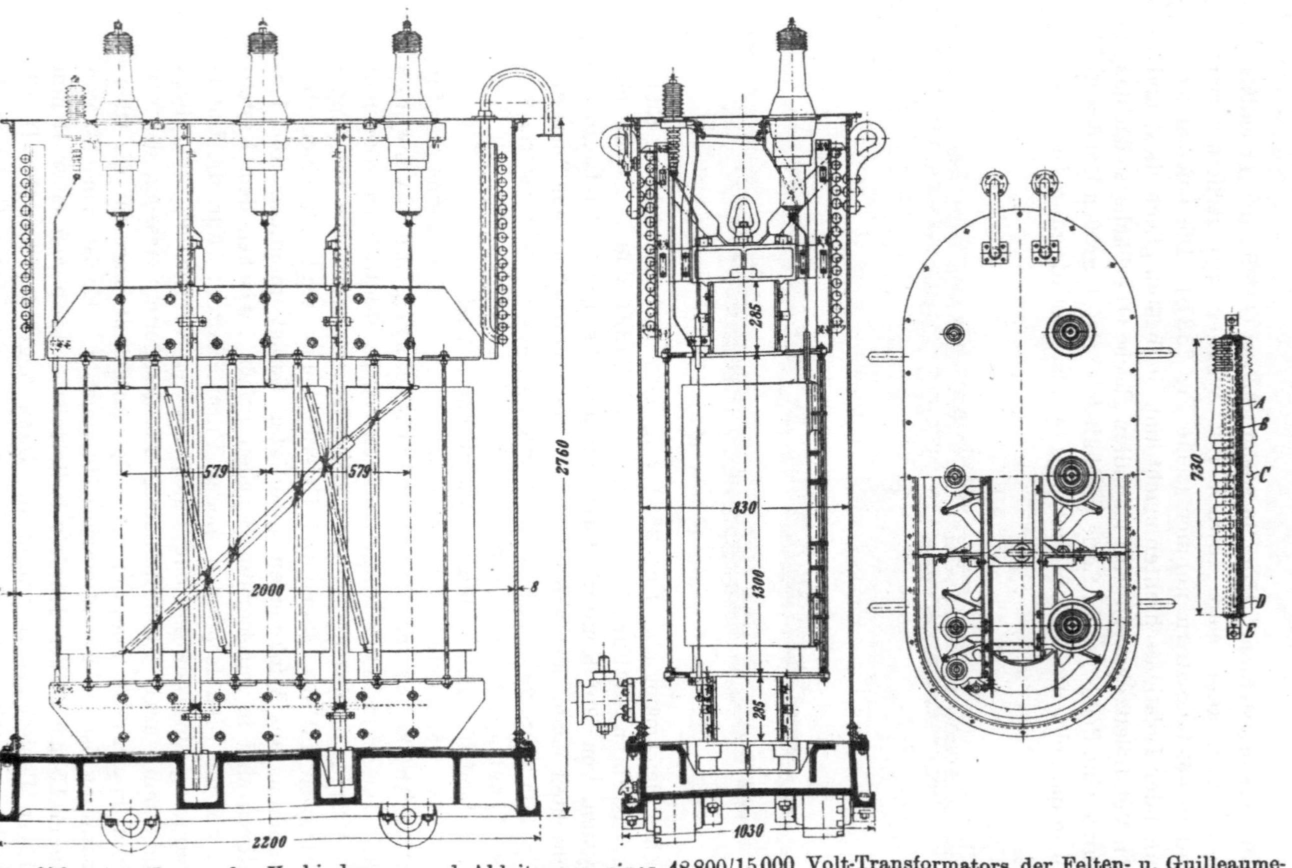

Fig. 259. Anordnung der Verbindungen und Ableitungen eines 48800/15000 Volt-Transformators der Felten- u. Guilleaume-Lahmeyerwerke.

nieten verbunden sind. Bei *E* befinden sich noch vier abgestufte Isolationsscheiben aus Leatheroid.

Fig. 260 zeigt einen im Freien aufzustellenden Meßtransformator der Westinghouse-Comp., Hochspannung 60000 Volt, mit einem großen Ausführungsisolator. Über das Isolierrohr, das beide Kupfer-leiter umgibt, sind eine Reihe von Glockenisolatoren gesetzt. Die zwei zum Meßinstrument (Amperemeter) führenden Drähte sind in der Mitte sichtbar.

Fig. 260. Meßtransformator für 60000 Volt.

Fig. 261. 50 KVA-Prüftransformator für 2080/500000 Volt, 50 Perioden der Allg. El.-Ges.

Weitere Ausführungsformen von Ableitungsisolatoren sind aus den Beispielen S. 264 ff. ersichtlich.

Prüftransformator für 500000 Volt. Transformatoren für sehr hohe Spannung werden zur Prüfung von Isolatoren, Versuchen über Durchschlagsfestigkeit usw. gebraucht. Die Wicklung muß bei diesen Transformatoren sehr stark isoliert werden, so daß der Kupferfüllfaktor äußerst gering und der Eisenkörper sehr groß wird.

16*

Besondere Sorgfalt ist auf die Ausführungsisolatoren zu verwenden.
Fig. 261 zeigt einen Transformator für 500000 Volt der A. E.-G.
Er ist nach der Kerntype mit Zylinderwicklung gebaut. Die Niederspannung besteht aus zwei Spulen für je 1040 Volt. Durch eine
Reihe von Isolationszylindern von ihr getrennt liegt die Hochspannungswicklung, die 28 Spulen auf jeder Säule besitzt. Jede
Spule hat 377 Windungen, so daß etwa 9000 Volt auf sie entfallen,
auf die Windung kommen 24 Volt. Die Hochspannungsklemmen
gehen unter Öl bis an die Hochspannungsspulen heran und ragen
oben etwa 2 m aus dem Ölkasten heraus. Die Gesamtlänge der
aus Holz und Preßspan gebauten Isolatoren beträgt 2,6 m.

Elftes Kapitel

Die Erwärmung und Abkühlung eines Transformators.

48. Allgemeines über die Erwärmung eines Transformators und die Kühlmethoden. — 49. Kühlung von Transformatoren mit trockener Isolation. — 50. Kühlung von Öltransformatoren.

48. Allgemeines über die Erwärmung eines Transformators und die Kühlmethoden.

Beim Betriebe eines Transformators treten Verluste auf, die eine Erwärmung herbeiführen. Dieser Erscheinung ist die größte Wichtigkeit beizumessen, denn abgesehen vom Spannungsabfall, den man immer in beliebigen Grenzen halten kann, wird der Leistungsfähigkeit des Transformators nur durch seine Erwärmung eine obere Grenze gesetzt. Eine zu hohe Temperatur bewirkt eine Verschlechterung oder Vernichtung der Isolation, schnelles Altern des Eisens, Vergrößerung der Stromwärmeverluste und bringt schließlich Feuersgefahr. Bei Transformatoren, die in Öl stehen, ist übrigens die Feuers- und Explosionsgefahr sehr gering, falls das Öl nicht außergewöhnlich heiß geworden ist.

Die Wärmemengen, die im Transformator entstehen, müssen durch die vorhandenen Oberflächen nach außen abgegeben werden. Die Temperatur des Transformators muß also so lange steigen, bis ein stationärer Zustand sich eingestellt hat, d. h. bis die in jedem Moment erzeugte Wärmemenge gleich der nach außen abgegebenen ist. Die abgegebene Wärmemenge ist der Oberfläche und deren Temperaturerhöhung über die Umgebung proportional. Setzt man einen Transformator in Betrieb, so steigt seine Temperatur anfangs schnell, weil fast keine Wärme an die Umgebung abgegeben wird und die erzeugte Wärme lediglich zur Erwärmung des Transforma-

tors dient. Mit steigender Temperatur wächst jedoch die Wärmeabgabe nach außen, die Temperatur steigt dann langsamer und
nähert sich asymptotisch dem stationären Zustande. Die Kurven
der Fig. 262 veranschaulichen das Ansteigen der Temperatur für
einen 20 KVA-Dreiphasentransformator mit Scheibenwicklung. Der
Transformator war frei in Luft aufgestellt und mit einem Gehäuse aus
perforiertem Blech versehen. Die Kurven lassen erkennen, daß die Temperaturerhöhungen der verschiedenen Teile des Transformators verschieden sind. Den gleichen Verlauf zeigen in Fig. 263 die Kurven
für einen 500 KVA-Manteltransformator in Öl mit Wasserkühlung.

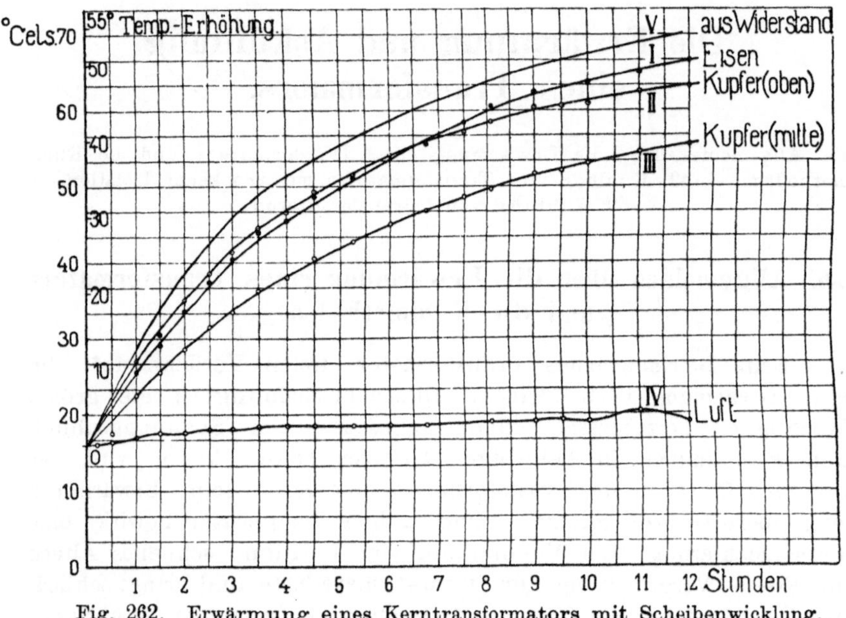

Fig. 262. Erwärmung eines Kerntransformators mit Scheibenwicklung.

Theoretisch kann ein Transformator den stationären Zustand
erst nach unendlich langer Zeit erreichen, denn je mehr er sich
ihm nähert, um so kleiner wird der Temperaturzuwachs und die
Zunahme der nach außen abgegebenen Wärme. Für praktische
Zwecke kann man annehmen, daß der Endwert der Erwärmung
(oder Abkühlung) erreicht ist, wenn von einer bestimmten Temperatur an die noch zu erwartende Temperaturänderung kleiner ist
als ein für die Beobachtung zugrunde gelegter Meßfehler. Man
trägt sich am einfachsten die Temperatur als Funktion der Zeit
auf und bestimmt so den Zeitpunkt, von dem an die Temperatur
nicht mehr merklich steigt.

Haben wir eine bestimmte Oberfläche zur Verfügung, durch die eine gegebene Wärmemenge nach außen abgegeben werden soll, so muß die Oberfläche eine ganz bestimmte Temperaturerhöhung über die Umgebung annehmen, gleichviel aus welchem Material der sich erwärmende Körper besteht. Vorausgesetzt ist dabei, daß der Koeffizient der äußeren Wärmeabgabe in allen Fällen der gleiche ist, daß also immer von 1 cm² Oberfläche bei 1° C Temperaturdifferenz die gleiche Wärmemenge abgegeben wird. Das Material des Körpers hat aber Einfluß auf die Zeit, die zum Erwärmen oder Abkühlen notwendig ist, je nachdem seine spezifische Wärme groß

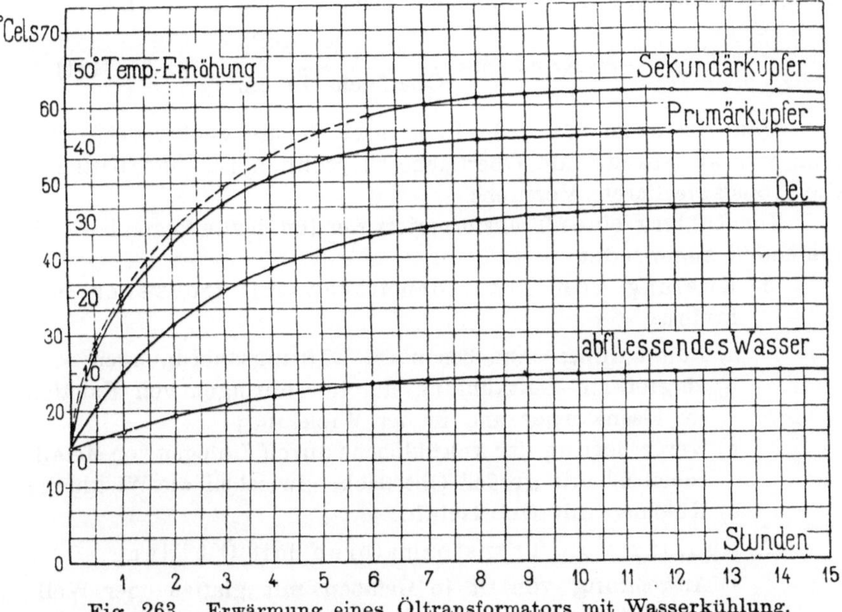

Fig. 263. Erwärmung eines Öltransformators mit Wasserkühlung.

oder klein ist. Gewöhnlich stehen die Transformatoren dauernd unter Spannung, so daß die Eisenverluste auch dauernd vorhanden sind, während die Kupferverluste sich proportional mit dem Quadrate der Belastung ändern. Bei Lichttransformatoren, die meistens in Größen von 5 bis 50 KVA gebaut werden, genügt die während des Abends ungefähr 5 bis 6 Stunden dauernde Vollbelastung, um die maximale Temperatur herbeizuführen. Auch Krafttransformatoren erreichen meist ihre maximale Temperatur, falls nicht häufige und längere Betriebspausen gemacht werden.

Die Stelle, an der die größte Temperatur innerhalb des Transformators auftritt, hängt von seiner Bauart, also der Lage der Abkühlflächen, und der Verteilung der Verluste ab. Die Isolationsfestigkeit sinkt mit steigender Temperatur[1]), es soll daher die aus der Widerstandszunahme der Wicklung berechnete Temperaturerhöhung

$$T = 250 \frac{R_t - R_0}{R_0}$$

eine gewisse Grenze nicht überschreiten. Bei normalen Typen stellt diese Temperatur auch die maximale im Transformator auftretende Temperatur dar (s. Fig. 262).

Eine genaue Ermittlung der Temperaturerhöhung durch Rechnung ist nicht möglich. Allgemein benutzen wir die Formel

$$T = \text{Konstante } \frac{\text{Verlust in Watt}}{\text{Oberfläche in cm}^2} \quad \cdots \quad (131)$$

Man legt dabei für jede Type nach bestmöglicher Schätzung fest, was als abkühlende Oberfläche zu rechnen ist, und bestimmt die Konstante durch Versuche.

Zur Kühlung eines Transformators werden heute folgende Kühlmethoden angewendet:

1. **Kühlung von Transformatoren mit trockener Isolation:**

   a) Luftkühlung ohne besondere Lüftungsanordnungen;

   b) vergrößerte Luftkühlung durch Anbringen von Kanälen im Eisenkörper und in der Wicklung;

   c) Vergrößerung der Abkühlfläche durch Einlegen von Metallscheiben mit großer Oberfläche zwischen die Wicklung;

   d) Kühlung mit Gebläseluft.

2. **Kühlung von Transformatoren mit Ölfüllung:**

   a) Anwendung von Öl in Gefäßen mit glatten oder Wellblechwandungen und Selbstkühlung;

   b) Anwendung von Zirkulationsvorrichtungen zur Kühlung des Öles;

   c) Anordnung von Wasserkühlschlangen im Innern des Transformators;

   d) Kühlung des Öles außerhalb des Transformators;

   e) Kühlung des Ölgefäßes durch Berieselung mit Wasser oder durch Gebläseluft.

Die einzelnen Kühlmethoden und die dabei erforderlichen Kühlflächen sollen im folgenden besprochen werden.

------

[1]) Vgl. aber für das Öl die Bemerkung S. 237.

49. Kühlung von Transformatoren mit trockener Isolation.

Für kleinere Transformatoren mit nicht zu hoher Spannung genügt trockene Isolation mit gewöhnlicher Luftkühlung. Transformatoren mit Scheibenwicklung sind hierfür günstiger als solche mit Zylinderwicklung, da bei ihnen Hoch- und Niederspannungswicklung in gleicher Weise der Kühlluft zugänglich sind. Bei Zylinderwicklung hat die innere Wicklung schlechtere Abkühlverhältnisse als die äußere.

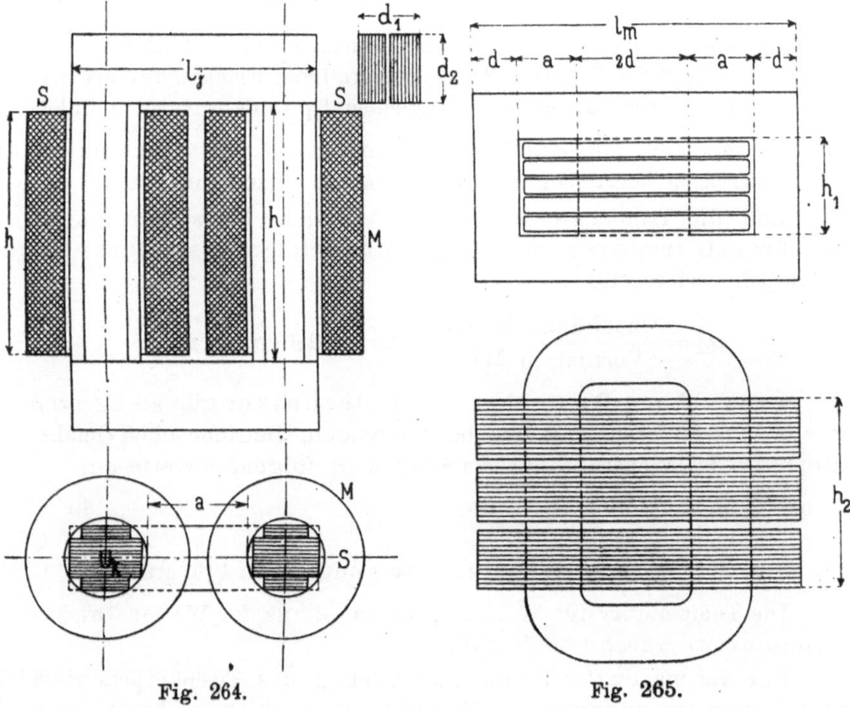

Fig. 264.   Fig. 265.

Bei einem **Kerntransformator** rechnen wir als **Wärme** abgebende Oberfläche (s. Fig. 264)

$A_T =$ (Anzahl der Kerne) [Mantelumfang der äußeren Spule $\times$ Spulenhöhe (h) $+$ $2 \times$ Stirnfläche (S) der Wicklung $+$ Höhe des Eisenkernes $\times$ Umfang des Eisenkernes $+$ Anzahl der Luftschlitze eines Kerns $\times$ Kühlfläche eines Luftschlitzes] $+$ 2 [2 $+$ Anzahl der Luftschlitze eines Joches) $l_j d_2 + l_j d_1 + 2 d_1 d_2$] . . (132)

Bei dieser Aufstellung müssen wir aber auf die Konstruktion Rücksicht nehmen. Wir rechnen im allgemeinen die zwei Seitenflächen eines Luftschlitzes nur mit ihrem halben Wert, da diese Flächen keine Wärme durch Strahlung abgeben können. Ist der Luftschlitz aber sehr breit, etwa 3 bis 4 cm, wie die konstruktive Ausführung es oft bei großen Transformatoren bedingt, so rechnen wir die Kühlflächen voll, zumal bei Öltransformatoren. Ähnliche Überlegungen gelten für die inneren Mantelflächen und die einander zugekehrten Flächen zweier benachbarter Säulen.

Bei Manteltransformatoren ist die Abkühlfläche folgendermaßen zu berechen.

Es ist (s. Fig. 265)

$$A_T = d\,[2\,(2\,a + 4\,d) + 2\,h_1]\,(2 + \text{Anzahl der Luftschlitze})$$
$$+ h_2\,[2\,(2\,a + 6\,d) + 2\,h_1] + \text{äußere freie Flächen des aus}$$
$$\text{dem Eisenmantel herausragenden Spulenkörpers} \qquad (133)$$

Hierbei kann die Kühlfläche verbessert werden, wenn man die aus dem Eisen herausragenden Spulenköpfe auseinanderbiegt.

Soll die Temperaturerhöhung 60^0 C nicht übersteigen, so ist für Transformatoren mit Luftkühlung folgende spezifische Abkühlfläche erforderlich:

$$a_T = \frac{\text{Oberfläche in cm}^2}{\text{Verlust in Watt}} = 25 \text{ bis } 28 \text{ cm}^2/\text{Watt.}$$

Der Verband Deutscher Elektrotechniker gibt als Grenzen der Temperaturerhöhung, die bei dauerndem Betriebe ohne Gefährdung des Isolationsmaterials zulässig sind, folgende Werte an:

bei Baumwollisolierung . . . . 60^0 C
„ Papierisolierung . . . . 70^0 C
„ Isolierung durch Glimmer, Asbest und deren Präparate 90^0 C

Die Temperatur der Wicklung ist dabei aus der Widerstandszunahme zu berechnen (S. 248).

Für die maximale Temperaturerhöhung des Eisenkörpers wird kein Grenzwert angegeben. Trotzdem sollte nicht mehr als etwa 70^0 C zugelassen werden. Denn der Eisenkörper heizt die Kühlfläche (oder das Öl) und erwärmt die Wicklung durch Strahlung. Außerdem bewirkt die Erwärmung ein „Altern" des Eisens, also eine Vergrößerung der Verluste, die bei einigen Eisensorten bei dauernder Erwärmung auf 60 bis 80^0 C zu etwa $50^0/_0$ beobachtet wurde. Bei 100^0 C und darüber werden fast alle Eisensorten geringwertiger. Die unreinsten Eisensorten sind in dieser Hinsicht am günstigsten. Sie müssen aber bei niedrigen Temperaturen ausgeglüht werden, weil ihr Schmelzpunkt tief liegt. Für Transformatorenblech ist etwas unreines Eisen also günstig, weil das Altern geringer und der spezifische Widerstand größer ist. Am besten sind die legierten Bleche.

Als Anhaltspunkt, ob die Erwärmung des Kernes nicht zu groß wird, dient die Nachrechnung der spezifischen Abkühlfläche des Kerns. Ist U_e in cm der wärmeabführende freie Kernumfang, der sich aus dem äußeren Umfange der Querschnittsfigur und der einseitigen Breite der Luftschlitze ergibt, w_e der Verlust für 1 kg Eisen, h die Höhe und Q der Querschnitt, so ist die spezifische Abkühlfläche gleich

$$\frac{U_e h}{7{,}8\,Q h\,10^{-3}\,w_{ei}} = \frac{128\,U_e}{Q\,w_e}\;\frac{\mathbf{cm^2}}{\mathbf{Watt}} \quad . \quad . \quad . \quad . \quad (134)$$

Für Transformatoren mit Luftkühlung soll

$$\frac{128\,U_e}{Q\,w_{ei}} \geqq 13 \ \text{bis} \ 15 \ \text{cm}^2/\text{Watt}$$

und für Transformatoren mit mechanischen Kühlanordnungen

$$\frac{128\,U_e}{Q\,w_{ei}} \geqq 8 \ \text{bis} \ 10 \ \text{cm}^2/\text{Watt}$$

sein.

Die abkühlende Oberfläche kann man zunächst vergrößern, indem man zwischen Hoch- und Niederspannung und im Kern und Joch Luftschlitze anbringt. Die Luftschlitze müssen möglichst vertikal laufen, damit die erwärmte Luft ungehinderten Abzug nach oben hat. Der Abstand der einzelnen Blechpakete voneinander soll etwa 8 bis 15 mm betragen. Bei kräftiger Kühlung erhält ein Blechpaket nur etwa 70 bis 100 mm Stärke.

Eine wesentliche Verbesserung der Luftkühlung hat die Firma Weizer Elektrizitätswerk **Franz Pichler & Co., Weiz,** durch Einbau von **Kühlrippen** zwischen die einzelnen Spulen erreicht. Diese Kühlrippen bestehen aus etwa $^1/_2$ mm starken, geschwärzten Kupferblechscheiben, die nach einem Durchmesser aufgeschlitzt sind. Die Anordnung der Kühlrippen K geht aus Fig. 266 hervor, die einen einphasigen Transformator genannter Firma darstellt. Er hat Scheibenwicklung und zwischen je zwei Spulen ist eine Kühlrippe auf den Kern aufgeschoben. Der Eisenkörper hat durch vorstehende Bleche R ebenfalls Kühlrippen erhalten.

Nach einem Bericht von F. Niethammer[1]) hat die Untersuchung von zwei gleich gebauten, 5,5 KW-Transformatoren, von denen der eine ohne, der andere mit Kühlrippen ausgeführt war, ergeben, daß die Leistung des Transformators mit Kühlrippen etwa

---

[1]) Z. f. El. u. M. 1906, S. 431.

doppelt so hoch sein kann wie die desselben Transformators ohne Kühlrippen, und daß bei gleichem Kupfer- und Eisenverlust sowohl die Kupfer- als auch die Eisenerwärmung durch die Kühlrippen auf etwa die Hälfte vermindert wird. Die Kühlrippen verringern bei dem untersuchten Transformator den Preis des aktiven Materials pro KVA um ca. 40 %.

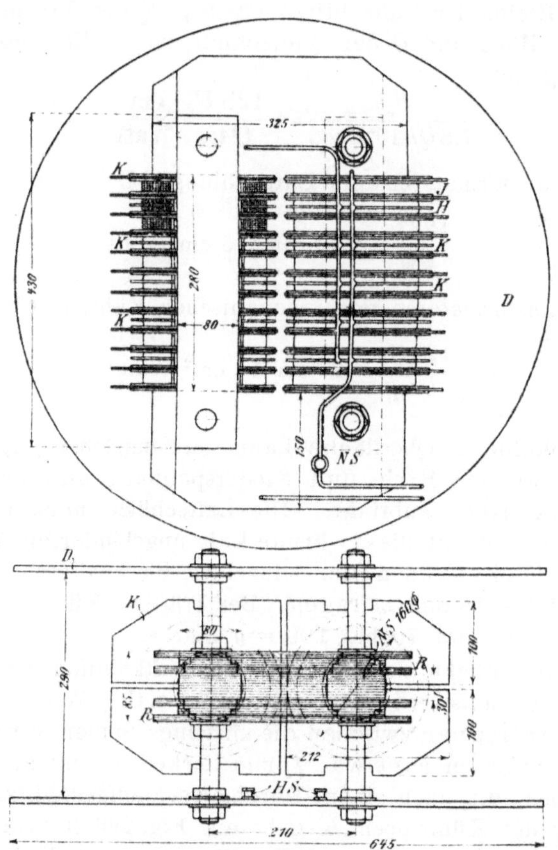

Fig. 266. Transformator mit Kühlrippen für 5,5 KVA, 500/110 Volt, 50 Perioden von Pichler & Co., Weiz.

Transformatoren mit trockener Isolation und Selbstkühlung sind für größere Leistungen nicht mehr wirtschaftlich ausführbar, man muß dann zu künstlicher Luftkühlung oder zu Öltransformatoren mit Selbstkühlung oder künstlicher Kühlung übergehen.

Kühlung mit Gebläseluft. Die Kühlung mit Gebläseluft kommt nur da in Frage, wo Wartung und Aufsicht vorhanden ist und wo die Anwendung von Öltransformatoren nicht gestattet oder die Beschaffung von Kühlwasser nicht möglich oder zu kostspielig ist oder wo Gefahr vorhanden ist, daß der Bezug von Kühlwasser viele Stunden oder Tage unterbrochen werden kann. Die Westinghouse Comp., Pittsburg, baut Transformatoren mit Gebläsekühlung für alle normalen Periodenzahlen von 2200 bis 33000 Volt und Leistungen von 50 bis 3000 KVA.

Man stellt die Transformatoren in einen geschlossenen Raum, in dem durch Gebläse ein kräftiger Luftzug erzeugt wird, oder, was besser ist, man umgibt jeden Transformator mit einem Gehäuse, in das die Gebläseluft eingeleitet wird. Der Luft soll eine möglichst große Kühlfläche geboten werden, und sie soll ohne Stauung und störende Wirbelbildungen die Luftkanäle durchströmen. Fig. 267 zeigt die Luftführung eines Manteltransformators der Westinghouse Comp. Der Eisenkern und die Spulen werden besonders gekühlt. Die unten eintretende Kühlluft steigt durch die Zwischenräume benachbarter Spulen nach oben und entweicht durch eine Öffnung im Kopf des Gehäuses. Die Weite dieser Öffnung kann mittels einer Klappe oder eines Schiebers verändert und damit die durchströmende Luftmenge reguliert werden. — Die für das Eisen bestimmte Kühlluft tritt durch eine besondere regulier-

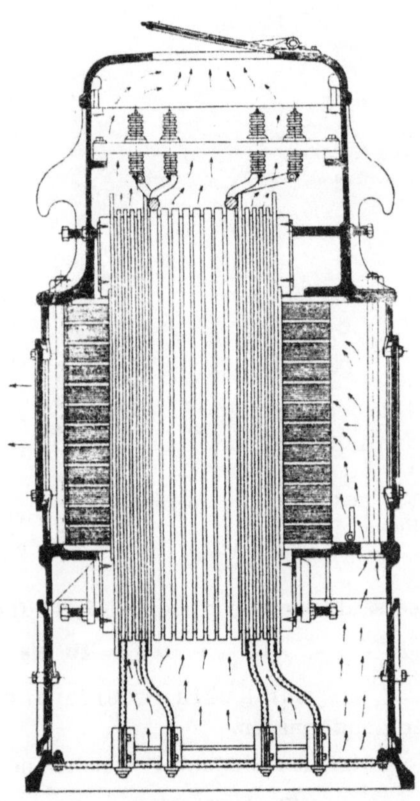

Fig. 267. Führung der Luft in einem Manteltransformator der Westinghouse Comp.

bare Klappe im unteren Teil des Gehäuses auf einer Seite des Transformators ein und teilt sich hier nach zwei Richtungen. Der eine Teil durchströmt die Luftschlitze im Eisenkörper und tritt auf der entgegengesetzten Seite aus, der andere Teil umströmt die Außenseiten des Eisenkörpers und vereinigt sich beim Austritt wieder mit dem übrigen Teil.

Fig. 268 gibt die Ansicht eines Transformators der Westinghouse Comp. für Kühlung mit Gebläseluft. Die beiden Hebel zur Regulierung beider Luftströme sind deutlich sichtbar.

Fig. 268. Transformator mit künstlicher Luftkühlung der Westinghouse Comp.

Das Gebläse wird gewöhnlich durch einen direkt gekuppelten Elektromotor angetrieben. Ist nur ein Transformator vorhanden, so kann er direkt mit der Windleitung verbunden werden. Bei Lüftung von mehreren Transformatoren kann man diese zweckmäßiger über einer Luftkammer aufstellen, in die die Luft mit geringem Überdruck durch ein Gebläse gedrückt wird. Die Luft kann dem Gebläse sowohl von außen als auch von dem Transformatorenraum zugeführt werden, so daß die Temperatur des Transformatorenraumes bei kaltem Wetter reguliert werden kann. Es ist zu empfehlen, zwei Gebläse aufzustellen, so daß eines in Reserve gehalten werden kann.

Um eine Temperaturerhöhung von 50^0 C nicht zu überschreiten, genügt im allgemeinen bei einem Winddruck von 20 bis 30 mm Wassersäule eine spezifische Abkühlfläche

$$a_T = 10 \text{ bis } 15 \text{ cm}^2/\text{Watt.}$$

Die zur Kühlung erforderliche Luftmenge bestimmt sich folgendermaßen.

Im Transformator werden in einer Sekunde

$$(W_{ei} + W_k) \text{ Watt} = 0{,}24 \, (W_{ei} + W_k) \text{ Grammkalorien}$$

Wärme erzeugt, die von der durchströmenden Luft aufgenommen werden sollen. Das spezifische Gewicht der Luft ist bei 30 mm Wassersäule (30 kg/m^2) und 30^0 C etwa 1,28 kg/cbm, die spezifische Wärme 0,24 Kalorien/kg. Also muß sein

$$0{,}24 \, (W_{ei} + W_k) = 1{,}28 \, Q_m \, 0{,}24 \cdot 10^3 \, T',$$

worin Q_m die Zahl der Kubikmeter Luft ist, die sich in einer Sekunde um T' Grad Celsius erwärmen.

Ist T die maximal zulässige Temperaturerhöhung des Transformators, so wollen wír eine Temperaturerhöhung der Luft beim Durchströmen des Transformators um

$$T' = 0{,}4 \text{ bis } 0{,}6\, T$$

zulassen. Dann muß also sein

$$Q_m = (1{,}3 \text{ bis } 2)\ \frac{(W_{ei} + W_k)\, 10^{-3}}{T}\ \text{cbm/sek} \tag{135}$$

Für $T \simeq 50^{0}$ C ist

$$Q_m = 1{,}5 \text{ bis } 2{,}4\, (W_{ei} + W_k)\, 10^{-3}\ \text{cbm/min.}$$

Zur Sicherheit berechnen wir das Gebläse so, daß es das 1,5 bis 2 fache dieser eben berechneten Luftmenge liefern kann. Zum Antrieb des Gebläses ist also erforderlich die Leistung

$$W_{vent} = \frac{(1{,}5 \text{ bis } 2)\, Q_m\, h_w}{\eta_{vent}}\ 9{,}81\ \text{Watt} \tag{136}$$

Für normale Verhältnisse kann man $h_w = 20$ bis 30 mm (Wassersäule) und $\eta_{vent} = 0{,}3$ bis 0,5 setzen.

50. Kühlung von Öltransformatoren.

a) Öltransformatoren mit Selbstkühlung. Wie im Abschn. 46, S. 237, beschrieben ist, ist das Öl ein wichtiges Isoliermaterial und ein ausgezeichnetes Kühlmittel. Obwohl Transformatoren mit trokkener Isolation, wie wir gesehen haben, für Spannungen bis 33000 Volt und von der M.-F. Oerlikon ausnahmsweise auch bis 40000 Volt gebaut werden, werden doch für Spannungen von etwa 10000 Volt an meistens Öltransformatoren vorgezogen.

Wenn keine Wartung für den Transformator vorgesehen ist, so kann nur Selbstkühlung in Frage kommen, und hierzu ist ein dünnflüssiges Öl ein vorzügliches Mittel. Das Öl ist ein besserer Wärmeleiter als Luft, die Wärme kann also mit Öl leichter aus allen Teilen des Transformators herausgesaugt werden. Der Grad der Flüssigkeit des Öles ist hierbei von Einfluß, weil die Wärme durch Zirkulation des Öles an die Kühlflächen des Gefäßes gebracht werden muß, wie folgender Versuch zeigt.

Es wurde die Erwärmung eines 20 KVA-Transformators (8000/250 Volt, 50 Perioden) einmal bei Füllung mit dunklem, dickflüssigen Öl und das andere Mal mit hellem, dünnflüssigen Öl gemessen. Der Umfang des Wellblechgefäßes mit Rippen betrug 512 cm, die Höhe des Ölstandes 70 cm, also die Kühlfläche $512 \times 70 = 35\,840$ cm². Es ergab sich nach dem Erreichen des stationären Erwärmungszustandes

	Temperatur der oberen Ölschicht	Luft-temperatur	Temperatur-erhöhung	Verlust im Trans-formator Watt
Versuch mit dünnflüs-sigem Öl	56°	23,5°	32,5°	1050
Versuch mit dickflüs-sigem Öl	62,5°	22°	40,5°	1050

$$\text{Kühlfläche} = \frac{35\,840}{1050} = 34,2 \ \text{cm}^2/\text{Watt}.$$

Das dünnflüssige Öl ergab also unter gleichen Bedingungen 8° C weniger Temperaturerhöhung.

Da die Wärmeabgabe nach außen durch die Gefäßwandungen erfolgt, muß das Gefäß eine den Verlusten des Transformators entsprechende Kühlfläche besitzen, so daß im stationären Erwärmungszustand die zulässige Temperaturerhöhung nicht überschritten wird. Es vergeht eine ziemlich lange Zeit, z. B. bei großen Transformatoren bis 24 und mehr Stunden, bis der Transformator bei Dauerbetrieb seine maximale Temperatur erreicht hat. Bei stark schwankendem und namentlich bei häufig aussetzendem Betrieb wird die maximale Temperatur des Dauerbetriebes oft nicht erreicht. Man legt der Berechnung der Kühlflächen jedoch immer Dauerbetrieb zugrunde.

Um die Kühlfläche der Gefäße zu vergrößern, werden diese aus Gußeisen mit gerippten Wänden oder aus Wellblech hergestellt. Nur kleine Transformatoren erhalten Gefäße ohne Rippen.

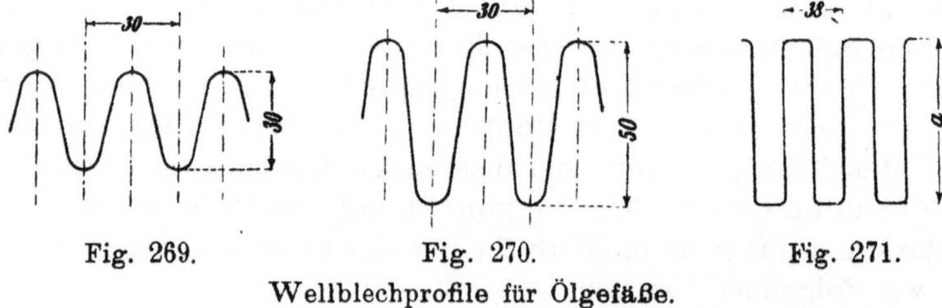

Fig. 269.   Fig. 270.   Fig. 271.

Wellblechprofile für Ölgefäße.

Ölgefäße aus Gußeisen eignen sich nur für kleine Transformatoren. Das Gußeisen muß sehr dicht sein und soll womöglich an den mit Öl in Berührung stehenden Flächen eine ununterbrochene Gußhaut besitzen. Aus manchen Spezialgußsorten können Rippengefäße angefertigt werden, deren Mantelwandstärke nur 5 bis 8 mm und deren Bodenwandstärke etwa 10 mm beträgt.

Für große Transformatoren mit Selbstkühlung werden ausschließlich Gefäße aus Wellblech verwendet.

Die Fig. 269 bis 271 zeigen einige Wellblechprofile. Bezeichnet k_a die Anzahl Watt, die für 1° Temperaturerhöhung von 1 m² Oberfläche abgeführt werden, so ist nach Angaben der Westinghouse Comp.

für Profil Fig. 271

für glattes Blech $k_a = 12$ Watt	mit $a = 100$ mm	$k_a = 5{,}6$ Watt
Profil Fig. 269 $k_a = 8$ „	„ $a = 145$ „	$k_a = 5{,}0$ „
Profil Fig. 270 $k_a = 7$ „	„ $a = 225$ „	$k_a = 4{,}3$ „

Hierbei ist unter Temperaturerhöhung die mittlere Temperatur des Kastens außen über die umgebende Luft zu verstehen.

Wenn man die Temperatur des Öles in verschiedenen Höhen mißt und als Funktion der Höhe darstellt, ergibt sich eine Kurve, wie sie Fig. 272 darstellt. Die maximale Temperatur ist 1,35 bis 1,5 mal so groß wie die mittlere. Diese Verhältniszahl wird um so kleiner, je höher das Öl über dem Joch des Transformators steht und je besser das Öl zirkuliert.

Im allgemeinen werden die Abmessungen des Kastens so gewählt, daß der Ölverbrauch möglichst klein wird. Aus den Kurven Fig. 256, 257 ist zu entnehmen, wieviel kg Öl für 1 KVA Leistung etwa notwendig ist. Das Öl soll mindestens bis 5 cm über das Joch reichen, der Kasten darf aber nicht bis oben hin gefüllt sein.

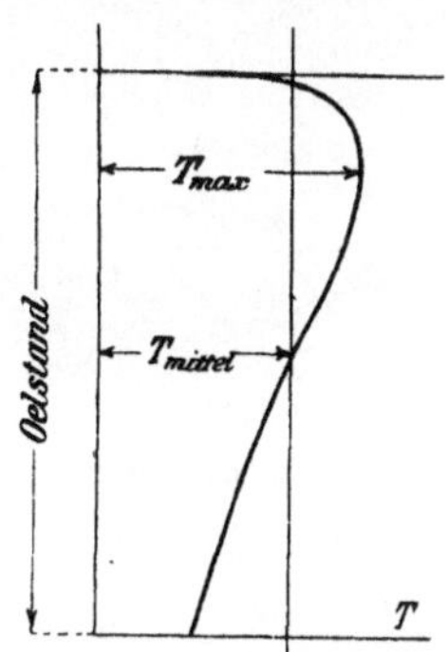

Fig. 272. Temperaturverteilung im Öl.

Da das Öl die Wärme besser ableitet als Luft, ist hier eine geringere Abkühlfläche des Transformators ausreichend. Man braucht für 1 Watt Verlust und 1° C Temperaturunterschied eine Abkühlfläche

$$a_T = 10 \text{ bis } 15 \text{ cm}^2/\text{Watt.}$$

Von Wichtigkeit ist eine gute Zirkulation des Öles.

In Fig. 273 ist der Ölkasten eines Einphasentransformators der Westinghouse Comp. dargestellt. Der Mantel des Kastens besteht aus Wellblech, dessen Längsnähte durch autogenes Schweißen geschlossen sind. Dieser Mantel wird in eine Gußform eingesetzt und mit einem gußeisernen Boden und oben mit einem gußeisernen Rahmen versehen. Auf der Vorderseite ist auf einem ebenen Streifen des Bleches oben der Ölstandszeiger und ein Maximalthermometer mit elektrischem Kontakt für eine Signalglocke angebracht, und unten sitzt ein Ventil zum Ablassen des Öles.

Fig. 274 zeigt eine andere Art autogen geschweißter Ölkästen der Siemens-Schuckertwerke.

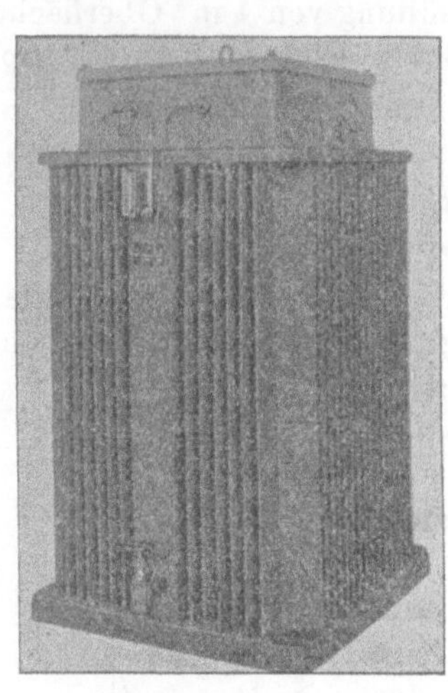

Fig. 273.　　　　　　　　　　　　　　　　Fig. 274.

Autogen geschweißte Ölkästen

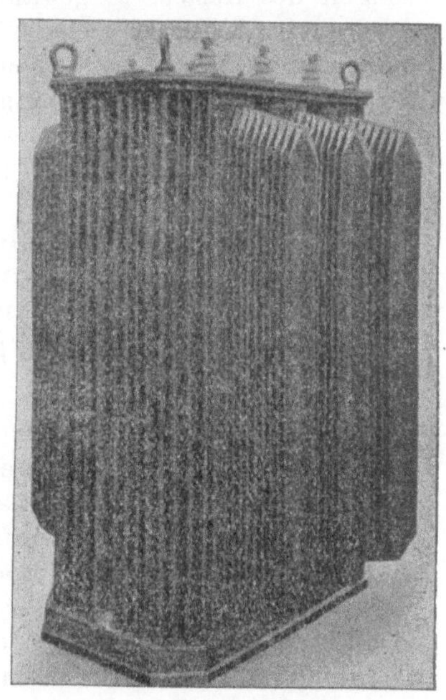

Fig. 275. Ölkasten mit Kühltaschen.　　　　Fig. 276. Ölkasten mit Seitenkühlern.

Zur Vergrößerung der Kühlfläche bringt die A. E.-G., Berlin, sogenannte **Kühltaschen** an. Sie bestehen aus Wellblech, sind oben und unten mit dem Ölkasten verbunden und dienen zur Kühlung und Rückleitung des gekühlten Öles von oben nach dem Boden des Kasten.

Bedingung für eine gute Ölzirkulation ist hierbei, **daß die Kühltaschen so weit vom Kasten abstehen, daß das Öl sich in ihnen rasch abkühlt.** Fig. 275 gibt das Bild eines Transformators der A. E. G. mit Kühltaschen (vgl. Fig. 288).

Brown, Boveri & Co. bauen die selbstkühlenden Öltransformatoren **bis 300 KVA mit gewöhnlichen Wellblechkasten** und für höhere Leistungen **bis 2000 KVA mit Seitenkühlern,** deren Anzahl von der Transformatorentype abhängt. In Fig. 276 ist ein Kasten mit Seitenkühlern dargestellt. **Die Kastenwände und Seitenkühler bestehen aus Wellblech und sind durch autogene Schweißung miteinander verbunden** (vgl. Fig. 290).

Die Westinghouse Comp. verwendet für selbstkühlende Transformatoren einen Kessel aus glattem Blech, an dessen äußeren Seiten eine große Zahl von Kühlröhren angebracht ist. Die Röhren stehen, wie Fig. 277 zeigt, vertikal und sind oben und unten, wo sie in das Gehäuse einmünden, um 90 Grad gebogen.

Die Bleche sind unter sich und die Rohrenden mit den Blechen zusammengeschweißt, so daß der Kessel vollkommen öldicht ist.

Fig. 277. Ölkasten mit Kühlrohren.

Der Kessel widersteht einem erheblichen Druck und gestattet den Transformator im Kessel unter Vakuum zu trocknen. Um ihn gegen zu hohen Druck zu schützen, der bei großen Überlastungen und starker Ausdehnung des Öles eintreten kann, erhält der Kessel ein Diaphragma aus Metall, das reißt, wenn der Druck eine gewisse Grenze überschreitet.

Es werden Transformatoren bis zu einer Leistung von 2500 KVA auf diese Art gebaut.

b) Öltransformatoren mit Wasserkühlung. Bei großen Transformatoren mit Ölfüllung wendet man, wenn es die Verhältnisse

Fig. 278. Öltransformator mit Wasserkühlung für 3700 KVA, 5000/50000 Volt, 50 Perioden der F. G. Lahmeyerwerke.

gestatten, Wasserkühlung an. Diese Kühlmethode ermöglicht es, Transformatoren mit guter Materialausnützung bis zu den größten Leistungen zu bauen.

Der Ölkasten wird aus glattem Blech durch Nieten oder autogenes Schweißen hergestellt. Über dem Transformator, also dort, wo das Öl die höchste Temperatur hat, wird für die Wasserzirkulation eine Kühlschlange aus dünnwandigem Kupferrohr oder Eisenrohr von etwa 3 bis 4 mm Wandstärke und 30 bis 40 mm lichter Weite angeordnet.

Fig. 278 stellt einen Transformator der F. G. Lahmeyerwerke mit darüber liegendem Röhrensystem und dem Ölkasten dar.

Die Ansicht eines Öltransformators mit Wasserkühlung der Westinghouse Comp. gibt Fig. 279. Um den Wasserzufluß gut regulieren zu können, wird das Wasser der Kühlschlange durch drei Anschlüsse zu- und abgeführt. Oben am Ölkasten ist ein Maximalthermometer, das mit einer Signalvorrichtung elektrisch verbunden ist, und ein Ölstandszeiger sichtbar.

Wenn die Zuleitungen zur Kühlschlange über den Ölspiegel reichen, so kann sich auf dem Rohr kondensiertes Wasser niederschlagen. Solche Teile des Kühlapparates, die über das Öl hinausreichen können, müssen daher unbedingt mit einem Wärme nicht leitenden Material umkleidet werden. Die Kühlschlange muß vollständig von Wasser entleert werden können, damit nicht beim Transport oder bei einer längeren Betriebspause in einem kalten Raume das Wasser möglicherweise gefriert und die Röhren zersprengt.

Die erforderliche Abkühlfläche der Kühlschlangen beträgt für 1^0 C Temperaturunterschied und 1 Watt 110 bis 160 cm², so daß man die Oberfläche der Kühlschlange bestimmen kann aus

$$O = \frac{110 \text{ bis } 160 \,(W_{ei} + W_k)}{T} \text{ cm}^2$$

(137)

Fig. 279. Öltransformator mit Wasserkühlung der Westinghouse Comp.

Nach Angaben der Maschinenfabrik Oerlikon haben ihre normalen Kühlschlangen 1000 cm² Oberfläche auf 1 m Länge, so daß man bei einem Temperaturunterschied von $T = 25^0$ C ungefähr annehmen kann: 5 m Kühlschlange für 1 KW Verlust.

Ist T der Temperaturunterschied zwischen dem zuströmenden und dem abfließenden Wasser, so ist die erforderliche Wassermenge in der Minute

$$Q_{wa} = \frac{0{,}24 \cdot 10^{-3} \cdot 60 \,(W_{ei} + W_k)}{T} \text{ Liter} \quad . \quad . \quad (138)$$

Im Durchschnitt rechnet man 0,7 bis 0,9 Minutenliter Wasser auf 1 KW Verlust.

Wirksamer als eine glatte Kühlschlange ist ein gußeiserner Rippenkörper, der nach Art der Heizkörper aus Elementen zusammengebaut wird. Fig. 280 zeigt einen Transformator der A.-G. Brown, Boveri & Co., der mit einem Rippenkühlkörper versehen ist.

Fig. 280. Transformator mit Rippenkühlkörper von Brown, Boveri & Co.

Statt Wasser kann man auch Öl durch die Kühlschlange treiben. Man erreicht dadurch, daß bei einer etwaigen Beschädigung der Kühlschlange kein Wasser in den Transformator dringt und Durchschläge oder Kurzschluß verursacht. Dann muß das Öl für die Kühlschlange außerhalb des Transformators besonders gekühlt werden.

Bei Transformatoren in Öl mit Wasserkühlung muß die spezifische Abkühlfläche des Transformators selbst

$$a_T = 6 \text{ bis } 10 \text{ cm}^2/\text{Watt sein.}$$

Kühlung durch Ölzirkulation. Man kann die Kühlung auch dadurch verstärken, daß man das warme Öl möglichst weit oberhalb der Wicklung absaugt, außen durch eine Kühlvorrichtung führt und unten wieder in den Transformator drückt. Es ist dafür Sorge zu tragen, daß das Öl durch die Pumpe nicht verunreinigt wird.

Fig. 281 stellt eine solche Kühlvorrichtung der Siemens-Schuckertwerke dar.

Künstliche Kühlung des Ölgefäßes. Schließlich kann man das Ölgefäß auch von außen durch Wasser berieseln lassen.

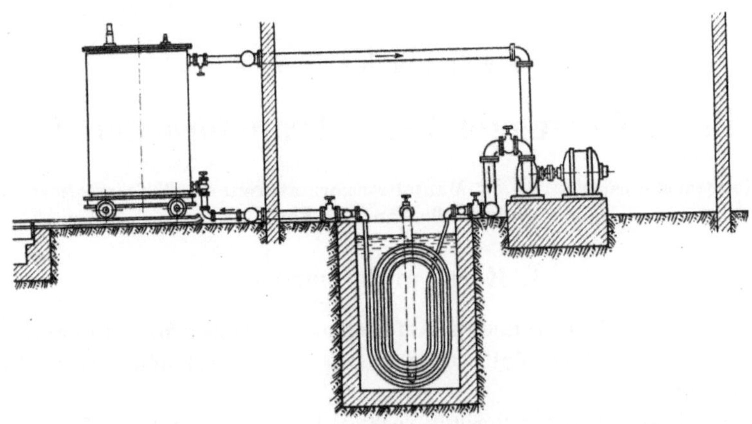

Fig. 281. Kühlung durch Ölzirkulation.

Diese Art der Kühlung hat den Nachteil, daß viel Wasser verdunstet, da es der Luft eine große Oberfläche bietet und die Luft sehr feucht wird, so daß sich an den Isolatoren und Leitungen Wasserniederschläge bilden. Ferner muß dafür gesorgt werden, daß der Luft, die beim Erkalten des Öles, d. h. bei Verkleinerung des Ölvolumens, in das Ölgefäß einströmt, jede Feuchtigkeit entzogen ist, sonst bildet sich an den kalten über dem Öl liegenden Wandflächen des Gefäßes ein Wasserniederschlag.

Zwölftes Kapitel.

Beispiele ausgeführter Transformatoren.

51. Kerntransformatoren. — 52. Manteltransformatoren. — 53. Transformatoren
für große Stromstärken.

51. Kerntransformatoren.

1. 21 KVA-Dreiphasentransformator in Öl der Maschinenfabrik Oerlikon. 2100/250 Volt, 6/48,5 Amp., 50 Perioden. (Fig. 282. Tabelle Nr. 1).

Der Transformator besitzt rechteckige Kerne ohne Luftschlitze, Kerne und Joche werden durch ⊔-Eisen und Schraubenbolzen zusammengehalten. Die Niederspannungswicklung wird durch Holzleisten in so großem Abstande vom Kern gehalten, daß das Öl bequem zirkulieren kann. Zwischen Hoch- und Niederspannungswicklung befindet sich ein 3 mm großer Luftabstand und ein 7,5 mm dicker Papierzylinder. Die Wicklungen sind beiderseits durch Holzstücke abgestützt, die unten auf besonderen, an das Joch angeschraubten Gußteilen, und am oberen Joch auf den verlängerten starken Endblechen des Joches ruhen. Die Lage des Transformators im Ölkasten wird durch die aus der Zeichnung ersichtlichen, an die oberen ⊔-Eisen angeschraubten Winkeleisen gesichert. Der Kasten selbst ist aus glattem Blech genietet, das an den Wänden 2, am Boden 5 mm stark ist, und trägt unten vier Haken zum Heben.

Die Hauptdaten des Transformators sind:

$$\begin{aligned}
\text{Kernquerschnitt} &= 100 \text{ mm}^2 \\
\text{Kernhöhe} &= 310 \text{ mm} \\
\text{Jochquerschnitt} &= 100 \text{ mm}^2 \\
\text{Achsdistanz der Kerne} &= 230 \text{ mm} \\
\text{Eisengewicht} &= 140 \text{ kg.}
\end{aligned}$$

Wicklung:

Hochspannung: Windungszahl einer Phase 535, geteilt in 5 Spulen von 107 Windungen, jede Spule hat 6 Lagen.

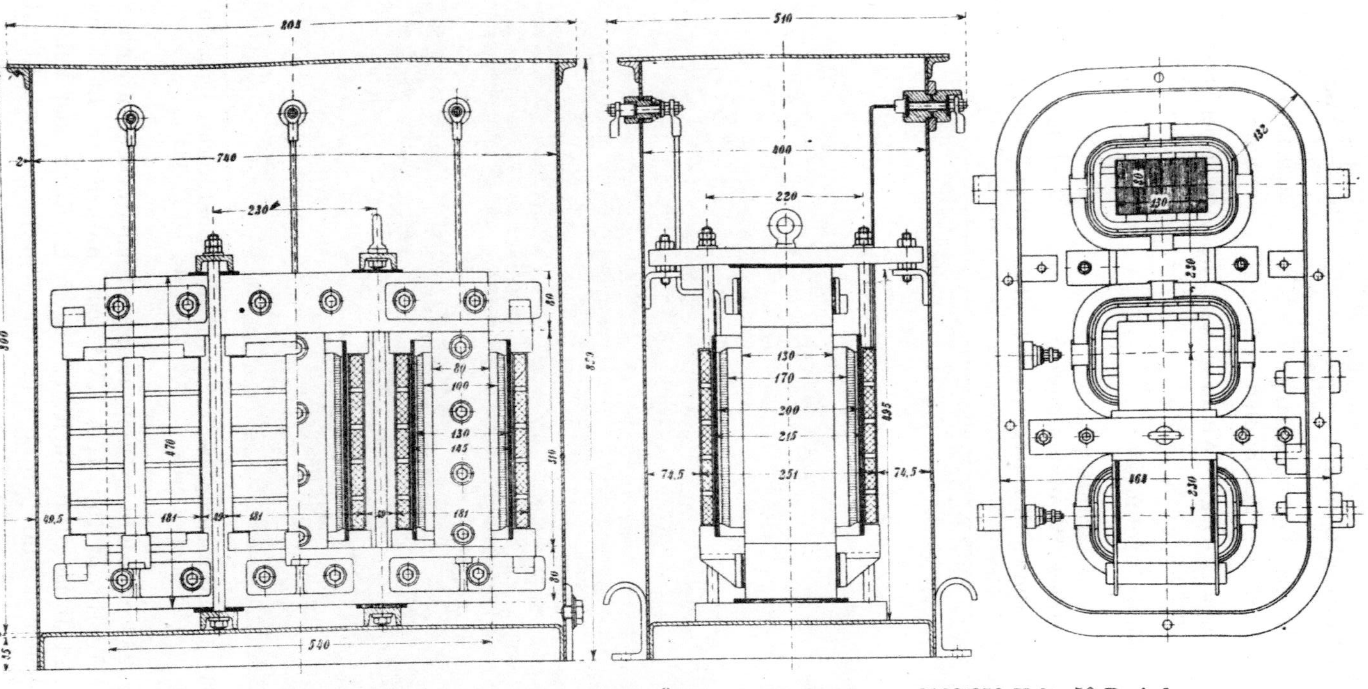

Fig. 282. 21 KVA-Dreiphasentransformator in Öl der M.-F. Oerlikon. 2100/250 Volt, 50 Perioden.

$$\text{Drahtdurchmesser } \frac{\text{nackt}}{\text{isoliert}} \ldots \ldots = \frac{1{,}9}{2{,}7} \text{ mm}$$

Mittlere Windungslänge . . . . $= 2{,}15$ m

Schaltung der Spulen . . . . . Stern

Niederspannung: Windungszahl 65, in einer Spule mit 2 Lagen gewickelt.

$$\text{Drahtdurchmesser } \frac{\text{nackt}}{\text{isoliert}} \ldots \ldots = \frac{3{,}6}{4{,}0} \text{ mm},$$

2 Drähte parallel.

Mittlere Windungslänge . . . . . $= 1{,}62$ m

Gesamtes Kupfergewicht . $30 + 19 = 49$ kg.

Fig. 283. 10,5 KVA-Dreiphasentransformator mit natürlicher Luftkühlung der M.-F. Oerlikon. 3000/220 Volt, 50 Perioden.

Fig. 283 zeigt einen Dreiphasentransformator der Maschinenfabrik Oerlikon für 10,5 KVA mit natürlicher Luftkühlung. Kerne und Joche sind auch hier durch ⊔-Eisen und Bolzen zusammengehalten, die Abstützung der Wicklung durch Holzklötze

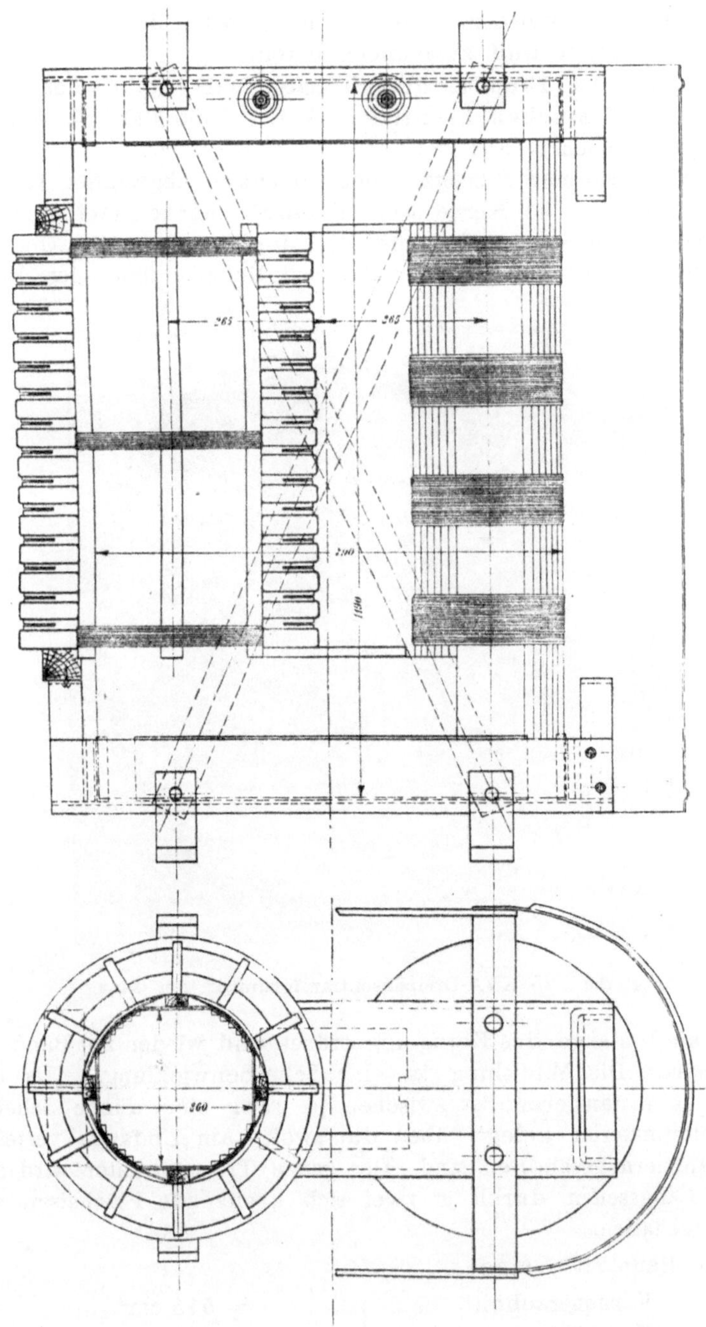

Fig. 284. 200 KVA-Einphasentransformator mit natürlicher Luftkühlung der
Ganzschen Elektr A.-G. 5000/300 Volt, 42 Perioden.

ist deutlich zu erkennen. Die Wicklung wird durch mehrfache Bandagen befestigt und zusammengehalten.

2. **200 KVA - Einphasentransformator mit natürlicher Luftkühlung der Ganzschen Elektrizitäts-A.-G.** 5000/300 Volt, 40/668 Amp., 42 Perioden. (Fig. 284.)

Der Transformator besitzt einen mehrfach abgestuften runden Kernquerschnitt. Die Kerne werden durch starke Hanfbandagen zusammengehalten und sind mit den Jochen verzapft. Um ein Festhalten der runden Spulen zu ermöglichen, sind vier Holz-

Fig. 285.　25 KVA-Dreiphasentransformator von Ganz.

leisten am Umfange des Kerns angeordnet und wieder mit Bandage verschnürt. Die Wicklung ist eine Scheibenwicklung. Um die Spulen zu distanzieren, ist zwischen je zwei eine dünne Scheibe aus Isoliermaterial gelegt, über die zwölf, am Umfange verteilte Holzklammern geschoben sind. Der ganze Transformator wird auf beiden Längsseiten durch je zwei sich kreuzende Flacheisen zusammengehalten.

Die Hauptdaten sind:

$$\text{Kernquerschnitt} \ldots \ldots = 515 \text{ cm}^2$$
$$\text{Kernhöhe} \ldots \ldots = 710 \text{ mm}$$

Achsdistanz der Kerne . . . . $= 530$ mm
Eisengewicht . . . . $= 1120$ kg

Wicklung:

Hochspannung: Windungszahl 600, auf jedem Kern 4 Spulen zu 37 und 4 Spulen zu 38 Windungen.

$$\text{Kupferabmessungen } \frac{\text{nackt}}{\text{isoliert}} \cdot \cdot \cdot = \frac{12 \times 3,5}{13 \times 4,5} \text{ mm}$$

Niederspannung: 36 Windungen, auf jedem Kern 7 parallel geschaltete Spulen von je 18 Windungen.

$$\text{Kupferquerschnitt } \frac{\text{nackt}}{\text{isoliert}} \cdot \cdot \cdot = \frac{12 \times 8,5}{13 \times 9,5} \text{ mm}$$

Gesamtes Kupfergewicht . . . $= 590$ kg.

Fig. 285 zeigt einen 25 KVA-Dreiphasentransformator von Ganz, der den gleichen Aufbau des Eisenkörpers und eine ähnliche Wicklungsanordnung besitzt wie der Transformator Fig. 284. Nur hat die Wicklung hier halbe Endspulen, wie es heute fast allgemein üblich ist. Der ganze Transformator ist in ein rollbares Gestell eingebaut.

3. **200 KVA-Dreiphasentransformator in Öl von Brown, Boveri & Co.** 13 500/208—120 Volt, 4,95/555 Amp., 42 Perioden. (Fig. 286 a, b, Tabelle Nr. 7.)

Die Kerne haben runden Querschnitt, Kerne und Joche stoßen stumpf zusammen und sind durch schmiedeeiserne Stücke und Bolzen miteinander verbunden. Die Niederspannungswicklung ist geteilt und liegt zu beiden Seiten der Hochspannungswicklung. Die Wicklung wird durch Holzbalken gestützt, die auf besonderen Trägern längs der Joche verlaufen. Die Ableitungsisolatoren sind auf einem Gerüst aus Winkeleisen montiert. Der Ölkasten besteht aus Wellblech und ist autogen geschweißt. Der Ölraum über dem Transformator ist groß, damit die nach außen wärmeabgebende Oberfläche genügt. Der Wellblechmantel ist oben und unten durch Gußstücke gefaßt, die durch 4 Bolzen miteinander verbunden sind und ein Heben des fertig montierten und mit Öl gefüllten Transformators gestatten.

Die Hauptdaten sind:

Kernquerschnitt . . . . $= 237$ cm²
Kernhöhe . . . . $= 500$ mm
Jochquerschnitt . . . . $= 237$ cm²
Achsdistanz der Kerne . . . . $= 440$ mm
Eisengewicht . . . . $= 650$ kg.

Wicklung (Einzelzeichnung s. Fig. 246, S. 233).

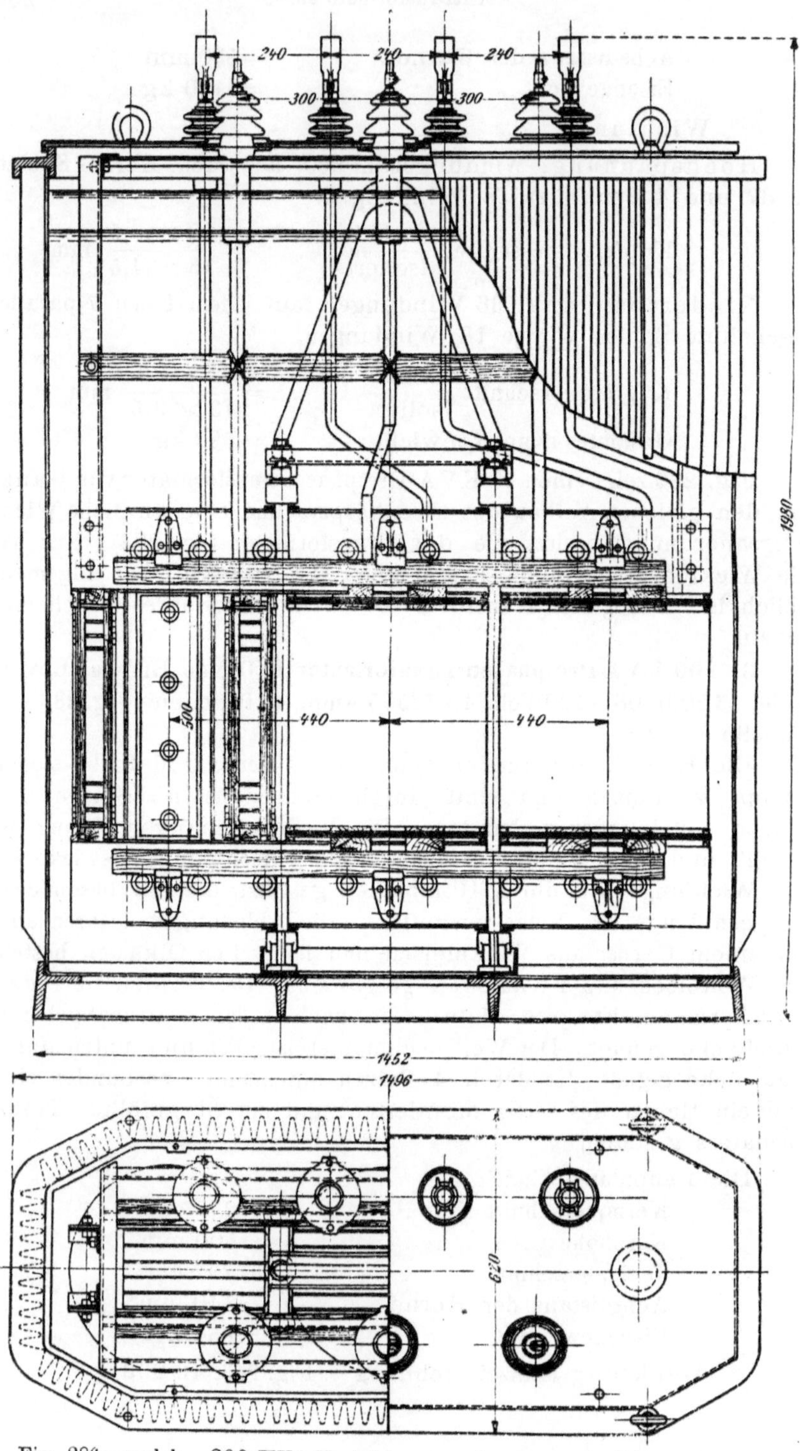

Fig. 286a und b. 200 KVA-Dreiphasentransformator in Öl von Brown, Boveri & Co. 13500/208 Volt, 42 Perioden.

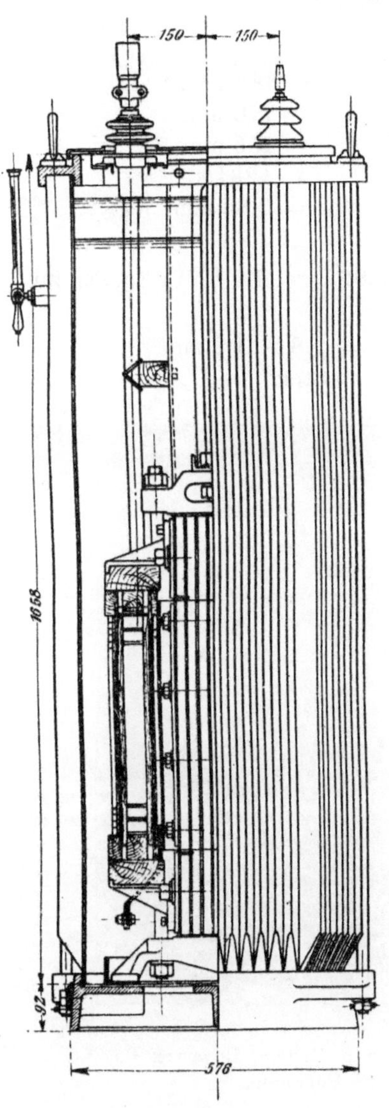

Fig. 286 b.

Hochspannung: Windungszahl 2312.

Drahtdurchm. $\dfrac{\text{blank}}{\text{isoliert}} = \dfrac{1,7}{2,2}$ mm

Mittlere Windungslänge $= 1,02$ m

Schaltung . . . . . . Dreieck

Niederspannung:

	innen	außen
Windungszahl	10	11

Querschnittsabmessungen $\dfrac{\text{blank}}{\text{isoliert}}$

$$= \dfrac{7,5 \times 12 \quad 7,5 \times 11}{8,5 \times 13 \quad 8,5 \times 12} \text{ mm}$$

Mittlere Wicklungslänge.

$$= 0,75 \qquad 1,29 \text{ m}$$

Schaltung: Stern mit Mittelleiter

Gesamtes Kupfergewicht

$$= 146 + (54 + 93) = 293 \text{ kg}$$

Gewicht der Ölfüllung $= 1100$ kg.

Fig. 287 ist die Photographie eines in der gleichen Weise konstruierten Dreiphasentransformators von Brown, Boveri & Co. für 265 KVA, aus der man deutlich die gedrungene Bauart erkennen kann.

4. 420 KVA-Dreiphasentransformator in Öl mit Kühltaschen der Allgemeinen Elektrizitätsgesellschaft, Berlin. 40 500/550 Volt, 6/440 Amp., 50 Perioden. (Fig. 288, Tabelle Nr. 10.)

Der Transformator hat runde Spulen, zur Verbindung von Kernen und Jochen liegen besondere Gußstücke über den Jochen. Die Wicklung ist eine Zylinderwicklung und stützt sich oben und unten auf Platten, die durch Schrauben miteinander verbunden sind. Der Ölkasten ist mit den auf S. 259 beschriebenen Kühltaschen versehen, die durch weite Rohre mit dem Kasten in Verbindung stehen.

Die Hauptdaten sind:

Kernquerschnitt . . . . $= 382,5$ cm²
Kernhöhe . . . . $= 770$ mm
Achsdistanz der Kerne . . . . $= 456$ mm
Eisengewicht . . . . $= 1294$ kg
Bleche . . . . $= 0,35$ mm, legiert.

Wicklung:

Hochspannung: Windungszahl 2282, geteilt in 14 Spulen zu je 163 Windungen.

Leiterquerschnitt . . . . . $= 1,8 \times 1,8$ mm
Schaltung der Phasen . . Stern.

Fig. 287. Dreiphasen-Öltransformator von Brown, Boveri & Co.
265 KVA, 3150/154 Volt, 48 Perioden.

Niederspannung: Windungszahl 31, auf jeder Säule 2 Spulen von 31 Windungen parallel, jede in 2 Lagen gewickelt.

Leiterquerschnitt . . . . $= 6,2 \times 8,7$ mm
Gesamtes Kupfergewicht . $225 + 152 = 377$ kg
Ölmenge . . . . $= 2150$ Liter
Oberfläche des Wellblechkastens . . $= 55,5$ mm²
Spezifische Abkühlfläche . . . $= 70,5$ cm²/Watt Verlust
Temperaturerhöhung . . . . . $= 43°$ C.

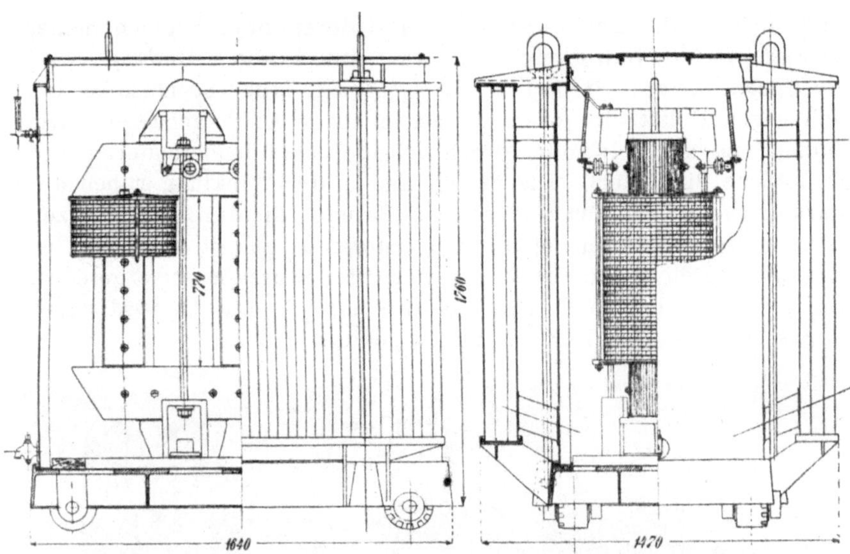

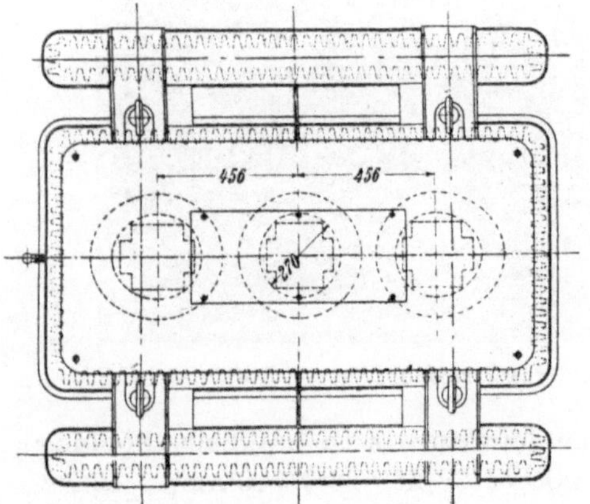

Fig. 288. 420 KVA-Dreiphasenöltransformator der Allgemeinen
Elektrizitätsgesellschaft.
40 500/550 Volt, 50 Perioden.

Fig. 289 zeigt einen ähnlichen Transformator der A. E.-G. Die Hochspannungswicklung ist hier durch Porzellanstücke besonders abgestützt, zwischen den Säulen befinden sich noch Trennwände.

5. 650 KVA-Einphasentransformator in Öl mit Wasserkühlung für Bahnbetrieb der Siemens-Schuckertwerke. 30 000/6300 Volt, 12,5/60 Amp., 25 Perioden. (Tafel I.)

Der Transformator[1]), der runde Kerne und Scheibenwicklung besitzt, ist wegen der Kurzschlußgefahr im Bahnnetz gegen starke Stromstöße gesichert und besitzt eine in besonders kräftiger Weise ausgebildete Abstützung und mechanische Befestigung der Wicklung. Die Kerne bestehen aus legierten Blechen und sind in 4 Pakete geteilt, zwischen denen das Öl Zutritt hat. Die Spulen

---

[1]) s. ETZ 1909, S. 1196.

sind so unterteilt, daß zwischen zwei Niederspannungsspulen immer je zwei Hochspannungsspulen liegen. Am inneren Umfange sind die Spulen an acht Stellen durch eigenartige lange Bronzekeile, die sich gegen Holzstücke pressen, fest in ihrer Lage gehalten. Die Spulen sind gegeneinander durch Scheiben aus Isoliermaterial und Holzstücke distanziert. Die beiden Enden der Wicklung ruhen auf starken zweiteiligen Druckplatten aus Bronze, die durch acht Bolzen miteinander verbunden sind. Am unteren Joch ist noch ein besonderer, durch mehrfache Rippen versteifter Stützkörper vorgesehen, gegen den die untere Druckplatte sich anlegt. Das Öl wird durch Berieselung der Behälter von außen gekühlt.

Fig. 289.   Dreiphasenöltransformator der A. E.-G.

6. 700 KVA-Dreiphasentransformator in Öl mit Selbstkühlung von Brown, Boveri & Co. 30000/545 Volt, 13,7/740 Amp., 42 Perioden. (Fig. 290a, b, Tabelle Nr. 12.)

Der Transformator besitzt die normale, schon in Beispiel 3 besprochene Konstruktion. Bemerkenswert ist die Ausführung des Ölgefäßes das 10 weit vorstehende Rippenkörper besitzt (vgl. Fig. 276), die es ermöglichen, einen so großen Transformator noch ohne künstliche Kühlung zu bauen.

Die Hauptdaten sind:

Kernquerschnitt	. . . .	= 515 cm²
Kernhöhe	. . . .	= 700 mm
Jochquerschnitt	. . . .	= 515 cm²

$$\text{Achsdistanz der Kerne} \ldots \ldots = 550 \text{ mm}$$
$$\text{Eisengewicht} \ldots \ldots \ldots = 1860 \text{ kg.}$$

Wicklung (Einzelzeichnung s. Fig. 247, S. 233):

Hochspannung: Windungszahl 1419.

$$\text{Leiterquerschnitt} \frac{\text{blank}}{\text{isoliert}} \ldots = \frac{2{,}5 \times 2{,}5}{3 \times 3} \text{ mm}$$

$$\text{Mittlere Windungslänge} \ldots = 1{,}36 \text{ m.}$$

Niederspannung: in 2 Hälften geteilt, die die Hochspannungswicklung einschließen:

	innen	außen
Windungszahl . . . . =	13	13
$\text{Leiterquerschnitt}\frac{\text{blank}}{\text{isoliert}}$ . . . . . =	$\frac{4 \times 10}{5 \times 11}$	$\frac{4 \times 9}{5 \times 10}$ mm
Mittlere Windungslänge . . . . . =	1,05	1,64 m

Gesamtes Kupfergewicht
$$315 + (117 + 162) = 594 \text{ kg}$$
$$\text{Ölgewicht} \ldots \ldots \ldots \ldots = 2380 \text{ kg}$$

Gesamtgewicht des fertig montierten
$$\text{Transformators} \ldots \ldots \ldots = 6300 \text{ kg.}$$

7. 1100 KVA-Dreiphasentransformator in Öl mit Wasserkühlung der Maschinenfabrik Oerlikon. 34 600/510 Volt, 18,8/1250 Amp., 42 Perioden. (Fig. 291, Tabelle Nr. 13.)

Der Transformator besitzt rechteckige, durch 4 Luftschlitze von 15 mm unterteilte Kerne; Kerne und Joche sind durch Bolzen und eine kräftige ⊔-Trägerkonstruktion miteinander verbunden. Die Wicklung ist gegen die Joche und die Kerne mehrfach abgestützt (vgl. Fig. 292) zwischen zwei Säulen ist ein Isolationsschild eingebaut. Die Ableitungen (6 für Hochspannung, 3 für Niederspannung) sind sorgfältig isoliert und durch Schellen am oberen Joch und am Deckel befestigt. Die Kühlschlange besteht aus einer doppelten Reihe von Rohren.

Die Hauptdaten sind:

$$\text{Kernquerschnitt} \ldots \ldots \ldots = 870 \text{ cm}^2$$
$$\text{Kernhöhe} \ldots \ldots \ldots \ldots = 860 \text{ mm}$$
$$\text{Jochquerschnitt} \ldots \ldots \ldots = 870 \text{ cm}^2$$
$$\text{Achsdistanz der Kerne} \ldots \ldots = 520 \text{ mm}$$
$$\text{Eisengewicht} \ldots \ldots \ldots \ldots = 3490 \text{ kg.}$$

Wicklung:

Hochspannung: Windungszahl 944, geteilt in 2 (oberste) Abteilungen von 24 Windungen und 28 Abteilungen zu 32 Windungen, jede Abteilung hat 32 Lagen.

18*

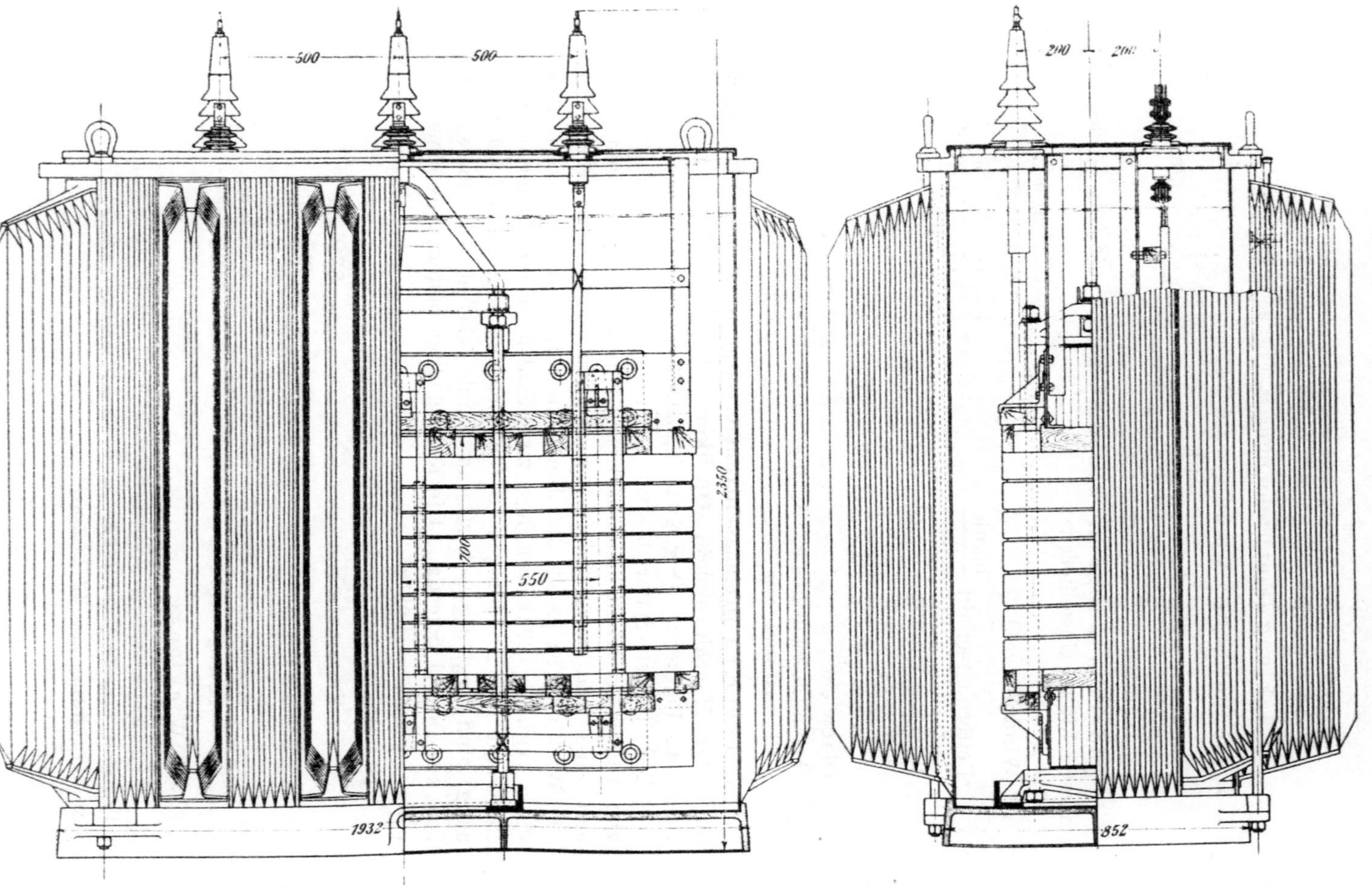

Fig. 290a und b. 700 KVA-Dreiphasentransformator in Öl mit Selbstkühlung von Brown, Boveri & Co. 30000/545 Volt, 42 Perioden.

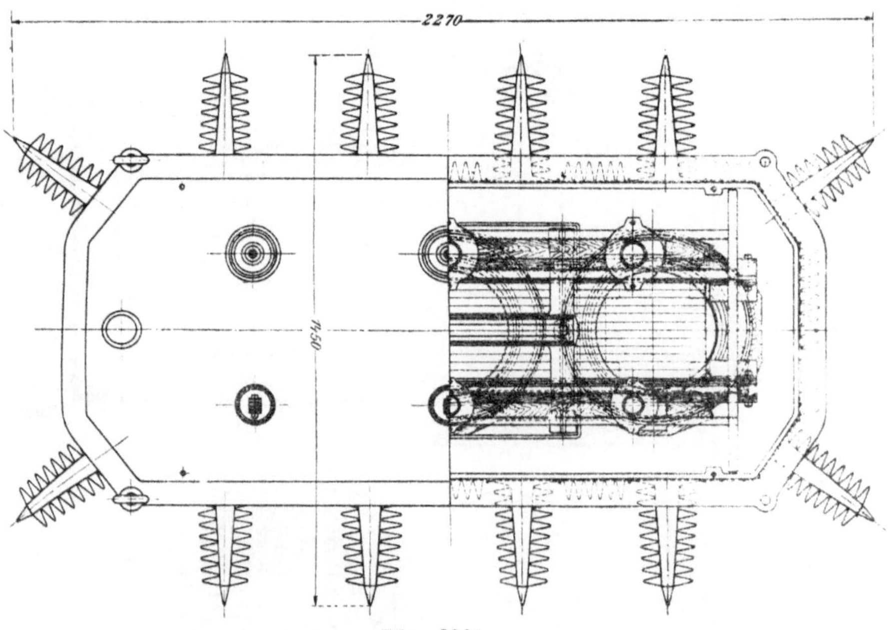

Fig. 290 b.

Leiterquerschnitt . . . . . $= 13 \times 0{,}6$ mm
Schaltung der Phasen . . Stern.

Niederspannung: Windungszahl 28, geteilt in 10 Abteilungen, von denen zwei (die obersten) 2 Windungen, die übrigen 3 Windungen und 3 Lagen besitzen.

Leiterquerschnitt . . . . $= 57 \times 4{,}8$ mm
Schaltung der Phasen . . . . . Stern
Gesamtes Kupfergewicht $395 + 350 = 745$ kg.

Fig. 292 zeigt eine ähnliche Konstruktion der Maschinenfabrik Oerlikon für einen 2000 KVA-Dreiphasentransformator mit künstlicher Luftkühlung, 45000/4000 Volt, 50 Perioden. Aus der Photographie sind deutlich die Abstützungen der Wicklung zu erkennen. Der isolierende Zylinder zwischen Hoch- und Niederspannung steht hier (in Luft!) um ein großes Stück über die Wicklungen hinaus. Fig. 293 ist die Photographie eines Öltransformators von 300 KVA, der die normale Konstruktion der Transformatoren der Maschinenfabrik Oerlikon zeigt.

8. **3060 KVA-Dreiphasentransformator in Öl mit Kühlung des Öles außerhalb des Transformators der Maschinenfabrik Oerlikon.** 55000/5000 Volt, 32,6/354 Amp., 50 Perioden. (Tafel II, Tabelle Nr. 19.)

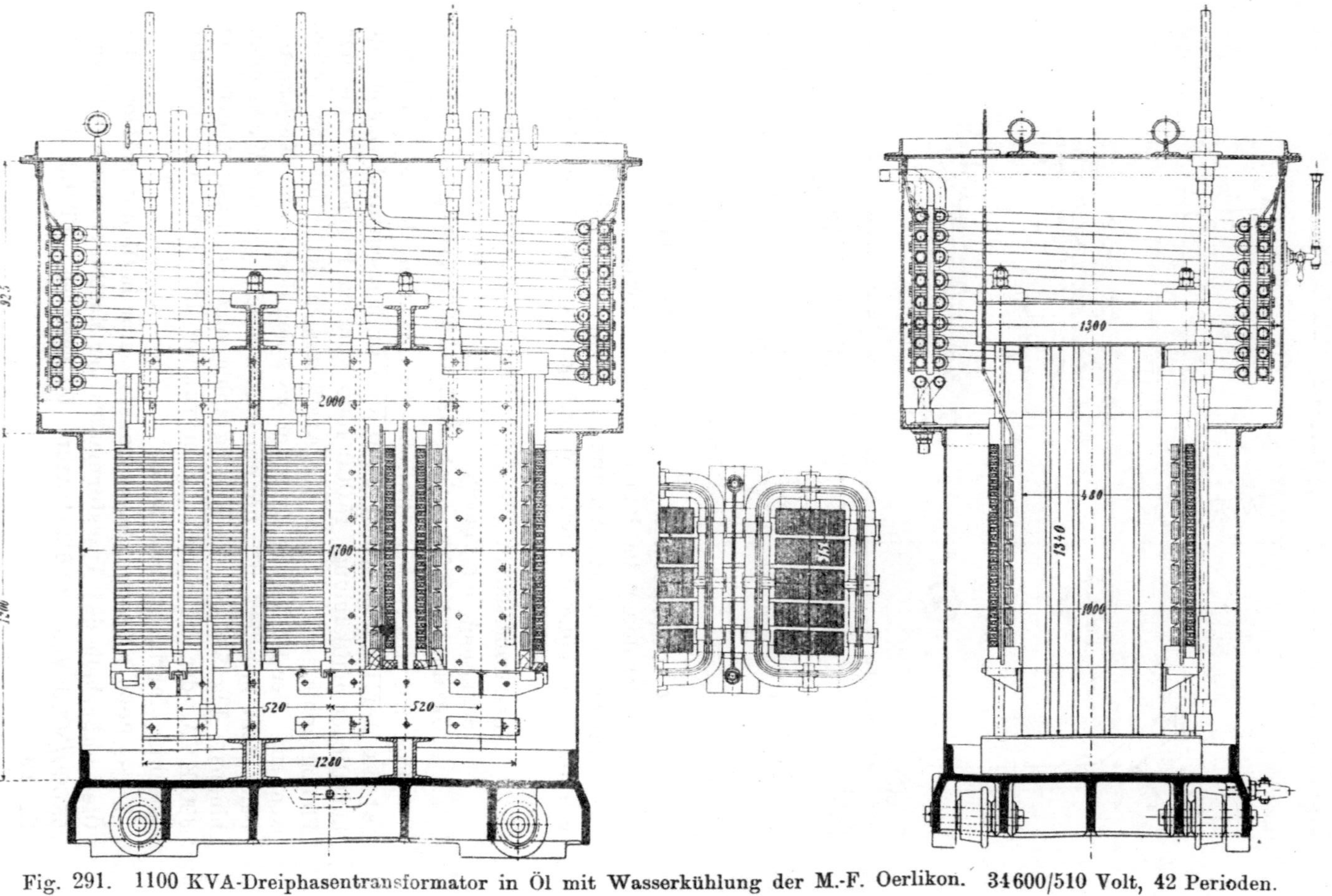

Fig. 291. 1100 KVA-Dreiphasentransformator in Öl mit Wasserkühlung der M.-F. Oerlikon. 34600/510 Volt, 42 Perioden.

Die Konstruktion entspricht in allen Teilen der des 1100 KVA-Transformators Fig. 291. Bemerkenswert sind die Isolationsschilde, die alle drei Kerne vollständig umschließen. Das Öl wird außerhalb des Transformators gekühlt, das gekühlte Öl tritt unten ein, das warme oben wieder heraus. Die drei Spulen sind ungleich angeordnet, und zwar sitzt die Spule auf der mittleren Säule höher

Fig. 292. 2000 KVA-Dreiphasentransformator mit künstlicher Luftkühlung der M.-F. Oerlikon. 45 000/4000 Volt, 50 Perioden.

als auf den beiden äußeren. Um den Abstand der drei Hochspannungsableitklemmen zu vergrößern, ist nämlich die mittlere Spule mit der Ableitung nach unten angeordnet worden. Da aber die Distanz zwischen Ableitungsklemme und Eisen größer sein muß als zwischen Nullpunkt und Eisen, ist die mittlere Spule höher angeordnet worden als die beiden äußeren, bei denen der Nullpunkt unten angeordnet ist.

Wie bei den Transformatoren Fig. 291 und 292 sind auch hier alle sechs Klemmen der Hochspannungswicklung aus dem Transformator geführt, damit man bequem die Schaltung der Wicklung ändern kann.

Die Hauptdaten des Transformators sind:

$$\begin{aligned}
\text{Kernquerschnitt} &= 1140\ \text{cm}^2\\
\text{Kernhöhe} &= 1400\ \text{mm}\\
\text{Jochquerschnitt} &= 1140\ \text{cm}^{2\cdot}\\
\text{Achsdistanz der Kerne} &= 570\ \text{mm}\\
\text{Eisengewicht} &= 6300\ \text{kg.}
\end{aligned}$$

Fig. 293. 300 KVA-Dreiphasenöltransformator der M.-F. Oerlikon.

Wicklung:

Hochspannung: Windungszahl 955, geteilt in 37 Abteilungen zu 25 Windungen in 25 Lagen und 2 Abteilungen (die oberste und unterste) von 15 Windungen.

Leiterquerschnitt $= 15 \times 0,8$ mm
Mittlere Windungslänge $= 2,15$ m
Schaltung der Spulen . . Stern.

Niederspannung: Windungszahl 85 in 17 Abteilungen zu 5 Windungen und 5 Lagen.

Leiterquerschnitt $= 47 \times 2,9$ mm
Mittlere Windungslänge $= 1,85$ m
Schaltung der Spulen . . Stern
Gesamtes Kupfergewicht
$$670 + 580 = 1250\ \text{kg.}$$

Über die Isolation ist noch zu bemerken: zwischen die Hochspannungswicklung ist ein Preßspanband $19 \times 0,25$ mm mitgewickelt, für die erste und letzte Spule $19 \times 0,8$ mm. Die beiden obersten und die unterste Abteilung sind mit Öltuch eingebunden. Die Niederspannung hat ein Preßspanband $51 \times 0,4$ mm.

Wegen der umgekehrten Lage des Ableitungspunktes ist die mittlere Spule linksläufig gewickelt.

9. **2250 KVA-Dreiphasentransformator in Öl mit Wasserkühlung der Westinghouse Comp.** 45000/4000 Volt, 50 Perioden. (Tafel III und Fig. 294.)

Der Transformator besitzt runde Kerne und Zylinderwicklung.

Zum Zusammenhalten von Joch und Kern, die stumpf gegeneinander stoßen, dienen sehr kräftige Gußstücke. Die Wicklungen ruhen an beiden Enden unter Zwischenlage einer isolierenden Schicht auf geteilten Eisenplatten (vgl. S. 232), die von je 4 Porzellanisolatoren getragen werden. Die Isolatoren sind nachstellbar eingerichtet, um bei einem Zusammenschrumpfen der Wicklung die erforderliche Pressung wieder herstellen zu können. Die Gußstücke auf dem Joch sind durch lange Bolzen mit dem gußeisernen Boden des Ölgefäßes verschraubt, so daß der fertige, mit Öl gefüllte Transformator mittels der beiden oberen Ösen vom Kran gehoben werden kann. Die großen Porzellanisolatoren der sechs Hochspannungsableitungen sind auf Hartholzleisten montiert, die wieder durch ⊔-Eisen auf den Preßstücken der oberen Joche befestigt sind. Neben dem Hauptablaßhahn für das Öl trägt der Ölkasten noch zwei kleinere Hähne, von denen der eine Öl, das etwa durch undichte Stellen des Kastens gesickert ist und in

Fig. 294. 2250 KVA-Dreiphasentransformator in Öl mit Wasserkühlung der Westinghouse Comp. 45 000/4000 Volt, 50 Perioden.

der Rinne sich gesammelt hat, ablassen soll. Der andere Hahn gestattet im Betriebe so viel Öl aus dem unteren Teil des Kastens, in dem sich Schmutz, Schlamm oder Wasser absetzt, auslaufen zu lassen, bis klares Öl herausläuft. Natürlich muß dann für eine Nachfüllung des Öls gesorgt werden.

10. 3000 KVA-Dreiphasentransformator in Öl mit Wasserkühlung der Ganzschen Elektrizitäts-A.-G. 25800/9200 Volt, 67/188 Amp., 45 Perioden. (Tafel IV.)

Der Aufbau der Kerne, die Anordnung und Isolation der Scheibenwicklung entspricht genau dem in Fig. 284 gegebenen Beispiel. Der Kern (Querschnitt s. Fig. 319, S. 318) wird aber statt

Fig. 295. 3000 KVA-Dreiphasentransformator in Öl mit Wasserkühlung der Ganzschen Elektrizitäts-A.-G.

durch Hanfbandage durch isolierte Bolzen zusammengehalten, eine Anordnung, die von Ganz bei Kerndurchmessern über 400 mm immer verwendet wird. Sternförmige Gußkörper aus Bronze sichern eine gleichmäßige Pressung über die ganze Fläche der Eisenbleche. Die Joche sind auf den Längsseiten durch Winkeleisen versteift, an die links und rechts andere Eisen angenietet sind, die Abstützungen aus Holz für die Wicklung tragen. Die Verbindung von Kern und Joch durch ⊔-Träger und die Befestigung von

Kühlschlange und Isolatoren ist deutlich aus der Photographie Fig. 295 zu ersehen, die einen in der Hauptsache ähnlich gebauten Transformator mit Zylinderspulen von etwa 3000 KVA zeigt. Hier sind die Spulen an den Enden durch Hartholzscheiben unterstützt.

Die Hauptdaten des Transformators Tafel IV sind:

$$\begin{aligned}
\text{Kernquerschnitt} &= 1215 \text{ cm}^2 \\
\text{Kernhöhe} &= 840 \text{ mm} \\
\text{Jochquerschnitt} &= 1300 \text{ cm}^2 \\
\text{Achsdistanz der Kerne} &= 780 \text{ mm} \\
\text{Eisengewicht} &= 6200 \text{ kg.}
\end{aligned}$$

Wicklung:

Hochspannung: Windungszahl 463, geteilt in 6 Spulen zu 68 und eine Spule zu 55 Windungen. Zwischen Hoch- und Niederspannungsspulen besteht ein Abstand von 24 mm. Jede Hochspannungsspule ist aus 2 Scheiben zusammengesetzt, die 3 mm voneinander abstehen (ebenso die Niederspannungsspulen). Die Isolation jeder Spule beträgt (einseitig gemessen) 8 mm.

$$\text{Leiterquerschnitt } \frac{\text{blank}}{\text{isoliert}} \quad \ldots \quad = \frac{14 \times 2{,}3}{15 \times 3{,}3} \text{ mm}$$

Schaltung der Phasen . . . . Stern.

Niederspannung: Windungszahl 165, geteilt in 8 Spulen, von denen immer 2 parallel liegen, und zwar 3×2 zu je 42 Windungen und 1×2 zu 39 Windungen. Abstand der Endspulen vom Eisen 15 mm.

$$\text{Leiterquerschnitt } \frac{\text{blank}}{\text{isoliert}} \quad \ldots \quad = \frac{9 \times 4{,}5}{10 \times 5{,}5} \text{ mm}$$

$$\begin{aligned}
\text{Schaltung der Phasen} &\quad \ldots \quad \text{Stern} \\
\text{Gesamtes Kupfergewicht} &= 1460 \text{ kg} \\
\text{Ölgewicht} &= 3300 \text{ kg.}
\end{aligned}$$

Gesamtgewicht des fertig montierten

$$\begin{aligned}
\text{Transformators} &= 13\,800 \text{ kg} \\
\text{Temperaturzunahme des Öls} &= 45^0 \text{ C} \\
\text{Wasserverbrauch} &= 60 \text{ lit/min} \\
\text{Temperaturzunahme des Wassers} &= 12^0 \text{ C.}
\end{aligned}$$

11. 3000 KVA-Dreiphasentransformator in Öl mit Wasserkühlung der Allgemeinen Elekt.-Ges., Berlin. 10 500/6000 Volt, 165/289 Amp., 50 Perioden. (Tabelle Nr. 17, Fig. 296 a, b und 297.)

Die mechanische Konstruktion zur Verbindung von Joch und Kern ist der in Fig. 293 dargestellten ähnlich. Der Transformator besitzt Scheibenwicklung, die sich gegen die verlängerten Seiten-

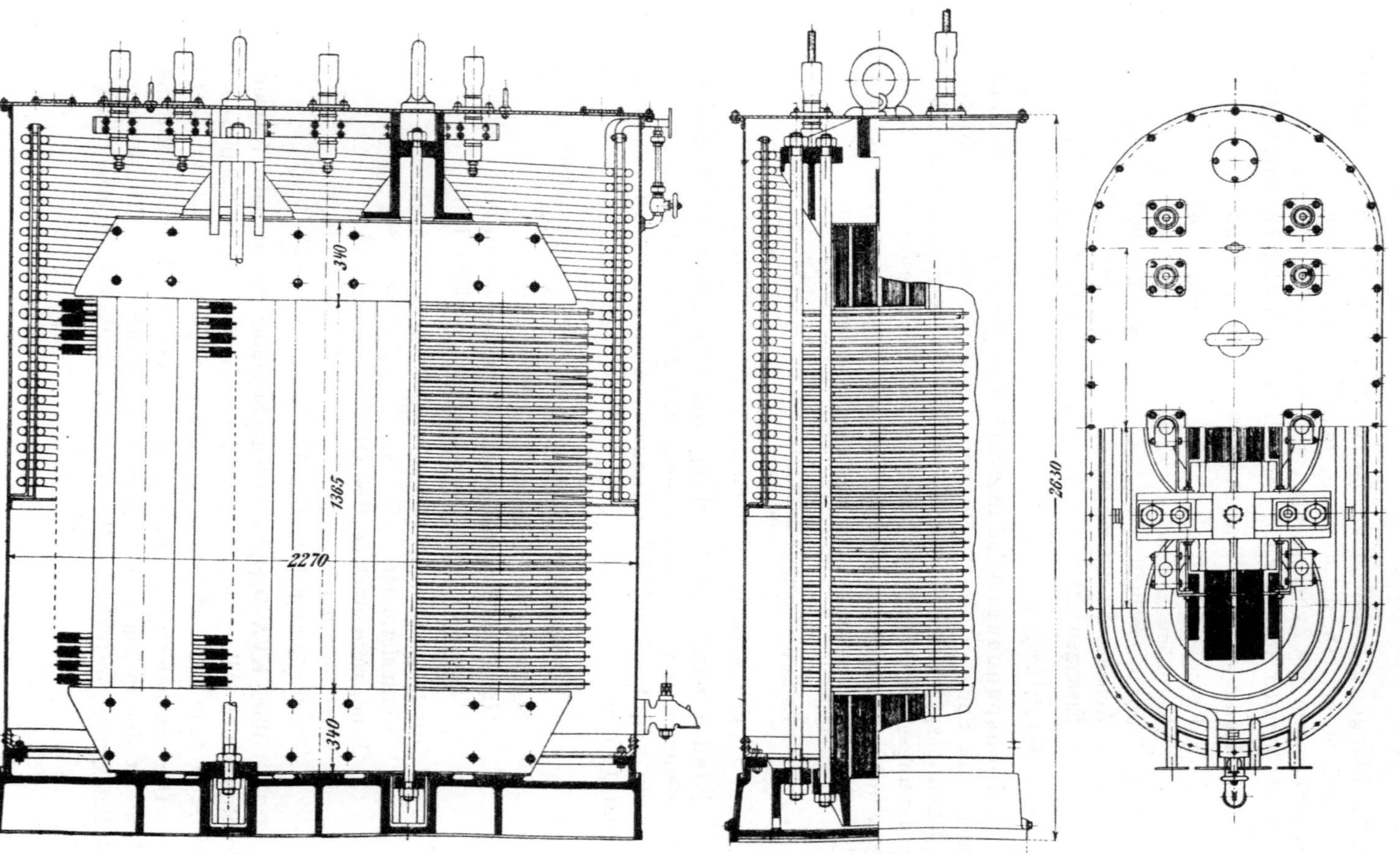

Fig. 296. 3000 KVA-Dreiphasentransformator in Öl mit Wasserkühlung der Allgemeinen Elekt.-Ges. 10500/6000 Volt, 50 Perioden.

bleche der Joche abstützt. Die Hoch- und Niedervoltspulen bestehen aus je 2 Scheiben, zwischen denen ein Abstand von 13 mm vorhanden ist. Die Dicke der Isolationsscheiben zwischen Hoch- und Niedervoltspulen beträgt 4 mm. Der Ölkasten ist aus genieteten Platten hergestellt mit gußeiserner Grundplatte, die durch 4 Bolzen mit dem auf dem oberen Joche liegenden Preßstück verbunden ist, so daß der Transformator mit dem gefüllten Kasten gehoben werden kann. Die Kühlschlange liegt auf einem etwa in halber Höhe des Kastens angenieteten Ring aus L-Eisen auf, ihre Länge beträgt 220 m bei einem (äußeren) Durchmesser von 30 mm.

Die Hauptdaten sind:

Kernquerschnitt $= 795$ cm²
Kernlänge . . $= 1365$ mm
Jochquerschnitt $= 920$ cm²
Achsdistanz der
   Kerne . . . $= 640$ mm
Eisengewicht . $= 4380$ kg
Blech . . . . $= 0,35$ mm
  gewöhnliche Qualität.

Fig. 297. Ansicht des Transformators
Fig. 296.

Wicklung:

Hochspannung: Windungszahl 294, geteilt in 28 Spulen, je 14 in Serie, zu je 21 Windungen in 11 Lagen.

Leiterquerschnitt $= 6 \times 7$ mm   Schaltung der Phasen: Stern.

Niederspannung: Windungszahl 168, geteilt in 28 Spulen, je 7 in Serie, zu je 24 Windungen in 12 Lagen.

    Leiterquerschnitt . . . . $= 5,8 \times 5,8$ mm
    Schaltung der Phasen . . . . Stern
    Gesamtes Kupfergewicht . 1080 $+$ 990 $=$ 2070 kg
    Ölmenge . . . . $= 3600$ Liter
    Gesamtgewicht des Transformators . . $= 15200$ kg
    Kurzschlußspannung . . . . $= 1,35$ °/₀

Übertemperatur 30° C über die Temperatur des zufließenden Wassers bei einem Wasserverbrauch von 50 lit/min.

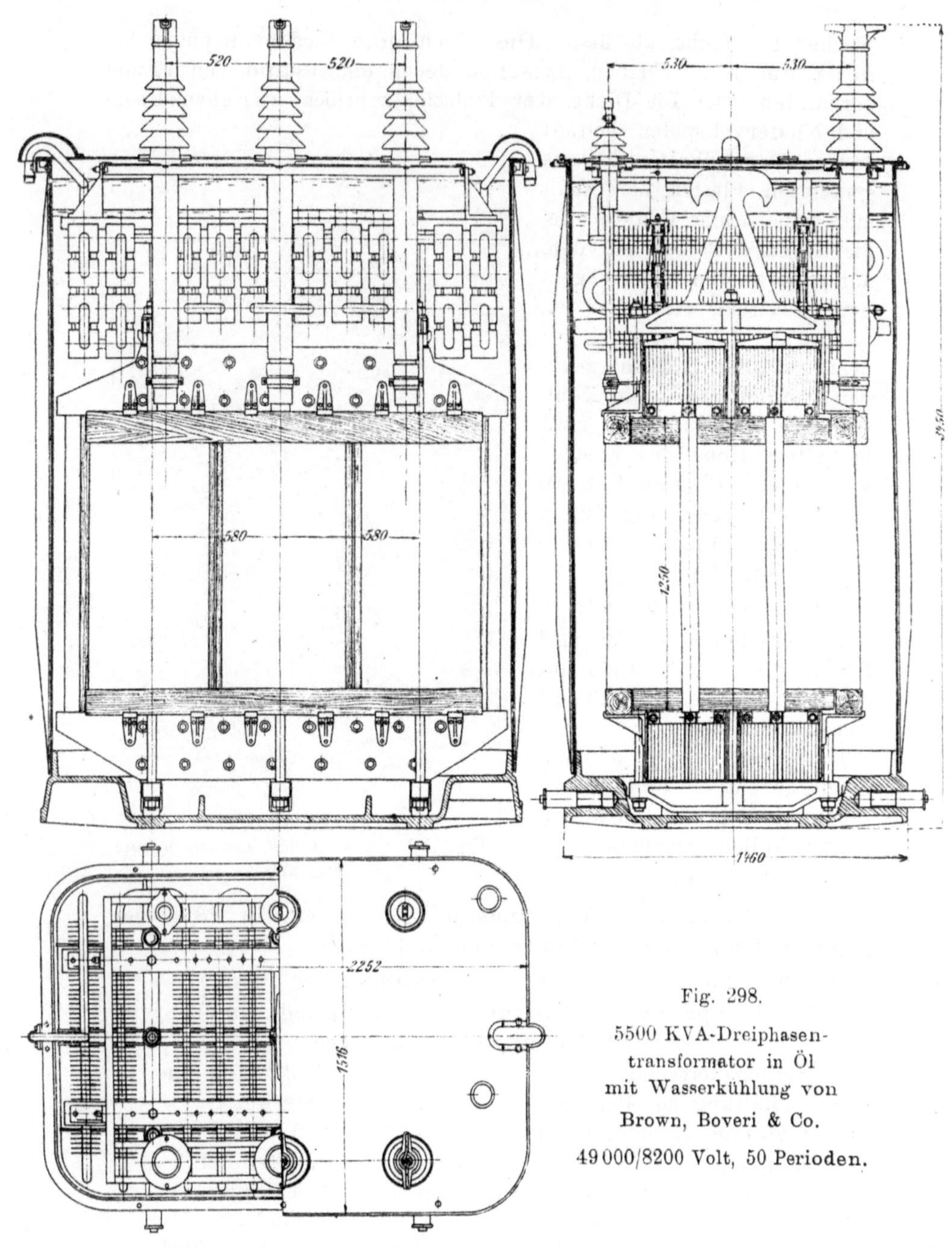

Fig. 298.

5500 KVA-Dreiphasen-
transformator in Öl
mit Wasserkühlung von
Brown, Boveri & Co.
49000/8200 Volt, 50 Perioden.

12. 5500 KVA-Dreiphasentransformator in Öl mit Wasser-kühlung von Brown, Boveri & Co. 49000/8200 Volt, 65/390 Amp., 50 Perioden. (Fig. 298, Tabelle Nr. 20.)

Der Transformator besitzt rechteckige Kerne. Zum Zusammenhalten von Kernen und Jochen dienen 3 Paare von Preßstücken, die durch je 3 Schrauben miteinander verbunden sind. Die Wicklung wird durch starke Holzbalken gestützt und auf den Längsseiten durch 2 Träger noch besonders festgehalten (vgl. Fig. 290). Die Kühlschlange ist als Rippenkörper ausgebildet.

Die Hauptdaten sind:

$$
\begin{aligned}
\text{Kernquerschnitt} &\ldots\ldots\ldots\ldots = 1612 \text{ cm}^2 \\
\text{Kernlänge} &\ldots\ldots\ldots\ldots = 1250 \text{ mm} \\
\text{Jochquerschnitt} &\ldots\ldots\ldots\ldots = 1730 \text{ cm}^2 \\
\text{Achsendistanz der Kerne} &\ldots = 580 \text{ mm} \\
\text{Eisengewicht} &\ldots\ldots\ldots\ldots = 8620 \text{ kg.}
\end{aligned}
$$

Wicklung (Einzelzeichnung Fig. 249, S. 234):

Hochspannung: Windungszahl 625.

$$
\text{Leiterquerschnitt } \frac{\text{blank}}{\text{isoliert}} \ldots = \frac{4,5 \times 6,5}{5,3 \times 7,3} \text{ mm}
$$

Mittlere Windungslänge $\ldots = 2{,}9$ m

Schaltung der Phasen $\ldots$ Stern.

Niederspannung: Liegt in 2 Zylindern innerhalb der Hochspannungswicklung. Windungszahl 103.

$$
\text{Leiterquerschnitt } \frac{\text{blank}}{\text{isoliert}} \ldots\ldots = \frac{7 \times 11}{8 \times 12} \text{ mm}
$$

Mittlere Windungslänge $\ldots\ldots = 2{,}46$ m

Schaltung der Phasen $\ldots\ldots$ Stern

Gesamtes Kupfergewicht $\ldots 1344 + 1030 = 2374$ kg

Gewicht der Ölfüllung $\ldots\ldots = 4400$ kg

Gesamtgewicht des Transformators $\ldots = 19250$ kg.

52. Manteltransformatoren.

13. 1200 KVA-Einphasentransformator mit künstlicher Luftkühlung der Westinghouse Comp. 12000/3000 Volt, 42 Perioden. (Fig. 299.)

Der Transformator zeigt die typische Konstruktionsweise der Manteltransformatoren. Der aus Blechen aufgeschichtete Eisenkörper wird oben und unten von den Gußstücken des Gestelles gefaßt und durch Schrauben zusammengehalten. Die Wicklung ist in Form von 24 flachen Scheiben (mit einer Windung in jeder Lage) aus-

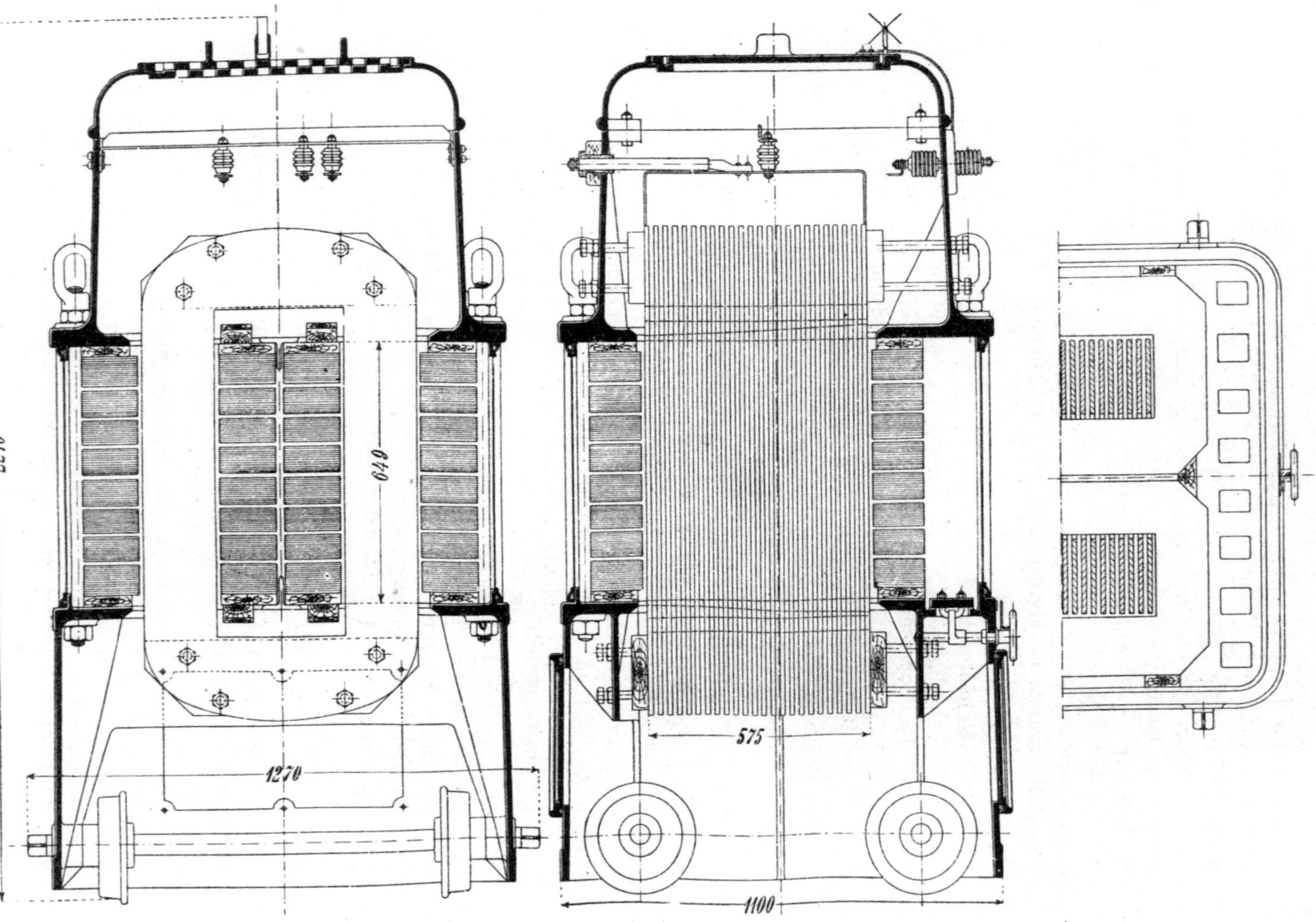

Fig. 299. 1200 KVA-Einphasentransformator mit künstlicher Luftkühlung der Westinghouse Comp. 12000/3000 Volt, 42 Perioden.

geführt, stützt sich durch Holzklötze gegen den Eisenkörper ab und wird an den aus dem Eisenmantel herausstehenden Teilen beiderseits durch kräftige Holzbacken und Schrauben in ihrer festen Lage gesichert. Für die Windverteilung (vgl. Fig. 267) ist ein Schieber im Innern und einer auf dem Deckel vorgesehen. Ein kleines Windrädchen gibt durch seine Drehung ein gut sichtbares Merkmal für das ordnungsgemäße Funktionieren des Gebläses.

Fig. 300. 300 KVA-Einphasentransformator in Öl mit Selbstkühlung der Westinghouse Comp. 22000 Volt, 60 Perioden.

Fig. 301. Kleinerer Manteltransformator der Westinghouse Comp.

Fig. 300 ist die Photographie eines Einphasentransformators der Westinghouse Comp. für 300 KVA, in Öl mit Selbstkühlung. Der Aufbau des Eisenkörpers, die Isolation zwischen den Spulenköpfen und die Befestigung der Wicklung ist deutlich zu erkennen.

Einen kleineren Transformator derselben Firma stellt Fig. 301 dar. Der Transformator liegt auf der Seite, die Spulenköpfe sind abgebogen, um dem Öl eine gute Zirkulation zu ermöglichen.

Einen Einphasentransformator der **Westinghouse Comp.**, 4000 KVA, 100000 Volt, 60 Perioden, zeigt Fig. 302, aus der die außerordentlich starke Isolation für so hohe Spannungen zu erkennen ist. Die Verbindungsklemmen der Spulen sitzen auf ⊔-förmigen Trägern aus Preßspan. Die Befestigung der Ausführungsisolatoren für hohe Spannung ist aus Fig. 303 zu erkennen, die eine Ansicht eines 2750 KVA-Transformators für 88000/6000 Volt ist.

Fig. 302. 4000 KVA-Einphasentransformator für Öl mit Wasserkühlung der Westinghouse Comp. 100000 Volt, 60 Perioden.

Fig. 303. 2750 KVA-Einphasentransformator der Westinghouse Comp. 88000 Volt.

14. 1500 KVA-Einphasentransformator in Öl mit Wasserkühlung der Siemens-Schuckertwerke. 29800/3465 Volt, 51/434 Amp., 50 Perioden. (Tafel V.)

Bei diesem Transformator werden die Bleche durch Bolzen zusammengehalten. Die einzelnen Pakete des Eisenkörpers (vgl. S. 207 ff.) stoßen stumpf zusammen und werden durch starke Träger und Bolzen zu einem festen Ganzen vereinigt. Die Spulen sind gegen das Eisen durch eine Gußplatte und Holzstücke abgestützt, keilförmige Holzleisten gestatten ein gutes Festpressen der Wicklung innerhalb des Fensters. Die mechanische Befestigung der aus dem Eisen hervorragenden Wicklungsteile ist sehr sorgfältig durchgeführt, wie auch Fig. 304, das Bild eines ähnlichen Transformators, zeigt. Außer vier seitlichen Leisten, die ein Abbiegen der Wicklungsköpfe verhindern, liegt auch noch quer über der Mitte der Wicklungsköpfe ein Holzbalken, der gleichzeitig die Isolationsschilde zwischen Hoch- und Niederspannung festhält. Der ganze Transformator ist in ein Gerüst aus Winkeleisen eingebaut.

Fig. 304. 1500 KVA-Einphasentransformator der Siemens-Schuckertwerke.

Die Hauptdaten sind:

Eisenquerschnitt . . . . $= 1310$ cm²
Fensterquerschnitt . . . . $= 380 \times 600$ mm
Schichthöhe . . . . $= 570$ mm
Eisengewicht . . . . $= 2530$ kg.

Wicklung:

Hochspannung: Windungszahl 900.

Leiterquerschnitt . . . . $= 2,7 \times 7$ mm

Niederspannung: Windungszahl 105.

Leiterquerschnitt . . . . $= 14,1 \times 13$ mm
Gesamtes Kupfergewicht . . . . $= 1040$ kg
Gesamtgewicht des fertigen Transformators . $= 10500$ kg
Kurzschlußspannung . . . . $= 4,75\,^0/_0$
Wirkungsgrad . . . . $= 98,2\,^0/_0.$

15. 12500 KVA-Dreiphasentransformator in Öl mit Wasserkühlung der Siemens-Schuckertwerke.

Die Fig. 305, 306 zeigen einen in gleicher Weise konstruierten Dreiphasentransformator der Siemens-Schuckertwerke für 12500 KVA, der der größte bis jetzt in Europa gebaute Transformator ist. Fig. 305 stellt den Transformator nach beendeter Montage,

Fig. 305.

Fig. 306.

Fig. 305 und 306.　12 500 KVA-Dreiphasentransformator in Öl mit **Wasserkühlung** der Siemens-Schuckertwerke.

auf die Seite gelegt, dar, Fig. 306 gibt die Ansicht des Ölkessels.　Das aktive Eisengewicht des Transformators beträgt 18 600 kg, also **1,49 kg/KVA**, das Kupfergewicht 5250 kg, d. h. 0,42 kg/KVA. Die Verluste im Eisen betragen 80 000 Watt, im Kupfer 53 000 Watt.　Die Kurzschlußspannung ist 2,5 %, der Kupferquerschnitt primär 338 mm² (Stromdichte 2,13 Amp./mm²), sekundär 80,6 mm² (Stromdichte 2,13 Amp./mm²).

Die Höhe des Transformators bis zu den Enden **der** Arbeitsklemmen gemessen ist 5,30 m.

53. Transformatoren für große Stromstärken.

Ein großes Anwendungsgebiet in der Elektrochemie (für Kalziumkarbidbereitung, elektrische Schmelz- und Schweißverfahren) haben Transformatoren gefunden, die sekundär bei einer geringen Spannung, etwa 25 bis 150 Volt, sehr große Stromstärken bis zu 50000 Amp. liefern. Bei solchen Transformatoren haben die Wicklungen bei den in den Elektrodenöfen unvermeidlichen plötzlichen Belastungsänderungen und Kurzschlüssen sehr große mechanische Beanspruchungen auszuhalten und müssen daher besonders stark befestigt sein. Die erforderlichen großen Leiterquerschnitte werden durch Parallelschalten von Kupferblechen oder gegossenen Kupferstücken hergestellt. Die zusätzlichen Stromwärmeverluste, die durch die Streuung und die ungleichmäßige Verteilung des Stromes über den Querschnitt in solchen Leitern hervorgerufen werden, sind sehr groß. Die Hochspannungswicklung muß sorgfältig isoliert werden, damit die von den häufigen Stromschwankungen erzeugten Überspannungen unschädlich bleiben. Um bei Kurzschlüssen allzu starke Stromstöße zu vermeiden, baut man die Transformatoren mit großer Reaktanz (etwa 6 bis 8 %).

Die Niederspannungswicklung hat oft nur eine Windung. Man verwendet möglichst reines, elektrolytisches Kupfer. Verbindungen und Übergänge müssen sehr sorgfältig hergestellt werden, damit diese Stellen nicht beim Stromdurchgang heiß werden und abschmelzen. Man kann die Verbindungen zunächst verzinnen, dann verlöten und verschrauben. Besser ist aber die autogene Schweißung mittels Azetylenflamme.

Die sekundären Ableitungen müssen so hergestellt sein, daß die Reaktanz möglichst klein wird, da sonst ein großer Spannungsabfall eintritt und die Verluste durch zusätzliche Stromwärmeverluste sehr vermehrt werden. Man ordnet die Ableitung in der bereits in Fig. 225, S. 220 beschriebenen Weise so an, daß man abwechselnd positive und negative Leiter aufeinander folgen läßt. Das Gewicht der Ableitung zu den Anschlußklemmen ist oft gleich dem der Niederspannungswicklung.

Fig. 307 stellt einen Einphasentransformator mit künstlicher Luftkühlung der Maschinenfabrik Oerlikon dar, 15000/115—135—155 Volt, 302/28700 Amp., 25 Perioden.

Die beiden den Kernen zunächst liegenden Hochspannungsspulen sind in Serie geschaltet, jede ist in 21 gut isolierte Teile unterteilt. Die gesamte Windungszahl ist 492. Die Spulen besitzen mehrere Anzapfungen, die eine Änderung der sekundären Spannung gestatten.

Die Niederspannungswicklung besteht aus acht aus Kupferblech gebildeten Windungen, die in zwei parallele Stromkreise von je vier

Fig. 307. 4500 KVA-Einphasentransformator mit künstlicher Luftkühlung der M.-F. Oerlikon. 15000/115 Volt, 25 Perioden.

Windungen geteilt sind. Isolierzylinder aus Mikanit trennen die primären von den sekundären Spulen und dem Eisen.

Die Wicklungsart der Niederspannung ist aus der Fig. 307 deutlich zu erkennen. Die beiden oberen und die beiden unteren Windungen jeder Säule sind hintereinandergeschaltet, die Verbin-

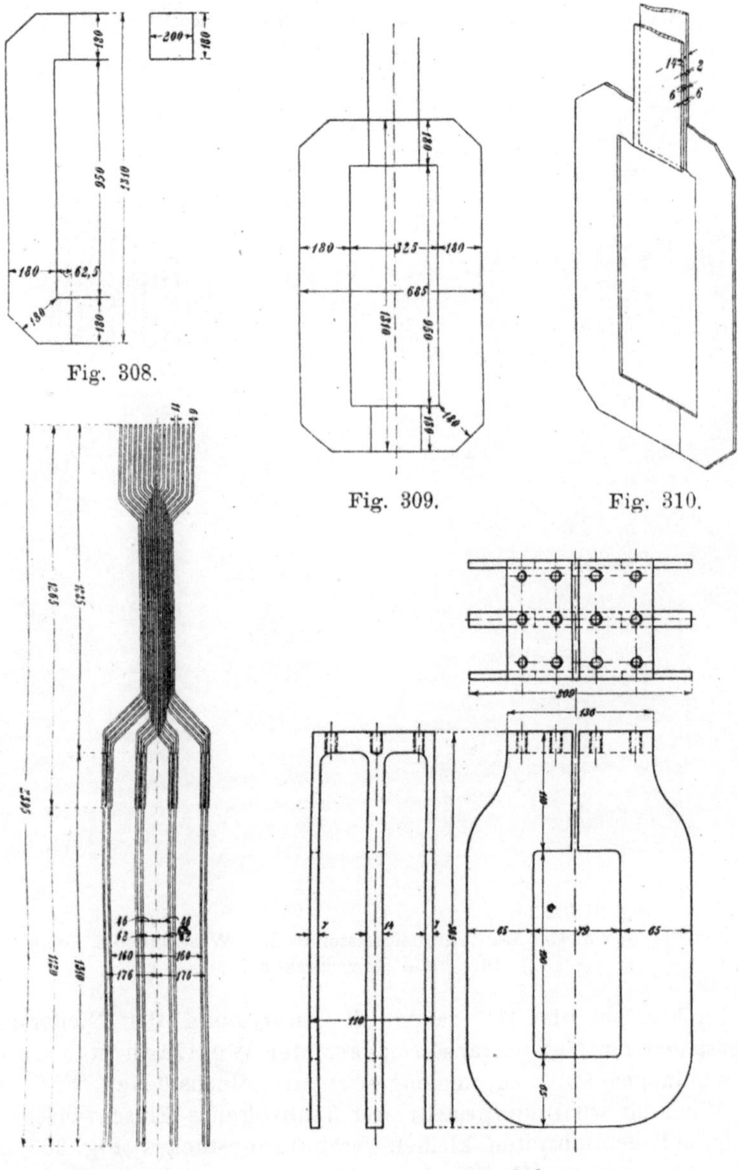

Fig. 308.

Fig. 309.   Fig. 310.

Fig. 311.   Fig. 312.

Fig. 308 bis 312. Ausführungsarten der Wicklungen von Manteltransformatoren mit großer Stromstärke der Westinghouse Comp.

dungsstelle weist **12** Schrauben auf. Nachdem z. B. die oberste
Windung jeder Säule den Kern umlaufen hat, ist sie durch ein
gerades Verbindungsstück mit der zweiten Windung verbunden. Die
Ableitungen sind in **4** Ebenen angeordnet, so daß die positiven
und negativen Leiter in abwechselnder Reihenfolge abgeleitet werden
können.

Fig. 313.　　　　　　　　　　　　　Fig. 314.

Fig. 313 und 314. Manteltransformatoren der Westinghouse Comp.
für große Stromstärken.

Die Fig. 308 bis 312 zeigen die Anordnung der Niederspannungsspulen für Manteltransformatoren der Westinghouse Comp.
Die Windungen sind zusammengesetzt aus Blechstücken (Fig. 308),
eine Windung wird hergestellt durch autogenes Einschweißen des
in Fig. 308 gezeichneten kleinen Verbindungsstückes (Fig. 309 und
310). Die anderen Enden der großen Blechstücke werden nach
Fig. 310 um 4 mm seitlich abgebogen und die Ableitungen an-

geschweißt, so daß jede Windung mit den beiden Ableitungen aus fünf Stücken zusammengesetzt ist. Fig. 311 zeigt eine ganze, so hergestellte Niederspannungswicklung von acht Windungen. Hier wird also die Vermischung der Leiter auf sehr bequeme Art erreicht. Die Distanzierung der parallelen Windungen voneinander erfolgt durch Kupferniete.

Fig. 312 zeigt eine andere Anordnung der Westinghouse Comp., bei der gegossene Windungen verwendet werden. In den Gußkörper, der die Niederspannung bildet, werden die Hochspannungsspulen zwischengeschoben und dann der Eisenkörper in der gewöhnlichen Weise aufgebaut.

Fig. 313 ist die Photographie eines 2800 KVA-Transformators für 5000/60 Volt, 25 Perioden, bei dem die Wicklung aus Kupferblechen hergestellt ist.

Fig. 314 zeigt einen Transformator von 1860 KVA, 50000/2 $\times$ 42,5 Volt, 50 Perioden.

Dreizehntes Kapitel.

Berechnung eines Transformators.

54. Allgemeines über die Berechnung eines Transformators. — 55. Wahl der
Type eines Transformators. — 56. Ableitung der Grundformel für die Vorausberechnung. — 57. Das Verhältnis von Eisengewicht zu Kupfergewicht. —
58. Größe der Induktion B und der Stromdichte s. — 59. Ermittlung der Abmessungen des Eisenkörpers. — 60. Vollständiger Gang der Vorausberechnung.

54. Allgemeines über die Berechnung eines Transformators.

Die Anforderungen, die an einen Transformator gestellt werden,
sind folgende:

1. möglichst geringe Herstellungskosten,
2. hoher Wirkungsgrad,
3. kleine Spannungsänderung,
4. zulässige Erwärmung,
5. große Betriebssicherheit.

Die Herstellungskosten setzen sich zusammen aus den Ausgaben für Material und Arbeitslohn. Die Materialpreise sind durch
ihre Abhängigkeit vom Weltmarkte Schwankungen unterworfen, und
zwar am meisten der Preis des Kupfers, so daß das Preisverhältnis
der einzelnen Materialien zueinander sich mit der Zeit erheblich
ändern kann.

Der Arbeitslohn ändert sich sowohl von Ort zu Ort bzw. von
Land zu Land, als auch mit der Zeit. Das günstigste Gewichtsverhältnis von Eisen zu Kupfer ist nun abhängig von den Kosten
des Rohmaterials und den Ausgaben für Arbeitslöhne und allgemeine
Unkosten.

Wir erkennen also, daß die Aufgabe, einen guten Transformator möglichst billig zu bauen, Schwierigkeiten bietet. Es muß
die theoretische Überlegung, die die günstigsten Materialbeanspruchungen — Induktion im Eisen und Stromdichte im Kupfer —

finden läßt, Hand in Hand gehen mit einer sorgfältigen Kalkulation der Herstellungskosten. Da aber diese Kalkulation wegen der Fülle der Dinge, die zu beachten sind, in mathematischer Form unhandlich und daher unbrauchbar ist, bleiben uns nur zwei Wege zur Berechnung des Transformators offen. Wir können nämlich einmal die günstigsten Abmessungen durch Aufstellen von Tabellen finden, indem wir systematisch Querschnitte, Höhen und Beanspruchungen annehmen, gegeneinander ändern und jedesmal die Kostenrechnung durchführen. So erhalten wir Reihen von Transformatoren, aus denen sich der für die Herstellung und den Betrieb geeignetste Transformator sicher ergibt. Dieses Verfahren ist in der Praxis am meisten üblich, da es sich gut mit der Berechnung einer ganzen Serie von Transformatoren vereinen läßt. Denn im Fabrikbetriebe kommt es bis auf wenige Ausnahmefälle nicht auf die Berechnung eines einzelnen Transformators an, sondern es muß listenmäßig jede Type von kleinen bis zu großen Leistungen ausgeführt werden. Bei einer solchen Serienberechnung versucht man nun vor allem mit möglichst wenig Blechstanzen, Preßplatten, Modellen, Spulen- und Hülsenschablonen auszukommen und eine Transformatorentype für verschiedene Spannungen verwendbar zu machen. Aus diesen Gründen besitzt nicht jeder Transformator einer solchen Serie die günstigsten Gewichtsverhältnisse und Abmessungen, die ersten und letzten Ausführungen in der Reihe können sogar, als einzelne Transformatoren betrachtet, unrationell entworfen sein. Doch treten hier diese Rücksichten gegenüber der Vereinfachung und Schematisierung des Fabrikbetriebes zurück.

Soll aber ein einzelner Transformator berechnet werden, so müssen wir die Erfahrungen, die an ausgeführten Transformatoren gemacht worden sind, unserer Rechnung zugrunde legen. Zu diesem Zwecke werden wir eine Grundformel ableiten, die mit Hilfe von in der Praxis als brauchbar befundenen Materialbeanspruchungen und einer für jede Type besonders ermittelten Konstanten in Verbindung mit einer Berechnung der Verluste und der Erwärmung schnell die Abmessungen finden läßt, die mit jenen von guten und ökonomisch gebauten modernen Transformatoren übereinstimmen.

Der Wirkungsgrad eines Transformators hängt ab von der Beanspruchung von Eisen und Kupfer, von dem Verhältnis Eisengewicht zu Kupfergewicht, der verwendeten Eisenart und zum Teil auch von der Bauart, insofern die zusätzlichen Verluste von ihr abhängen. Die Anforderungen, die bezüglich des Wirkungsgrades gestellt werden, sind von der Betriebsart abhängig.

Wir können zwei wesentlich verschiedene Betriebsarten unterscheiden, und zwar Dauerbetrieb und aussetzenden Betrieb,

die man nach den am meisten vorkommenden Belastungsarten auch
als Lichtbetrieb und Kraftbetrieb bezeichnet.

Zu der ersten Art gehört z. B. reiner Lichtbetrieb, Aufzugsbetrieb.
Hierbei sind die Transformatoren dauernd an das Netz angeschlossen.
Den größten Teil des Tages ist das Kupfer nur wenig belastet, dagegen wird das Eisen dauernd gleichmäßig beansprucht. Für die
Wirtschaftlichkeit des Betriebes ist es bei solchen Transformatoren
von Bedeutung, wie die Verluste auf das Eisen und das Kupfer
verteilt sind. Man wird die Kupferverluste, die nur während
weniger Stunden des Tages in voller Größe auftreten, verhältnismäßig
groß und die Eisenverluste möglichst klein machen. Solche Transformatoren erhalten legiertes Blech und eine hohe Beanspruchung
des Kupfers, sie sind gekennzeichnet durch geringe Leerlaufverluste, d. h. kleine Eisenverluste, und hohen Wirkungsgrad auch
bei kleinen Belastungen.

Bei Transformatoren, die nur während eines Teiles des Tages
unter Spannung stehen, oder Transformatoren, die während der
ganzen Betriebszeit oder des größten Teiles derselben voll oder
nahezu voll belastet sind, kommt es dagegen nur auf den Wirkungsgrad bei Vollast an. Die Verluste können also derart auf
Eisen und Kupfer verteilt werden, wie es den geringsten Herstellungskosten entspricht, und es kann bei diesen Transformatoren
auch eine billigere Blechsorte Verwendung finden. Sie werden
daher billiger als Transformatoren für Dauerbetrieb.

Um verschiedenen Ansprüchen hinsichtlich Wirkungsgrad und
Preis gerecht zu werden, baut z. B. die Firma Brown, Boveri
& Co. folgende Typen:

1. Transformatoren, gekennzeichnet durch geringe Leerlaufverluste und hohen Wirkungsgrad, in zwei Ausführungen A und B.

Beide Ausführungen sind in Preis, Gewicht und Abmessungen
gleich, dagegen besitzt die Ausführung B geringere Leerlaufverluste,
etwas höhere Spannungsänderung als Ausführung A, etwas geringeren
Wirkungsgrad bei Vollast, jedoch höheren Wirkungsgrad bei teil-
weiser Belastung. Die Ausführung A ist somit für aussetzenden
Betrieb oder Dauerbetrieb mit großer Belastung, und Ausführung B
für Lichtbetrieb, Motorenbetrieb mit ungleichmäßiger Belastung, oder
beide vereinigt geeignet.

2. Transformatoren, gekennzeichnet durch besonders geringe
Leerlaufverluste bei hohem Wirkungsgrad, insbesondere bei teil-
weiser Belastung.

Diese Type ist infolge größeren Materialverbrauches teuerer
als die unter 1. angeführte Type. Das Verhältnis Eisengewicht zu
Kupfergewicht ist kleiner, und es wird das beste legierte Eisen-

blech für sie verwendet. Die Anschaffung dieser Type empfiehlt sich in solchen Fällen, in denen der Transformator die meiste Zeit nur teilweise oder gar nicht belastet und wo der Strompreis so hoch ist, daß die höheren Anschaffungskosten sich wirtschaftlich rechtfertigen lassen.

3. Transformatoren, deren Leerlaufverluste größer und deren Wirkungsgrad kleiner ist als bei den beiden vorhergehenden Typen. Sie kommen in jenen Fällen in Frage, in denen es sich entweder um möglichst geringe Anschaffungskosten handelt oder der Strompreis so niedrig ist, daß der geringere Wirkungsgrad ohne Bedeutung ist.

Der Spannungsabfall hängt ab von der Anordnung der Wicklung, aber in geringem Maße auch von dem Verhältnis Eisengewicht zu Kupfergewicht. Eine Wicklung mit konzentrischen Spulen ergibt eine etwas größere Spannungsänderung als eine Scheibenwicklung, und eine Erhöhung der Windungszahl (bei gegebenem Eisenkörper) erhöht die Spannungsänderung ebenfalls etwas.

Einigen Anhalt über die Größe von Wirkungsgrad und Spannungsabfall gibt nachfolgende Tabelle, deren Angaben einer Preisliste der Maschinenfabrik Oerlikon entnommen sind.

Dreiphasen-Wechselstrom-Transformatoren für Lichtbetrieb.

Periodenzahl: 50.   Niederspannungen: 120.   240 Volt.

Hochspannung in Volt	Leistung in KVA	Wirkungsgrad in % bei cos $\varphi = 1$				Spannungsabfall bei cos $\varphi = 1$ in %	Eisenverluste in Watt	Kompl. Transformator Gewicht kg
		$^1/_1$ Last	$^3/_4$ Last	$^1/_2$ Last	$^1/_4$ Last			

a) mit natürlicher Luftkühlung

Hochspannung in Volt	Leistung in KVA	$^1/_1$ Last	$^3/_4$ Last	$^1/_2$ Last	$^1/_4$ Last	Spannungsabfall bei cos $\varphi = 1$ in %	Eisenverluste in Watt	Kompl. Transformator Gewicht kg
	1,5	95,0	95,1	94,5	91,0	3,0	32	80
	3,0	95,2	95,3	94,8	92,0	3,0	60	120
	4,5	95,3	95,4	95,0	92,3	3,0	85	135
	7,5	96,0	96,0	95,4	92,8	2,4	135	185
2000 bis 5000	11	96,4	96,4	96,0	93,7	2,2	170	235
	15	96,6	96,7	96,4	94,3	2,1	200	300
	23	97,0	97,1	96,8	95,2	1,9	260	390
	30	97,3	97,4	97,2	95,7	1,7	300	460
	45	97,6	97,6	97,3	95,8	1,4	450	600
	75	97,8	97,9	97,6	96,3	1,3	660	850
	112	98,1	98,1	97,9	97,6	1,1	880	1090
	150	98,2	98,2	98,0	96,9	1,1	1100	1360

Hoch-spannung in Volt	Leistung in KVA	Wirkungsgrad in % bei $\cos\varphi = 1$				Span-nungs-abfall bei $\cos\varphi = 1$ in %	Eisen-verluste in Watt	Kompl. Trans-formator Gewicht kg
		$^1/_1$ Last	$^3/_4$ Last	$^1/_2$ Last	$^1/_4$ Last			
		b) mit Ölkühlung						
	1,5	94,6	94,5	93,6	89,7	3,0	40	102
	3,0	95,2	95,3	94,8	92,0	3,0	60	125
	4,5	95,2	95,3	94,8	92,0	3,0	90	148
	7,5	95,5	95,6	95,1	92,5	2,8	140	192
	11	95,7	95,8	95,5	93,1	2,8	180	227
7000 bis 10 000	15	96,0	96,1	95,8	93,7	2,6	230	275
	23	96,5	96,6	96,5	94,8	2,5	280	340
	30	96,9	97,0	96,8	95,3	2,1	330	400
	45	97,1	97,3	97,1	95,6	1,9	460	700
	75	97,4	97,5	97,3	96,0	1,8	695	940
	112	97,6	97,7	97,6	96,4	1,6	920	1200
	150	97,8	97,9	97,7	96,5	1,4	1200	1430

Die gleichen Angaben für eine Reihe von großen Transforma-toren der Firma Brown, Boveri & Co. sind in nachfolgender

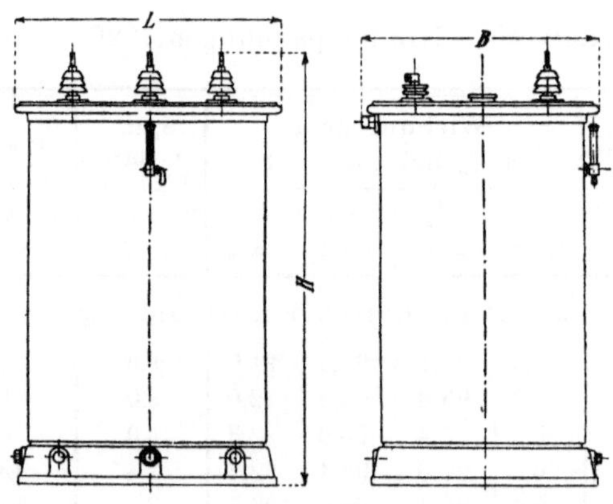

Fig. 315.

Tabelle enthalten. Außerdem sind noch die Außenmaße (Länge, Breite und Höhe von Unterkante der Bodenplatte bis oberes Ende der Ausführungsklemmen, Fig. 315) angegeben.

Dreiphasen-Wechselstrom-Öl-Transformatoren mit Wasserkühlung mit hohem Wirkungsgrad, besonders geringen Leerlaufverlusten, für 50—60 Perioden.

Leistung	Ober-		Unter-		Wirkungsgrad	Spannungsänderung	Kompl. Transformator mit Öl	Gewicht		Maße (s. Fig. 315)		
	Spannung							der auszuheb. Teile	der Ölfüllung			
	λ	Δ	λ		Bei Vollast und cos $\varphi = 1$		Gewicht					
	max.	max.	max.	min.			netto			L	B	H
KVA	Volt	Volt	Volt	Volt	ca. %	ca. %	ca. kg	ca. kg	ca. kg	mm	mm	mm
400	10 000	6 000	4 000	500	98,05	1,2	3450	1850	1050	1350	1000	2150
	30 000	18 000	6 000	500	97,95	1,2	3950	2100	1250	1350	1000	2350
	50 000	30 000	10 000	500	97,8	1,2	4950	2500	1600	1450	1100	2650
500	10 000	6 000	4 000	500	98,2	1,1	3950	2200	1150	1350	1000	2200
	30 000	18 000	6 000	500	98,05	1,1	4500	2450	1350	1350	1000	2400
	50 000	30 000	10 000	500	97,95	1,1	5600	2950	1700	1450	1100	2700
600	10 000	6 000	4 000	1000	98,25	1,1	4450	2500	1250	1450	1100	2250
	30 000	18 000	6 000	1000	98,15	1,1	5000	2800	1450	1450	1100	2500
	50 000	30 000	10 000	1000	98,05	1,1	6200	3350	1800	1550	1200	2750
800	10 000	6 000	4 000	1000	98,4	1,0	5350	3150	1400	1550	1200	2300
	30 000	18 000	6 000	1000	98,3	1,0	6000	3500	1600	1550	1200	2500
	50 000	30 000	10 000	1000	98,2	1,0	7250	4150	1950	1600	1250	2750
1000	20 000	12 000	6 000	1000	98,5	0,9	6400	3950	1600	1550	1200	2500
	50 000	30 000	10 000	1000	98,35	0,9	8150	4850	2100	1650	1250	2800
1500	20 000	12 000	6 000	1500	98,6	0,75	8350	5350	1950	1700	1300	2650
	50 000	30 000	10 000	1500	98,55	0,75	10 250	6500	2400	1800	1400	2950
2000	20 000	12 000	6 000	2000	98,7	0,7	10 250	6750	2250	1800	1400	2750
	30 000	18 000	6 000	2000	98,7	0,7	10 750	7100	2350	1800	1400	2850
	40 000	24 000	10 000	2000	98,65	0,7	11 500	7500	2500	1900	1500	2950
	50 000	30 000	10 000	2000	98,65	0,7	12 300	8000	2700	1900	1500	3050
2500	20 000	12 000	6 000	3000	98,8	0,65	12 250	8150	2550	1800	1400	2900
	30 000	18 000	6 000	3000	98,8	0,65	12 750	8500	2650	1800	1400	3000
	40 000	24 000	10 000	3000	98,75	0,65	13 500	9000	2800	1900	1500	3100
	50 000	30 000	10 000	3000	98,75	0,65	14 350	9600	3000	1900	1500	3150
3000	20 000	12 000	6 000	3000	98,95	0,6	14 200	9 500	2850	1900	1450	3000
	30 000	18 000	6 000	3000	98,9	0,6	14 700	9 900	3000	1900	1450	3100
	40 000	24 000	10 000	3000	98,85	0,6	15 500	10 500	3100	2000	1550	3200
	50 000	30 000	10 000	3000	98,85	0,6	16 400	11 100	3250	2000	1550	3300

Der **Kühlwasserverbrauch** beträgt etwa 0,9 Minutenliter pro Kilowatt Verlust bei einer Wassertemperatur von 15° C (beim Eintritt).

Die **Übertemperatur** beträgt etwa 50° C über die Temperatur des eintretenden Wassers.

Die **Betriebssicherheit** wird namentlich durch die Auswahl der Isoliermaterialien, die Art und Sorgfalt der Isolierung der Wicklungen und deren Ableitungen, den Schutz gegen Überspannungen, dann aber in hohem Maße auch durch das Verhalten des Transformators bei Stromstößen und Kurzschlüssen und durch die Kühlmethode bedingt. Wir wollen daher die Wahl der Type und der Kühlvorrichtung etwas eingehender betrachten.

55. Wahl der Type eines Transformators.

(Kern- und Manteltransformator.　Zylinder- und Scheibenwicklung.)

Die europäischen elektrotechnischen Firmen haben bisher sowohl für kleine als auch für große Leistungen vorzugsweise Kerntransformatoren gebaut und nur teilweise den Bau von Manteltransformatoren für größere Leistungen begonnen. Die amerikanische Praxis hat den umgekehrten Weg gemacht. Der Manteltransformator war dort immer bevorzugt, seit mehreren Jahren wird jedoch für kleinere Leistungen auch der Kerntransformator vielfach gebaut; für große Leistungen dagegen hat er erst in letzter Zeit einige Beachtung gefunden.

Die Vor- und Nachteile beider Typen sind offenbar nicht immer ganz sicher gegeneinander abzuwägen, und die vorhandenen Fabrikationseinrichtungen und Erfahrungen sind bei der Wahl häufig entscheidend. Folgende Eigenschaften der beiden Typen sind hauptsächlich zu berücksichtigen.

Ein großer Vorzug der **Kerntype** liegt in ihrer Einfachheit, sowohl was den Bau des Eisenkörpers als auch die Wicklung und die Isolation der Spulen anbelangt. Diese Einfachheit erleichtert die Herstellung und gestattet eine leichte Montage und Demontage. Ein großer Kerntransformator erhält gewöhnlich zylindrische Spulen, wobei die Oberspannungsspulen außen und die Unterspannungsspulen am Eisenkern liegen. Diese Spulen lassen sich bis zu den höchsten Spannungen durch einen zwischenliegenden Papierzylinder in einfacher und sicherer Weise voneinander isolieren, und durch eine entsprechende Teilung der Wicklung in eine größere Zahl von Spulen kann die zwischen einzelnen Windungen und Spulen auftretende Spannung auf eine gewünschte Größe vermindert werden. Die Verbindungen der überall zugänglichen Hochspannungsspulen untereinander, die sehr sorgfältig ausgeführt und gut isoliert werden müssen, lassen sich übersichtlich über die Kernhöhe hin anordnen und ohne eine Kreuzung der Niederspannungsspulen ausführen.

Diese Eigenschaften der Kerntype erleichtern nicht nur die Herstellung, sondern namentlich auch die Vornahme von Reparaturen. Sie würden vielleicht in allen Fällen für die Verwendung dieser Type den Ausschlag geben, wenn ihr nicht ein prinzipieller Mangel anhaften würde.

Ein Nachteil der Kerntype mit Zylinderwicklung besteht in der Schwierigkeit der mechanischen Befestigung der Spulen gegen die Wirkung von starken Stromstößen und Kurzschlüssen im Netz und ferner in der Schwierigkeit, bei großen Phasenverschiebungen (kleinem Leistungsfaktor) einen kleinen Spannungsabfall zu erhalten.

Von Bedeutung ist bei der Kerntype die Querschnittsform des Eisenkernes. Wie schon auf S. 189 begründet worden ist, sollten größere Kerntransformatoren mit Rücksicht auf die Widerstandsfähigkeit bei Stromstößen runde Spulen erhalten. Die Hauptgründe, die gegen die Anwendung eines rechteckigen Querschnittes und für einen runden Querschnitt sprechen, sind folgende:

1. Das Wickeln von rechteckigen Spulen ist um etwa 30 bis 45 % teurer als das von runden Spulen.

2. Das Abbiegen der Drähte an den Ecken des Rechteckes hat leicht eine Beschädigung der Isolation zur Folge, und es ist schwierig, den Draht an den geraden Längsseiten fest und gerade anzulegen. Es tritt immer eine größere oder kleinere Ausbauchung des Drahtes ein, und die Drähte liegen nicht genau parallel. Dünne Zylinderspulen mit rechteckigem Querschnitt sind daher sehr schwer zu wickeln.

Besteht die Spule aus hochkant gewickeltem Flachdraht, so geht der Querschnitt wegen der Abbiegung an den Ecken in Trapezform über und nimmt mehr Platz ein als an den ungebogenen Längsseiten, die Spule wird daher lockerer, die Drähte haben die Möglichkeit, sich gegenseitig zu bewegen und die Isolation zu beschädigen.

Bei runden Spulen verschwinden diese Schwierigkeiten, da der Draht überall denselben Krümmungsradius und keine geraden Strecken hat, so daß er überall gleichmäßig gespannt werden kann.

3. Runde Spulen geben die Möglichkeit, die Übergänge von einer Spule zur andern gleichmäßig am Umfange aller Spulen eines Kernes zu verteilen, so daß man Platz hat, diese Übergänge, die die schwächsten Punkte der Wicklung sind, besonders gut zu isolieren.

4. Der Hauptgrund, der für die Anwendung der runden Spulen spricht, ist ihre **größere** mechanische Festigkeit. Wird die innere Spule gut gegen den Eisenkern versteift, so werden die Spulen erheblichen radialen Kräften, die bei Stromstößen auftreten, widerstehen können.

Für den rechteckigen Querschnitt, **der** bei großen Kerntransformatoren trotz der genannten Nachteile doch öfter zur Verwendung kommt, spricht:

1. daß das Eisen bei einem rechteckigen Querschnitt mit geringerer Höhe der Bleche gleichmäßiger beansprucht wird als bei einem runden Querschnitt von gleicher Größe. Denn infolge der Schirmwirkung durch Wirbelströme verteilt sich der Kraftfluß um so ungleichmäßiger über die Höhe der Bleche, je größer diese Höhe und je größer die Periodenzahl ist;

2. daß die Abkühlflächen der Spulen und des Kernes beim rechteckigen Querschnitt größer sind als beim runden;

3. daß die Herstellung der rechteckigen Kerne einfacher und billiger ist und der Transformator eine mehr gedrungene Form erhält.

Hinsichtlich **der Isolation und dem Verbrauch an Isoliermaterial** ist die Scheibenwicklung gegenüber der Zylinderwicklung im Nachteil, und zwar um so mehr, je kleiner die Leistung des Transformators und je höher seine Spannung ist, denn die abwechselnde Aufeinanderfolge von Hoch- und Niederspannungsspulen erfordert verhältnismäßig um so mehr Isoliermaterial und prozentual um so mehr kostbaren Wicklungsraum, je höher die Spannung und je kleiner die Leistung ist.

Die Kerntype mit Zylinderwicklung ist daher bei kleinen Leistungen und hohen Spannungen wesentlich im Vorteil. Die Grenze, bei der nach amerikanischer Praxis von der Kerntype zur Manteltype übergegangen wird, richtet sich nach diesen Gesichtspunkten. Einen 75 KVA, 33000 Volt, 50 Perioden-Einphasentransformator würde z. B. die Westinghouse Co. als Kerntype und einen 300 KVA, 33000 Volt-Transformator als Manteltype ausführen. Von Einfluß auf den Übergang von einer Type zur andern sind auch die Periodenzahl und andere Momente, wie z. B. die zu erwartenden Stromstöße, vorhandene Fabrikationseinrichtungen usw.

Die Scheibenwicklung kann dagegen bei niedrigen Spannungen mit Vorteil auch bei geringen Leistungen für Kerntransformatoren Verwendung finden. Man ist bei einer Scheibenwicklung weniger an bestimmte Drahtquerschnitte gebunden als z. B. bei einer Zylinderwicklung mit einer Windungslage und gegebener Wicklungshöhe, und erreicht eine gleichmäßige Kühlung der ganzen Wicklung und andere nachfolgend angegebene, mit der Scheibenwicklung verbundene Vorteile.

Vergleichen wir nun einen Manteltransformator mit einem Kerntransformator, so ergeben sich folgende bemerkenswerte besondere Eigenschaften:

1. Die Zahl der Volt für eine Windung ist bei Manteltransformatoren 3 bis 5 mal so groß wie bei Kerntransformatoren, da sie wegen des größeren Eisenquerschnittes einen größeren Kraftfluß als Kerntransformatoren besitzen. Ein Manteltransformator hat daher nur $^1/_3$ bis $^1/_5$ soviel Windungen, und man erhält bei großen Manteltransformatoren Scheibenspulen mit nur einer Windung pro Lage und weniger Spulen als bei einem Kerntransformator. Bei diesem erhält man bei höheren Spannungen immer mehrere Windungen pro Lage, wobei viel Isoliermaterial für die Zwischenlagen und die Übergänge von einer Drahtlage zur andern verbraucht wird, was die Abkühlung erschwert. Außerdem sind diese Übergänge bei Vierkantdraht schwierig auszuführen, weil die Spulen im Transformator mit ihrem ganzen Gewicht auf ihnen ruhen.

2. Da bei allen großen Manteltransformatoren nur Scheibenspulen mit einer Windung in jeder Lage angewendet werden, und da zwischen je zwei Spulen ein freier Raum vorhanden ist, so kann die erzeugte Verlustwärme von jeder Windung direkt an das Kühlmittel abgeführt werden. Bei Kerntransformatoren mit Zylinderwicklung haben wir Spulen mit mehreren Lagen und vielen Windungen in einer Lage, und es kann die Verlustwärme der innen liegenden Windungen nur durch ein entsprechendes Temperaturgefälle an das Kühlmittel gelangen. Das hat eine dauernde Temperaturerhöhung der Zwischenisolation und unter Umständen eine vorzeitige Zerstörung der Isolation zur Folge, oder es kann bei gleicher Temperaturerhöhung das Kupfer im Manteltransformator höher beansprucht werden. Da auch das Eisen beim Manteltransformator eine größere unbedeckte Kühlfläche besitzt, können wir sagen, daß die Kühlflächen des Eisens, des Kupfers und der Isolationsstoffe beim Manteltransformator wirksamer sind als beim Kerntransformator.

3. Die Lagerung der Spulen ist beim Manteltransformator eine bessere, da sich jede Spule selbständig auf den Eisenkern stützt, so daß sie beim Zusammenschrumpfen der Wicklung ihre Lage nicht ändern kann. Bei allen Transformatoren tritt nach einiger Zeit, sowie beim Austrocknen, ein Zusammenschrumpfen der Spulen ein. Beim Kerntransformator muß der nachteiligen Wirkung des Schrumpfens durch festes Wickeln der Spulen und starkes Zusammenpressen beim Zusammenbau begegnet werden.

20*

4. Die Erwärmung der Spulen ist beim Manteltransformator eine gleichmäßige, denn alle Spulen erstrecken sich gleichmäßig durch das warme und kalte Öl, während beim Kerntransformator ein Teil der Spulen im warmen und ein Teil im abgekühlten Öl liegt. Da sich die zulässige Erwärmung nach der höchsten Temperatur richten muß, bedeutet das eine höhere zulässige Beanspruchung des Materials beim Manteltransformator.

5. Die Anzapfungen an beiden Wicklungen sind beim Manteltransformator gleich gut zugänglich, was namentlich bei Reguliertransformatoren von Bedeutung sein kann.

6. Ein Hauptvorzug des Manteltransformators liegt endlich, wie schon früher erwähnt, in der größeren mechanischen Festigkeit der Wicklung bei Kurzschlüssen. Sie beruht auf dem Umstande, daß die Wicklung zum größten Teile von Eisen umgeben ist, gegen das sie sehr fest abgestützt werden kann und daß die über das Eisen vorstehenden Spulenköpfe in einfacher und sicherer Weise zusammengepreßt und gegen die Wirkung der bei Stromstößen auftretenden großen mechanischen Kräfte geschützt werden können, während bei Kerntransformatoren mit Zylinderwicklung die radial auf die Spulen wirkenden Kräfte durch eine so einfache Schutzvorrichtung nicht aufgenommen werden können.

7) In manchen Fällen wird ein Kerntransformator mit Zylinderwicklung nicht genügende Sicherheit gegen große Stromstöße und Kurzschlüsse bilden. In solchen Fällen ist ein Kerntransformator mit Scheibenwicklung zu versehen, oder man geht bei großen Leistungen zur Manteltype über. Kerntransformatoren mit Scheibenwicklung haben sich im Betriebe elektrischer Bahnen, wo häufige starke Kurzschlüsse und Stromstöße vorkommen und die Wicklungen stark beansprucht werden, gut bewährt. Die senkrecht zu der Ebene der Spulen wirkenden Kräfte können bei dieser Anordnung durch Endscheiben und Längsbolzen aufgenommen werden. (Siehe z. B. Tafel I.)

8. Manteltransformatoren für Dreiphasenstrom sind für Leistungen bis etwa 1500 KVA bei Spannungen kleiner als etwa 30000 Volt und Leistungen bis etwa 1200 KVA bei Spannungen kleiner als etwa 40000 Volt teurer als Kerntransformatoren. Eine bestimmte Grenze läßt sich zwar hierfür nicht angeben. Bei Einphasentransformatoren stellt sich dagegen die Manteltype auch bei kleinen Leistungen und niedrigen Spannungen günstiger im Preise als ein Kerntransformator.

9. Schließlich ist noch zu bemerken, daß ein Manteltransformator mit geschichteten und sich überlappenden Blechen mehr Zeit für

die Montage und die Demontage in Anspruch nimmt, und daß daher
Reparaturen zeitraubender sind als bei einem Kerntransformator.
Der Unterschied in der Arbeitszeit kann einige Tage betragen. Bei
Manteltransformatoren mit stumpfem Stoß der Blechkörper, wie sie
z. B. von den Siemens-Schuckertwerken gebaut werden (siehe S. 208),
dürften jedoch Reparaturen sich ebenso rasch wie bei einem Kerntransformator ausführen lassen.

Bei der Transformation von Dreiphasenstrom entsteht
noch die Frage, ob man drei Einphasen- oder einen Dreiphasentransformator wählen soll. Ein Dreiphasentransformator hat weniger
aktives Material als drei Einphasentransformatoren, also bei gleicher
Beanspruchung auch weniger Verluste, beansprucht daher weniger
Kühlfläche und besitzt einen höheren Wirkungsgrad. Außerdem
ist sowohl der Transformator als auch seine Aufstellung und die
Führung der Verbindungsleitungen billiger, da man weniger Isolier-
kammern braucht. Die Reserve ist allerdings bei Einphasentransformatoren einfacher und billiger, da man nur einen vierten Einphasentransformator zu haben braucht, den man in jede Phase
einschalten kann. Auch sind die Einphasentransformatoren erheblich leichter, so daß man sie bequem transportieren kann, ein Um-
stand, der für eine kleine Anlage, die keine besonders großen
Hilfsmittel hat, von Bedeutung sein kann. Ferner kann man mit
zwei Einphasentransformatoren ein offenes Dreieck bilden und den
Betrieb mit $^2/_3$ der Leistung dreiphasig weiterführen. Bei einem
dreiphasigen Manteltransformator in Dreieckschaltung ist es durch
Abschalten der defekten Phase auf der Hoch- und Niederspannungsseite ebenfalls möglich, den Betrieb aushilfsweise aufrecht-
zuerhalten. Bei einem Dreiphasen-Kerntransformator ist diese
Schaltung nicht möglich, da hier die Kraftlinienwege der einzelnen
Phasen nicht unabhängig voneinander sind. Im allgemeinen werden
vier Einphasentransformatoren nur bei sehr großen Leistungen
billiger und geeigneter sein als zwei Dreiphasentransformatoren, so
daß oft die Dreiphasentransformatoren, die weniger Platz beanspruchen
und günstiger arbeiten, den Vorzug verdienen.

56. Ableitung der Grundformel für die Vorausberechnung.

Es bezeichne
P die Phasenspannung,
J den Phasenstrom,
Q den Eisenquerschnitt in cm²,
q den Kupferquerschnitt in mm²,
l_{ei} die mittlere Kraftlinienlänge im Eisen in cm,

l_m die mittlere Länge einer Windung in cm,
B die Induktion, s die Stromdichte Amp./mm²,
γ_k und γ_{ei} die spez. Gewichte von Kupfer und Eisen.

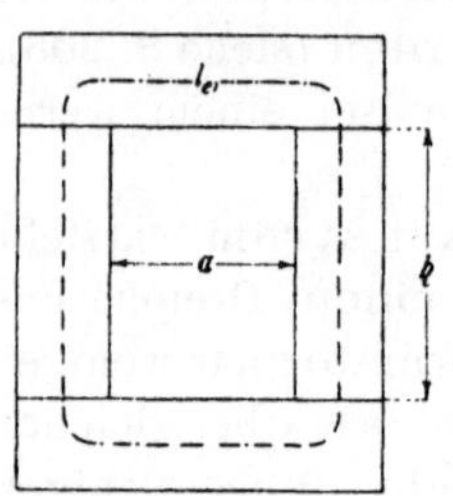

Fig. 316.

Dann ist für einen zweisäuligen Einphasentransformator (siehe Fig. 316) die Leistung

$$\mathrm{KVA} = PJ\,10^{-3}.$$

Nun ist

$$P = 4{,}44\,cwBQ\,10^{-8}$$

und

$$J = sq,$$

also wird

$$\mathrm{KVA} = 4{,}44\,cwBQsq\,10^{-11}$$
$$= C_1\,wq\,Q\,10^{-11} \quad . \quad . \quad (139)$$

wenn man die Materialbeanspruchungen B und s konstant hält.

Das Eisengewicht ist

$$G_{ei} = Ql_{ei}\gamma_{ei}\,10^{-3}\ \mathrm{kg},$$

das Kupfergewicht

$$G_k = 2wql_m\gamma_k\,10^{-5}\ \mathrm{kg},$$

wobei angenommen ist, daß das Kupfer der Sekundärwicklung ebensoviel wiegt wie das der Primärwicklung. Das Verhältnis der Gewichte ist

$$\frac{G_{ei}}{G_k} = \frac{Ql_{ei}\gamma_{ei}\,10^{-3}}{2wql_m\gamma_k\,10^{-5}}.$$

Das Verhältnis der Längen $l_{ei}:l_m$ ist nun, wie die Nachrechnung zahlreicher guter Transformatoren ergeben hat, für jede Type und den günstigsten Transformator mit großer Annäherung konstant. Wir können also setzen

$$\frac{G_{ei}}{G_k} = C_2\,\frac{Q}{wq}\,10^2 \quad . \quad . \quad . \quad . \quad . \quad . \quad (140)$$

In Verbindung mit Gl. 139 erhalten wir hieraus

$$Q = C\sqrt{\frac{\mathrm{KVA}\,\dfrac{G_{ei}}{G_k}\,10^9}{cBs}} \quad . \quad . \quad . \quad . \quad (141)$$

Diese Beziehung ist nun nicht auf die Einphasentransformatoren beschränkt, sondern gilt ganz allgemein für alle Typen von Transformatoren.

Im Mittel finden sich für die Konstante C folgende Werte:

Einphasentransformatoren mit runden Spulen . . . . . $C = 0{,}5$
Einphasentransformatoren mit rechteckigen Kernen . . $C = 0{,}61$

Dreiphasentransformatoren mit runden Spulen . . . . $C = 0{,}37$
Dreiphasentransformatoren mit rechteckigen Kernen . . $C = 0{,}47$
Manteltransformatoren, Einphasen- . . . . $C = 0{,}9$
Dreiphasen-   . . . . $C = 0{,}6$.

57. Das Verhältnis von Eisengewicht zu Kupfergewicht.

Um aus der Formel 141 den Eisenquerschnitt Q ausrechnen zu können, müssen wir zunächst das Verhältnis $G_{ei} : G_k$ annehmen. Es ist

$$G_{ei} = C_1 Q l_{ei}$$

und

$$G_k = C_2 w q l_m,$$

also

$$G_{ei} G_k = C_1 C_2 Q w q l_{ei} l_m \quad . \quad . \quad . \quad . \quad (142)$$

Da nach Gl. 139

$$Q w q = C_3 \frac{\mathrm{KVA}}{c B s}$$

ist. erhalten wir

$$G_{ei} G_k = C_4 \frac{\mathrm{KVA}}{c B s} l_{ei} l_m \quad . \quad . \quad . \quad (143)$$

Nun ist, wie früher erwähnt wurde, $\dfrac{l_{ei}}{l_m}$ ungefähr konstant, also ist auch

$$G_{ei} G_k = C_5 \frac{\mathrm{KVA}}{c B s} l_m^2 \quad . \quad . \quad . \quad . \quad (144)$$

Die mittlere Windungslänge l_m können wir durch den Eisenquerschnitt Q ausdrücken, den sie umschließt, und zwar ist

$$l_m \simeq C_6 \sqrt{Q} \quad . \quad . \quad . \quad . \quad . \quad . \quad (145)$$

Wir finden daher

$$G_{ei} G_k = C_7 \frac{\mathrm{KVA}}{c B s} Q \quad . \quad . \quad . \quad . \quad (146)$$

In diese Gleichung setzen wir den Wert für Q aus Gl. 141 ein und erhalten

$$G_{ei}^2 G_k^2 = C_8 \left(\frac{\mathrm{KVA}}{c B s}\right)^3 \frac{G_{ei}}{G_k}$$

oder

$$G_{ei} G_k^3 = C_8 \left(\frac{\mathrm{KVA}}{c B s}\right)^3 \quad . \quad . \quad . \quad . \quad (147)$$

Es ist also, wenn wir die Beanspruchungen B und s konstant lassen,

$$G_{ei} G_k^3 = \text{konst.} = C \quad . \quad . \quad . \quad . \quad (148)$$

Bezeichnet nun M_{ei} den Preis für 1 kg Eisen einschließlich der vollständigen Bearbeitungskosten und M_k den entsprechenden Preis für 1 kg Kupfer, so sind die Gesamtkosten des Transformators $G_{ei} M_{ei} + G_k M_k$.

Um die geringsten Gesamtkosten zu erhalten, bilden wir mit Berücksichtigung der Gl. 148 die Funktion

$$f = \frac{C}{G_k{}^3} M_{ei} + G_k M_k$$

und differenzieren sie nach G_k:

$$\frac{df}{dG_k} = -3\,C M_{ei} G_k{}^{-4} + M_k = 0$$

$$\frac{M_k}{M_{ei}} = 3\,G_{ei} G_k{}^3 G_k{}^{-4},$$

also

$$\frac{G_{ei}}{G_k} = \frac{1}{3} \frac{M_k}{M_{ei}} \quad \cdots \cdots \cdots \quad (149)$$

Diese Gleichung ist praktisch nicht zur Bestimmung des Verhältnisses $\frac{G_{ei}}{G_k}$ geeignet. Denn es ist schon früher gesagt worden, daß in M_k und M_{ei} nicht nur die Preise für die Rohmaterialien, sondern auch für die Arbeitslöhne enthalten sind. Es wird daher in den meisten Fällen nicht ohne weiteres möglich sein, M_{ei} und M_k oder ihr Verhältnis zu bestimmen, da es jedenfalls von dem Verhältnis der Preise für die Rohmaterialien mehr oder weniger stark verschieden ist und genau erst rückwärts nach Fertigstellung des Transformators bestimmt werden kann. Auch haben wir bis jetzt von der für den Betrieb wichtigsten Erscheinung, der Erwärmung, ganz abgesehen und müßten erst feststellen, ob der Koeffizient $^1/_3$ in Gl. 149 nicht für die Abkühlung zu geringe Eisenmengen gibt und ob er zu vergrößern ist. Der Wert der Gl. 149 ist aber der, daß sie die geradlinige Abhängigkeit des Gewichtsverhältnisses vom Preisverhältnis lehrt. Dies wird von besonderer Wichtigkeit, wenn man zwei Transformatoren zu entwerfen hat, von denen der eine aus gewöhnlichem Dynamoblech, der andere aus legiertem Blech besteht. Da nach den heutigen Verhältnissen M_{ei} für legiertes Blech ungefähr doppelt bis dreifach so groß ist wie für gewöhnliches Blech, müssen wir also hier nur etwa das halbe oder noch ein kleineres Eisengewicht zu erreichen suchen.

Am einfachsten und zugleich am sichersten ist es, das Verhältnis $G_{ei} : G_k$ guten ausgeführten Transformatoren zu entnehmen. Denn besser als es die Aufstellung von Formeln und eine Minimalrechnung bei so komplizierten Verhältnissen vermag, hat die Erfahrung im Laufe der Jahre bei der Ausführung vieler Transformatoren die Firmen zu den günstigsten Verhältnissen geführt. Es sind daher eine große Anzahl moderner Transformatoren durchgerechnet worden, und das Ergebnis sind die unten angegebenen Werte von $G_{ei} : G_k$, die den heutigen Verhältnissen am besten entsprechen.

$G_{ei} : G_k$ hängt aber auch eng mit dem Verhältnis der Verluste $W_{ei} : W_k$ zusammen. Bezeichnet man den Verlust für 1 kg Eisen mit w_{ei} und für 1 kg Kupfer mit w_k, so ist

$$\frac{W_{ei}}{W_k} = \frac{w_{ei} G_{ei}}{w_k G_k} \quad \ldots \ldots \ldots \quad (150)$$

$W_{ei} : W_k$ hängt nun, wie wir schon auf S. 300 sahen, von dem Verwendungszweck des Transformators ab. Transformatoren, die hauptsächlich für Lichtbetrieb bestimmt sind und einen großen Teil des Tages über mit geringer Belastung laufen, müssen kleine Eisenverluste haben. Man wählt für normale Transformatoren mit gewöhnlichen Blechen

$$\frac{W_{ei}}{W_k} = 0{,}85 \text{ bis } 1{,}5.$$

Um den günstigsten Wirkungsgrad zu erzielen, sollte nach S. 72 $\dfrac{W_{ei}}{W_k}$ möglichst gleich 1 sein. Das Minimum verläuft aber flach, und Abweichungen von dem günstigsten Verhältnis haben praktisch keinen Nachteil.

Für Transformatoren mit geringen Leerlaufverlusten und legierten Blechen ist

$$\frac{W_{ei}}{W_k} = 0{,}65 \text{ bis } 0{,}85$$

und für Transformatoren mit besonders geringen Leerlaufverlusten, die also hoch legierte Bleche und nicht zu hohe Induktion besitzen, ist

$$\frac{W_{ei}}{W_k} = 0{,}5 \text{ bis } 0{,}65.$$

Da die Materialbeanspruchungen, die Induktion B und die Stromdichte s, durch die Praxis für die verschiedenen Transformatortypen und -größen ungefähr festgelegt sind, somit also in jedem Falle w_{ei} und w_k bekannt sind, kann man zu einem gewünschten $W_{ei} : W_k$ das Verhältnis $G_{ei} : G_k$ bestimmen. Geht man von $G_{ei} : G_k$ aus, so ist nach der Wahl von B und s auch sofort $W_{ei} : W_k$ zu prüfen.

Je höher schließlich die Spannung ist, je mehr Platz also die Isolation beansprucht, um so größer muß das Eisengestell und damit $G_{ei} : G_k$ sein. Bei Mehrphasentransformatoren liegt das Verhältnis $G_{ei} : G_k$ etwas höher als bei Einphasentransformatoren. Bei einem einphasigen Kerntransformator mit zwei bewickelten Säulen ist z. B., wenn w die Windungszahl auf einer Säule ist, die Klemmenspannung

$$P_1 = C2w\,\Phi$$

und die Leistung

$$\mathrm{KVA}_1 = P_1 J.$$

Verwandeln wir den Transformator durch Hinzufügen einer weiteren Säule in einen Dreiphasentransformator und lassen Φ, d. h. die Induktion, w und J konstant, so ist die Phasenspannung

$$P_3 = Cw\,\Phi = \tfrac{1}{2}P_1$$

und die Leistung

$$\mathrm{KVA}_3 = 3P_3 J = 1{,}5\,\mathrm{KVA}_1.$$

Das Kupfergewicht ist ebenfalls auf das $1^1/_2$ fache gestiegen, während das Eisengewicht um mehr gewachsen ist, da die neu hinzugekommene Jochlänge größer als die Hälfte der früheren Jochlänge ist.

Als Mittelwerte für das Gewichtsverhältnis können wir annehmen:

Lichttransformatoren

KVA	$\dfrac{G_{ei}}{G_k}$	
	gewöhnliches Blech	legiertes Blech
bis etwa 50	2 bis 3	1,8 bis 2
größere Typen	bis 4	2 bis 2,2

Krafttransformatoren

bis. 1000 KVA	3,5 bis 4,5	1,8 bis 2,2
größere Typen	4,5 bis 5,5	2,2 bis 2,8

Für Transformatoren mit sehr hoher Spannung (im Betrieb sind Transformatoren bis 148000 Volt) kann wegen des außerordentlich großen Platzbedarfes der Isolation $\dfrac{G_{ei}}{G_k}$ bis doppelt so groß werden wie oben angegeben ist.

58. Größe der Induktion B und der Stromdichte s.

Die Induktion B richtet sich nach der Größe des zugelassenen Eisenverlustes, der Periodenzahl, der Kühlanordnung und der verwendeten Blechsorte. Bei Transformatoren mit gewöhnlichen Blechen, die geringe Eisenverluste haben sollen, ist für etwa 50 Perioden zu nehmen

$$B = 5500 \text{ bis } 7500.$$

Man wählt dabei geringe Blechdicken, 0,3 oder 0,35 mm. Bei Krafttransformatoren mit gewöhnlichen Blechen macht man bei 50 Perioden

$$B = 11\,500 \text{ bis } 13\,000.$$

Die kleineren Werte nimmt man bei Typen mit Luftkühlung oder in Öl mit Selbstkühlung. Größere Induktionen wählt man, wenn der Wirkungsgrad keine sehr große Rolle spielt und hinter den Anschaffungskosten zurücksteht (z. B. in Wasserzentralen). Bei kleinen Periodenzahlen kann man viel höher gehen, so bei 15 Perioden bis $B = 17\,000$.

Die Anwendung der legierten Bleche (s. S. 61) nimmt im Transformatorenbau immer größeren Umfang bei allen Typen an. Man beansprucht sie mit

$$B = 11\,000 \text{ bis } 13\,000,$$

mitunter bei schlechten Kühlverhältnissen etwas geringer, vereinzelt auch noch etwas höher bis 14000. Noch höher kann man mit der Induktion nicht gut gehen, da die Permeabilität der legierten Bleche dann schlecht wird und große Magnetisierungsströme bedingt. Für kleine Periodenzahlen, bei denen die Induktion auch für gewöhnliche Bleche ohne große Verluste hoch gewählt werden kann, bieten die legierten Bleche keine Vorteile mehr. Auch ist eine feinere Unterteilung bei ihnen nicht so wirkungsvoll wie bei gewöhnlichen Blechen.

Die Induktion in den Kernen muß theoretisch größer gehalten werden als in den Jochen, wenn man die geringsten Gesamtverluste erzielen will. Man wählt im allgemeinen die Induktion in den Jochen um 1000 bis 2000 Linien geringer als in den Kernen oder macht sie höchstens ebenso groß.

Die Stromdichte ist

bei weniger gut gekühlten Transformatoren $s = 1,3$ bis $1,8$ Amp./mm²
im allgemeinen . . . . $s = 2$ bis $2,5$ „
bei großen Transformatoren mit Wasser-
    kühlung . . . . $s = 2,5$ bis 3 „

Man wird stets die Stromdichte so hoch wählen, wie die Erwärmung es gerade noch zuläßt, wobei bei Krafttransformatoren
noch oft die Bedingung zu erfüllen ist, daß eine Überlastung von
$25\,^0/_0$ längere Zeit hindurch ausgehalten werden muß.

59. Ermittlung der Abmessungen des Eisenkörpers.

Wir können nach den vorstehenden Angaben sämtliche Größen
annehmen, die erforderlich sind, um aus der Formel

$$Q = C\sqrt{\dfrac{\mathrm{KVA}\,\dfrac{G_{ei}}{G_k}\,10^9}{cBs}}$$

den effektiven Eisenquerschnitt Q zu berechnen. Die Konstante C
entnehmen wir für die gewünschte Form des Querschnittes der
Tabelle auf S. 310.

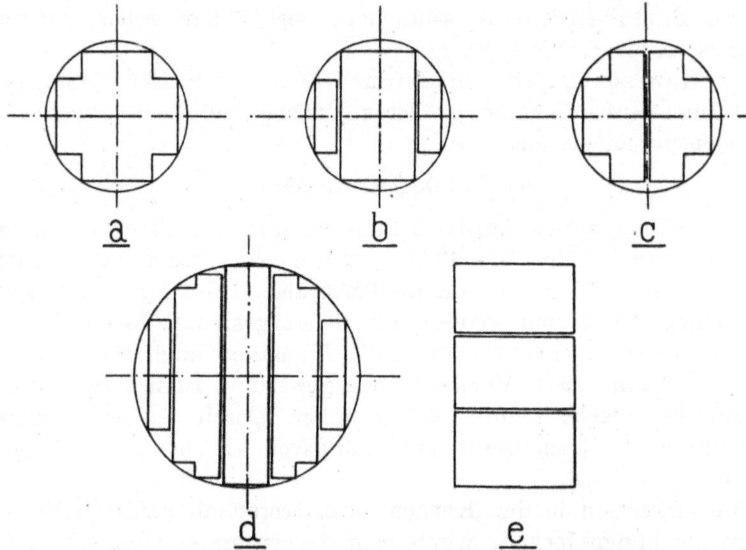

Fig. 317. Querschnittsformen für Kerntransformatoren.

Bei Kerntransformatoren mit rechteckigem Querschnitt
(Fig. 317e) macht man die längere Rechteckseite meistens doppelt
so lang wie die schmale. Bezeichnen wir diese mit a, so ist also

$$a \cdot 2\,a = Q$$

$$a = \frac{\sqrt{Q}}{\sqrt{2}} \eqsim \frac{\sqrt{Q}}{1,4 \text{ bis } 1,5} \quad \cdot \quad \cdot \quad \cdot \quad \cdot \quad (151)$$

Die kurze Seite wird im Maximum bis 30 cm breit gemacht.

Um die Oberfläche zu vergrößern, ordnet man Luftschlitze an, und zwar nimmt man auf ungefähr je 100 mm Länge einen Luftschlitz von 10 bis 20 mm.

Bei Transformatoren mit runden Spulen setzt man den Kernquerschnitt aus verschieden breiten Blechen zusammen, um den Kreisquerschnitt möglichst auszufüllen (Fig. 317). Das Verhältnis des Eisenquerschnitts zum Inhalte des von der Spule umschlossenen Kreises heißt Eisenfüllfaktor f_e. Bei dem Querschnitt (Fig. 318) läßt sich der größte mögliche Füllfaktor folgendermaßen bestimmen:[1]

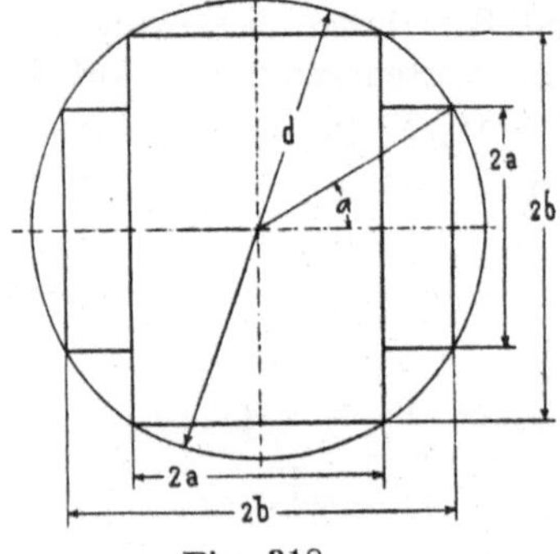

Fig. 318.

Der Querschnitt ist

$$\frac{Q}{k_2} = 4\,(2\,ab - a^2) = d^2\,(2\sin\alpha\cos\alpha - \sin^2\alpha),\,[2]$$

$$\frac{d\left(\dfrac{Q}{k_2}\right)}{d\alpha} = d^2\,(2\cos 2\alpha - 2\sin\alpha\cos\alpha) = d^2\,(2\cos 2\alpha - \sin 2\alpha) = 0,$$

also $\qquad\qquad \operatorname{tg} 2\alpha = 2 \quad\text{und}\quad \alpha = 31^0\,{}^3/_4{}'.$

Hiernach wird

$$a = 0{,}263\,d, \quad b = 0{,}425\,d \quad . \quad . \quad . \quad . \quad (152)$$

und $\qquad\qquad\qquad \dfrac{Q}{k_2} = 0{,}618\,d^2.$

Der größte Füllfaktor ist also gleich

$$f_e = \frac{0{,}618\,d^2\,k_2}{\dfrac{\pi}{4}\,d^2} \approx 0{,}7.$$

Für jede Querschnittsform läßt sich so ein günstigster Eisenfüllfaktor ableiten. Günstig sind kreuzförmige Querschnittsformen wie der in Fig. 317a dargestellte, da sie nur zwei verschiedene Blechbreiten erfordern. Fig. 317b zeigt dieselbe Querschnittsform mit Luftschlitzen. Der Füllfaktor ist für diese Form

$$f_e = 0{,}65 \text{ bis } 0{,}67.$$

---

[1] Nach Routin, Ecl. él. 1900, S. 240.

[2] $k = 0{,}88$ bis $0{,}92$ ist das Verhältnis des reinen Eisenquerschnittes zum gesamten Querschnitt (einschließlich der Isolation), vergl. S. 194.

Die Anordnung mehrerer Pakete verschiedener Blechbreite (Fig. 317d) erlaubt sehr große Füllfaktoren zu erreichen. Bei dem Kernquerschnitt (Fig. 319) von Ganz in Budapest sind z. B. neun verschiedene Blechbreiten zur Verwendung gekommen. f_e ist hier $= 0,8$. Dieser besseren Ausnutzung des Querschnittes steht aber eine Verteuerung des Aufbaues gegenüber.

Über die erforderliche spezifische Abkühlfläche des Kernes vgl. S. 251.

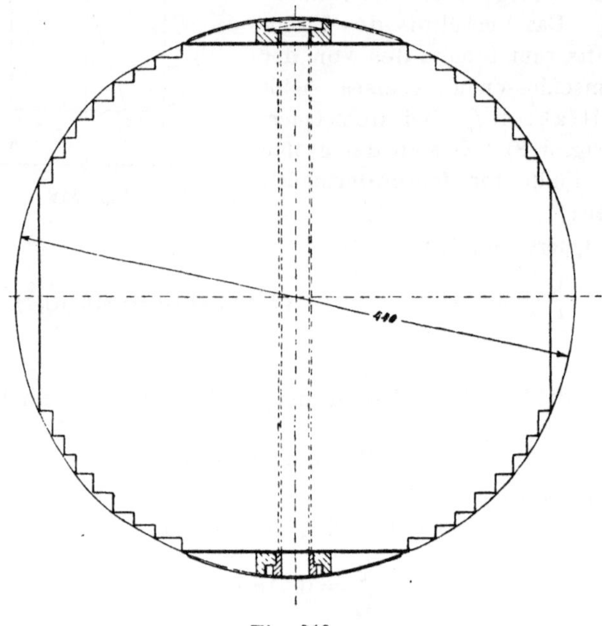

Fig. 319.

Als Blechdicke ist in Europa 0,3, 0,35, 0,5 und 0,8 mm üblich, in Amerika auch 0,4 und 0,6 mm. Theoretisch läßt sich die günstigste Blechstärke durch eine Minimalrechnung ermitteln. Wenn man einen bestimmten Verlust für 1 kg Eisen zuläßt, so muß es eine Blechdicke geben, bei der durch den gegebenen Querschnitt der größte Fluß geht. Denn ist die Blechstärke groß, so muß die Induktion B klein sein, ist die Blechstärke aber klein, so geht ein großer Teil des Kernquerschnittes durch die Isolationsschichten zwischen den Blechen verloren. Für normale Verhältnisse ergibt die Rechnung eine Blechstärke von etwa 0,35 mm.[1]

----

[1] Vgl. F. Loppé, L'Industrie électrique 1909, S. 413.

Die Kernhöhe h und die Fensterbreite a müssen nun so berechnet werden, daß die Gewichte von Eisen und Kupfer in dem zuerst angenommenen Verhältnisse stehen. Wir wählen dazu verschiedene Höhen h, bestimmen zu jedem h mit Hilfe des Kupferfüllfaktors f_k das zugehörige a und daraus das Eisengewicht und ermitteln aus der Form des Querschnittes und der Fensterbreite die mittlere Windungslänge l_m und damit das Kupfergewicht. Für runde Kerne mit einem Kerndurchmesser D ist z. B.

$$l_m \eqsim \pi \left(D + \frac{a}{2} \right),$$

und allgemein ist das Kupfergewicht

$$G_k = 2\,w_1 q_1 l_m \gamma_k 10^{-5}\ \text{kg},$$

worin w_1 die gesamte primäre Windungszahl, q_1 der aus J_1 und s_1 bestimmte Kupferquerschnitt und $\gamma_k = 8{,}9$ ist.

Die Beziehung zwischen h und a ist durch den Kupferfüllfaktor f_k gegeben, d. h. dem Verhältnis des gesamten Kupferquerschnittes eines Fensters zur Fläche des Fensters. Es ist

$$f_k = \frac{2\,(w_1 q_1 + w_2 q_2)}{a h} \eqsim \frac{4\,w_1 q_1}{a h} \quad \ldots \ldots \quad (153)$$

wenn w_1 und w_2 die auf einer Säule vorhandenen Windungen bedeuten. Die Größe von f_k ist bedingt durch die Isolation der Wicklung und deren Abstand vom Eisen, ist also eine Funktion der Spannung. In Fig. 320 und 321 ist f_k als Funktion der Spannung aufgetragen.

Haben wir also h gewählt, so ist die Fensterbreite (Fig. 316)

$$a_{cm} = \frac{4\,w_1 q_1}{100\,f_k h}.$$

Als ersten ungefähren Anhaltspunkt und Kontrolle für die Säulenhöhe h benutzen wir die Zahl der Amperewindungen auf 1 cm Kernlänge, die sogenannte lineare Strombelastung AS. Es ist

$$AS = \frac{w_1 J_1 + w_2 J_2}{h} \eqsim \frac{2\,w_1 J_1}{h},$$

worin unter w_1 und w_2 wieder die Windungszahlen einer Säule zu verstehen sind.

AS ist ziemlich schwankend. Ungefähr können wir annehmen für Transformatoren:

	AS
mit natürlicher Luftkühlung	200 bis 300
in Öl oder mit künstlicher Luftkühlung	300 bis 500
in Öl mit Wasserkühlung	500 bis 800

Im allgemeinen werden die Grenzen 200 und 800 selten unter-
bzw. überschritten, doch sind Abweichungen so lange zulässig, wie
die Abkühlungsfläche des Transformators genügt.

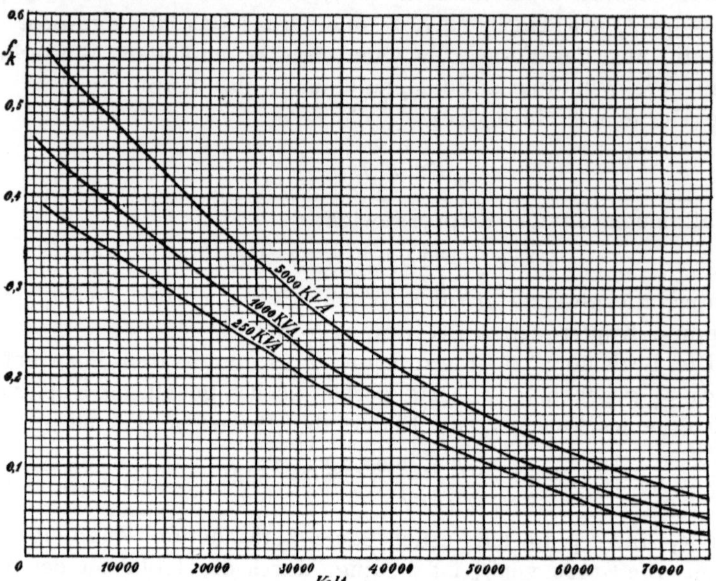

Fig. 320. Kupferfüllfaktor für Manteltransformatoren.

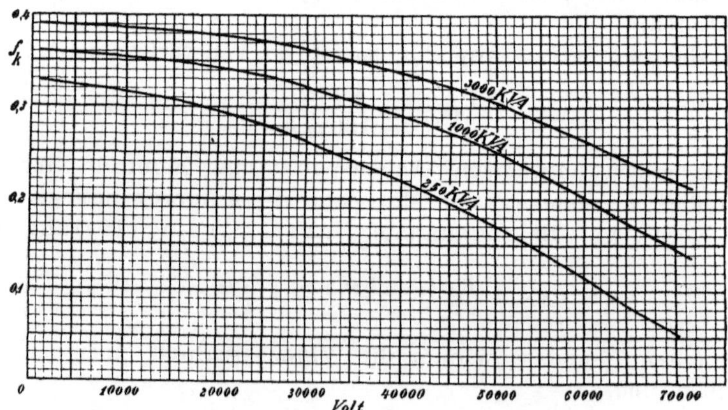

Fig. 321. Kupferfüllfaktor für Kerntransformatoren.

Wir berechnen also zu einigen, vielleicht drei verschiedenen
Werten von h die Größen a und l_m und die Gewichte G_{ei} und G_k
und schätzen danach, für welches h das Verhältnis $\dfrac{G_{ei}}{G_k}$ die gewünschte

Größe hat, oder wir zeichnen eine Kurve $\dfrac{G_{ei}}{G_k} = f(h)$ und finden aus ihr das richtige h.

Bei der Berechnung von G_{ei} können wir annehmen, daß der Querschnitt der Joche gleich dem Kernquerschnitt oder größer ist. Die Querschnittsform des Joches wird immer rechteckig gemacht, seine Breite ist stets gleich der Kernbreite. Die im Kern angeordneten Luftschlitze setzen sich im Joch fort.

Bei Manteltransformatoren bestimmen wir zunächst genau wie bei den Kerntransformatoren den Eisenquerschnitt Q. Dann müssen wir die Abmessungen des Blechschnittes und die Höhe der Blechschichtung so festlegen, daß das gewünschte Verhältnis $\dfrac{G_{ei}}{G_k}$ erreicht wird. Die Höhe der Blechschichtung h_2 (Fig. 322) ist

$$h_2 = h_{ei} + n_s b_s.$$

n_s und b_s bedeuten die Zahl und Breite der Luftschlitze, die Eisenhöhe ohne Luftschlitze ist

$$h_{ei} = \frac{Q}{2\,d}\,\frac{1}{k_2} \qquad (154)$$

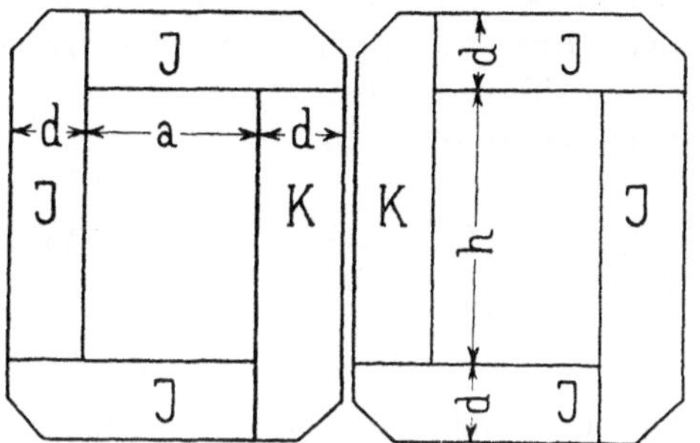

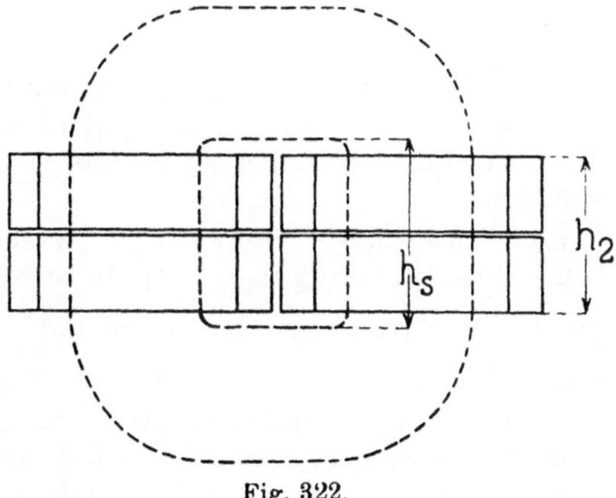

Fig. 322.

Wir ermitteln nun aus dieser Gleichung die Abmessungen h_{ei} und d durch die Beziehung

$$\frac{h_{ei}}{2\,d} = 2 \text{ bis } 3.$$

Nachdem so h_{ei} und d festgelegt sind, nehmen wir verschiedene Fensterhöhen h an, berechnen aus ihnen mit Hilfe des Kupferfüllfaktors f_k (S. 319) die Fensterbreiten a, ferner die mittleren Windungslängen l_m und suchen, für welches h das Verhältnis $\dfrac{G_{ei}}{G_k}$ den anfangs angenommenen Wert annimmt. Das Verhältnis $\dfrac{h}{a}$ liegt fast immer in den Grenzen 1,5 bis 3 und $\dfrac{a}{d}$ zwischen 1,5 und 2,5. Bekommen wir bei der ersten Proberechnung h zu groß oder zu klein gegenüber a, so nehmen wir ein neues Verhältnis $\dfrac{h_{ei}}{2\,d}$ an und führen die eben gemachte Rechnung noch einmal durch.

Zur Berechnung der Wicklung ermitteln wir zunächst die Windungszahlen aus der Spannung. Ist die EMK einer Phase E_1, so ist die Windungszahl

$$w_1 = \frac{E_1\,10^8}{4{,}44\,c\,B\,Q} \qquad \ldots \ldots \ldots \quad (155)$$

und

$$w_2 = w_1\,\frac{E_2}{E_1} \qquad \ldots \ldots \ldots \ldots \quad (156)$$

Die Querschnitte ergeben sich aus den Stromdichten und Strömen zu

$$q_1 = \frac{J_1}{s_1} \quad \text{und} \quad q_2 = \frac{J_2}{s_2} \qquad \ldots \ldots \ldots \quad (157)$$

Bei der Wahl der Querschnittsform und der Unterteilung der Windungen in Spulen oder Abteilungen und für die Bemessung der Isolierung ist das in Kap. X Gesagte zu berücksichtigen.

Die maximale Spannung zwischen zwei benachbart liegenden Windungen einer Spule ist bei Kerntransformatoren gleich $\dfrac{2\,E_1}{w_1} \times$ Windungen einer Lage und $\dfrac{2\,E_2}{w_2} \times$ Windungen einer Lage und soll im allgemeinen 150 bis 200 Volt nicht übersteigen.

Bei Manteltransformatoren (vgl. S. 226) verwendet man große flache Spulen, die meistens aus nur einer Lage Flachkupfer bestehen. Die innere Höhe der Spule h_s (Fig. 322) muß zum bequemen Einbringen der Bleche und für die Isolationszwischenlagen zwischen Spule und Eisen etwas größer sein als h_2. Man kann rechnen

$$h_s = h_2 + 3 \text{ bis } 5 \text{ cm}$$

für kleine und

$$h_s = h_2 + 6 \text{ bis } 9 \text{ cm}$$

für große Transformatoren.

Der effektive Widerstand einer Phase ist

$$r = k_r \frac{1 + 0{,}004\,T}{5700}\cdot\frac{l_m\,w}{q},$$

wenn l_m die mittlere Windungslänge in cm, w die Windungszahl. q der Querschnitt in mm² und k_r ein Koeffizient ist, der die Erhöhung des Ohmschen Widerstandes bei Wechselstrom durch Wirbelströme und ungleichmäßige Verteilung des Stromes über den Querschnitt angibt. k_r kann man im Mittel zu 1,15 schätzen.

Der **Stromwärmeverlust** ist

$$W_k = m J^2 r,$$

worin m die Phasenzahl bedeutet.

Da wir aber das Kupfergewicht schon kennen, ist es bequemer zu rechnen (s. S. 72)

$$W_k = 2{,}6 s^2 G_k \ldots \ldots \ldots \ldots \quad (158)$$

und

$$r = \frac{W_k}{m J^2}.$$

Der **Eisenverlust** ist

$$W_{ei} = G_{ei} w_{ei} \ldots \ldots \ldots \ldots \quad (159)$$

wobei wir w_{ei} den Kurven S. 63—65 entnehmen.

60. Vollständiger Gang der Vorausberechnung eines Transformators.

Zunächst ist auf Grund der früher gegebenen Gesichtspunkte die Type des Transformators und die Art der Kühlung zu wählen. Dann nimmt man das Verhältnis $\dfrac{G_{ei}}{G_k}$ (Eisengewicht zu Kupfergewicht) und die Materialbeanspruchungen, Induktion B und Stromdichte s an, prüft das Verhältnis der Verluste $\dfrac{W_{ei}}{W_k} = \dfrac{w_{ei}}{w_k} \dfrac{G_{ei}}{G_k}$ und bestimmt nach Formel 141 (S. 310) den effektiven Eisenquerschnitt

$$Q = C \sqrt{\frac{\mathrm{KVA} \dfrac{G_{ei}}{G_k} 10^9}{c B s}}$$

und seine linearen Abmessungen (S. 316).

Bei Kerntransformatoren nimmt man nun verschiedene Kernhöhen h an, wobei man sich zur ersten Annäherung der spezifischen Strombelastung AS (S. 319) bedient, berechnet mit Hilfe des Kupferfüllfaktors f_k (S. 320) die zu jedem h gehörige Fensterbreite a und die Gewichte G_{ei} und G_k (S. 319). So findet man das h, das dem gewünschten $\dfrac{G_{ei}}{G_k}$ entspricht und kontrolliert

h zunächst durch AS und die spezifische Abkühlfläche des Kerns (S. 251). Bei **Manteltransformatoren** wählt man ein bestimmtes Verhältnis der Querschnittsseiten h_{ei} und $2d$ (S. 321) und ändert dann die Seiten des Fensters h und a so lange, bis das gewünschte Gewichtsverhältnis $G_{ei} : G_k$ erreicht ist, wobei als erste Kontrolle die Größe von $\dfrac{h}{a}$ und $\dfrac{a}{d}$ (S. 321, 322) zu bestimmen ist.

Zur Berechnung des Kupfergewichtes müssen wir kennen die **Windungszahl einer Phase**

$$w \sim \frac{P\,10^8}{4,44\,c\,B\,Q}$$

und den **Kupferquerschnitt**

$$q = \frac{J}{s}.$$

Es kommt nicht darauf an, das ursprünglich angenommene Gewichtsverhältnis $G_{ei} : G_k$ genau zu erreichen, da ja C in Gl. 141 keine absolute Konstante, sondern ein Mittelwert ist. Immerhin soll das endgültige $G_{ei} : G_k$ höchstens bis zu $10\,^0/_0$ von dem zuerst angenommenen Werte abweichen.

Die Stärke der Isolation, die Wicklungsanordnung, den Abstand der Wicklungen voneinander und vom Eisen wählt man nach den im Kap. X gegebenen Gesichtspunkten, wobei man die Abmessungen der Kupferquerschnitte so lange ändern muß, bis die Wicklung gut in das vorher berechnete Fenster hineingeht.

Wir bestimmen nun die **Verluste** W_{ei} und W_k (S. 323) und die **spezifische Abkühlfläche des Transformators** (Kap. XI), deren Größe entscheidend dafür ist, ob man den Transformator ausführen kann. In den meisten Fällen wird die Abkühlfläche ausreichen, wenn man $G_{ei} : G_k$, B und s in den früher angegebenen Grenzen wählt. Ergibt sich die Abkühlfläche als zu gering, so hat man die Beanspruchungen zu hoch gewählt und muß unter neuen, kleineren Annahmen die ganze Rechnung noch einmal durchführen.

Schließlich berechnet man den Spannungsabfall und den Leerlaufstrom nach den in den Kap. I, IV und VII gegebenen Formeln.

Vierzehntes Kapitel

Beispiele für die Vorausberechnung eines Transformators und Zusammenstellung der Formeln.

61. Berechnung eines dreiphasigen Kerntransformators von 50 KVA mit besonders geringen Leerlaufverlusten. — 62. Berechnung eines einphasigen Manteltransformators von 2000 KVA. — 63. Zusammenstellung der Formeln für die Berechnung eines Transformators. — 64. Tabelle der Hauptabmessungen von ausgeführten Transformatoren.

61. Berechnung eines dreiphasigen Kerntransformators von 50 KVA.

Es ist ein Transformator für Beleuchtungszwecke von 50 KVA, 50 Perioden und einem Übersetzungsverhältnis von 8000/191 $(110 \times \sqrt{3})$ Volt verketteter Spannung zu berechnen. Der Transformator soll, um kleine Abmessungen zu erhalten, in Öl stehen und besonders geringe Leerlaufverluste besitzen.

Wir wählen die Type mit runden Kernen und verwenden legiertes Blech von 0,5 mm Stärke. Dann ist für diese Größe zu nehmen

$$\frac{G_{ei}}{G_k} = 2 \, .$$

Als Beanspruchungen wählen wir

$$B = 12\,600 \qquad \text{und} \qquad s = 2 \text{ Amp./mm}^2 .$$

Das Verhältnis der Verluste $\dfrac{W_{ei}}{W_k}$ wird hierbei klein. Zu $B = 12\,600$ gehört ein Verlust von 2,64 Watt/kg und zur Stromdichte 2 ein Verlust von $2,6 \cdot 2^2 = 10,4$ Watt/kg.

Es wird also ungefähr werden

$$\frac{W_{ei}}{W_k} = \frac{2,64}{10,4} \cdot 2 = 0,51 \, .$$

Der Eisenquerschnitt ist

$$Q = 0,37 \sqrt{\frac{KVA \cdot \frac{G_{ei}}{G_k} \cdot 10^9}{cBs}} = 0,37 \sqrt{\frac{50 \cdot 2 \cdot 10^9}{50 \cdot 12600 \cdot 2}},$$

$$Q = 104 \text{ cm}^2.$$

Wir wählen eine einfache kreuzförmige Querschnittsform, für die der Füllfaktor $f_e = 0,7$ ist (siehe S. 317) und erhalten für den Durchmesser des umschriebenen Kreises

$$\sqrt{\frac{104}{0,7} \cdot \frac{4}{\pi}} = 14 \text{ cm}.$$

Der Kraftfluß wird

$$\Phi = B \cdot Q = 12600 \cdot 104 = 1,31 \cdot 10^6$$

und die Windungszahlen sind

$$w_1 = \frac{P_1 \cdot 10^8}{4,44 \, c \, \Phi} = \frac{8000 \cdot 10^8}{\sqrt{3} \cdot 4,44 \cdot 50 \cdot 1,31 \cdot 10^6} = 1580,$$

$$w_2 = \frac{P_2}{P_1} w_1 = \frac{191}{8000} \cdot 1580 = 38.$$

Die Spannung für eine Windung ist

$$\frac{8000}{\sqrt{3} \cdot 1580} = 2,92 \text{ Volt},$$

also ein niedriger Wert.

Die Ströme sind

$$J_1 = \frac{KVA \cdot 1000}{\sqrt{3} \cdot P} = \frac{50 \cdot 1000}{\sqrt{3} \cdot 8000} = 3,62 \text{ Amp.},$$

$$J_2 = 151 \text{ Amp.}$$

und die Querschnitte der Leiter

$$q_1 = \frac{J_1}{s_1} = \frac{3,62}{2} = 1,81 \text{ mm}^2,$$

$$q_2 = 75,5 \text{ mm}^2.$$

Die genaueren Abmessungen werden wir später feststellen.

Um die Kernhöhe zu bestimmen, schätzen wir zunächst, daß AS in der Nähe von 400 liegen wird. Damit wird die Kernhöhe

$$h = \frac{2 J_1 w_1}{AS} = \frac{2 \cdot 3,62 \cdot 1580}{400} = 28,6 \approx 30 \text{ cm}.$$

Wir wollen nun drei verschiedene Kernhöhen

$$h = 25,\ 30,\ 35 \text{ cm}$$

annehmen und prüfen, wie sich dabei das Gewichtsverhältnis $\dfrac{G_{ei}}{G_k}$ ändert. Als Füllfaktor des Fensters entnehmen wir der Kurve S. 320

$$f_k = 0{,}3\,.$$

I. $h = 25$ cm. Die Fensterbreite a ist dann

$$a = \frac{4\,w_1 q_1}{f_k\,h} = \frac{4 \cdot 1580 \cdot 1{,}81}{0{,}3 \cdot 250} = \frac{38\,200}{250} = 153 \text{ mm}\,.$$

Die Jochlänge wird

$$3 \cdot 14 + 2 \cdot 15{,}3 = 72{,}6 \text{ cm}$$

und das Eisengewicht

$$\begin{aligned}
G_{ei} &= 3 \cdot 25 \cdot 104 \cdot 7{,}8 \cdot 10^{-3} &&= 61\\
&+ 3 \cdot 72{,}6 \cdot 104 \cdot 7{,}8 \cdot 10^{-3} &&= \underline{118}\\
& && 179 \text{ kg}\,.
\end{aligned}$$

Wenn wir annehmen, daß zwischen den fertig bewickelten Säulen ein Zwischenraum von etwa 20 mm besteht, ist die mittlere Windungslänge

$$l_m = \pi\left(14{,}0 + \frac{13{,}3}{2}\right) = 64{,}7 \text{ cm}$$

und das Kupfergewicht

$$\begin{aligned}
G_k &= 3 \cdot 2 \cdot w_1 \cdot q_1 \cdot l_m \cdot 8{,}9 \cdot 10^{-5}\\
&= 6 \cdot 1580 \cdot 1{,}81 \cdot 64{,}7 \cdot 8{,}9 \cdot 10^{-5} \sim 99 \text{ kg}\,,
\end{aligned}$$

also

$$\frac{G_{ei}}{G_k} = 1{,}81\,.$$

II. $h = 30$ cm, $a = 12{,}7$ cm.

$$G_{ei} = (3 \cdot 30 + 2 \cdot 67{,}4)\,104 \cdot 7{,}8 \cdot 10^{-3} = 183 \text{ kg}\,,$$

$$l_m = \pi\left(14 + \frac{10{,}7}{2}\right) = 60{,}7\,,$$

$$G_k = 6 \cdot 1580 \cdot 1{,}81 \cdot 60{,}7 \cdot 8{,}9 \cdot 10^{-5} \sim 92{,}5\,,$$

$$\frac{G_{ei}}{G_k} = 1{,}98\,.$$

III. $h = 35$ cm, $a = 10{,}9$ cm.

$$G_{ei} = (3 \cdot 35 + 2 \cdot 63{,}8)\,104 \cdot 7{,}8 \cdot 10^{-3} = 188 \text{ kg}\,,$$

$$l_m = \pi\left(14 + \frac{8{,}9}{2}\right) = 58 \text{ cm}\,,$$

$$G_k = 88,5 \text{ kg},$$

$$\frac{G_{ei}}{G_k} = 2,13.$$

Wir wählen einen Transformator, der zwischen den Ausführungsformen II und III liegt, und machen

$$h = 320 \text{ mm} \quad \text{und} \quad a = 125 \text{ mm} \text{ (Fig. 323, 324)}.$$

Der Abstand von Mitte bis Mitte Kern ist dann

$$140 + 125 = 265 \text{ mm}.$$

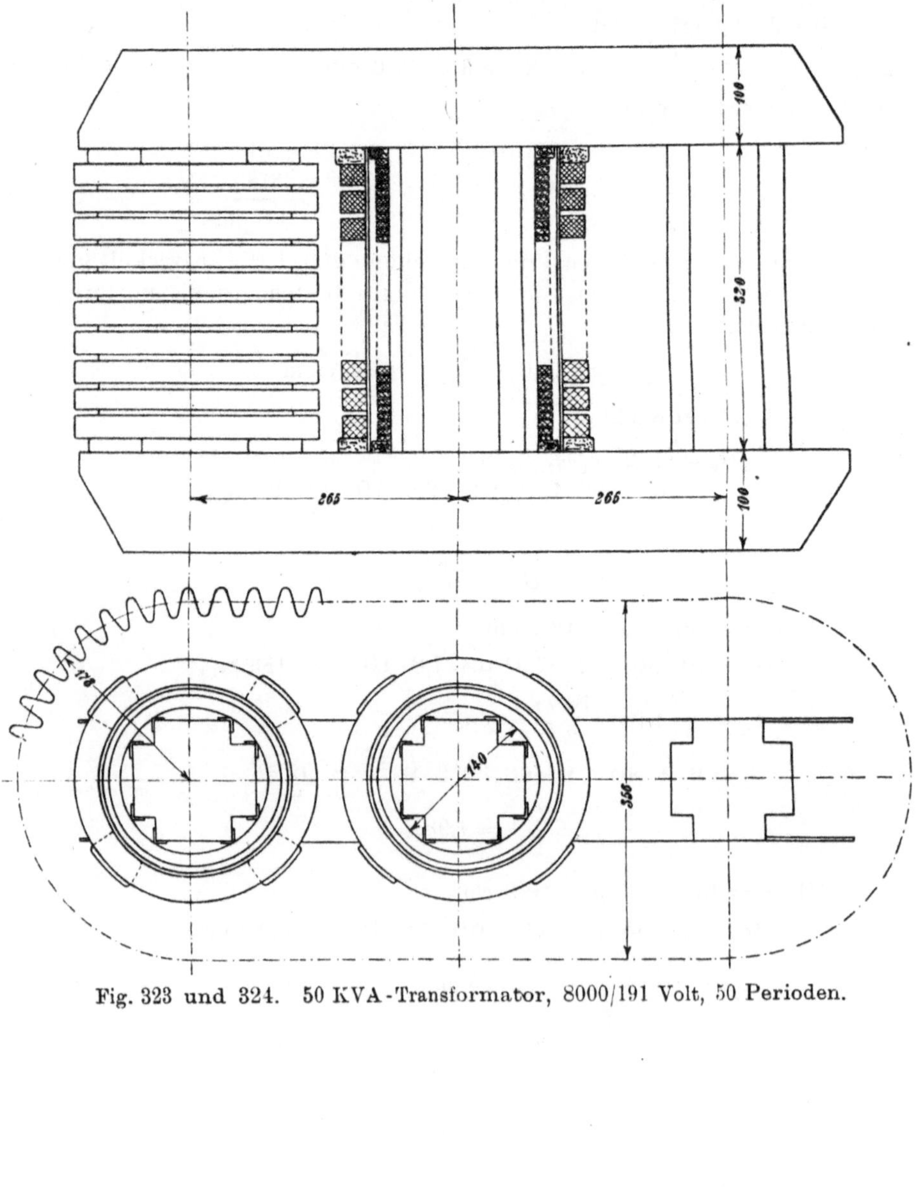

Fig. 323 und 324. 50 KVA-Transformator, 8000/191 Volt, 50 Perioden.

Das Joch machen wir 12 cm breit und 10 cm hoch, also

$$Q_j = 120 \cdot 0,9 = 108 \text{ cm}^2 .$$

Wir haben nun die genaue Anordnung der Wicklung zu bestimmen. Als Drahtabmessungen nehmen wir

primär: Draht **1,5/1,9** ϕ , $\qquad q_1 = 1,77$ mm^2 ,

$$s_1 = 2,04 \text{ Amp./mm}^2 ,$$

sekundär: Leiter **6 $\times$ 13/6,5 $\times$ 13,5** , $\qquad q_2 = 78$ mm^2 ,

$$s_2 = 1,94 \text{ Amp./mm}^2 .$$

Die Wicklung führen wir als Zylinderwicklung aus und ordnen die Hochspannungswicklung außen an. Wir unterteilen diese in 10 Spulen, 8 Spulen erhalten 13 Lagen zu 12 Windungen, also je 156 Windungen, und die oberste und unterste Spule erhalten 13 Lagen zu je 13 Windungen, also je 169 Windungen, so daß wir im ganzen **1586** Windungen bekommen.

Die Spulen werden mit Band umwickelt, und zwischen den einzelnen Spulen lassen wir je etwa 6 mm Abstand, um ein Zirkulieren des Öls zu ermöglichen. Die ganze Höhe der Wicklung ist dann $122 \times 1,9 + 10 \times 6 = 292$ mm. Die verbleibenden 28 mm verteilen wir auf die Abstützungen aus Porzellan, die nach der in Fig. 243 angegebenen Weise angeordnet und befestigt sind. Die Dicke der Hochspannungsspule ist 25 mm.

Die Niederspannungsspule wird als fortlaufende Spirale gewickelt und an den Enden durch Holz abgestützt Die Dicke der Spule ist 13,5 mm.

Zwischen den Spulen ordnen wir einen 6 mm großen Zwischenraum und eine 3 mm starke Isolierhülse **an**. Zwischen den Spulen benachbarter Säulen bleibt dann ein Zwischenraum von 30 mm.

Die genauen Gewichte sind nun

$$G_{ei} = (3 \cdot 32 \cdot 104 + 2 \cdot 67 \cdot 108) \cdot 7,8 \cdot 10^{-3} = 78 + 113$$
$$= \textbf{191 kg} = \textbf{3,8 kg/KVA} .$$

Die mittleren Windungslängen sind

$$l_{m1} = \pi (14 + 2 \cdot 1,35 + 2 \cdot 0,9 + 2,5) = 66 \text{ cm} ,$$
$$l_{m2} = \pi (14 + 1,35) = 48,2 \text{ cm}$$

und die Gewichte

$$G_{k1} = 3 \cdot 1586 \cdot 1,77 \cdot 66 \cdot 8,9 \cdot 10^{-5} = 49,5 \text{ kg}$$
$$G_{k2} = 3 \cdot 38 \cdot 78 \cdot 48,2 \cdot 8,9 \cdot 10^{-5} = 38 \text{ kg} ,$$
$$G_k = \textbf{87,5 kg} = \textbf{1,75 kg/KVA} .$$

Also ist $\qquad\qquad \dfrac{G_{ei}}{G_k} = 2,18 .$

Die Verluste betragen

$$W_{ei} = w_{ei}\, G_{ei} = 2,64 \cdot 78 + 2,5 \cdot 113 = \mathbf{488\ Watt},$$

$$W_k = 2,6\, s^2\, G_k = 2,6\,(2,04^2 \cdot 49,4 + 1,94^2 \cdot 38) = \mathbf{910\ Watt}$$

und der Wirkungsgrad bei Vollast und $\cos \varphi = 1$ ist

$$\eta = \frac{KW}{KW + W_{ei} + W_k} = \frac{50}{50 + 1,41} = 0,974 = \mathbf{97,4\,\%}.$$

Das Verhältnis der Verluste ist

$$\frac{W_{ei}}{W_k} = 0,54 .$$

Berechnung der Abkühlungsfläche. Als wärmeabgebende Flächen haben wir:

Mantelfläche der Spulen

$$3\pi(14 + 9,5)\,32 = 7100\ \text{cm}^2 ,$$

Stirnflächen der Spulen

$$6\,\frac{\pi}{4}\,(23,5^2 - 14^2) = 1650\ \text{cm}^2 ,$$

$50\,\%$ der Mantelfläche der Niederspannungsspulen

$$0,5 \cdot 3 \cdot \pi\,(14 + 2,7)\,32 = 2520\ \text{cm}^2 ,$$

Abkühlfläche der Joche

$$2 \cdot 67 \cdot 12 = 1600\ \text{cm}^2 ,$$
$$+\, 4 \cdot 67 \cdot 10 = 2700\ \text{cm}^2 ,$$
$$+\, 4 \cdot 10 \cdot 12 = 480\ \text{cm}^2 ,$$
$$\text{Abkühlfläche} = 16050\ \text{cm}^2 .$$

Da die Verluste 1398 Watt betragen, haben wir

$$\frac{16050}{1398} = \mathbf{11,5\ cm^2/Watt}$$

als spezifische Kühlfläche.

Dieser Betrag ist genügend. In Wirklichkeit ist die Kühlfläche etwas günstiger, da zwischen den Hochspannungsspulen das Öl zirkulieren kann.

Für den Kern haben wir die Abkühlfläche (siehe S. 251)

$$\frac{128 \cdot U_e}{Q \cdot w_{ei}} = \frac{128 \cdot 48}{104 \cdot 2,64} = 22,4\ \text{cm}^2/\text{Watt} ,$$

also eine ebenfalls ausreichende Kühlfläche.

Zur Kontrolle berechnen wir noch

$$AS = \frac{J_1 w_1 + J_2 w_2}{h} = \frac{3,62 \cdot 1586 + 151 \cdot 38}{32} = 360$$

und

$$f_k = \frac{2 w_1 q_1 + 2 w_2 q_2}{ah} = \frac{2 \cdot 1586 \cdot 1,77 + 2 \cdot 38 \cdot 78}{125 \cdot 320} = 0,29 \, .$$

Widerstand und Reaktanz der Wicklung. Die effektiven Widerstände sind

$$r_1 = \frac{W_{k1}}{J_1{}^2} = \frac{532}{3 \cdot 3,62^2} = \mathbf{13,5 \, \Omega} \, ,$$

$$r_2 = \frac{378}{3 \cdot 151^2} = \mathbf{0,0055 \, \Omega} \, ,$$

$$r_2{}' = r_2 \cdot \frac{w_1{}^2}{w_2{}^2} = 9,56 \, \Omega \, .$$

Der Kurzschlußwiderstand ist

$$r_k = r_1 + r_2{}' \simeq \mathbf{23 \, \Omega} \, .$$

Die Kurzschlußreaktanz ist

$$x_k = \frac{8,5 \, c w_1{}^2 \, U_m \left(\dfrac{\varDelta_1 + \varDelta_2}{3} + \varDelta \right) 10^{-8}}{l_s}$$

$$= \frac{8,5 \cdot 50 \cdot 1586^2 \cdot 57,1 \left(\dfrac{2,5 + 1.35}{3} + 0,9 \right) 10^{-8}}{30} = \mathbf{44 \, \Omega.}$$

Die Kurzschlußimpedanz ist

$$z_k = \sqrt{r_k{}^2 + x_k{}^2} \sim \mathbf{50 \, \Omega}$$

und die Kurzschlußspannung

$$P_k = J_1 z_k = 3,62 \cdot 50 = \mathbf{181 \, Volt,}$$

d. h. etwa $3,9\%$ der Spannung einer Phase.

Der Spannungsabfall ist

$$\varepsilon\,\% = \frac{J_1 \left(r_k \cos \varphi_2 + x_k{}' \sin \varphi_2 \right)}{P_1} \, 100 \, ,$$

also bei $\cos \varphi = 1$

$$\varepsilon\,\% = \frac{3,62 \cdot 23}{4620} 100 = \mathbf{1,8\%}$$

und bei $\cos \varphi = 0,8$

$$\varepsilon\,\% = \frac{3,62 \, (23 \cdot 0,8 + 44 \cdot 0,6)}{4620} 100 = \mathbf{3,5\%} \, .$$

Leerlaufstrom. Wir ermitteln den Leerlaufstrom graphisch nach dem auf S. 95 beschriebenen Verfahren. Hier ergeben sich zwischen ab für den längeren magnetischen Kreis 371 wattlose und 62 Wattamperewindungen und für den kleineren Kreis 197 wattlose und 36 Wattamperewindungen. Die Konstruktion ergibt für die mittlere Säule einen Leerlaufstrom

$$J_0 = 0{,}16 \text{ Amp.}$$

und einen Wattverbrauch

$$W_0 = 135 \text{ Watt.}$$

Für die äußeren Säulen ist

$$J_0 = 0{,}22 \text{ Amp.}$$

und der Wattverbrauch

$$W_0 = 315 \text{ Watt}$$

für die eine und

$$W_0 = 25 \text{ Watt}$$

für die andere Phase.

Im allgemeinen genügt es, den Leerlaufstrom angenähert nach dem auf S. 99 beschriebenen Verfahren zu berechnen. Hier erhalten wir:

für den äußeren Kreis

$$\begin{aligned}
AW_{wl} = 32 \cdot 4{,}24 &= 136\,, \\
68 \cdot 4{,}24 &= 288\,, \\
0{,}8 \cdot 12\,600 \cdot 0{,}01 &= 100\,, \\
\hline
&\ 524\ AW\,,
\end{aligned}$$

$$J_{wl} = \frac{524}{\sqrt{2} \cdot 1580} = 0{,}235 \text{ Amp.}$$

Der Verlust ist für eine Phase

$$\frac{W_{ei}}{3} = 162 \text{ Watt,}$$

also der Wattstrom

$$J_w = 0{,}034 \text{ Amp.}$$

und der ganze Strom

$$J = \sqrt{J_w{}^2 + J_{wl}^2} = 0{,}237 \text{ Amp.}$$

Für den mittleren Kreis ist

$$\begin{aligned}
AW_{wl} = 32 \cdot 4{,}24 &= 136\,, \\
10 \cdot 4{,}24 &= 42{,}4\,, \\
0{,}8 \cdot 12\,600 \cdot 0{,}01 &= 100\,, \\
\hline
&\sim 297\ AW\,,
\end{aligned}$$

$$J_{wl} = 0{,}125\,, \qquad J_w = 0{,}034\,, \qquad J = 0{,}129 \text{ Amp.}$$

Als mittleren Leerlaufstrom finden wir

$$J_0 = \frac{2 \cdot 0{,}237 + 0{,}129}{3} = 0{,}2 \text{ Amp.},$$

also einen genügend genauen Wert.

Berechnung des Ölgewichts und des Kastens. Für den Kasten verwenden wir Wellblech nach Fig. 269, für das die Abkühlungskonstante $k_a = 8$ ist. Wir wollen eine Übertemperatur des Kastens von 30^0 C zulassen und brauchen dann eine Kastenoberfläche

$$O = \frac{W_{ei} + W_k}{k_a T} = \frac{1398}{8 \cdot 30} = 5{,}8 \text{ m}^2.$$

Wir legen den Kasten so um den Transformator, daß die Mittellinie des Wellbleches 6 cm von der äußeren Spule absteht. Die Länge der Mittellinie ist dann 213,5 cm und, da für das gewählte Profil zu 1 cm Mittellinie 2,4 cm Umfang gehören, ist der Umfang des Kastens 490 cm. Wir brauchen also eine Kastenhöhe

$$h_k = \frac{5{,}8}{4{,}9} = 1{,}18 \text{ m}.$$

Wir machen den Kasten 130 cm hoch und lassen die Ölfüllung 120 cm hoch stehen. Der Inhalt des Kastens ist dann $2810 \cdot 120 = 340000$ cm^3 bis zum Ölrande. Das Volumen des Transformators beträgt 55000 cm^3, also sind 285000 cm^3 Öl vorhanden. Da das Öl ein spezifisches Gewicht von etwa 0,89 hat, brauchen wir

$$285 \cdot 0{,}89 \simeq 250 \text{ kg Öl}.$$

62. Berechnung eines 2000 KVA-Manteltransformators.

Es ist ein Einphasentransformator zu berechnen für 2000 KVA, 50 Perioden und 30000/3000 Volt. Der Transformator soll als Manteltype ausgeführt werden und in Öl mit Wasserkühlung stehen.

Wir wählen, da wir es mit einem normalen Transformator zu tun haben, gewöhnliches Eisenblech von 0,35 mm, und gehen, um das Material gut auszunutzen, bis zu sehr hohen Beanspruchungen

$$\boldsymbol{B} = 12500 \quad \text{und} \quad \boldsymbol{s} = \boldsymbol{3 \text{ Amp./mm}^2}.$$

Wenn wir das Verlustverhältnis $\dfrac{W_{ei}}{W_k}$ ungefähr zu 1 annehmen, ergibt sich für das Gewichtsverhältnis

$$\frac{G_{ei}}{G_k} = \frac{23{,}4}{5} 1 = \boldsymbol{4{,}7},$$

da die Verluste für 1 kg $w_{ei} = 5$ und $w_k = 23{,}4$ sind.

Da das Gewichtsverhältnis 4,7 in den richtigen Grenzen liegt, wollen wir es beibehalten.

Der Eisenquerschnitt ist

$$Q = 0,9 \sqrt{\dfrac{KVA \dfrac{G_{ei}}{G_k} 10^9}{cBs}} = 0,9 \sqrt{\dfrac{2000 \cdot 4,7 \cdot 10^9}{50 \cdot 12\,500 \cdot 3}}$$

$$Q = 2020 \text{ cm}^2.$$

Der Kraftfluß ist

$$\Phi = 2020 \cdot 12\,500 = 25,2 \cdot 10^6,$$

und die Windungszahlen werden

$$w_1 = \frac{P_1 \cdot 10^8}{4,44\,c\,\Phi} = \frac{30\,000 \cdot 10^8}{4,44 \cdot 50 \cdot 25,2 \cdot 10^6} = 540$$

$$w_2 = \frac{P_2}{P_1} w_1 = 54.$$

Die Spannung für eine Windung ist 55,5 Volt.

Die Ströme sind

$$J_1 = 66,7 \text{ Amp.}, \quad J_2 = 667 \text{ Amp.},$$

also werden die Kupferquerschnitte ungefähr

$$q_1 = \frac{66,7}{3} = 22,2 \text{ mm}^2, \quad q_2 = 222 \text{ mm}^2.$$

Der Kurve S. 320 entnehmen wir für 30000 Volt den Kupferfüllfaktor

$$f_k = 0,25,$$

der Fensterquerschnitt muß also ungefähr sein

$$\frac{2\,w_1 q_1}{f_k} = \frac{2 \cdot 540 \cdot 22,2}{0,25} = 96\,000 \text{ mm}^2.$$

Wir bestimmen zunächst die Höhe h_2 der Blechschichtung. Das Verhältnis $\dfrac{h_{ei}}{2\,d}$ soll nach S. 321 zwischen 2 und 3 liegen. Wir wählen hier das Seitenverhältnis des Querschnittes zu 2,5 und erhalten

$$28,4 \times 71,0 = 2020 \text{ cm}^2.$$

Wir wählen die Stegbreite des Bleches $d = 140$ mm. Dann wird

$$h_{ei} = \frac{2020}{0,9 \cdot 2 \cdot 14} = 80,0 \text{ cm}.$$

Ferner ordnen wir 8 Luftschlitze von 8 mm an. Wir müssen nun das Verhältnis von Fensterhöhe zu Fensterbreite annehmen und so lange ändern, bis das gewünschte Gewichtsverhältnis $\dfrac{G_{ei}}{G_k}$ annähernd erreicht ist. Wir schätzen zunächst $\dfrac{h}{a} = 2$ und erhalten den Blechschnitt Fig. 325 mit $h = 440$ und $a = 220$ mm. Die Fläche des Blechschnittes ist 2510 cm², also ist das Eisengewicht

$$G_{ei} = 2 \cdot 2510 \cdot 80 \cdot 0,9 \cdot 7,8 \cdot 10^{-3} = 2820 \text{ kg.}$$

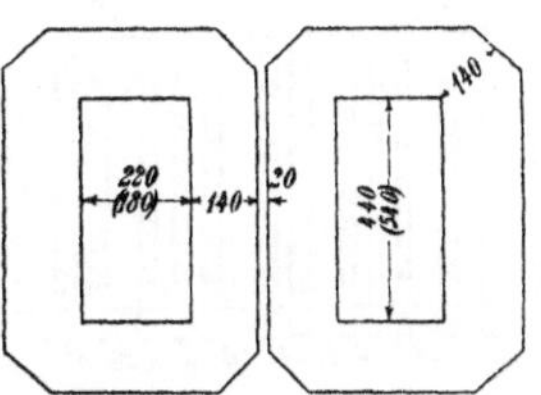

Um das Kupfergewicht zu berechnen, müssen wir die mittlere Windungslänge l_m kennen. Die Dicke der Holzklötze, auf denen die Spulen mit ihren Schmalseiten ruhen, setzen wir je 6 cm. Dann ist

$$l_m = 2 \cdot (86,4 + 12) + 2 \cdot 30 + \pi \cdot 22 = 326 \text{ cm}$$

und das Kupfergewicht

$$G_k = 2 \cdot 540 \cdot 22,2 \cdot 326 \cdot 8,9 \cdot 10^{-5} = 695 \text{ kg,}$$

also ist

$$\frac{G_{ei}}{G_k} = 4,06.$$

Ebenso berechnet sich für

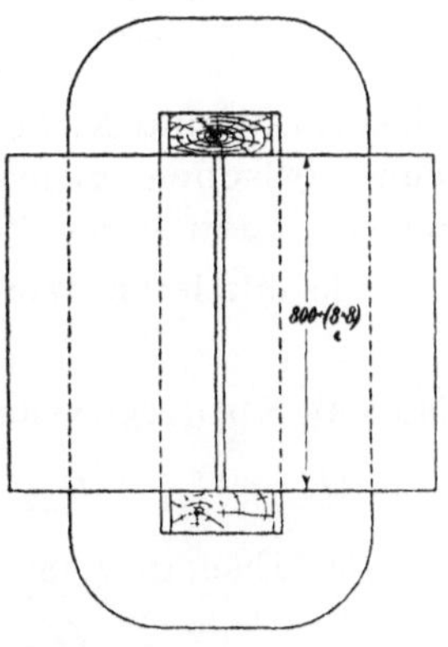

$\dfrac{h}{a}$	$\dfrac{G_{ei}}{G_k}$
2,5	$\dfrac{2910}{678} = 4,3$
3	$\dfrac{3010}{665} = 4,53.$

Fig. 325.

Den letzten Wert, der ungefähr paßt, behalten wir bei und machen den

Fensterquerschnitt 180×540 mm.

Wir bestimmen jetzt die genauen Abmessungen der Wicklung. Die Spulen werden aus Flachkupfer gewickelt und erhalten je nur eine Lage.

Den primären Kupferquerschnitt machen wir

$$q_1 = 2,3 \times 10 \text{ mm, isoliert } 2,9 \times 10,6 = 22,2 \text{ mm}^2,$$

den sekundären

$$q_2 = 5 \times 12 \text{ mm, isoliert } 5,6 \times 12,6 = 57,5 \text{ mm}^2$$

und schalten 4 Leiter parallel.

Durch die Abrundung der Ecken geht ein kleiner Teil des Querschnittes verloren. Die Stromdichten sind

$$s_1 = 3 \text{ Amp./mm}^2, \quad s_2 = 2,91.$$

Wir ordnen 12 Hochspannungsspulen zu je 45 Windungen an (Fig. 326) und schalten alle in Serie und 8 Niederspannungsspulen von je 27 Windungen, von denen je vier parallel geschaltet sind. Bei den Hoch- und Niederspannungsspulen legen wir zwischen die Windungen noch 0,4 mm Papier als Isolation. Die Abmessungen der Hochspannungsspulen sind dann 11×150 mm, die der Niederspannungsspulen 13×162 mm. Zwischen Hoch- und Niederspannungsspulen lassen wir 20 mm Zwischenraum, zwischen gleichartigen Spulen 10 bzw. 8 mm, die letzten Spulen stehen dann 20 mm vom Eisen ab.

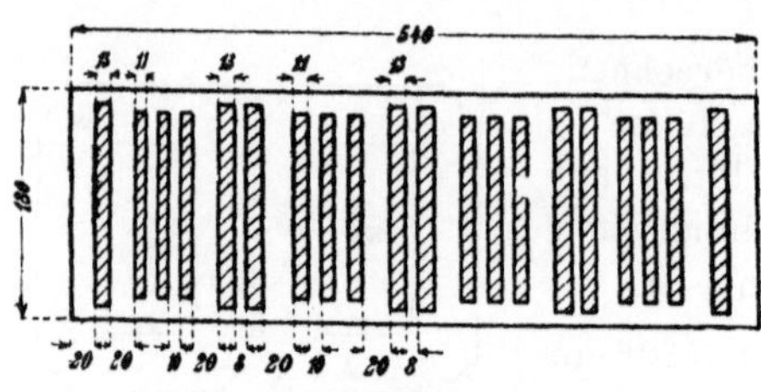

Fig. 326. Anordnung der Spulen im Fensterquerschnitt.

Die mittleren Windungslängen sind

$$l_{m1} = l_{m2} = 310 \text{ cm}$$

und das Kupfergewicht

$$G_k = G_{k1} + G_{k2} = 330 + 342 = 672 \text{ kg} = 0{,}335 \text{ kg/KVA}.$$

Das Eisengewicht ist

$$G_{ei} = 3010 \text{ kg} = 1{,}5 \text{ kg/KVA}.$$

$\dfrac{G_{ei}}{G_k} \backsim 4{,}5$ ist also etwas kleiner als ursprünglich angenommen wurde.

Die Verluste sind

$$W_{ei} = 3010 \cdot 5 = 15050 \text{ Watt}$$

und

$$W_k = 23{,}4 \cdot 330 + 22 \cdot 342 = 15250 \text{ Watt}$$

und der Wirkungsgrad

$$\eta = \frac{2000}{2000 + 30{,}3} \cdot 100 = 98{,}6\%.$$

Erwärmung. Als abkühlende Oberfläche rechnen wir:
Außenfläche des Eisenkörpers

$$(4 \cdot 46 + 2 \cdot 82)\, 80 = 28000 \text{ cm}^2,$$

Luftschlitze im Eisenkörper einseitig gerechnet
$$2 \cdot 2680\,(8 + 2) = 53\,600 \text{ cm}^2,$$
Oberfläche der Spulen, an den 10 und 8 mm Schlitzen nur einseitig gerechnet,
$$4800\,(11 + 18) = 139\,000 \text{ cm}^2.$$

Die gesamte wärmeabgebende Oberfläche ist also 220 600 cm².

Die abkühlende Oberfläche für 1 Watt ist
$$\frac{220\,600}{30\,000} = 7,54 \text{ cm}^2,$$

reicht also aus.

Leerlaufstrom. Der mittlere Kraftlinienweg im Eisen ist 180 cm, die Amperewindungen für 1 cm Länge und $B = 12\,500$ sind nach Fig. 11 Kurve II 3,54, also sind die gesamten wattlosen Amperewindungen, wenn wir 4 Stoßfugen annehmen,
$$180 \cdot 3,54 = 636$$
$$0,8 \cdot 12\,500 \cdot 0,02 = \underline{198}$$
$$834$$

und der wattlose Strom ist
$$J_{0\,wl} = \frac{834}{\sqrt{2 \cdot 540}} = 1,09 \text{ Amp.}$$

Der Wattstrom ist
$$J_{0\,w} = \frac{W_{ei}}{P} = \frac{15\,050}{30\,000} = 0,5 \text{ Amp.},$$

also ist der ganze Leerlaufstrom
$$J_0 = \sqrt{1,09^2 + 0,5^2} = \mathbf{1,2 \text{ Amp.}} = \mathbf{1,8^0/_0} \text{ des Vollaststromes.}$$

Widerstand und Reaktanz der Wicklung. Der effektive Widerstand ist
$$r_1 = \frac{W_{k1}}{J_1^2} = \frac{7720}{66,7^2} = 1,71\,\Omega$$

$$r_2 = \frac{W_{k2}}{J_2^2} = \frac{7530}{667^2} = 0,0167\,\Omega,$$

also
$$r_2' = \frac{w_1^2}{w_2^2}\, r_2 = 1,67\,\Omega$$

und der Kurzschlußwiderstand
$$r_k = r_1 + r_2' = \mathbf{3,38\,\Omega.}$$

Die Kurzschlußreaktanz ist (s. S. 29)
$$x_k = \frac{4,35\,c\,q\,w^2}{l_s}\left(\frac{x_1\,\varDelta_{1\,x} + x_2\,\varDelta_{2\,x}}{6} + \varDelta\right) U_m \left(1 - \frac{x_1\,\varDelta_{1\,x} + x_2\,\varDelta_{2\,x} + 2\varDelta}{2\,\pi\,l_s}\right) 10^{-8}\,\Omega.$$

Hier ist die Zahl der Spulen $q = 4$, die Windungszahl einer vollen Spule 135, die Anzahl der Teilspulen ist $x_1 = 3$, $x_2 = 2$, die Dicke der Teilspulen $\varDelta_{1x} = 1{,}1$, $\varDelta_{2x} = 1{,}3$, $U_m = 310$ cm und $l_s = 18$ cm.   Also wird

$$x_k = \frac{4{,}35 \cdot 50 \cdot 4 \cdot 135^2}{18}\left(\frac{3 \cdot 1{,}1 + 2 \cdot 1{,}3}{6} + 2\right)$$

$$310\left(1 - \frac{3 \cdot 1{,}1 + 2 \cdot 1{,}3 + 2 \cdot 2}{2\pi \cdot 18}\right) 10^{-8} = 7{,}43\,\Omega.$$

Die Kurzschlußimpedanz ist

$$z_k = \sqrt{r_k^2 + x_k^2} = 8{,}15\,\Omega$$

und die Kurzschlußspannung

$$P_k = J_1 z_k = 66{,}7 \cdot 8{,}15 = 544\,\text{Volt} = 1{,}81\%\ \text{der Primärspannung.}$$

Der Spannungsabfall ist

$$\varepsilon\% = \frac{J_1\left(r_k \cos \varphi_2 + x_k \sin \varphi_2\right)}{P_1} 100,$$

also bei $\cos \varphi = 1$

$$\varepsilon\% = \frac{66{,}7 \cdot 3{,}38}{30000} 100 = 0{,}75\%$$

und bei $\cos \varphi = 0{,}8$

$$\varepsilon\% = \frac{66{,}7\left(3{,}38 \cdot 0{,}8 + 7{,}43 \cdot 0{,}6\right)}{30000} 100 \cong 1{,}6\%.$$

Will man den Transformator mit einer größeren Reaktanz bauen, so kann man z. B. die Spulenanordnung Fig. 327 wählen. Dann wird

$$x_k = 20{,}6\,\Omega,$$

also fast 3 mal größer als vorher.

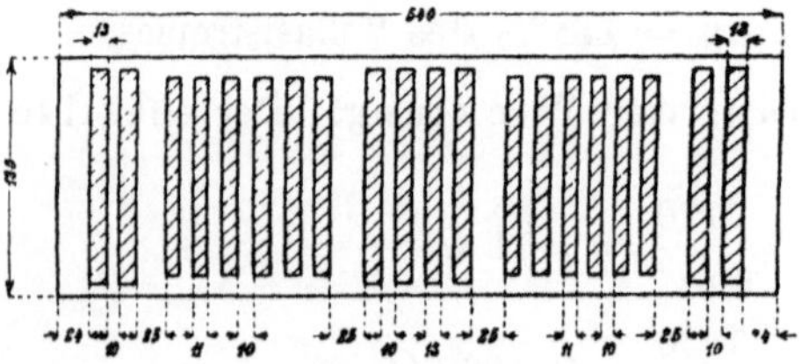

Fig. 327. Spulenanordnung für größere Reaktanz.

Berechnung der Kühlvorrichtung. Die Oberfläche der Kühlschlange muß sein (s. S. 261)

$$O = \frac{110 \text{ bis } 160\left(W_{ei} + W_k\right)}{T}\ \text{cm}^2.$$

Als Temperaturunterschied zwischen Öl und Kühlschlange nehmen wir $T = 40^0$ an. Dann ist

$$O \cong \frac{145 \cdot 30\,300}{40} = 11 \cdot 10^4\ \text{cm}^2.$$

Wir nehmen ein eisernes Rohr von 40 mm ϕ und 4 mm Wand-stärke. Die Länge der Kühlschlange wird dann

$$l_{sch} = \frac{11}{\pi \cdot 0,04} = 88 \text{ m}.$$

In der Minute wird eine Wassermenge gebraucht von (S. 261)

$$Q_{wa} = \frac{0,24\,(W_{ei} + W_k)\,10^{-3} \cdot 60}{T}$$

als Temperaturunterschied zwischen dem zufließenden und dem ab-strömenden Wasser nehmen wir $T = 20^0$ an. Dann ist

$$Q_{wa} = \frac{0,24 \cdot 30\,300 \cdot 10^{-3} \cdot 60}{20} = 22 \text{ lit/min}.$$

Das Ölgefäß wird aus glattem Blech hergestellt und so klein gewählt, wie die konstruktive Anordnung des Transformators es gerade noch erlaubt.

63. Zusammenstellung der Formeln für die Berechnung eines Transformators.

Nachfolgend sind die zur Berechnung eines Transformators in Betracht kommenden Formeln zusammengestellt. Das Formular soll während der Durchrechnung des Transformators das rasche Auffinden der Formeln und der bereits festgestellten Größen ermöglichen und die Prüfung der berechneten Werte erleichtern. Die Aufeinanderfolge der einzelnen Größen ist nach diesen Gesichtspunkten festgesetzt und entspricht nicht ganz dem Gang der Rechnung. Die unter den Formeln stehenden Zahlen bezeichnen die Seiten des Buches, auf denen nähere Erläuterungen zu finden sind.

Das Berechnungsformular ist in der nachstehenden Form für die Studierenden der Elektrotechnik an der Technischen Hochschule Karlsruhe eingeführt.

Transformator.

Phasenzahl =   Leistung in KVA =

Periodenzahl i. d. Sek.   Type

$\qquad$ Übersetzungsverhältnis $\qquad$ Volt / Volt

Schaltung $\Big\{$ Phasen- $\Big\{$ Volt
der Wicklung   spannung   Volt

Phasenstrom Amp. / Amp. Linienstrom Amp. / Amp.

Wirkungsgrad $\eta =$ Spannungsabfall bei $\cos\varphi = 1$ $^0/_0$

$\qquad$ Art der Kühlung

Besondere Bedingungen für die Ausführung:

. . ..

Induktion B . . . . =
(S. 315)

Stromdichte s . . . . =   Amp./mm^2
(S. 315)

Gewichtsverhältnis $\dfrac{G_{ei}}{G_k}$ . . . . =
(S. 314)

Verlustverhältnis $\dfrac{W_{ei}}{W_k}$ . . . . =
(S. 313)

Kupferfüllfaktor f_k . . . . = ...
(S. 320)

Konstante C . . . . =
(S. 310)

Eisenkörper.

Querschnitt $Q = C \sqrt{\dfrac{KVA\, \dfrac{G_{ei}}{G_k}\, 10^9}{c\,B\,s}}$ . . =   cm^2
(S 310)

Kraftfluß $\Phi = BQ$ . . . . = 10^8

Dicke des Eisenbleches $\varDelta$ . . . . =   mm
(S. 193)

Eisenverlust für 1 kg w_{ei} . . . . =   Watt/kg
(S. 62)

Für Kerntransformatoren.

Form des Kernquerschnittes . . . . . . =
(S. 316)

Eisenfüllfaktor für runde Kerne . . . . . =
(S 317)

Durchmesser des umschriebenen Kreises
für runde Kerne . . . . $=$ mm
(S. 317)

Abmessungen d. rechteckigen Kerns   Breite $=$ mm
(S 316)   Länge $=$ . . . . mm

Zahl und Größe der Luftschlitze . . . $=$ mm
(S. 195, 317)

Wärme abgebender Umfang des Kernes $U_e =$ cm
(S. 251)

Spez. Abkühlfläche des Kerns $= \dfrac{128\, U_e}{Q\, w_{ei}}$. $=$ cm²/Watt
(S. 251)

Säulenhöhe h . . . . $=$ mm
(S. 316, 319)

Amperewindungszahl für 1 cm Kernhöhe
AS . . . . $=$ . . . .
(S. 319)

Gewicht der Säulen . . . . $=$ kg

Eisenverlust in den Säulen . . . . . $=$ . . . . Watt

Freie Wicklungsbreite a . . . . $=$ mm
(S. 316, 319)

Achsenabstand der Säulen . . . . . $=$ mm

Jochquerschnitt . . . . $=$ cm²
(S. 321)

Abmessungen des Joches $\begin{cases} \text{Höhe} \\ \text{Breite} \\ \text{Länge} \end{cases}$ . . $=$ mm   mm   mm

Gewicht der Joche . . . . $=$ kg

Induktion im Joch . . . . $=$
(S. 315)

Eisenverlust für 1 kg im Joch . . . $=$ Watt/kg

Eisenverlust in den Jochen . . . . . $=$ Watt.

Für Manteltransformatoren.

$\left.\begin{array}{l}\text{Breite} \\ \text{Höhe}\end{array}\right\}$ des Fensters $\begin{cases} a \\ h \end{cases}$ . . . . . $=$ mm   mm
(S. 321)

Verhältnis $\dfrac{h}{a}$ . . . . $=$ . . .
(S. 322)

Breite des Steges d . . . . $=$ mm
(S. 321)

Schichthöhe h_2 . . . . $=$ mm
(S 321)

Luftschlitze $\begin{cases} \text{Anzahl} & \ldots\ldots\ldots = \\ \text{Weite} & \ldots\ldots\ldots = \quad\quad\quad \text{mm} \end{cases}$

Verhältnis $\dfrac{h_{ei}}{2\,d}$ . . . . =

(S. 321)

Skizze des Blechschnittes
(S. 200, 207)

Fläche des Blechschnittes . . . . = ... cm^2

Gesamtes Eisengewicht G_{ei} . . . . = . kg

Eisengewicht für 1 KVA . . . . . . = kg/KVA

Gesamter Eisenverlust . . . . = Watt.

Wicklung.

Wicklungsanordnung (S. 213 u. 304) ....

Wicklungsart (S. 215)

	primär	sekundär	
Windungszahl einer Phase	$w_1 =$	$w_2 =$	
Zahl der Spulen auf 1 Kern . . .			
Gesamte Zahl der Spulen			
Schaltung der Spulen $\begin{cases} \text{in Serie} & .. \\ \text{parallel} & .. \end{cases}$			
Windungszahl einer Spule			
Leiterquerschnitt	$q_1 =$	$q_2 =$	mm^2
Abmessungen des Leiters $\dfrac{\text{nackt} \;..}{\text{isoliert} \;..}$ (S. 222)			mm ,,
Zahl der parallelen Leiter			

	primär	sekundär	
Stromdichte (S. 315)	$s_1 =$	$s_2 =$	$\dfrac{\text{Amp.}}{\text{mm}^2}$
Zahl der Lagen einer Spule			
Windungen in einer Lage			
Abmessungen { Höhe aller Lagen . . der Spulen { Breite einer Lage . .			
Angabe der Isolation der Spulen (S. 224 ff.)			
Angabe der Isolation der Spulen gegeneinander und gegen das Eisen (S. 228 ff.)			
Spannung für eine Windung . . . . (S. 214, 307)			Volt
Maximale Spannung zwischen benachbarten Windungen (S. 214)			Volt
Maximale Spannung zwischen benachbarten Spulen (S. 228)			Volt
Mittlere Windungslänge			cm
Kupfergewicht			kg
Stromwärmeverlust (S. 72)			Watt

Gesamtes Kupfergewicht . . . . $=$ kg
(S. 319)

Kupfergewicht für 1 KVA . . . . . . $=$ kg/KVA

Kühlung.

Art der Kühlung (S. 248) . . . . $=$

Abkühlfläche des Transformators A_T . . $=$ cm²
(S. 249)

Spezifische Abkühlfläche $\dfrac{A_T}{W_{ei} + W_k}$ . . . $=$ cm²/Watt
(S. 250 ff.)

Ölgewicht für 1 KVA . . . . $=$ kg/KVA
(S. 238, 239)

Gesamtes Ölgewicht . . . . $=$ kg

Kühlwassermenge

$$Q_{wa} = \frac{0,24(W_{ei} + W_k)10^{-3}\cdot 60}{T} \quad \ldots \ldots = \qquad \text{lit/min}$$
(S. 261)

Oberfläche der Kühlschlange

$$O = \frac{110 \text{ bis } 160\,(W_{ei} + W_k)}{T} \quad \ldots \ldots = \qquad \text{cm}^2$$
(S. 261)

Länge der Kühlschlange . . . . = $\qquad$ m
(S. 261)

$$\text{Kühlschlange} \begin{cases} \text{Lichte Weite} \ldots \ldots = & \text{mm} \\[2mm] \text{Wandstärke} \ldots \ldots = & \text{mm} \end{cases}$$
(S. 260)

Luftmenge $Q_m = (1,3 \text{ bis } 2)\dfrac{(W_{ei} + W_k)10^{-3}}{T} =$ $\qquad$ cbm/sek
(S. 255)

Leistung des Ventilators

$$W_{vent} = \frac{(1,5 \text{ bis } 2)\,Q_m h_w}{\eta_{vent}}\,9,81 \quad \ldots \ldots = \qquad \text{Watt}$$
(S. 255)

Profil der Gefäßwand . . . . = $\qquad$ ....
(S. 256)

Oberfläche des Ölgefäßes . . . . = $\ldots\ldots$ .... cm^2

Abkühlfläche des Ölgefäßes . . . . . = $\ldots$ .... cm^2/Watt
(S. 257)

Besondere Ausführung und Kühlung des
Ölgefäßes (S. 258 bis 263) . . . . = $\ldots$

Leerlaufstrom.

Mittlerer Kraftlinienweg im Eisen L_{ei} . . = $\ldots\ldots$ .... cm
(für Dreiphasen-Kerntransformatoren s. S. 95)

Amperewindungen für 1 cm aw . . . . = $\ldots$
(S. 13)

Eisenamperewindungen AW_{ei} . . . . . = $\ldots$ ....
(S. 12)

Amperewindungen für die Stoßfugen
$$AW_l = 0,8\,\delta B \ldots \ldots \ldots \ldots = \ldots \ldots$$
(S. 12, 14)

Wattlose Komponente des Leerlaufstromes
$$J_{0wl} = \frac{AW_{ei} + AW_l}{\sqrt{2}\,w} = \frac{AW_{lwl}}{\sqrt{2}\,w} \quad \ldots = \ldots\ldots \ldots \text{Amp.}$$

Wattkomponente des Leerlaufstromes
$$J_{0w} = \frac{W_{ei}}{P_1} \ldots \ldots \ldots \ldots = \ldots\ldots \text{Amp.}$$
(S. 12, für Dreiphasentransformatoren s. S. 100)

Leerlaufstrom $J_0 = \sqrt{J_{0w}^2 + J_{0wl}^2}$ . . . . = Amp.

$\dfrac{J_0}{J_1} 100$ . . . . = $^0/_0$

Spannungsabfall.

Effektiver Widerstand der Wicklung (pro Phase)

$$r_1 = \frac{W_{k1}}{J_1^2} \quad \text{(S. 72)} \quad \ldots \ldots \ldots \ldots = \Omega$$

$$r_2 = \frac{W_{k2}}{J_2^2} \quad \text{(S. 72)} \quad \ldots \ldots \ldots \ldots = \Omega$$

$$r_2' = \left(\frac{w_1}{w_2}\right)^2 r_2 \quad \ldots \ldots \ldots \ldots = \Omega$$

Kurzschlußwiderstand $r_k = r_1 + r_2'$ . . = Ω

Spulendicke $\begin{cases} \Delta_1 & \ldots \ldots \ldots \ldots = \text{cm} \\ \Delta_2 & \ldots \ldots \ldots \ldots = \text{cm} \end{cases}$
(S. 24 bis 28)

Luftzwischenraum Δ . . . . = cm

Kurzschlußreaktanz:

Zylinderwicklung

$$x_k = \frac{8,5\, c\, w^2\, U_m \left(\dfrac{\Delta_1 + \Delta_2}{3} + \Delta\right)}{\underset{\text{(S. 26)}}{l_s}} 10^{-8} \quad = \quad \Omega$$

Scheibenwicklung

$$x_k = \frac{4,25\, c\, q\, w^2}{l_s} \left(\frac{\Delta_1 + \Delta_2}{6} + \Delta\right) U_m \left(1 - \frac{\Delta_1 + \Delta_2 + 2\Delta}{2\pi l_s}\right) 10^{-8}$$
(S. 27, für geteilte Spulen S. 29)

$$= \Omega$$

Kurzschlußspannung $P_k = J_1 \sqrt{r_k^2 + z_k^2}$ = Volt

Spannungsabfall

$$\varepsilon = \underset{\text{(S. 45)}}{\frac{J_1 (r_k \cos\varphi_2 + x_k \sin\varphi_2)}{P_1}} 100$$

bei $\cos\varphi = 1$ . . . . = $^0/_0$

bei $\cos\varphi = 0{,}8$ . . . . = $^0/_0$

64. Tabelle der Hauptabmessungen von ausgeführten Transformatoren.

Laufende Nr.	Figur oder Tafel	Beschreibung auf Seite	Leistung KVA	Type	Periodenzahl c	Phasenzahl m	Klemmenspannung Volt		Schaltung der Wicklungen	Phasenstrom Ampere	
							P_1	P_2		J_1	J_2
1	Fig. 282	264	21	Kern	50	3	2 100	250	Stern/Stern	6	48,5
2			30	,,	50	3	5 850	115	Stern/Stern	3	150
3			35	,,	50	3	10 500	550	Stern/Stern	1,98	37
4			50	,,	50	3	4 000	225	Stern/Stern	7,4	128
5			50	,,	50	3	5 000	120	Stern/Stern	5,8	240
6			175	,,	50	1	5 800	1030	—	30,2	170
7	Fig. 286 a, b	269	200	,,	42	3	13 500	208	Dreieck/Stern	4,95	555
8			350	,,	50	3	7 000	500	Stern/Stern	29,4	405
9			400	,,	50	3	8 160	4000	Stern/Stern	28,4	57,8
10	Fig. 288	271	420	,,	50	3	40 500	550	Stern/Stern	6	440
11			600	,,	50	3	5 000	550	Stern/Stern	70	630
12	Fig. 290 a, b	274	700	,,	42	3	30 000	545	Stern/Stern	13,5	740
13	Fig. 291	275	1100	,,	42	3	34 600	510	Stern/Stern	18,8	1250
14			1500	,,	50	3	48 800	15000	Dreieck/Stern	10,4	57,8
15			2000	,,	50	1	30 000	3000	—	66,7	667
16			2200	,,	50	3	42 000	4400	Stern/Stern	30,3	290
17	Fig. 296 a, b	283	3000	,,	50	3	10 500	6000	Stern/Stern	165	289
18	Tafel IV	282	3000	,,	45	3	25 800	9200	Stern/Stern	67	188
19	Tafel II	277	3060	,,	50	3	55 000	5000	Stern/Stern	32,6	354
20	Fig. 298	287	5500	,,	50	3	49 000	8200	Stern/Stern	65	390
21			7,5	Mantel	50	3	3 600	220	Stern/Stern	1,2	19,7
22			7,5	,,	50	1	4 700	120	—	1,6	62,5
23			37	,,	50	3	2 000	115	Stern/Stern	10,7	185
24			75	,,	50	1	6 000	250	—	12,5	300
25			90	,,	50	3	7 000	225	Stern/Stern	7,43	231
26			500	,,	50	1	22 000	550	—	23	910
27			2000	,,	50	1	30 000	3000	—·	66,7	667
28			2500	,,	50	3	20 000	5000	Stern/Stern	72,5	290
29			7000	,,	50	1	80 000	6000	—	87,5	1165

Laufende Nr.	$\dfrac{\text{Kernquerschnitt}}{\text{Jochquerschnitt}}$ Q_1/Q_2 cm²	Säulenhöhe cm	Abstand der Kernmitten cm	Wicklungsart	Windungszahl w_1	Laufende Nr.
1	100 rechteckig 8×13	31	23	Zylinder	535	1
2	125 rechteckig $8{,}4 \times 16{,}5$	26,2	18,6	Scheiben	1220	2
3	$\frac{95}{95}$ rechteckig 8×13	36	22,5	Zylinder	2292	3
4	$\frac{118}{138}$ rund	49	28,5	Scheiben	874	4
5	170 rund	47,4	31	Zylinder	794	5
6	$\frac{425}{425}$ rechteckig 28×17	44	31	Scheiben	540	6
7	$\frac{237}{237}$ rund	50	44	Zylinder, Sekundärspule geteilt	2312	7
8	$\frac{237{,}5}{261}$ rund	72,5	35,5	Zylinder, Sekundärspule geteilt	605	8
9	$\frac{390}{390}$ rechteckig $30 \times 14{,}5$	50	33	Scheiben	474	9
10	382,5 rund	77	45,6	Zylinder	2282	10
11	$\frac{298{,}5}{328}$ rund	77,5	39	Scheiben	360	11
12	$\frac{515}{515}$ rund	70	55	Zylinder, Sekundärspule geteilt	1419	12
13	870 rechteckig 24×48	86	52	Zylinder	944	13
14	$\frac{560}{615}$ rund	130	58	Scheiben	2992	14
15	815 rund	120	62	Zylinder	1380	15
16	1110 rechteckig 27×51	90	54,5	Zylinder	824	16
17	795 rund	136,5	64	Scheiben	294	17
18	$\frac{1215}{1290}$ rund	84	78	Scheiben	463	18
19	1140 rechteckig 27×52	140	57	Zylinder	955	19
20	$\frac{1612}{1730}$ rechteckig	125	58	Zylinder	625	20

Laufende Nr.	Fensterhöhe h cm	Fensterbreite a cm	Stegbreite d cm	Schichthöhe h_2 cm	w_1	Laufende Nr.
21	8,1	8,1	4,05	8,9	1180	21
22	11,75	7,3	3,65	19	1525	22
23	9,5	9,5	4,75	17,8	278	23
24	18,3	11,75	6,35	30	680	24
25	12	12	6	24,8	560	25
26	30	18	11,5	$50 + 4 \times 0{,}7$	745	26
27	55	20	14	80	540	27
28	42,5	25	11,5	$62 + 8 \times 0{,}7$	324	28
29	150	47,5	28,5	$110 + 12 \times 0{,}8$	674	29

Laufende Nr.	Wicklung							Laufende Nr.
	primär			sekundär				
	Strom-dichte s_1 Amp./mm²	Quer-schnitt q_1 mm²	blank/isoliert Leiter-abmessungen mm	Win-dungs-zahl w_2	Strom-dichte s_2 Amp./mm²	Quer-schnitt q_2 mm²	Leiter-abmessungen mm	
1	2,11	2,84	ϕ 1,9/2,3	65	2,38	10,2	ϕ 3,6/4,0, 2 //	1
2	1,5	2	ϕ 1,6	24	1,5	12,6	$3 \times 4,2$, 8 //	2
3	2,08	0,95	ϕ 1,1/1,6	123	1,6	23	$\dfrac{4 \times 6}{4,8 \times 6,8}$	3
4	1,2	6,14	$\dfrac{2,5 \times 2,5}{2,9 \times 2,9}$	49	1,44	17,8	$\dfrac{3 \times 6}{3,5 \times 6,5}$, 5 //	4
5	1,3	—	—	19	1,12	—	—	5
6	1,73	17,5	$1 \times 17,5$	96	1,62	105	$3,5 \times 30$	6
7	2,17	2,27	ϕ 1,7/2,2	inn. 10 auß. 11	inn. 2,1 auß. 2,3	inn. 90 auß. 82,5	inn. auß. $\dfrac{7,5 \times 12\ \ 7,5 \times 11}{8,5 \times 13\ \ 8,5 \times 12}$, 3 //	7
8	1,84	16	$\dfrac{4 \times 4}{4,6 \times 4,6}$	44	2,25	90	$\dfrac{8,8 \times 13,2}{9,7 \times 14,1}$, 2 //	8
9	1,62	17,5	$3,5 \times 5$	232	1,7	34	$4 \times 8,5$	9
10	1,85	3,24	$1,8 \times 1,8$	31	2,04	54	$6,2 \times 8,7$, 4 //	10
11	2,1	33,3	$\dfrac{5,8 \times 5,8}{6,5 \times 6,5}$	40	2,1	33,3	$\dfrac{5,8 \times 5,8}{6,5 \times 6,5}$, 9 //	11
12	2,25	6	$\dfrac{2,5 \times 2,5}{3 \times 3}$	inn. 13 auß. 13	inn. 2,37 auß. 2,65	inn. 312 auß. 280	inn. auß. $\dfrac{4 \times 10\ \ 4 \times 3}{5 \times 11\ \ 5 \times 10}$, 8 //	12
13	2,41	7,8	$13 \times 0,6$	14	2,28	274	$57 \times 4,8$, 2 //	13
14	2,41	4,33	$\dfrac{2,1 \times 2,1}{2,6 \times 2,6}$	550	2,27	25,5	$\dfrac{4 \times 6,5}{4,7 \times 7,2}$	14
15	2,42	27,5	$\dfrac{3,5 \times 8}{4,3 \times 8,8}$	138	2,15	77,5	$\dfrac{7,0 \times 11,3}{7,7 \times 12}$, 4 //	15
16	3	10,5	$15 \times 0,7$	84	2,9	100	$46 \times 2,2$	16
17	1,97	42	6×7 2 //	168	2,15	33,6	$5,8 \times 5,8$, 4 //	17
18	2,1	32	$14 \times 2,3 / 15 \times 3,3$	165	2,35	40	$\dfrac{9 \times 4,5}{10 \times 5,5}$, 2 //	18
19	2,72	12	$15 \times 0,8$	85	2,6	136	$47 \times 2,9$	19
20	2,37	27,5	$\dfrac{4,5 \times 6,5}{5,3 \times 7,3}$	103	2,6	150	$\dfrac{7 \times 11}{8 \times 12}$, 2 //	20
21	1,53	0,788	ϕ 1,0	72	1,6	12,3	$1,3 \times 9,5$	21
22	1,3	—	—	39	1,12	—	—	22
23	1,62	6,6	$1,2 \times 5,5$	16	1,75	106	9×13	23
24	2,19	—	—	28	2,2	—	—	24
25	2,32	3,2	$1,6 \times 2$	18	2,35	49,5	$9,6 \times 5,2$, 2 //	25
26	2,25	—	—	19	2,35	—	—	26
27	2,67	25	$\dfrac{2,7 \times 10}{3,3 \times 10,6}$	54	2,7	62	$\dfrac{5,5 \times 11,5}{6,1 \times 12,1}$, 4 //	27
28	2,3	—	—	81	2,3	—	—	28
29	2,6	—	—	51	2,7	—	—	29

Laufende Nr.	Induktionen		Blech-qualität	Verluste im Eisen W_{ei} Watt	Verluste im Kupfer W_k Watt	Wirkungsgrad $\eta\,\%$	Spannungsabfall $\varepsilon\,\%$	Laufende Nr.
	Kern	Joch						
1	10200	—	gewöhnl. 0,35	490	425	95,7	—	1
2	10000	—	legiert 0,35	310	400	97,8	2.8	2
3	12650	12650	legiert	400	656	97,1	—	3
4	10200	8700	legiert	505	658	97,7	2,55	4
5	9650	—	legiert	595	600	97,6	—	5
6	11400	11400	legiert	1840	1350	98,15	1,5	6
7	13300	13300	legiert	1520	3360	97,62	—	7
8	12500	11400	legiert	2430	3090	98,45	1,75	8
9	11500	11500	legiert	2400	3450	98,5	2,98	9
10	12100	—	legiert 0,35	4200	3600	98,4	3,3	10
11	12050	10950	lagiert	2925	6380	98,5	1,75	11
12	12900	12900	legiert	4130	7960	98,3	—	12
13	13100	—	legiert	—	—	—	—	13
14	12800	11650	legiert	10200	11800	98,55	4,8	14
15	12000	—	gewöhnlich	12500	14000	98,7	—	15
16	11000	11000	legiert	12200	18200	98,15	—	16
17	11700	—	gewöhnl. 0,35	19000	22000	98,7	1,35	17
18	13300	12500	gewöhnlich	25000	18000	98,6	—	18
19	13100	13100	legiert	16400	19900	98,4	—	19
20	12950	12100	legiert	21300	33900	99	—	20
21	12100	—	legiert 0,3	140	160	96,3	2,78	21
22	11000	—	legiert	110	65	97,7	—	22
23	12100	—	legiert 0,3	355	540	97,5	2,6	23
24	11600	—	gewöhnlich	900	1030	97,4	—	24
25	12000	—	legiert 0,3	940	1370	97,5	1,6	25
26	12900	—	legiert	3000	4000	98,6	—	26
27	12400	—	gewöhnlich	15500	13200	98,6	—	27
28	12600	—	legiert	11400	21400	98,7	—	28
29	11560	—	gewöhnlich	70000	30000	98,6	—	29

| Laufende Nr. | Gewichte in kg | | | | Füll-faktor | AS | Ver-hältnis | Ver-hältnis | Laufende Nr. |
| | gesamt | | für 1 KVA | | | | | | |
	Eisen G_{ei}	Kupfer G_k	Eisen E_i	Kupfer K_u	f_k		$\dfrac{G_{ei}}{G_k}$	$\dfrac{W_{ei}}{W_k}$	
1	140	49	6,7	2,34	0,125	276	2,86	1,15	1
2	163	90,5	5,45	3,02	0,36	277	1,81	0,775	2
3	154	82	4,4	2,35	0,3	253	1,88	0,61	3
4	286	170	5,7	3,4	0,34	260	1,68	0,77	4
5	361	174	7,2	3,3	0,19	195	2,08	1	5
6	615	213	3,52	1,22	0 32	370	2,89	1,36	6
7	650	293	3,25	1,46	0,17	455	2,22	0,454	7
8	755	412	2,16	1,18	0,32	490	1,83	0,79	8
9	950	550	2,38	1,38	0,18	270	1,73	0,7	9
10	1294	377	3.08	0,9	0,2	355	3,44	1,17	10
11	1031	622	1,72	1,04	0,38	650	1,66	0,46	11
12	1860	594	2,65	0,85	0,19	550	3,12	0,52	12
13	3490	745	3,17	0,68	0,125	410	4,68	—	13
14	3000	934	2	0,62	0,16	484	3,21	0,87	14
15	2600	1103	1,3	0,55	0,34	765	2,36	0,9	15
16	4690	924	2,19	0,42	0,14	550	5,07	1,23	16
17	4380	2070	1,46	0,69	0,31	710	2,12	0,865	17
18	6200	1460	2,06	0,49	0,175	740	4,25	1,39	18
19	6300	1250	2,08	0,41	0,11	436	5,04	1,44	19
20	8620	2374	1,57	0,43	0,175	645	3,63	0,63	20
21	58,5	33	7,8	4,4	0,28	—	1,77	0,875	21
22	49,8	18,5	6,5	2,46	0,47	—	2,7	1,7	22
23	161	91	4,35	2,45	0,39	—	1,77	0,66	23
24	215	89	2,86	1,18	0,36	—	2,42	0,87	24
25	357	120	3,96	1,33	0,25	—	2,97	0,69	25
26	1080	318	2,16	0,64	0,28	—	3,42	0,75	26
27	3040	780	1,52	0,39	0,25	—	3,9	1,77	27
28	4350	1692	1,74	0,675	0,19	—	2,57	0,54	28
29	16500	2220	2,36	0,32	0,063	—	7,45	2,33	29

Laufende Nr.	Konstante C						Kühlmethode	Firma	Laufende Nr.
	Kern 1 Phase		Kern 3 Phasen		Mantel				
	rechteckig	rund	rechteckig	rund	1 Phase	3 Phasen			
1	—	—	0,44	—	—	—	Öl	Oerlikon	1
2	—	—	0,47	—	—	—	Öl, 155 l	A. E.-G.	2
3	—	—	0,42	—	—	—	Öl, 140 kg	Brown, Boveri	3
4	—	—	—	0,35	—	—	Luft	Lahmeyer	4
5	—	—	—	0,4	—	—	Luft	Westinghouse	5
6	0,59	—	—	—	—	—	Öl	Bergmann	6
7	—	—	—	0,39	—	—	Öl, 1100 kg	Brown, Boveri	7
8	—	—	—	0,35	—	—	Öl	Lahmeyer	8
9	—	—	0,46	—	—	—	Öl	Bergmann	9
10	—	—	—	0,35	—	—	Öl, 2150 l	A. E.-G.	10
11	—	—	—	0,35	—	—	Öl	Lahmeyer	11
12	—	—	—	0,39	—	—	Öl, 2380 kg	Brown, Boveri	12
13	—	—	0,44	—	—	—	Öl m. Wasser	Oerlikon	13
14	—	—	—	0,32	—	—	Öl m. Wasser	Lahmeyer	14
15	—	0,44	—	—	—	—	Öl m. Wasser	Westinghouse	15
16	—	—	0,44	—	—	—	Öl m. Wasser	Oerlikon	16
17	—	—	—	0,35	—	—	Öl m. Wasser	A. E.-G.	17
18	—	—	—	0,39	—	—	Öl m. Wasser	Ganz	18
19	—	—	0,38	—	—	—	Öl m. Wasser	Oerlikon	19
20	—	—	0,45	—	—	—	Öl, 4400 kg, m. W.	Brown, Boveri	20
21	—	—	—	—	—	0,56	Öl	Siemens-Schuckert	21
22	—	—	—	—	0,92	—	Öl	Westinghouse	22
23	—	—	—	—	—	0,61	Öl	Siemens-Schuckert	23
24	—	—	—	—	0,91	—	Öl	Westinghouse	24
25	—	—	—	—	—	0,62	Öl	Siemens-Schuckert	25
26	—	—	—	—	0,93	—	Öl	Westinghouse	26
27	—	—	—	—	0,925	—	Öl m. Wasser	Westinghouse	27
28	—	—	—	—	—	0,61	Künstliche Luft	Westinghouse	28
29	—	—	—	—	—	0,79	Öl m. Wasser	Westinghouse	29

Fünfzehntes Kapitel

Die experimentelle Untersuchung eines Transformators.

65. Die Eisenverluste.

Die Bleche, aus denen die Kerne der Transformatoren aufgebaut werden, müssen auf ihre Güte untersucht werden. Dies geschieht in Eisenuntersuchungsapparaten durch Bestimmung der Gesamtverluste für Proben des betreffenden Materials.

Diesen Untersuchungen liegt das in Fig. 328 gezeichnete Schema zugrunde. Wir bringen auf einen aus lamellierten Eisenblechen bestehenden Rahmen eine bestimmte Anzahl von Windungen w_1 und lassen auf den nach Fig. 328 geschalteten Stromkreis die Wechselstromspannung P wirken. Dann wird die mit dem Wattmeter gemessene Leistung, abzüglich der Verluste im Kupfer, zur Deckung der im Eisen auftretenden Verluste verbraucht. Die Kupferverluste kann man aus dem Strome i und dem Ohmschen Widerstande der Wicklung berechnen.

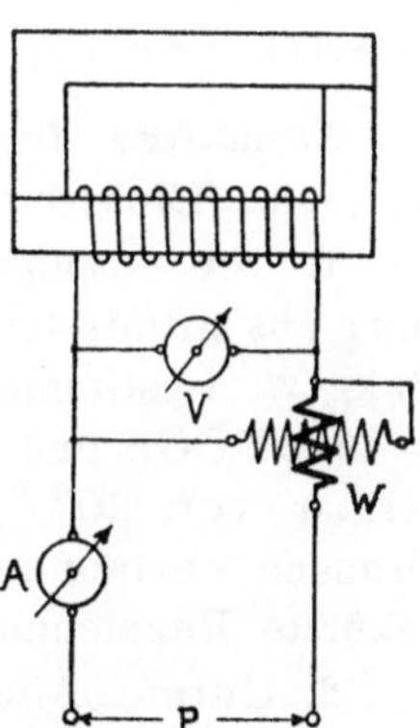

Fig. 328. Schaltung für die Untersuchung von Eisenblech.

Diese Methode ist etwas ungenau, da unter Umständen der Stromwärmeverlust in der magnetisierenden Wicklung ebenso groß wird wie der zu messende Eisenverlust.

Eine Änderung der Schaltung nach Fig. 329 vermeidet diesen Übelstand. Man wickelt eine zweite Spule unmittelbar auf die Magnetisierungsspule, so daß die Streuung zwischen den beiden Wicklungen möglichst verschwindet, und legt die Spannungsspule des Wattmeters und das Voltmeter an die zweite Wicklung, in der nur ein vernachlässigbar kleiner Spannungsverlust auftreten darf. Dadurch mißt man direkt die in der Hauptwicklung induzierte EMK, also die zur Magnetisierung verbrauchte Spannung, und hat nur die im Voltmeter und in der Spannungsspule des Wattmeters verbrauchte Leistung abzuziehen. Diese Korrektionsglieder machen aber höchstens $10^0/_0$ der ganzen gemessenen Leistung aus.

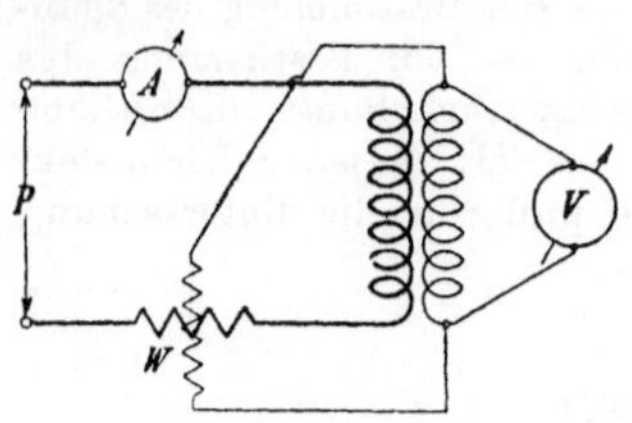

Fig. 329. Schaltung zur Messung
der Eisenverluste.

Normalien für die Prüfung von Eisenblech. Der Verband Deutscher Elektrotechniker hat folgende Normalien aufgestellt:

1. Der Gesamtverlust im Eisen ist mittels Leistungsmesser an einer aus mindestens vier Tafeln entnommenen Probe von mindestens 10 kg zu bestimmen, und wird für $B_{max} = 10000$ CGS und für $B_{max} = 15000$ CGS und Frequenz 50 in Watt für 1 kg und bei einer Temperatur von 20^0 C angegeben; diese Zahlen, bezogen auf sinusförmigen Verlauf der Spannungskurven, heißen „Verlustziffer". (Abgekürzte Bezeichnung V_{10} und V_{15}.)

2. Unter „Alterungskoeffizient" soll die prozentuale Änderung der Verlustziffer für $B_{max} = 10000$ CGS nach 600 Stunden erstmaliger Erwärmung auf 100^0 C verstanden werden.

3. Zur Beurteilung der Magnetisierbarkeit des Eisens dient die Angabe der Liniendichte in CGS bei 300 AW/cm und bei einem der Punkte 100, 50 und 25 AW/cm.

4. Als spezifisches Gewicht des Eisens soll bei gewöhnlichen Dynamoblechen 7,7, bei legierten 7,5 angenommen werden.

5. Für die Messung der Verlustziffer dient ein magnetischer Kreis, der nur Eisen der zu prüfenden Qualität enthält und der den Ausführungsbestimmungen gemäß zusammengesetzt ist.

6. Als normale Blechstärken gelten 0,3, 0,5 und 0,8 mm; Abweichungen der Blechstärken dürfen an keiner Stelle $+ 10^0/_0$ der vorgeschriebenen überschreiten. (Dabei ist gemeint, daß es sich um Abweichungen von meßbarer Ausdehnung handelt, nicht um kleine Grübchen oder Wärzchen, wie sie bei der Fabrikation unvermeidlich sind.)

7. In Zweifelsfällen gilt die Untersuchung durch die Physikalisch-Technische Reichsanstalt.

Ausführungsbestimmungen.

a) Zur Ausführung der Messung der Verlustziffer wird der Apparat nach Epstein[1]) benutzt. (Fig. 330, 331.)

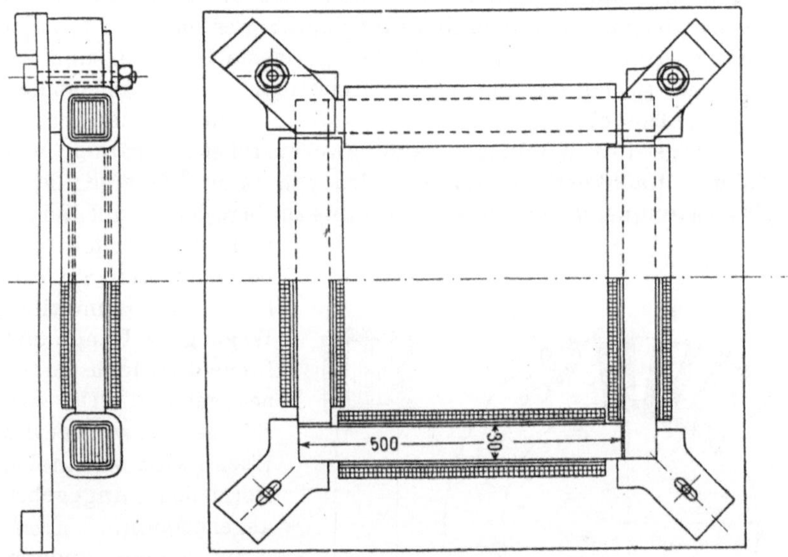

Fig. 330, 331. Apparat von Epstein zur Untersuchung von Eisenblechen.

b) Die zur Bestimmung der Verlustziffer und der Magnetisierbarkeit verwendeten Blechstreifen, 500 mm lang und 30 mm breit, müssen zur Hälfte parallel und zur Hälfte senkrecht zur Walzrichtung mit einem scharfen Werkzeug gratfrei geschnitten werden und dürfen einer weiteren Behandlung nicht unterliegen. Für hinreichende Isolation der Streifen gegeneinander durch Papierzwischenlagen ist Sorge zu tragen.

c) Zur Bestimmung der Magnetisierbarkeit dienen ballistische Meßmethoden oder der Apparat nach Köpsel. Die Angaben beziehen sich auf Kommutierungspunkte.

d) Wird eine Untersuchung durch die Physikalich-Technische Reichsanstalt nach diesen Normalien gewünscht, so ist dies in dem Prüfungsantrag ausdrücklich anzugeben und außerdem, ob das übersandte Dynamoblech als legiertes oder gewöhnliches zu betrachten ist.

---

[1]) Wegen der Einzelheiten wird auf die Veröffentlichung ETZ 1900, S. 303, und 1905, S. 403 verwiesen.

Der magnetische Kreis wird aus vier, aus Blechstreifen zusammengesetzten Kernen von je 500 mm Länge, 30 mm Breite gebildet, die ein Gesamtgewicht von mindestens 10 kg haben. Die Eisenkerne werden durch vier Holzbacken auf einer Unterlage aus Holz befestigt. An den Stromstellen sind sie durch dünne eingelegte Preßspanstückchen von etwa 0,15 mm Stärke getrennt. Bei dem Zusammenbau ist darauf zu achten, daß die Kerne möglichst gut aneinanderpassen und aneinander gepreßt werden. Die richtige Montierung gibt bei Stromschluß das geringste Geräusch und erfordert den geringsten Magnetisierungsstrom. Die Magnetspulen sind auf Preßspanhülsen gewickelt. Jede der vier Spulen erhält etwa 150 bis 175 Windungen aus zwei parallelen Drähten von $2 \times 3{,}5$ mm flachkantigem Kupfer, also von 14 mm² Querschnitt.

Den Eisenquerschnitt, dessen Kenntnis zur Berechnung der Induktion erforderlich ist, bestimmt man am einfachsten auf Grund einer Wägung, da Länge und Breite der Blechstreifen bekannt sind. Das spezifische Gewicht des Eisens wird wie in den Normalien angegeben angenommen.

In einem anderen Eisen-Untersuchungsapparate, der von Möllinger angegeben worden ist, werden Stoßfugen vermieden, indem das zu untersuchende Blech in Form von Ringen ausgestanzt wird.

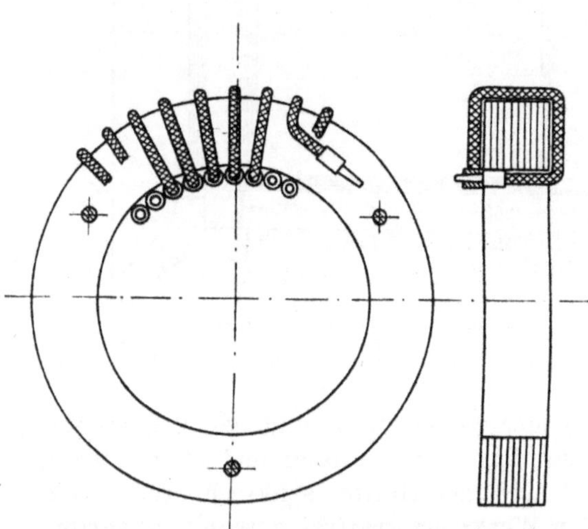

Fig. 332 und 333. Eisenuntersuchungsapparat von Möllinger.

Die Ringe (Fig. 332 und 333) sind durch Papierzwischenlagen voneinander isoliert und werden mittels dreier Führungsbolzen aus Fiber zu einem Pakete vereinigt und dann zusammengepreßt.

Jede einzelne Windung des Magnetisierungsapparates besteht aus einem flexiblen Kabel, das an einem Ende einen Kontaktstöpsel trägt, während das andere Ende als Röhrchen ausgebildet in einer Grundplatte aus Fiber eingebaut ist. Je 10 Stöpsel sind wieder durch ein Fiberstück vereinigt. Ist das Paket in den Apparat eingelegt, so wird durch Einstecken der Stöpselstücke in die entsprechenden Röhrchen die Wicklung geschlossen. Der

Apparat ist so bemessen, daß immer eine Blechprobe von 10 kg untersucht werden kann.

Trennung der Eisenverluste. Wir setzen die Eisenverluste

$$W_{ei} = \left[\sigma_h \frac{c}{100} \left(\frac{B}{1000} \right)^{1,6} + \sigma_w \left(\Delta \frac{c}{100} \frac{f_\varepsilon B}{1000} \right)^2 \right] V_e \quad . \quad (160)$$

zerlegen sie also in einen Teil, der proportional der Periodenzahl und der 1,6 Potenz der maximalen Eiseninduktion ist, und in einen Teil, der proportional dem Quadrate der Periodenzahl und dem Quadrate der Induktion ist.

Beobachten wir die Eisenverluste, indem wir die Induktion

$$B = \frac{\Phi}{Q} = \frac{E \cdot 10^8}{4 f_\varepsilon c w_1 Q} = \frac{10^8}{4 w_1 Q f_\varepsilon} \left(\frac{E}{c} \right) = \mathbf{konst.} \left(\frac{E}{c} \right) \quad . \quad (161)$$

konstant halten und die Periodenzahl c variieren, so erhalten wir die Eisenverluste als Funktion der Periodenzahl, $W_{ei} = f(c)$.

Dividieren wir die Ordinaten dieser parabelähnlichen Verlustkurven durch c, haben wir also

$$\frac{W_{ei}}{c} = \left[\sigma_h \frac{1}{100} \left(\frac{B}{1000} \right)^{1,6} + \sigma_w c \left(\frac{\Delta}{100} \frac{B}{1000} \right)^2 \right] V_e$$

und tragen diese Werte als Funktion von c auf, so bekommen wir für jeden Wert von B eine gerade Linie (Fig. 334).

Diese Geraden schneiden auf der Ordinatenachse den Hysteresisverlust für eine Periode ab. Denn man hat das erste Glied in der Klammer nur mit c zu multiplizieren, um den Hysteresisverlust für c Perioden zu erhalten.

Wir können also auf diese Weise die Wirbelstrom- und die Hysteresisverluste voneinander trennen und die Konstanten σ_w und σ_h bestimmen.

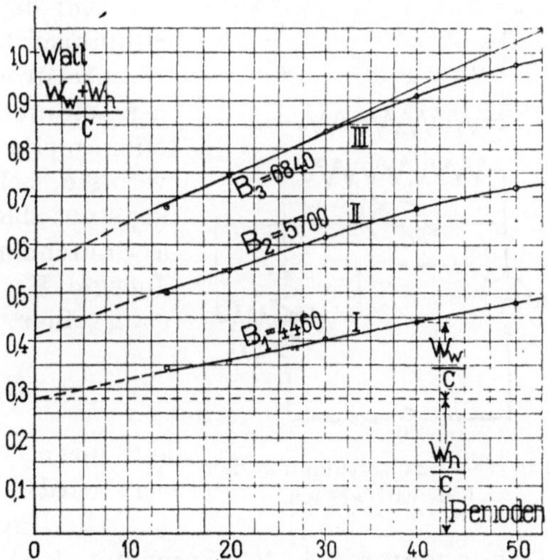

Fig. 334. Trennung von Hysteresis- und Wirbelstromverlusten durch Änderung der Periodenzahl.

Bei den höheren Induktionen und zunehmender Periodenzahl weichen die für die Verluste pro Periode gefundenen Kurven von einer Geraden ab (s. Fig. 334 Kurve III). Dieses Verhalten entspricht einer dämpfenden Wirkung der Wirbelströme in der Weise, daß mit zunehmender Periodenzahl keine Proportionalität mehr zwischen Wirbelstromverlusten und dem Quadrate der Periodenzahl besteht. Die Abweichung kann für Untersuchungen, die Grundlagen für die Vorausberechnung der Verluste liefern sollen, dadurch berücksichtigt werden, daß man die Wirbelstromkonstante σ_w nur innerhalb bestimmter Grenzwerte der Frequenz als tatsächlich konstant ansieht und für diese die verschiedenen experimentell ermittelten Werte angibt.

Führt man die Trennung der Verluste nach den beiden beschriebenen Untersuchungsmethoden aus, so zeigt sich, daß die Resultate etwas voneinander abweichen. Dagegen zeigt die für die Praxis wertvolle Messung der Gesamtverluste ziemlich gute Übereinstimmung. Nach den Untersuchungen von Gumlich und Rose[1] mißt der Epsteinapparat den Hysteresisverlust um etwa $10\,^0/_0$ zu hoch, der Apparat von Möllinger gibt ziemlich genaue Angaben, doch empfiehlt sich wegen der Ungleichmäßigkeit der Magnetisierung ein Zuschlag von etwa $2\,^0/_0$ zur Verlustziffer.

Der Leerlaufversuch. Die gesamten Eisenverluste eines fertigen Transformators ermittelt man durch einen Leerlaufversuch.

Auf den primären bzw. sekundären Stromkreis läßt man die Spannung einer Wechselstromquelle einwirken, während der sekundäre bzw. primäre Stromkreis offen bleibt (Fig. 335). Da die Eisenverluste bei allen Belastungen nahezu konstant bleiben, genügt es, die dem leerlaufenden Transformator zugeführte Energie W_0 zu messen, wenn die Spannung einer Phase

$$E_2 = \frac{w_2}{w_1} E_1 = \frac{1}{u} E_1$$

auf ihren Wert bei **Leerlauf** einreguliert wird.

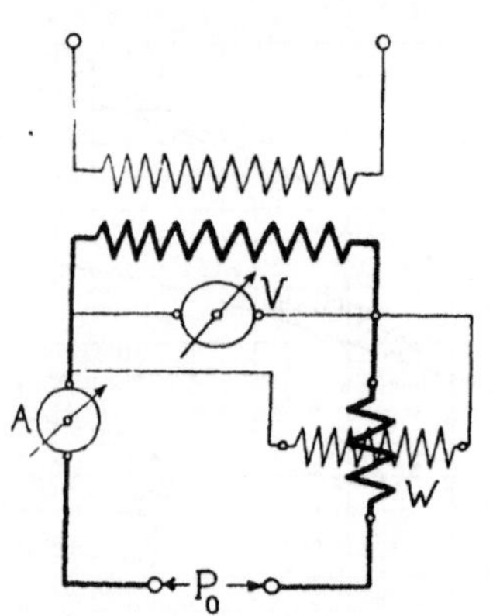

Fig. 335. Schaltung für den Leerlaufversuch.

Die gesamte dem leerlaufenden Transformator bei der Spannung E_1 bzw. E_2 zugeführte Energie ist dann gleich den Leerlaufverlusten

$$W_{ei} + J_0^2 r_1 = W_0 .$$

wegen des kleinen Leistungsfaktors $\cos \varphi_0 = \dfrac{W_0}{J_0 E_1}$ wird man bei

[1] ETZ 1905, S. 403.

größeren Transformatoren mit den gewöhnlich geteilten Wattmetern nicht ausreichen. Es wird daher in diesem Falle notwendig sein, besondere Wattmeter zu verwenden, deren Spulenteilung und Torsionsfedern für eine kleine Leistung bestimmt sind und deren Stromspulen den großen Leerlaufstrom vertragen können.

Das magnetische Verhalten des Eisens im Transformator kann nun ebenso wie das von Blechen untersucht werden. Indem man den Leerlaufverlust des Transformators bei konstanter Induktion, also konstantem Verhältnisse $\left(\dfrac{E_1}{c}\right)$ mißt und die Periodenzahl ändert, kann man die Trennung der Eisenverluste in die mit der Periodenzahl proportionalen und die mit ihrem Quadrate sich ändernden Verluste durchführen.

Die Trennung der Verluste bei konstanter Periodenzahl nach den mit $B^{1,6}$ bzw. $E^{1,6}$ und den mit B^2 bzw. E^2 sich ändernden Verlusten führt zu ungenauen Resultaten, da durch die Änderung der Induktion auch die Spannungskurve verändert wird. Durch die Messung ist uns direkt nur der Effektivwert zugänglich und somit die Bestimmung von B verhältnismäßig unsicher.

Bei symmetrischen Mehrphasentransformatoren genügt es, die Wattmeterablesung nur für eine Phase durchzuführen. Bei unsymmetrischen Anordnungen hingegen muß wegen der ungleichen Induktion in den einzelnen Kernen die gesamte zugeführte Leistung gemessen werden.

Wie wir auf S. 66 sahen, treten, besonders bei Belastung, vom Streufelde in massiven Eisenteilen induzierte Wirbelströme auf, die einen zusätzlichen Eisenverlust hervorrufen. Diese Verluste kann man nur in der früher gegebenen Weise durch Ersatz der Eisenteile durch Holz ermitteln. Bei gut gebauten Transformatoren sind die zusätzlichen Eisenverluste gering.

66. Die Kupferverluste.

Die Ohmschen Widerstände der Wicklungen werden aus den Spannungsabfällen, die ein durch die Primär- bzw. Sekundärwicklung geschickter Gleichstrom erzeugt, berechnet.

Der Kurzschlußversuch. Den effektiven Widerstand oder Kurzschlußwiderstand $r_k = r_1 + r_2 u^2$ findet man durch den Kurzschlußversuch.

Man schließt hierzu, indem man primär die Schaltung nach Fig. 336 ausführt, die Niederspannungswicklung durch ein Amperemeter von möglichst geringem Widerstande kurz und macht die

Spannung P_k an der Hochspannungswicklung so groß, daß das Amperemeter den normalen Strom $J_k = J$ zeigt. Es ist dann

$$P_k = J_k z_k \quad \text{oder} \quad z_k = \frac{P_k}{J_k} = \sqrt{r_k{}^2 + x_k{}^2},$$

worin z_k die Kurzschlußimpedanz des Transformators bedeutet.

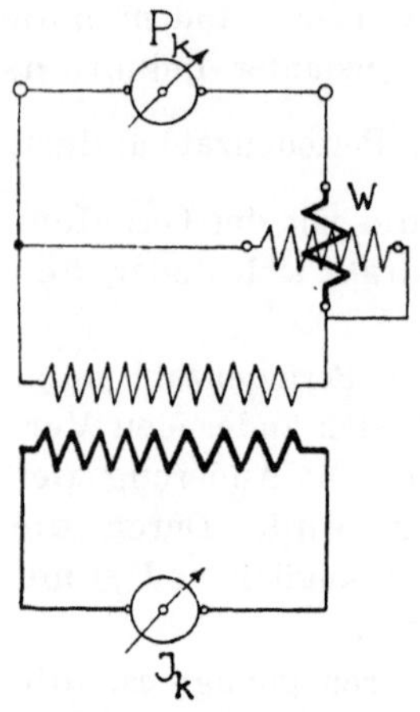

Fig. 336. Schaltung für den Kurzschlußversuch.

Mißt man gleichzeitig mit einem Wattmeter W die zugeführte Leistung W_k, so sind die Kupferverluste

$$W_k = J_k{}^2 r_k$$

und der effektive oder Kurzschlußwiderstand

$$r_k = \frac{W_k}{J_k{}^2} = r_1 + r_2 u^2.$$

Die Kurzschlußreaktanz ergibt sich dann zu

$$x_k = \sqrt{z_k{}^2 - r_k{}^2}.$$

Der durch Wattmetermessung bestimmte Widerstand r_k wird wegen der Wirbelströme größer als der aus einer Messung mit Gleichstrom erhaltene Widerstand $r_g = r_{g1} + r_{g2} u^2$ sein.

Gewöhnlich ist $r_k = 1{,}05$ bis $1{,}25 r_g$.

Bei ungünstiger Anordnung der Wicklung können aber die Streuflüsse erheblich größere zusätzliche Verluste im Kupfer erzeugen. Als Beispiel hierfür mögen nach Angaben von Ingenieur Sieber die Verluste mitgeteilt werden, die an einem 700 KVA-Kerntransformator für 5000 auf 326 Volt und 25 Perioden gemessen wurden. Die Anordnung der Wicklung war

Hochspannung: 15 Spulen auf jedem Kern, jede mit 2 Lagen von 21 Windungen. Kupferquerschnitt $2{,}8 \times 12$ mm.

Niederspannung: 12 Spulen auf einem Kern, jede in 2 Lage mit 10 Windungen. Kupferquerschnitt $6{,}8 \times 11$ mm.

Versuch I. Die Spulen sind in folgender Weise auf dem 100 cm langen Kerne angeordnet:

$$2NS \quad 5HS \quad 4NS \quad 5HS \quad 4NS \quad 5HS \quad 2NS.$$

Zwischen $2NS$ und zwischen je $2HS$ ist ein Abstand von 8,5 mm, zwischen HS und NS von 12 mm.

Die Leistungsaufnahme im Kurzschluß ist 11000 Watt bei 81 Amp. und 360 Volt. Hieraus berechnet sich $r_k = 1{,}68\ \Omega$, während $r_g \approx 1\ \Omega$ ist.

Versuch II. Die Spulen werden jetzt angeordnet:

$$1\,NS \quad 1^{1}/_{2}HS \quad 1\,HS \quad 2\,NS \quad 1^{1}/_{2}HS \quad 1\,HS \quad 2\,NS \quad 1^{1}/_{2}HS \text{ usw.}$$

Zwischen je $2\,NS$ war ein Abstand von 6 mm, zwischen je $1^{1}/_{2}HS$ und HS ebenfalls 6 mm, zwischen HS und NS 12 mm. Der Kurzschlußversuch ergab

7000 Watt bei 81 Amp. und 132 Volt,

woraus folgt

$$r_k = 1{,}07\ \Omega.$$

Zusätzliche Kupferverluste und Streuung können also durch eine weitgehende Vermischung der Spulen untereinander ganz beträchtlich verkleinert werden.

Durch den Leerlauf- und Kurzschlußversuch haben wir nun sämtliche Größen ermittelt, die für die graphische Aufzeichnung des Leerlauf- und Kurzschlußdiagramms erforderlich sind.

Wir können nun nach Abschn. 14—16 aus diesen Diagrammen den jeder Belastung und Phasenverschiebung entsprechenden prozentualen Spannungsabfall, die prozentuale Stromzunahme und die Veränderung der primären Phasenverschiebung entnehmen.

67. Bestimmung des Spannungsabfalles und des Übersetzungsverhältnisses.

Bestimmung des Spannungsabfalles.

Den Spannungsabfall eines Transformators kann man in der Weise direkt erhalten, daß man bei konstanter Primärspannung die Abhängigkeit zwischen Belastungsstrom und sekundärer Klemmenspannung beobachtet. Die graphische Aufzeichnung dieser Abhängigkeit bezeichnet man als äußere Charakteristik des Transformators. Sie kann entweder bei konstanter sekundärer Phasenverschiebung φ_2 und veränderlichem Strome J_2 oder bei konstantem Sekundärstrom und variabler Phasenverschiebung aufgenommen werden.

Die induktive Belastung erhält man durch Einschalten von Drosselspulen mit veränderlichem Luftzwischenraume (Fig. 337) oder dadurch, daß man den Transformator mit einem Synchronmotor belastet und durch Änderung der Erregung des Synchronmotors beliebige Phasenverschiebungen einstellt.

Die direkte Bestimmung des Spannungsabfalles ist ungenau, da hier für die Messung der Hoch- und Niederspannung zwei vollständig zusammenstimmende Instrumente erforderlich sind. Das genaue Ablesen der konstant zu haltenden Hochspannung an dem

Hochspannungsvoltmeter ist schwierig. Eine Korrektur für den Fall, daß die Hochspannung nicht konstant bleibt, kann folgendermaßen angebracht werden. Ist z. B. für eine Ablesung die Primärspannung um ΔP_1 höher als die normale, so wird auch die abgelesene Sekundärspannung um ΔP_2 höher sein als der normalen Primärspannung entspricht. Von der abgelesenen Sekundärspannung haben wir den Wert

$$\frac{1}{u}\,\Delta P_1$$

abzuziehen.

Um die Größe des Spannungsabfalles $J_2 z_k$ bei irgendeinem Belastungszustand direkt zu messen, kann man die Gegenschaltung (Heinke, Wechselstrommessungen und Bragstad, ETZ 1901, S. 822) anwenden. Man braucht hierzu einen zweiten Transformator, der genau das gleiche Übersetzungsverhältnis wie der zu untersuchende Transformator besitzt. Die Schaltungsanordnung ist in Fig. 338 dargestellt. In der Stellung 1 des Voltmeterumschalters mißt man die sekundäre Klemmenspannung P_2 und im Wattmeter die sekundär abgegebene Leistung

$$P_2 J_2 \cos\varphi_2 = W_2.$$

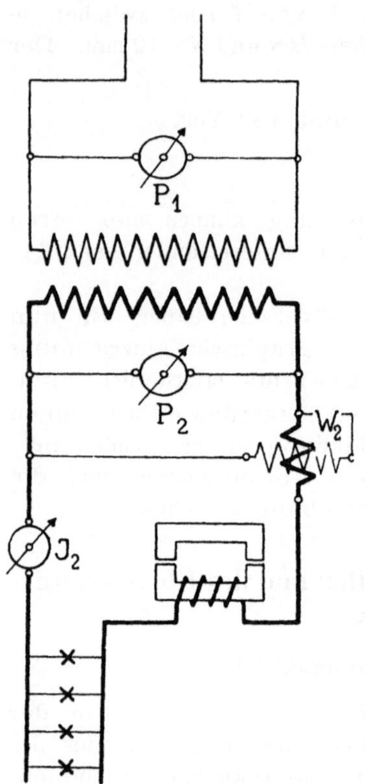

Fig. 337. Schaltungsanordnung zur direkten Bestimmung des Spannungsabfalles.

In der Stellung 2 mißt man die primäre Spannung reduziert auf die Sekundärspannung, also $P_1 \dfrac{w_2}{w_1}$, und in der Stellung 3 die vektorielle Differenz der Spannungen P_2 und $P_1 \dfrac{w_2}{w_1}$ oder den Spannungsverlust $J_2 z_k$ und im Wattmeter den Effektverlust $J_2{}^2 r_k$.

Da die zu messenden Spannungen von sehr verschiedenen Größenordnungen sind, müssen zwei Voltmeter V_1 und V_2 mit verschiedenen Meßbereichen verwendet werden. Für die Wattmetermessungen müssen wir einmal einen Vorschaltwiderstand (VW), das andermal keinen verwenden, es ist daher der Vorschaltwiderstand mit einem Kurzschließer zu versehen.

Die hier gemessene Spannung $J_2 z_k$ entspricht der durch den Kurzschlußversuch zu ermittelnden Spannung P_k, und es ist bei der vorliegenden Versuchsanordnung

$$z_k = \frac{(J_2 z_k)}{J_2}.$$

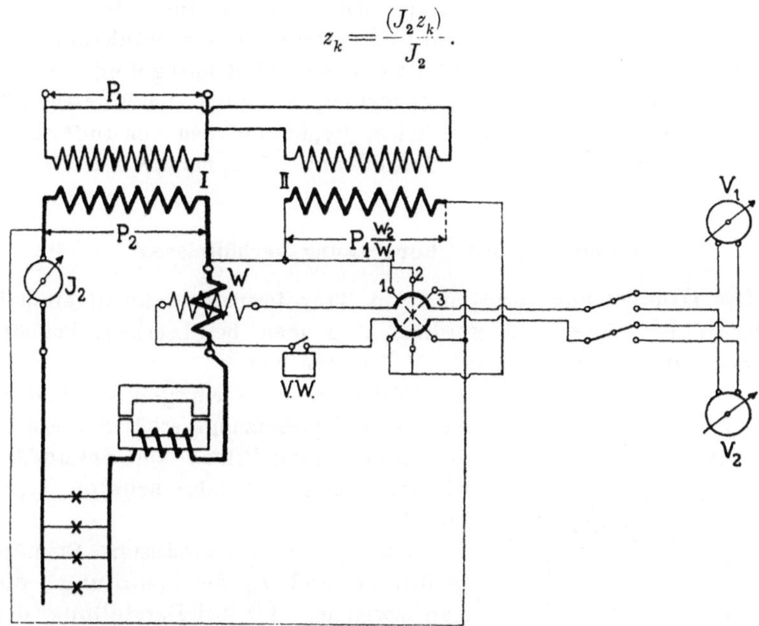

Fig. 338. Bestimmung des Spannungsabfalles durch Gegenschaltung.

Aus der Leistungsmessung finden wir

$$r_k = \frac{(J_2{}^2 r_k)}{J_2{}^2}$$

und aus z_k und r_k ergibt sich

$$x_k = \sqrt{z_k{}^2 - r_k{}^2}.$$

Wir können also auch mit den so gefundenen Konstanten des Transformators das Kurzschlußdiagramm aufzeichnen und aus ihm die Spannungsabfälle für verschiedene Belastungszustände ermitteln.

Würden wir den Spannungsabfall aus den direkt gemessenen Werten von P_2 und $P_1 \dfrac{w_2}{w_1}$ nach der Beziehung

$$\varepsilon\,{}^0/_0 = \frac{P_1 \dfrac{w_2}{w_1} - P_2}{P_1 \dfrac{w_2}{w_1}}\, 100$$

ermitteln, so könnten wir wegen der kleinen Differenzen zwischen

$P_1 \dfrac{w_1}{w_2}$ und P_2 einen ziemlich beträchtlichen Fehler im prozentualen Spannungsabfall bekommen.

Nach den Bestimmungen des Verbandes Deutscher Elektrotechniker ist die Spannungsänderung für induktionsfreie Belastung mit einem Leistungsfaktor $\cos\varphi = 0{,}8$ anzugeben. Es ist sowohl der Ohmsche Spannungsverlust, als auch die Kurzschlußspannung bei normaler Stromstärke, beides auf den Sekundärkreis bezogen, anzugeben (vgl. die Bemerkung über Parallelbetrieb auf S. 29).

Bestimmung des Übersetzungsverhältnisses.

Das Übersetzungsverhältnis von Transformatoren kann einfach in der Weise untersucht werden, daß man bei Leerlauf Primär- und Sekundärspannung mittels Voltmeter mißt.

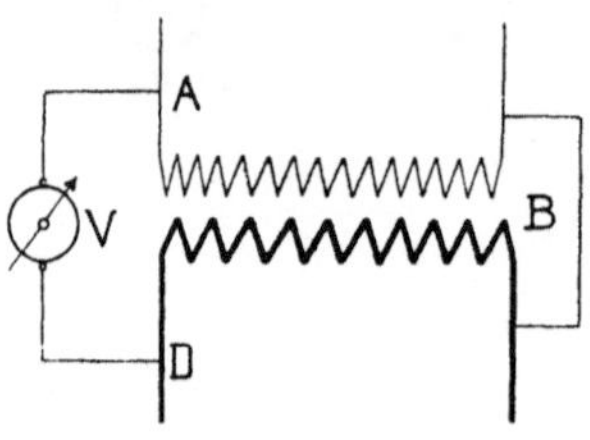

Fig. 339. Bestimmung des Übersetzungsverhältnisses.

Mit Hilfe eines einzigen Voltmeters wird das Übersetzungsverhältnis ermittelt, indem man Primär- und Sekundärwicklung gegeneinander schaltet (vgl. Fig. 339).

Ist $P_0 = P_1$ die gemessene Primärspannung und P_d die Spannung, die man zwischen AD bei Herstellung der Verbindung zwischen Primär- und Sekundärwicklung erhält, so wird, da bei Leerlauf die Spannungen um fast genau 180^0 gegeneinander verschoben sind,

$$P_d = P_1 - P_2$$

sein, und hieraus ergibt sich das Übersetzungsverhältnis

$$\frac{w_1}{w_2} = \frac{P_1}{P_1 - P_d}.$$

68. Bestimmung des Wirkungsgrades.

a) Wirkungsgradbestimmung aus Leerlauf- und Kurzschlußversuch. Wir haben gesehen, wie man aus der Leerlauf- und Kurzschlußmessung die Konstanten eines Transformators experimentell bestimmen kann. Aus dem Diagramm für Leerlauf und Kurzschluß können wir die verschiedenen Belastungen und Phasenverschiebungen entsprechenden prozentualen Spannungsabfälle $\varepsilon^0/_0$ und Stromerhöhungen $j^0/_0$ abgreifen.

Der Wirkungsgrad ergibt sich dann nach Gl. 44, S. 75, zu

$$\eta = \frac{P_2 J_2 \cos \varphi_2}{P_2 J_2 \cos \varphi_2 + W_0 (1 + \varepsilon) + W_k (1 + j)}.$$

Es ist hierin $W_0 = W_{ei} + J_0{}^2 r_1$ die Wattmeterablesung, die erhalten wird, wenn die Sekundärspannung P_2 auf ihren Wert bei Belastung einreguliert wird. W_k stellt die Leistung dar, die wir dem kurzgeschlossenen Transformator zuführen müssen, wenn in der Sekundärwicklung der Strom J_2 fließen soll.

b) Direkte Messung des Wirkungsgrades und Zurückarbeitsmethode. Die Bestimmung des Wirkungsgrades durch Messung der zu- und abgeführten Leistung gibt infolge der Unsicherheit, mit der die Primär- und Sekundärspannungen, bzw. -ströme bei den verschiedenen Belastungen zu messen sind, nur unzuverlässige Resultate, ganz abgesehen davon, daß es schwer ist, große Transformatoren im Prüfraum voll zu belasten.

Bei zwei gleichgroßen und nach gleicher Type gebauten Transformatoren kann eine Wirkungsgradbestimmung zugleich mit einer Dauerprobe nach der Zurückarbeitsmethode durchgeführt werden.

Die beiden zu untersuchenden Transformatoren T_I und T_{II} werden nach Fig. 340 primär und sekundär so hintereinandergeschaltet, daß ihre Spannungen entgegengesetzt gerichtet sind, und auf der Niederspannungsseite an eine Energiequelle mit der Spannung P_1 gelegt. In die Verbindung der Niederspannungswicklungen wird die Niederspannungswicklung eines kleinen Hilfstransformators T_h eingeschaltet, dessen Übersetzungsverhältnis beliebig eingestellt werden kann.

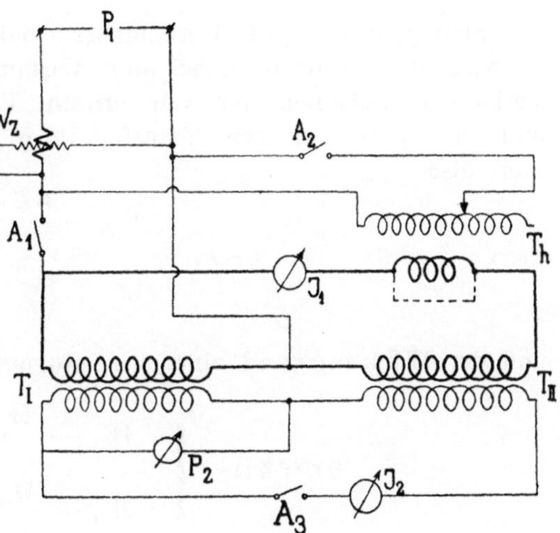

Fig. 340. Schaltungsanordnung der Zurückarbeitsmethode.

Wird nun zunächst die Niederspannungswicklung von T_h kurzgeschlossen, A_2 geöffnet und A_1 geschlossen, so hat die Energiequelle nur eine die Leerlaufverluste in beiden Transformatoren deckende Leistung

$$W_z' = 2\,W_{ei}$$

zu liefern.

Wir schließen nun die Hochspannungswicklung durch A_3 kurz und schalten den Hilfstransformator T_h durch Schließen von A_2 und Öffnen der Kurzschließung ein. Machen wir dann die auf die Sekundärwicklung von T_h einwirkende Spannung so groß, daß das Amperemeter J_2 bzw. J_1 den normalen Strom anzeigt, so wird durch den Hilfstransformator auf das System eine Leistung übertragen, die gleich den Kupferverlusten in beiden Transformatoren ist.

Bedeutet W_z'' die in diesem Falle erhaltene Wattmeterablesung und W_{vh} die Eigenverluste des Hilfstransformators, so wird

$$W_z'' - W_{vh} = 2\,(W_{ei} + W_k)$$

sein.

Nehmen wir an, daß sich die von der Energiequelle zugeführte Leistung gleichmäßig auf die beiden Transformatoren verteilt, so sind die in einem Transformator auftretenden Verluste

$$W_{ei} + W_h = \frac{W_z'' - W_{vh}}{2}.$$

Sind η_I und η_{II} die Wirkungsgrade der beiden Transformatoren, so wird der Wirkungsgrad der Gesamtübertragung gleich dem Verhältnis zwischen der von einem Transformator abgegebenen und der vom anderen Transformator aufgenommenen Leistung sein, also

$$\eta_I \cdot \eta_{II} = \frac{W_I - \dfrac{W_z'' - W_{vh}}{2}}{W_I + \dfrac{W_z'' - W_{vh}}{2}},$$

und der Wirkungsgrad eines Transformators ist

$$\eta_I = \eta_{II} = \sqrt{\frac{W_I - \dfrac{W_z'' - W_{vh}}{2}}{W_I + \dfrac{W_z'' - W_{vh}}{2}}} \quad \ldots \quad (162)$$

Bei dieser Versuchsanordnung können wir auch die Kupferverluste in beiden Transformatoren direkt messen, indem wir bei geschlossenem Schalter A_2 den Schalter A_1 öffnen. Es ist dann für einen bestimmten Strom J_1 in den Niederspannungswicklungen der beiden Transformatoren

$$W_z''' - W_{vh} = 2\,W_k = 2\,(m\,J_1^2\,r_k).$$

Für die Bestimmung von W_I wird es, falls man nicht in die Verbindungsleitung zwischen den Transformatoren Wattmeter einschaltet, für praktische Untersuchungen genügen, $W_I \cong P_1 J_1$ zu setzen. Die Eigenverluste des Hilfstransformators T_h können ein für allemal für jede Einstellung durch einen besonderen Versuch ermittelt werden.

Steht für die Untersuchung ein Transformator mit veränderlichem Übersetzungsverhältnis nicht zur Verfügung, so kann man die primäre Spannung des Hilfstransformators durch einen vorgeschalteten möglichst induktionsfreien Widerstand regeln.

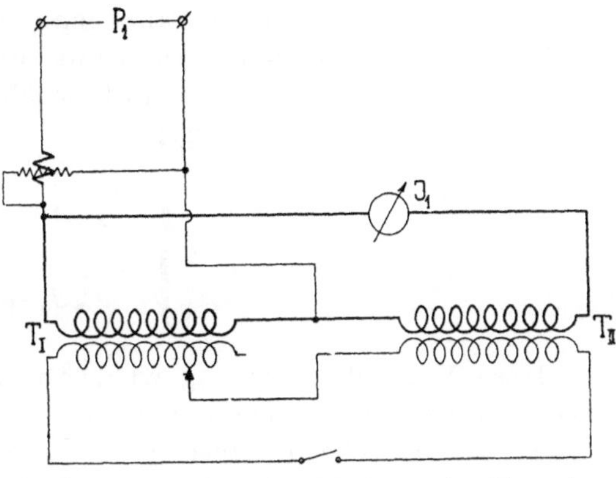

Fig. 341. Vereinfachte Schaltung der Zurückarbeitsmethode.

Der Wattverbrauch im Vorschaltwiderstand ist dann mit den Eigenverlusten des Hilfstransformators gemeinsam zu berücksichtigen.

Vereinfachte Schaltung der Zurückarbeitsmethode. Die Schaltungsanordnung der Zurückarbeitung kann auch in der Weise

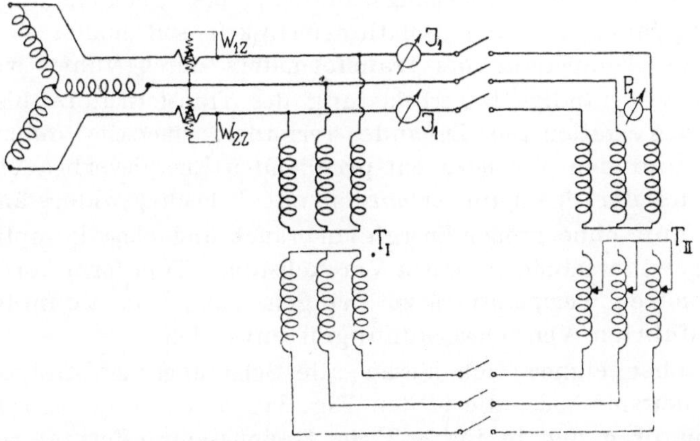

Fig. 342. Schaltungsanordnung der Zurückarbeitsmethode für Dreiphasentransformatoren.

getroffen werden, daß man nach Fig. 341 oder 342 anstatt einen besonderen Hilfstransformator zu verwenden, direkt von einem bestimmten Punkt der Hochspannungswicklung des einen Transformators abzweigt. Der Abzweigpunkt muß so gewählt werden, daß die Differenz zwischen den Spannungen auf den Hochspannungsseiten den Spannungsabfall in den beiden Transformatoren deckt.

Für diese Untersuchung kann man dann die durch Abschalten der Windungen entstehende Änderung der Verluste in dem einen Transformator vernachlässigen und erhält mit praktisch hinreichender Genauigkeit den Wirkungsgrad

$$\eta_I = \eta_{II} \cong \sqrt{\frac{P_1 J_1 - \dfrac{W_z''}{2}}{P_1 J_1 + \dfrac{W_z''}{2}}} \; .$$

Diese Versuchsanordnung wird überall dort anzuwenden sein, wo es sich um einen Dauerversuch und die Wirkungsgradbestimmung großer, für gleiche Leistung und nach gleicher Type gebauter Transformatoren handelt. Die erforderliche Energiequelle braucht nur die den Verlusten entsprechende Energie zu bestreiten.

69. Bestimmung der Temperaturerhöhung. Künstliche Belastung.

Die Bestimmung der Konstanten eines Transformators, bzw. die Ermittlung des Spannungsabfalles, die Untersuchung des Wirkungsgrades und der Isolationsfestigkeit soll immer bei der stationären Temperatur des Transformators durchgeführt werden.

Eine vollständige Dauerbelastung des Transformators bis zum Eintritt des stationären Zustandes erfordert einerseits einen der Leistung und den Verlusten entsprechenden Energieverbrauch und andererseits der Spannung entsprechende Belastungswiderstände.

Um nun ohne großen Energieverbrauch und ohne komplizierte Belastungswiderstände in jedem Versuchsraum Transformatoren auf die stationären Temperaturen zu bringen, kann man die im folgenden angeführten Versuchsanordnungen anwenden.

Zunächst eignen sich hierzu alle Schaltungsanordnungen der Zurückarbeitsmethode, die in den Fig. 340 und 341 für Einphasentransformatoren und in Fig. 342 für Dreiphasentransformatoren angegeben sind.

Eine andere Anordnung, die sowohl mit einzelnen Transformatoren als auch Transformatorenpaaren Dauerproben ohne beträchtlich höheren Energieaufwand, als den Verlusten entspricht, durchzuführen gestattet, besteht in der künstlichen Belastung.

Methoden zur künstlichen Belastung der Transformatoren sind von R. Goldschmidt, A. Gustrin und G. Molnár angegeben worden.

Bei der Methode von Goldschmidt[1] magnetisiert man das Eisen nach Maßgabe der normalen Beanspruchung durch Wechselstrom und erwärmt das Kupfer durch Gleichstrom. Die zugeführte Wechselstromleistung hat dann nur den Eisenverlusten und die Gleichstromleistung nur den Kupferverlusten zu entsprechen.

Die Fig. 343 zeigt ein Schaltungsschema, nach dem ein Dreiphasentransformator

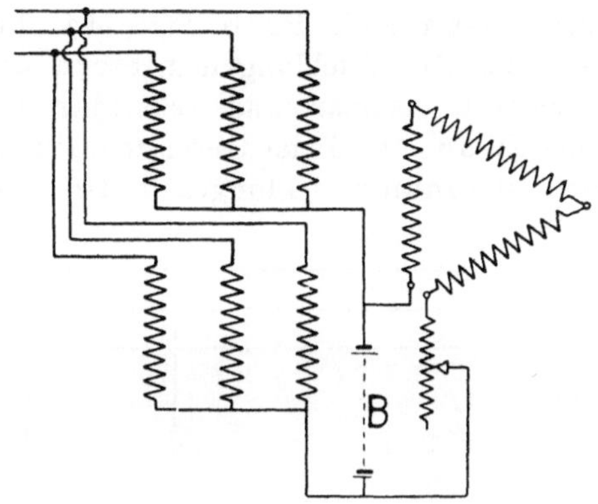

Fig. 343. Künstliche Belastung eines Dreiphasentransformators.

künstlich belastet werden kann. Die sekundäre Wicklung des Transformators wird in Dreieck verbunden, und in einem Eckpunkt wird eine Gleichstromquelle B eingeschaltet. Die Primärspulen sind in

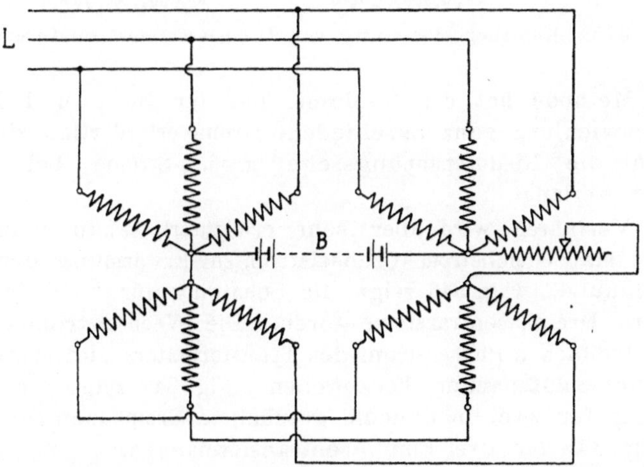

Fig. 344. Künstliche Belastung von Dreiphasentransformatoren.

zwei Gruppen mit zwei besonderen neutralen Punkten parallel geschaltet. Zwischen die neutralen Punkte wird die Gleichstromquelle

---

[1] ETZ 1901, S. 682.

gelegt, während die freien Enden an eine Wechselstromleitung angeschlossen werden.

Sollen zwei Transformatoren gleichzeitig erwärmt werden, so bedient man sich der in Fig. 344 dargestellten Anordnung. Man verbindet die Wicklungen in Stern und schaltet die beiden Transformatoren primär und sekundär parallel. Von den neutralen Punkten aus wird der Gleichstrom zugeführt. In Fig. 345 sind die Niederspannungswicklungen in Dreieck hintereinandergeschaltet.

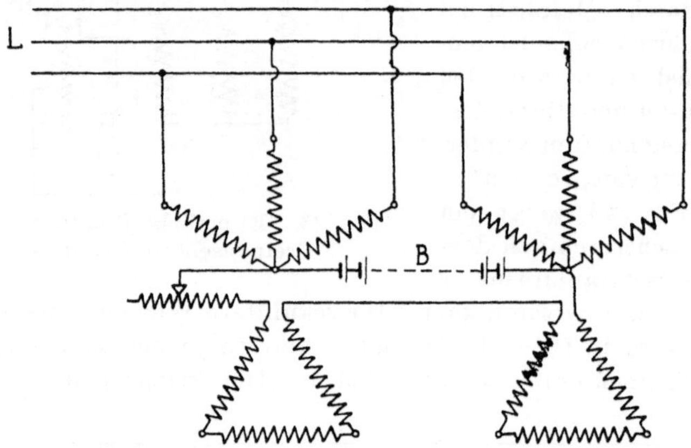

Fig. 345. Künstliche Belastung von Dreiphasentransformatoren.

Die Methode hat den Nachteil, daß für Hoch- und Niederspannungswicklung ganz verschiedene Ströme erforderlich sind und besonders die Niederspannungsseite große Ströme bei kleiner Spannung verlangt.

Das Verfahren wird aber sehr erleichtert, wenn man nach Molnár[1]) statt Gleichstrom Wechselstrom zur Erwärmung der Wicklungen benutzt. Fig. 346 zeigt die Schaltung für zwei in Stern geschaltete Dreiphasentransformatoren. Die Wechselstrommaschine hat den dreifachen Phasenstrom des Transformators und etwas mehr als die Kurzschlußspannung herzugeben. Fig. 347 zeigt die gleiche Anordnung für zwei in Dreieck geschaltete Dreiphasentransformatoren, Fig. 348 für zwei Einphasentransformatoren.

Eine andere Methode zur künstlichen Belastung mit Wechselstrom hat Gustrin[2]) angegeben. Die Schaltung entspricht der Fig. 342 der Zurückarbeitsmethode, ist aber für einen Transformator

---

[1]) ETZ 1909, S. 450.
[2]) ETZ 1907, S. 574.

allein anwendbar, stellt also eine Selbstbelastung vor. Fig. 349
zeigt die Anordnung für einen in Dreieck geschalteten Transformator.
Man berechnet dabei den maximalen Spannungsabfall und schaltet

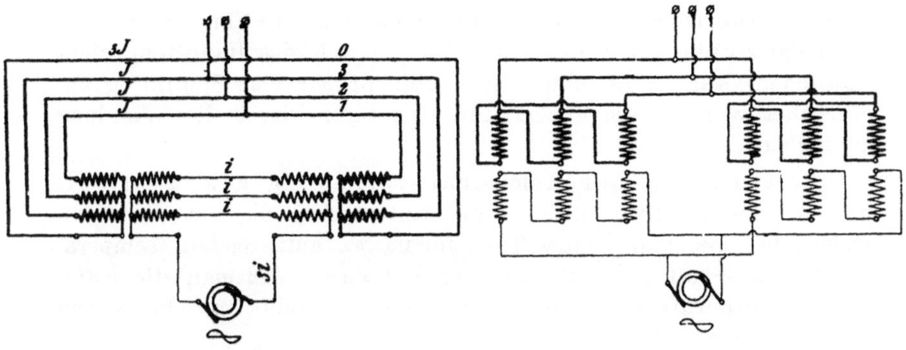

Fig. 346.   Fig. 347.
Künstliche Belastung von Dreiphasentransformatoren mit Wechselstrom.

eine entsprechende Anzahl Windungen ab. Ist die erforderliche
Spannung auf diese Weise nicht genau zu erhalten, so schaltet man
eine etwas höhere Spannung
ab und reguliert durch Widerstände. Man kann die Zusatzspannung auch durch einen
kleinen, in das Dreieck eingeschalteten   Transformator
nach Fig. 350 erhalten. Zur
künstlichen Belastung von Einphasentransformatoren   dient

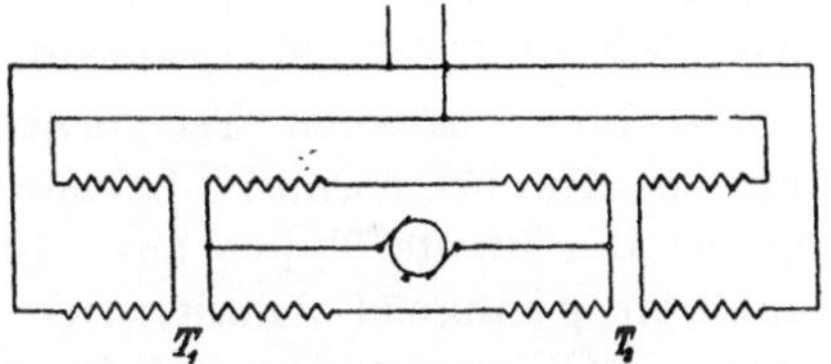

Fig. 348.   Künstliche Belastung von
Einphasentransformatoren.

die Schaltung Fig. 351. Man muß hierbei primär und sekundär einige
Windungen abschalten. Die ausgezogenen Pfeile geben die Rich-

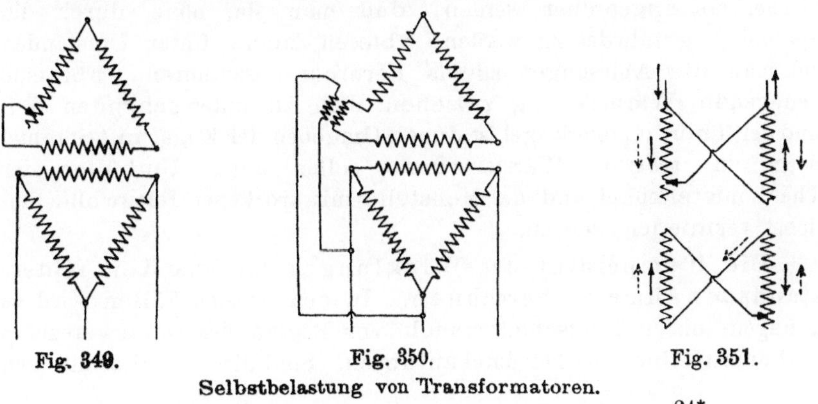

Fig. 349.   Fig. 350.   Fig. 351.
Selbstbelastung von Transformatoren.

24*

tung des Magnetisierungsstromes in der Primärwicklung und die
Richtung der EMK in der Sekundärwicklung an, während die ge-
strichelten Pfeile die Richtung des zusätzlichen Belastungsstromes
zeigen. Dieser ist auf beiden Säulen gleichgerichtet, so daß die
magnetomotorischen Kräfte sich aufheben und eine Einwirkung von
Sekundärwicklung auf Primärwicklung durch das Hauptfeld nicht
stattfinden kann. Es muß also auch primär eine Spannung abgeschaltet werden, die genügt, um den Strom durch die Wicklung
zu treiben.

Bestimmung der Temperaturerhöhung aus Leerlauf-
und Kurzschlußversuch. Eine weitere Methode, um die maximalen, bei Belastung eines Transformators auftretenden Temperaturen annähernd zu bestimmen, besteht darin, daß man die maximalen Temperaturerhöhungen bei einem Leerlauf- und bei einem
Kurzschlußversuch ermittelt.

Die bei Leerlauf erhaltene Temperaturerhöhung entspricht den
Eisenverlusten, die bei Kurzschluß erhaltene den Kupferverlusten.
Bei normaler Belastung entspricht die maximale Temperatur-
erhöhung der Summe der Eisen- und Kupferverluste und wird
daher auch annähernd gleich der Summe der bei Leerlauf und
Kurzschluß auftretenden Temperaturerhöhungen sein.

Die so erhaltenen Temperaturen werden gewöhnlich etwas
höher als die bei normaler Belastung ermittelten sein, doch wird
man für bestimmte Typen aus einigen vollständig durchgeführten
Versuchen genügend Anhaltspunkte erhalten können, um aus der
Summe der Temperaturen auf die tatsächliche stationäre Temperatur
mit ziemlicher Sicherheit schließen zu können.

Die Temperaturerhöhungen an Transformatoren beobachtet
man, um Fehlerquellen durch Wirbelströme im Quecksilber zu vermeiden, mittels Weingeistthermometern. Die Thermometer müssen
hierbei so angeordnet werden, daß man sie, ohne durch die
Spannung gefährdet zu werden, ablesen kann. Unter Umständen
hat man die Ablesungen mittels Fernrohr auszuführen. Für eine
genügende Wärmeleitung zwischen dem zu untersuchenden Teil
und der Thermometerkugel ist durch Umgeben der Kugel mit Stanniol
Sorge zu tragen. Wärmeverluste sollen durch Umhüllen der
Thermometerkugel und der Meßstelle mit trockener Putzwolle tun-
lichst vermieden werden.

Die Temperatur der Wicklungen ist aus der Widerstandszunahme zu berechnen. In den meisten Fällen wird es
genügen, einen Kurzschlußversuch vor Beginn des Dauerversuches
und unmittelbar nachher durchzuführen. Sind die hierbei ermittelten

Widerstände r_{t0} und r_{t1} entsprechend den Temperaturen t_0 und t_1, so ergibt sich angenähert

$$t_1 - t_0 = 250 \cdot \frac{r_{t1} - r_{t0}}{r_{t0}} \text{ Grad Cels.} \quad . \quad . \quad . \quad (163)$$

Hat man die Versuchsanordnung so eingerichtet, daß die Umschaltung vom Belastungsversuch auf den Kurzschlußversuch rasch erfolgen kann, dann kann man, ohne Unstetigkeiten in die Temperaturkurve zu bringen, auch während des Dauerversuches einige Werte für die Widerstandszunahme erhalten.

Die Abdeckungen und Kühlvorrichtungen sollen während des Dauerversuches so eingestellt werden, daß sie den normalen Betriebsverhältnissen entsprechen. Für die Beurteilung ist die höchste gemessene Temperaturerhöhung maßgebend. Bei in Öl gekühlten Transformatoren wird die Temperatur der oberen Ölschicht bestimmt.

Nach den Bestimmungen des Verbandes Deutscher Elektrotechniker soll, solange die Lufttemperatur 35^0 C nicht übersteigt, die Temperaturerhöhung unterhalb der folgenden Werte bleiben:

$$\begin{aligned}
&\text{bei Baumwollisolierung} \ldots \ldots \ldots \ldots \ldots 60^0 \text{ C} \\
&\text{„ Baumwollisolierung unter Öl und Papier-} \\
&\qquad \text{isolierung} \ldots \ldots \ldots \ldots \ldots \ldots 70^0 \text{ C} \\
&\text{„ Isolierung durch Email, Glimmer, Asbest} \\
&\qquad \text{und deren Präparate} \ldots \ldots \ldots \ldots 90^0 \text{ C,}
\end{aligned}$$

wobei die Temperatur aus der Widerstandserhöhung zu berechnen ist.

Transformatoren sollen eine Überlastung von $40^0/_0$ während drei Minuten aushalten können.

70. Prüfung der Isolierfestigkeit.

Die Isolierfestigkeit eines fertigen Transformators ist in jedem Falle besonders zu untersuchen. Da für die Isolationsfestigkeit die Erwärmung des Transformators eine große Rolle spielt, so ist sie immer nach Erreichen der stationären Temperatur zu untersuchen.

Schon während der Fabrikation ist es bei Transformatoren von größter Wichtigkeit zu untersuchen, ob nicht Kurzschlüsse oder Isolationsfehler zwischen den einzelnen Windungen einer Spule oder Wicklung vorhanden sind. Die Westinghouse Co. verwendet hierzu die in Fig. 352 dargestellte Einrichtung. Der Eisenkörper E, der wie ein Joch mit drei Kernen gebaut ist, trägt eine feste Spule F. Der magnetische Schluß von zwei Kernen kann durch das bewegliche Stück K hergestellt werden, der ganze Apparat ist in bequemer Höhe auf einem Tisch montiert. Die zu untersuchende

Spule S wird in die gezeichnete Lage gebracht, K herabgelassen und ein Wechselstrom durch F geschickt. Besitzt die Spule S einen Isolationsfehler, so hört man im Telephon T ein sehr starkes Brummen, das so kräftig ist, daß man zum Schutz noch eine Dämpferwicklung D auf den Kern aufbringt.

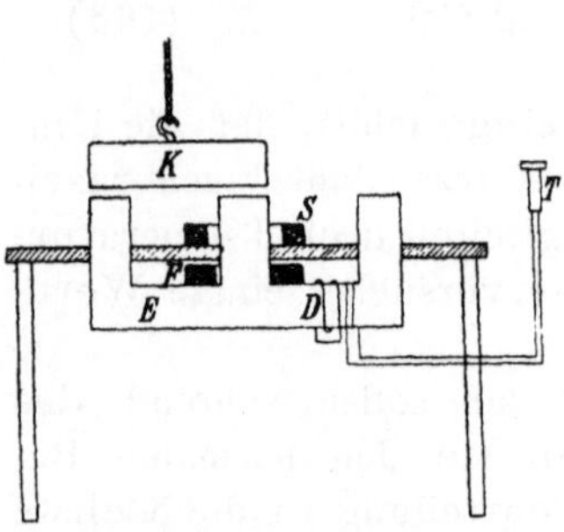
Fig. 352. Vorrichtung zum Prüfen der Spulen.

Der Verband Deutscher Elektrotechniker schreibt die im folgenden angeführten Spannungen vor, die der Transformator während einer Minute auszuhalten hat:

„Transformatoren von 40 Volt bis 5000 Volt sollen mit der $2^1/_2$ fachen Betriebsspannung, jedoch nicht mit weniger als 1000 Volt geprüft werden.

„Transformatoren von 5000 bis 7500 Volt sind mit 7500 Volt Überspannung zu prüfen. Von 7500 Volt an beträgt die Prüfspannung das 2 fache der Betriebsspannung. Ausgenommen hiervon sind Transformatoren für Prüfzwecke. Transformatoren unter 40 Volt sind mit wenigstens 100 Volt zu prüfen.

„Diese Prüfspannungen beziehen sich auf die Isolation von Wicklungen gegen das Gestell und der Wicklungen gegeneinander. Für die Bestimmung der Prüfspannung ist stets die höchste, im Transformator auftretende Spannung maßgebend. Sind die Transformatoren für Serienbetrieb bestimmt, so sind sie noch außer der angeführten Prüfung mit einer der Spannung des ganzen Systems entsprechenden Prüfspannung gegen Erde zu prüfen.

Ist eine Wicklung betriebsmäßig mit dem Gestell leitend verbunden, so ist die Verbindung für die Prüfung auf Isolierfestigkeit zu unterbrechen. Die Prüfspannung einer solchen Wicklung gegen Gestell richtet sich dann aber auch nur nach der größten Spannung, die zwischen irgendeinem Punkte der Wicklung und des Gestelles im Betriebe auftreten kann.“

Bei sonst vollkommen von der Erde isolierten Stromkreisen hat man nach Fig. 353a die entsprechende Prüfspannung:

1. zwischen Primär- und Sekundärwicklung,
2. zwischen Primärwicklung und Eisenkörper und
3. zwischen Sekundärwicklung und Eisenkörper

zu schalten.

Um eine möglichst gleichmäßige Verteilung des Potentials zu erhalten, wird man stets die Enden einer Wicklung unter sich verbinden, wie Fig. 353a zeigt. In Fig. 353b ist dargestellt, wie die

Prüfspannung an einen Dreiphasentransformator angelegt wird. Die Enden der *NS*- und *HS*-Wicklung sind in der angegebenen Weise unter sich verbunden, und die *NS*-Wicklung wird an verschiedenen Punkten oben und unten an den Eisenkörper des Transformators angeschlossen. *PT* ist der Prüftransformator.

Während 5 Minuten soll nach den Vorschriften des V. D. E. ein Transformator eine um 30 Prozent erhöhte Betriebsspannung aushalten.

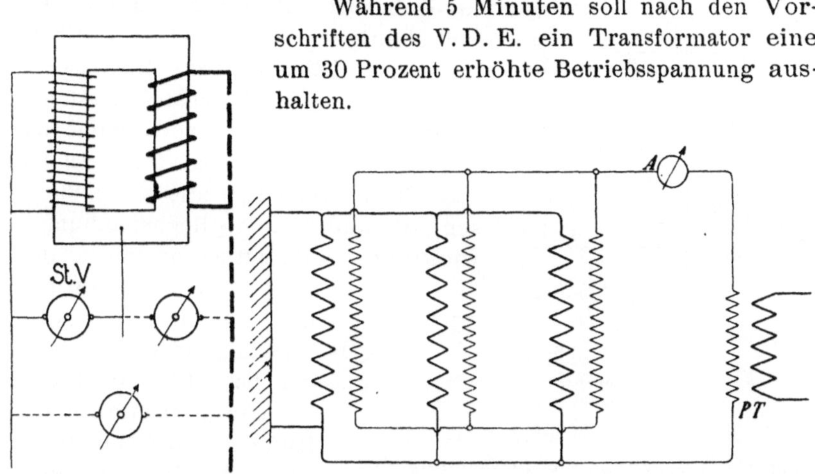

Fig. 353a und 353b.   Untersuchung der Isolationsfestigkeit des Transformators.

Diese Anforderungen an die Güte der Isolation werden von vielen Firmen nur für die Abnahmeprüfung aufrecht erhalten, während in der Fabrik selbst strengere Bedingungen gestellt werden. Die Westinghouse Co. prüft z. B. keine Wicklung unter 3000 Volt, Öltransformatoren werden in Luft mit der normalen Spannung, in Öl kalt mit $225^0/_0$ und warm mit $200^0/_0$ der normalen Spannung zwischen Eisen und Wicklung geprüft. Außerdem läßt die Westinghouse Co. alle Transformatoren $^1/_2$ Stunde lang unter doppelter Spannung bei entsprechend erhöhter Periodenzahl leer laufen.

71. Messung der dielektrischen Verluste und der Kapazität.

Die Art und Güte der Isolation ist ferner von Einfluß auf die Verluste durch dielektrische Hysterese und durch direkten Stromübergang durch die Isolation von einer Wicklung zur andern. Diese Untersuchungen lassen sich bequem mit der Bestimmung der Kapazität des Transformators vereinen. Fig. 354 zeigt nach Angabe von Dipl.-Ing. K. Kuhlmann das Schaltungsschema für solche Versuche. T_r ist ein Prüftransformator, der sekundär sehr hohe Spannung liefern kann, ein Rollenblitzableiter *RB* schützt die

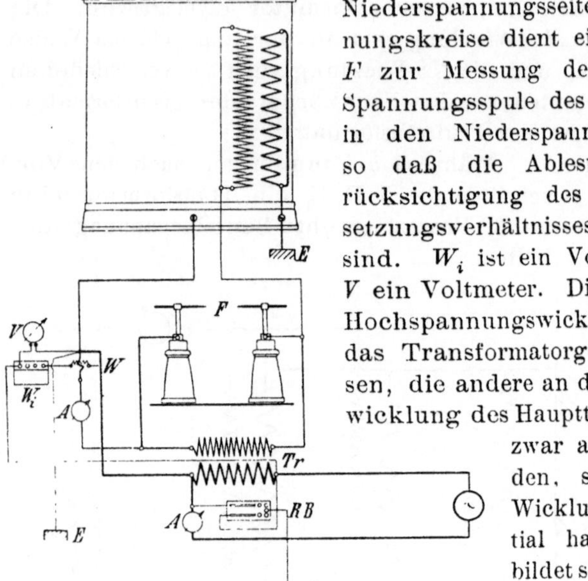

Fig. 354. Schaltung zur Bestimmung der
Kapazität.

Niederspannungsseite. Im Hochspannungskreise dient eine Funkenstrecke F zur Messung der Spannung, die Spannungsspule des Wattmeters W ist in den Niederspannungskreis gelegt, so daß die Ablesungen unter Berücksichtigung des jeweiligen Übersetzungsverhältnisses zu korrigieren sind. W_i ist ein Vorschaltwiderstand, V ein Voltmeter. Die eine Klemme der Hochspannungswicklung von T_r ist an das Transformatorgehäuse angeschlossen, die andere an die Hochspannungswicklung des Haupttransformators, und zwar an deren beide Enden, so daß die ganze Wicklung dasselbe Potential hat. Die Wicklung bildet so gleichsam die eine Platte eines Kondensators, während die geerdete

Messung der Kapazität und der dielektrischen Verluste.

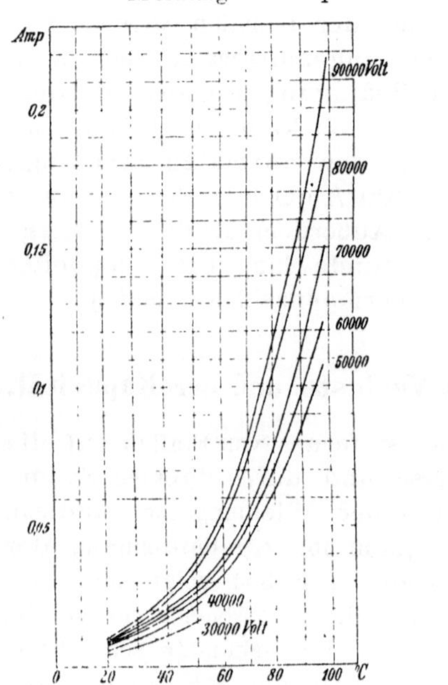

Fig. 355. Wattkomponente des Stromes.

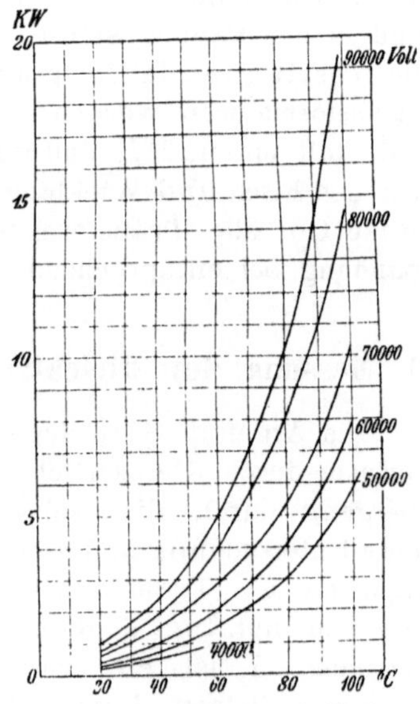

Fig. 356. Dielektrische Verluste.

Niederspannungswicklung die andere Belegung (mit dem Potential 0) darstellt. Die so gemessenen dielektrischen Verluste sind zu **groß**, da in wirklichem Betriebe die Hochspannungswicklung nicht überall das gleiche Potential hat, sondern ein vón 0 bis E innerhalb der Wicklung ansteigendes Potential besitzt. Die Verluste sind gleich den im praktischen Betriebe auftretenden, wenn die Prüfspannung $\dfrac{1}{\sqrt{3}}$ der Betriebsspannung ist.

Fig. 355 bis 358 zeigen die Werte, die an einem 1750 KVA Dreiphasentransformator für 58000/14250 Volt und 42 Perioden von Dipl.-Ing. K. Kuhlmann gemessen wurden. Fig. 356 lehrt, daß die Verluste mit zunehmender Öltemperatur rasch sehr große Werte annehmen. Die Kapazität der Hochspannungswicklung gegen die Niederspannungswicklung und das Gehäuse, die sich aus dem wattlosen Strome bestimmen läßt, ändert sich ebenfalls mit der Öltemperatur und ist fast vollkommen unabhängig von der angelegten Spannung. Im Mittel ergeben sich folgende Werte pro Säule:

Messung der Kapazität und der dielektrischen Verluste.

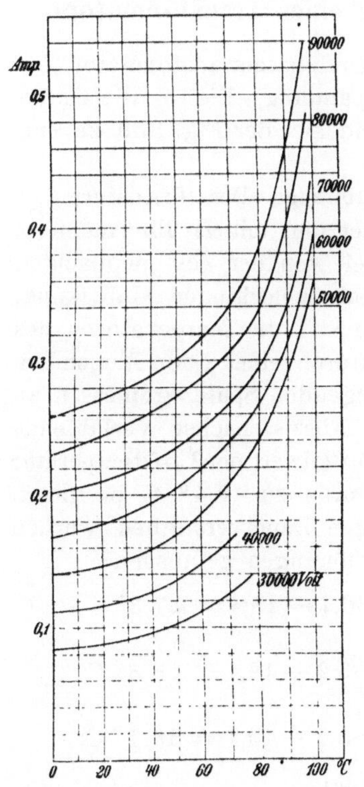

Fig. 357. Gesamter Strom.

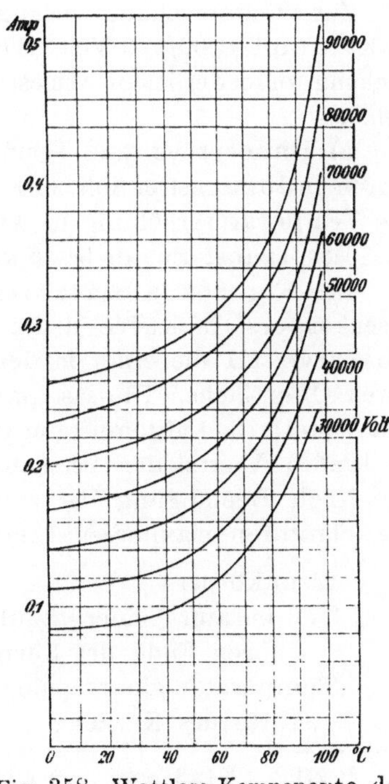

Fig. 358. Wattlose Komponente des Stromes.

$$T = 33^\circ \text{C} \qquad\qquad C = 0{,}01036 \text{ MF}$$
$$T = 76^\circ \text{C} \qquad\qquad C = 0{,}0145 \text{ MF}$$
$$T = 98^\circ \text{C} \qquad\qquad C = 0{,}0178 \text{ MF.}$$

L. Lichtenstein bestimmte [1]) die Kapazität der Wicklung eines zweisäuligen Einphasentransformators von 10 KW 100/200 000 Volt in Öl durch Messung des Ladestromes der offenen Hochspannungswicklung und fand als Kapazität der ganzen Wicklung 0,000 495 MF. A. Dina veröffentlichte [2]) Versuche derselben Art an einem 80 KVA-Einphasentransformator für 100 000 Volt und stellte die Kapazität der ganzen Wicklung, unter der Annahme, daß sie gleichmäßig verteilt sei, zu 0,0012 MF fest. Bei einem Transformator für 10 000 Volt in Luft fand er 0,0016 MF

Bei neueren Messungen der Maschinenfabrik Oerlikon wurde bei einem Dreiphasentransformator von 2200 KW 40 000/5000 Volt ein maximaler Ladestrom in der offenen Hochspannungswicklung von 0,012 Amp. bei 55 000 Volt Linienspannung und 67 Perioden gemessen. Die Kapazität pro Säule ergibt sich daraus zu 0,0018 MF.

72. Beispiel für die Untersuchung eines Transformators

Zur Untersuchung gelangte ein Dreiphasentransformator für 20 KVA und 4000/120 Volt verketteter Spannung. Die für die Untersuchung erforderlichen Abmessungen sind aus der Fig. 359 zu entnehmen.

a) Dauerprobe und Temperaturerhöhung. Der Transformator wurde induktionsfrei mit 20 KW belastet und mittels Thermometer die Temperaturerhöhung in Abhängigkeit von der Zeit beobachtet.

Der Transformator besaß keinerlei Schutzblech oder Abdeckung.

Die Fig. 262 (s. S. 246) zeigt in Kurve I die Temperaturen des Eisenkörpers, in Kurve II die Temperaturen einer oben liegenden, die Kurve III die einer in der Mitte liegenden Spule, gemessen an deren Oberfläche. Die fast parallel zur Abszissenachse verlaufende Kurve stellt die Lufttemperatur dar. Der Mittelwert der Lufttemperatur im letzten Viertel der Versuchsdauer wurde zu $19{,}4^\circ$ C bestimmt.

Nach Beendigung des zwölfstündigen Dauerversuches wurden die folgenden maximalen Temperaturerhöhungen gemessen:

$$\text{Eisenkörper} \dots\dots\dots\quad 66{,}7 - 19{,}4 = 47{,}3^\circ \text{ C}$$

Temperatur einer Spule am
$$\text{oberen Ende des Kernes} \dots\quad 63{,}2 - 19{,}4 = 43{,}8^\circ \text{ C}$$

Temperatur einer Spule in der
$$\text{Mitte des Kernes} \dots\dots\quad 55{,}5 - 19{,}4 = 36{,}1^\circ \text{ C.}$$

---

[1]) ETZ 1904, S. 869.   [2]) ETZ 1906, S. 191.

Die Versuchsanordnung war ferner so getroffen, daß man von
Zeit zu Zeit den Widerstand der Niederspannungswicklung des

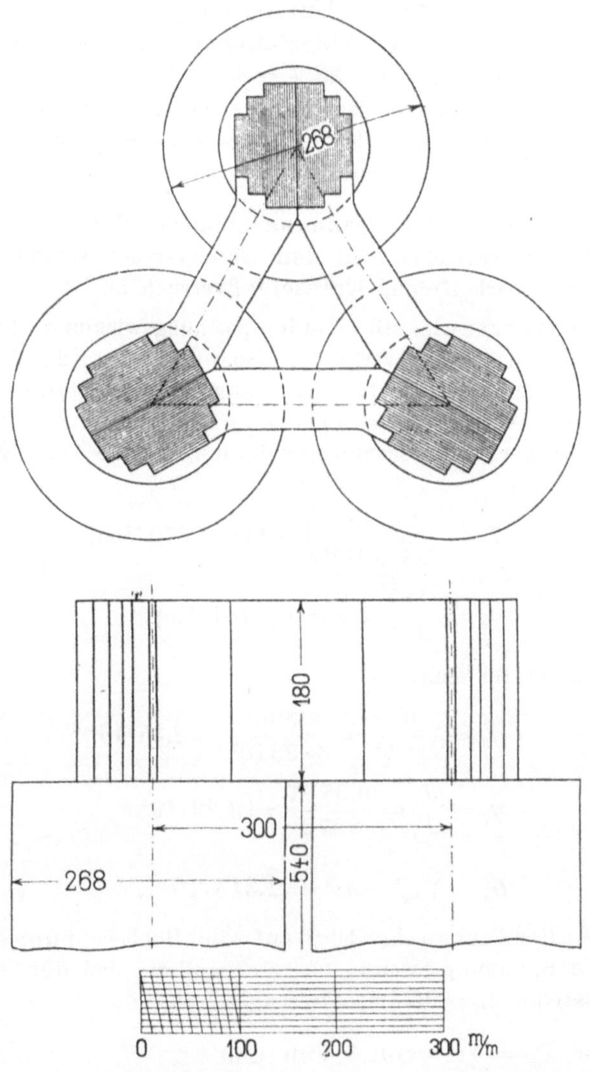

Fig. 359. Hauptabmessungen des 20 KVA-Dreiphasentransformators.

Transformators messen konnte. Die sich aus der Widerstandserhöhung ergebenden Temperaturerhöhungen sind in der Kurve V
dargestellt.

Das Verhältnis von $\dfrac{\text{mit Thermometer gemessener}}{\text{aus Widerstand berechneter}}$ Temperaturerhöhung bezogen auf eine in der Mitte des Kernes liegende Spule und für das letzte Viertel der Untersuchung ist $\frac{30}{44} = 0{,}682$.

Die maximale aus der Widerstandszunahme berechnete Temperaturerhöhung beträgt $69 - 19{,}4 = 49{,}6^{0}$ C.

Die aus der Widerstandserhöhung berechneten Temperaturen liegen durchschnittlich etwa $30^{0}/_{0}$ höher als die Temperaturen, die an der Oberfläche der Spule mit dem Thermometer gemessen wurden.

b) Bestimmung des Spannungsabfalles, der Stromzunahme und des Wirkungsgrades. An den Dauerversuch schloß sich unmittelbar der Leerlauf- und Kurzschlußversuch an.

Leerlaufversuch. Die Niederspannungswicklung des Transformators wurde an eine verkettete Spannung von 123 Volt gelegt und hierbei die dem Transformator zugeführte Leistung nach der Zweiwattmetermethode: $W_0 = W_1 + W_2 = 90 + 306 = 396$ Watt und der Strom in der Niederspannungswicklung zu 2,6 Amp. gemessen.

Es ist somit:

$$P_0 = \frac{1}{\sqrt{3}} \cdot \left(\frac{4000}{120}\right) \cdot 123 = 2370 \text{ Volt},$$

$$J_0 = \frac{120}{4000} \cdot 2{,}6 = 0{,}0781 \text{ Amp.}$$

Hieraus ergibt sich:

$$g_0 = \frac{W_0}{m \cdot P_1^{\,2}} = \frac{396}{3 \cdot 2370^2} = 2{,}35 \cdot 10^{-5}$$

$$y_0 = \frac{J_0}{P_1} = \frac{0{,}0781}{2370} = 3{,}29 \cdot 10^{-5}$$

und

$$b_0 = \sqrt{y_0^{\,2} - g_0^{\,2}} = 2{,}315 \cdot 10^{-5}.$$

Kurzschlußversuch. Die auf die Hochspannungswicklung einwirkende Spannung wurde so einreguliert, daß der sekundäre Kurzschlußstrom $J_2 = 96$ Amp. betrug.

Es war $P_k = \dfrac{176}{\sqrt{3}} = 101{,}5$ Volt und

$$W_k = W_1 + W_2 = 445 + 0 = 445 \text{ Watt.}$$

Hieraus ergibt sich:

$$J_2' = 96 \cdot \frac{120}{4000} = 2{,}91 \text{ Amp.}$$

$$r_k = \frac{W_k}{3 \cdot (J_2')^2} = \frac{445}{3 \cdot (2,91)^2} = 17,4 \text{ Ohm},$$

$$z_k = \frac{P_k}{J_2'} = 34,9 \text{ Ohm},$$

und
$$x_k = \sqrt{z_k^2 - r_k^2} = 30,1 \text{ Ohm}.$$

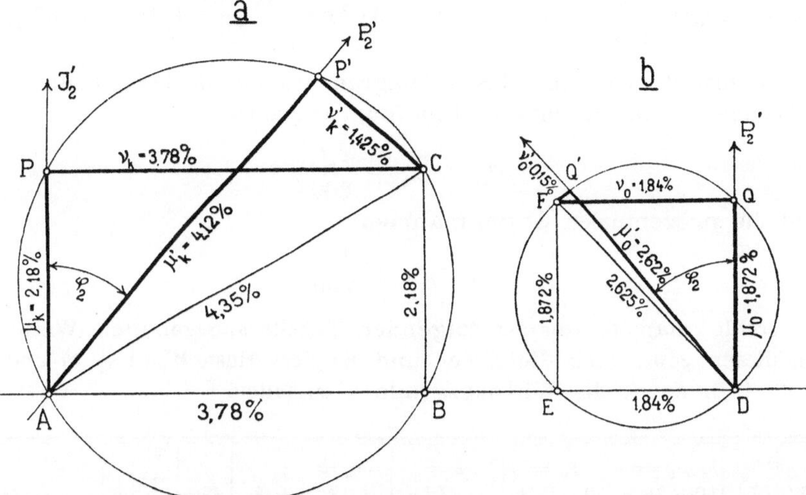

Fig. 360 a und b. Leerlauf- und Kurzschlußdiagramm des 20 KVA-Dreiphasen-transformators.

Mit den so gefundenen Konstanten wurde das Leerlauf- und Kurzschlußdiagramm konstruiert. Im Kurzschlußdiagramm (Fig. 360a) wurde für einen auf den primären Stromkreis reduzierten Strom $J_2' = 2,9$ Amp. entsprechend einer Belastung von 20 KW bei $P_2' = \dfrac{4000}{\sqrt{3}}$ Volt und $\cos \varphi_2 = 1$ erhalten:

$$\overline{AB} = J_2' \cdot x_k = 2,9 \cdot 30,1 = 87,5 \text{ Volt} \quad \cdot \quad \cdot \quad \frac{87,5}{\dfrac{4000}{\sqrt{3}}} \, 100 = 3,78\,^0/_0$$

$$\overline{BC} = J_2' \cdot r_k = 2,9 \cdot 17,4 = 50,5 \text{ Volt} \quad \cdot \quad \cdot \quad \frac{50,5}{\dfrac{4000}{\sqrt{3}}} \, 100 = 2,18\,^0/_0$$

$$\overline{AC} = J_2' \cdot z_k = 2,9 \cdot 34,9 = 102 \text{ Volt} \quad \cdot \quad \cdot \quad \frac{101}{\dfrac{4000}{\sqrt{3}}} \, 100 = 4,38\,^0/_0 \cdot$$

Das Leerlaufdiagramm (Fig. 360b) ergab sich aus:

$$\overline{EF} = P_1 g_0 = \frac{4000}{\sqrt{3}} \cdot 2{,}35 \cdot 10^{-5} = 0{,}0543 \,\text{Amp.}; \quad \frac{0{,}0543}{2{,}9} \cdot 100 = 1{,}872\,^0/_0$$

$$\overline{DE} = P_1 \cdot b_0 = \frac{4000}{\sqrt{3}} \cdot 2{,}315 \cdot 10^{-5} = 0{,}0535 \,\text{Amp.}; \quad \frac{0{,}0535}{2{,}9} \cdot 100 = 1{,}84\,^0/_0$$

$$\overline{DF} = P_1 y_0 = \frac{4000}{\sqrt{3}} \cdot 3{,}29 \cdot 10^{-5} = 0{,}0761 \,\text{Amp.}; \quad \frac{0{,}0761}{2{,}9} \cdot 100 = 2{,}625\,^0/_0.$$

Ermittelt man aus diesen Diagrammen für die verschiedenen Belastungen die prozentualen Spannungszunahmen

$$\varepsilon\,^0/_0 = \mu_k + \frac{\nu_k^2}{200}$$

und die prozentualen Stromzunahmen

$$j\,^0/_0 = \mu_0 + \frac{\nu_0^2}{200},$$

so erhält man die in der folgenden Tabelle angegebenen Werte. In dieser sind auch die Eisen- und Kupferverluste $W_0 (1 + \varepsilon)$ und $W_k (1 + j)$, sowie die Wirkungsgrade η enthalten.

$\sqrt{3} \cdot P_2'$	J_2'	$\mu_0 = \dfrac{100 \cdot P_2' g_0}{J_2'}$	$\nu_0 = \dfrac{100 \cdot P_2' b_0}{J_2'}$	$\mu_k = 100 \cdot \dfrac{J_2' r_k}{P_2'}$	$\nu_k = 100 \cdot \dfrac{J_2' x_k}{P_2'}$	$\varepsilon\,^0/_0$	$j\,^0/_0$	$W_0(1+\varepsilon)$	$W_k(1+j)$	η	$\cos\varphi=1$ KVA
4000	3,626	1,50	1,475	2,73	4,73	2,847	1,52	386	672	0,943	25,0
4000	2,9	1,872	1,840	2,18	3,78	2,25	1,889	384	445	0,958	20,0
4000	2,275	2,39	2,35	1,71	2,96	1,754	2,42	382	268	0,958	15,0
4000	1,45	3,75	3,69	1,09	1,89	1,11	3,814	380	110,5	0,953	10,0
4000	0,725	7,5	7,37	0,546	0,945	0,55	7,772	379	28,5	0,923	5,0

Bei 20 KVA, $\cos\varphi = 1$ ist:

$$\varepsilon\,^0/_0 = \mu_k + \frac{\nu_k^2}{200} = \overline{AP} + \frac{\overline{CP^2}}{200} = 2{,}18 + \frac{3{,}78^2}{200} = \mathbf{2{,}25\,^0/_0}$$

$$j\,^0/_0 = \mu_0 + \frac{\nu_0^2}{200} = \overline{DQ} + \frac{\overline{FQ^2}}{200} = 1{,}872 + \frac{1{,}84^2}{200} = \mathbf{1{,}889\,^0/_0}$$

und

$$\eta = \frac{3\,P_2' J_2'}{3\,P_2' J_2' + W_0(1+\varepsilon) + W_k(1+j)},$$

worin

$$W_0 = 3\,g_0 (P_2')^2 = 3 \cdot 2{,}35 \cdot 10^{-5} \cdot \left(\frac{4000}{\sqrt{3}}\right)^2 = \mathbf{376\ Watt,}$$

$$W_k = 3(J_2')^2 r_k = 3 \cdot 2{,}9^2 \cdot 17{,}4 = 436 \text{ Watt,}$$

also

$$\eta = \frac{20000}{20000 + 376\,(1 + 0{,}0225) + 436\,(1 + 0{,}0189)} = 0{,}958$$

ist.

Bei $P_2 = \dfrac{4000}{\sqrt 3}$, $\quad J_2' = 2{,}9$, $\quad \cos\varphi = 0{,}75$, $\quad$ also 16 KVA ist

$$\varepsilon\,^0/_0 = \overline{AP'} + \frac{\overline{CP'^2}}{200} = 4{,}12 + \frac{1{,}425^2}{200} = 4{,}13\,^0/_0$$

$$j\,^0/_0 = \overline{DQ'} = \frac{\overline{FQ'^2}}{200} = 2{,}62 + \frac{0{,}15^2}{200} = 2{,}621\,^0/_0$$

und

$$\eta = \frac{16000}{16000 + 376\,(1 + 0{,}0413) + 436\,(1 + 0{,}02621)} = 0{,}952.$$

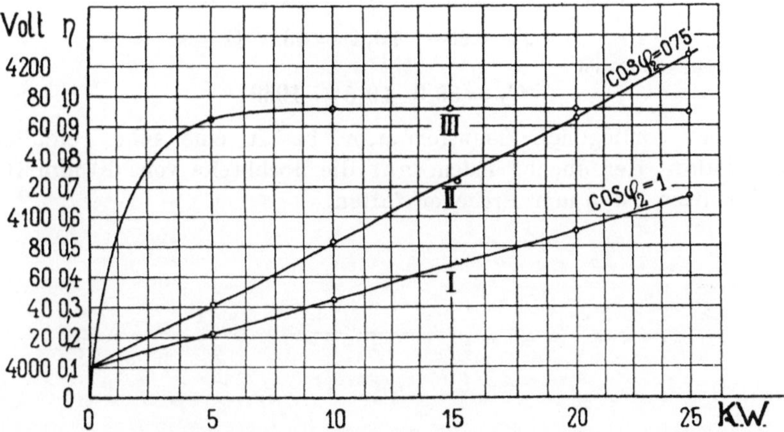

Fig. 361. Spannungserhöhung und Wirkungsgrad des 20 KVA-Transformators.

In Fig. 361 ist die erforderliche Nachregulierung der Primärspannung in Abhängigkeit von der Belastung dargestellt; und zwar bezieht sich Kurve I auf induktionsfreie Belastung, $\cos\varphi_2 = 1$, und Kurve II auf induktive Belastung, $\cos\varphi_2 = 0{,}75$. Kurve III gibt den Wirkungsgrad bei $\cos\varphi_2 = 1$ an.

c) **Koeffizient der Wärmeabgabe.** Auf Grund der erhaltenen Verluste und der aus den Abmessungen zu berechnenden Abkühlfläche A_T des Transformators kann man die spezifische Abkühlfläche

$$a_T = \frac{A_T}{W_{ei} + W_k}\,\frac{\text{cm}^2}{\text{Watt}}$$

und aus den gemessenen Temperaturerhöhungen T_T den Koeffizienten
der Wärmeabgabe

$$C_T = a_T \cdot T_T$$

für die betreffende Type kontrollieren.

Es ist (s. Fig. 359):

Abkühlfläche der Kerne . . . . 8100 cm²
der Joche . . . . 9000 „
der Spulen . . . . 15870 „
totale Abkühlfläche . . . . $A_T = 32970$ cm²,

als ist

$$a_T = \frac{A_T}{W_{ei} + W_k} = \frac{32\,970}{829} = 39{,}5 \; \frac{\text{cm}^2}{\text{Watt}},$$

da $W_{ei} + W_k = W_0(1 + \varepsilon) + W_k(1 + j) = 829$ Watt ist.

Für die maximale Temperaturerhöhung wurde

$$T_T = 69 - 19{,}4 = 49{,}6^{\,0}\ \text{C}$$

gefunden, also ist

$$C_T = 39{,}5 \cdot 49{,}6 = 1960.$$

Der vorliegende Transformator besitzt eine sehr reichliche
Ventilation der Joche, indem auf die Jochbreite von 60 mm fünf
Luftschlitze zu 5 mm Breite entfallen.

Sechzehntes Kapitel

Die Schaltung der Transformatoren.

73. Die Schaltungen der Wicklung. — 74. Anordnung und Schaltung der Transformatoren im Netz. — 75. Das Parallelschalten der Transformatoren.

73. Die Schaltungen der Wicklung.

Bei Einphasentransformatoren gibt es außer der gewöhnlichen Schaltung, bei der beide Kerne bewickelt und in Serie geschaltet sind, nur noch die Schaltungen für Dreileiteranlagen, die wir in den Abb. 48 bis 53 kennen gelernt haben. Bei diesen sind entweder die Wicklungen beider Kerne parallel an das Netz geschlossen, oder jede Wicklung besteht aus mehreren Teilen, die nun teils parallel, teils in Serie geschaltet sein können.

Bei Dreiphasentransformatoren kann die Sternschaltung, die Dreieckschaltung oder deren Kombinationen verwendet werden. Bei der Sternschaltung hat man den Vorteil, daß die Phasenspannung nur $1/\sqrt{3}$ mal der Klemmenspannung ist; die Dreieckschaltung ist dagegen betriebssicherer, da selbst bei Unterbrechung

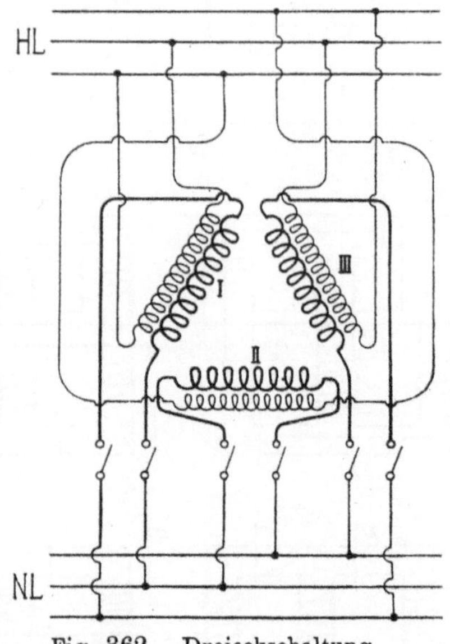

Fig. 362.   Dreieckschaltung.

einer Primärphase immer noch alle Sekundärphasen unter Spannung bleiben. So wird man z. B. vom Standpunkte der Betriebssicherheit aus die Transformatoren vor großen Motoren oder vor rotierenden Umformern immer in Dreieck schalten. Die Fig. 362 zeigt

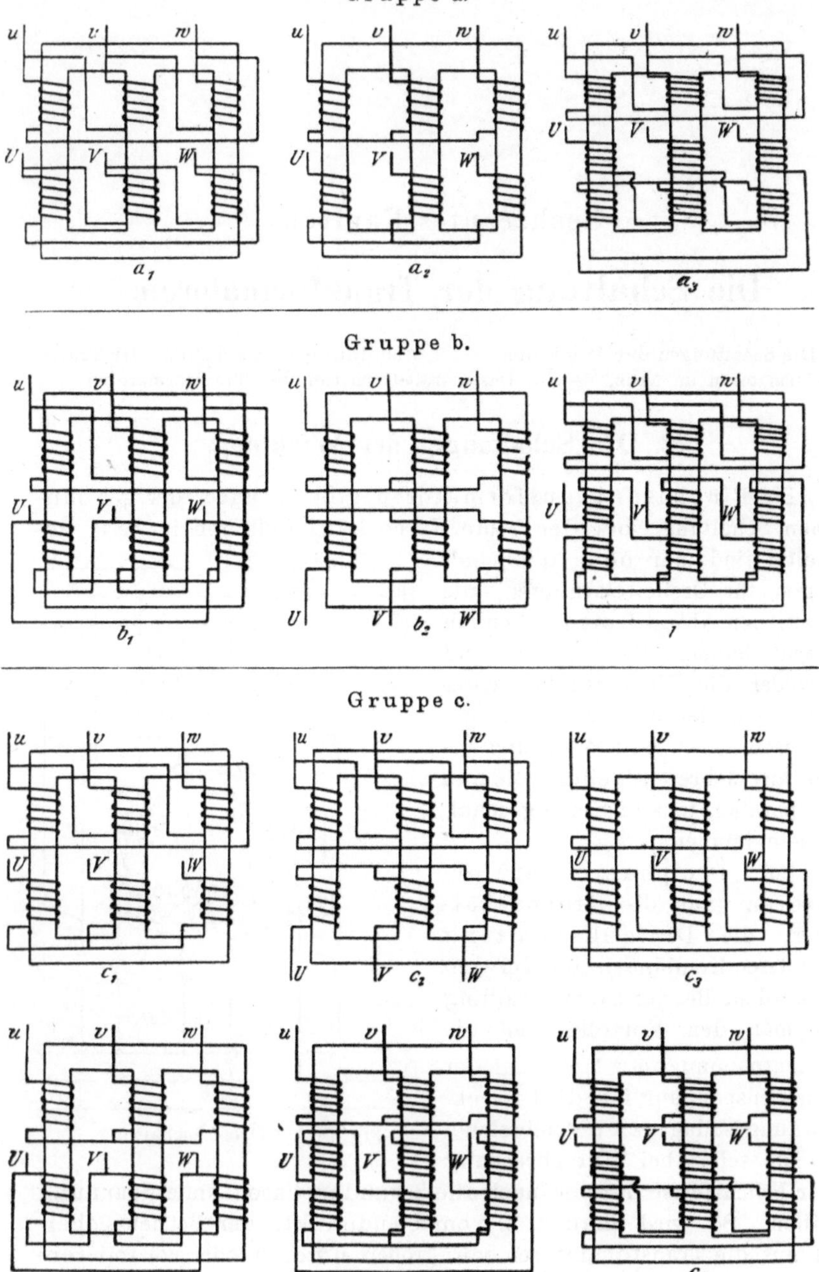

Fig. 363. Schaltungen der Transformatoren.

eine derartige Anordnung, die selbst bei Unterbrechung einer Phase keine Betriebsunterbrechung mit sich bringt, nur kann der Transformator mit zwei Phasen nur $^2/_3$ der normalen Leistung abgeben. Erfolgt die Transformation des Dreiphasenstromes mit drei nur elektrisch verbundenen Einphasentransformatoren, so kann daher einer der drei Transformatoren abgeschaltet und repariert und mit den beiden andern der Betrieb aufrecht erhalten werden. Diese Anordnung hat bei sehr großen Leistungen Anwendung gefunden, da in diesem Falle eine Reserve gewöhnlich nur für eine Phase erforderlich ist.

Fig. 363 zeigt die üblichen Schaltungen der Transformatoren, und zwar in der Darstellung und mit den Bezeichnungen, wie sie in den Normalien des Verbandes Deutscher Elektrotechniker gewählt sind.[1]

Es sind dabei die Klemmen für die Wicklung mit der höheren Spannung (Oberspannungswicklung) mit U, V, W, die Klemmen der Wicklung mit niederer Spannung (Unterspannungswicklung) mit u, v, w bezeichnet. Gruppe a zeigt die Grundschaltungen in der einfachsten Form. a_1 besitzt beiderseits Dreieckschaltung, a_2 beiderseits Sternschaltung, a_3 stellt die sog. Zickzackschaltung dar. Es besteht hier die Sekundärwicklung jeder Säule aus zwei Hälften, und es ist immer die Wicklungshälfte einer Säule mit der Wicklungshälfte der nächsten Säule in Serie geschaltet. Man erreicht

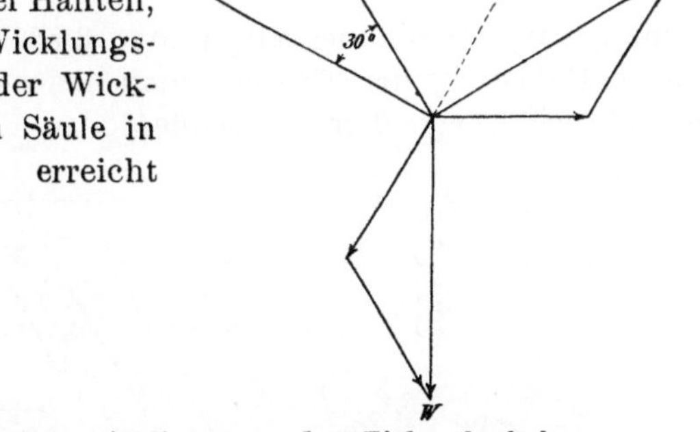

Fig. 364a und 364b. Potentialdiagramm der Zickzackschaltung.

durch diese Anordnung selbst bei Belastung nur einer sekundären Phase eine Verteilung der Belastung auf alle drei Säulen. Fig. 364 zeigt das Potentialdiagramm der Wicklung. Die resultierenden Phasenspannungen sind 30° gegen die primären Spannungen verschoben. Je zwei in Serie geschaltete Wicklungshälften sind so verbunden, daß der Strom sie in ungleichem Sinne durchläuft. Wären die Hälften in gleichartigem Sinne geschaltet, so würden wir statt nach V nach V' kommen, und die resultierende Spannung zweier Wicklungshälften wäre nur so groß wie die einer Hälfte allein. Wir würden bei einer solchen Schaltung doppelt soviel

---

[1] s. ETZ 1909, S. 788 und Abschn. 75, S. 397.

sekundäres Kupfer wie bei den Schaltungen a_1 und a_2 brauchen, und der Stromwärmeverlust wäre ebenfalls doppelt so groß. Bei der Schaltung a_3 brauchen wir $2/\sqrt{3} = 1{,}15$ mal soviel Kupfer wie bei a_1 und a_2.

Bei der Gruppe b sind die Sekundärspannungen um 180^0 gegen die Primärspannungen gedreht, die Gruppe c zeigt Kombinationen der drei ersten Schaltungsarten.

Die Sternschaltung hat den Vorzug, daß man vom Sternpunkte (Nullpunkte) aus noch eine vierte Leitung, den Nulleiter oder Mittelleiter, ziehen kann und dadurch im Netze zwei verschiedene Spannungen zur Verfügung hat. Diese Anordnung, die heute sehr üblich ist, heißt das **Dreiphasen-Vierleitersystem** (Fig. 365). Man schließt dabei Motoren an die höhere Spannung und Lampen an die kleinere

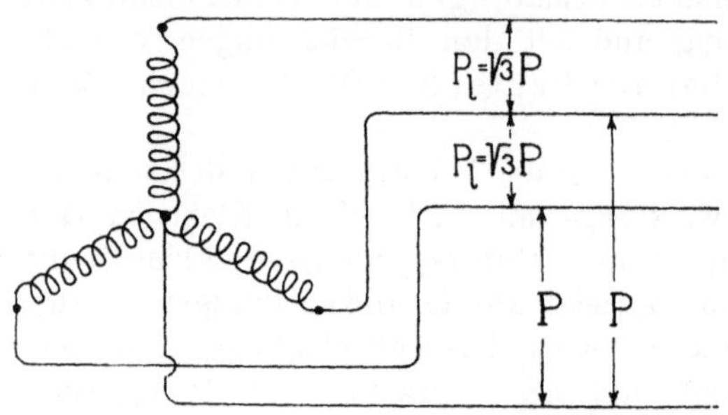

Fig. 365.   Dreiphasen-Vierleitersystem.

Spannung an. Durch den Mittelleiter fließt nur Strom bei ungleichmäßiger Belastung der Phasen, man macht seinen Querschnitt gewöhnlich $50^0/_0$ von dem der Außenleiter.

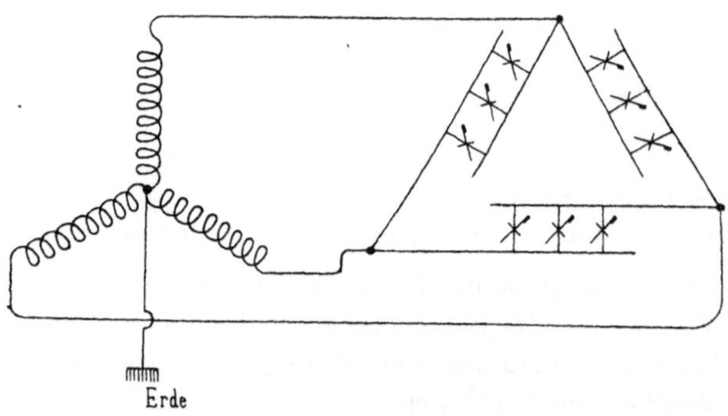

Fig. 366.   Erdung des neutralen Punktes.

Eine **Erdung des neutralen Punktes** (Fig. 366) wird bei Sternsystemen vorgenommen, damit die Potentialdifferenz zwischen Erde und Leitung, die für die Bemessung der Isolationsstärken maßgebend ist, nicht größer als die Phasenspannung werden kann. Beim Auftreten eines dauernden oder vorübergehenden Erdschlusses

einer Phase werden mehr oder weniger große Ströme durch die
Erde fließen, die auf Telephon- und Telegraphenleitungen störend
einwirken. Es kann daher an manchen Orten diese Schaltungsart
nicht verwendet werden. Die Erdung erleichtert auch das Auffinden von Kurzschlüssen, indem sofort nach Stromschluß eines
Leiters mit der Erde die betreffende Sicherung durchgeht oder ein
automatischer Schalter in Tätigkeit tritt. Dieses Durchgehen der
Sicherung (oder Herausfallen des Schalters) tritt nun allerdings bei
jedem oft nur ganz kurzdauernden Kurzschluß auf, was bei Freileitungen sehr häufig erfolgen kann und naturgemäß jedesmal An-
laß zu einer Betriebsunterbrechung gibt.

Eine gute praktische Ausführung
der Erdung von Transformatoren und
Transformatorhäusern, wie sie im
Städtischen Elektrizitätswerk Klagen-
furt in Gebrauch ist, zeigt Fig. 367.[1])
Es ist ein Netz aus verzinktem Eisendraht von 3 bis 4 mm Dicke und 60
bis 100 mm Maschenweite in der gezeichneten Weise um den Sockel des
Transformators in die Erde verlegt
und durch kreuz und quer gezogene
Kupferlitzen, die an entsprechenden
Stellen angelötet werden, miteinander
und mit der Erdleitung des Trans-
formators verbunden. Die Netze liegen etwa $^1/_2$ m unter dem
Erdboden.

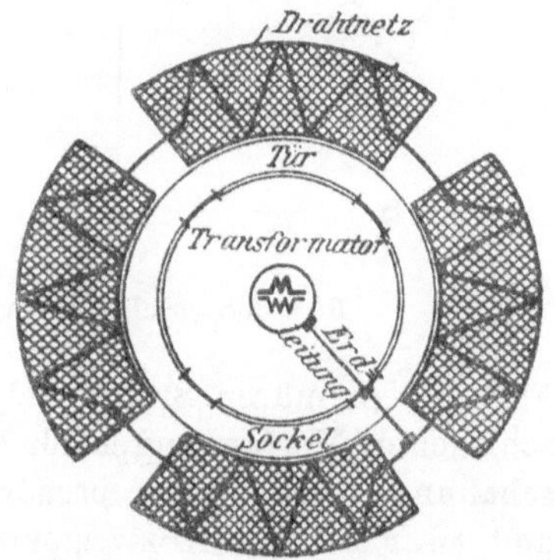

Fig. 367. Erdung eines Transformators.

Zweiphasentransformatoren werden entweder in verketteter
Schaltung mit neutralem Leiter (Fig. 368a), oder in unabhängiger
Schaltung (Fig. 368b) verwendet. Der neutrale Leiter kann ebenso
wie bei Dreiphasensystemen geerdet werden. Bei Zweiphasentransformatoren für rotierende Umformer findet gewöhnlich die in Fig. 368c
dargestellte Anordnung mit primär verketteten, sekundär offenen
Phasen Anwendung.

Die innere Schaltung der Wicklung wird bei Transformatoren, die als normale Typen hergestellt werden, vielfach so
eingerichtet, daß sie für zwei verschiedene Spannungen zu schalten
sind. Zu diesem Zwecke werden die Primär- und Sekundärwicklungen unterteilt, so daß die einzelnen Teile in Reihen-, in Parallel-
oder in Gruppenschaltung miteinander verbunden werden können.
Die Westinghouse Comp teilt bei Einphasentypen die zwei Primär-

---

[1]) Siehe El. u. **Maschb.** 1908, S. 614.

spulen je in zwei Hälften, die entweder in Reihe oder parallel geschaltet werden können. Die sekundäre Wicklung ist in vier gleiche Teile geteilt, die entweder in Reihe, oder teilweise in Reihe, teilweise parallel, oder vollständig parallel geschaltet werden können.

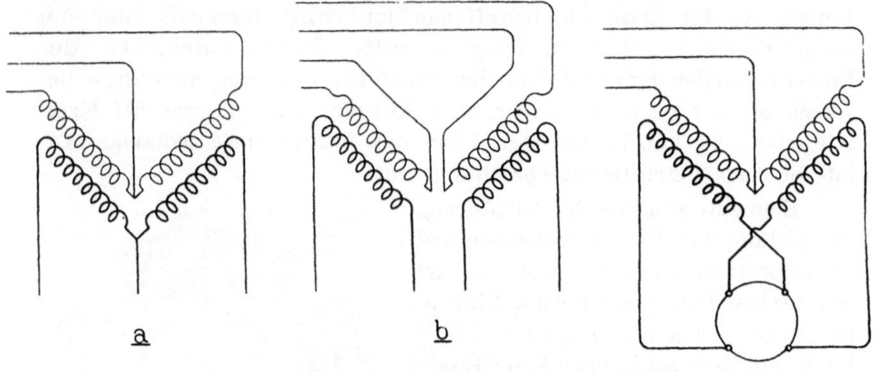

Fig. 368. Schaltung von Zweiphasentransformatoren.

Für die primären Spulen zeigen die Fig. 369a, b und c die verschiedenen Verbindungen für Reihenschaltung, d und e für Parallelschaltung. Von jeder primären Spule geht eine Zusatzleitung ab, und zwar ist der Abzweigpunkt so bestimmt, daß 5 % der Gesamtwindungen zwischen der Abzweigleitung und der äußeren Klemme

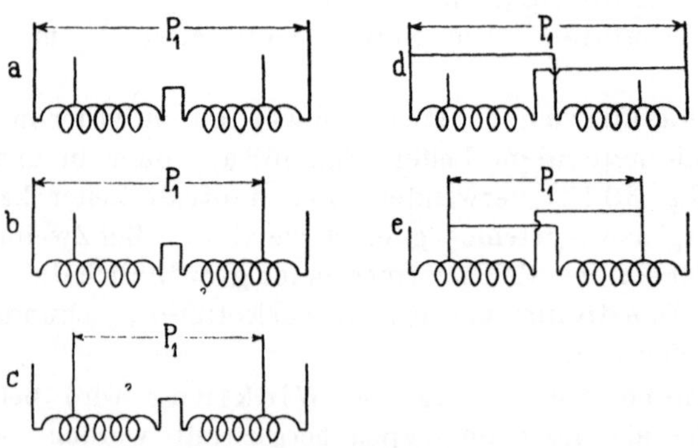

Fig. 369. Schaltung der Primärspulen der Transformatoren der Westinghouse Comp.

liegen. In Fig. 369a ist die ganze Primärwicklung in Reihe geschaltet, in Fig. 369d ist die ganze Wicklung in den Stromkreis eingeschaltet und die beiden Hälften liegen parallel, in e sind die beiden Hälften parallel und 10 % der Wicklung ausgeschaltet.

Wenn die Sekundärspulen so verbunden sind, daß sie bei Schaltung der Primärspulen nach Fig. 369a ein Übersetzungsverhältnis von 20:1 ergeben, so müssen bei derselben Sekundärverbindung die Primärverbindungen b, c, d und e Übersetzungsverhältnisse 19, 18, 10 und 9 zu 1 ergeben. Von den vier Abteilungen der Sekundärspulen ist jede Abteilung für 50 Volt gewickelt. Fig. 370a zeigt die Schaltung der Spulen in Reihe, Fig. 370b teilweise

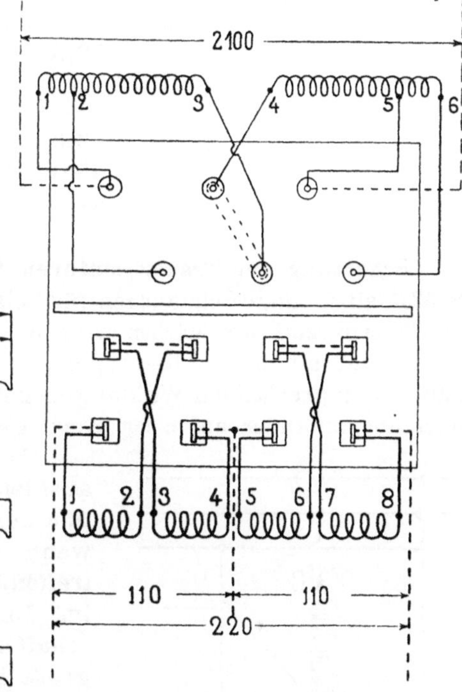

Fig. 370. Schaltung der Sekundärspulen der Transformatoren der Westinghouse Mfg. Comp.

Fig. 371. Anschluß der Wicklung an die Klemmen.

Reihen-, teilweise Parallelschaltung, und Fig. 370c reine Parallelschaltung.

Zweckmäßig ist es auch, alle Transformatoren in gleicher Weise an die Klemmen anzuschließen, wie dies Fig. 371 für die Transformatoren der Westinghouse Comp. darstellt. Die Einrichtung ist so getroffen, daß alle Verbindungen mit gleich langen Verbindungsstücken herzustellen sind. Die in der Figur einpunktierten Verbindungen entsprechen dem Übersetzungsverhältnisse $\dfrac{2100}{2 \times 110}$ Volt, indem die ganzen Primärwindungen minus 5 % in Serie geschaltet sind. Sekundär erhalten wir zwischen den Klemmen 1 und 8, $2 \times 110 = 220$ Volt. Für 1050 Volt sind die primären Spulen parallel zu schalten. Durch entsprechende Verbindungs-

weise kann man mit dieser Transformatorentype folgende Übersetzungsverhältnisse erreichen:

Primär	Sekundär		
1050	52,5	105	210
	58	116	232
2100	52,5	105	210
	55,0	110	220
	58,0	116	232

Schaltung der Transformatoren für Belastungsausgleich. Auf
S. 53 ff. sind einige Schaltungen für Belastungsausgleich in Einphasen-
Dreileiternetzen beschrieben worden. Für diese Transformatoren
wählt man am besten Kerntypen, bei denen die den beiden Netzhälften entsprechenden Wicklungen möglichst nahe bzw. eng neben-
oder übereinander auf einen Kern gewickelt sind.

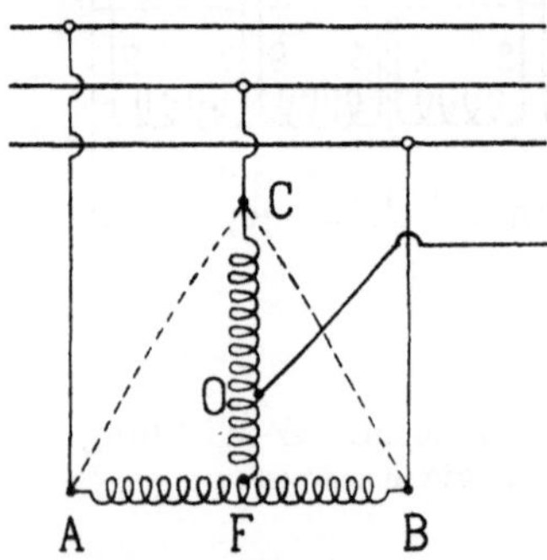

Fig. 372. Belastungsausgleich in
Dreiphasennetzen nach der Scottschen Schaltung.

Dasselbe Prinzip des Belastungs-
ausgleiches kann auch für Mehr-
phasenanlagen verwendet werden,
wenn wir zunächst Vorkehrungen
treffen, um einen neutralen Punkt
im Innern des Transformators zu
schaffen und ferner eine genügend
große induzierende Einwirkung zwischen den verschiedenen Phasen ermöglichen. Ganz allgemein können
wir z. B. an einer bestimmten Stelle
eines Dreiphasennetzes einen neutralen Punkt schaffen, indem wir
nach demselben Prinzip wie die
Scottsche Schaltung zwischen A und
B (Fig. 372) eine Ausgleichswicklung anordnen und von ihrem Mittel-
punkte aus eine zweite Ausgleichswicklung FC anbringen. In
einem Punkte O, der zwischen C und F die Windungszahlen im
Verhältnisse 1:2 teilt, kann man dann den neutralen Leiter anschließen. Man braucht also zwei einphasige Autotransformatoren,
von denen der eine die Anzapfung O besitzt und mit dem einen
Ende seiner Wicklung an die Anzapfung F des anderen Transformators angeschlossen ist. Vollständige Symmetrie im Systeme
(D.R.P. Nr. 131908) erreichen wir durch Wiederholung der Ausgleichsanordnung zwischen AB und FB in den anderen Phasen

(Fig. 373). Die Wicklungen der Ausgleichsanordnung bilden auf diese Weise zwei dreiphasige Gruppen, die je auf einem dreikernigen Transformator aufgebracht werden, und zwar auf einem die Wicklungen, die das Dreieck ABC bilden, auf dem andern die inner-

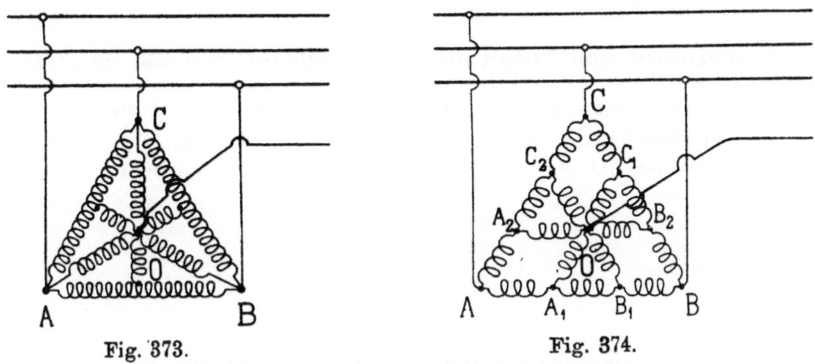

Fig. 373. Fig. 374.

Belastungsausgleich in Dreiphasennetzen.

halb des Dreiecks gezeichneten Wicklungen. Wird die in Fig. 374 dargestellte Anordnung verwendet, so kann man die Wicklung auf einem einzigen dreikernigen Transformator aufbringen, weil jetzt die in den Windungen AC und A_1C_1, ferner BC und B_1C_2, sowie

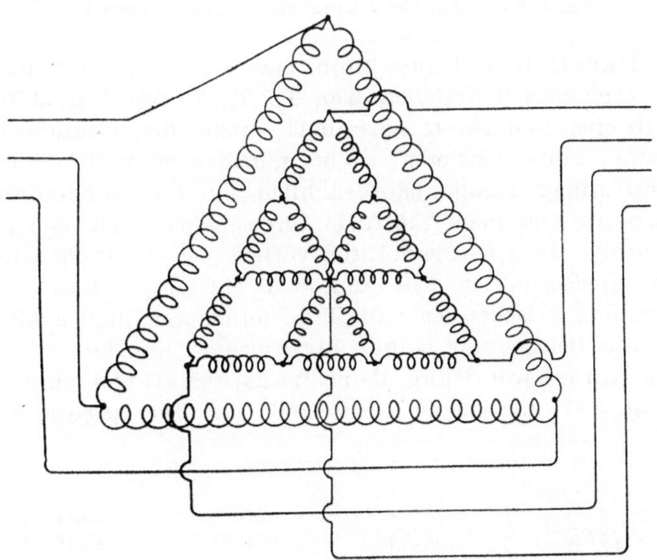

Fig. 375. Belastungsausgleich in Dreiphasennetzen mit Transformation der Spannungen.

AB und $A_2 B_2$ induzierten EMKe gleiche Phase haben. Die Windungszahlen sämtlicher Wicklungsabteilungen sind hierbei gleich.

Die Ausgleichsanordnungen können naturgemäß mit einer Transformation der Spannungen vereinigt werden, wie dies in Fig. 375 für die Anordnung der Fig. 374 dargestellt ist.

74. Anordnung und Schaltung der Transformatoren im Netz.

Die Transformatoren eines Verteilungsnetzes können in Parallel- oder in Reihenschaltung miteinander verbunden werden. Am meisten in Gebrauch ist die Parallelschaltung der Transformatoren.

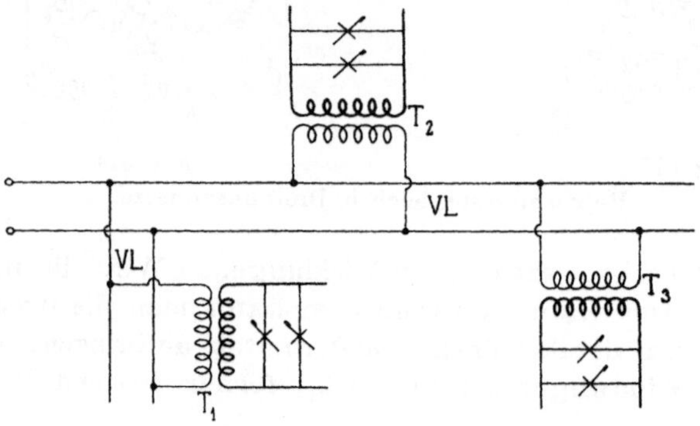

Fig. 376. Parallelschaltung von Transformatoren.

Die Parallelschaltung kann man erstens so ausführen, daß man die einzelnen Transformatoren T_1, T_2, T_3, wie Fig. 376 zeigt, an das Hochspannungsnetz anschließt, wobei die sekundären Leitungen der Transformatoren nicht miteinander verbunden sind. Diese Anordnung kommt hauptsächlich für Überlandzentralen in Frage, wo die einzelnen Transformatorenstationen weit voneinander entfernt sind. In größeren Städten verlegt man ein Hochspannungsnetz mit Speisepunkten und daneben ein ausgedehntes Niederspannungsnetz, zwischen denen die Transformatoren eingeschaltet sind.

Für die Beleuchtung langer Straßenzüge, Kanäle usw. kommt noch die Reihenschaltung der Transformatoren in Betracht, die in Fig. 377 schematisch dargestellt ist. Die Regulierung hat

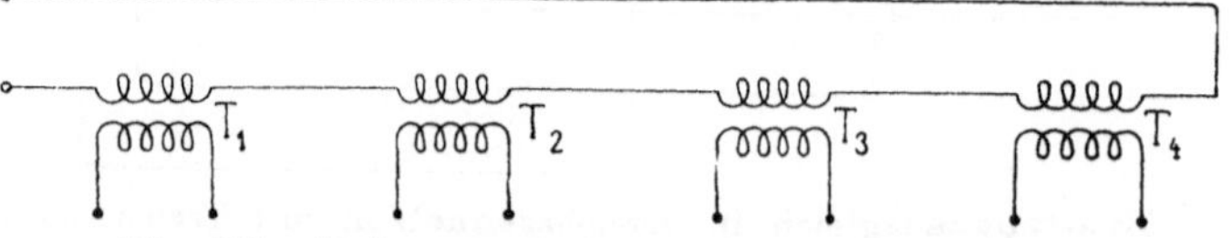

Fig. 377. Reihenschaltung von Transformatoren.

in diesem Falle auf konstante Stromstärke zu erfolgen, und die Isolation der einzelnen Transformatoren gegen Erde hat der Gesamtspannung des Systems zu entsprechen.

Schaltungen zur Verminderung der Leerlaufverluste. Sind Motoren oder sonstige Stromverbraucher an besondere Transformatoren angeschlossen und während des Tages nur mit längeren Unterbrechungen im Betriebe, so wird bei ständigem Anschluß an ein Hochspannungsnetz auch während der Arbeitspausen eine den Leerlaufverlusten des Transformators entsprechende Energie verbraucht.

Dieser Verlust beträgt z. B. bei gewöhnlichen Dreiphasentransformatoren (nicht legierte Bleche) etwa

KVA	$^0/_0$ Leerlaufverlust
10	1,8
20	1,5
100	1,15
250	1,05
500	0,95
1000	0,75.

Man hat daher Schaltungen entworfen, die solche Verluste entweder durch Abschalten des leerlaufenden Transformators **ganz** vermeiden oder durch Anordnung eines kleineren Transformators für geringe Belastungen neben dem Haupttransformator stark vermindern.

Fig. 378 zeigt eine Schaltung der Siemens-Schuckert-Werke, bei der zugleich mit der sekundären Belastung auch der Transformator primär abgeschaltet werden kann. Die Motoren M sind an doppelpolige Schalter angeschlossen, deren einer Pol den Sekundärkreis und deren anderer Pol den Primärkreis schließt und öffnet. Die

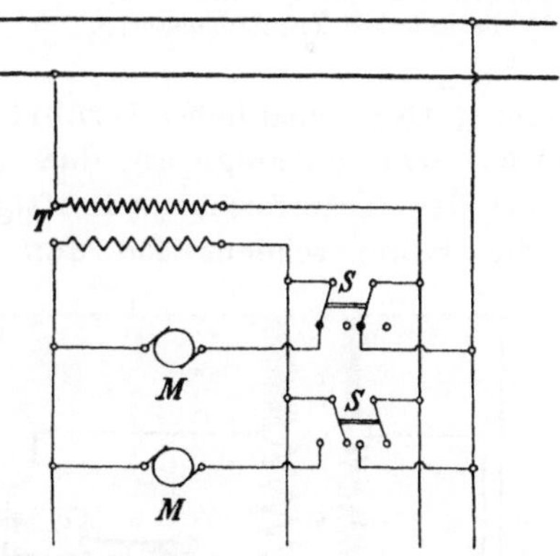

Fig. 378. Schaltung zur Vermeidung der Leerlaufverluste.

Schalter liegen alle parallel, so daß jeder Motor, unabhängig davon, ob auch die anderen laufen, Spannung erhält.

Die Anordnung hat den Nachteil, daß die Hochspannung an den Schalter geführt ist. Um das zu vermeiden, kann man den Schalter durch ein besonderes Niederspannungsrelais betätigen, wozu eine Hilfsbatterie erforderlich ist. Fig. 379 zeigt eine solche Einrichtung nach Scholtes und Müller. Soll z. B. der Motor M

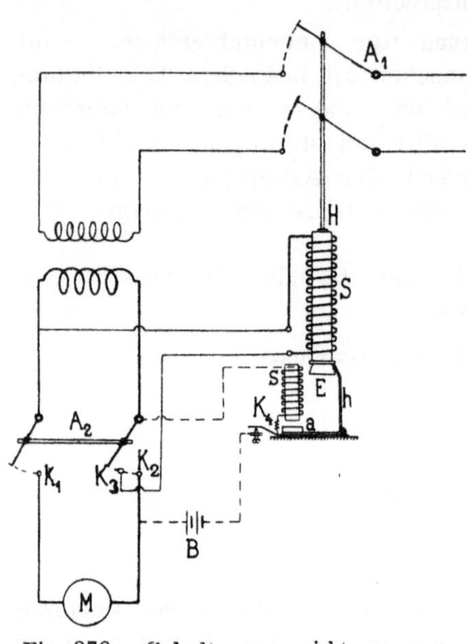

Fig. 379. Schaltungsvorrichtung zur Vermeidung der Leerlaufverluste unbelasteter Transformatoren.

angelassen werden, so wird der Schalter A_2 geschlossen. Hierdurch fließt Strom von der Batterie B nach dem kleinen Elektromagneten s, der nun den Anker anzieht und hierdurch den Eisenkern H des Solenoides S auslöst, so daß dieser durch sein Gewicht herunterfällt und den Schalter A_1 des Primärstromkreises des Transformators schließt. Der Stromkreis der Lokalbatterie B bleibt nach diesem Vorgange geöffnet, da der Hebelarm h nach Abwärtsbewegung des Eisenkernes H um die Tiefe der Einkerbung E aus seiner Ruhelage gerückt bleibt, und diese Bewegung genügt, um den Kontakt K_4 zu unterbrechen. Beim Abstellen der Motoranlage M wird A_2 in die gezeichnete Stellung gebracht. Der Schalthebel berührt hierbei vorübergehend den Kontakt K_3, was zur Folge hat, daß das Solenoid S von dem Sekundärstrome des Transformators kräftig erregt wird, der Magnetkern H in die Höhe schnellt und den Primärstrom des Transformators

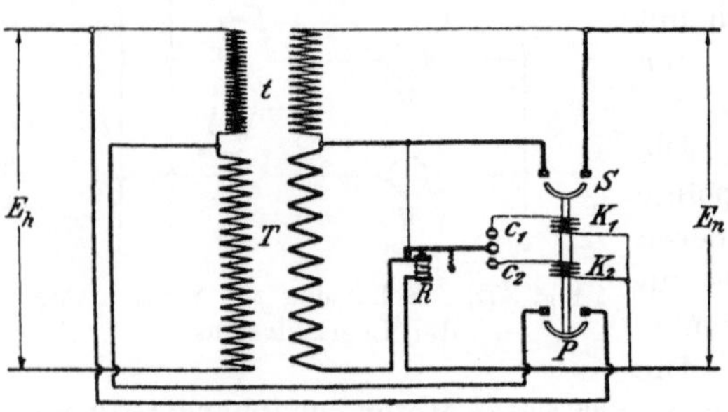

Fig. 380. Schaltung zur Verminderung der Leerlaufverluste.

momentan unterbricht. Der Hub des Magnetkernes H ist so begrenzt, daß ein sicheres Einklinken des Hebels h und Arretieren des Eisenkernes H gewährleistet wird.

Es sind eine ganze Reihe solcher Einrichtungen erfunden worden, die alle auf dem gleichen Prinzip beruhen. Einen ganz anderen Weg schlägt Berry in der Anordnung Fig. 380 ein. Mit dem Transformator T ist ein zweiter Transformator t von nur $^1/_{10}$ der Leistung in Reihe geschaltet. Durch den Doppelschalter SP, der von einem Topfmagneten betätigt wird, kann der kleine Transformator primär und sekundär kurzgeschlossen werden. Ist der Sekundärstrom groß, so zieht das Relais R seinen Anker an und schließt durch den Kontakt c_2 die Spule K_2, die nun den Doppelschalter SP einlegt, so daß der große Transformator allein am Netz liegt. Sinkt der Strom unter $^1/_{10}$ des normalen Wertes, so geht der Anker des Relais durch Federwirkung nach oben, schließt durch den Kontakt c_1 den Stromkreis für K_1, und der Schalter SP wird geöffnet. Die beiden Transformatoren liegen jetzt in Reihe, und der kleinere, der viel höhere Widerstände besitzt als der große, bekommt fast die ganze Klemmenspannung. Die Anordnung eignet sich, da immer Spannung zur Verfügung steht, besonders für Lichtnetze. Auch kann man die Verhältnisse so wählen, daß der Spannungsabfall von t bei kleinen Belastungen ebenso groß ist wie der von T bei großen Belastungen. Man erhält so eine gute Spannungsregelung.

75. Das Parallelschalten der Transformatoren.

Sollen Transformatoren primär und sekundär parallel geschaltet werden, so müssen sie bestimmten Bedingungen genügen. Sie müssen bei Leerlauf gleiche Spannungen besitzen, die Klemmenspannungen müssen miteinander in Phase sein, und der Spannungsabfall bei Belastung muß nach Phase und Größe genau oder doch annähernd der gleiche sein, d. h. es soll sowohl der induktive wie der Ohmsche Spannungsabfall bei allen Transformatoren der gleiche sein. Arbeiten zwei Transformatoren parallel, von denen der eine einen größeren Spannungsabfall hat als der andere, so wird der Transformator mit dem kleineren Abfall so viel mehr von der Belastung übernehmen, bis die Spannung bei beiden gleichgroß ist. Eine gewisse Verschiedenheit des Spannungsabfalles, etwa 10 bis 15 $^0/_0$, ist praktisch noch zulässig, andernfalls muß durch Vorschalten von Drosselspulen vor den betreffenden Transformator sein Spannungsabfall künstlich vergrößert werden.

Die Gleichheit der Spannung bei Leerlauf verlangt gleiches Übersetzungsverhältnis. Die gleiche Richtung der Klemmenspannung kann bei Mehrphasentransformatoren in verschiedener Weise erzielt werden. Zunächst können ohne weiteres Transformatoren parallel arbeiten, die primär und sekundär gleiche Schaltung und gleichen Wickelsinn besitzen. Bei Transformatoren mit verschiedenen Schaltungen muß man das Potentialdiagramm auf-

zeichnen, um feststellen zu können, ob ein Parallelarbeiten möglich
ist. Fig. 381 zeigt z. B. die Potentialdiagramme der Schaltungsarten a_1, a_3 und b_1 der Zusammenstellung auf S. 386. Wir erkennen, daß a_1 und a_3 miteinander, aber nicht mit b_1 parallel
arbeiten können. Die Zusammenstellung auf S. 386 ist nämlich so
getroffen, daß alle Schaltungsarten in drei Gruppen a, b und c
eingeteilt sind. Es können immer nur die Schaltungen einer Gruppe
untereinander, aber nicht mit
denen der anderen Gruppen parallel arbeiten.

Will man Transformatoren, deren
Wicklungsanordnung nicht ganz
genau bekannt ist, parallel schalten, so schließt man die Klemmen
der einen Seite an die Sammelschienen an und muß auf der

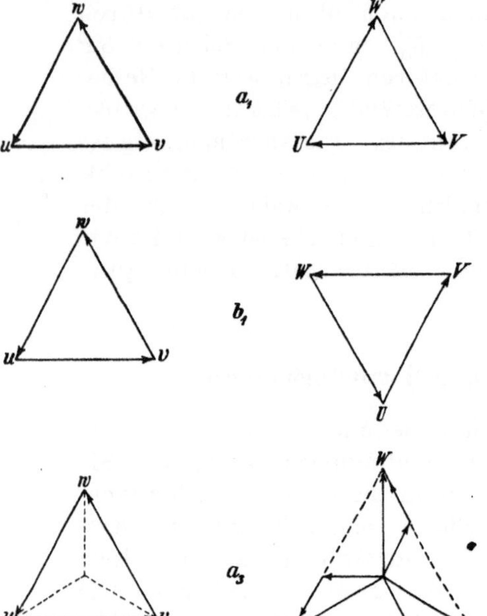

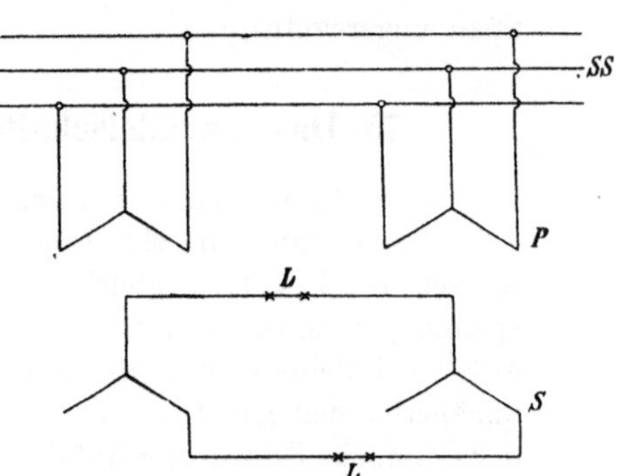

Fig. 381. Potentialdiagramme der
Schaltungen a_1, a_3, b_1 der Fig. 363.

Fig. 382. Parallelschalten von
Transformatoren.

anderen Seite ähnlich wie Generatoren durch Einschalten von
Lampen oder Voltmetern die Phasengleichheit feststellen. Fig. 382
zeigt eine solche Anordnung für zwei in Stern geschaltete Transformatoren. SS sind die Sammelschienen, P die Primärwicklungen,
S die Sekundärwicklungen. Nur wenn die Lampen dunkel bleiben,
hat man Punkte gleichen Potentials miteinander verbunden, die
man nun parallel schalten kann. Sind bei Hochspannungsanlagen
die Meßinstrumente über Transformatoren angeschlossen und benutzt man Meßinstrumente zum Parallelschalten, so muß man durch
eine vorhergehende Prüfung erst den überall genau gleichen Anschluß der Meßtransformatoren feststellen.

Siebzehntes Kapitel

Transformatoren für besondere Zwecke.

76. Der Spartransformator oder Autotransformator.

Im allgemeinen benutzt man zur Transformierung einer Spannung in eine andere zwei getrennte Wicklungen. Man kann aber nach der Anordnung Fig. 383 auch mit einer Wicklung allein auskommen, die eine Anzapfung besitzt. Wird die primäre Spannung P_1 an die Punkte A, B angeschlossen, so bedingt sie einen Magnetisierungsstrom in der Wicklung w_1 und erzeugt einen wechselnden Kraftfluß im Transformator. Dieser Kraftfluß induziert die zwischen zwei Anzapfungen A und C liegenden Windungen w_2 so,

als ob sie eine besondere Wicklung wären, die induzierte Spannung P_2 ist also der aufgedrückten P_1 genau wie bei einem gewöhnlichen Transformator entgegengerichtet. Einen derartigen Transformator nennt man Auto- oder Spartransformator. Wird w_2 belastet, so sind auch die Ströme J_2 und J_1 entgegengerichtet, es fließt

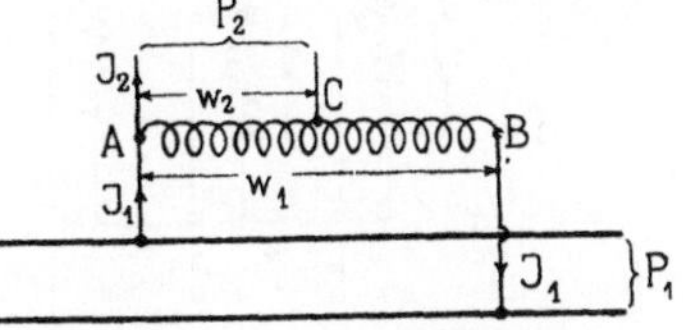

Fig. 383. Autotransformator.

also nur ihre Differenz durch w_2. Wir haben bei A und C eine Stromverzweigung. Abgesehen vom Magnetisierungsstrome fließt der Strom J_1 bei A direkt in den Belastungskreis, und nur die Differenz $J_2 - J_1$ wird der Wicklung w_2 entnommen und addiert sich zu J_1. Bei Vernachlässigung des Magnetisierungsstromes ist somit

$$J_2 = J_1 \frac{w_1}{w_2}.$$

Je weniger P_1 von P_2, also J_1 von J_2 verschieden ist, um so geringer wird der Strom in w_2, und um so kleinere Stromwärmeverluste hat also der Transformator. Wird $w_2 = w_1$, so fließt im Transformator nur noch der Magnetisierungsstrom.

Der Wirkungsgrad ist bei $\cos \varphi = 1$

$$\eta = \frac{J_2 P_2}{J_2 P_2 + J_1{}^2(r_1 - r_2) + (J_2 - J_1)^2 r_2 + W_{ei}} \qquad (164)$$

also wesentlich besser als bei den gewöhnlichen Transformatoren, für die

$$\eta = \frac{J_2 P_2}{J_2 P_2 + J_1{}^2 r_1 + J_2{}^2 r_2 + W_{ei}}$$

ist.

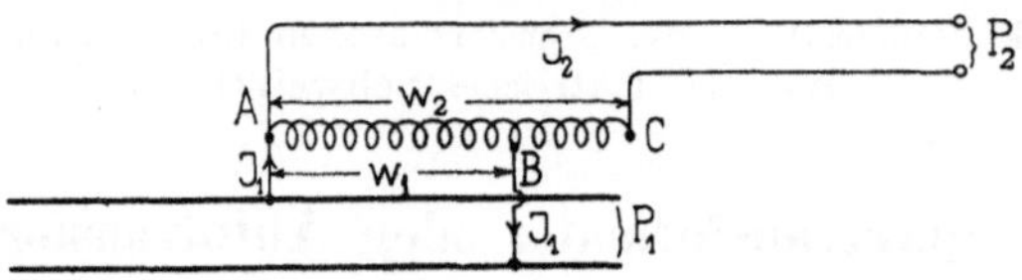

Fig. 384. Spannungserhöher (Autotransformator).

Das Verhältnis des Kupfergewichts eines Autotransformators zu dem eines gewöhnlichen Transformators ist angenähert

$$\frac{(w_1 - w_2)J_1 + (J_2 - J_1)w_2}{w_1 J_1 + w_2 J_2} = \frac{w_1 - w_2}{w_1} = \frac{P_1 - P_2}{P_1}$$

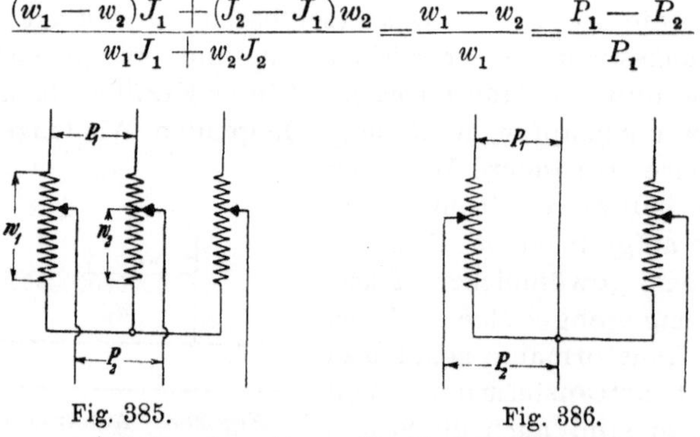

Fig. 385.　　　　　Fig. 386.

Autotransformatoren für Dreiphasenstrom.

Fig. 384 zeigt eine Anwendung des Autotransformators zur Erhöhung der Spannung und Fig. 385 einen Autotransformator für Dreiphasenstrom. Bei einem Dreiphasentransformator kann man die mittlere Säule auch unbewickelt lassen (Fig. 386) und erhält so eine

Anordnung, die der auf S. 309 erwähnten Schaltung zweier Einphasentransformatoren zu einem offnen Dreieck entspricht. Die letzte Anordnung wird namentlich bei Reguliertransformatoren benützt, um die Anordnung zu vereinfachen.

Obwohl der Autotransformator dem gewöhnlichen Transformator an Preis und Wirkungsgrad namentlich dann erheblich überlegen ist, wenn P_1 und P_2 nicht sehr verschieden sind, kann er ihn doch nur in besonderen Fällen ersetzen. Denn durch die leitende Verbindung zwischen der Hoch- und Niederspannungswicklung besteht die Gefahr des Eindringens der Hochspannung in die Niederspannungsseite (vgl. im Kap. VI die Untersuchungen über das Fortschreiten

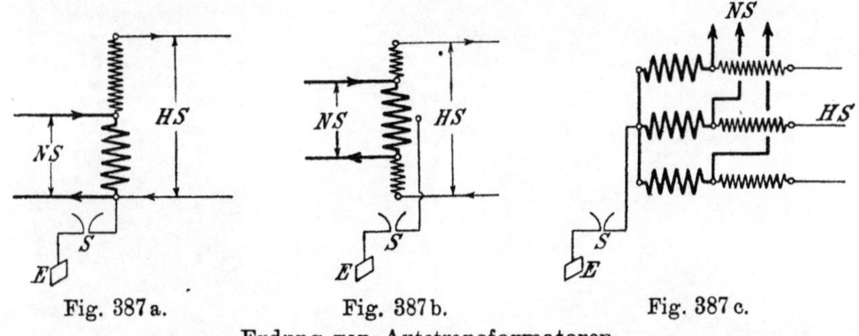

Fig. 387a.   Fig. 387b.   Fig. 387c.

Erdung von Autotransformatoren.

einer Überspannung durch die ganze Transformatorwicklung hindurch). Die Unterspannungsseite muß daher bei gefährlicher Höhe der Oberspannung gegen Erde gesichert sein, z. B. nach einer der in Fig. 387 angegebenen Schaltungen.

Man wendet die Autotransformatoren hauptsächlich bei kleinem Übersetzungsverhältnis $w_2 : w_1$ an, bei dem sich günstige Verhältnisse für ihren Bau ergeben, z. B. zum Anlassen von Motoren, zum Speisen von niedervoltigen Metallfadenlampen usw. Es sind gewöhnlich mehrere Anzapfungen der Wicklung vorhanden, so daß die Spannung in gewissen Grenzen geändert werden kann.

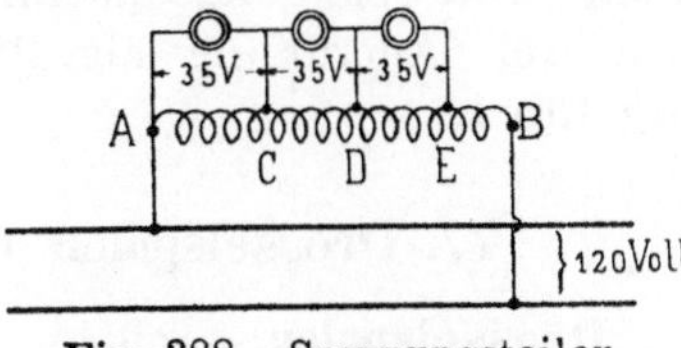

Fig. 388. Spannungsteiler.

Eine Anordnung zur Speisung mehrerer, voneinander unabhängiger Lampen zeigt Fig. 388 (Spannungsteiler).

Die experimentelle Untersuchung der Autotransformatoren durch Leerlauf- und Kurzschlußversuch ist genau die gleiche wie die gewöhnlicher Transformatoren, ebenso gelten die gleichen Diagramme. Die praktische Ausführung zweier Autotransformatoren der A.-G. Brown,

Boveri & Co. zeigen die Fig. 389 und 390. Fig. 389 stellt einen
Anlaßtransformator mit Ölisolation dar für einen dreiphasigen In-
duktionsmotor. Der Umschalter ist als
Schaltwalze ausgebildet. Fig. 390 ist ein
Anlaßtransformator mit zugehörigem Um-
und Ausschalter für 500 PS, 5000 Volt.
Der aufgebaute Schaltkasten enthält Re-
lais und Amperemeter mit zugehörigen

Fig. 389. Anlaßtransformator für einen Dreiphasenmotor mit Käfiganker von 120 PS, 2000 Volt,
300 Amp. von Brown, Boveri & Co.

Fig. 390. Anlaßtransformator von Brown, Boveri & Co.
für 500 PS.

Strom- und Spannungstransformatoren. Beide Transformatoren sind
nach der Anordnung Fig. 386 nur mit zwei bewickelten Säulen
ausgeführt.

77. Drosselspulen und Serientransformatoren.

Drosselspulen. Soll an eine Verteilungsleitung ein Stromverbraucher angeschlossen werden, dessen Betriebsspannung P_2 kleiner
als die verfügbare Spannung P_1 ist, so kann man anstatt eines
Transformators oder Autotransformators auch eine Drosselspule einschalten.

Eine Drosselspule hat einen ähnlichen Aufbau wie ein ein-
spuliger Transformator. Die Drosselspule muß so bemessen sein,

daß sie den maximalen Strom des Verbrauchers durchläßt und dabei eine bestimmte gewünschte Spannung abdrosselt. Man erreicht das durch Einfügen eines Luftspaltes in den magnetischen Kreis (Fig. 392).

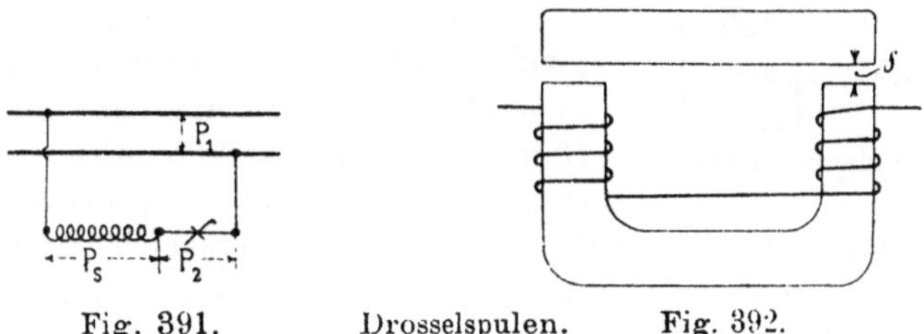

Fig. 391.   Drosselspulen.   Fig. 392.

Die Spule möge z. B.

$$E = J r \text{ Volt}$$

abzudrosseln haben und w Windungen besitzen.

Mit Vernachlässigung des Kraftlinienweges im Eisen ist

$$J w = 2 \cdot 0{,}8 \, \delta \, B_l$$
$$= 1{,}6 \, \delta \cdot \frac{\Phi}{Q}$$
$$= 1{,}6 \, \delta \cdot \frac{E \, 10^8}{4{,}44 \, c \, w \, Q} \, ,$$

wenn B_l die Induktion im Luftspalt, Φ der Kraftfluß und Q der Querschnitt für den Übergang des Kraftflusses am Luftspalt ist. Q und damit B_l sind nun wegen der großen magnetischen Streuung des Kraftflusses beim Übergang durch den Luftspalt nicht ohne weiteres zu bestimmen. Am zweckmäßigsten ist es, experimentell die seitliche Ausbreitung der Kraftlinien zu ermitteln. Je größer der Luftspalt ist und je größer bei gleichem Inhalt der Umfang des Eisenquerschnittes ist, um so größer ist auch die Streuung. Wir finden nun unter Annahme von Q

$$\delta \sim \frac{4{,}44 \, c \, w^2 \, Q}{1{,}6 \, x \, 10^8} \qquad \cdots \cdots \cdots \quad (165)$$

Man konstruiert die Drosselspulen immer so, daß der Luftspalt etwa mittels einer Schraube einstellbar ist, so daß man den Apparat genau auf die abzudrosselnde Spannung einstellen kann.

Schließlich kann man noch die Verluste im Eisen und Kupfer und damit die Phasenverschiebung des Stromes gegen die Spannung bestimmen. $\cos \varphi$ ist bei Drosselspulen im allgemeinen sehr klein.

Serientransformatoren (Stromtransformatoren). Den Drosselspulen ähnlich sind die Serientransformatoren. Ein Serien-

26*

transformator (Fig. 393) besitzt im allgemeinen zwei getrennte Wicklungen, von denen aber die primäre Wicklung nicht an eine Spannung angeschlossen wird, sondern in Reihe mit der Hauptstromleitung liegt.

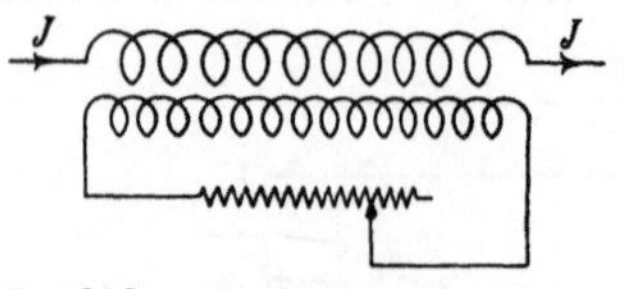

Fig. 393. Serientransformator.

Der Serientransformator kann unter zwei verschiedenen Betriebsbedingungen arbeiten. Erstens kann der sekundäre Belastungswiderstand konstant sein, während die primäre Stromstärke veränderlich ist. Diese Anordnung liegt den Transformatoren zur Messung der Stromstärke zugrunde (s. S. 407), bei denen ein Meßinstrument die sekundäre Belastung bildet. Zweitens kann man die primäre Stromstärke konstant lassen und den sekundären Widerstand verändern. Dieser Fall tritt ein, wenn man einem Netz mit konstanter Stromstärke verschiedene Belastungsströme entnehmen will.

Prinzipiell unterscheiden sich die beiden Belastungsarten des Serientransformators nicht. Für jeden Belastungszustand gilt genau das gleiche Diagramm, das wir früher auf S. 36 für den gewöhnlichen Transformator aufgezeichnet haben. Wir können die primären Amperewindungen immer in zwei Teile zerlegt denken, der eine Teil erzeugt das Hauptfeld, der andere Teil hält den sekundären Amperewindungen das Gleichgewicht. Sind die sekundären Klemmen offen, so dient der ganze Strom nur zur Erzeugung des magnetischen Feldes, der Transformator wirkt als reine Drosselspule und verzehrt eine gewisse Spannung. Lassen wir den primären Strom konstant und entnehmen dem Transformator sekundär Strom, so wird das Hauptfeld kleiner, da die sekundären Amperewindungen wachsen, während die primären konstant bleiben. Da die vom Hauptfeld induzierte EMK also kleiner wird, verbraucht der Transformator jetzt weniger Spannung. Wir haben hier genau die umgekehrten Verhältnisse wie beim gewöhnlichen Transformator, der primäre Strom bleibt bei allen Belastungen konstant und die Klemmenspannung ändert sich mit der Belastung. Die veränderliche Größe, die Spannung P, wird aber hier bei wachsender Belastung kleiner, ist bei offenem Sekundärkreis am größten (Fig. 394a) und bei Kurzschluß am kleinsten (Fig. 394b), da sie dann nur den Ohmschen und induktiven Spannungsabfall zu decken hat.

Im allgemeinen kann man praktisch den Transformator nicht leerlaufen lassen. Denn der Eisenkern wird dann von den ganzen primären Amperewindungen ohne jede Gegenwirkung des sekundären Stromes magnetisiert, und die Induktion wird so groß, daß der Transformator unzulässig heiß wird.

Da das Hauptfeld und die Magnetisierungskomponente des primären Stromes mit steigendem sekundären Strom immer kleiner werden, wird das Verhältnis $\dfrac{J_2}{J_1}$ mit wachsender Belastung immer

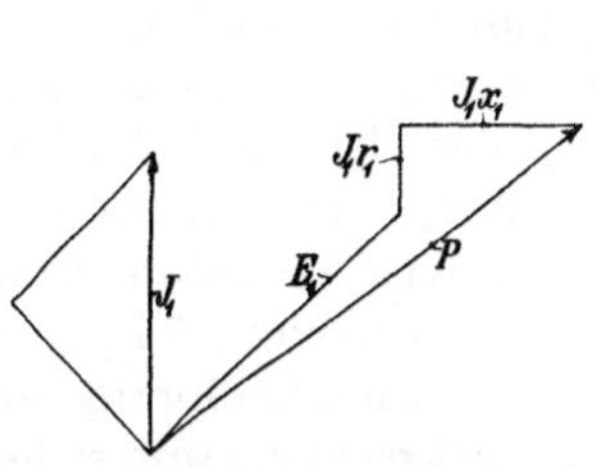

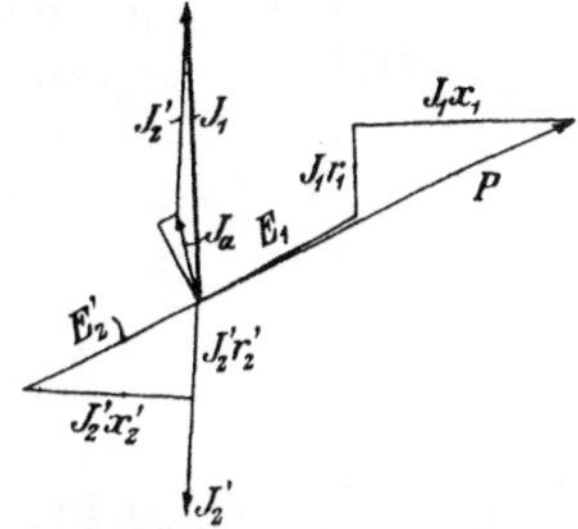

Fig. 394a. Leerlauf. Fig. 394b. Kurzschluß.

Diagramme des Serientransformators.

größer. Transformatoren, die zur Messung von Stromstärken verwendet werden, und bei denen es auf ein möglichst konstantes Übersetzungsverhältnis der Ströme ankommt, sollen daher ungefähr im Kurzschlußzustande arbeiten.[1]

78. Drosselspulen und Transformatoren für Reihenschaltung von Glühlampen.

In manchen Anlagen, z. B. bei Beleuchtung von Kanälen, Tunnels oder Straßen, bietet die Reihenschaltung der Stromverbraucher gegenüber der Parallelschaltung bedeutende Vorteile. Denn man hat hierbei einen kleinen Strom bei hoher Spannung zu übertragen. In allen solchen Fällen müssen die einzelnen Lampen möglichst unabhängig voneinander sein, d. h. der durch die Lampen gehende Strom soll unabhängig von der Zahl der in demselben Kreis brennenden Lampen sein. Das kann nun nach Fig. 395 dadurch erzielt

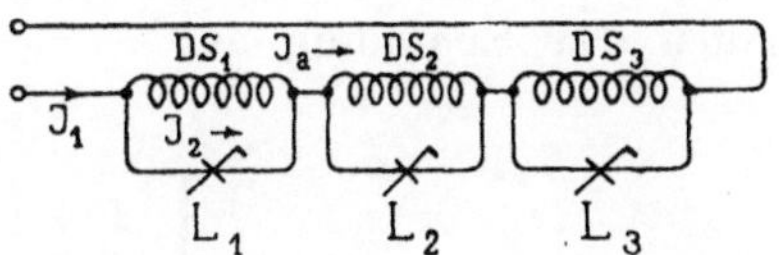

Fig. 395. Drosselspulen für die Reihenschaltung von Glühlampen.

werden, daß man parallel zu den einzelnen Lampen L Drosselspulen DS schaltet.

Brennen alle Lampen, dann geht durch die Drosselspulen nur der Magnetisierungsstrom, der dem Lampenstrom um 90° nacheilt. Erlischt eine Lampe, so wird nebst dem Magnetisierungsstrom auch der Lampenstrom durch die Spule gehen, infolgedessen wird der

---

[1]) Weiteres über Stromtransformatoren s. W. T. I. Bd., 2. Aufl., S. 375.

Kraftfluß und damit die induzierte EMK der Spule erhöht. In Fig. 396 ist das Diagramm für fünf hintereinander geschaltete Lampen aufgezeichnet. Die Klemmenspannung $5 P_2$ verteilt sich gleichmäßig auf alle Lampen und treibt den Strom J_2 durch die Lampen und den Strom J_a durch die Spulen.

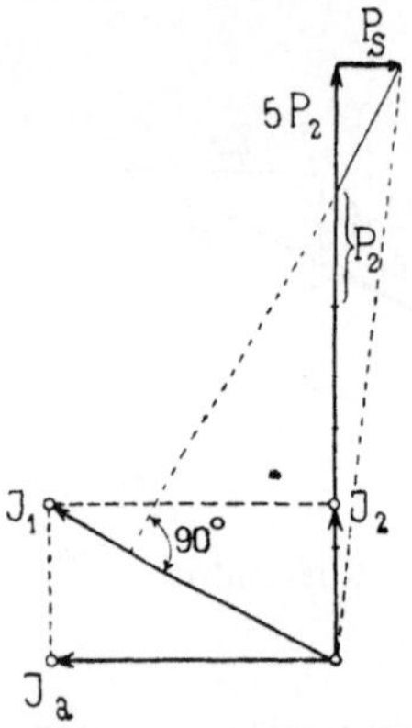

Es fließt also durch die ganze Anlage der gleiche Strom J_1, der sich bei jeder Lampe in den Strom J_a und J_2 teilt. Erlischt eine Lampe und soll der Strom J_1 konstant bleiben, so muß die Klemmenspannung $5 P_2$ erhöht werden. J_1 erfordert beim Durchgang durch die Drosselspule eine senkrecht zu ihm stehende Spannung, die mit $4 P_2$ geometrisch zusammengesetzt die Gesamtspannung ergibt. Wir fällen vom Endpunkte $4 P_2$ aus ein Lot auf J_1. Da wir nun wissen, daß die Gesamtspannung größer werden muß, und zwar um eine wattlose Spannung, so ergibt sich der Endpunkt der Gesamtspannung als Schnittpunkt des eben erwähnten Lotes mit der Senkrechten auf $5 P_2$. Die erforderliche Spannung wäre also $\sqrt{(5 P_2)^2 + P_s{}^2}$. Da aber die Spannung konstant gleich $5 P_2$ bleibt, so sinkt der Lampenstrom von J_2 auf

Fig. 396. Diagramm der Schaltung Fig. 395.

$$\frac{J_2}{\sqrt{1 + \left(\dfrac{P_s}{5 P_2}\right)^2}} .$$

Beim Erlöschen zweier Lampen sinkt der Strom beim Konstanthalten der Spannung auf

$$\frac{J_2}{\sqrt{1 + \left(\dfrac{2 P_s}{5 P_2}\right)^2}} \quad \text{usw.}$$

Um nun die Stromabnahme möglichst klein zu halten, muß $\dfrac{P_s}{P_2}$ klein sein, aber andererseits darf P_s nicht zu klein gemacht werden, damit nicht J_a zu groß wird. Denn in dem Falle wird die Anlage unwirtschaftlich. Man muß deswegen den Spulenstrom J_a so wählen, daß eine gewisse Anzahl Lampen noch gelöscht werden kann, ohne daß der Lampenstrom dadurch zu klein wird und die Lampen zu dunkel brennen. Der Spulenstrom läßt sich, wie auf S. 403 erwähnt wurde, durch Einschaltung von Luftschlitzen in den magnetischen Kreis der Spule beliebig verändern.

Um eine größere Unabhängigkeit der Lampen von der Klemmenspannung und gleichzeitig eine leichtere Isolation der Beleuchtungskörper zu erreichen, verwendet man anstatt Drosselspulen für jede Lampe oder für eine Gruppe von Lampen einen Transformator. Die Primärwicklungen mehrerer solcher Transformatoren sind dann mit der Stromquelle in Serie geschaltet (Fig. 397).

Für diese Anordnung erhält man fast dasselbe Diagramm wie für die Drosselspulen. Der Magnetisierungsstrom des Transformators ist groß zu wählen, damit der Transformator beim Erlöschen der Lampe wegen zu großer Sättigung im Eisen nicht verbrennt. Durch Einschalten von Luftschlitzen in den magnetischen Kreis des Transformators kann der Magnetisierungsstrom beliebig groß gemacht werden. Der Lampenstrom J_2 ist der Sekundärstrom. Der Primärstrom ist der aus J_a und J_2 resultierende Strom J_1. Vernachlässigt man die Spannungsabfälle im Transformator, so ergibt sich dasselbe Diagramm wie in Fig. 396. Hier ist P_2 die auf dem Primärkreis reduzierte Lampenspannung und P_s die von dem Magnetisierungsstrom J_a induzierte EMK im Transformator.

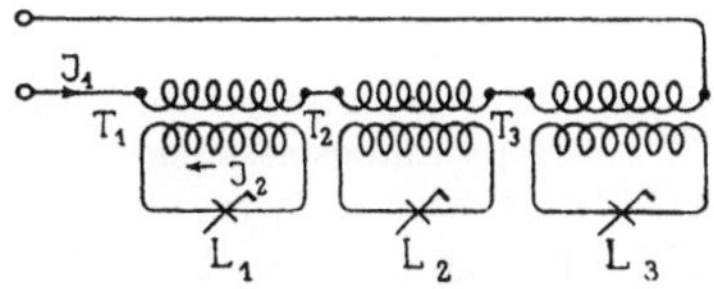

Fig. 397. Reihenschaltung der Transformatoren.

Diese letzte Anordnung hat den Vorteil einer leichteren Isolation der Lampen und ermöglicht ein gefahrloses Auswechseln der Lampen während des Betriebes. Sie hat aber den Nachteil, daß die Transformatoren wegen der zwei Wicklungen teurer werden und mit schlechterem Wirkungsgrad arbeiten. Das Seriensystem wurde zuerst durch die Westinghouse Co. in die Praxis eingeführt. Später hat die Firma Helios es zur Beleuchtung des Nordostseekanals angewandt.

79. Meßtransformatoren.

In Wechselstromanlagen ist es oft wünschenswert, die Meßinstrumente nicht unmittelbar von dem zu messenden Strom oder der Spannung beeinflussen zu lassen. Dieser Fall tritt ein, wenn die Ströme sehr groß sind, so daß die Instrumente sehr schwer und teuer würden, und wenn die Spannung hoch ist. In Hochspannungsanlagen bringt man auf den Bedienungstafeln nur Niederspannungsapparate an, um jede Gefahr für das Personal auszuschließen. In all diesen Fällen, also zur Betätigung von Spannungs- und Strommessern, Zählern, Automaten, Synchronisiervorrichtungen usw., wendet man zur Transformierung des Stromes und der Spannung kleine Transformatoren, die Meßtransformatoren, an.

Die Transformatoren zur Umwandlung der Spannung (s. Fig. 398), unterscheiden sich nicht von den gewöhnlichen Transformatoren.

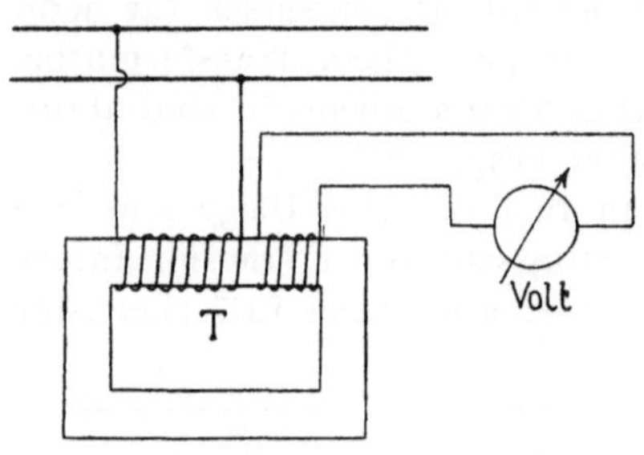

Fig. 398.   Meßtransformator für Spannungsmessung.

Man kann die Mantel- oder Kerntype verwenden und nach den gewohnten Konstruktionsprinzipien ausbilden. Ein Rechnungsvorgang zur Ermittlung der Abmessungen, wie er auf S. 309 angegeben war, ist hier natürlich nicht am Platze. Die Spannungstransformatoren dürfen nicht viel Leistung verbrauchen, man verfertigt daher den Kern aus 0,3 mm starkem legierten Blech und wählt die Induktion bei 50 Perioden etwa zu 7500 bis 10000, bei 25 Perioden zu 13500 bis 14500. Für die Wicklung ordnet man zweckmäßig bestimmte Normal-Wicklungselemente an, die in verschiedener Anzahl für alle vorkommenden Transformatorgrößen ausreichen. Die Drahtdurchmesser werden bei den kleinen Strömen sehr gering und gehen bis 0,1 mm Durchmesser herunter. Die Drähte werden durch Seidenumspinnung isoliert. Die Transformatoren werden entweder in Öl gesetzt oder mit einer Isoliermasse ausgegossen, die im Betriebe im festen Zustande bleibt. Im letzten Falle benötigt der Transformator während mehrerer Jahre keine Wartung, da die Isoliermasse nicht wie etwa Öl mit der Zeit verdunsten kann, auch sind die Transformatoren bequem zu transportieren.

Fig. 399 zeigt einen Dreiphasen-Meßtransformator der Maschinenfabrik Oerlikon. Der als Kerntype ausgeführte Transformator ist genau den gewöhnlichen großen Transformatoren nachgebildet. An dem Ölgefäß sind außen die Hochspannungssicherungen direkt befestigt.

Fig. 400 zeigt das Schema eines Transformators zur Transformierung von Strömen (Stromwandler).[1]) Die Primärwicklung ist direkt in den Hauptstromkreis geschaltet, die eigentliche Belastung ist konstant, und die verschiedenen Belastungszustände entstehen durch die Änderungen des primären Stromes. Damit das Instrument genau zeigt, muß die Skala durch eine besondere Eichung hergestellt werden, oder man muß für eine möglichst proportionale Änderung des Primär- und Sekundärstromes Sorge tragen. Man läßt dazu den Transformator ungefähr im Kurzschlußzustand arbeiten, damit primäre und sekundäre Amperewindungen nahezu gleich sind, und sucht eine Phasendifferenz von 180° zwischen den beiden

---

[1]) S. auch Görner, Schweizerische Elektrot. Zeitschrift, 1906, S. 434.

Strömen zu erreichen. Nach dem Diagramm Fig. 401 muß deshalb der Ohmsche Widerstand klein gegenüber dem induktiven sein, so daß J_2' in die Richtung von J_a fällt. Der sekundäre Strom muß ferner in gewissen Grenzen unabhängig vom Widerstande des

Fig. 399. Dreiphasen-Meßtransformator der M.-F. Oerlikon, 15000/150 Volt, 50 Perioden.

sekundären Belastungskreises sein, denn sonst müßte der Widerstand der Verbindungsleitungen zwischen Transformator und Meßinstrument genau so groß sein wie der, bei dem das Meßinstrument geeicht wurde. Man macht also auch aus diesem Grunde den in-

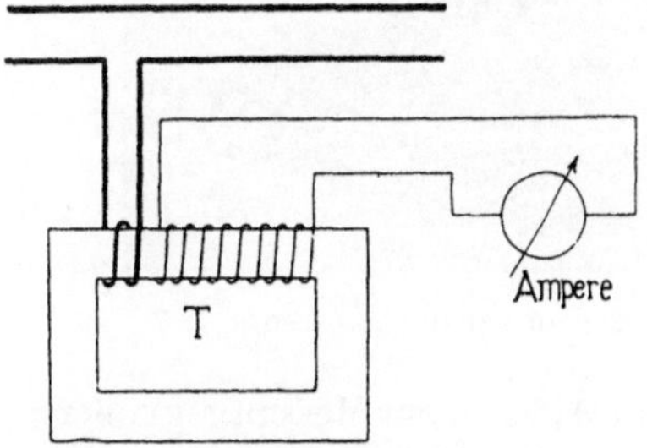

Fig. 400. Meßtransformator für Strommessung.

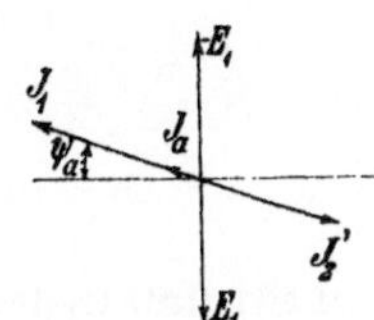

Fig. 401. Diagramm zum Stromtransformator.

duktiven Widerstand groß gegenüber dem Ohmschen, damit eine Änderung des Belastungswiderstandes den Strom praktisch nicht beeinflußt.

Die Kurve des sekundären Stromes darf nicht verzerrt sein, man wählt daher geringe Induktion im Eisen. Damit der Magnetisierungsstrom möglichst klein ist, ist auf sorgfältige Ausführung der Stoßfugen zu achten. Vielfach wird überhaupt ein vollkommen

eisengeschlossener Kern genommen. Das Wickeln muß dann von
Hand oder durch besondere Vorrichtungen geschehen. Nach einem
Patent von Siemens und Halske[1]) wird zum Wickeln der Spulen
eine mehrteilige Hülse um den Eisenkern gelegt, die in einem besonderen, aufklappbaren Gestell, das den Kern umschließt, drehbar gelagert ist und durch Zahnräder in Drehung versetzt wird.

Fig. 402 und 403.   Stromtransformatoren.

Zwei Stromtransformatoren der A. E.-G. zur Messung großer Stromstärken zeigen die Bilder 402 und 403. Der Eisenkörper ist hier
um die Primärschiene selbst angeordnet, die also eine Windung
darstellt. Der Draht der Sekundärspule ist bei dem kleinen Transformator anstatt durch Bespinnung durch Emaillelack isoliert. Die
sekundäre Stromstärke bei Stromwandlern beträgt etwa 1 bis 10 Amp.
Dr. Ing. G. Keinath hat in seiner Dissertation[2]) Formeln für

---

[1]) D. R. P. 191083.

[2]) Untersuchungen an Meßtransformatoren, München 1909.

die Winkelabweichung zwischen J_1 und J_2' und P_1 und P_2 angegeben. Die Formeln sind dabei an Hand des einfachen Trans-
formatordiagramms gefunden worden. Ebenso lassen sich Be-
ziehungen für die Verhältnisse $\dfrac{E_2'}{E_1}$ und $\dfrac{J_2'}{J_1}$ aufstellen.

Die Formeln lassen den Einfluß der Permeabilität auf die Arbeitsweise der Meßtransformatoren deutlich erkennen. Je größer μ ist,
je kleiner also der Leerlaufstrom wird, um so weniger weichen
primäre und sekundäre Größen voneinander ab. Man wird also
zweckmäßig eine Induktion wählen, die in der Nähe der größten
Permeabilität liegt. Bei Leistungsmessungen ist die Fehlerquelle
naturgemäß verdoppelt. Nimmt man an, daß die Spannung richtig
transformiert wird, das Verhältnis $\dfrac{J_2'}{J_1}$ konstant ist, aber J_2' um ψ_i
gegen J_1 verschoben ist, so wird die Abweichung in der Angabe
der Leistung

$$a_{bw}{}^0/_0 = \frac{W_1 - W_2}{W_1}\,100 = 100\,\frac{P_1 J_1 \cos\varphi - P_1 J_1 \cos(\varphi \pm \psi_i)}{P_1 J_1 \cos\varphi}$$

$$= 100\,(1 - \cos\psi_i \mp \mathrm{tg}\,\varphi \sin\psi_i)$$

oder, da ψ_i ein kleiner Winkel ist,

$$\cong \mp\,100 \sin\psi_i\,\mathrm{tg}\,\varphi$$

$$a_{bw}{}^0/_0 \cong \mp\,100\,\frac{\psi_i'}{60}\,\frac{\pi}{180}\cdot\mathrm{tg}\,\varphi^0$$

$$a_{bw}{}^0/_0 = \mp\,\frac{\pi}{108}\,\psi_i'\,\mathrm{tg}\,\varphi^0 \quad \cdot \quad \cdot \quad \cdot \quad \cdot \quad \cdot \quad (166)$$

Diese Formel wird auch von der Physikalischen Reichsanstalt
benützt.

Nach Angaben von Siemens und Halske beträgt die Winkelabweichung zwischen primären und sekundären Größen bei ihren
Meßtransformatoren weniger als $25'$.

80. Transformatoren zur Regelung der Spannung. Induktionsregler.

Gehen von einer Zentrale mehrere Speiseleitungen aus, so wird
im allgemeinen jeder Speisepunkt je nach seiner Belastung eine
andere Spannung besitzen. Bei Speiseleitungen von sehr verschiedener Länge kann nun der Fall eintreten, daß die langen
Speiseleitungen gerade dann stark belastet sind, wenn die kurzen
Speiseleitungen nur eine geringe Belastung haben, so daß sich

stark verschiedene Spannungsabfälle ergeben. In einem solchen
Falle kann es erforderlich werden, die Spannung eines Speise-
punktes unabhängig von der Belastung der übrigen Speisepunkte
so zu regulieren, daß sie bei konstanter Spannung in der Zentrale
bei allen Belastungen annähernd konstant bleibt. Man kann dabei
die Zentralenspannung nach den Speiseleitungen einstellen, die den
geringsten Spannungsabfall aufweisen, und in den übrigen Leitungen
die Spannung durch eine Zusatzspannung erhöhen. Man wendet
diese Regulierung auch an, um die Leistungsfähigkeit einer Speiseleitung, die schon den maximal zulässigen Spannungsabfall aufweist, zu erhöhen.

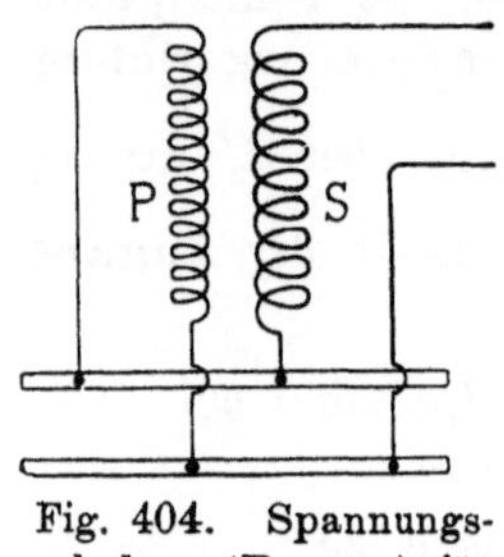

Fig. 404. Spannungs-
erhöher (Booster) für
Speiseleitungen.

Die erste gebräuchliche Form dieser
Spannungsregulatoren wurde von Stillwell
und Kapp angegeben und besteht dem Prinzipe nach aus einem Transformator (Fig. 404),
dessen sekundäre Wicklung in die Speiseleitung eingeschaltet wird. Die primäre Wicklung liegt parallel zu den Sammelschienen.
Die Windungszahl der sekundären Spule ist
so zu bemessen, daß die an den Klemmen
verfügbare Spannung gerade hinreicht, um
den maximalen Spannungsverlust in der Lei-
tung zu decken. Um bei kleineren Belastungen eine Spannungsregulierung zu erhalten, sind die Spannungserhöher so eingerichtet,
daß die Windungszahl nach Maßgabe der Belastung geändert werden
kann. In Fig. 405 ist der sekundäre Teil in Windungsgruppen

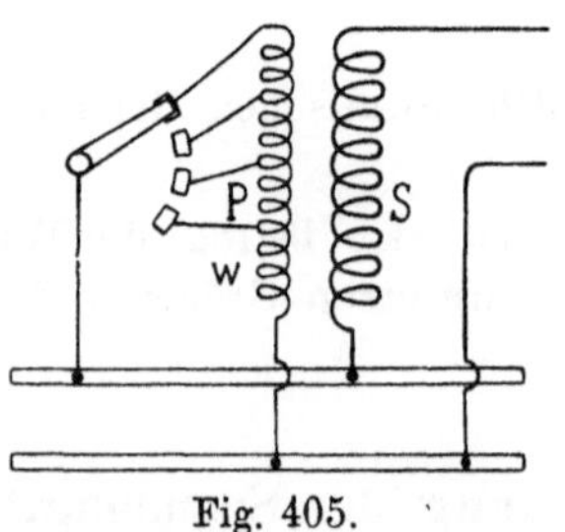

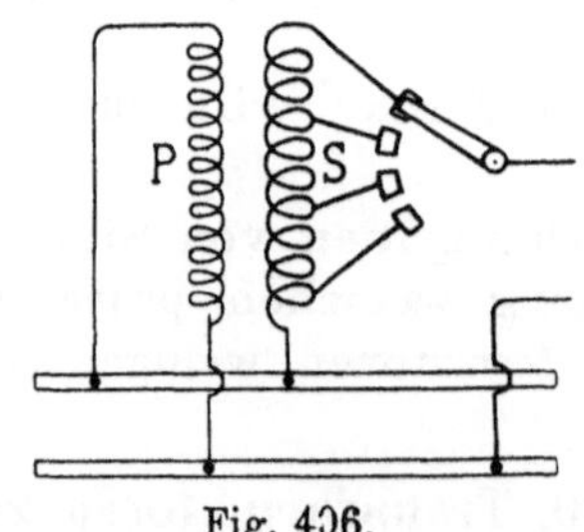

Fig. 405.   Fig. 406.

Spannungserhöher (Booster) mit veränderlicher Windungszahl für
Speiseleitungen.

unterteilt, während in Fig. 406 der primäre Teil unterteilt ist. Bei
der ersten Anordnung ist die Betriebssicherheit eine geringere, da
im Falle einer Beschädigung des Schalters die ganze Speiseleitung
stromlos wird. Die Anordnung der Fig. 406 vermeidet diesen Übelstand, nur muß hier die Windungszahl w der ersten Stufe so be-

messen werden, daß das der untersten Hebelstellung entsprechende
Feld keine zu **große** Erwärmung im Transformator erzeugt. Der
maximalen Spannungserhöhung entspricht in Fig. 405 die oberste,
in Fig. 406 die **unterste** Hebelstellung.

Allgemein **muß** bei den Spannungserhöhern die Primärwicklung immer **parallel** zum Netze liegen. Denn eine bestimmte
konstante Strommenge kann nicht von selbst (durch irgendwelche
Transformation) auf ein höheres Potential kommen, wir brauchen
also vor dem Spannungserhöher einen größeren Strom als nachher.

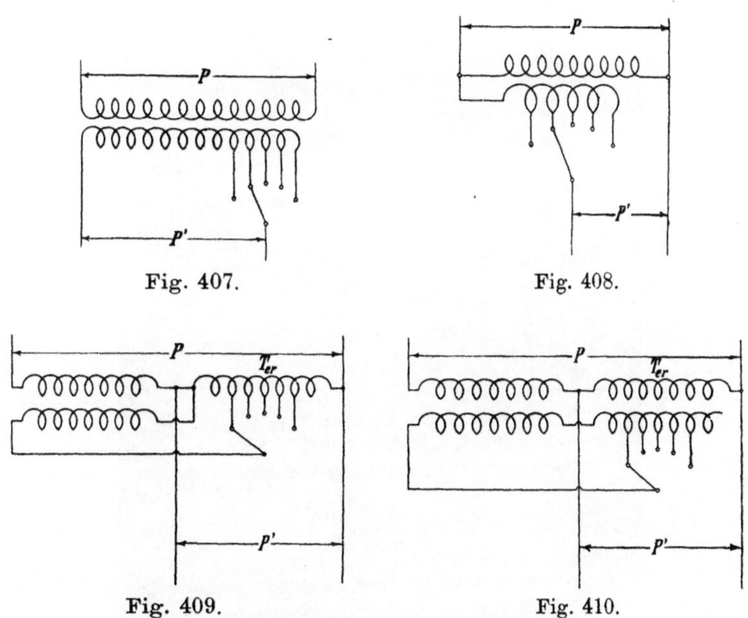

Fig. 407.   Fig. 408.

Fig. 409.   Fig. 410.

Schaltungsweisen für Spannungserhöher.

Der **Windungsschalter** wird von mehreren Firmen mit
springenden **Kontakten** ausgerüstet, um das Ab- und Zuschalten
von Windungen ganz präzis ausführen zu können. Beim Schalten
wird zunächst eine Feder gespannt, die dann plötzlich den Kontakt-
hebel um einen Kontaktknopf weiter schnappen läßt. Hierbei wird
der Strom durch den kurzdauernden Lichtbogen, dessen Widerstand klein gegen den des Primärkreises ist, aufrechterhalten, und
die Schwankung des Stromes in der Leitung ist nur gering.

Hauptsächlich lassen sich die folgenden vier Anordnungen
Fig. 407 bis 410 der Spannungserhöher unterscheiden.[1)]

[1)] Nach **Rühle**, ETZ 1909, S. 1213.

Fig. 407 zeigt einen gewöhnlichen Einphasentransformator, bei dem die Sekundärseite mit einem Windungsschalter versehen ist, der eine gewünschte Spannung abzunehmen gestattet. Bei dieser Anordnung muß der Transformator für die ganze Leistung gebaut sein. Bei der Ausführung nach Fig. 408 hat der Transformator nur die Zusatzspannung zu liefern, wird also wesentlich kleiner. Bei beiden Ausführungen werden die Schaltkontakte vom Hauptstrom durchflossen, müssen also groß ausgeführt werden. Die Kontakte werden leichter bei den Anordnungen Fig. 409 und 410, bei

Fig. 411. Automatischer Windungsschalter der Siemens-Schuckertwerke.

denen ein besonderer Erregertransformator T_{er} für den Spannungserhöher vorgesehen ist. Dieser Erregertransformator ist in Fig. 409 als Autotransformator und in Fig. 410 als gewöhnlicher Transformator ausgebildet. Die letzte Anordnung bietet den Vorteil, daß man im Niederspannungskreise regulieren kann.

Diese Schaltungen lassen sich in gleicher Art bei Mehrphasentransformatoren anwenden.

Die Windungsschalter werden von Hand oder meistens automatisch betätigt. Die automatische Bewegung des Schalters erfolgt durch einen Motor, der durch ein Relais in Gang gesetzt wird. Das Relais wird von der konstant zu haltenden Spannung oder durch den Belastungsstrom oder von beiden beeinflußt. Beim Versagen des sekundären Stromes kann man durch ein Nullspannungsrelais den motorischen Antrieb auslösen und durch ein Gewicht den Regulator auf die Stellung der niedrigsten Zusatzspannung zurückbringen, damit beim Wiedereinschalten die Spannung nicht zu hoch ist.

Fig. 411 zeigt die Ausführung des Windungsschalters mit dem Antriebsmotor für einen Dreiphasen-Reguliertransformator der Siemens-Schuckertwerke. Die ankommende Spannung von 2000 bis 2330 Volt ist auf 2000 Volt konstant zu halten. Die Regelung geschieht in 11 Stufen zu 30 Volt.

Bei sehr hohen Spannungen kann man den Windungsschalter nicht mit einfachen Kontaktknöpfen ausführen. Die E.-A.-G. Alioth hat dafür eine Anordnung mit Ölschaltern ausgebildet. Fig. 412 zeigt die Anordnung für eine Einphasenleitung. T ist ein Transformator, dessen Sekundärwicklung eine gewünschte Zahl von Anzapfungen hat, D ist eine Drosselspule. Die eine Reihe der Klemmen der Ölschalter O_{s1} bis O_{s4} ist mit den Abzweigpunkten der Wicklung S verbunden, die zweite Klemmenreihe liegt abwechseld an den Hilfsleitungen HL und $H'L'$, zwischen denen auch noch der Ölschalter O_{s5} liegt. Die Drosselspule verhindert, daß beim Schalten ein Teil der Wicklung direkt kurzgeschlossen wird. Ist z. B. O_{s1}

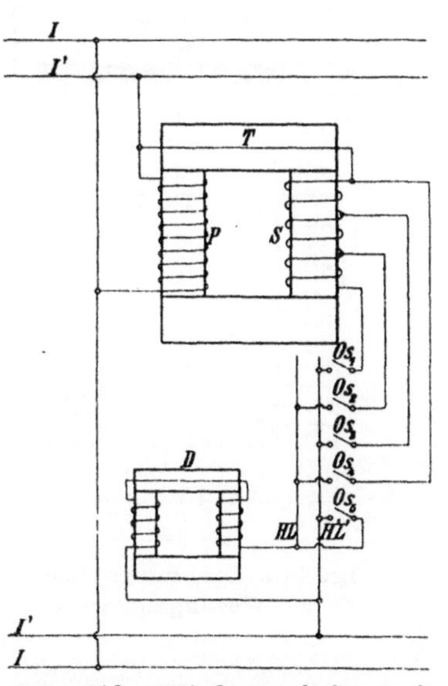

Fig. 412. Windungsschalter mit Ölschaltern der E. A. G. Alioth.

geschlossen, also die maximale Zusatzspannung auf $H'L'$ geschaltet, und soll die Spannung erniedrigt werden, so wird zunächst O_{s2} geschlossen. Dann ist die erste Spulengruppe von S über D kurzgeschlossen. Jetzt wird O_{s1} geöffnet und schließlich die Drosselspule durch O_{s5} kurzgeschlossen.

Die Windungsschalter werden ihrer komplizierten Konstruktion wegen nur noch vereinzelt gebaut und sind durch den später (S. 417) besprochenen Induktionsregulator verdrängt worden.

Eine ganz allmähliche Änderung der Spannung gestattet die Anordnung Fig. 413 der Westinghouse Co. Die beiden Säulen,

die die Sekundärwicklung tragen, sind drehbar angeordnet. Die
Wicklung besteht aus biegsamen Leitern, so daß man sie von einem
Schenkel ab- und auf den anderen aufwickeln kann. Die Teile
der Sekundärwicklung sind so geschaltet, daß sich sowohl die Teile
einer Spule t_1, t_2 und t_3, t_4, als auch die Spulen einer Säule t_1, t_3
und t_2, t_4 entgegenwirken. Haben die vier Teile gleiche Windungszahl, so wird keine Zusatzspannung erzeugt. Durch Drehung der
Schenkel ändern sich die Windungszahlen, und es wird eine Zusatzspannung zur Netzspannung hinzugefügt oder von ihr abgezogen.
Die Konstruktion eignet sich nur für kleine Leistungen.

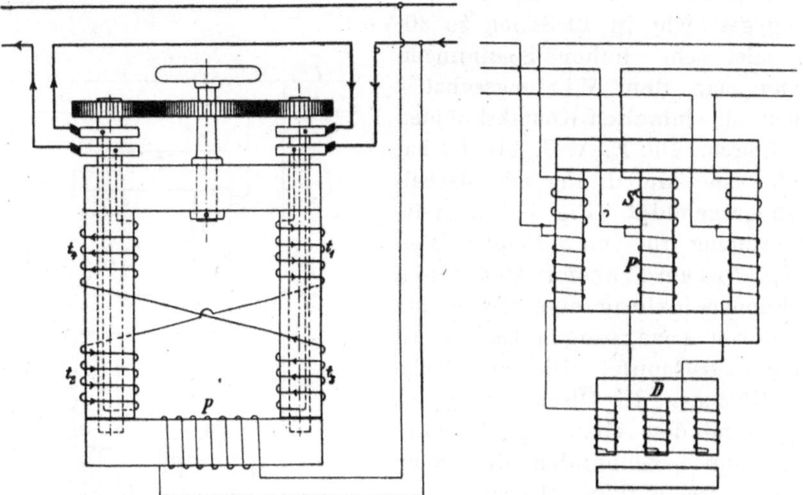

Fig. 413. Spannungserhöher der
Westinghouse Co.

Fig. 414. Verfahren zur allmählichen
Änderung der Zusatzspannung von
Siedek.

Ein weiteres Verfahren zur allmählichen Änderung der Spannung ist von Siedek[1]) angegeben worden (Fig. 414). Hier ist die
im Nebenschluß liegende Primärwicklung eines gewöhnlichen dreisäuligen Transformators nicht direkt, sondern über eine Drosselspule in Stern geschaltet. Die Drosselspule besitzt ein bewegliches
Joch, so daß ihre Suszeptanz in weiten Grenzen verändert werden
kann. Ist der Luftspalt groß, so wird die Drosselspule allein fast
die ganze Klemmenspannung verbrauchen, so daß auf die Wicklung P nur ein kleiner Teil der Spannung entfällt und die in S
erzeugte Zusatzspannung gering ist. Je kleiner wir den Luftspalt
der Drosselspule machen, um so mehr Spannung bekommt P, um

---

[1]) Elektr. u. Maschinenbau 1908, S. 981.

so größer wird also die Zusatzspannung. Die Einrichtung ist nun so getroffen, daß bei zunehmender Belastung der Luftspalt der Drosselspule durch einen kleinen Motor automatisch verringert wird.

Eine selbsttätige Regelung der Spannung innerhalb geringerer Grenzen, wie sie mitunter für Lampen erforderlich ist, die vom gleichen Netze wie große Motoren mit stark wechselnder Belastung gespeist werden, kann durch Anordnung eines stark gesättigten Transformators erreicht werden. Eine Schwankung der Primärspannung bringt bei dem in Fig. 415 dargestellten Transformator mit sehr stark gesättigtem Kerne K_{II} nur eine verhältnismäßig geringe Änderung der Sekundärspannung hervor. Der große Magnetisierungsstrom kommt in diesem Falle gewöhnlich nicht in Betracht.

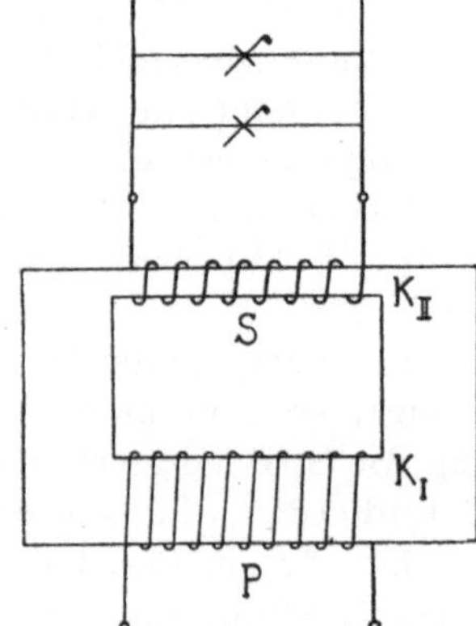

Fig. 415. Starkgesättigter Transformator als Spannungsregler.

Induktionsregler. Eine allmähliche Änderung der Spannung gestattet auch die Anordnung nach Fig. 416. Man wickelt hier die sekundäre Wicklung S auf einen aus lamellierten Blechen bestehenden Eisenkern so auf, daß er zweipolig magnetisiert wird.

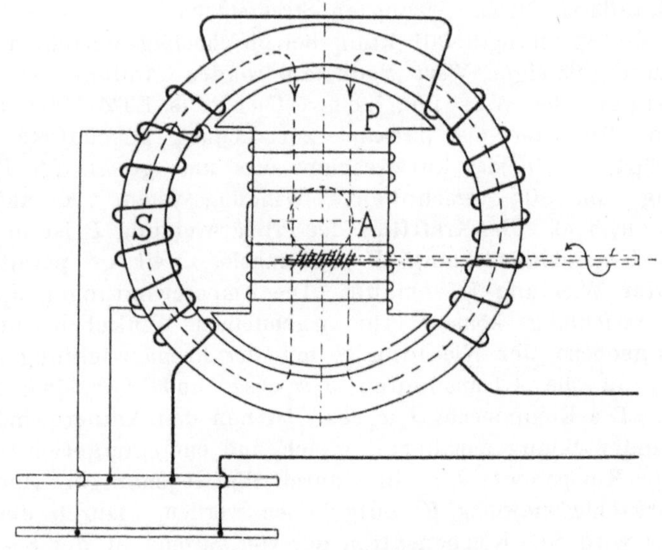

Fig. 416. Induktionsregler.

Der Einfachheit wegen ist in der Figur Ringwicklung angenommen, praktisch wird Trommelwicklung gewählt. Die primäre Wicklung P ist auf einen Anker A gewickelt, dem man durch ein an seiner Welle angebrachtes Schneckengetriebe verschiedene Stellungen in dem Ringe geben kann. Steht der Anker in der gezeichneten Lage, so geht ein Maximum des Kraftflusses durch die Sekundärwindungen, und die Spannungserhöhung ist ein Maximum. Wird der Anker um 90^{0} gedreht, so heben sich die induzierten EMKe in der Sekundärwicklung auf, und die Spannungserhöhung ist gleich Null.

Befindet sich der Anker unter einem Winkel α gegen die Vertikale geneigt, so wird unter Voraussetzung gleichmäßig verteilter Wicklung die Spannungserhöhung proportional $\cos \alpha$ sein. Für α zwischen 90 und 180^{0} tritt eine Spannungserniedrigung auf.

Bei der in Fig. 416 dargestellten Anordnung kann der Magnetisierungsstrom und der Spannungsabfall ganz beträchtliche Werte erreichen. Der magnetische Widerstand in bezug auf die Primärwicklung ist unabhängig von der Stellung des Ankers, und der magnetische Widerstand in bezug auf die Sekundärwicklung ist je nach der Ankerstellung verschieden. Würde man, um einen geringeren magnetischen Widerstand zu erhalten, den beweglichen Teil mit einem gleichmäßig verteilten Eisen ausstatten, so erzielte man wohl einen kleineren und fast konstanten Magnetisierungsstrom, aber einen großen Spannungsabfall infolge der von dem primären und sekundären Strome erzeugten Streufelder.

Dieser Spannungsabfall kann bei gleichmäßig verteiltem Eisen auf einen zulässigen Wert reduziert werden, indem man nach Ausführungen der Westinghouse Comp. (s. ETZ 1902, S. 984) an dem Teil, der die parallel zur Leitung geschaltete Wicklung trägt, ein in sich kurzgeschlossenes und gegen die Primärwicklung um 90^{0} verschobenes Windungssystem K aufbringt (Fig. 417 a, b, c). Der Kraftfluß der Primärwicklung P ist in bezug auf die Kurzschlußwicklung K wirkungslos, weil er parallel zur Ebene der Wicklung K verläuft. Die Amperewindungen $J_s w_s$ der Sekundärwicklung können für irgendeinen Winkel α, den die Wicklungsebene der Wicklung S mit der Primärwicklung P einschließt, in die Komponenten $J_s w_s \cos \alpha$ und $J_s w_s \sin \alpha$ zerlegt werden. Die Komponente $J_s w_s \cos \alpha$ ist nun den Amperewindungen der Primärwicklung annähernd gleich und entgegengerichtet, während die Komponente $J_s w_s \sin \alpha$ durch die Gegenamperewindungen der Kurzschlußwicklung K aufgehoben werden. Durch diese Anordnung wird eine Kompensation der vom Strome in der Sekundärwicklung erzeugten Amperewindungen erreicht, so daß abgesehen

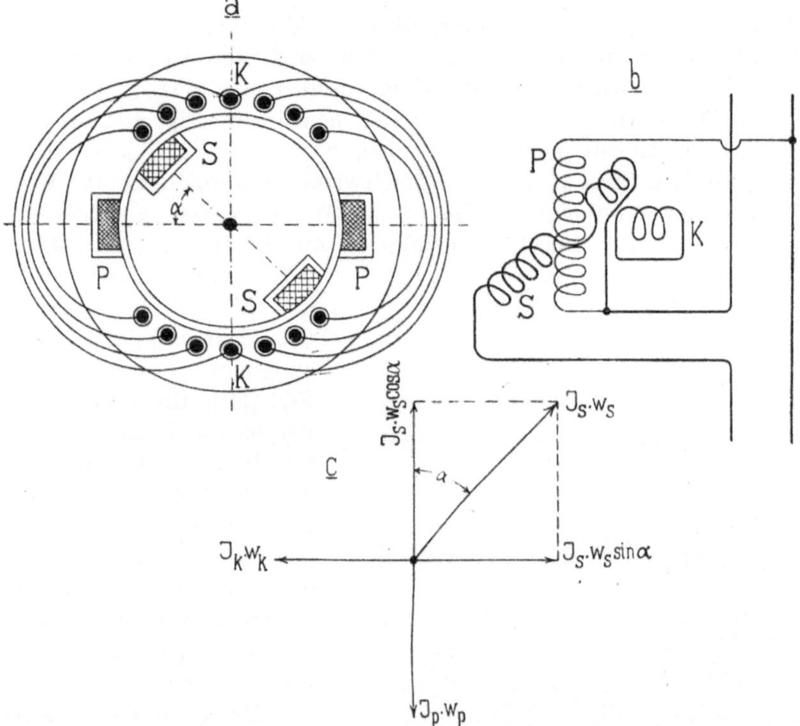

Fig. 417. Induktionsregler der Westinghouse Comp. für hohe Spannungen.

vom Widerstande und der Reaktanz der Sekundärwicklung, die
übrigens sehr klein gehalten werden kann, die sekundär induzierte
EMK proportional der Primärspannung und dem $\cos\alpha$ sich ändert.

Die Ausführung nach Fig. 418
ist in ihrer Wirkung der eben beschriebenen gleich, besitzt aber eine
vollständigere Kompensation der
lokalen Streufelder. Die Punkte a_1,
a_2 der Primärwicklung haben in
bezug auf die Klemmenspannung P_1
gleiches Potential und können daher
verbunden werden. Die Änderung
der von der Sekundärwicklung ge-
lieferten Zusatzspannung kann durch
Verdrehen des Rotors erreicht werden. Wir können die Primärwicklung aus zwei getrennten Wicklungen bestehend denken, die in den

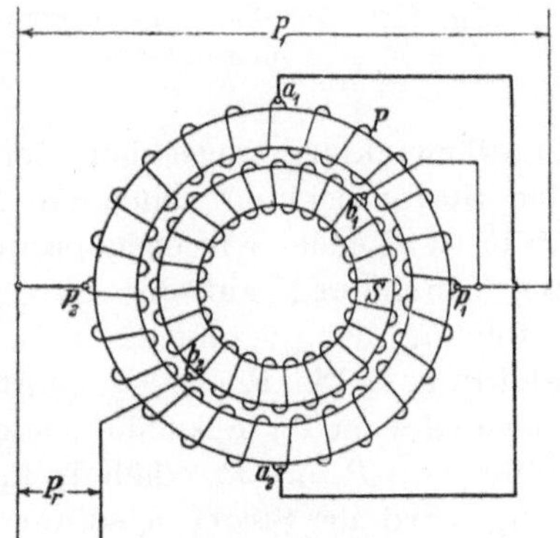

Fig. 418. Kompensierter
Induktionsregler.

27*

Richtungen $p_1 p_2$ und $a_1 a_2$ magnetisieren. Da sich überall Leiter gegenüberliegen, die von entgegengesetzt gerichteten Strömen durchflossen werden, wird eine gute Kompensation erreicht.

Für **Mehrphasensysteme** kann man die in Fig. 404 bis 406 dargestellten Anordnungen verwenden, wenn man für jede Phase eine besondere Primär- und Sekundärwicklung anordnet. Die Veränderung der Windungszahl hat dann für jede Phase gleichförmig mit einem einzigen Hebel zu erfolgen. Zweckmäßiger sind jedoch wieder die Anordnungen, die die Schalter vermeiden. Für ein Dreiphasensystem wickelt man nach Fig. 419 a die drei Sekundärphasen S auf den Stator, die drei Primärphasen P auf den Rotor eines Dreiphasenmotors. Der Rotor muß so angeordnet werden, daß er in verschiedene Stellungen der Statorwicklung gegenüber gebracht werden kann.

Das von der parallel zur Stromquelle liegenden Primärwicklung erzeugte Drehfeld rotiert mit konstanter Winkelgeschwindigkeit und induziert in den drei Phasen der Statorwicklung EMKe. Durch die gegenseitige Lage der einzelnen Phasen der Se-

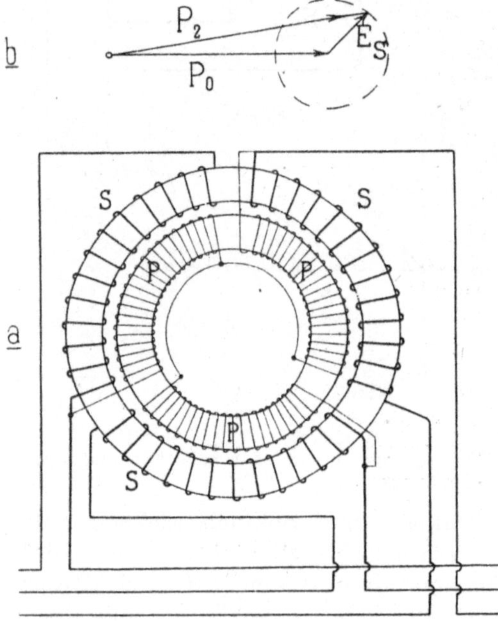

Fig. 419. Induktionsregler für ein Dreiphasensystem.

kundärwicklung gegenüber denen der Primärwicklung wird die in der Statorwicklung induzierte EMK E_s die auf den äußeren Stromkreis wirkende Klemmenspannung P_2 erhöhen oder erniedrigen. Die Einstellung auf die gewünschte Spannung erfolgt durch Veränderung der gegenseitigen Lage zwischen Primär- und Sekundärwicklung. Die Fig. 419 b zeigt, wie man durch Verschiebung der Phase der in der Sekundärwicklung induzierten EMK E_s die Spannung von P_0 auf P_2 erhöhen kann. Durch diese Spannungsregulierung wird der Strom in seiner Phase gegenüber der Spannung geändert. Die Änderung ist aber so klein, daß sie keine Unannehmlichkeiten mit sich führt.

Der in Fig. 419 dargestellte Spannungserhöher wird oft in einer etwas abgeänderten Form zur Erregung von künstlichen Phasenverschiebungen benutzt. Zu dem Zweck gibt man am besten der primären und sekundären Wicklung dieselbe Windungszahl. Das magnetische Drehfeld induziert dann primär und sekundär dieselben EMKe, aber ihre Phasenverschiebung ist je nach der gegenseitigen Lage des Rotors und Stators verschieden. Derartige Transformatoren zur Herstellung künstlicher Phasenverschiebungen (Phasenschieber) zwischen Spannungen werden vielfach zur Eichung von Wattmetern und Zählern benutzt.

Auf den Anker des Spannungserhöhers wirkt, sobald er unter Spannung steht, ein sehr großes Drehmoment, das die Einstellung erschwert. Man kann deshalb die Spannungserhöher so anordnen, daß immer zwei Anker, deren Primärwindungen Drehfelder in entgegengesetzten Richtungen erzeugen, mechanisch gekuppelt werden. Die auftretenden Drehmomente heben sich gegenseitig auf, und die Einstellung kann sehr leicht vorgenommen werden. Hierbei weist auch, wie Fig. 420 zeigt, die Spannung P_2 keine Phasenverschiebung gegen P_0 auf.

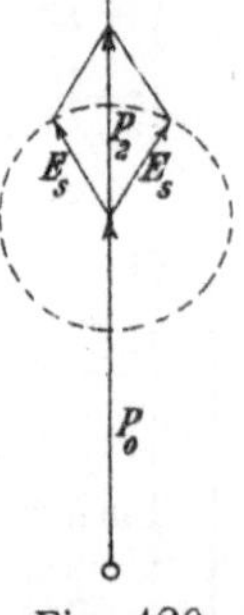

Fig. 420.

Solche, Potentialregler oder Induktionsregler genannten Apparate sind die in der Praxis am meisten gebäuchlichen Anordnungen zur Spannungsänderung.

Fig. 421 zeigt die Ausführung eines Einphasen-Induktionsregulators für Handbetrieb von Brown, Boveri & Co. Der Apparat ist wie ein gewöhnlicher Dreiphasenmotor gebaut. Der Stator hat 9 Nuten auf einer Polteilung. von denen 6 bewickelt sind. Der Rotor besitzt entsprechend 6 Nuten, von denen 4 die eigentliche Primärwicklung tragen, während in den übrigen beiden eine Kurzschlußwicklung untergebracht ist, die in der auf S. 419 beschriebenen Weise eine der Primärspannung und dem $\cos \alpha$ proportionale Änderung der Sekundärspannung bewirkt. Zur Lüftung ist ein Ventilator angebracht. Die Wicklungsdaten sind:

Stator: 36 Nuten, Nutisolation 0,9 mm Preßspan, davon bewickelt 24 Nuten zu 19 Drähten.

Drahtdurchmesser ϕ 2,3/2,6 mm, zweimal besponnen und mit Schellack getränkt. Kupfergewicht 8 kg.

Rotor: 24 Nuten, Isolation 0,9 mm Preßspan, davon 16 Nuten zu 22 Drähten 2,7/3,0 mm ϕ, zweimal besponnen, Gewicht 8 kg, 8 Nuten für die Kurzschlußwicklung zu 2 Stäben 5×20 mm. Gewicht 7 kg.

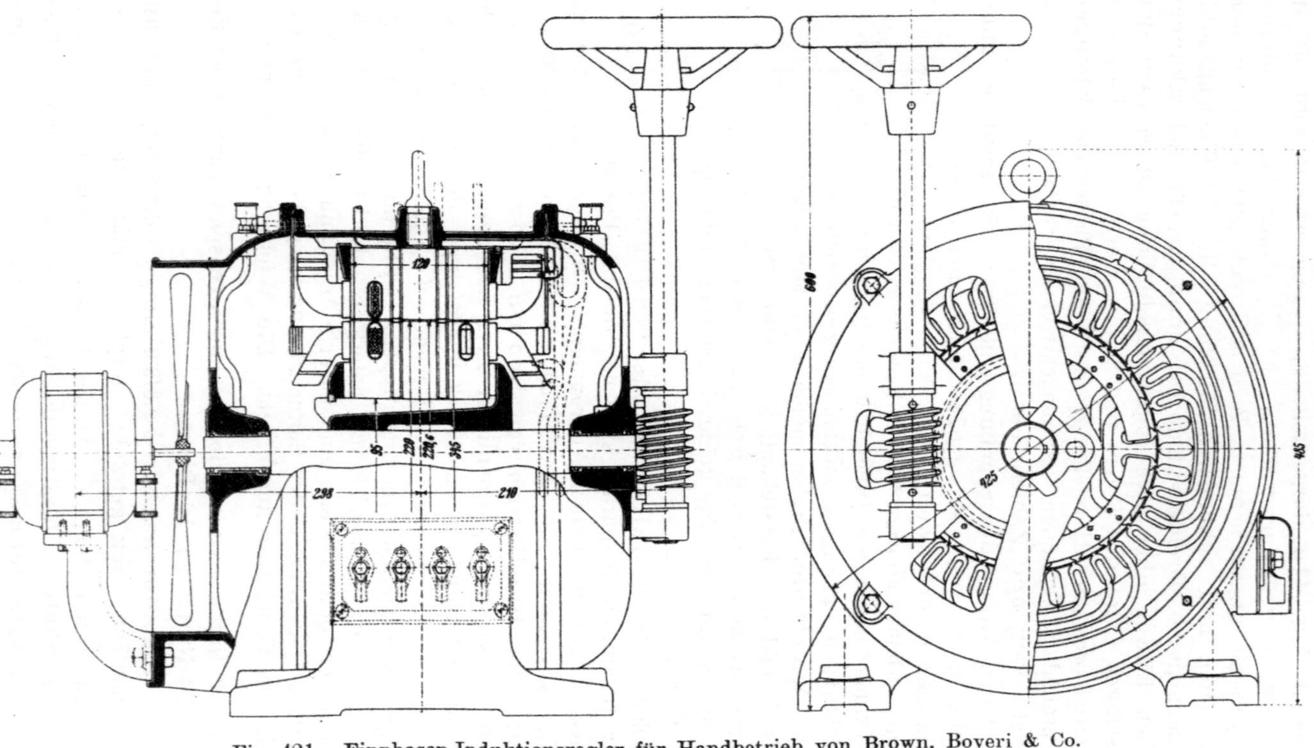

Fig. 421. Einphasen-Induktionsregler für Handbetrieb von Brown, Boveri & Co. 5 KVA, primär 200 Volt, sekundär 0—400 Volt, 42 Perioden.

Fig. 422 zeigt die Ansicht eines Dreiphasen-Induktionsreglers, ebenfalls mit Handregelung und künstlicher Luftkühlung, von Brown, Boveri & Co. für 3600 Volt, 42 Perioden und einem Regulierbereich von $\pm$ 200 Volt.

Tafel VI ist ein Dreiphasen-Induktionsregler in Öl von Brown, Boveri & Co. Er ist ebenfalls für Handbetrieb bestimmt bei einer Leistung von 65 KVA, 50 Perioden, 4200 Volt und einem Regulierbereich von — 240 bis + 360 Volt. Die Antriebsschnecke hat ein Übersetzungsverhältnis von 1 : 120. Das Kabel zur Rotorwicklung ist besonders lang gemacht, damit es sich beim Drehen des Rotors

Fig. 422. Dreiphasen-Induktionsregler von Brown, Boveri & Co.

bequem abwickeln kann. Der Luftspalt zwischen Stator und Rotor beträgt 0,5 mm. Wie das Schaltungsschema zeigt, liegt der Rotor im Hauptstromkreis, der Stator im Nebenschluß zur abgehenden Leitung. Die Nutenöffnungen sind so ausgeführt, daß die fertig-gewickelten Spulen bequem eingeschoben werden können.

Fig. 423 zeigt die Photographie eines Induktionsreglers in Öl der Siemens-Schuckertwerke für 60 KVA Regulierleistung und 600 KVA Durchgangsleistung bei einer Primärspannung von 7500 Volt und einer Regulierspannung von $\pm$ 750 Volt. Die Einstellung erfolgt von Hand oder durch einen kleinen Dreiphasenmotor, der in der Verlängerung der Rotorachse auf einer Konsole befestigt wird.

In neuerer Zeit macht man die Regulierung der Induktionsregulatoren vielfach automatisch mittels Hilfsmotoren, die von einem Spannungsrelais beeinflußt werden.

Fig. 424 zeigt die Anordnung zur selbsttätigen Steuerung der Regler von Brown, Boveri & Co. Der Spannungsregler zur Steuerung des Antriebmotors besteht in der Hauptsache aus einem in Spitzen drehbar gelagerten zylindrischen Anker aus Aluminium-blech, der unter dem Einflusse eines mit Wechselstrom gespeisten (durch den Transformator Sp) magnetischen Feldes steht. Dem entstehenden Drehmoment wirkt eine Spiralfeder entgegen. Die Bewegungen des Ankers werden auf einen Wälzkontaktsektor S übertragen, der sich auf kreisbogenförmig um die Mittellinie des Ankers angeordneten Kontaktstücken abwälzen kann und so das Ein- und Ausschalten von Widerstandsstufen bewirkt. Die Dämpfung geschieht durch eine Aluminiumscheibe, die drehbar zwischen permanenten Magneten gelagert ist und durch ein Zahngetriebe mitgenommen wird. Soll die zu regulierende Spannung mit wachsender Belastung zunehmen, so kompoundiert man den Selbstregler. Die

Fig. 423. Induktionsregler in Öl für 60 KVA-Regulierleistung der Siemens-Schuckert-Werke.

Einstellung der Kompoundierung geschieht durch Verstellen des Gleitkontaktes x, durch den mehr oder weniger Widerstand den vom Stromtransformator St gespeisten Magnetwicklungen b parallel geschaltet wird.

Der Antrieb des Induktionsregulators erfolgt durch den auf das Regulatorgehäuse aufgebauten Wechselstrom-Serienmotor, der eine Spannung erhält, deren Größe und Richtung von der Stellung des Wälzkontaktes abhängt. Den für den Motor erforderlichen Strom entnimmt man einer Stromquelle von nicht über 250 Volt.

Alle sich bewegenden Teile des Apparates werden staubdicht abgeschlossen, die Kontaktstücke sind zur Vermeidung von Oxydation versilbert.

Da bei einem gewöhnlichen Induktionsregler die erhöhte Spannung eine andere Phase hat als die ursprüngliche Spannung, ist ein Parallelarbeiten mehrerer Zentralen, die mit solchen Reglern ausgerüstet sind, nicht ohne weiteres möglich. Man wählt dann eine Anordnung nach Fig. 420.

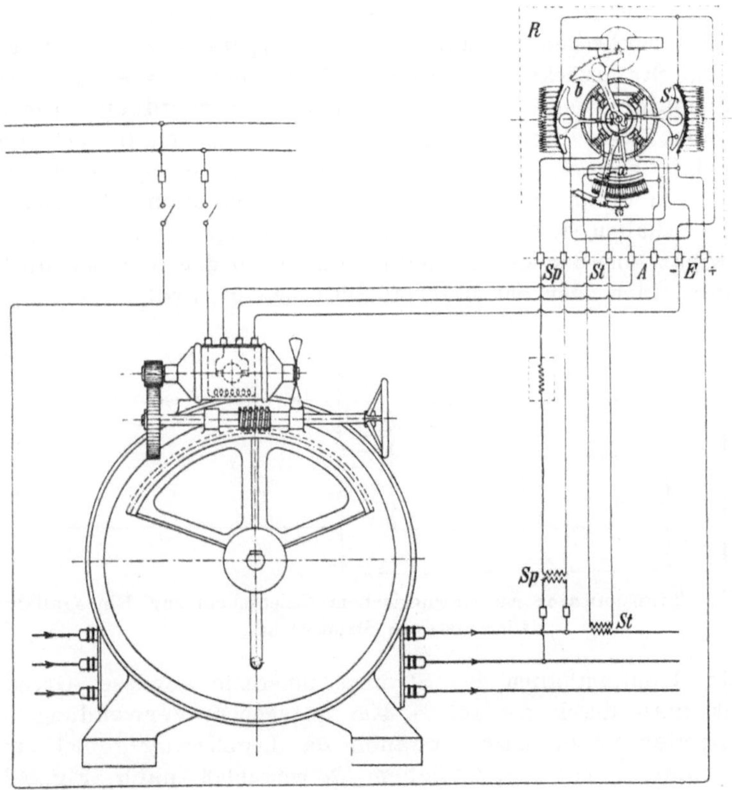

Fig. 424. Automatisch betätigter Induktionsregler von Brown, Boveri & Co.

81. Transformatoren zum Regeln (Konstanthalten) der Stromstärke.

Sind mehrere stromverbrauchende Apparate in Reihe geschaltet, so muß beim Zuschalten oder Abschalten beliebig vieler Apparate die Stromstärke in der Leitung konstant bleiben. Es muß dazu die Klemmenspannung für die ganze Leitung sich mit der Zahl der angeschlossenen Stromverbraucher ändern.

Der praktisch wichtigste Fall einer solchen Reihenschaltung ist die Hintereinanderschaltung von Bogenlampen, von Glühlampen oder Quecksilberdampflampen, wie sie in Amerika mehrere tausendmal ausgeführt ist.[1]) Diese Anordnung eignet sich gut zur Beleuchtung größerer Städte und ausgedehnter Plätze, wie Lagerstätten, Bahnhöfe usw. Man überträgt dabei die Energie mit einer hohen Spannung und braucht nur einen einzigen durchlaufenden Draht. In der Regel sind 100 Lampen in Serie geschaltet.

Zur praktischen Ausführung eines Apparates zum Konstanthalten der Stromstärke kann man zunächst, ähnlich wie auf S. 412, Transformatoren mit abschaltbaren Windungen anordnen. Um die Betätigung automatisch zu machen, läßt man den Schalthebel durch zwei Relais bewegen, von denen das eine von der Spannung, das andere vom Strome beeinflußt wird. Hat der Strom die richtige Größe, so halten sich beide Relais das Gleichgewicht, im anderen Falle wirkt eins der beiden Relais stärker, so daß der Schalthebel nach der einen oder der anderen Seite bewegt wird.

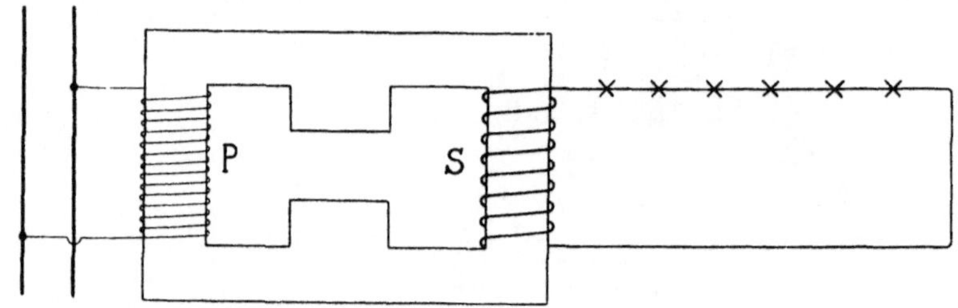

Fig. 425. Transformator mit magnetischem Nebenschluß zur Einregulierung auf konstante Stromstärke.

Ein Konstanthalten des Stromes innerhalb gewisser Grenzen erreicht man durch die auf S. 405 angegebene Verwendung von Drosselspulen. Sehr klein ist auch das Regulierungsgebiet eines Transformators mit magnetischem Nebenschluß nach Fig. 425. Einer Zunahme des sekundären Stromes bei Abschalten (Kurzschlüssen) von Lampen wirkt die Zunahme der primären Streuung durch den Nebenschluß entgegen, während bei einer Abnahme des Stromes der Fluß durch S größer wird, also die in S induzierte EMK wächst. Man kann die Wirkungsweise noch verbessern durch das Bewegen einer Kupferplatte im Luftspalt des Nebenschlusses. Die Platte wirkt wie eine auf dem mittleren Schenkel angebrachte Kurzschlußwindung. Je mehr die Platte (durch automatische Verstellung) in den Luftspalt hineinragt, um so geringer wird der Fluß durch den Nebenschluß werden. Bei einer ähnlichen Anordnung der Thomson-Houston Comp. ist das ganze Eisenpaket, das den Nebenschluß bildet, beweglich.

____

[1]) Vgl. Schmidt, Transf. f. konstanten Strom, Helios 1909, Heft 35, 36.

Die praktisch am meisten ausgeführte Anordnung der Reguliertransformatoren besitzt Spulen, die gegeneinander oder gegen den Eisenkern verstellbar sind. Zur automatischen Verstellung werden dabei die dynamischen Wirkungen zwischen den Spulen benutzt.

Fig. 426 stellt einen derartigen, von Elihu Thomson angegebenen Transformator für 20 sechzehnkerzige Glühlampen dar. Auf den Eisenkörper, der nach der Manteltype ausgebildet ist, ist

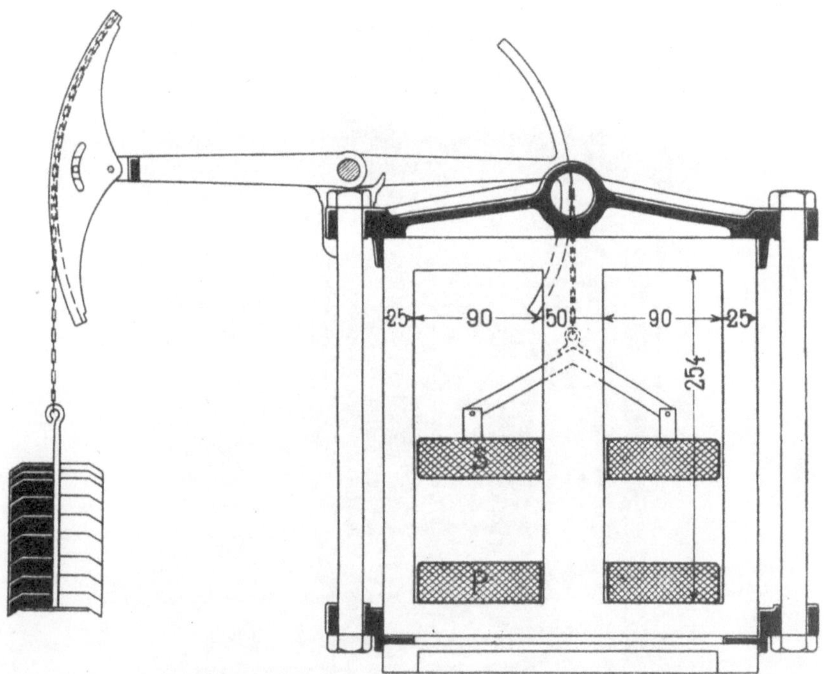

Fig. 426. Transformator mit gegeneinander automatisch verstellbaren Spulen zur Einregulierung auf konstante Stromstärke von Elihu Thomson.

eine fest angeordnete Primärspule P und eine verstellbare Sekundärspule S aufgebracht. Die Spule S ist an einem Doppelhebel aufgehängt, so daß ihr Gewicht teilweise durch ein Gegengewicht ausbalanciert werden kann. Bei Stromdurchgang durch den Transformator wirkt die abstoßende Kraft zwischen den Spulen in dem gleichen Sinne wie das Gegengewicht, so daß S in einem gewissen, durch die Stromstärke bedingten Abstand von P in der Schwebe bleibt. Verringert sich der Widerstand im Belastungskreis, so sucht die Stromstärke zu steigen, S wird kräftiger von P abgestoßen, und die in S induzierte EMK wird kleiner, so daß die Stromstärke ihren normalen Wert beibehält. Die Bewegung der Spule wird dabei gewöhnlich durch eine Ölbremse gedämpft, oder man setzt den ganzen Apparat unter Öl.

Durch Verändern des Gewichtes kann man die Stromstärke größer oder kleiner machen. Oft stellt man nach Mitternacht den Transformator auf einen kleinen Strom ein, um an Energie und Kohlenstiften zu sparen. Auch kann man die Gewichte so weit verstellen, daß der Strom mit zunehmender Belastung wächst oder fällt.

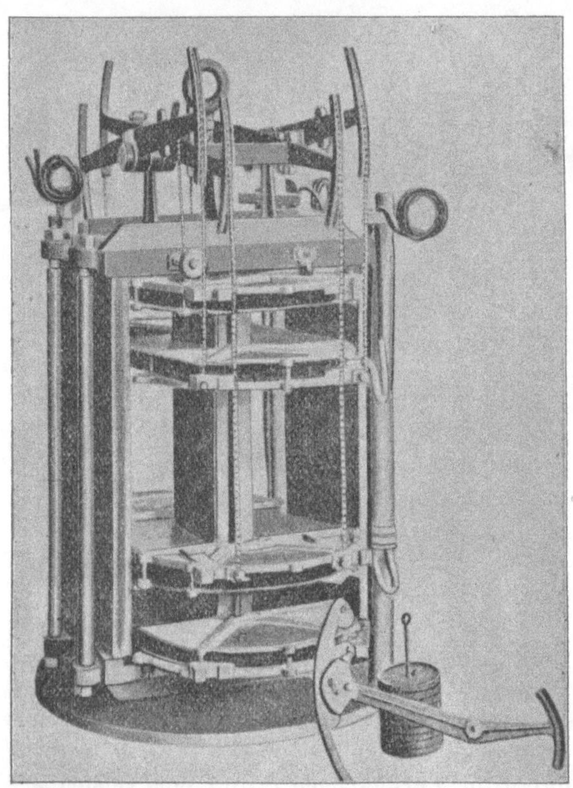

Fig. 427. Gesamtansicht eines Transformators mit gegeneinander verstellbaren Spulen zur Einregulierung auf konstante Stromstärke der General Electric Comp.

Die General Electric Comp. baut für 100 Lampen Transformatoren mit zwei Primär- und zwei Sekundärspulen, die durch ein System von Doppelhebeln gegeneinander ausbalanciert sind. Fig. 427 gibt die Ansicht eines solchen Transformators. Die Apparate stehen ganz in Öl.

Nach Versuchen[1]), die mit einem 100 Lampen-Transformator angestellt wurden, beträgt bei Vollast der Wirkungsgrad $\eta = 96,1\,^0/_0$ und der Leistungsfaktor $\cos\varphi = 0,78$; bei Halblast der Wirkungsgrad $\eta = 92,3\,^0/_0$ und $\cos\varphi = 0,44$. Die Temperaturerhöhung des Öles wurde nach 24 stündigem Betriebe zu 39° C gemessen.

Die Regelungsfähigkeit der Stromstärke ist aus Fig. 428 zu ersehen. Die mittlere Kurve entspricht der Einstellung auf konstante, die untere Kurve auf zunehmende, die obere auf abnehmende Stromstärke mit der Belastung.

Als Beispiel sei noch ein Transformator der Siemens-Schuckert-Werke erwähnt. Er ist für 60 Bogenlampen zu 6 Amp., 28 Volt bei 3000 Volt Primärspannung bestimmt. Die sekundäre Spannung geht von 28 bis 1680 Volt. Ein sprungweises Einschalten von 1, 20, 40, 60 Lampen zeigte keine störenden Stromschwankungen.

Bei geringer sekundärer Belastung sind die Spulen weit von einander entfernt, die Streuung ist sehr groß, und die aufgenommenen Voltampere sind fast ebenso groß wie bei Volllast. Man hat daher die Sekundärwicklung mit Abzweigungen versehen und schaltet bei abnehmender Belastung Win-

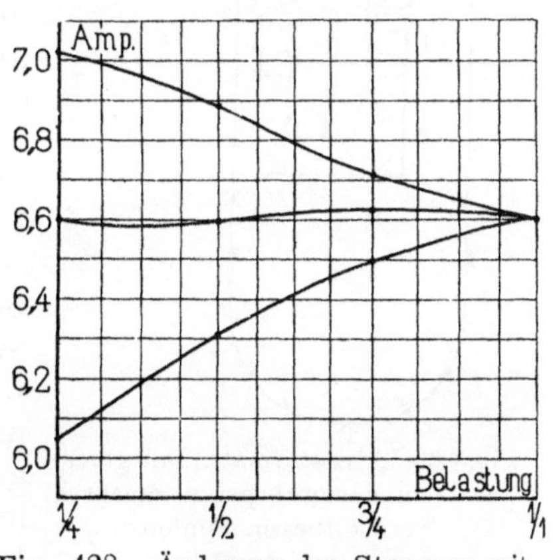

Fig. 428. Änderung des Stromes mit der Belastung.

dungen ab. Dann brauchen zur Erzeugung einer kleinen sekundären Spannung die Spulen nicht mehr so weit auseinanderzugehen, und der Leistungsfaktor wird größer. Das Abschalten der Windungen geschieht meistens von Hand, doch sind auch schon automatische, allerdings recht komplizierte Anordnungen gebaut worden.

Für kleinere Leistungen wählt man vielfach eine der in Fig. 429 dargestellten Anordnung ähnliche Vorrichtung, bei der eine Drosselspule den in Serie liegenden Lampen vorgeschaltet ist. Die Wicklung der Spule und ihr Eisenkern sind gegeneinander beweglich. Je mehr der Eisenkern in die Spule eingeschoben ist, um so mehr Spannung drosselt er ab. Die Einstellung geschieht wieder automatisch durch einen Hebel und Gewichte.

Schließlich kann man auch einen Induktionsregler verwenden,

---

[1]) Electric World, Bd. XXXIV, S. 685.

bei dem dem Drehmomente des Rotors durch die Spannung einer Feder das Gleichgewicht gehalten wird.

In Amerika sind in neuerer Zeit die sog. Magnetit-Bogenlampen stark aufgekommen, deren Licht ein dem Sonnenlicht fast gleiches Spektrum besitzt. Die Lampen brennen mit Gleichstrom, man kann sie also nur unter Zwischenschaltung eines Quecksilbergleichrichters an die Reguliertransformatoren anschließen. Man schaltet 50 bis 200 solcher Bogenlampen in Serie entsprechend einer Gleichstromspannung von 4500 bis 16 000 Volt. Der Transformator und der Gleichrichter können zusammen montiert und in einem gemeinsamen Ölbade untergebracht werden. Die Regelungsfähigkeit des Transformators wird durch die Zwischenschaltung des Gleichrichters nicht beeinträchtigt. Die Anlagekosten sollen etwa $20\,^0/_0$ geringer sein, als wenn man direkte Bogenlicht(Brush)-maschinen aufstellt. Der Wirkungsgrad der ganzen Anlage ist bei Volllast $88\,^0/_0$, bei $^1/_2$ Last $81\,^0/_0$, bei $^1/_4$ Last $80\,^0/_0$.

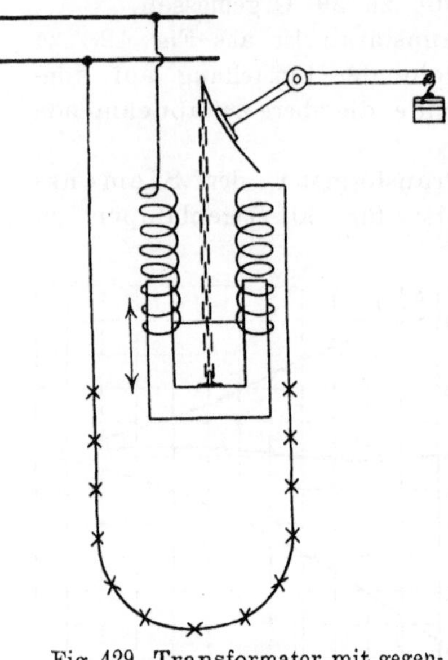

Fig. 429. Transformator mit gegenüber dem Eisenkörper automatisch verstellbaren Spulen.

Weitere Anwendung finden die Transformatoren für konstanten Strom in Umformeranlagen mit Pufferbatterie zum automatischen Laden und Entladen der Batterie. Die Anordnung ist prinzipiell durch das Schaltungsschema Fig. 430 dargestellt.

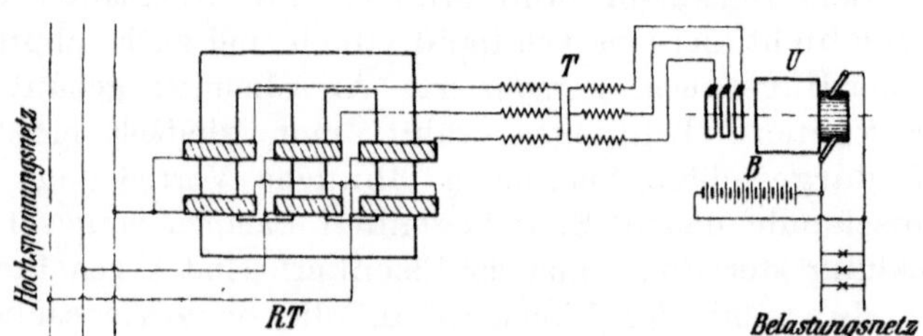

Fig. 430. Reguliertransformator in Verbindung mit einem Umformer zur automatischen Bedienung einer Pufferbatterie.

Der Reguliertransformator RT, der hier als Serientransformator geschaltet ist, liegt am Hochspannungsnetz. Er arbeitet über einen gewöhnlichen Transformator T auf den Umformer U. Ist die Belastung im Gleichstromnetz gering, so durchfließt die Sekundärspule von RT nur ein geringer Strom, sie bleibt daher in der Nähe der Primärspule, die Sekundärspannung und die Gleichstromspannung ist groß, und die Batterie wird geladen. Bei großem Strom dagegen wird die sekundäre und die Gleichstromspannung kleiner, und die Batterie übernimmt die Belastung. Bei hoher Spannung schließt man T an das Primärnetz und setzt RT zwischen T und U.

82. Saugtransformatoren.

Bei elektrischen Bahnen, die als Stromrückleitung die Schienen benutzen, ist eine gewisse Spannung erforderlich, um den Strom durch die Schienen zu treiben. Es wächst also das Potential der Schiene von der Zentrale an ständig nach außen, nach der Strecke zu, und da die Erde als Leiter den Schienen parallel geschaltet

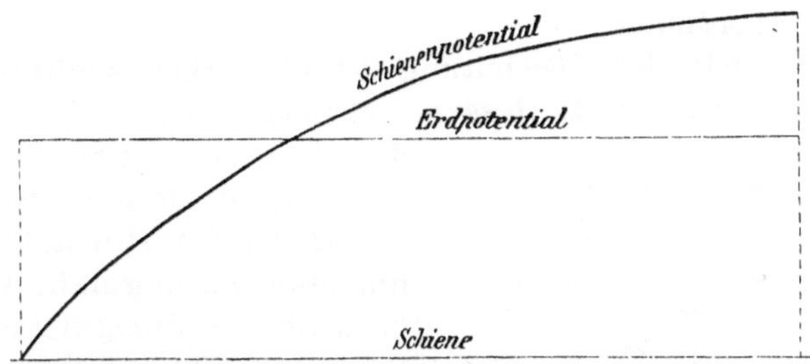

Fig. 431. Verteilung des Schienenpotentials.

ist, fließen auch durch die Erde Ströme zurück. Diese vagabundierenden Ströme, die bei Gleichstrom hauptsächlich ihrer elektrolytischen Wirkungen wegen gefürchtet sind, stören bei Wechselstrombahnen durch ihre induktiven Wirkungen die in der Nähe liegenden Telephon- und Telegraphenkabel. Der induktive Widerstand der Schienen ist gegen den Ohmschen Widerstand sehr groß. Nach Versuchen von Behn-Eschenburg ist der Widerstand für 1 km Gleis

bei Wechselstrom von 50 Perioden 0,25 Ω,

„ „ „ 25 „ 0,125 Ω,

„ Gleichstrom 0,07 Ω.

Der Spannungsabfall in den Schienen ist also ziemlich groß. Zeichnen wir ihn als Funktion der Schienenlänge auf und nehmen wir dabei an, daß von der Schiene gleichmäßig Strom in die Erde austritt und an anderen Stellen wieder eintritt, so erhalten wir die in Fig. 431 gezeichnete Parabel (nach Analogie eines gleichmäßig belasteten Balkens). Zwischen Anfang und Ende der Schiene herrscht eine beträchtliche Spannungsdifferenz, das Potential ist auf der einen Seite größer, auf der anderen kleiner als das der Erde. Teilen wir den Schienenstrang in mehrere kürzere Wegstücke, so herrscht zwischen Ende und Anfang einer solchen Abteilung eine Spannungsdifferenz, die mit abnehmender Länge des Stückes beliebig klein wird. Dem Potentialdiagramm können wir dann die Gestalt Fig. 432 geben.

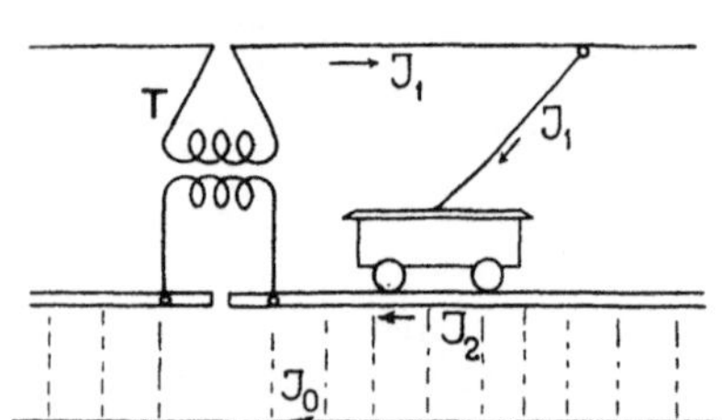

Fig. 432.

Wir müssen hierzu zwischen Ende des einen und Anfang des nächsten Stückes eine Spannungsquelle einschalten, die die sprunghafte Änderung des Potentials an diesen Stellen bewirkt.

Als eine solche Spannungsquelle kann man nun nach dem Vorschlage von Kapp einen Transformator verwenden. Fig. 433 zeigt diese Anordnung.

In Serie mit der Oberleitung ist die Primärwicklung eines Transformators geschaltet, dessen Sekundärwicklung in Serie mit den Schienen liegt. Der Erdstrom J_0 ist klein gegenüber J_2, so daß der Transformator primär und sekundär ungefähr vom gleichen Strome durchflossen wird. Sind beide Wicklungen in gleichem Sinne geführt, so wirkt der Transformator wie eine gewöhnliche Drosselspule, er verzehrt einfach eine gewisse Spannung. Sind aber beide Wicklungen im entgegengesetzten

Fig. 433. Saugtransformator zur Kompensation des Spannungsverlustes in den Schienen nach Gisbert Kapp.

Sinne ausgeführt, so halten sich bei gleichen Windungszahlen primäre und sekundäre Amperewindungen das Gleichgewicht, und es entsteht im Transformator gar kein Hauptkraftfluß. Macht man aber die sekundäre Windungszahl etwas kleiner, so überwiegen die primären Amperewindungen, und es wird sekundär eine Spannung induziert, die dem Spannungsabfall des Sekundärstromes entgegengesetzt gerichtet ist. Mit Hilfe eines solchen Serientransformators kann man also die Spannungssprünge erzielen, die Fig. 432 aufweist. Die Oberleitung hat dabei wegen der eingeschalteten Impedanzen einen größeren Spannungsabfall, sie hat also den der Schienen übernommen.

Durch diese Anordnung erzielt man, daß das Potential der Schiene sich an allen Stellen nicht viel von dem der Erde unterscheidet. Der durch die Erde fließende Strom J_0 wird also sehr klein, der Transformator saugt gewissermaßen den Strom aus der Erde heraus.

Eine weitere Verbesserung, die es ermöglicht, die Schienen fast ganz stromlos zu machen, von Dr. Behn-Eschenburg angegeben, ist von der Maschinenfabrik Oerlikon ausgeführt worden. Es wird hier (siehe Fig. 434) parallel zu den Schienen

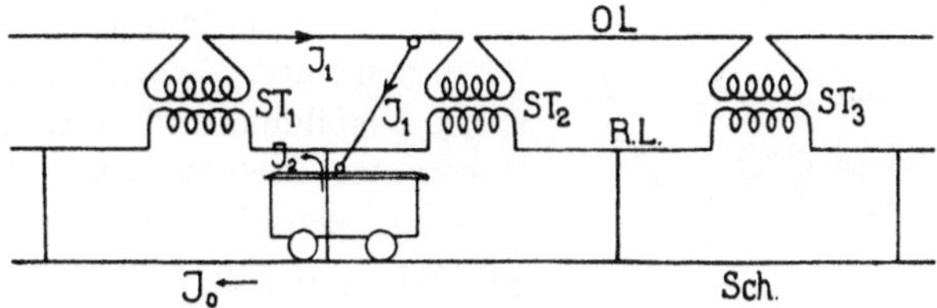

Fig. 434. Saugtransformatoren zur Kompensation des Spannungsverlustes in den Schienen nach Anordnung der Maschinenfabrik Oerlikon.

eine zweite Rückleitung gezogen, die gewöhnlich als blanke Kupferleitung auf Porzellanisolatoren verlegt wird. Zwischen dieser Rückleitung und der Oberleitung werden in passenden Abständen die Transformatoren eingeschaltet. Man macht die primären Amperewindungen um so viel größer als die sekundären, daß die Selbstinduktion der sekundären Wicklung vollständig aufgehoben wird, die Wicklung dem Strome also nur den Ohmschen Widerstand bietet. Infolgedessen geht fast der ganze Strom durch die Rückleitung und nur wenig durch die zu ihr parallelen Schienen. Ferner kann man die Rückleitung, die fast den gleichen Strom wie die Oberleitung führt, nahe an die Oberleitung legen und so die induzierende Wirkung des Wechselstromes auf in der Nähe verlaufende Schwachstromleitungen verkleinern.

83. Transformatoren zur Änderung der Phasenzahl.

Zur Umwandlung von Strömen einer bestimmten Phasenzahl in solche einer anderen Phasenzahl bedient man sich dem Prinzipe nach folgender Anordnung. In den Nuten eines ringförmigen geblätterten Eisenkörpers A (Fig. 435) sind mit entsprechender Unterteilung so viel Primärspulen (ausgeführt als Ring- oder Trommelwicklung ebenso wie die Statorwicklung eines asynchronen Motors) angeordnet, wie das Primärsystem Phasen besitzt. Die Sekundärspulen, deren Zahl sich nach dem gewünschten Sekundärsystem

richtet, werden in den gleichen Nuten wie die **Primärspulen** oder
in besonderen Nuten angebracht. Voraussetzung für diese Anordnung ist, daß das Primärsystem mehrphasig ist, also ein Feld
von der Natur eines Drehfeldes be-
sitzt. Damit sich das Feld im Inneren des Ringes nach allen Richtungen hin gleichförmig ausbilden
kann und der Magnetisierungsstrom
klein wird, wird in den bewickelten
Ring ein Eisenkern B eingelegt.
Damit die Lokalfelder, die um die
einzelnen Nuten verlaufen, sich nicht
stark ausbilden und ein möglichst
konstantes Drehfeld entsteht, ist es
günstig, zwischen A und B einen
kleinen Luftspalt δ zu lassen.

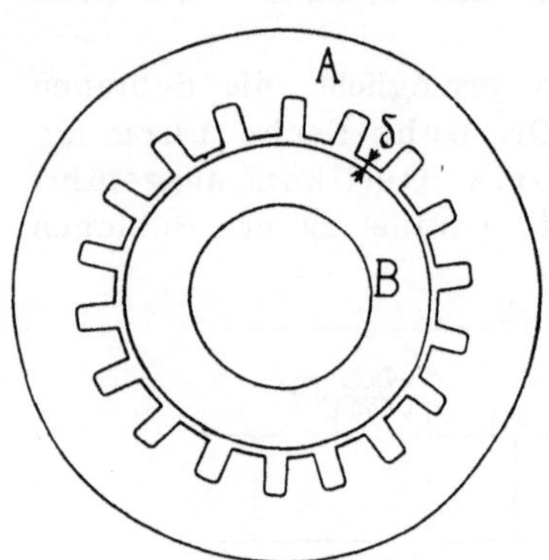

Fig. 435.   Eisenkörper für einen
Phasentransformator.

An einem Transformator, der,
wie Fig. 436 zeigt, aus Blechschei-
ben bestand, die mit Löchern zur

Aufnahme einer primären und einer sekundären Ringwicklung versehen waren, bei dem also $\delta = 0$ war, ergab eine Messung das in
Fig. 437 dargestellte Potentialdiagramm. Der Abstand von zwei

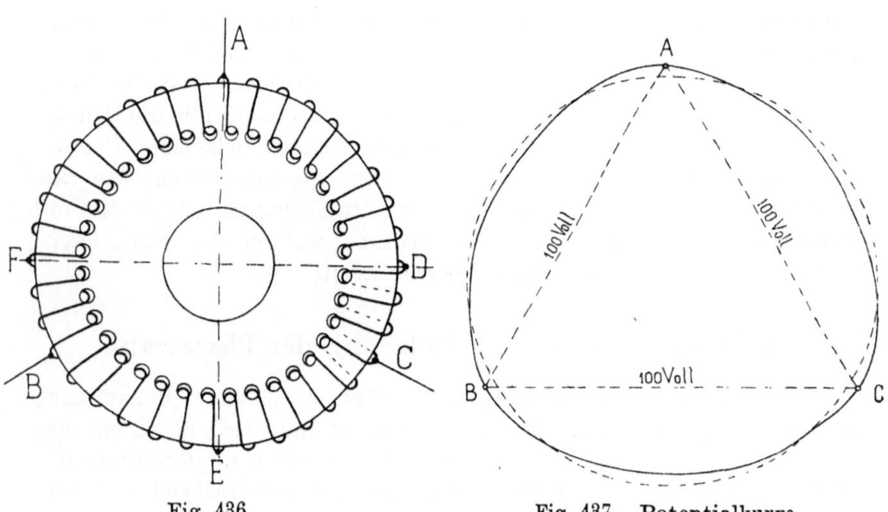

Fig. 436.   Fig. 437.   Potentialkurve.

beliebigen Punkten der Kurve gibt die Spannung zwischen diesen
Punkten der Wicklung. Wenn das Drehfeld vollkommen konstant

und keine Lokalfelder vorhanden wären, müßte das Potentialdiagramm ein Kreis sein.

Eine praktisch bequem anwendbare Anordnung zur Phasentransformation beruht auf dem Prinzipe, die EMKe irgendeines Mehrphasensystems in zwei Komponenten zu zerlegen oder eine EMK aus zwei Komponenten von gegebener Richtung zusammenzusetzen (s. S. 125).

Sind z. B. in Fig. 438 $\overline{OI}$ und $\overline{OII}$ die Spannungen eines Zweiphasentransformators, und teilen wir die Windungszahlen der Primär- und Sekundärspulen der Phase I in dem Verhältnis $\overline{OA_1} : \overline{OA_2} : \overline{OI}$ und $\overline{OB_1} : \overline{OB_2} : \overline{OII}$, so erhalten wir zwischen den Anzapfungspunkten $A_1 B_2$ und $A_2 B_2$ Spannungen, die durch $\overline{OC_1}$ und $\overline{OC_2}$ nach Richtung und Größe dargestellt sind.

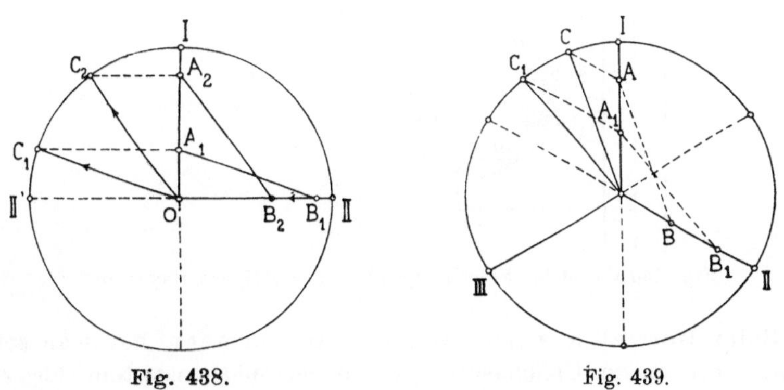

Fig. 438.Fig. 439.

In Fig. 439 ist die gleiche Konstruktion für einen Dreiphasentransformator dargestellt. Wir können somit durch entsprechende Kombination von Windungen zweier verschiedener Phasen und Umkehrung der Richtung der EMK einer der beiden Phasen jeden beliebigen Phasenwinkel zwischen 0^0 und 360^0 erhalten.

Die auf S. 121 beschriebene Umwandlung von Zweiphasen- in Dreiphasenstrom beruht auf dieser Zusammensetzung von EMKen.

Ein Zwölfphasensystem läßt sich auf einfache Art mit Hilfe von zwei Dreiphasentransformatoren erzeugen, von denen der eine primär Sternschaltung und der andere Dreieckschaltung besitzt (Fig. 440a). Die Phasen $1 - 1'$ und $I - I'$ usf. der beiden Transformatoren sind in diesem Falle um 90^0 gegeneinander verschoben, und im zweipoligen Schema erhalten wir die in Fig. 440b dargestellte zeitliche Aufeinanderfolge der einzelnen Phasen. Denken wir uns eine zweipolige Ring- oder Trommelwicklung mit $12 \cdot n$

28*

Spulen, so bezeichnen die Zahlen der Fig. 440 die Enden der Sekundärspulen, die an die Wicklung anzuschließen sind. Zwischen je zwei Anschlußpunkten der zwölfphasigen Wicklungen liegen n Spulen.

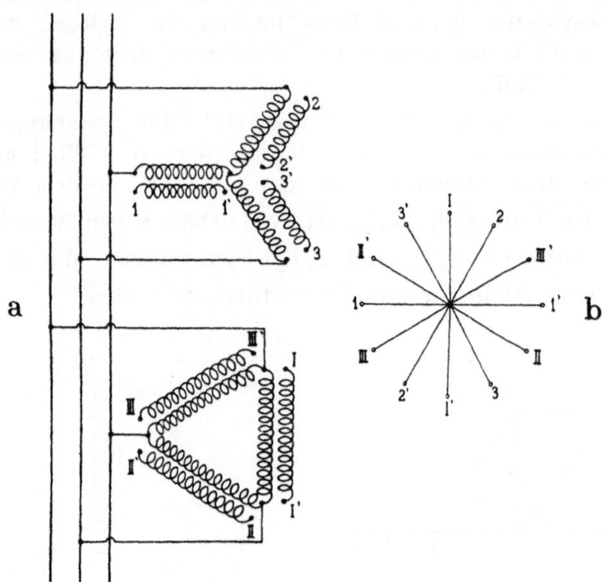

Fig. 440 a und b. Schaltung für ein Zwölfphasensystem.

Beim Betrieb von rotierenden Umformern hat man sehr häufig von einem Dreiphasen- in ein Sechsphasensystem überzugehen. Die beiden hierzu gebräuchlichen Schaltungsanordnungen

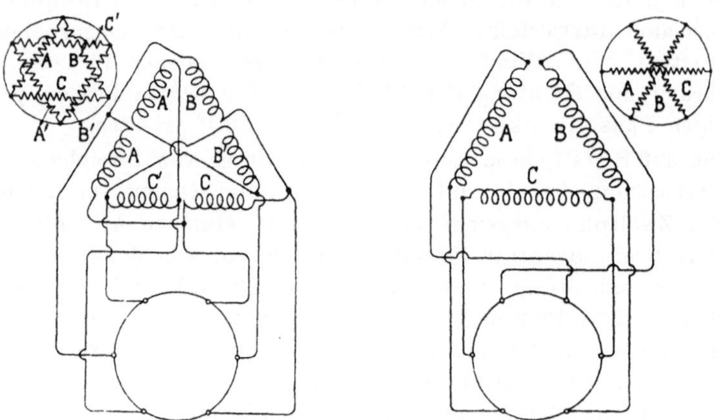

Fig. 441 und 442. Schaltung für ein Sechsphasensystem.

sind in Fig. 441 und 442 dargestellt. In Fig. 441, die die sogenannte **doppelte Dreieckschaltung** veranschaulicht, besteht die
Sekundärwicklung jeder Phase aus zwei voneinander getrennten
Teilen, die in bezug auf die drei Phasen zu zwei um 180° gegeneinander versetzten Dreiecken ABC und $A'B'C'$ verbunden werden.
Bei der zweiten Anordnung (Fig. 442) werden einfach die Wicklungsenden jeder Phase an je zwei sich diametral gegenüberliegen-
den Punkten der Umformerwicklung angeschlossen.

84. Transformatoren für Elektrostahlgewinnung und für elektrische Schweißung.

Transformatoren für Elektrostahlgewinnung. Seit 1900 hat
in der Metallurgie ein Verfahren immer wachsende Verwendung
gefunden, bei dem das Schmelzgut durch Induktionsströme
auf die Schmelztemperatur gebraucht wird. Dieser Gedanke,
der schon 1887 von Ferranti in einem Patente ausgesprochen
wurde, ist durch den Schweden Kjellin in praktisch brauchbaren
Apparaten verwirklicht worden.[1]) Bei seinem Verfahren wird ein
gewöhnlicher Transformator verwendet, bei dem das zu schmelzende
Material in einer Rinne den Eisenkern umgibt und so die Sekundärwicklung bildet. Der Kern ist in der gewöhnlichen Weise aus
Blechen mit Papierisolation aufgebaut und besitzt mehrere Luftschlitze. Die Primärspule und der Kern werden durch Preßluft
oder Wasser gekühlt. Fig. 443 zeigt einen Schnitt durch einen
Kjellinofen für 170 KW. Der Eisenkörper trägt auf dem einen
Schenkel die Primärspule, die von einem doppelwandigen, wasser-
durchströmten Messingmantel umgeben ist. Die Schmelzrinne ist aus
feuerfestem Material, einer Stampfmasse von Teer und Magnesit, hergestellt. Sie ist oben durch einen Deckel verschlossen, der abheb-
bar ist, um den Ofen beschicken und den Prozeß verfolgen zu
können. Das Material wird der Rinne durch Abstich entnommen,
wobei ein Teil des flüssigen Inhalts in der Rinne zurückbleibt,
damit der Ofen mit einer neuen Beschickung sofort weiterarbeiten
kann. Ist der Ofen kalt, so werden eiserne, zusammengeschraubte
Ringe in die Rinne gelegt, die beim Anheizen die Sekundärwicklung
bilden und zusammen mit der ersten Beschickung eingeschmolzen
werden, oder man entnimmt einem anderen Ofen flüssiges Eisen.
Oft wird der ganze Ofen kippbar angeordnet.

Das Prinzip des Kjellinofen liegt auch dem System von Röchling-Rodenhausen zugrunde. Hier trägt aber jede Säule eine

[1]) s. V. Engelhardt, Elektrische Induktionsöfen, ETZ 1907.

Spule und eine Rinne, die sich zwischen den **Säulen** zu einer größeren **Pfanne** vereinigen, in der die metallurgischen Arbeiten bequem ausgeführt werden können. In der gleichen **Weise** werden auch Öfen für Dreiphasenstrom ausgeführt.

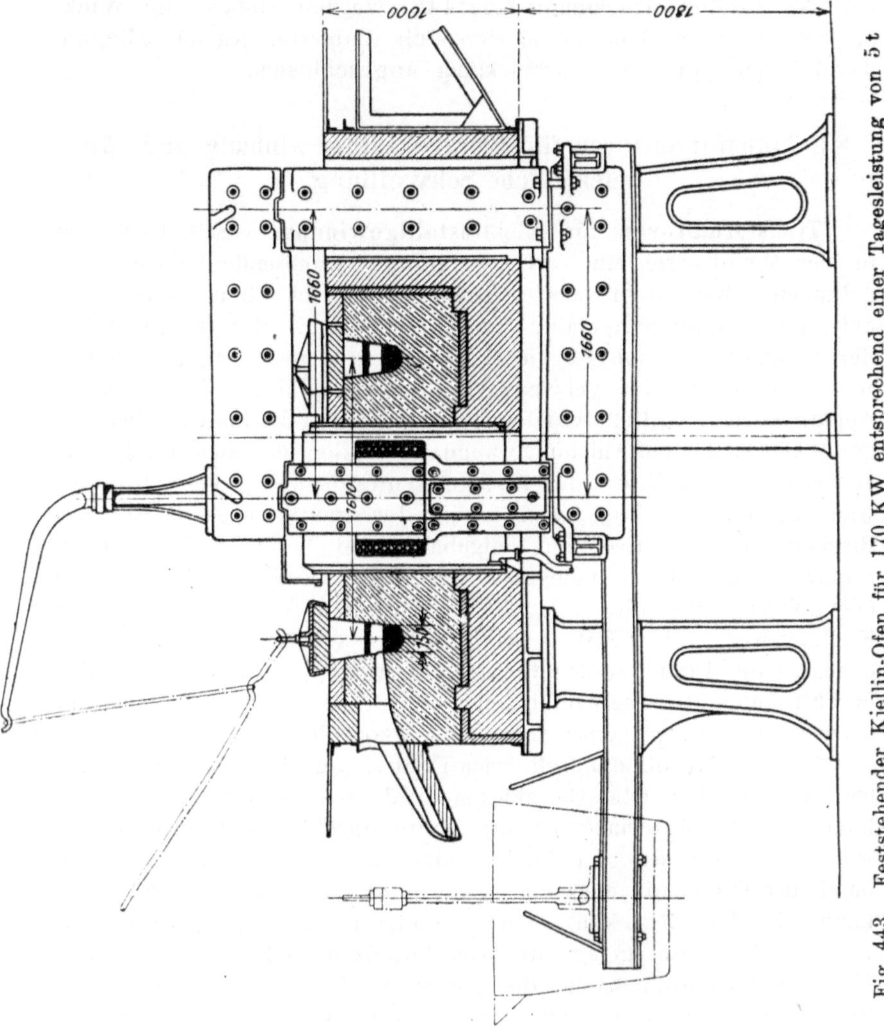

Fig. 443. Feststehender Kjellin-Ofen für 170 KW entsprechend einer Tagesleistung von 5 t bei 1 t Abstich (5 Chargen in 24 Stunden und bei kaltem Einsatz).

Der große Vorteil dieser Öfen besteht darin, daß die Erwärmung durch Induktionsströme die reinste Form der Erhitzung ist. Man kann sehr hohe Temperaturen erreichen und sie beliebig fein einstellen. Im allgemeinen arbeiten die Öfen bei 1600 bis 1850^0 C, die sekundär induzierte EMK ist dabei etwa 8 bis 12 Volt.

Da die primäre Wicklung wegen des notwendigen Mauerwerkes einen ziemlich großen Abstand von der sekundären Wicklung hat, ist die Streuung groß, so daß man, um den $\cos\varphi$ nicht zu klein zu bekommen, bei größeren Kjellinöfen mit der Periodenzahl heruntergeht (bis zu 5 Perioden). Röchling-Rodenhausen kombinieren, um den Leistungsfaktor zu erhöhen, die Heizung durch Induktion infolgedessen mit einer Widerstandsheizung, wobei als Heizwiderstand Leiter zweiter Klasse Verwendung finden,[1]) die gleichzeitig die Ofenwand bilden.

Die Öfen weisen ferner einen eigentümlichen Vorteil auf. Durch die Wirkung der magnetischen Felder auf die Induktionsströme gerät das flüssige Metall in ziemlich lebhafte Rotation, so daß man ein beständiges automatisches Durchrühren der ganzen Masse bekommt, das die Herstellung chemischer Verbindungen sehr begünstigt.

Der elektrische Wirkungsgrad (also der Wirkungsgrad des Transformators) ist etwa $97^0/_0$, der thermische Wirkungsgrad bei mittleren Einheiten von 170 KW ist etwa $50^0/_0$ und steigt bei größeren Einheiten bis $80^0/_0$.

Man kann mit dem Induktionsofen alle Verfahren vom Hochofenprozeß bis zur Gewinnung allerbesten Stahles ausführen, doch kann aus ökonomischen Gründen der elektrische Ofen im allgemeinen nicht mit dem Hochofen konkurrieren. Sein Hauptgebiet ist die Erzeugung bester Stahlsorten und legierten Stahles. Dabei wird zur Verarbeitung oft das flüssige Eisen genommen, so wie es aus dem Hochofen kommt. Nach Angaben von Oberingenieur Engelhardt[2]) ist der ungefähre Kraftverbrauch in KW/st für 1 t bei größeren Ofeneinheiten

	KW/st
Roheisen direkt aus Erz	2000
Stahl aus kaltem Roheisen	1500
Stahl aus flüssigem Roheisen	1100
Nachraffination von flüssigem Flußeisen auf Qualitätsmaterial (Tiegelstahl)	250
Nachraffination von flüssigem Flußeisen auf gewöhnlichen Elektrostahl (z. B. für Schienen)	120

Transformatoren für elektrische Schweißung. Zu erwähnen ist schließlich noch die elektrische Schweißung, die in vielen Fällen

---

[1]) Das sind Körper, die erst in erhitztem Zustande leitend werden.
[2]) Zeitschr. d. Österr. Ing.- u. Architekten-Vereins 1909.

als Ersatz für Nieten und Löten angewendet werden kann und ein schnelles, bequemes und billiges Arbeiten gestattet. Man verwendet dazu Transformatoren, die sekundär 1 bis 3 Volt liefern bei Strömen bis zu 50000 Ampere. Wegen der geringen Spannung ist die Bedienung solcher Apparate[1]) ganz ungefährlich. Man verwendet Stabelektroden und erzielt damit eine punktförmige Verbindung der Metallteile (Punktschweißung) als Ersatz für Nietung, oder man nimmt rollenförmige Elektroden, die sich längs der Verbindungsnaht abwälzen und erhält eine vollständig flüssigkeitsdichte Schweißung (Linien- oder Nahttschweißung).

---

[1]) Wie sie z. B. von der A. E.-G. gebaut werden.

Erklärung der in den Formeln verwendeten Buchstaben.

Die beigedruckten Zahlen geben die Seite an, auf der die betreffende Bezeichnung eingeführt ist. Im allgemeinen bedeuten: der Index $_1$ zur primären, der Index $_2$ zur sekundären Wicklung gehörig. Alle Größen einer Wicklung, die auf die andere Wicklung reduziert sind, werden durch ′ bezeichnet. Die Effektivwerte sind durch große, die Momentanwerte durch kleine Buchstaben bezeichnet. Im Kap. VIII sind die Amplituden durch einen Strich (z. B. $\overline{J}$) bezeichnet.

A.

AS = lineare Strombelastung 319.

$AW = Jw$ = Amperewindungen.

AW_k = Watt-Amperewindungen, AW_{kwl} = wattlose Amperewindungen eines magnetischen Kreises 13.

AW_{el} = wattlose Amperewindungen für das Eisen 93.

AW_l = für die Stoßfugen erforderliche Amperewindungen 93.

a = Fensterbreite 319.

a_T = spezifische Kühlfläche 250.

aw = Amperewindungen für 1 cm Kraftlinienlänge, aw_{wl} = wattlose Amperewindungen für 1 cm 13.

$aw_{1a} = i_{1a}w_1$ = momentane Amperewindungen einer Säule bei Erregung einer Säule eines Dreiphasentransformators 93.

$aw_{Ia} = i_{Ia}w_1$ = momentane Amperewindungen einer Säule bei Erregung aller Säulen 93.

B.

B = Induktion $= \dfrac{\varPhi}{Q}$, B_j = Induktion im Joch 315.

B_l = Feldstärke im Luftspalt zwischen zwei Spulen 187.

$b = \dfrac{\text{wattloser Strom}}{\text{Spannung}} = \dfrac{J_{wl}}{P}$ = Suszeptanz 11.

b_a = primäre Suszeptanz bezogen auf E und J_a 32.

$b_0 \backsim b_a = \dfrac{AW_k}{\sqrt{2}\,w_1 P_1}$ = primäre Suszeptanz (Leerlaufsuszeptanz) bezogen auf J_0 und P_1 22.

b_s = Breite eines Luftschlitzes 321.

C.

C = Kapazität 38. 136.

c = Periodenzahl des Wechselstroms in der Sekunde 6.

D.

d = Stegbreite bei Manteltransformatoren 321.

d = Durchmesser des der Querschnittsfigur einer Säule umschriebenen Kreises 317

E.

E_1, E_2 $=$ Effektivwert der induzierten elektromotorischen **Kraft** einer Phase primär, sekundär 7.

E_1 $=$ Mittelwert der induzierten elektromotorischen Kraft 7.

$E_2' = u\,E_2$ $=$ auf primär reduzierte sekundäre elektromotorische Kraft 32.

$\overline{E}$ $=$ Amplitude der aufgedrückten Klemmenspannung eines Stromkreises 129. 136.

$\overline{E}_1$ $=$ Amplitude der primären Phasenspannung 162.

$\overline{E}_2$ $=$ Amplitude der sekundären Phasenspannung 163.

$\overline{E}_{p2}$ $=$ Amplitude der sekundären Phasenspannung an der Stelle x der Wicklung gegen Erde 162.

$\overline{E}_{p0}$ $=$ Amplitude der Phasenspannung des Transformators mit gleichmäßig verteilter Kapazität 144.

$\overline{E}_{px}$ $=$ Amplitude der Phasenspannung des Transformators mit gleichmäßig verteilter Kapazität an der Stelle x der Wicklung gegen Erde 143.

EMK $=$ Abkürzung für elektromotorische Kraft 1.

e_1, e_2 $=$ Momentanwert der elektromotorischen Kraft, in der Primärwicklung bzw. in der Sekundärwicklung 1. 2.

e_{p2} $=$ Momentanwert der sekundären Phasenspannung an der Stelle x der Wicklung gegen Erde 164.

F.

f_ε $=$ Formfaktor 7.

f_e $=$ Eisenfüllfaktor 317.

f_k $=$ Kupferfüllfaktor 319.

G.

G_{ei} $=$ Eisengewicht 310.

G_k $=$ Kupfergewicht 310.

g $=$ $\dfrac{\text{Wattstrom}}{\text{Spannung}} = \dfrac{J_w}{P} =$ Konduktanz 11.

g_a $=$ primäre Konduktanz bezogen auf J_a 32.

$g_0 = \dfrac{W_{ei}}{P_1{}^2} =$ primäre Konduktanz bezogen auf J_0 22.

H.

h $=$ Kernhöhe 319.

h $=$ Fensterhöhe bei **Manteltranformatoren** 321.

h_{ei} $=$ Höhe der Blechschichtung ohne Luftschlitze eines Manteltransformators 321.

h_s $=$ innere Höhe einer Spule bei Manteltransformatoren 322.

h_2 $=$ ganze Höhe der Blechschichtung bei Manteltransformatoren 321.

J.

J $=$ Phasenstrom 309.

J_{A0}, J_{B0}, J_{C0} $=$ Phasenströme bei Leerlauf 116.

J_a $=$ Magnetisierungsstrom (Leerlaufstrom) berechnet aus E_1 16. 94.

J_1, J_2 $=$ primärer bzw. sekundärer effektiver Strom 31.

J_{I1}, J_{II1}, $J_{III1} =$ primäre, J_{I2}, J_{II2}, $J_{III2} =$ sekundäre Phasenströme bei Dreieckschaltung 104.

J_{1k} $=$ primärer Strom bei Kurzschluß 32, 181.

$J_2' = \dfrac{1}{u}\,J_2 =$ auf primär reduzierter sekundärer Strom 21.

$J_0 \approx J_a =$ Leerlaufstrom berechnet aus P_1 mit Berücksichtigung des primären Widerstandes 13.

$\overline{J}$ = Amplitude des erzwungenen Wechselstromes 137.

$\overline{J}_1$ = Amplitude des primären Stromes 162.

$\overline{J}_2$ = Amplitude des sekundären Stromes an der Stelle x der Wicklung 162.

$\overline{J}_x$ = Stromamplitude eines Transformators mit verteilter Kapazität an der Stelle x der Wicklung 143.

i_1, i_2 = Momentanwert des Stromes primär bzw. sekundär 31.

i', i'' = Momentanwerte des erzwungenen und des freien Wechselstromes in einem Stromkreise 129. 136.

i_a, i_1, i_2, i_2' = Momentanwerte von J_a, J_1, J_2, J_2' 31.

i_f = Freie Stromschwingung beim Einschalten 148. 164.

i_r = Momentanwert des Stromes 147.

i_z = zulässiger Maximalstrom beim Einschalten 135.

$j\,^0/_0$ = prozentualer Stromverlust 46.

K.

K = Kraft, die bei Kurzschluß auf eine ganze Spule wirkt 188.

K = Faktor, der die Spannungsverteilung bei verteilter Kapazität charakterisiert 146. 163.

k = Erfahrungsfaktor bei der Reaktanzberechnung 26. 187.

k_a = Wärmeabgabekoeffizient 257.

k_r = Faktor, der die Vergrößerung des Widerstandes bei Wechselstrom berücksichtigt 30.

k_I, k_{II} = Kraft, die auf 1 cm Spulenumfang bei Kurzschluß wirkt 188.

$k_2 = 0{,}88$ bis $0{,}92$ = Koeffizient, der die Verringerung des Querschnittes durch die Isolation berücksichtigt 317.

L.

L_1, L_2 = Selbstinduktionskoeffizient primär bzw. sekundär 20. 136.

L_1, $L_2 \ldots$ = Längen der Kraftlinienwege in den einzelnen Teilen eines magnetischen Kreises 13.

l_{ei} = mittlere Kraftlinienlänge im Eisen in cm 309.

l_m = mittlere Länge einer Windung 310. 319.

l_s = Länge einer Spule 24. 187.

l_1, l_2 = mittlere Windungslänge primär, sekundär 30.

l_1, l_2 = Längen 67.

M.

M = Koeffizient der gegenseitigen Induktion 20. 162.

M_{ei} = Preis für 1 kg Eisen 312.

M_k = Preis für 1 kg Kupfer 312.

N.

n_s = Zahl der Luftschlitze 321.

O.

O = Oberfläche der Kühlschlange in cm^2 261.

P.

P = Phasenspannung 309.

P_1, P_2 = primäre bzw. sekundäre effektive Klemmenspannung 16.

P_{10} = primäre Klemmenspannung bei Leerlauf 34.

P_{1k} = primäre Klemmenspannung bei Kurzschluß 32. 41.

P_{I1}, P_{II1}, P_{III1} = primäre, P_{I2}, P_{II2}, P_{III2} = sekundäre Phasenspannung 115.

P_{l_1}, P_{l_2} = primäre, sekundäre verkettete (Linien-)Spannung 101.
$P_2' = u P_2$ = auf primär reduzierte sekundäre Klemmenspannung 32.
$\bar{P}$ = Amplitude der Klemmenspannung 132.
p_1, p_2 = Momentanwert der Klemmenspannung primär bzw. sekundär 31.
p_f = Momentanwert der freien Spannungsschwingung beim Einschalten 148. 164.

Q.

Q = Kernquerschnitt in cm^2 309.
Q_J = Jochquerschnitt 329.
Q_m = Luftmenge in cbm/sek 255.
Q_{wa} = Wassermenge in lit/min 138.
q = Anzahl der vollen primären Spulen bei Scheibenwicklung 28.
q_1, q_2 = primärer bzw. sekundärer Kupferquerschnitt in mm^2 30.

R.

R = Widerstand eines Stromkreises 129. 136.
R_x = magnetischer Widerstand einer Kraftröhre 25.
r_1, r_2 = effektiver primärer bzw. sekundärer Widerstand 21. 30. 322.
$r_2' = u^2 r_2$ = auf primär reduzierter sekundärer Widerstand 21.
r_{g_1}, r_{g_2} = Gleichstromwiderstand der primären, sekundären Wicklung 30.
$r_k = r_1 + r_2'$ = effektiver Kurzschlußwiderstand 32. 180.

S.

S_1, S_2 = primärer bzw. sekundärer Koeffizient der Streuinduktion 19. 181
$s = \dfrac{J}{q}$ = Stromdichte Amp./mm^2 69.

T.

$T = \dfrac{1}{c}$ = Dauer einer Periode d. Wechselstromes in Sekunden 7
T^0 = Temperatur in °C.
t = Zeit.

U.

U_c = wärmeabgebender Kernumfang 251.
$U_m = \dfrac{U_1 + U_2}{2}$ = mittlerer Spulenumfang 25.
U_1, U_2 = mittlerer Umfang der primären, sekundären Spule 25.
$u = \dfrac{w_1}{w_2}$ = Übersetzungsverhältnis 2

V.

V_{ei} = Eisenvolumen 59.
V_k = Kupfervolumen 69.
v = Fortpflanzungsgeschwindigkeit der Elektrizität in Transformatoren mit verteilter Kapazität 143.

W.

W = bezeichnet allgemein elektrische Leistung.
W_{ei} = Eisenverlust 12. 60.
W_h = Hysteresisverlust 59.
W_k = Kupferverlust 68. 72.
W_{vent} = Leistung des Ventilators 255.

W_w $=$ Wirbelstromverlust 60.

W_0 $=$ Leistungsaufnahme bei Leerlauf 49.

$W_1 = P_1 J_1 \cos \varphi_1 =$ an den Primärklemmen zugeführte Leistung 32.

$W_2 = P_2 J_2 \cos \varphi_2 =$ an den Sekundärklemmen abgegebene Leistung 32.

$w_1,\ w_2 =$ Windungszahl der primären bzw. der sekundären Spule.

w $=$ bei der Reaktanzberechnung: primäre oder auf primär reduzierte sekundäre Windungszahl einer Säule bei Zylinderwicklung 26.

w_s $=$ Windungszahl einer vollen Spule bei Scheibenwicklung 29.

w_{ei} $=$ Eisenverlust für 1 kg 251.

w_k $=$ Kupferverlust für 1 kg 313.

w_w $=$ Wirbelstromverlust in 1 cm³ 60.

$w_2' = u w_2 =$ auf primär reduzierte sekundäre Windungszahl 32.

X.

x $=$ induktive Reaktanz 138.

$x_c = \dfrac{1}{2\pi c L} =$ Reaktanz einer Kapazität 38. 138.

$x_s = 2\pi c L =$ Reaktanz einer Selbstinduktion 38.

$x_k = x_1 + x_2' =$ Kurzschlußreaktanz 26.

$x_1 = \omega S_1 = 2\pi c S_1 =$ Reaktanz der Primärwicklung 21.

$x_2 = \omega S_2 =$ Reaktanz der Sekundärwicklung 21.

$x_2' = u^2 x_2 =$ auf primär reduzierte sekundäre Reaktanz 21.

Y.

$y = \dfrac{J}{P} = \sqrt{g^2 + b^2} =$ Admittanz 11.

$y_a = \sqrt{g_a^2 + b_a^2} =$ primäre Admittanz 32.

$y_0 = \sqrt{g_0^2 + b_0^2} =$ Leerlaufadmittanz 21.

Z.

$z_1 = \sqrt{r_1^2 + x_1^2} =$ primäre Impedanz 21.

$z_2 = \sqrt{r_2^2 + x_2^2} =$ sekundäre Impedanz 21.

$z_2' = u^2 z_2 =$ auf primär reduzierte sekundäre Impedanz 21.

$z_k = \sqrt{r_k^2 + x_k^2} =$ Kurzschlußimpedanz 108.

$\varkappa = \dfrac{\pi}{2} - \psi_a =$ magnetischer Verzögerungswinkel, Hysteresiswinkel 11.

$\varkappa$ $=$ Temperaturkoeffizient 68.

$\varkappa = \dfrac{r}{2L}$ 143. 164.

γ_{ei} $=$ spezifisches Gewicht von Eisen 310.

γ_k $=$ spezifisches Gewicht von Kupfer 310.

$\varDelta$ $=$ Blechstärke in mm 59.

$\varDelta$ $=$ Abstand der primären von der sekundären Wicklung 25.

$\varDelta_1,\ \varDelta_2 =$ Dicke der primären, sekundären Wicklung 24 oder Scheibe 26.

δ $=$ Luftspalt, den die Stoßfugen bilden 14.

δ $=$ Phasenwinkel der Spannung im Einschaltmoment 129.

$\varepsilon\ {}^0/_0 =$ prozentualer Spannungsabfall 43.

$\eta\ {}^0/_0 =$ Wirkungsgrad 74.

η $=$ Hysteresiskoeffizient 58.

$\pi - \Theta_a =$ Phasenverschiebungswinkel zwischen dem primären und dem sekundären Strome 31.

$\Theta_k = \Theta_1 + \Theta_2$ 32. 38.

Θ_1 $=$ Phasenverschiebungswinkel zwischen Klemmenspannung und elektromotorischer Kraft primär 31.

Θ_2 $=$ desgl. sekundär 31.

$\varkappa$ $=$ Ordnungszahl der Harmonischen 149. 164.

μ_k 43.

μ_0 46.

ν $=$ Ordnungszahl der Harmonischen 85.

ν_k 43.

ν_0 46.

ϱ $=$ spezifischer Widerstand 68.

σ $=$ Streukoeffizient 21.

σ $=$ mechanische Beanspruchung pro cm² einer Spule bei Kurzschluß 188.

σ_h $=$ Hysteresiskonstante 59.

σ_w $=$ Wirbelstromkonstante 60.

Φ $=$ Amplitude des Kraftflusses 7. 130.

Φ_{s1} $=$ primärer Streufluß 16.

Φ_t $=$ Momentanwert des Kraftflusses 6.

Φ_t' $=$ Näherungswert für Φ_t beim Einschalten 132.

φ $=$ Phasenverschiebungswinkel zwischen Strom und Klemmenspannung 129, φ_1 primär, φ_2 sekundär 32.

φ_k $=$ Phasenverschiebungswinkel zwischen Strom und Spannung bei Kurzschluß 115.

φ_0 $=$ Phasenverschiebungswinkel bei Leerlauf 32.

φ_a $=$ Phasenwinkel zwischen J_a und E_1 33.

$\varphi_1, \varphi_2 . =$ Phasenwinkel zwischen elektromotorischer Kraft und Strom primär, sekundär 17. 32.

$\omega = 2\pi c =$ Winkelgeschwindigkeit.

Namen- und Sachregister.

Die beigedruckten Ziffern geben die Seitenzahlen an.

Additional material from *Die Transformatoren*,
ISBN 978-3-662-34314-2, is available at http://extras.springer.com